건축설비

공학박사 이시웅 저

光文閣
www.kwangmoonkag.co.kr

책 머리에……

21세기에 접어들면서 지구 환경과 생태계의 위기 문제는 전 지구적으로 심각하여 새 밀레니엄 시대의 새로운 페러다임으로 생태 환경 건축이 공동적 화두로 나타났다.

경제성장과 더불어 산업화와 고도의 기술은 건설공사의 고층화 내지 대형화를 부추기었고 건설시장의 개방화와 더불어 건설 기술자와 광범위하고도 심오한 기술 업무가 더욱 중요시 되어지고 있다. 그중 건축설비 기술은 건축물의 내부에서 인간의 생활과 작업이 보다 쾌적하고, 편리하며 안전하게 이루어지도록 적정한 공기, 바람, 빛, 열, 물, 전기 등을 공급하는 역할을 수행하는 것이다.

최근에 실내 공기의 질적 수준(Indoor Air Quality)을 논하게 되고, 인텔리젠트 빌딩(Intelligent Building)이 출현하게 됨으로써 유비쿼터스(Ubiquitous)기술이 발전되므로 건축설비에 대한 관심이 높아지고 건축설비의 중요함을 누구나 절감하게 되었다.

이제 미래의 훌륭한 건축물은 생태 환경 건축에 충실한 건축설비에 전적으로 의존하지 않을 수 없음을 깨닫고 생태 환경 건축 디자인의 도입과 더불어 태양열, 태양광과 같은 대체 에너지를 활용하고 냉난방의 고효율적인 운용으로 에너지를 절약하며 환경부하를 줄일 수 있도록 생태 설비 재료를 선정하는 등의 생태 환경적인 기술서를 발간하여 건축설비에 관련되는 공장, 공사 현장, 관청, 설계사무소, 대학 강단에서 적절히 쓰일 수 있도록 건축설비의 개론을 종합적으로 망라하여 이해하기 쉽게 엮었다. 특히 대학교, 대학의 건축학과, 실내디자인학과, 가정학과 학생들과 더 나아가서 건축설비의 기획, 설계, 시공, 보수, 관리 등의 기초 지식에도 충실을 기했다.

1991년도에 초판을 내고 1995년도에 개정판을 내었으나 아직도 미숙한 점이 없지 않아 이번에 또 개정판을 내게 되나 앞으로 계속 보완할 것을 약속하며 참고문헌에서 밝혔듯이 도움이 많이 된 저자들에게 감사를 드린다. 끝으로 이 한 권의 기술서가 발간되기까지 격려해 주신 여러분들에게 감사드리며 아울러 출판에 노력을 아끼지 않고 애써 주신 도서출판 광문각 박정태 사장님과 출판사 여러분들에게 충심으로 감사드리는 바이다.

2007년 2월

저자 이시웅

제 1 장

건축설비의 개요

1.1 건축 설비

건축설비란 건축물내에서 사용자가 원하는 모든 환경을 조성하여 건축물의 기능과 효용을 원활히 수행할 수 있도록 건축물에 설치하는 제반부대설비를 말한다.
인간은 예로부터 자연환경을 적절하게 조절할 수 있는 건축적 방법을 통한 자연형 조절방법을 연구하여 왔고, 현대사회의 생활양식과 활동기능이 다양하게 발전해 가는 건물환경조건들을 모두 만족시킬 수 있도록 건축설비를 통하여 쾌적한 인간생활을 영위할 수 있도록 필요로 하는 보다 적극적인 환경조절방식으로 설비형 조절방법을 건축에서 채용하게 되었다. 건축환경 조절방법은 다음과 같이 설명할 수 있다.

(1) 자연적 조절 (Passive Control)

자연형 조절은 건물의 형태, 구조, 외피계획을 통하여 기계적 장치의 도움없이 실내환경 조건을 인간의 감각적 요구에 적합하도록 조절하는 방법이다. 인체를 보호하는 의복과 마찬가지로 건물외피의 기본적인 기능은 거주자들의 열적 쾌적을 유지하기 위하여 실내 환경기후를 건축적으로 조절하는 것이다. 예를 들면 외벽의 단열성이 좋으면 냉·난방 부하가 감소되고 따라서 설비용량뿐만 아니라 운전비 및 설비비 등을 줄일 수 있어 에너지 절약 효과를 기대할 수 있다.

(2) 설비형 조절 (Active Control)

설비형 조절은 건물 내부에서 공기환경, 열환경, 빛환경, 음환경 등의 조절을 위해 에너지를 사용하는 기계적인 설비를 이용하는 적극적인 실내환경 조절방법이며 내부환경을 외부 기후조건에 구애없이 쾌적범위로 유지하도록 조절하는 것이다. 오늘날 난방, 조명, 공기조화, 그리고 급배수, 동력장치 등에 대한 조절은 대부분 전기나 기계적인 장치에 의해 자동적으로 조절되고 있다.

1.2 건축설비의 계획과 설계

건축설비의 계획과 설계는 건물 실내외의 환경조건과 건축주의 요구조건 그리고 건축계획의 기본방침 등의 많은 제약조건들을 집약하여 구체화하는 것으로 그 과정은 기본구상, 기본계획, 기본설계, 실시설계의 4단계를 거쳐 진행된다. 설비계획 및 설계의 순서는 다음과 같다.

(1) 기본 구상

건축설계자의 주도로 계획을 수립하기 위한 준비단계로서 설비 프로젝트에 관한 설비공사의 목표를 설정하며 기본 골격과 성격을 결정짓는 과정으로 기초사항 조사, 프로젝트 내용, 현지조사, 적용법규, 필요한 설비종류와 수준, 장래계획 등을 검토하고 분석한 후 공사규모를 결정하여 예상 공사비를 추정하며 설계도서 작성은 기본구상 개요서를 포함하여 기본구상도서를 작성한다.

(2) 기본 계획

기본계획은 기본구상 단계에서 설정되어진 계획의 개요와 현장조사에 의해 얻어진 각종 조건을 기초로 하여 계획안을 제출, 선정하는 단계로서 기술적, 법적, 경제적으로 가능한 범위 내에서 복수의 계획안을 작성하여 그중 가장 적합한 내용을 선정한다.
설비공사의 각 공종별로 기본구상을 상세하게 재검토하여 각기 해당사항에 대하여 현지조사, 유사건물에 대한 조사, 설계조건과 설계방침의 결정, 필요한 설비종류의 재검토 및 수준결정을 한다.
각 설비의 개략부하 산정, 설비방식의 결정, 조닝의 검토, 기계실 등의 소요공간과 층고를 검토하고 주요기기, 주관의 개략배치, 에너지 자원 절약대책, 주요기기와 재료의 개략 사양 결정, 공사비의 산출을 하며 설계도서작성은 계획개요서를 포함한 기본계획도를 작성한다.

(3) 기본 설계

기본설계는 기본계획시 건축주에게 제시하여 최종적으로 결정되어진 내용에 대하여 구체화된 도서를 작성하는 단계이다.
설비공사의 각 공종별로 기본 계획도서를 상세하게 재검토하여 설비부하의 산정, 설비방식의 검토를 통한 기기의 용량, 형식, 수량, 기기배치와 배관 경로결정 등의 개략설계를 진행한다. 또한 건축의 내·외장과 구조에 대한 설비와의 문제점을 파악하여 조정하며 설계, 공사구분과 상세한 방침을 결정하여 개략공사비를 산출하고 기본설계도서를 작성한다.

(4) 실시 설계

실시설계는 적산, 발주, 계약, 시공에 필요한 도서를 작성하는 단계로서 각 공종별로 기본설계도서를 상세하게 재검토하여 필요한 평면도, 계통도, 상세도 등을 완성시킨다.
설계도의 완성후 공사시방서, 물량근거서, 공사비 내역서를 작성하며 공사시방서는 일반적으로 표준시방서와 특기시방서로 나눈다. 표준시방서는 건교부에서 제정한 내용과 사업주가 요구하는 사항으로 작성된 경우가 있으며 일반적으로 기기, 재료의 공통사양과 각종 공사의 표준적인 시공, 시험방법을 나타낸다. 특기시방서는 표준시방서에 기재되어 있지 않은 사항들에 대하여 설계자와 발주자의 의도를 정리하여 기록한 것이다.

1.3 건축설비의 기초 지식

건축설비설계를 하거나 설비계획을 세우는 데 있어서 기초적인 유체이론의 예비지식이 필수적이다. 이러한 학문적인 기초이론 중에서 주로 유체의 그 물리적 성질에 관하여 기술하고자 한다. 특히 베르누이(Bernoulli)의 정리는 유체에서 중요하므로 상세히 다루었다.

1) 유체 (Fluid)

건축설비에서 여러 종류의 유체를 취급하는데 예를 들면 물, 가스, 공기, 증기 등이 있다. 이러한 유체는 외부로부터 전단력을 받으면 연속적으로 변형하는 물질로서 단지 운동상태에서만 전단응력과 평형을 이룬다. 또한 유체는 분자간의 응집력이 고체보다 작기 때문에 용기에 따라서 형상이 결정된다. 그리고 유체의 흐름은 점성으로 인해 마찰이 발생된다. 이러한 유체를 점성유체라 한다.

(1) 유체의 물리량

① 밀도(Density : ρ), 비중량(Specific Weight : γ), 비체적(Specific Volume : υ)
밀도(Density) ρ는 단위 체적당 질량을, 비중량(Specific Weight) γ는 단위 체적당의 중량을, 그리고 비체적(Specific Volume) υ는 단위 질량당의 체적을 나타내며 다음과 같이 표시된다.

$$\rho = \frac{m}{V}(kg/m^3)$$

$$r = \frac{\omega}{V}\ (\mathrm{kgf/m^3})$$

$$v = \frac{V}{m} = \frac{1}{\rho}(\mathrm{m^3/kg})$$

ρ : 밀도(kg/m³)

m : 질량(kg)

V : 체적(m³)

r : 비중량(kgf/m³)

ω : 중량(kgf)

v : 비체적(m³/kg)

단위에는 질량을 기본으로 한 절대 단위계와 중량을 기본으로 한 공학 단위계가 있으며, 질량과 중량의 단위를 같은 Kilogram을 사용하고 있기 때문에 매우 혼동하기 쉽다. 그래서 질량에는 kg을, 중량에는 kgf로 구분하여 사용하기도 한다. $1\mathrm{kgf} = 9.81\mathrm{m/s^2} \times 1\mathrm{kg}$의 뜻을 가지며, 이것은 9.81N과 같다. 비중량 γ와 밀도 ρ와의 관계는 $\gamma = \rho \cdot g(g = 9.81\mathrm{m/s^2})$의 관계가 있다. 중력 단위계에서는 비중량(kgf/m³)을 많이 사용하며, 세계공통의 국제단위계인 SI 단위에서는 밀도(kg/m³)를 사용한다. 비체적은 중력 단위계에서는 비중량의 역수로 SI단위에서는 밀도의 역수로 정의한다. SI단위는 근본적으로 절대단위와 동일하다.

(2) 비중(Specific Gravity : S)

같은 체적에서 물의 무게(질량, 중량)에 대한 어떤 물질의 무게를 말한다.

$$S = \frac{M}{M_w} = \frac{W}{W_w} = \frac{\rho}{\rho_w} = \frac{\gamma}{\gamma_w}$$

(3) 점성(黏性 : Viscosity)

점성은 유체에 마찰력이 생기게 하는 성질로서 유체층 사이 또는 유체와 고체면 사이에 상대운동이 생길 때 상대운동을 방해하는 성질이 있다. 액체의 점성은 온도가 증가하면 감소하고 이와 반대로 기체의 점성은 온도가 증가하면 증가한다.

Netwon의 점성법칙에 의하면 유체내에서 발생하는 전단응력은 그 유체의 속도구배 즉, 전단변형률에 비례한다.

$$\gamma = \mu \frac{du}{dy}$$

γ : 전단응력(kg/cm²)

μ : 점성계수

$\frac{du}{dy}$: 전단변형률(속도구배)

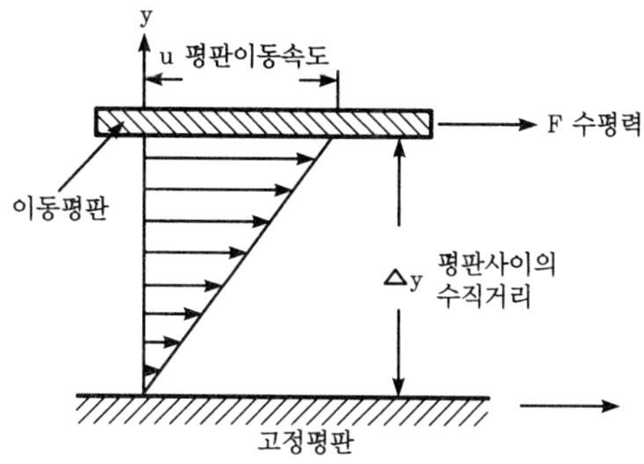

〈그림 1-1〉 유체의 전단응력

(4) 수 압(Water Pressure)

물이 용기내에 들어 있을 때 용기저면에 작용하는 수압과 수심(수두)은 P=0.1h로 나타낸다.

$P=\gamma\cdot h$	P : 압력(kg/m^2)
$P=1{,}000\cdot h$	γ : 물의 비중량(kg/m^2)
$\gamma=1{,}000kg/m^3$	h : 수심(m)

위 식에서 h를 [mm]로 표시하면 P=h′로 되며 kg/m^2는 수주로 1mm와 같다. 그러므로 수압은 1mm수주 또는 1mmAq로 적는다. P를 kg/cm^2로 나타내면 $1kg/cm^2=10{,}000kg/m^2$이므로 P′=0.1h가 되고 이때 h=10m이면 결국 $P=1kg/cm^2$이다.

(5) 1기압 (1atm)

대기의 무게 때문에 발생하는 압력을 기압이라 한다. 수은주 760mm가 누르는 압력과 같은 압력을 1기압(1atm)이라 하며 여러 가지 단위로 표시할 수 있다.
그러므로 대기층이 지표면에 미치는 압력은 다음과 같다.

1atm=760mmHg(수은주의 높이)
　　$=76\times13.6g/cm^2$(수은의 단위중량)
　　$=10.332kg/m^2$

=10,332mH₂O (물기둥의 높이)

=1.0332kg/cm² (1표준 대기압=1물리기압)

=1kg/cm² (1공업기압)

(6) 수두 (mL)

$H = \frac{P}{\gamma}$ γ : 액체의 비중량(kg/m²)

P : 압력(kg/m²)

① 액체의 깊이 또는 높이로 표시한다.
② 압력의 세기를 길이(m)로 표시한다.
③ 액체가 갖는 에너지의 크기로 표시한다.

2) 모세관 현상 (Capillary Action)

직경이 가는 관을 액체 속에 세우면 수면이 관내의 벽면을 따라 상승하거나 하강하는데 이 현상을 모세관 현상이라 한다.
모세관 현상에 의한 상승 및 하강의 높이를 구하는 식은 다음과 같다.

$$H = \frac{4\delta\cos\theta}{\gamma D}$$

$$\pi D\delta\cos\theta = \frac{\pi}{4}D^2 \cdot \gamma \cdot h$$

$$P = \gamma \cdot h$$

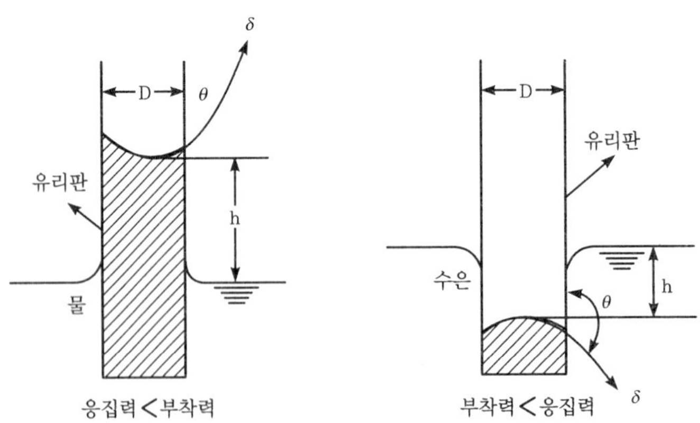

<그림 1-2> 모세관 현상

예제-01 직경이 2mm인 유리관 속을 상승하는 물의 높이는 몇 *mm*인가? (단, 표면 장력은 7.4×10^{-3}kg · f/m 이고 접촉각은 2° 이다.)

해답-01 $H=\frac{4\delta\cos\theta}{\gamma D}=\frac{4\times7.4\times10^{-3}\times\cos2°}{1{,}000\times0.002}=0.0143m=14.8mm$

3) 표면장력 (Surtace Tension : kgf/m)

표면장력은 온도의 상승과 더불어 감소하여 임계온도에서 0이 된다.
표면장력으로 인한 내부초과 압력($\Delta p=P_i-P_0$)은 다음과 같이 표시한다.

(1) 일반 표면의 경우

$$\Delta=\delta\left(\frac{1}{R_1}=\frac{1}{R_2}\right)$$

(2) 원통의 경우

$$\Delta P=\frac{\delta}{R}$$

R : 반경

R_1, R_2 : 2차곡면인 경우의 반경

4) 사이펀 (Syphon) 작용

대기압을 이용하여 굽은 관으로 높은 곳에 있는 액체를 낮은 곳으로 옮기는 장치를 사이펀(Syphon)이라 하며 그 작용을 사이펀 작용이라고 한다. 그림 1-3에서와 같이 곡관 내에 물을 채우고 그 한 쪽 끝을 용기 안의 물 속에 넣으면 용기 안의 물은 다른 한 쪽 끝으로 유출하게 되는데, 그 원리는 다음과 같다.

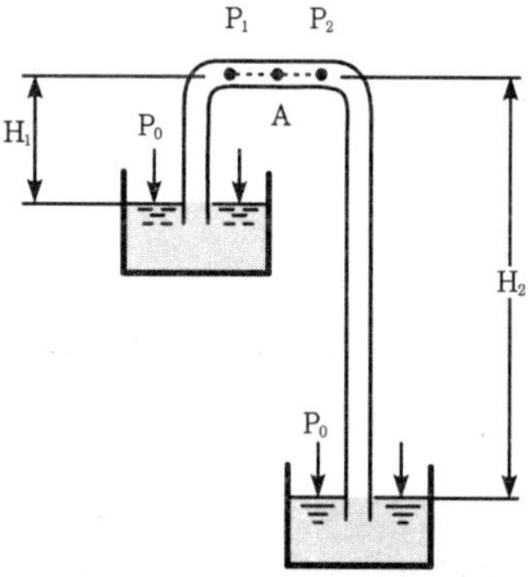

〈그림 1-3〉 사이펀작용

$$P_1=P_0-\gamma\cdot H_1$$
$$P_2=P_0-\gamma\cdot H_2$$

여기서
P_1P_2=A점을 경계로 한 점 ①, ②의 압력

P_0 =대기압

γ=용기 안의 액체의 비중

위의 식에서 $H_1 < H_2$이므로 $P_1 > P_2$이다. 따라서 압력이 큰 쪽(P_1)에서 압력이 작은 쪽(P_2)으로 물이 흐르게 된다.
사이펀 작용은 흔히 건축설비에서 하자의 원인이 되기도 하는데 사이펀 작용에 의해서 오수가 역류하여 급수관을 오염시키는 크로스 커넥션(Cross Connection) 현상과 자기 사이펀 작용에 의한 S트랩의 봉수상실원인은 사이펀 작용 때문에 발생한다.

5) 수격작용 (Water Hammering)

관로 내의 흐름을 갑자기 정지시키면 관내의 유체는 압축되어 압력이 현저히 상승한다. 또한 정지되어 있는 유체를 갑자기 흐르게 하면 압력이 저하된다. 이와 같이 관로 내의 운동상태를 급격히 변화시킴으로써 발생하는 이상압력현상을 수격작용(Water Hammering)이라 한다.
그림 1-4에서 유속 v(m/s)로 흐르고 있는 관로를 밸브 A로 갑자기 닫으면, 밸브 가까이의 유체는 압축되어 고압이 되며 이 압력상승은 압력파가 되어 일정 속도 a(m/s)로 상류에 전달되고 마침내 B점에 이른다. 이때 관내의 유체는 모두 압축되어 동일하게 압력이 상승한다. 따라서 간내의 물은 $-v$(m/s)의 유속으로 수조에 흘러 들어가려 하며 압력은 환원된다. 이것은 속도 a(m/s)의 유속을 상실하게 되므로 압력이 저하된다. 이 저압파가 상류의 점 B에 이르면 관내의 압력은 저압이므로 수조 내의 물이 관내로 흘러 유속 v(m/s)압력을 원상태로 환원시킨다. 이런 동작을 여러 번 반복하면 에너지는 마찰로 인해 상실되고 마침내 정지상태로 되돌아간다.

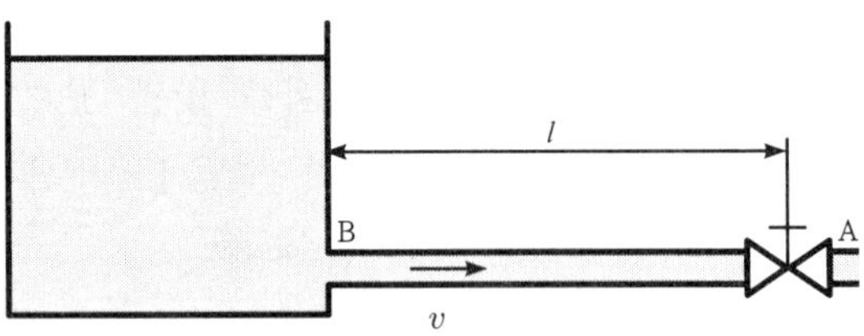

〈그림 1-4〉 수격작용

수격작용에 일어나는 이상적인 압력상승은 소음을 발생시키며 또한 관이음 및 밸브류 등을 파손시키는 경우가 있으므로 관로의 설계시 충분한 주의를 해야 한다.
시험에 따르면 관내경을 D(m), 관두께를 t(m), 재료의 종탄성계수를 E(kg/m^2)라 할 때, 15℃ 물에 대한 압력도의 전달속도는 a(m/s)는,

$$\alpha = \frac{1.425}{\sqrt{1 + \frac{2.07 \times 10^8}{E} \cdot \frac{D}{t}}} (m/s)$$

으로 나타낼 수 있다.

밸브 A에서 발생된 압력파가 상류로 전달되어 점 B에 이르고 다시 여기서 밸브 A로 되돌아 오기까지의 시간 t(s)는 관로의 길이를 l(m)로 하면,

$$t = 2\frac{l}{\alpha} (s)$$

가 된다. 여기에서 밸브 A를 닫는 데 필요한 시간인 T(s)이면, T≦t인 때를 급폐쇄라 하여 압력파가 밸브로 되돌아 오기 전에 압력상승이 일어난다. 이 압력파의 최대치 h(mAq)는 밸브를 닫기 전의 유속을 v(m/s)라 하면

$$h = \frac{\alpha \cdot v}{g} (mAq)$$ 가 된다.

또한 T>t 인 경우를 완폐쇄라 하며, 압력파는 밸브가 닫히기 전에 밸브로 되돌아와 밖으로 나가게 되므로 압력상승은 그렇게 크지 않게 된다. 따라서 수격작용의 피해를 줄이기 위해서는 밸브의 개폐를 천천히 해주면 된다.

예제-02 내경 50mm, 관두께 3mm인 강관 내를 유속 3m/s로 물이 흐르고 있을 때, 관로를 급폐쇄하면 수격작용의 압력파 최대값은 얼마가 되는가?(단, 강관의 종탄성 계수는 2.1×10^{10}kg/cm^{2}로 된다.)

해답-02 1) 압력파의 전달속도

$$\alpha = \frac{1.425}{\sqrt{1 + \frac{2.07 \times 10^8}{2.1 \times 10^{10}} \times \frac{0.05}{0.003}}} = 1.320 (m/s)$$

$$= \frac{1.425}{\sqrt{1 + \frac{2.07 \times 10^8}{2.1 \times 10^{10}} \times \frac{0.05}{0.003}}} = 1.320 (m/s)$$

2) 압력파의 최대값 $h = \frac{\alpha \cdot v}{g} = \frac{1.320 \times 3}{9.8} = 404mAq = 40.4kg/cm^2$

6) 유체의 정역학 (靜力學)

유체가 정지상태에 있으므로 생기는 힘을 유체의 정역학이라 한다.
만약 유체가 정지하고 있든가 또는 균일한 속도로 움직이면 그 유체는 전단력을 받지 않고 압력만을 받게되는 상태를 말한다.

(1) 압력 (Pressure : P)

유체의 압력은 단위면적에 작용하는 유체의 압축력 즉, 압축응력을 말한다.
이것은 특정압력을 기준하여 측정되며 절대압력과 대기압이다. 여기서 절대압력은 완전진공을 기준으로 할 때이고 국지대기압을 기준으로 측정할 때는 계기압력(Gauge Pressure)이라 한다.

$$P = \frac{F}{A}$$

F : 유체의 전압력
A : 단위면적

$$P = \lim_{\Delta A \to 0} \frac{\Delta F}{A} = \frac{\Delta F}{dA}$$

P : 한점에 작용하는 압력
ΔA : 미소 면적
ΔB : 미소면적에 작용하는 힘

어떤 크기의 압력은 절대압력을 기준으로 하거나 또는 국지 대기압을 기준으로 표시된다. 그림 1-5에서 (1)의 압력은 국지 대기압보다 낮으므로 계기압력으로 나타낼 때 빈압력(貧壓力) 또는 진공압력이라 하며 (2)의 경우는 국지 대기압보다 크므로 양(陽)의 계기압력이 된다.
절대압력＝국지 대기압＋계기압력

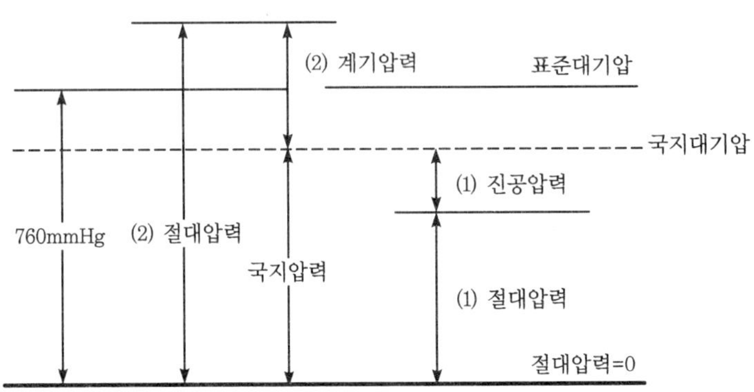

〈그림 1-5〉 절대압력

(2) 정지유체내의 압력

1) 정지하고 있는 유체 속의 한 점에 작용하는 압력의 세기는 모든 방향에서 같다.
2) 밀폐된 용기중에 정지유체의 일부에 가해진 압력은 유체중의 모든 부분에 일정하게 전달된다.
3) 수직방향의 압력변화율은 유체비중량의 크기에 비례한다.
   ① 액체의 자유표면으로부터 깊이 h되는 점의 압력 $P = \gamma \cdot h$로 나타낸다.
   ② 대기압 p_a가 작용하고 있는 자유표면에서 깊이 H되는 위치에 대한 압력(P)은 다음 식과 같다.
   (절대압력) $P = Pa + \gamma H$
   (게이지 압력) $P - Pa = \gamma H$
4) 밀폐된 용기중에 정지 유체의 압력은 정지한 유체가 단면에 작용하는 응력이 면에 수직하여 작용하는 힘으로서 다음과 같이 나타낸다.

$P = \sigma gh$ σ : 밀도 (표준상태 : 온도 15℃, 압력 1atm)
$= 102 \times 9.8 \times 10$ g : 중력가속도 ($9.8 m/sec^2$)
$= 10,000 kg/m^2$ h : 깊이(m)
$= 1 kg중/cm^2$

(3) 압력 측정계기 (액주계)

자유표면을 갖는 물의 수면 아래에서 임의점의 정수압은 수면으로부터 깊이에 의해 결정되지만 관로와 같이 폐합(閉合)된 수로에 물이 흐를 때 압력의 측정은 별도 측정용 계기 즉 액주계(液柱計)로 한다.

1) 피에조 미터(Piezometer)

탱크나 관측의 작은 유체압을 측정하는 데는 피에조 미터인 계기가 사용된다. 이것은 관로내의 압력이 작을 때 압력의 측정에 편리하여 액주계의 액체가 유체와 같은 경우에 사용된다. 장치는 관의 벽에 구멍을 뚫고 약 3.2mm 이내의 꼭지를 관로 내벽의 곡면과 일치시킨다.

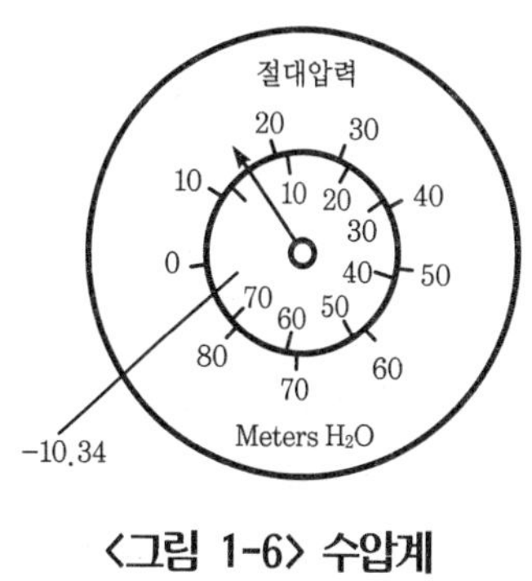

〈그림 1-6〉 수압계

① A점의 절대압력(P_A)

$P_A = P_a + \gamma h = P_a + \gamma(h' - y)$

① B점의 절대압력(P_B)

$P_B = P_a + \gamma h'$

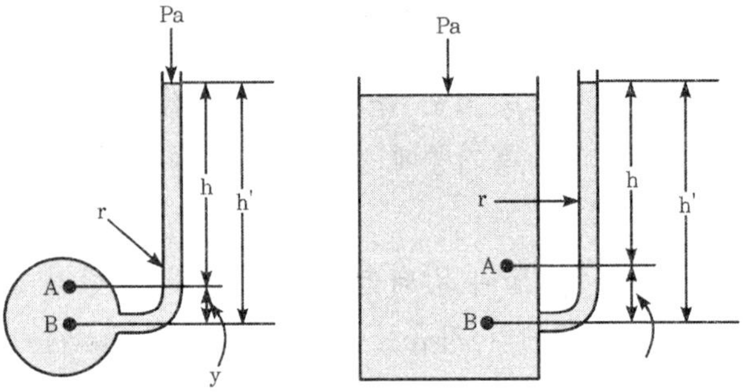

〈그림 1-7〉 피에조 미터

2) 마노미터 (Manometer)

액주계(液柱計)의 액체가 유체와 다른 경우에 사용하는 압력계로서 비중을 알고 있는 유체가 들어 있는 U자형의 가는 유리관을 그림 1-8과 같이 연결하여 액주계의 양단이 각각 다른 압력을 받고 있는 점에 연결되어 두 점간의 압력차를 측정하여, 주로 관로의 한 단면에서의 압력 또는 단면간의 압력차를 측정하는데 사용된다.

U자관 마노미터에서

동일 수평면상의 압력을 P_1, P_2라 하면 이때 유체의 상태는 정지유체이므로

$P_1 = P_2$

$P + \gamma_1 h_1 = P_a + \gamma_2 h_2$

$\therefore\ P = Pa + (\gamma_2 h_2 - \gamma_1 h_1)$가 된다.

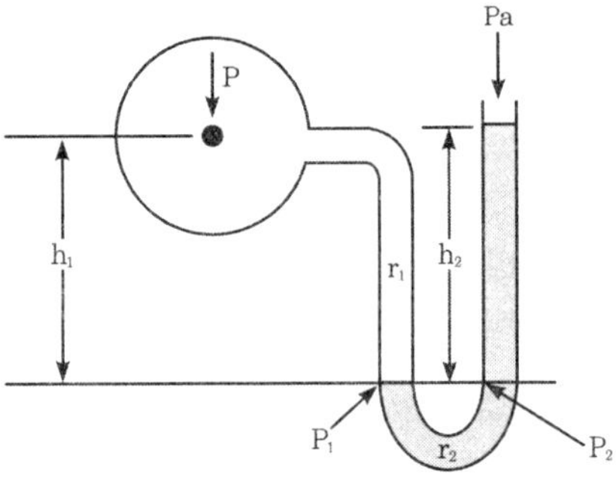

〈그림 1-8〉 마노미터

(4) 수면에 연직인 평면에 작용하는 힘

수중의 평면에 작용하는 정수압으로 인한 힘의 크기와 작용방향 및 작용점을 결정하는 문제는 건축설비에서 수조를 설계함에 있어서 대단히 중요하다.

수면에 연적인 평면에서 경사각 a=90° 이므로 작용하는 힘의 크기와 작용점은 다음과 같다.

$P = \gamma \cdot A \cdot h_G \cdot \sin\alpha$

$= \gamma \cdot A \cdot h_G \cdot \sin 90°$

$= P \cdot A$

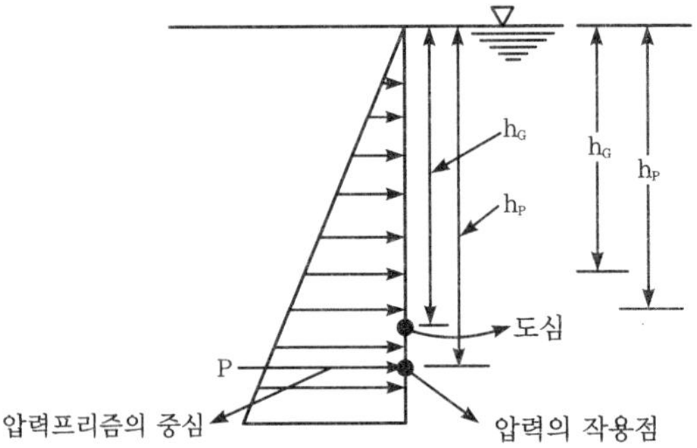

〈그림 1-9〉 수압의 작용점

$=\gamma \cdot h_G \cdot A$(연직면의 전압력)

$$h_p = h_G + \frac{L_G}{h_G A}\text{(작용점)}$$

여기서 A는 수면에 연직인 면의 면적이다.

예제-03 그림 1-10과 같이 수조의 폭이 3m일 때 작용하는 힘과 작용점을 구하여라.

해답-03 ① 좌측으로부터 수조벽에 작용하는 힘 : P_1

$P_1=\gamma h_{G1} A_1=1\times2\times(4\times3)=24ton$

② 좌측으로부터 수조벽에 작용하는 작용점 : hP_1

$$hP_1 = 2+\frac{3\times\frac{(4)^3}{12}}{2\times(4\times3)} = 2.67m$$

③ 우측으로부터 수조벽에 작용하는 힘 : P_2

$P_2=\gamma h_{G2}A_2=1\times1.25\times(3.\times2.5)=9.38ton$

④ 우측으로부터 수조벽에 자공하는 작용점 : hP_2

$$hP_2 = 1.25+\frac{3\times\frac{(2.5)^3}{12}}{1.25\times(3\times2.5)} = 1.67m$$

⑤ 수조벽에 작용하는 힘

$P=P_1-P_2=24-9.38=14.62ton(\rightarrow)$

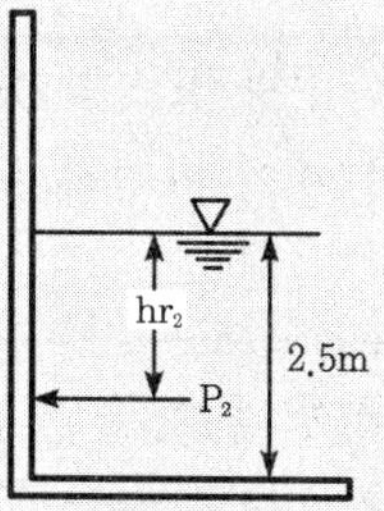

〈그림 1-10〉 수조벽의 작용힘

(5) 원형관의 벽에 작용하는 동수압

원형관내에 물이 흐르면 관내벽에는 흐르는 물로 인해 압력이 작용하며, 관의 벽은 인장력을 받는다.

이 동수압으로 인해 관의 벽이 받는 힘의 곡면에 작용하는 정수압의 수평분력을 계산하는 원리를 적용하면 계산이 가능하며 결국 관재료의 인장력이 이 힘에 저장하는 힘이 된다.

D : 관의 내경

l : 관의 길이

P : 관내의 동수압

p : 동수압이 관의 절반단면에 미치는 힘

T : 관벽면의 인장력

원형관은 대칭이므로 도관의 절반에 대해서 고려하면

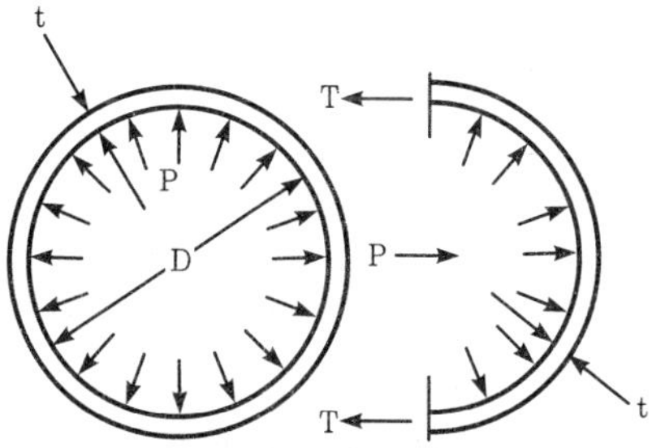

〈그림 1-11〉 원형관의 동수압

$l\frac{2T}{PD}$ $2T = P = pDl$

δ : 관의 인장 응력

t : 관의 두께

$T = \delta \cdot t \cdot \ell$

$\delta_t = \frac{PD}{2}$

관의 설계에서 δ_{ra}를 대입하면 관재료의 두께를 구할 수 있으며 구하는 식은 다음과 같다.

$t = \frac{PD}{2\delta_{ta}}$

이것을 주장력(周張力)공식이라 한다.

여기서 관의 관경과 동수압이 결정되면 이때 관의 두께를 구할 수 있다.

예제-03 수두 50m의 수압을 받는 수압관의 내경을 800A라 하면 강관의 두께는 얼마인가? (단, $\delta ta = 1{,}400kg/cm^2$이다.)

해답-03 $r = 1{,}000kg/m^3$

$h = 50m$

$D = 800mm = 80cm$

$P = rh = 1{,}000 \times 50 = 50{,}000kg/m^2 = 5kg/cm^2$

$t = \frac{5 \times 80}{2 \times 1,400} = 0.143cm$

3) 유체의 동역학

유체의 흐름에 있어서 흐르는 물을 구성하고 있는 개개의 입자는 속도와 가속도를 가지게 되며 유체의 흐름특성이 시간에 따라서 변화의 유무에 정상류(定常流)와 부정류(不定流)로 구분된다.

① 정상류(Steady Flow) : 유체흐름의 모든 특성이 임의의 점에서 시간의 경과에 따라 변화하지 않는 흐름을 말한다.

② 부정류(Unsteady Flow) : 유체의 흐름 특성이 시간의 경과에 따라 변하는 흐름을 말한다. 만약 흐름의 임의단면에서 밀도, 유속, 온도 등의 흐름 특성중 어느 한가지의 특성이 변한다면

부정류로 분류된다.

예를 들면 수조에 연결된 관로에 부착된 밸브를 개폐하는 순간의 출수(出水)는 부정류이나 밸브의 개구(開口)를 일정하게 하면 정상류가 된다.

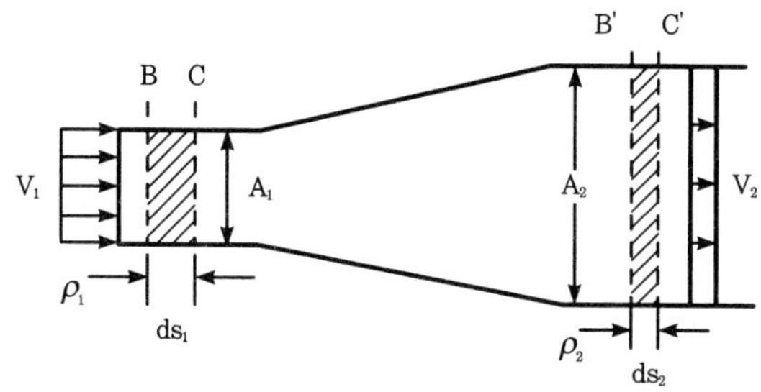

<그림 1-12> 유속과 관의 단면적

유체의 흐름에서 운동하고 있는 유체의 입자가 흐르는 경로를 유적선(流跡線 : Stream Path Line)이라 하며 유체의 흐름에 있어서 모든 점에서 속도 벡터의 방향을 갖는 연속적인 선을 유선(Stream Line)이라 한다.
정상류에 있어서 유관의 모든 단면적을 지나는 질량유량(Mass Flowrate)은 항상 일정하다. 만약 유체의 밀도가 일정하다고 가정하면 이 유체는 비압축성 유체로 간주되며 $A_1V_1=A_2V_2=Q$로 표시된다.
여기서 Q는 체적유량(Volume Flowrate)으로서 유량(流量 : Flowrate, Discharge)이라 하며 단위는 m^3/sec로 표시된다.

$\rho_1 = vA_1dS_1 = \rho_1A_2dS_2$

$\rho_1A_1 = \rho_2A_2V_2$(1차원 정상류의 연속방정식)

$\rho AV = Constant$(일정)

$d(\rho AV) = 0$

윗식에서 양변에 중력가속도 g를 곱하면 $\gamma = \dfrac{\rho}{g}$이므로

$G = \gamma_1A_1V_1 = \gamma_1A_1V_1$(ton/sec)이다.
여기서 G는 중량 유량(Weight Flowrate)이다.

(1) 베루누이 (Bernoulli) 정리

관속에 물이 정상흐름으로 유선운동을 한다고 가정하면 같은 유선상의 각 점에 있어서의 압력수두, 속도수두, 고도수두(위치수두)의 합은 항상 일정함을 뜻한다.

압력+운동에너지+위치에너지=일정

$$P+\frac{1}{2}\rho V^2+\rho gh=C$$

V : 유속(m/sec)

ρ : 유체의 밀도(g/cm^3)

g : 중력가속도(m/sec^2)

h : 수두(m)

ρgh : 단위 부피의 위치에너지

C : Constant(일정)

아래에 있는 베르누이의 에너지 방정식에서 P/γ를 압력수두(Pressure Head), $V^2/2g$을 속도수두(Velocity Head), Z를 위치수두(Potential Head)라 하며 또한 H를 전수도(Total Head)라 한다. 이 전수도(全水頭) H는 모든 단면에서 일정한 값으로 표시된다. 이와 같이 각 단면에서의 전수두를 연결하는 선의 수평기준면과 나란한 평행선이며 이를 에너지선(Energy Line)이라 하고 한편 압력수두를 연결한 선을 동수경사선(動水傾斜線)이라 부른다.

그림 1-13에서 단면 1과 단면 2 사이에 베루누이 방정식을 적용하면 다음과 같다.

(압력수두) (속도수두) (위치수두)

$$\frac{P_1}{\gamma_1}+\frac{V_1^2}{2g}+Z_1=\frac{P_2}{\gamma_2}+\frac{V_2^2}{2g}+Z_2$$

윗 식에서 각 항을 압력으로 표시하기 위하여 식의 양변에 γ을 곱하면 $\rho=\frac{\gamma}{g}$이고,

$P=\gamma \cdot h$ 이므로

$$P_1+\frac{\rho V_1^2}{2}+\gamma Z_1=P_2+\frac{\rho V_2^2}{2}+\gamma Z_1$$

여기서 P는 정압력, $\frac{\rho V_1^2}{2}$은 동압력, Z는 위치압력이라 부른다.

수조내의 수면을 수평기준이라 가정하면 수면에서의 전수두 H(m)는

$H=\frac{P}{\gamma}+\frac{V^2}{2g}+Z=0$이 된다.

여기서 $\frac{P}{\rho}$: 압력수두(Pressure Head)

$\frac{V_2}{2g}$: 속도수두(Velocity Head)

Z : 위치수두(Potential Head)

H : 전수도(Total Head)

γ : 유체의 비중량(Specific Weight) : kg/m^3

베르누이의 정리에서 가정하는 사항은 유체의 흐름이 정상류이어야 하며 마찰에 의한 에너지 손실이 없는 이상유체인 동시에 비압축성 유체의 흐름이어야 한다.

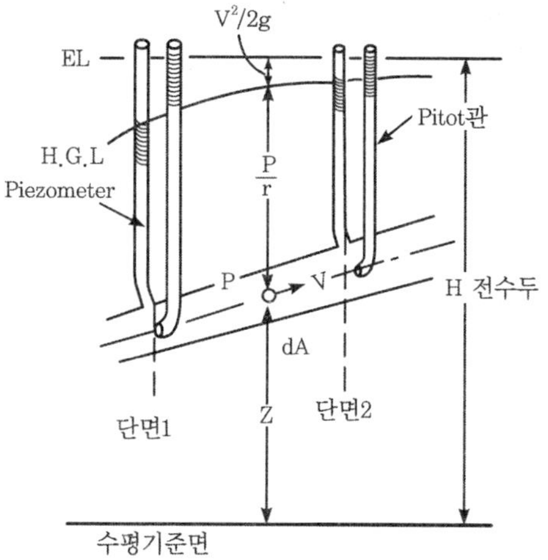

〈그림 1-13〉 베르누이의 정리

> **예제-04** 내경이 일정한 배관내에 물이 흐를 때 그림 1-14에서 A, B, C, D 점의 압력수두를 각각 구하라. (단, 관내마찰은 무시한다.)

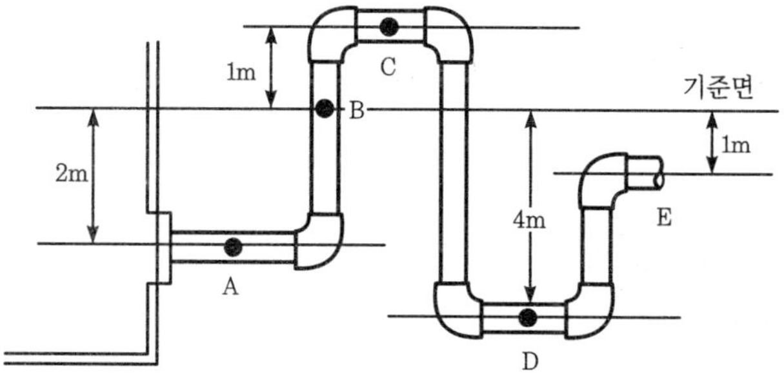

〈그림 1-14〉 위치수두

해답-04 ① 수조내의 수면을 수평기준이라 가정하면 수면에서의 전수두(Hm)는

$$H=\frac{P}{\gamma}+\frac{V^2}{2g}+Z=0$$ 이다.

② 따라서 임의 점에 대한 압력수두는

$$\frac{P}{\gamma}=\frac{V^2}{2g}-Z$$ 이다.

그런데 E점은 대기와 접하고 있으므로 $\frac{P}{\gamma}=0$이고, $Z=-1$m이므로 윗 식에서

$$\frac{V^2}{2g}=-Z=1$$ 이 된다.

배관의 내경은 일정하므로 흐름이 정상류이라면 이때 유량도 일정하고 또한 유속도 일정하다. 따라서 속도수두 $\frac{V_2}{2g}=1$m로 항상 일정하다.

이와 같이 각 점의 압력수두는 다음과 같이 계산된다.

A점 $\frac{P_A}{\gamma}=-1+2=1$m

B점 $\frac{P_B}{\gamma}=-1-0=-1$m

C점 $\frac{P_C}{\gamma}=-1-1=-2$m

D점 $\frac{P_D}{\gamma}=-1+4=-3$m

(2) 토리첼리 (Torricelli)의 정리

베르누이정리에서 토리첼리의 정리가 유도된다. 그러므로 토리첼리의 정리는 베르누이 방정식의 응용으로 설명될 수 있다.

수조에 구멍을 뚫고 그 구멍으로부터 수조의 수면까지를 h라 하면 구멍에서 나오는 물의 속도는 다음과 같이 구할 수 있다.

(정압력) (동압력) (위치압력)

$P_1+\frac{\rho V_1^2}{2}+\gamma Z_1=P_2+\frac{\rho V_2^2}{2}+\gamma Z_2$식에 $\rho=\frac{\gamma}{g}$ 을 대입하면 에너지 방정식을 압력으로 나타낸 공식은

$P_1+\frac{V_1^2}{2g}\gamma_1+h_1\gamma_1=P_2+\frac{V_i^2}{2g}\gamma^2+h_2\gamma_2$ 가 된다.

여기서 $P_1=P_2$(대기압)

$V_1=0$

$\gamma_1 = \gamma_2 = \gamma$

$h_1 - h_2 = h$이므로

$$h_1\gamma = \frac{V_2^2}{2g}\gamma + \gamma h_2$$

$$h_1 - h_2 = \frac{V_2^2}{2g}$$

$$h = \frac{V_2^2}{2g}$$

$2gh = V_2^2$가 된다.

$\therefore V_2 = \sqrt{2gh}$ (h : 정수두)

토리첼리의 정리는 정수두하에 있는 작은 오리피스(Orifice)를 통한 이상유체 흐름의 평균 유속 V는 정수두 h의 평방근에 비례한다. 즉 $V = \sqrt{2gh}$이다. 여기에 구멍의 단면적을 곱하면 유출량($Q = AV_2$)도 구할 수 있다.

실제로 물이 흘러나올 때 구멍의 형상에 따라 저항손실이 발생하기 때문에 이것을 k라 하면 $V = k\sqrt{2gh}$로 되고 또한 $k<1$이므로 실제 유출량은 이론적인 값보다 반드시 적게 된다.

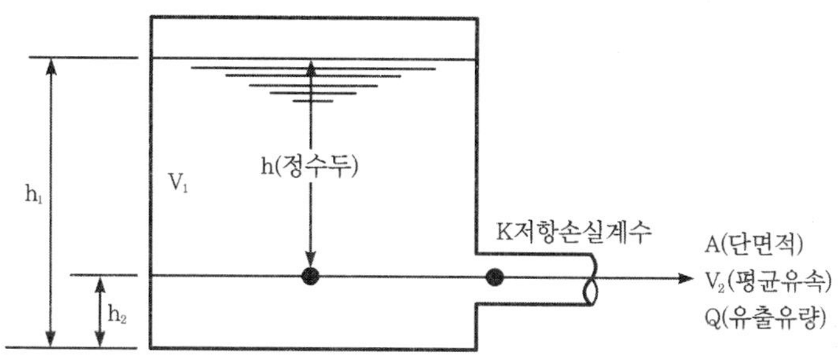

<그림 1-15> 오리피스

예제-05 그림 1-16에서 수조의 측벽에 직경 10cm의 원형구멍을 뚫어 물이 분출될 때 이 분출유량을 계산하라.(단, 수조내의 물은 수심이 5m로 일정하게 유지되는 것으로 가정한다.)

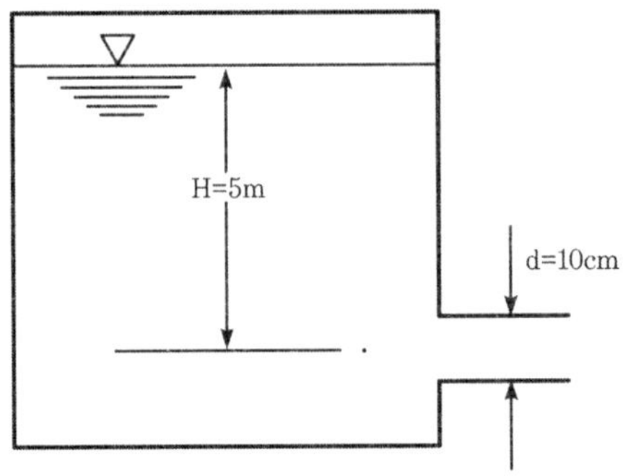

〈그림 1-16〉 수조

해답-05 $V = \sqrt{2gh} = \sqrt{2 \times 9.8 \times 5} = 9.9m/sec$

$A = \frac{\pi}{4}(0.1)^2 = 0.00785m^2$(유로의 단면적)

$Q = AV = 0.00785 \times 9.9 = 0.078m^3/sec$

(3) 벤츄리 미터(Venturi Meter)

벤츄리 미터(Venturi Meter)도 관내 유속 또는 유량을 측정하기 위하여 베르누이 방정식을 응용하는 유체계기이다. 측정하고자 하는 관의 직경과 동일한 상류측 단면으로 관에 연결하고 축소후 확관된 하류측관에 입구부와 목부분에 시차액주계(示差液柱計)를 연결하여 두단면간의 압력차로 측정한다.

벤츄리 관(Venturi Tube)은 관직경의 약 30배가 되는 직선관을 상류부에 가져야 하며 한편 목부분의 직경은 일반적으로 입구부 직경의 약 1/2~1/4 정도로 하고 단면의 축소각은 21° 정도가 좋고 확대각은 5~9° 정도이다.

벤츄리 미터의 중립축을 기준면으로 하여 단면 1, 2 사이에 베르누이 방정식을 적용하면

$\frac{P_1}{\gamma_1} + \frac{V_1^2}{2}g + Z_1 = \frac{P_2}{\gamma_2} + \frac{V_2^2}{2g} + Z_2$가 된다.

(압력수두) (속도수두) (위치수두)

여기서 Z_1, Z_2=0이다.

전수두(H)는 $\frac{V_1^2}{2g} - \frac{V_2^2}{2g} = \frac{P_2}{\gamma_2} - \frac{P_1}{\gamma_1}$ 가 된다.

연속방정식에 의하면 $Q=A_1V_1=A_2V_2$ 이므로 $V_1=\frac{A_2V_2}{A_1}$을 $V_2=\frac{A_1V_1}{A_2}$의 항으로 표시하여 윗 식에 대입한 후 V_2에 관하여 정리하면

$$V_2\frac{1}{\sqrt{1-\left(\frac{A_2}{A_1}\right)^2}}\sqrt{2g\left(P_1-\frac{P_2}{\gamma}\right)}$$

여기서 $(P_1-P_2)/\gamma=\Delta h$는 단면 1과 2 즉 두 단면 사이의 압력수두차이므로 시차(視差)액 주계로부터 구할 수 있고, A1, A2는 벤츄리 미터의 크기에 따라 결정되므로 윗 식에서 V2를 계산할 수 있다. 그리고 유량도 측정할 수 있다. 즉 $Q=A_2V_2$에 V_2를 대입하면

$$Q=A_2V_2=\frac{A_2}{\sqrt{1-\left(\frac{A_2}{A_2}\right)^2}}\sqrt{2g\Delta h}$$

$$=\frac{A_1A_2}{\sqrt{A_1^2-A_2^2}}\sqrt{2g\Delta h}$$ 가 된다.

그림 1-18과 같이 벤츄리 관(Venturi Tube)에서 동일수면이므로 h1=h2=0이다.

$$\rho gh_1+p_1+\frac{1}{2}\rho V_1^2=\rho gh^2+p_2+\frac{1}{\rho V_2^2}$$

$V_1 > V_2$ 이면

$\frac{1}{2}\rho V_1^2>\frac{1}{2}\rho V_2^2$이므로

$\rho_1+\frac{1}{2}\rho V_1^2=p_2+\frac{1}{2}\rho V_2^2$ 가 되려면

$\rho_1<\rho_2$ 되어야 한다.

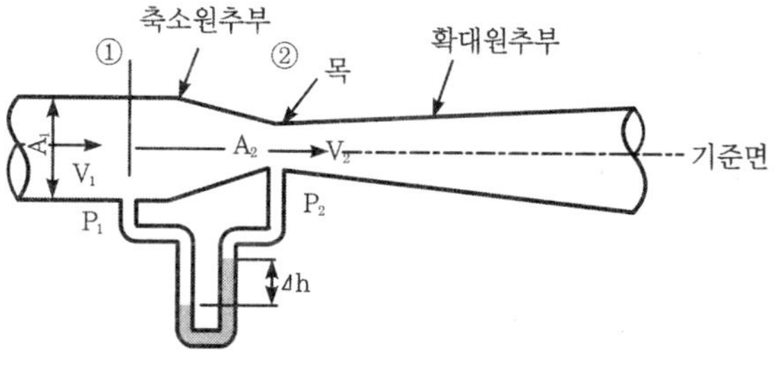

<그림 1-17> 시차액주계

벤츄리관은 관내흐름의 평균유속을 구하고 유관에서 가는 곳의 유속은 굵은 곳보다 빠르고 가는 곳의 압력은 굵은 곳보다 작다.

벤츄리관의 점 A, B에서 유체가 수로의 한 단면을 단위시간에 통과하는 유량은 일정하다.
$Q=V_1A_1=V_2A_2$
그러므로 수로의 한 단면을 단위시간에 통과한 유량은 유속과 유속의 곱으로 나타낸다.

Q=AV에 $A=\frac{\pi d^2}{4}$ (원형 유로의 단면적)을 A대신에 대입하여 d에 관해서 정리하면 관경을 구하는 식은 다음과 같다.

$$d=\sqrt{\frac{4Q}{V\pi}} \qquad Q : \text{유량}(m^3/sec)$$

$$=1.13\sqrt{\frac{Q}{V}}$$

V : 유속(m/sec)
d : 관경(m)
A : 유적(m2)

(4) 기계적 에너지를 포함한 베르누이 방정식

유체의 흐름에 기계적인 에너지가 포함되면 이 에너지항을 베르누이 방정식에 추가해 주어야 한다.
만약 펌프에 의하여 유체 흐름에 에너지가 가해지면 베르누이 방정식은 다음과 같이 표시된다.

$$\frac{P_1}{\gamma_1}+\frac{V_1^2}{2g}+Z_1+E_p=\frac{P_2}{\gamma_2}+\frac{V_2^2}{2g}+Z_2$$

여기서 E_p는 펌프에 의하여 단면 1, 2 사이의 유체에 가해진 단위 무게당의 에너지를 표시하면 E_p가 가해진 지점에서의 에너지선은 E_P만큼 급상승하게 된다.
펌프에 의한 기계적 에너지의 가감은 동력(Power)으로 표시되며 이 중량유량(kg/sec)과 유체 단위중량당의 에너지(kg-m/kg)의 적(積)으로 표시되고 또한 사용하는 단위에 따라 다음과 같은 식에 의해 계산된다.

M.K.S계 $\text{동력}=\frac{\gamma QE}{102.04}=9.8QE(kw)$

$\text{동력}=\frac{\gamma QE}{75}=13.33QE(kw)$

γ : 물의 단위체적중량(1,000kg/m^3)
Q : 유량(m^3/sec)
E : 펌프에 의한 단위중량당의 에너지(수두m)

예제-06 그림 1-18 수조와 같이 수조의 하부로부터 20m 위에 있는 수조에 매초 0.3m^3/sec의 물을 양수하는데 필요한 양수펌프의 소요출력(kw)을 계산하라. (단, 펌프의 효율은 80%이다.)

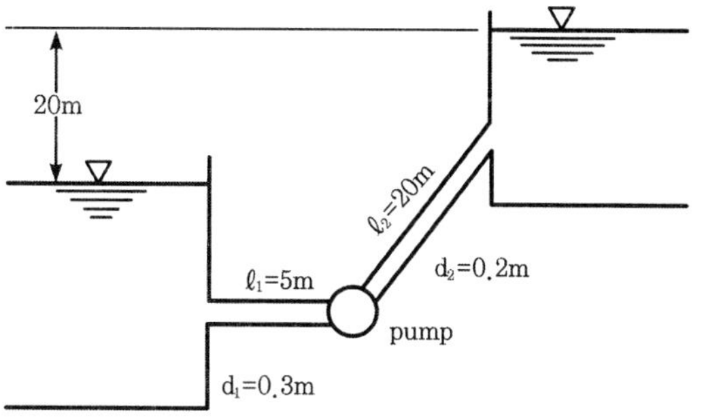

<그림 1-18> 수조

해답-06 저수조의 수면을 기준면으로 하여 양수조의 수면 사이에 베르누이 방정식

$\frac{\rho_1}{\gamma_1}+\frac{V_1^2}{2g}+Z_1+E_\rho=\frac{\rho_2}{\gamma_2}+\frac{V_2^2}{2g}+Z_2$를 적용하면 $0+0+0+E_p=0+0+20$

이므로 E_p=20m이다.

동력$=\frac{\gamma QE}{102.44}=9.8QE(kw)$

$=9.8\times0.3\times20=58.8kw$

여기서 펌프의 실소요 동력을 계산하기 위하여 윗 식에서 계산한 58.8kw에 펌프의 효율로 나누면 결국 실소요 동력은 $\frac{58.8}{0.8}=83.5$kw가 된다.

(5) 연속 방정식

1) 정상류의 연속방정식

$\rho_1A_1V_1=\rho_2A_2V_2=M$(질량 유량 kg/sec)

$\gamma_1A_1V_1=\gamma_2A_2V_2=M$(질량 유량 kg/sec)

$\rho=\frac{\gamma}{g}$

$A_1V_1=A_2V_2=G$(체적 유량 m^3/sec)

2) 베루누이 정리

$$\frac{P}{\gamma}+\frac{V^2}{2g}+Z=H$$ (비압축성 유체)

(압력수두) (속도수두) (위치수두) (전수두)

압력수두+위치수두=속력 구배선(H.GL)

압력수두+속도수두+위치수두=에너지선(E.L)

$\gamma=\rho g$에서

$$\frac{P}{\rho g}+\frac{V^2}{2g}+Z=H$$ 양변에 g를 곱하면

$$\frac{P}{\rho}+\frac{V^2}{2}+gZ=C$$

$$\int\frac{dP}{\rho}+\int VdV+\int gdZ=C$$

$$\frac{dP}{\rho}+VdV+gdZ=0$$ 오일러식(압축성유체)

(6) 마찰 손실수두 (Friction Loss Head)

유체가 관로내를 흐를 때, 관내면에 닿은 유체의 분자는 유체 상호간, 혹은 유체와 내벽과의 마찰로 인해 유체가 갖고 있는 에너지의 일부가 소모된다. 이를 마찰손실이라 하는데, 그 주요 원인은 다음과 같다.

① 관내에서 유체와 관내벽과의 마찰에 의한 것
② 유체의 점성에 의한 것
③ 유체의 난류에 의한 것
④ 관의 축소, 확대에 의한 것
⑤ 관의 굴곡부분에 의한 것
⑥ 배관 중의 밸브, 이음쇠류 등에 의한 것

이 가운데서 ①~③에 의한 마찰 손실을 직관(관내)마찰 손실 수두라 하며, ④~⑥에 의한 것을 국부저항손실수두라고 한다. 유체의 마찰은 물과 접촉된 고체 표면의 면적, 거친 정도, 속도의 제곱에 정비례한다. 접촉면의 면적 $s(m^2)$, $v(m/s)$, 접촉면의 거칠기 계수를 f라 하면 마찰손실수두 h는 다음과 같다.

$R=sf\,v^2(kg)$

$f = \frac{1}{\gamma}(P_1 - P_2)$관의 단면적을 A라 하면

$R = P_1A - P_2A$

$A(P_1 - P_2) = s f v^2, h = \frac{s f v^2}{\gamma} A, h\gamma = \frac{\pi d^2}{4} = f\pi d l v^2$

$\therefore h = \frac{P_1}{\gamma} - \frac{P_2}{\gamma} = f\frac{\ell}{d} \cdot \frac{v^2}{2g}(m)$

$\left(f = \frac{8gf}{\gamma}\right)$

h : 마찰 손실 수두(m)

l : 관의 길이(m) d : 관의 직경(m)

v : 유속(m/sec) g : 중력 가속도($9.8m/sec^2$)

f : 손실 계수 γ : 물의 비중량(kg/m^3)

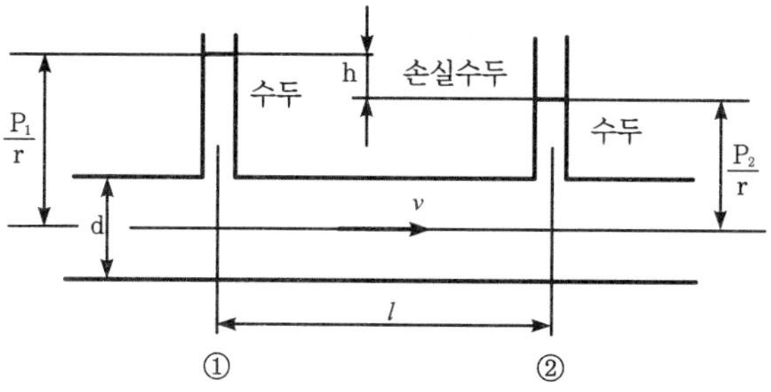

<그림 1-19> 마찰 손실 수두

7) 열역학의 법칙

(1) 열역학 제1법칙

열역학(Thermo Dynamics)이란 열과 일에 관한 학문을 말하는데 '원래 열과 일은 같은 것으로서 열을 일로 바꿀 수도 있고, 일을 열로 바꿀 수도 있다.'라는 것이 열역학 제1법칙이다. 보일러에 석탄을 때면 열이 발생하고 그 열로 증기 터어빈을 움직인다는 일을 달성시킬 수 있는데 이것은 열이 일로 바뀐다는 좋은 본보기라 할 수 있다. 또 냉장고에서는 콤프레서에 의하여 냉매의 증기를 압축한다는 일이 결국은 냉장고 속을 식히는 것, 즉 냉장고내의 식품에서 열을 빼앗게 되어 있는데 이것은 일이 열로 바뀌는 예이다.

(2) 열역학 제2법칙

제1법칙에서는 열을 일로 바꿀 수 있다고 했으나 제2법칙에서는 그 양적인 것을 문제 삼되 주어진 열량이 모두 일로 바꾸어지는 것이 아니라 열이 일로 전환될 때는 얼마 간의 손실이 따른다는 것을 말하는 것이다. 따라서 주어진 열 Q_1 가운데 Q_2 만큼은 열이 버려지고 실제로 유효하게 일 L로 바뀌는 열은 AL인 셈이다. 즉, $Q=Q_2+AL$이다.
이때 주어진 열 Q_1에 대하여 유효하게 일로 바뀐 열 AL과의 비를 열효율 η라 한다.

$$\eta=\frac{AL}{Q_1}=\frac{Q_1-Q_2}{Q_1}$$

제 2 장

급수설비(給水設備)

급수설비는 각종 건물내에서 필요한 물을 공급하는 설비로서 음료수 공급설비에 있어선 수원으로부터 급수전 등에 공급될 때까지 물이 오염되지 않고 양질의 수질을 유지하도록 계획하여야 한다. 본 단원에서는 급수량을 산정하여 적절한 급수방식의 채택과 각종 수조의 용량 및 급수관경을 결정할 수 있도록 서술하였다.

2.1 물의 성질

1) 물의 무게

물의 무게는 압력과 온도에 따라 다소 차이가 있으나, 1기압하에서 4℃일 때에 최대가 되고 그 부피는 최소가 된다. 순수한 물의 무게는 $1g/cm^3$, $1,000cm^3/\ell$, $1kg/\ell$, $1,000kg/m^3$, $1t/m^3$로 표시된다. 일반적으로 온도의 영향을 생각하지 않고 4℃ 물의 무게를 기준값으로 사용한다.

2) 물의 부피

물의 부피는 온도 변화에 따라 달라진다. 대기압하에서 0℃로 되면 얼음으로 상태변화가 생기면서 약 9% 팽창하고, 그 때의 팽창력은 약 $250kg/cm^2$라는 큰 값이며 한냉지에서 설비배관 파열의 원인이 된다. 그리고 4℃의 물을 100℃까지 높였을 때 부피는 약 4.3% 팽창한다.

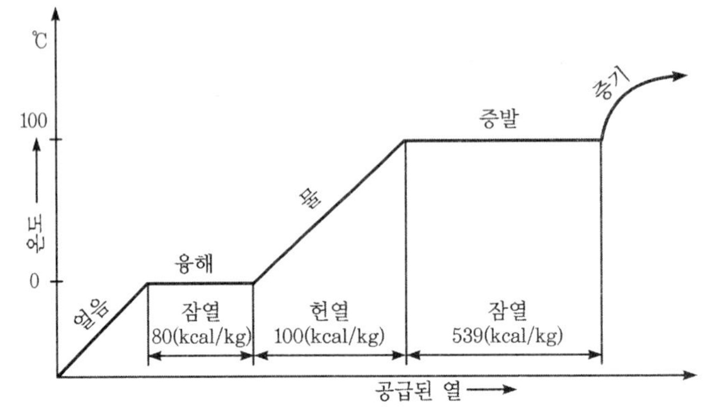

〈그림 2-1〉 순수한 물의 상태변화도

또는 100℃의 물의 증기로 변할 때 그 체적 팽창은 약 1,700배에 이른다. 밀폐된 장치내에서 물을 가열하면 온도는 100℃ 이상이 되면서 액체상태의 고온수가 된다. 이와 같은 물의 상태변화는 그림 2-1과 같이 나타낸다. 건축설비의 지역난방에서는 100~180℃의 고온수가 쓰인다.

3) 수압과 수두

수압이란 수면에서 어느 정도의 거리에 있는 위치에서 단위면적에 가해지는 압력이며, 수면으로부터의 깊이에 비례한다. 이것을 식으로 나타내면 다음과 같다.

$P=\gamma \cdot H$

여기서 P : 수압(kg/cm^2), γ : 물의 비중량(kg/cm^3), H : 수심(m)
이 식에서 수압을 kg/cm^2의 단위로 나타내면 다음의 식으로 한다.

$$P=1{,}000(kg/m^3)\times H(m)$$

$$=\frac{1{,}000}{10{,}000}H(kg/cm^2)$$

$$=0.1H(kg/cm^2)$$

또한 수압은 물기둥의 높이로도 나타낼 수 있으므로 윗 식의 H를 수두 또는 정수두라고 하며 그 단위는 주로 mmAq를 사용한다.
Aq(Aqua)의 단위와 일반적인 수압의 단위와의 관계는 다음과 같이 나타낸다.

$1mAq=0.1kg/cm^2$

$1kg/cm^2=10mAq$

2.2 생활과 사용수량

일상생활에서 물의 사용량은 그 나라 문화의 수준을 나타내는 척도가 될 수 있으며 문화의 정도, 계절, 기후 등에 따라 달라진다. 기본계획 수량은 1인 1일 평균사용 수량을 기준으로 하며, 하수도 시설의 지역은 200~300ℓ/d, 그 밖의 기타 지역은 100~200ℓ/d 정도이다.
물의 사용량은 계절별로 연간 7~8월이 최고인, 반면 1~2월이 최저이다.
1일주에서 최대사용시를 피크 아워(Peak Hour)라 하고 피크 로드(Peak Load)는 피크아워의 사용수량으로서 1일 사용수량의 10~20% 정도이다.

1일 최대 급수량=1인1일 최대급수량×계획급수 인구

이 1일 최대 급수량은 상수도 시설의 규모를 결정하는 기준이 된다.
상수도는 도시 집단 생활을 하는 주민들에게 일상생활에 안전하고 편리하게 물을 사용할 수 있도록 충분한 물을 지속적으로 공급하는 시설로서 수원(水源)이 매우 중요하며 그 기설 기준은 다음과 같다.

1) 수원(水源)의 시설기준

1) 양질의 원수(源水) 확보
2) 갈수기의 충분한 저수 능력
3) 관로와 양수 펌프 시설
4) 정수(淨水) 시설의 확보

2) 상수도 계통

상수도의 계통에서 저수시설로부터 정수시설까지 원수를 끄는 도수(導水)시설은 양수펌프 시설과 도수관으로 구성되며 관재료는 주로 주철관, 강관, 흄(Home)관 등이 사용된다.
도수관의 평균 유속은 표준적으로 강관과 주철관일 때 6m/sec 정도이고, 최소 0.3m/sec 이다.
상수도의 경로를 도식화하여 그 계통을 관찰해 보면 건축물에 물이 급수되기까지에는 많은 시설이 필요함을 알게 될 것이다. 상수도의 계통은 다음 <그림 2-2>와 같다.

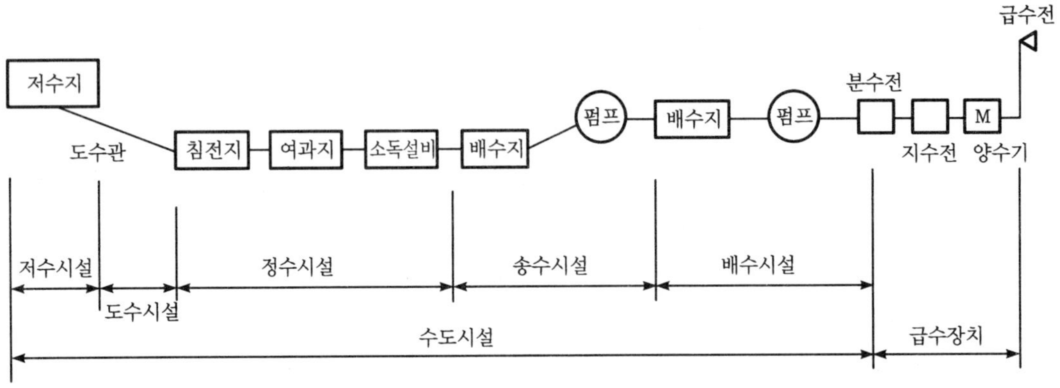

〈그림 2-2〉 상수도 계통도

2.3 급수량 산정

건축물의 급수설비 설계에서 급수량은 급수방식, 저수조의 용량, 고가수조의 용량, 양수펌프의 능력을 결정하는 데 기준이 된다. 급수량 산정은 다음과 같은 방법에 의하여 계산된다.

1) 급수인원에 의한 산정

이 방법은 급수원인이 명확한 경우에 급수량을 산정하는 방법이다.
건물의 1일당 급수량=1인 1일당 필요 급수량×급수대상 인원

$Q = Nq$

Q : 건물의 1일 급수량(ℓ/d)
N : 급수대상 인원(수)
q : 건물 종류별 1인 1일당의 급수량(ℓ/c.d)

<표 2-1> 건물 종류별 사용 수량

건축물 종류	1일평균 사용수량(ℓ/인 · 일)	1일평균 사용시간	사용자	유효면적당 인원	$\frac{유효면적}{연면적}$(%)
사무소	100~120	8	재실자 1인당	0.2인/m²	대여사무소 60 일반 55~57
관청 · 은행	100~120	8	직원 1인당	0.2인/m²	사무소와 같다.
병 원	고급 1,000이상 중급 500이상	10	1병상당 외래객 8	1병상당 3.5인	45~48
극 장	30	5	객석 1인당		53~55
영 화 관	10	3	관람객 1인당	객석에 대하여 1.5인	
백 화 점	3	8	손님 1인당	1.0인/m²	55~60
점 포	100	7	직원 1인당	0.16인/m²	
소매시장	40	6	손님 1인당		
공중식당	15	7	〃	1.0인/m²	
요리점	30	5	〃	1.0인/m²	
주 택	160~200	8~10	거주자 1인당	0.16인/m²	50~53
저 택	250	8~10	거주자 1인당	0.16인/m²	42~45
아파트	160~250	8~10	〃	0.16인/m²	45~50
기숙사	120	8	〃	0.2인	
호 텔	250~300	10	손님 1인당	0.17인	
여 관	200	10	손님 1인당	0.24인	
골프클럽	150~200		내방자	18홀당 150인	
학교	초 · 중학교 40~50 고교 이상 80 교사 1인당 100	6.5~6	학생 1인당 〃	0.25~0.14인/m² 0.1인/m²	
연구소	100~200	8	직원 1인당	0.06인/m²	
도서관	25	6	열람자 1인당	0.4인/m²	
공 장	60~140 (남 80, 여 100)	8	1교체 1인당	좌작업 0.3인/m² 입작업 0.1인/m²	

(주) 냉각수를 필요로 하는 냉방용 또는 주방용 냉동기가 있는 경우에는 13ℓ/min · USRt(냉각탑을 사용하는 경우에는 보급수가 필요하므로 냉각수의 2%, 0.26ℓ/min · USRt 필요함) 정도의 냉각수가 필요하다.

2) 건물면적에 의한 산정

이 방법은 건물내 급수대상 인원이 불확실한 경우에 이용되며, 이때 급수대상 건물의 연 면적(m^2)이 정해져야 한다.

$Q = KAnq$

Q : 건물의 1일당 급수량(ℓ/d)
K : 건물 연면적에 대한 유효면적의 비율(%)
A : 건물의 연면적(m^2)
n : 유효 면적당의 인원(인/m^2)
q : 건물종류별, 1인 1일당의 급수량(ℓ/c · d)

3) 사용 기구에 의한 급수량 산정

이 방법은 건축물에 설치될 급수기구의 종류와 기구수를 추정할 수 있는 경우에 이용되는 방법이다.

건물의 1일 급수량=설치된 위생기구의 1일당 사용수량×기구수

〈표 2-2〉 각종 건물의 위생 기구 1개당 1일 사용수량(ℓ/d)

건축별 위생기구	사무실	학교	병원	아파트	공장	회관 · 은행	극장 · 영화관
대변기(세정밸브)	90	600	750	200	750	600	750
대변기(세정탱크)	1,200	800	1,000	240	1,000	800	1,000
소변기(세정밸브)	400	440	480	150	420	320	4,380
소변기(세정탱크)	700	240	900	250	750	600	620
세면기	960	900	400	200	–	640	3,200
싱 크	1,200	7,200	600	550	–	960	–
욕 조	–	–	–	750	–	–	–

2.4 수질(水質)

일상생활에 사용하는 물은 산업의 발전에 따라 수질의 오염이 심각하여 사회문제화되고 있다. 물의 수질을 측정하는데 쓰이는 수질오염의 지표는 경도(硬度), 탁도(濁度), 색도(色度), PH(수소이온 농도 지수) 등이 있다.

1) 경도 (Hardness of Water)

수질오염의 지표로 사용되고 있는 물의 경도(Hardness of Water)는 물 속에 녹아 있는 칼슘(Ca), 마그네슘(Mg), 나트륨(Na) 등의 염류량(鹽類量) 정도로 나타내는데 염류총량을 탄산칼슘($CaCO_3$)으로 환산하여 100만분률(ppm)로 표시한다.
물은 ppm의 수치에 따라 다음과 같이 분류한다.

(1) ppm에 의한 물의 구분

① 연수(軟水) : 염류총량이 90ppm 이하인 물
② 적수(適水) : 염류총량이 90~110ppm인 물
③ 경수(硬水) : 염류총량이 110ppm 이상인 물

만약 보일러의 급수에 경도가 높은 물을 사용하면 다음과 같은 현상이 발생한다.

① 전열효율이 저하된다.
② 과열의 원인이 된다.
③ 보일러의 수명이 단축된다.
④ 관내에 스케일이 낀다.

그러므로 건축설비 중에서 가장 수처리가 중요시 되는 보일러의 급수에는 연수가 사용되어야 설비의 수명이 연장된다.
그러나 극연수(Polar Soft Water, 15ppm 이하의 물)를 사용하면 이 물은 연관 및 황동관을 침식시킨다. 극연수의 종류로는 증류수와 멸균수가 있다.

(2) PH(수소이온 농도 지수)에 의한 물의 구분

PH(Potential Hydrogen Index)는 수조이온 농도의 상용 log의 부호를 음으로 표시한다. 즉,

순수한 물의 수소이온 농도를 측정한 결과 15℃ 상온에서 순수한 물 1ℓ에 10^{-7}g의 수소이온이 존재한다는 것을 이용하여 다음과 같이 구분한다.

① PH<7이면 산성,　　　　산성[H+] > 10^{-7}그램이온/ℓ
② PH=7이면 중성,　　　　중성[H+] > 10^{-7}그램이온/ℓ
③ PH>7이면 알칼리성,　　알칼리성[H+] > 10^{-7}그램이온/ℓ

(3) 색 도 (色度 : Color)

물의 색도는 백금 1mg을 포함하는 염화백금가륨의 표준액을 증류수 1ℓ속에 용해했을 때의 색상(色相)을 1도라 한다.

(4) 탁 도 (濁度 : Turbidity)

탁도는 물의 탁한 정도를 나타내는 수치이며, 백도토(白陶土) 1mg가 증류수 1ℓ속에 용해될 때의 혼탁도를 1도라 한다.

2.5 수질(水質) 기준

우리나라 음료수의 수질 기준은 보건복지부령과 수도법에 의하여 규정되어 있는데 그 중 보건복지부의 규정(제106호)은 다음과 같다.

(1) 병원생물(病源生物)에 오염된 생물 또는 물질에 관한 사항
　가. 암모니아성 질소 및 아질산성질소는 동시에 검출되지 아니할 것
　나. 질산성질소는 10ppm을 넘지 아니할 것
　다. 염소이온은 150ppm을 넘지 아니할 것
　라. 과망간산 칼슘 소비량은 10ppm을 넘지 아니할 것
　마. 일반세균(보통 한천배지에서 무리를 형성할 수 있는 생균을 말함)은 1cc중 100을 넘지 아니할 것
　바. 대장균군(그람음성의 무아포성의 단간균으로 유당을 분해하여 산과 가스를 만드는 모든 호기성의 균을 말함)은 50cc 중에서 검출되지 아니할 것

(2) 시안, 수은, 기타 유독물질에 관한 사항 · 시안 · 수은 및 유기인(살충제)은 검출되지 아니할 것
(3) 동 · 철 · 불소 · 페놀 · 기타 물질의 허용량에 관한 사항
  가. 동은 1ppm을 넘지 아니할 것
  나. 철 및 망간은 0.3ppm을 넘지 아니할 것
  다. 불소는 1ppm을 넘지 아니할 것
  라. 연은 .1ppm을 넘지 아니할 것
  마. 아연은 1ppm을 넘지 아니할 것
  바. 크롬은 0.05ppm을 넘지 아니할 것
  사. 비소는 0.05ppm을 넘지 아니할 것
  아. 규산은 50ppm을 넘지 아니할 것
  자. 페놀은 0.005ppm을 넘지 아니할 것
  차. 경도는 300ppm을 넘지 아니할 것
  카. 황산 이온은 200ppm을 넘지 아니할 것
(4) 과도한 산성이나 알카리성에 관한 사항
  가. 수소 이온 농도는 PH 5.8~8.0이어야 할 것
  나. 황산 산도는 검출되지 아니할 것
  다. 알칼리도는 5ppm 이상이어야 할 것
(5) 소독으로 인한 냄새와 맛 이외의 냄새와 맛에 관한 사항 : 소독으로 인한 냄새아 맛 이외의 냄새와 맛이 있어서는 아니될 것
(6) 무색투명하지 아니할 것에 관한 사항
  가. 색도는 2도를 넘지 아니할 것
  나. 탁도는 2도를 넘지 아니할 것
  다. 증발잔유물은 500ppm을 넘지 아니할 것

2.6 급수의 종류

건축물의 급수원은 상수도가 완비되어 있는 지역에서는 상수(上水)를 급수원으로 하고, 상수도가 완비되지 못한 지역에서는 지하수에 의하며, 유효면적 3,000m^2 이상의 건축물은 상수와 잡용수를 구별하여 사용하는 것이 경제적이다.
상수(上水)는 주로 음료, 요리, 세면, 욕탕용으로 사용하는 상수도나 소독한 우물물을 말하고, 변소, 수세, 청소, 냉각용으로 사용하는 물은 잡용수라 하며 일단 사용된 물을 회수재생하여 순환

이용하는 것은 중수라 한다.
특히 건축물에 급수하는 상수는 다량의 유해물을 포함치 않아야 하고 물리적 성질이 양호해야 하므로 채수한 자연수는 상수로 사용하기 위하여 다음과 같이 물처리 과정을 거친다.
채수(자연수) → 침전조 → 폭기조 → 여과조 → 살균 → 급수

2.7 급수방식

건축물내의 급수방식에는 수도본관 직결방식, 고가수조 방식, 압력수조 방식과 탱크리스 부스터 방식의 4가지가 있다.

1) 수도본관 직결방식

도로에 매설되어 잇는 수도본관에서 직접 인입관으로 각 건물의 소요급수개소에 직접 급수하는 급수방식이다.
주로 상수도시설이 완비된 도시에서의 소규모 건축물과 저층건축물에 널리 사용된다. 그러므로 급수탱크가 필요없기 때문에 급수설비가 간단하고 시설비가 저렴하지만 다음과 같은 특징이 있다.

① 단수시에 급수가 중단된다.
② 상층일수록 급수압이 감소한다.
③ 저수량을 확보할 수 없다.

수도직결방식으로 급수할 때 최고층에 설치한 기구에서 필요압력으로 급수가 가능하도록 수도본관의 필요 압력을 구하는 식은 다음과 같다.

$P \geqq P_1 + P_2 + P_3$

- P : 수도 본관의 최저 필요 압력(kg/cm^2)
- P_1 : 수전고(수도 본관에서 최고 높이에 해당하는 수전기구까지의 높이)에 상당하는 압력(kg/cm^2)
- P_2 : 관내 마찰 손실 수두의 압력(kg/cm^2)
- P_3 : 기구별 최저 필요 압력(kg/cm^2)

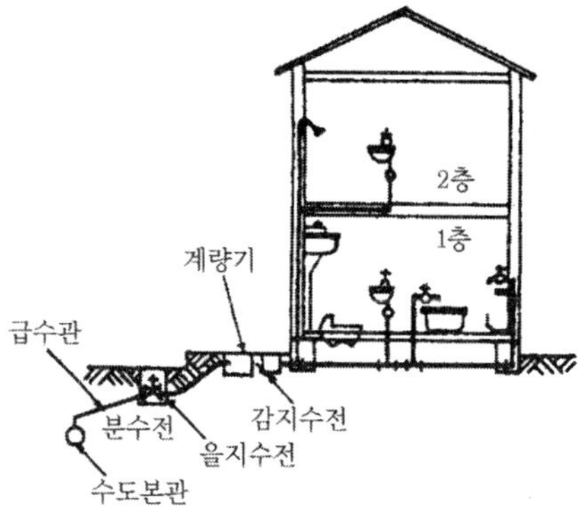

〈그림 2-3〉 수도직결 방식

〈표 2-3〉 기구의 최저 필요 압력

기구명	필요압력(kg/cm^2)
대변기세정밸브(F.V)	0.7
대변기(Blow-Out)	1.0
일 반 수 전	0.3
벽결이스톨형 소변기	0.5
샤 워	0.7
순간온수기(대)	0.5
순간온수기(중)	0.4
순간온수기(소)	0.1

예제-01 그림 2-4와 같은 건물에서 수도본관의 수압은 최저 얼마나 필요한가?

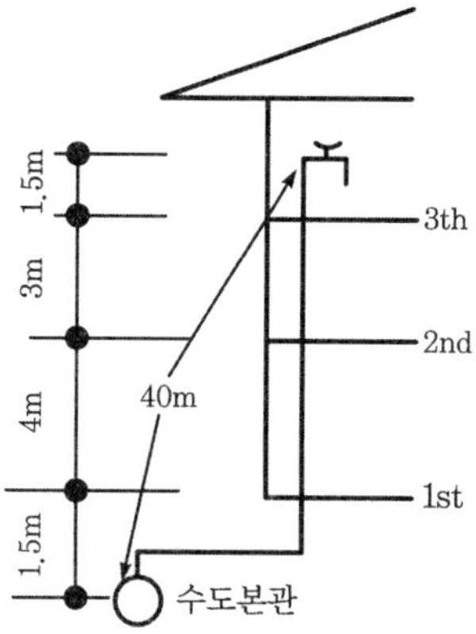

〈그림 2-4〉 급수배관

해답-01 $P \geq P_1 + P_2 + P_3$

P_1 : $(1.5+4+3+1.5) \times 0.1 = 1.0kg/cm^2$

P_2 : $40 \times 0.1 \times 0.1 = 0.4kg/cm^2$

P_3 : $0.3kg/cm^2$(일반수전)

$P \geq 1.0+0.4+0.3 = 1.7kg/cm^2$

따라서 수도 본관내의 수압은 최저 $1.7kg/cm^2$ 이상 필요하다.

※ 수도본관내의 수압은 시설기준에서 $1.5kg/cm^2$ 이상으로 결정되어 있으므로 지상 3층건물에서는 최악의 경우 $0.2kg/cm^2$의 수압이 부족하다.

2) 고가수조 방식

고층건물에 적합한 급수방식으로 이 방식은 상수도로부터 직접 물을 저수조에 받아 이 물을 양수펌프로 건물의 높은 곳에 설치한 고가수조(高架水槽)에 양수시켜 저장한 고가수조의 물을 중력에 의해 각 층의 급수기구로 하향급수하는 방식이다.

① 항상 일정한 수압으로 급수가 가능하다.
② 저수량을 충분히 확보할 수 있다.
③ 수압의 과다 등에 따른 밸브류 등 배관 부속품의 파손이 적다.
④ 대규모 급수 설비에 가장 적합하다.
⑤ 구조적 보강이 필요하다.
⑥ 보온을 해야 한다.

고가수조의 높이는 급수하는 위생기구의 용도에 따르지만 고층건물의 최상층 수전(水栓)에서 9m 이상으로 하며 고가수조 설치높이 구하는 식은 다음과 같다.

$H \geqq H_1 + H_2$

H : 최상층으로 설치된 수전 또는 기구에서 고가 수조의 최저 수면까지의 최소 높이(m)
H_1 : 최상층에 설치된 수전 또는 기구가 필요로 하는 압력을 수두로 환산한 높이(m)
H_2 : 고가 수조에서 최상층에 설치된 수전 또는 기구까지의 관내마찰 손실 수두(m)

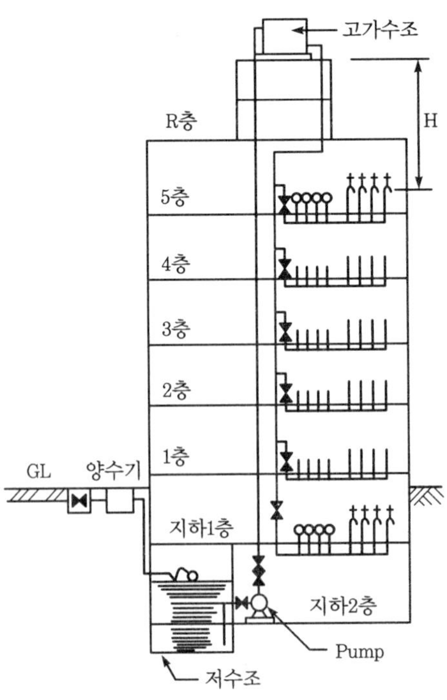

〈그림 2-5〉 고가 수조방식

예제-02 그림 2-6과 같은 아파트의 최상층에서 샤워를 쓸 수 있도록 하려면 H를 얼마로 해야 되나?(단, 고가수조에서 샤워까지의 배관 마찰 손실은 2mAq이다.)

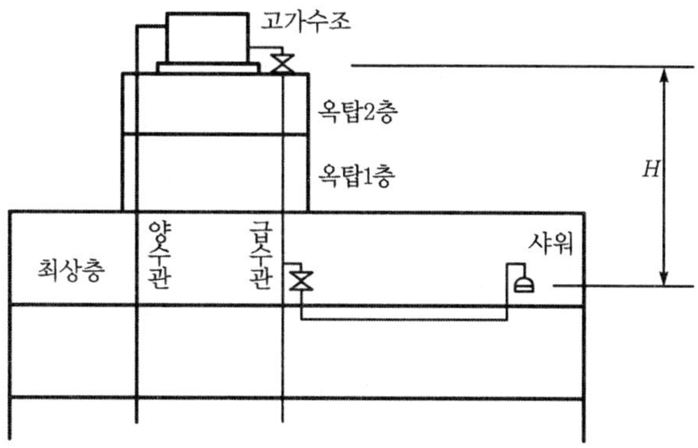

<그림 2-6> 급수배관

해답-01 $H \geq H_1 + H_2$

$H_1 = 7m$($0.7kg/cm^2$의 샤워수압이 되도록 하려면 높이를 7m로 해야 한다.)

$H_2 = 2m$(배관 마찰 손실 수두)

$H_1 + H_2 = 7 + 2 = 9m$

$\therefore H \geq 2 = 9m$

고가수조의 설비설계에서 필요한 용량은 다음과 같은 사항에 의하여 계산한다.

(1) 고가수조의 설계

① 고가수조의 용량은 저수조 용량의 약 1/2 정도로 한다.
② 고가수조의 용량=시간 평균 사용 수량×1~3배
③ 펌프의 양수량=고가수조의 유효 용량×2배
④ 고가수조의 용량은 피이크 사용시의 0.7~1시간분 정도로 한다.
⑤ 고가수조의 높이=유효수심+0.6~1m
⑥ 고가수조에서 최하부의 수전 수압은 $3kg/cm^2$ 이하로 한다.

고가수조의 설치 장소는 창문을 만들어 밝게 하고 환기를 충분히 한다. 그리고 점검을 위해 수조 주위에 충분한 공간을 두고 수조의 상부에는 양수관을 설치하여 저면보다 약간 높은 위치인 측판(側板)에 급수관(給水管)을 낸다. 또한 수조의 저수량은 대규모 급수설비에는 최대 평균 사용수량의 1.5배 정도, 소규모의 경우는 3배 정도로 하는 것이 일반적이다.

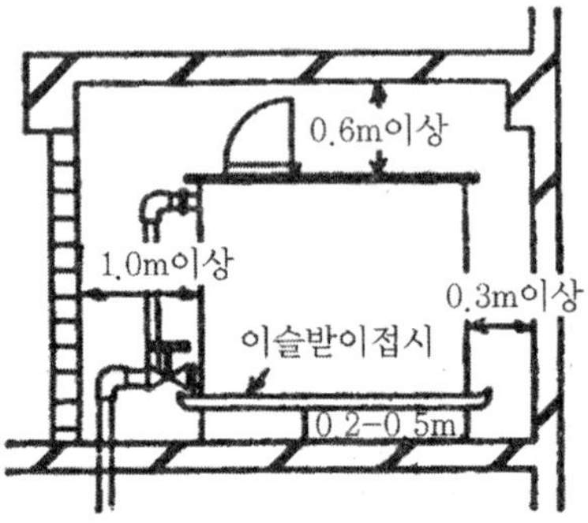

〈그림 2-7〉 고가 수조실내의 공간

양수에는 주로 터어빈 펌프가 사용되며, 모우터의 기동 및 정지는 옥상 수조 내의 수면에 떠 있는 플로우트(Float)의 상·하 운동에 따라 플로우트 스위치(Float Switch)가 작동하며 이것에 의해 마그네트 스위치(Magnet Switch)가 조작되어 모우터의 회로가 개폐된다.

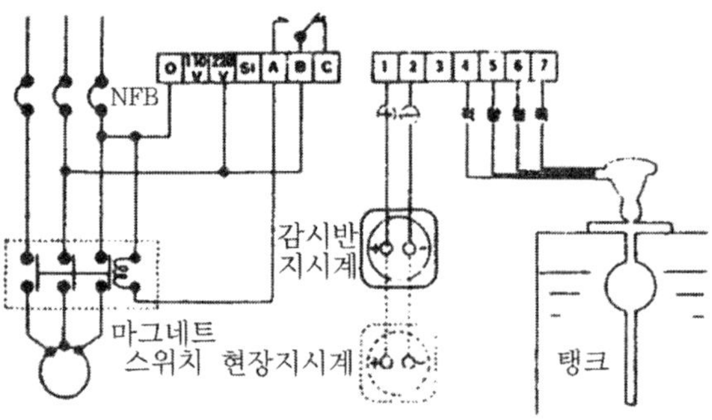

〈그림 2-8〉 플로우트형(Float Type) 수위지시 및 제어기 회로도

(2) 수조의 종류

① 스테인레스 강재 수조
② 탄소강재 수조에 무해도장과 전기방식을 처리한 수조
③ 철근 콘크리트 수조에 인체에 무해한 방수성 도장을 처리한 수조

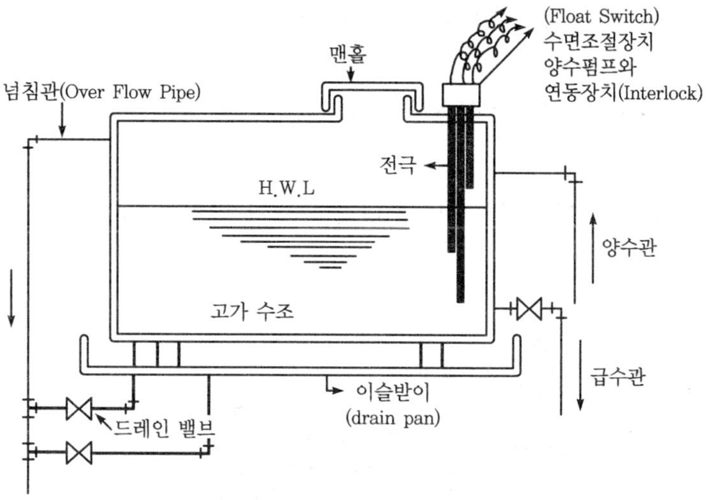

〈그림 2-9〉 고가 수조 주위 배관

3) 압력 수조 방식

압력수조 내부에 물을 먼저 압입하고 압축 공기로서 물에 압력을 가해 급수하는 방식이다. 이 방식은 저수조펌프, 압력수조, 콤프레셔 등이 필요하고 용기의 압력은 3kg/cm^2 이상이 되면 압력용기가 되어 감사 등을 필요로 한다. 공기압이 3kg/cm^{2}일 경우에는 약 30m의 높이까지 송수할 수 있다.

압력수조 방식의 특징은 다음과 같다.

① 고가수조가 필요 없다.
② 고가 시설이 없어 미관상 좋다.
③ 국부적으로 일시적인 고압을 필요로 할 때 적합하다.
④ 수조의 설치 위치는 제한을 받지 않는다.
⑤ 펌프의 양정이 길어야 하므로 동력비가 고가이다.
⑥ 수조는 압력용기이므로 제작비가 고가이다.
⑦ 조작상 압력차가 크므로 급수압의 변동이 크다.
⑧ 저수량이 적고 정전시 급수가 중단된다.
⑨ 물속에 공기가 녹기 때문에 콤프레셔로 수시로 공기를 공급해야 한다.
⑩ 취급이 어렵고 고장도 많다.

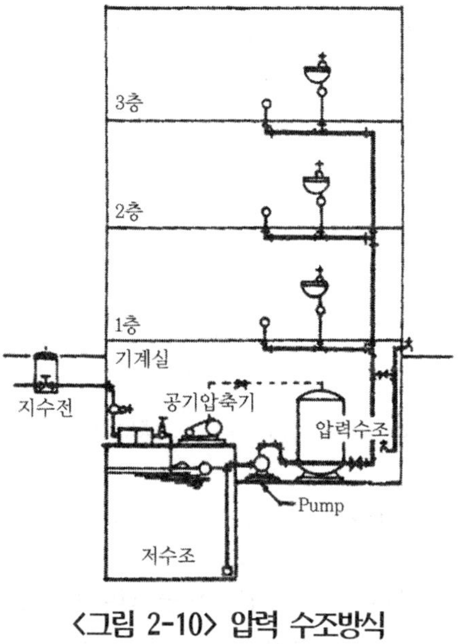

〈그림 2-10〉 압력 수조방식

⑪ 고가수조를 설치할 수 없는 지하상가, 고속도로 밑 건물, 실내 체육관 등에서 이용한다.

(1) 압력수조 (Pressure Tank)의 구조

압력수조의 주위에는 각종 부속기구가 부착되며 컴프레셔는 압력스위치에 의해서 압력수조 내 압축공기를 공급해 준다. 설치방법에 따라 횡형가 입형이 있고 설치는 그림 2-11과 같다.

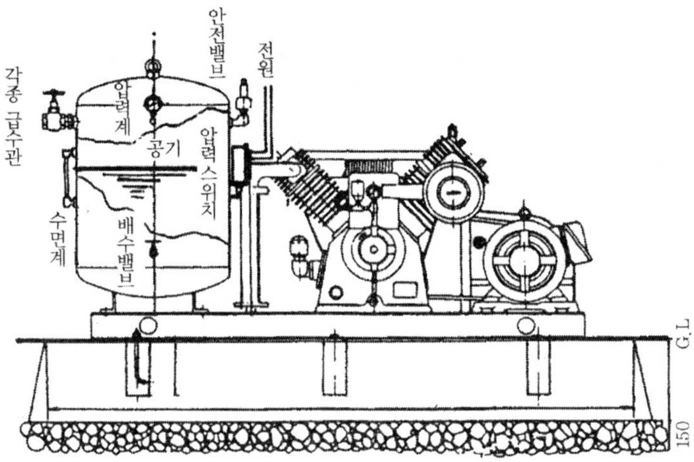

〈그림 2-11〉 압력수조

(2) 압력 수조용 양수펌프의 용량

펌프의 양수량은 시간 최대사용 수량의 2배 정도로 하고 전양정(全揚程)의 계산은 최고압력에 상당하는 수두(水頭)와 펌프의 흡입양정을 가산한 것에 10~20%의 여유가 있어야 한다.

또한 압력용기는 다음과 같은 용량을 초과하면 제2종 압력용기로서 법규의 적용을 받는다.

① 내용적 : $0.04m^3$

② 관동 내경 : 200mm

③ 관체의 높이 : 1,000mm

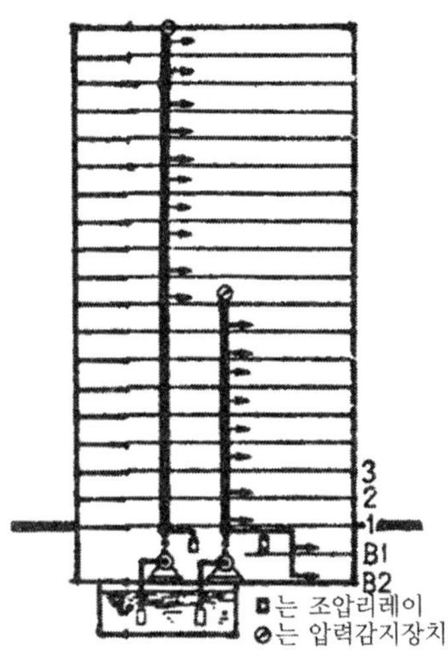

〈그림 2-12〉 탱크리스 부스터 방식

4) 탱크리스 (Tankless) 부스터 (Booster) 방식

고가수조를 설치하지 않는 건물이나 초·고층 빌딩과 같이 중량물을 설치할 수 없는 건물에서 사용하는 방식으로 수도 본관에 의해 물을 저수조에 저수하고 펌프만 사용하여 건물내 소요개소에 급수하는 펌프직송 급수방식이다. 이 방식에는 건물의 규모에 따라 여러 대의 펌프를 병렬로 설치하여 1대의 펌프는 항상 운전시켜 놓고 다른 펌프는 물의 사용상태에 따라 운전, 정지할 수 있도록 하여 급수하는 정속방식과 변속 전동기나 변속장치에 의해 펌프의 회전수를 변화시켜 양수량을 조절하는 변속방식의 2가지가 있다. 정전에 대비한 자가발전설비가 필요하다.

부스터는 가압펌프를 말하며 최근에 성능이 향상되어 고층건물에서 많이 이용되고 있다. 단수시에도 일정시간 범위는 급수가 가능하고 수압도 일정하지만 정전시의 급수는 불가능하며 자동제어에 드는 설비비가 많은 결점이 있다.

5) 초고층 건물의 급수방법

초고층 건물은 건물높이가 60m 이상이거나 20층 이상의 건물을 말하며 저층에 비하여 급수설비 설계에 많은 주의를 요한다.

초고층 건물은 하향식 급수에서 수압이 상승하여 배관내 소음발생과 워터해머(Water Hammer) 현상에 의해 배관이 파손되고나 지수전의 이상마모의 결과를 초래하므로 급수압은 4~5kg/cm^2 (호텔, 병원건물은 3~4kg/cm^2)이하로 제한하므로 고가수조에서 최하층 기구까지의 수직거리가 40~50m 이하가 되도록 몇 개의 층으로 조닝(Zoning)하여야 한다. 조닝을 하므로써 건물에 급수압력의 균등화를 가져올 수 있다. 그림 2-14는 초고층 건물의 급수배관방식을 나타낸다.

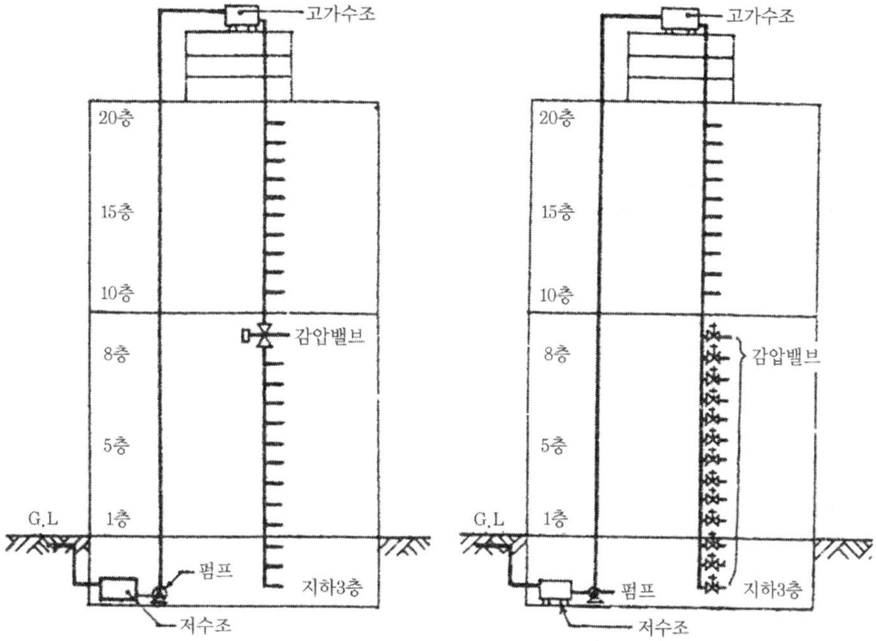

주관 감압방식　　　　지관 감압방식

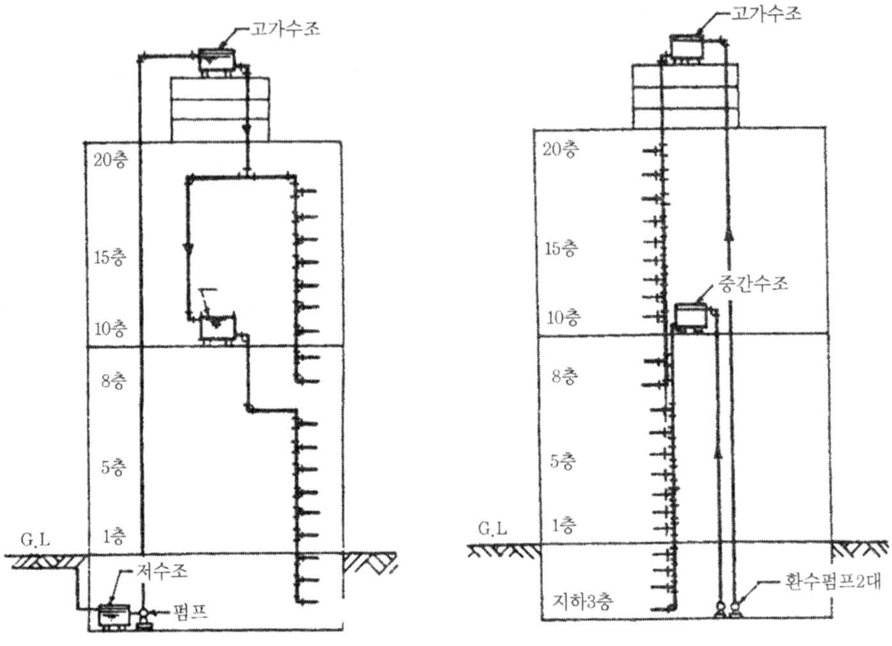

스필백 방식 세퍼레이트 방식

<그림 2-14> 초고층 건물의 급수배관방식

일반적으로 감압밸브에 의한 조닝방식은 20층 정도의 건물에, 급수수조에 의한 방식은 20층 이상의 건물에 적용하는 방식이다.

2.8 급수 배관방식

배관방식에 따라 급수 배관방식을 분류하면 상향급수 배관법(Up-feed System), 하향급수 배관법(Down-feed System), 상하향 혼용급수 배관법(Combined System) 등이 있다.
어느 방식이나 수직배관은 모두 파이프 샤프트내에 배관한다.

1) 상향급수 배관법

수도본관 직결 급수방식 또는 압력수조 방식의 경우 지하실의 천정에 수평주관(Horizontal Main Pipe)을 설치하고 여기에 상향 수직관을 연결하여 각층 급수 개소로 지관(枝管)을 분기하는 방식으로 특징은 다음과 같다.

① 수평주관을 지하층 천정에 노출 배관하므로 보수가 편리하다.
② 상층에서는 수압이 감소하여 물이 잘 나오지 않는다.

2) 하향급수 배관법

고가수조 방식에 사용하는 배관법으로서 최상층의 천정에 은폐 배관된 수평주관에 하향 수직관을 연결하여 각층으로 분기관을 뽑아 각 급수 개소로 배관하는 방식이다. 배관이 천정에 은폐되므로 점검 수리는 불편하지만 급수압은 일정하다.

3) 혼용급수 배관법

이 방식은 상, 하향 배관법을 혼용하는 방식으로서 1, 2층은 상향식, 3층 이상은 고가 수조에서 하향식으로 배관하는 방식이다.

예제-04 수도 직결 급수법에서 2층(높이 6m)까지 급수하는데 필요한 수도본관의 압력은 얼마가 필요한가? (단, 관내 마찰손실 수두의 압력은 $0.2kg/cm^2$이고 기구는 대변기 세정밸브이다.)

해답-04 $P \geq P_1 + P_2 + P_3$
$P_1 = 0.1 \times 6 = 0.6kg/cm^2$
$P_2 = 2 \times 0.1 = 0.2kg/cm^2$
$P_3 = 0.7kg/cm^2$
$\therefore P \geq 1.5kg/cm^2$

예제-05 신축일반 사무소 건축물의 연면적이 $3{,}000m^2$일 때 고가수조와 지하 저수조의 용량을 계산하시오.

해답-05 1) 1일당의 급수량
① 유효면적 $= 3{,}000 \times 0.55 = 1.650m^2$
(연면적에 대한 유효면적은 0.55~0.57)
② 재실 인원 $= 1{,}650 \times 0.2 = 330$인
(유효면적 $1m^2$당 인원은 0.2인)
③ 1일 급수량 $= 330 \times 120 = 39{,}600\ell$
(1인 1일 평균사용수량은 100~120ℓ)
2) 시간당 평균 예상 급수량
(건물의 1일 평균 사용 시간은 8시간)

$$\therefore \text{ 시간당 1일 평균 예상 급수량} = \frac{\text{1일 급수량}}{\text{사용시간}} = \frac{39,600}{8} = 4,590\,\ell/h$$

3) 고가 수조의 용량

(고가수조의 용량은 시간당 평균사용수량의 1~3배, 대형사무소는 1배, 소형사무소는 3배)

$V = 4,950\,\ell/h \times 2h = 9,900\,\ell = 9.9m^3$

(물 $1m^3 = 1,000\,\ell$)

4) 지하 저수조의 용량

저수조의 용량=고가수조의 용량×2배

$= 9,900 \times 2 = 19,800\,\ell = 19.8m^3$

2.9 급수관경의 결정

배관의 유량은 배관계(配管系)에 접속하는 기구의 급수량과 기구급수부하단위(器具給水負荷單位 : fixture unite : fu)를 사용하여 산출한다.

급수관의 관경결정은 마찰저항선도에 의해서 결정하는 방법과 필요한 압력이 확보되어 있을 경우에는 균등표(均等表)에 의해서 구하는 방법이 있으며 급수관의 관경결정 방법은 다음과 같다.

<표 2-4> 각종 위생기구에 대한 연결 급수관 관경

위생기구명	급수관 관경		위생기구명	급수관 관경(A)	
	저 압	고 압		저 압	고 압
세 면 기	15	10~15	살 수 전	15~20	15
샤 워	15	10~15	대변기(플러시밸브)	25~32	25
욕조수전	20	15	대변기(세정수조)	15	10~15
세탁장싱크	20	15~20	소변기(플러시밸브)	20~25	20
싱 크 류	15~20	15	비 데	15	15

1) 기구 연결관의 관경

기구 연결관의 관경은 기구 수전(水栓)의 소요수압을 겨우 충족시킬 정도로 급수압이 낮거나 또는 주관에서 분기한 지관의 길이가 길 때에는 표 2-4의 저압란을 이용하여 결정한다.

2) 균등표에 의한 관경의 결정

관의 균등법은 굵은 관과 가는 관으로 물을 보낼 때 마찰손실이 같아지도록 굵은 관의 유량은 가는 관 유량의 몇 본분에 상당하는가를 계산하여 표 2-5로 나타낸 것이다.
균등표에 의해 관경을 결정하려면 배관에 접속하는 기구의 구경을 1단위(호칭경 15A)로 환산하여 여기에 동시사용률을 곱한다.

<표 2-5> 급수관의 관경 균등표

관지름(A)	15	20	25	32	40	50
15	1					
20	2.5	1				
25	5.2	2.1	1			
32	11.1	4.4	2.1	1		
40	17.2	6.8	3.3	1.5	1	
50	33.7	13.9	6.4	3.0	2.0	1
65	67.3	26.8	12.8	6.1	3.9	2.0
80	104.0	41.5	19.9	9.4	6.1	3.1
100	217.0	86.3	41.4	19.6	12.7	6.4

[주] 이 표는 마찰 손실을 계산에 포함한 것이다.

이 값으로 균등표에서 급수관의 관경을 구한다.
표 2-5의 좌측란에서 32A관을 정하여 그 우측을 읽고 윗 란에서 15A관을 정하여 그 아래로 읽어가면 교점에서 11.1을 읽을 수 있는데 이것은 15A관 11.1개와 32A관 1개의 유량이 서로 같다는 것을 나타내는 것이다.

구경 15A의 급수전 16개에 급수하는 주관의 관경은 표 2-6에서 기구수 16개의 동시 사용률이 45%이므로 16×0.45=7.2개이다. 즉 16개의 수전중 동시에 사용될 가능성이 있는 급수전의 개수는 가장 많은 때가 7.2개이다.

<표 2-6> 기구의 동시 사용률(%)

종류 \ 기구수	1	2	3	4	5	6	7	8	12	16	24	32	40	50	70	100
대변기(세정밸브)	100	50	50	50	47.5	45	42.5	40	30	27	23	19	17	15	12	10
대변기이외의 일반기구	100	100	85	70	66	63	58	55	48	45	42	40	39	38	35	33

균등표에 의한 관경의 결정법은 소규모 건축이나 기구수가 적은 급수지관 등을 설계할 때 간편하므로 많이 사용된다.
표 2-7은 사용기구에 따른 유량 및 접속구경을 나타낸다. 개인용 건물(주택, 아파트)보다 공중용 건물(사무소, 학교, 체육관, 공장 등)의 1회당 사용량 및 1시간당 사용회수가 많다. 세정밸브형 대변기의 접속구경은 가장 큰 25mm이다.

<표 2-7> 위생기구, 수전별의 유량 및 접속관경

기구의 종류	1회당 사용량 (ℓ)	1시간당 사용회수	순시최대 유량 Q [ℓ/min]	접속구경 [A]	비 고
대변기(세정밸브)	13.5~16.5	6~12	110~180	25	평균 15ℓ/회 · 10s
대변기(세정수조)	15	6~12	10	15	
소변기(세정밸브)	4~6	12~20	30~60	20	평균 15ℓ/회 · 10s
소변기(세정수조)	9~18	12	8	15	2~4인용, 기구 1개마다 4.5ℓ
소변기(세정수조)	22.5~31.5	12	10	15	5~7인용, 기구 1개마다 4.5ℓ
수세기	3	12~20	8	15	
세면기	10	6~12	10	15	
싱크류(13mm수전)	15	6~12	15	15	
싱크류(20mm수전)	25	6~12	15~25	20	
음수기			3	15	
살수전			20~25	15~20	
욕 조	크기에 의한다.	3	25~30	20	대욕장의 경우는 수전 및 급수관 구경을 25~32mm로 한다.
양식 욕조	125	6~12	25~30	20	
샤워	24~60	3	12~20	15~20	수량은 종류에 따라 크게 달라진다.

예제-03 다음 그림 2-14에서 균등표를 사용하여 급수관의 관경을 구하시오.

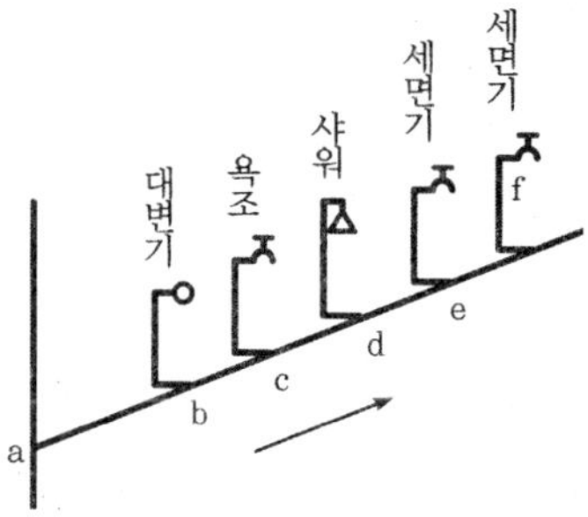

〈그림 2-14〉 위생기구 설치도

해답-03 균등표를 사용하여 급수관의 지름은 다음 순서로 구한다.

1) 표 2-4를 사용하여 각 기구의 접속구경을 표 2-8과 같이 기입한다.
2) 표 2-5의 균등표를 사용하여 각 기구의 접속구경을 15A 균등수로 환산한다.
3) 관로의 끝에서 구간마다 15A 균등수를 누계한다.
4) 표 2-6 동시 사용률표를 사용하여 각구간의 기구설치개수에 대응하는 기구동시 사용률을 사용한다.
   여기서 동시 사용률을 적용함에 있어 만약 표에 명기가 없는 기구수에 해당하는 동시 사용률은 보간법으로 구한다.

〈표 2-8〉 결정 관경

구간	기구명	접속관경 (A)	15A 균등수	기구동시 사용률 (b)	동 시 개구수 (a×b)	동시 개구수 (a×b)	관경(A)
a~b	대변기	25	5.2	10.7	0.48	5.08	25
b~c	욕 조	20	2.5	5.5	0.70	3.85	25
c~d	샤 워	15	1	3	0.85	2.55	25
d~e	세면기	15	1	2	1.0	2	20
e~f	세면기	15	1	1	1.0	1	15

3) 마찰저항 선도에 의한 관경 결정

급수배관내를 흐르는 수량과 허용마찰과 관경을 구하는 방법이다. 먼저 급수관계에서 실제로 설치할 수 있는 기구의 합계 기구급수부하 단위(Σfu)로서 그 기구를 최대로 사용할 때의 유수량을 구하고 기구자체에 필요로 하는 최저수압을 뺀 허용손실수두로서 관경을 결정한다.

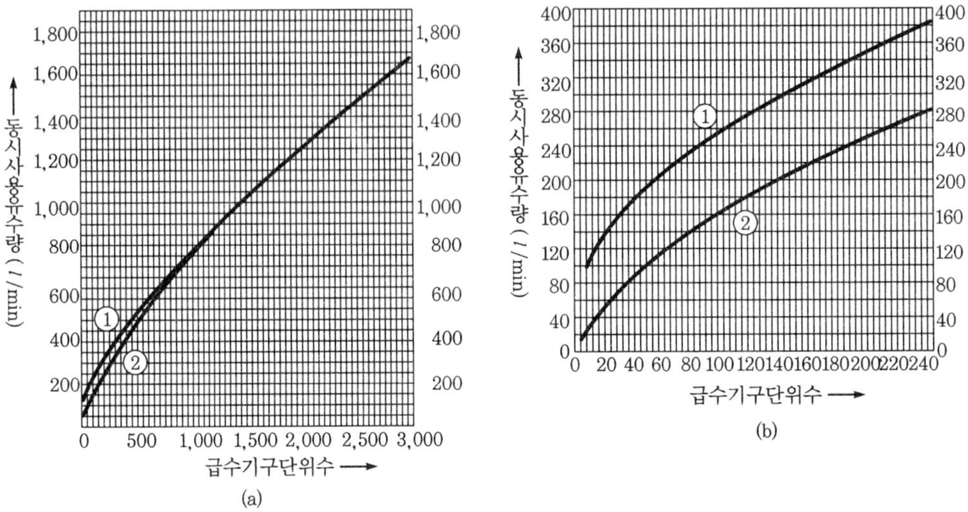

〈그림 2-15〉 동시 사용유수량 곡선

이 방법은 수도직결방식의 급수법에서는 구할 수 없는 대규모 건축의 급수주관, 취출관(取出管), 횡주관, 주관 등의 관경에 이용된다.
그밖에 분기관(分岐管), 지관 등은 균등표에 의한 방법으로 관경을 결정한다.

(1) 마찰손실 선도

급수관 내를 물이 흐를 때 관내벽과 유수에 의한 마찰이 생기고 또한 물의 점성에 의한 분자간 상호마찰에 의해 물이 보유하는 에너지가 감소한다. 이것이 마찰손실이다.
이 마찰손실은 가로축에 물의 유량을 세로축에 나타내고 관경과 유속을 그림 속에 표시한 것을 마찰손실 선도라 한다.
예를 들면 그림 2-18 급수 배관도에서 급수배관의 마찰손실을 구해 보면 배관길이는 30m이며 이때 유량(Q)이 18ℓ/min이므로 2-16 경질 염화비닐 강관의 마찰손실선도에서 100mmAq/m를 구할 수 있다.
그리고 100×30=3,000mmAq=3mAq이므로 직선관의 길이 30m에 대한 마찰 손실은 3mAq가 된다.
만약 이 급수관의 관경이 25A이면 마찰손실은 28mmAq/m이고 전체로서는 28×30=840mmAq=0.84mAq가 되어 약 1/4로 마찰손실이 경감하므로 결국 관경이 커지면 마찰손실은 감소함을 알 수 있다. 확대하여 그리면 그림 2-19에 나타낸다.

(2) 급수원(수조)의 압력과 상당관 길이

급수설비에서 관의 마찰손실에 의한 관경을 결정함에 있어서 먼저 압력밸런스에 대해서 고찰해 보면 다음과 같은 사항을 알 수 있다.

그림 2-16에서 직관부의 마찰손실은 3mAq로 계산되었다.

그림 2-18에서 급수관의 압력은 $2kg/cm^2$로 수두로 환산하여 20mAq가 된다. 또한 말단 기구는 대변기(세정밸브식)이므로 최소 필요압력 $0.7kg/cm^2$로 수두로 환산하여 7mAq이다.

그리고 기구의 치켜올림높이가 2m이므로 결국 급수원의 압력환산수두 20m로부터 이 치켜올림부의 높이 2m를 뺀 18mAq가 유효수두이다.

이 유효수두로부터 다시 마찰손실 수두 3mAq를 빼면 15mAq가 된다. 그러므로 급수원의 압력환산수두는 최초 20mAq를 보유하고 있었지만 최종적으로 15mAq로 줄이고 말단기구에 도달했다고 간주하여도 무방할 것이다.

여기서 발산기구의 최소필요 압력을 수두로 환산하면 7mAq이므로 15mAq의 수두는 충분히 여유가 있게 된다. 단, 배관경로 도중의 밸브류나 기기의 손실을 무시하고 있지만 본래 지수전과 수도계량기에 의한 손실도 고려하여야 한다.

그러므로 이러한 내용을 도식화하여 정리해 보면 결국 급수원(수도본관, 수조)의 압력은 아래 P의 값보다 커야 한다.

$$P - P_1 - P_2 - P_3 = P4 \qquad P \geq P_1 + P_2 + P_3 + P_4$$

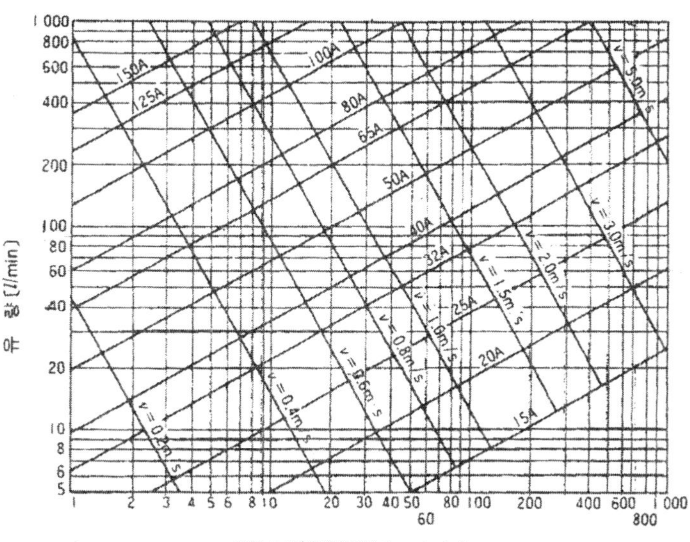

〈그림 2-16〉 경질 염화비닐 강관의 마찰손실도

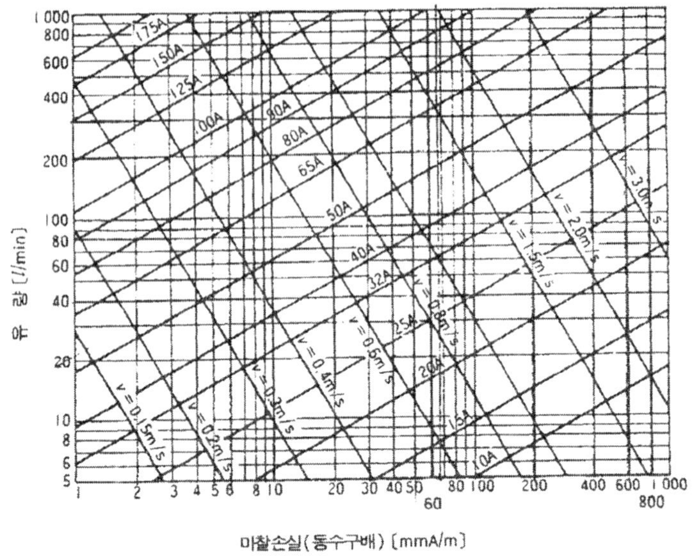

〈그림 2-17〉 탄소강간의 마찰손실선도

여기서 P : 급수원의 최소압력(kg/cm^2)

P_1 : 기준면에서 급수전까지의 높이에 해당하는 압력(kg/cm^2)

P_2 : 이음, 밸브류, 기기류의 압력손실(kg/cm^2)

P_3 : 급수전의 필요압력(kg/cm^2)

P_4 : 배관의 마찰 손실 압력(kg/cm^2)

윗 식에서 P에 관해서 정리하면 $P=P_1+P_2+P_3+P_4$가 되므로 P의 값은 급수원의 최소압력을 나타낸다. P2와 P4를 합하여 배관 길이 10m에 대하여 1m의 마찰저항 손신수두(1mAq=0.1kg/cm^2)로 계산한다. P_3는 표 2-3에 나타낸다.

급수 배관계 도중에 각종 이음류와 밸브류가 접속하고 또한 유수(流水)가 이 곳을 통과할 때 과동류(過動流)나 교류(絞流)가 발생해서 압력손실이 발생된다. 이 압력손실의 발생정도는 유체의 종류 및 밸브구경의 대소에 따라 다르므로 그 손실을 일일이 체크하는 일은 너무도 번거롭고 계산이 불편하다. 그래서 표 2-9와 같이 이음이나 밸브류를 그 종류별로 분류해서 마찰손실과 같은 직관의 길이로 나타낸 국부저항 상당길이 또는 상당관(相當管)길이로 하여 계산에 편리하도록 연구되어 있다.

<표 2-9> 국부저항 상당관 길이[m]

호칭경 [A]	90° 앨보우	45° 앨보우	90° T자관 (분류)	90° T자관 (직류)	슬루스 밸브	글로부 밸브	앵글밸브 푸트밸브	역지밸브 (스윙형)
15	0.6	0.36	0.9	0.18	0.12	4.5	2.4	1.2
20	0.75	0.45	1.2	0.24	0.15	6.0	3.6	1.6
25	0.9	0.54	1.5	0.27	0.18	7.5	4.5	2.0
32	1.2	0.72	1.8	0.36	0.24	10.5	5.4	2.5
40	1.5	0.9	2.1	0.45	0.30	13.5	6.6	3.1
50	2.1	1.2	3.0	0.60	0.39	16.5	8.4	4.0
65	2.4	1.5	3.6	0.75	0.48	19.5	10.2	4.6
80	3.0	1.8	4.5	0.90	0.63	24.0	12.0	5.7
100	4.2	2.4	6.3	1.20	0.81	37.5	16.5	7.6
125	5.1	3.0	7.5	1.50	0.99	42.0	21.0	10.0
150	6.0	3.6	9.0	1.80	1.20	49.5	24.0	12.0

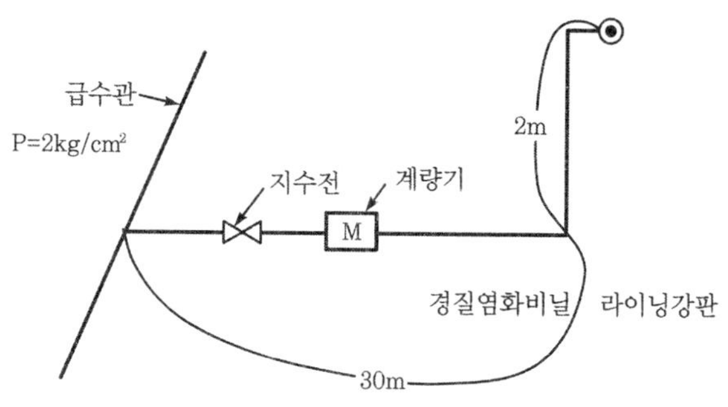

<그림 2-18> 급수 배관도

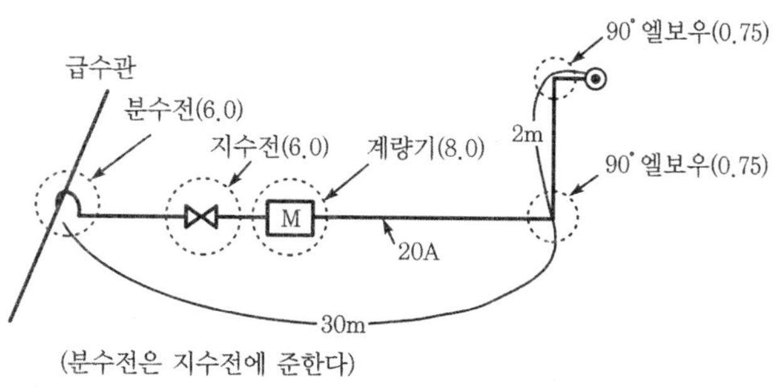

<그림 2-19> 직관부의 마찰손실

그 실례로서 그림 2-18의 상당관길이를 그림 2-19에서 괄호 안에 상당길이로 표시하였으며 이 합계값 21.5m와 직관길이 30m를 더하면 배관전장(全長)은 51.5m가 된다.

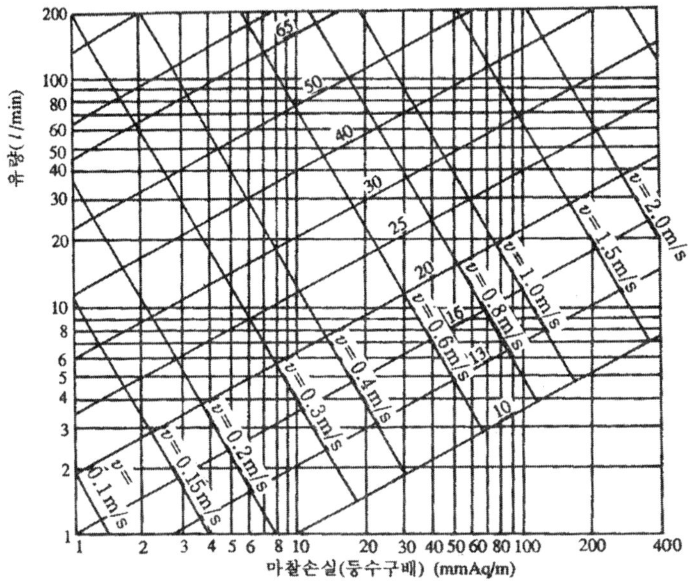

〈그림 2-20〉 마찰손실(mmAq/m)

따라서 단위 · 길이당의 마찰손실(동수구배)이 100mmAq이므로 관전체에서는 100×51.5=5,150 mmAq인 셈이다.

그러나 급수관 관경의 결정에는 유량(순간최대유량 : Qp)과 마찰손실(단위 길이당의 마찰손실 ℓ')과 배관전길이(직관의 길이와 상당한 길이의 합계 $\ell+\ell'$)의 3요소를 계산이나 도표에서 구해서 그림 2-17의 마찰손실선도에서 구한다.

유량은 앞에서 기구급수부하 단위에 의한 방법으로 구할 수 있으나 배관의 전길이는 계통도를 그려서 건축도면을 참조하면서 각 구간치수를 기입하여 합계하면 구할 수 있지만 그러나 이음류 및 밸브류 등의 상당길이는 관경이 결정되어야만 구할 수 있으므로 관경을 구해서 하는데 관경을 알지 못하면 산출할 수 없는 요소가 있다.

그래서 다음과 같은 방법으로 계산하기도 하는데 경험적인 근거로 우선 상당길이의 합계를 가정하고 여기에 직관길이를 더하여 가정배관 전장으로 한다.

이 가정배관 전장에서 상당길이의 계(計)를 산출하고 이를 체크상당길이의 계로 한다.

처음에 결정한 가정상당길이의 계와 체크상당길이 계(計)를 비교해서 두가지 값이 근사하면 가정배관 전장으로 관경을 결정하지만 만약 전자와 후자에서 차이가 있을 때에는 가정의 단계에서 다시해야 한다.

그 기준으로서 가정상당길이 K의 값은 표 2-10에 제시해 놓았다.

<표 2-10> 가정상당길이 K의 비율

관종류	직관길이(m)			
	15이하	16~35	36~60	61~90
강 관	1.5	1.4	1.3	1.2

(3) 관내유속의 제한과 허용마찰손실

배관계중 이음부속 및 밸브류를 물이 빠른 속도로 통과하면 공동현상(空洞現像 : Cavitation : 곡관부의 안쪽에 부압이 걸려 생기는 현상)을 일으켜 소음이 발생하고 또한 밸브의 개폐에 따른 관내압력의 급격한 변동으로 압력파가 발생하여 워터해머현상이 발생한다. 따라서 이러한 현상을 방지하기 위해 관내 유속을 제한하여야 한다.

일반적으로 관내유속을 2.0 m/sec 이하로 억제하는 것은 2.0 m/sec 이상일 때 1.0m/sec 증가할 때마다 14 (kg/cm^2)의 관내압력을 받는다. 관경이나 사용기구, 관의 종류에 따라 차이가 있으며 강관의 경우에는 표 2-11과 같은 한계유속을 나타낸다.

<표 2-11> 강관의 한계유속

관경(mm)	15~25	32~50	65~80	100~125	150
한계속도(m/sec)	1.8	1.85	1.9	1.95	2.0

그러므로 배관의 단위길이당 마찰손실수두도 당연히 유속제한을 고려해서 결정해야 한다. 이 값은 계산에서 구하고 허용마찰손실(許容摩擦損失)이라 한다. 허용마찰손실수두를 구하는 식은 다음과 같다.

$$R = \frac{(H - H_1) \times 1{,}000}{\ell + \ell'}$$

R : 허용마찰손실(mmAq/m)

여기서 H : 정수두(mAq)

H_1 : 말단기구의 필요압력환산 수두(mAq)

ℓ : 배관의 길이(m)

ℓ' : 이음 및 밸브류의 상당길이(m)

(4) 관경결정 순서

① 배관의 경로를 결정한다 : 건축조건 및 설비조건 등을 고려하여 치수를 표시한 계통도를 그린다.

② 순간최대 유량을 구한다 : 기구 급수부하단위를 사용해서 구한다.

③ 허용마찰손실을 구한다 : 배관 계통도에서 정수두나 말단기구의 필요압력을 찾고 가정상당길이와 체크상당길이법에 의해 배관 전길이를 구하여 허용마찰손실수두 R를 계산하여 마찰손실선도에서 R에 해당하는 허용마찰손실을 결정한다.

④ 관경을 결정한다.

예제-04 다음 그림 2-21과 같은 사무소 건물의 구간마다의 순간최대유량(Qp : ℓ/min)을 계산하시오.

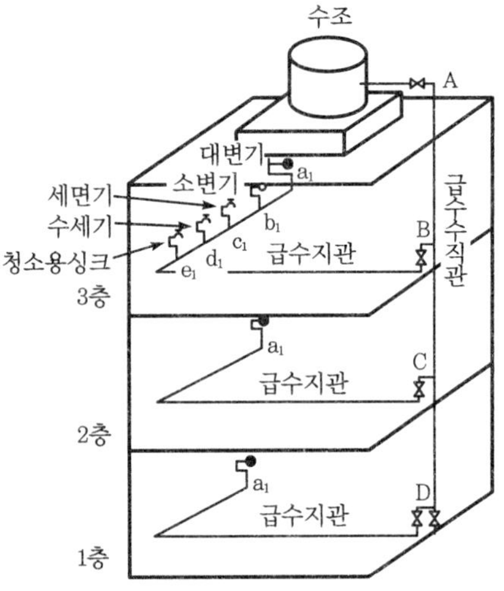

<그림 2-21> 급수배관 계통도

단, 3층 건물의 옥상에 고가수조를 설치하여 급수수직관에 의해 각 층의 급수지관으로 접속하고 각 층의 급수횡지관에는 각각 대변기(WC), 소변기(U), 세면기(La), 수세기, 청소용 싱크(S.S)가 1개씩 설치되어 있다.

해답-04 (1) 유량 구하는 방법

① 급수설계의 계통도를 그린다.

② 각 기구의 급수부하 단위를 구한다.

③ 각 구간마다 기구의 급수부하단위를 누계한다.

④ 구간마다의 기구급수부하 단위에 해당하는 동시사용 유량을 구하고 이것을 순간최대유량으로 한다. 이 유량은 순간최대 유량을 의미하여 1일중에서 가장 물을 많이 사용하는 1분간의 수량을 말한다.

<표 2-12> (a) 급수지관의 순간최대유량

구 간	기구명	개수	기구급수 부하단위	구간마다 부하단위누계 (fu)	순간최대유량 Q=(ℓ/min)
$a_1 \sim b_1$	대 변 기	1	10	1×10=0	100
	대 변 기	1	10	1×10+1×5=15	120
$b_1 \sim c_1$	소 변 기	1	5		
	대 변 기	1	10		
$c_1 \sim d_1$	소 변 기	1	5	1×10+1×5+1×2=17	125
	세 변 기	1	2		
	대 변 기	1	10		
$d_1 \sim e_1$	소 변 기	1	5	1×10+1×5+1×2+1×1=18	130
	세 변 기	1	2		
	수 세 기	1	1		
	대 변 기	1	10		
	소 변 기	1	5		
$e_1 \sim B$	세 변 기	1	2	1×10+1×5+1×2+1×1+1×4=22	135
	수 세 기	1	1		
	청소용싱크	1	4		

(b) 주관

구 간	기구급수 부하단위	누 계	순간최대유량 Q0[ℓ/min]
A~B	22	22×3=66	220
B~C	22	22×2=44	180
C~D	22	22	135

(2) 거주인원에 의해 유량 구하는 방법

건축물내 거주 인원이 150명인 사무소 빌딩이라면 1일 1인당의 급수량은 100~120ℓ이므로 100×150=15,000ℓ/d가 거주인원의 1일 사용하는 유량이 된다.

이 건물의 사용시간을 8시간이라고 하면 $15{,}000 \times \frac{1}{8} = 1{,}875$ ℓ/h이 1시간당 사용수량이 되고 이것은 시간평균 예상수량(Qh)이므로 1분간 마다의 급수량은 $\frac{1}{60}$ 이 된다.
이 수치는 건축설비의 기본계획단계에서 지하 저수조, 고가수조 용량 및 양수펌프의 능력을 구할 때 적용된다.
이 급수설비의 급수주관 및 횡주관의 순간최대유량은 다음 표 2-12을 작성하여 구한다.
급수주관에 대하여 구간 A~B에는 3층, 2층, 1층의 3개 급수지관에 모두 급수하게 되므로 이 때 부하단위는 22×3=66이 되고 여기에 해당하는 Qp는 220ℓ/min가 된다.
같은 방법으로 구간 B~C는 180ℓ/min 또한 구간 C~D는 135ℓ/min이다.

예제-05 다음 그림 2-22와 같이 고가수조방식으로 급수하는 건축물에서 각층 급수관의 관경을 구하시오.(단, 경질염화비닐 라이닝 강관을 사용한다.)

해답-05 고가수조식의 급수방식에서 급수관의 관경은 먼저, 고가수조에 가장 가까운 5층의 급수관의 관경은 다음으로 결정하고 이 급수주관의 압력을 기준해서 4층의 급수관을 계산하면 그 이하 1층까지 관경을 구할 수 있다. 각 층의 급수수평지관에는 각각 대변기(FV : WC) 2개, 세면기(La) 1개, 청소용 싱크(S.S) 1개씩이 설치되어 있다.

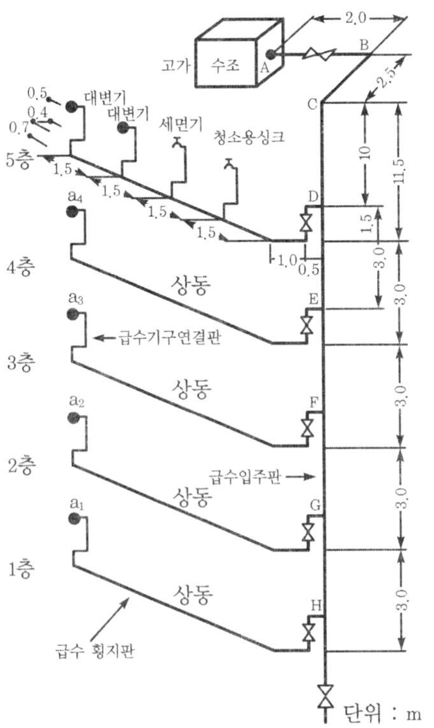

<그림 2-22> 위생기구 설치도

(1) 5층 급수관의 관경 결정(구간 A～D～a5)

1) 배관 계통도를 그린다.
2) 각 기구의 급수부하단위를 구한다.
3) 각 구간마다 기구의 급수부하단위를 누계한다.
4) 구간 마다의 기구의 급수부하단위에 해당하는 위생기구의 동시 사용유량을 구하고 이것을 순간최대유량으로 한다.
5) 허용마찰손실을 구한다.
   위생기구의 설치도 그림 2-22에서 각 구단의 표시치수를 합계해서 5층의 직관길이를 구하면 25.1m이다.
   직관길이 $\ell=2.0+2.5+10+0.5+1.5+1.0+1.5\times4+0.7+0.4+0.5=25.1\text{m}$

<표 2-13> (a) 급수수평지관

구 간	기 구 명	개 수	급수부하단위	계	동시사용 유량 [ℓ/min]
$a_5 \sim b_5$	대 변 기	1	10	10	100
$b_5 \sim c_5$	대 변 기	2	10	20	130
$c_5 \sim d_5$	대 변 기	2	10	22	135
	세 변 기	1	2		
$d_5 \sim D$	대 변 기	2	10	26	145
	세 변 기	1	2		
	청소용 싱크	1	4		

<표 2-14> (b) 급수수직관

구 간	급수부하단위	누 계	동시사용 유량[ℓ/min]
A~D	26	130	300
D~E	26	104	250
E~F	26	78	220
F~G	26	52	180
G~H	26	26	145

상당관 길이(ℓ')는 염화비닐 라이닐강관의 경우에 k=1.0을 채택하든지 또는 직관길이 25.1m에 관로계수 2.0을 곱하여 적용한다.
여기서 K=1.0을 사용하면 $\ell_1'=25.1\times1.0=25.1$이다. 그러므로 가정배관길이($\ell+\ell_1'$)는

25.1+25.1=50.2≒50m로 한다.
다음 정수두(靜水頭)는 5층에서 말단기구의 치켜세움이 0.7+0.5=1.2m이고, 또한 고가수조와 5층 급수지관의 고저차가 11.5이므로 그림 2-22에서 말단기구에 걸리는 정수두(H)는 다음과 같이 계산 된다.

H=11.5−1.2=10.3m

그리고 말단기구의 대변기용 세정밸브(FV)의 최소필요압력은 0.7kg/cm^{2}이므로 이것을 수두(H_1)로 환산하면 P=0.1H에서 7m가 된다.

$$R=\frac{(H-H_1)\times 1{,}000}{\ell+\ell'}=\frac{10.3-7}{25.1+25.1}\times 1{,}000=66(\text{mmAq/m})$$

R : 허용마찰손실(mmAq/m)
ℓ : 직관길이(m)
ℓ_1' : 상당관 길이(m)
H : 정수두(m)
H_1 : 기구의 필요압력에 해당하는 수두(m)

윗 식에서 계산한 값 R=66mAq/m를 기초로 하여 가정관경을 구한다.
가정관경을 구하기 위해 상당관길이(ℓ_2')를 계산하면 이음 및 밸브류의 수치를 그림 2-22에서 구해 합계하면 23.37m가 된다.

상당관 길이(ℓ_2')=0.48+2.4+2.4+3.6+2.1+0.39+2.1+2.1+0.6×3+1.5×4
=23.37m

가정상당길이(ℓ_1')는 직관길이(25.1m)에 K를 곱한 값으로서 25.1×1.0=25.1m이고 한편 체크 상당길이(ℓ_2')는 23.37m이므로 서로 근사치가 된다.
여기서 가정관경을 결정관경으로(정수두의 여유계산)할 수 있으나 정수두에 여유가 있는지를 검사하여 만약 여유가 있으면 말단기구 부분의 관경을 줄일 수 있다.
① P(급수원의 압력) : 고가수조의 급수지관의 고저차는 그림 2-22에서 11.5m이다.
② P_1(대변기 급수전의 치켜세움) : 0.7+0.5=1.2m (그림 2-22 참조)
③ P_2(이음 및 밸브류의 압력손실수두) : 동수구배 즉 마찰손실은 표 2-15에서 구한다.

P_2=(45×5.28)+(40×10.89)+(35×0.6)+(28×0.6)+(22×3.1)
=843(mmAq)≒0.843(mAq)
④ P_3(급수전의 필요압력) : 대변기・세정밸브(FV)의 기구에 필요한 최소압력은 0.7kg/cm^{2}이므로 7mAq이다.
⑤ P_4(배관의 마찰손실에 사용할 수 있는 압력) : 동수구매 R×직관길이(R) 표 2-16에서 구한다.

$P_4 = (45\times14.5)+(40\times4.5)+(35\times1.5)+(28\times1.5)+(22\times3.1)$

$= 995.2(mmAq) \fallingdotseq 0.995(mAq)$

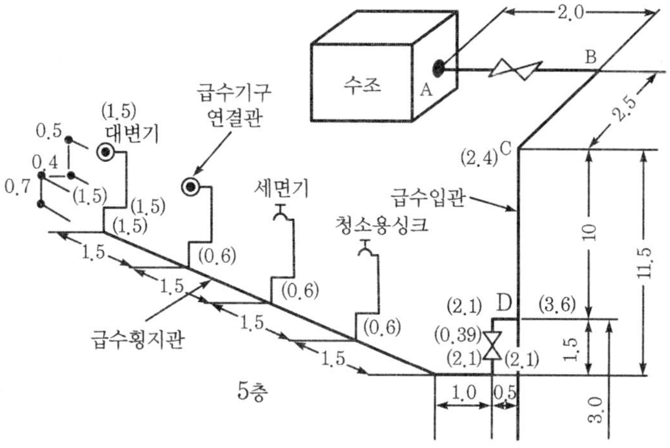

〈그림 2-23〉 급수배관의 상당관 길이

〈표 2-15〉 구간별 마찰손실의 상당관 길이

구간	기구급수 부하단위	유량 (ℓ/min)	R=66mmAq/m 일 때의 가정관경	그 때의 R 허용마찰손실수두 (mmAq/m)	직관 길이 ℓ	상당 길이 ℓ'	ℓ+ℓ'	R(ℓ+ℓ') [mmAq]
A~D	130	300	65	45	14.5	5.28	19.78	890.1
D~d_5	26	145	50	40	4.5	10.89	15.39	615.6
d_5~c_5	22	135	50	35	1.5	0.6	2.1	73.5
c_5~b_5	20	130	50	28	3.1	0.6	2.1	58.8
b_5~a_5	10	100	40	22	3.1	0.6	9.1	200.2
계								1,838.2

(정수두 여유의 검산)

유효정수두와 배관전체의 마찰손실과 기구의 필요압력에 대한 수두의 합계 즉,

$\frac{(P-P_1)}{\Rightarrow}$ 와 $\frac{P_2+P_3+P_4}{\Rightarrow}$ 를 서로 비교하면 전자가 후자보다 그 값이 크다.

(11.5-1.2) > (0.843+7+0.995)

10.3 > 8.84

여기서 10.3m는 급수원의 정미압력수두(정미압력수두)로 간주하고 또한 8.84m를 배관전체손실의 총합으로 간주하면 10.3−8.84=1.46mAq이다. 결국 1.46mAq 만큼 손실수두가 더 증가해도 말단에 설치된 대변기용 세정밸브(FV)의 필요압력을 확보할 수 있다는 것을 알 수 있으며 이러한 경우 정수두에 여유가 있다고 본다.

그래서 관의 마찰손실수두가 어느 정도 증가해도 무방하므로 경제성을 고려하여 말단근처의 관경을 표 2-16과 같이 수정한다.

표 2-16에서 말단근처(구간 d5~c5, c5~b5)의 관경을 50A에서 40A로 낮추면 배관전체의 손실수두는 약 2,600mmAq가 되고 가장 말단에 설치된 대변기용 세정밸브와 필요수두가 700mmAq이므로 2,600+700=3,300mmAq가 되고 이 값은 정비정수두(正味靜水頭) 3,300mmAq와 평형을 이룬다. 결국 가정관경보다 경제적인 배관 설계가 된 것이다.

(2) 4층 급수관의 관경결정(구간 D~E~a_5)

4층의 급수원압력을 고찰해 보면 그림 2-22에서 4층 급수지관의 고저차는 10+1.5+3.0=14.5m이고, 4층지관에서 말단기구의 치켜세움은 1.2m이므로 정미정수두(유효정수두)는 14.5-1.2=13.3m이다.

여기서 고려해야 할 점은 급수관의 구간 A~D 사이에서 마찰손실이 존재한다는 사실이다. 그러므로 정미정수두 13.3m에서 다시 구간 A~D 사이의 손실수두를 빼야 한다.

<표 2-16> 구간별 관경 결정

구간	기구급수 부하단위	유량 (ℓ/min)	관경 (A)	유속 v[m/s]	마찰손실 (동수구배) R(mmAq/m)	직관 길이 ℓ[m]	상당관 길이 ℓ[m]	배관 길이 ℓ+ℓ′	마찰손실 수두 R(ℓ+ℓ′)
A~D	130	300	65	1.5	45	14.5	밸브 65A 1개 …0.48 90° 엘보우 2개 2.4×2=4.8 소계 : 5.28	19.78	890.1
D~d_5	26	145	50	1.2	40	4.5	T(분류)1개…3.6 밸브1개…0.39 90° 엘보우 3개 2.1×3=6.3 T(직)1개…0.6 소계 10.89	15.39	615.6
d_5~c_5	22	135	40	1.8	130	1.5	T(직)1개…0.45	1.95	253.5
c_5~b_5	20	130	40	1.6	100	1.5	T(직)1개…0.45	1.95	195
b_5~a_5	10	100	40	1.4	72	3.1	90° 엘보우 4개 1.5×4=6.0	9.1	655.2
계									2,609.4

그래서 4층에 대한 허용마찰손실 R는 다음과 같다.

$$R = \frac{13.3-(\text{급수주관 A}\sim\text{D의 마찰손실})-(\text{말단기구의 필요수두})}{\text{관로계수}\times(\text{구간 D}\sim\text{E}\sim a_4\text{의 배관길이}} \times 1,000$$

여기서 구간 A~D 사이의 마찰손실은 표 2-16에서(마찰손실 : 동수구배) 45×(배관길이) 19.78(mmAq)=45×19.78×10^{-3}(m), 말단기구의 필요수두 7m(기구의 필요압력 0.7kg/cm^2), 구간 D~a_4의 배관길이(m)는 관로계수 2×(D~E+E~a_4)이므로 윗 식에 대입하면 계산하면 다음과 같다.

(급수지관 길이 E~a_4구간) ℓ=0.5+1.5+1.0+1.5×4+0.7+0.4+0.5=10.6(m)

(급수입주관 길이 D~E구간) ℓ=3.0(m)

$$R = \frac{13.3-(45\times19.78)\times10^{-3}-7}{2(3+10.6)}\times1,000 = 198.7(\text{mmAq/m})$$

가정관경에서 결정관경으로 하면 다음 ①, ②를 참조하여 그림 2-16에서 50A로 한다.

① 구간 D~E의 유량 : 250ℓ/min(표 2-16 참조)

② R : 198.7mmAq/m

구간 D~E의 관경은 50A로 결정하여 마찰손실(동수구배)을 그림 2-16에서 당시 계산해보면 R는 110mmAq이고 또한 유속은 2.0m/sec를 초고한다.

그래서 구간 D~E~a_4에서 4층 전체의 배관마찰손실을 검토해 보면 110×2(3+10.6)= 2,992mmAq이다. 일반적으로 배관 각 구간의 마찰손실은 2.8mAq를 초과할 수 없기 때문에 구간 D~E~a_4, 4층 전체의 배관마찰손실 2.992mAq는 일반적 마찰손실의 값 2.8mAq보다 지나치게 크다. 결과적으로 관경 50A를 65A로 하면 다음 ① ② ③과 같은 결과를 얻게 된다.

① R=35mmAq/m

② 유속(V)=1.3m/sec

③ 구간 D~E~a_4의 마찰손실은 35×2(3+10.6)=952(mmAq)이므로 구간 D~E의 급수입관의 관경은 65A로 결정하면 된다. 위와 같은 방법으로 5층에서 4층…… 1층까지 차례로 계산하여 구간별 급수관경으로 결정한다.

2.10 급수설비와 수격작용

1) 수격작용 (Water Hammer)

유속이 큰 흐름을 급정지시킨다거나 정지된 물을 흘려 보낼 때 관내에 압력파가 생겨 수압의 상승 또는 강하가 발생된다. 이 이상 압력을 수격압 즉 워터 해머라 부르며, 이 "수격압"은 배관, 배관부속, 밸브류 등에 진동, 소음이 생기게 하는 원이 되므로 한계유속(限界流速)과 밸브, 수전의 폐지시간(閉止時間)을 고려하여야 한다. 그림 2-24는 수전을 개폐한 경우의 압력파 변화를 보여준다.

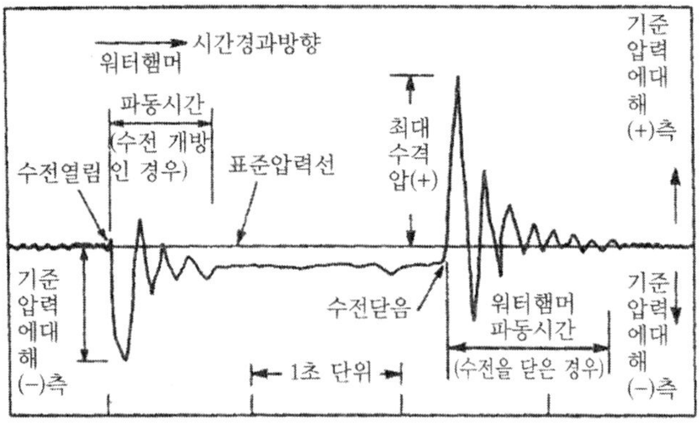

<그림 2-24> 수전을 개폐한 경우의 압력파의 변화

유수에 의해 생기는 수격작용의 수압은 유속을 m/sec로 표시한 14배 정도의 압력(kg/cm_2)이 된다. 예를 들면 유속이 2m/sec일 때 관내에 흐르는 유체를 급히 정지시키면 $2 \times 14 = 28kg/cm^2$의 순간 압력이 생겨 이상소음(異狀騷音)을 내고 기구 또는 배관 및 이음쇠 등을 파손시킨다. 그러므로 관내 유속이 2m/sec 미만이 되도록 설비설계한다.

(1) 수격압

배관중의 밸브, 수전의 폐지시간 t와 수격압 p는 다음 식으로 표시된다.

$$t = \frac{2L}{V}$$

$$p = H_{max} \frac{a \cdot V}{g}$$

t : 폐지시간(sec)
L : 밸브, 수전으로부터 수원(水原)까지의 길이(m)
V : 유속(m/sec)
a : 압력파의 전반속도(m/sec)
g : 중력 가속도 $9.8m/sec^2$
H_{max} : 수원(水源)에서 밸브, 수전까지의 최고 높이(m)

관내 유속이 빠르면 유수음이 생겨 워터 해머를 일으키기 쉽기 때문에 관내 유속을 2.0m/sec 이내로 억제시키는 것이다.

(2) 수격작용의 방지방법

급수설비에서 발생하는 수격작용의 일반적인 방지방법은 다음과 같다.

① 관내유속을 될 수 있는대로 적게 한다 : 수격압은 흐르는 유체의 유속에 비례하기 때문이다.

② 폐수전을 폐쇄하는 시간을 느리게 한다 : 실제급수 설비에서는 $t \leq \frac{2L}{a}$ 로 고려되는 경우는 적지만 전자밸브, 급폐수전(急閉水鉀)을 사용할 때는 충분히 고려하여야 한다.

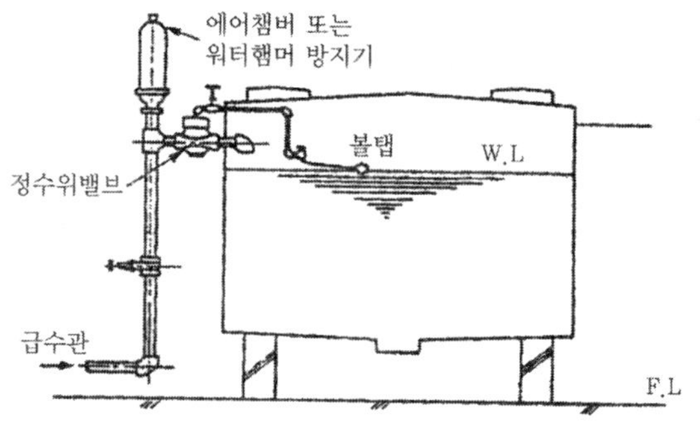

<그림 2-25> 수격작용 방지장치

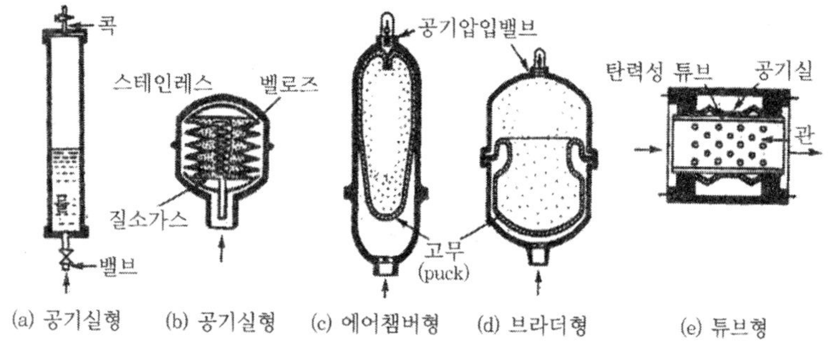

<그림 2-26> 워터햄머 방지기구의 종류

③ 기구를 근처에 에어 챔버(Air Chamber)를 설치하여 챔버내의 공기를 압축시킨다 : 워터 해머는 물이 거의 비압축성이기 때문에 생기는 현상이다.

④ 워터 해머 방지기(고무나 벨로즈를 압축시켜 수격압을 저하시키는 기계적 방지장치)를 워터 해머의 발생원이 되는 밸브 근처에 부착시키면 수격압을 다소 줄일 수 있다.

(3) 수격작용 방지설비 예

1) 수격작용의 발생 사항

① 펌프의 양정 20m 이상일 때

② 양수량 1,600 ℓ/min 이상일 때

③ 양정이 높은 펌프를 사용할 때

④ 저양정이며 양수량이 과다할 때

⑤ 상부 수평 배관이 길 때 펌프의 운전이 정지되면 발생한다.

2) 수격작용 방지 처리사항

① 에어 쳄버를 설치한다.

② 스윙체크밸브 대신에 수격작용 방지형(스모렌스키 체크밸브, 볼 체크밸브)로 교체한다.

③ 플렉시블 조인트를 추가 설치한다.

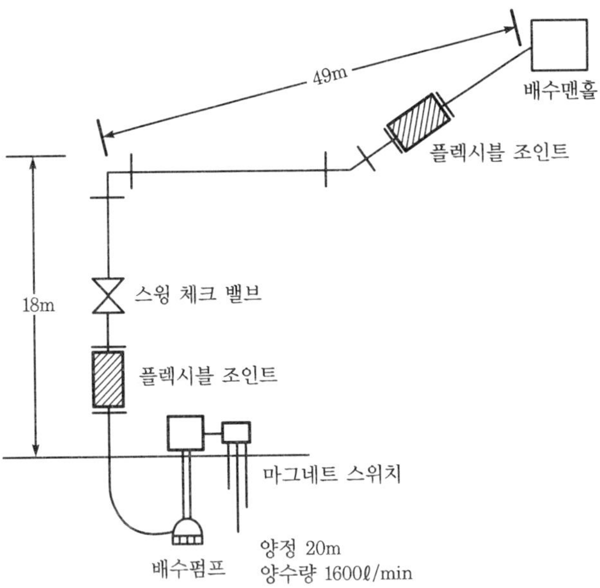

〈그림 2-27〉 펌프배관 계통도

제 3 장

배관일반

3.1 배관

배관은 건축설비의 유체 이송을 위한 관을 배치하는 일의 총칭을 말하며, 설비재료로서 관재료가 차지하는 범위는 매우 광범위할 뿐만 아니라 설비설계도면에도 다양하게 도시된다.

최근 금속재료와 비금속재료의 개발로 관재료가 새롭게 생산됨은 물론 사용용도의 범위도 넓어졌다. 본장에서는 밸브·배관의 재료·접합·도면·공사·지지·보온·부식을 다룬다.

1) 배관재료의 종류

1) 철금속관 : 강관, 주철관
2) 비철금속관 : 동관, 연관, 알루미늄관, 스텐레스관
3) 비금속관 : 플라스틱관, 석면시멘트관, 철근콘크리트관(흄관), 도관(陶管)

2) 관치수 계산

1) 관재료의 두께를 표시하는데는 스케줄 번호(Sch.No)로 표시한다.

$$SCH\ \# = 1{,}000\frac{P}{S}$$

P : 사용 압력(kg/cm^2)

S : 허용 응력(kg/cm^2)

여기서 허용응력은 인장강도의 1/4 배이다.

$$SCH\ \# = 1,000\frac{P}{S}$$

P : 사용 압력(1b/in^2)

S : 허용 응력(1b/in^2)

t : 배관 두께(mm)

D : 배관 내경(mm)

$$t = \left(\frac{P}{S} \times \frac{D}{17.5}\right) + 2.54$$

2) 직선관 길이의 산출

$$C = \sqrt{a^2 + b^2} - 2(A - a)$$

$$L = \ell + 2(A - a)$$

A : 부속의 끝단면에서 중심선까지의 치수(mm)

a : 나사물림의 길이(mm)

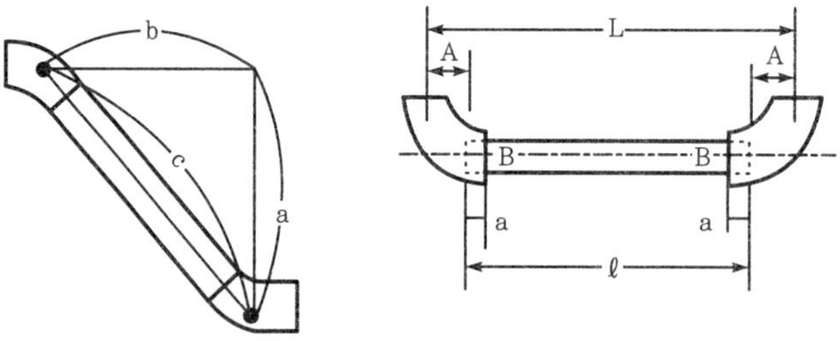

〈그림 3-1〉 직관의 길이

3) 벤딩길이의 산출

① 반원(180°) 굴곡 : $\ell = \frac{\pi D}{2} = \pi r$

② 루프(360°) 굴곡 : $\ell = \pi D$

③ 직각(90°) 굴곡 : $\frac{\pi r}{2}$

④ 45° 굴곡 : $\ell = \frac{\pi r}{4}$

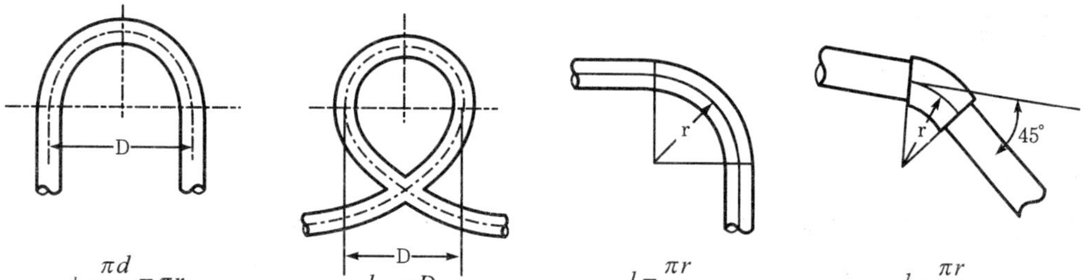

$l = \frac{\pi d}{2} = \pi r$ (180°)　　$l = \pi D$ (360°)　　$l = \frac{\pi r}{2}$ (90°)　　$l = \frac{\pi r}{4}$ (45°)

〈그림 3-2〉 곡관의 길이

4) 배관의 수압시험은 사용압력의 2배 수압으로 최소 8시간 이상 수압을 유지하여 누수 유무를 확인한다.

3.2 건축설비용 배관

건축물의 배관공사에 사용되는 관의 용도, 종류, 그리고 관재료의 특징은 배관의 공작과 배관의 선택에 매우 중요하다.

1) 금속관 재료

(1) 강관 (Steel Pipe)

강관은 배관공사에 가장 널리 사용되는 철관으로서 스케일에 의한 부식이 쉽고 내용연수(耐用年數)가 짧은 것이 결점이다. 강관의 접합에는 나사 접합, 플랜지 접합, 용접 접합 등이 있으나 주로 나사 접합이 널리 사용된다.

1) 용도 : 물, 기름, 가스, 공기, 온수, 증기용

2) 분류

① 탄소강 강관 : 가스단접관, 시임레스관(Seamless Pipe : 이음매가 없는 관), 전기저항 용접관, 전기 용접관

② 합금강 강관
③ 스테인레스 강관

3) 성질

① 연관, 주철관에 비해 가볍다.
② 인장 강도가 크다.
③ 내충격성, 굴곡성이 크다.
④ 관접합이 쉽다.
⑤ 열매체에 의한 부식이 쉽다.
⑥ 가격이 염가이다.

4) 표시 : 흑관은 백색, 백관은 녹색으로 표시한다.

① 배관용

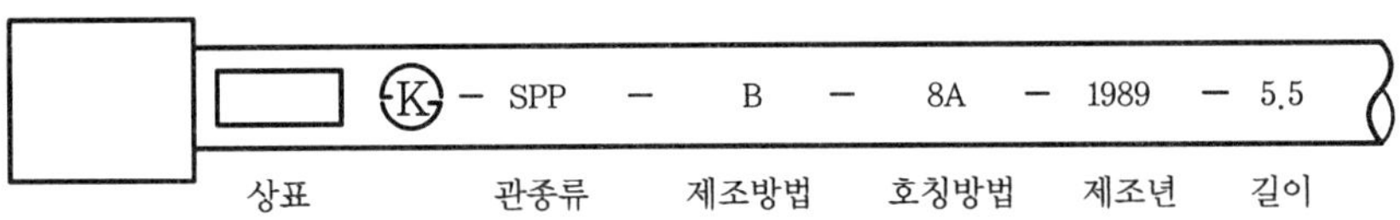

② 수도용

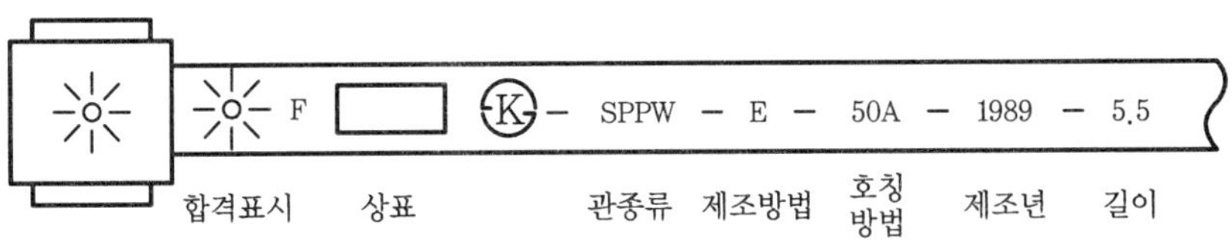

③ 압력 배관용

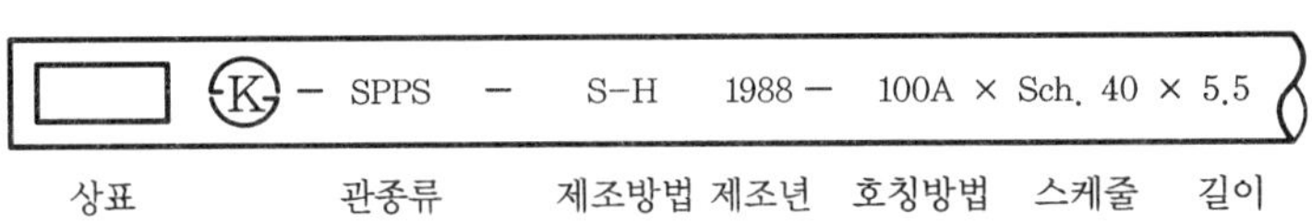

〈표 3-1〉 제조 방법 기호

기 호	용 도	기 호	용 도
-E	전기 저항 용접관	-E-C	냉간완성 전기저항 용접관
-B	단접관	-B-C	냉간완성 단접관
-A	아크 용접관	-A-C	냉간완성 아크 용접관
-S-H	열간가공 Seamless관	-S-C	냉간완성 이음매 없는 관

(2) 백관 (아연도금 강관 : White Pipe)

백관은 철판에 아연을 용융 도금하여 라이닝(Lining)한 관으로 부식방지를 위해서 지중매설 시에는 방부처리를 해야 하며 5~10년 경과하면 아연의 방식 효과는 상실하게 된다. 그러나 담수(수도물) 중에서 온도 6℃내외에서 아연이 보호되지만 온수계통의 사용은 금한다.
옥내배관에 주로 사용하며 관경은 0.5″~12″까지 있다.

(3) 주철관 (Cast Iron Pipe)

주철관은 내식성이 크므로 오배수관 및 매설용으로 사용되며 급수용은 내경 75A(3″) 이상이 쓰인다.
접합은 소켓 접합(Socket Joint), 플랜지 접합(Flanged Joint), 메커니컬 접합(Mechanical Joint) 빅톨릭 접합(Victaulic Joint), 타이톤 접합(Tyton Joint) 등이 있다.
플랜지 접합을 위한 플랜지의 볼트 구멍수는 최소 4개 이상이어야 한다.

1) 용도
급수관, 배수관, 통기관, 매설관, 오수관용

2) 분류
① 압력에 의한 분류
a) 저압관 : 정수두 45mAq 이하
b) 보통압관 : 정수두 75mAq 이하
c) 고압관 : 정수두 100mAq 이하
② 재질에 의한 분류
a) 고급 주철관 : 양질의 주철에 강을 배합한 것으로 흑연의 함량을 적게 하고 강성을 첨가하여 기계적 성질이 좋고 강도가 크다.
b) 일반 보통 주철관 : 외압의 충격에 약하나 내구성과 내식성이 크다.
c) 구상 흑연 주철관(덕타일 주철관) : 선철을 강에 배합한 것으로 재질이 균일하고 강도가 크다.

3) 성질
① 내식성, 내마모성이 크다.
② 압축에는 강하고 인장에 약하다.
③ 충격에 약하다.
④ 저압(10kg/cm^2 이하)에 사용된다.
⑤ 성형이 용이하다. ⑥ 값이 저렴하다.

4) 종류

① 수도용 수직형 주철관 : 보통압관, 저압관, 소켓관, 플랜지관

② 수도용 원심력 사형 주철관 : 재질균일, 고강도, 고압(B), 보통압(A), 저압관(LA), 소켓관, 기계적 이음관

③ 수도용 원심력 금형 주철관 : 고압 보통압, 소켓관, 기계적 이음관

④ 원심력 몰탈 라이닝 주철관 : 부식방지를 위한 몰탈 라이닝이 되어 있으며 하중과 충격방지에 유의해야 한다.

⑤ 수두용 원심력 덕타일 주철관(구상흑연 주철관) : 주철의 긴 수명과 강의 강도 및 인성을 모두 갖추었으며 내식성, 가요성, 연성, 가공성이 우수하다.

⑥ 배수용 주철관 : 건물내 오수, 잡배수용

5) 표시

재질, 호칭지름, 관종류, 제조년월, 제조자명 등을 양각하여 나타낸다.

<표 3-2> 배관의 표시

<table>
<tr><th colspan="2">종류</th><th>KS규격 기호</th><th>사용온도</th><th>사용압력</th><th>호칭지름</th><th>용 도</th></tr>
<tr><td rowspan="5">배관용</td><td>배관용 탄소강 강관</td><td>SPP</td><td>350℃ 이하</td><td>10kg/cm²이하</td><td>15~500A</td><td>사용압력이 비교적 낮은 물, 기름, 가스, 공기, 증기 등의 배관용</td></tr>
<tr><td>압력배관용 탄소강 강관</td><td>SPPS</td><td>350℃</td><td>10~100kg/cm² 이하</td><td>6~500A</td><td>350℃이하에서 사용하는 압력배관용, 관의 호칭을 호칭지름과 두께(스케줄 번호)에 의한다.</td></tr>
<tr><td>고압배관용 탄소강 강관</td><td>SPPH</td><td>350℃ 이하</td><td>100kg/cm² 이상</td><td>6~168.3A</td><td>사용압력이 높은 고압 배관용</td></tr>
<tr><td>고압배관용 탄소강 강관</td><td>SPHT</td><td>350℃ 이상</td><td>-</td><td>6~500A</td><td>350℃~450℃정도의 고온 배관용, 관의 호칭은 호칭지름과 두께(스케줄 번호)에 의한다.</td></tr>
<tr><td>배관용 아크용접 탄소강 강관</td><td>SPW</td><td>350℃ 이하</td><td>10kg/cm² 이하</td><td>350~1,500A</td><td>사용압력이 비교적 낮은 증기, 물, 기름, 가스 및 공기 등의 배관용</td></tr>
</table>

종류		KS규격 기호	사용온도	사용압력	호칭지름	용 도
배관용	배관용 합금강	SPA	350℃ 이상	-	6~500A	주로 고온도의 배관용, 두께는 스케줄번호로 표시한다.
	배관용 스테인레스 강관	STSXT	-35. 0℃~35. 0℃	-	6~500℃	내식성, 내열용 및 고온배관용·저온배관용에도 사용된다. 두께는 스케줄번호로 표시한다.
	저온 배관용 강관	SPLT	-35.0~0℃	-	6~500A	빙점 이하의 특히 저온도배관용 두께는 스케줄번호로 표시한다.
수도용	수도용 아연도금 강관	SPPW	-	정두수 100m이하	10~300A	주로 급수배관용
	수도용 도복장 강관	STPW	-	정두수 100m이하	80~1,500A	주로 급수배관용
열전달용	저온열교환기용 강관	STLT	-35.0~0.5℃	-	15.9~139.8mm	빙점 이하의 특히 낮은 온도에서 관의 내외에서 열의 수수가 이루어지는 열교환관, 콘덴서관

HT : 고온용, *M* : 기계, *LT* : 저온용, *A* : 합금, *W* : 수도

- 350℃이상 고온용 : SPHT, STS, SPA
- 저온용 : SPLT, STLS, STS

(4) 동관 (Copper Tube)

동관은 내식성이 크고, 내면이 평활하여 마찰저항이 적으며 열전도율이 높아 배관재료로 널리 사용된다. 그러나 외력에 약하고 탈아연 부식이나 응력 부식 및 균열이 발생하는 단점이 있으며 특히 동산화물은 인체에 매우 해롭다.
건축물의 급수, 급탕, 난방 등에 사용된다.

1) 용도

급수관, 급탕관, 급유관, 압력계관, 열교환기용관, 냉매관

2) 종류

① 타프피치동관 : 산소(0.02~0.05%), 순도 99.9%

a) 전기 전도성이 좋다.

b) 용접성이 나쁘다.
c) 고온 용접시 수소취하를 일으킨다.
② 인탈산 동관(DCup) : 산소 0.01% 이하
a) 인이 잔류한다.
b) 용접성이 좋다.
c) 전기 전도성이 적다.
d) 일반 배관용으로 쓰인다.
③ 무산소동관(TCuO) : 순도 99.96%
a) 산소와 인을 제거한 것이다.
b) 전기 전도성이 좋다.
c) 용접성이 우수하다.
d) 신장률이 약 40%이다.
e) 전자기기용에 쓰인다.

3) 특성
① 유연성이 커서 가공이 쉽다.
② 내알칼리성이 크다.
③ 가격이 비싸다.
④ 내식성 및 열전도율이 크다.
⑤ 마찰 저항 손실이 적다.
⑥ 외부충격에 약하다.
⑦ 극연수에 부식된다.

4) 표준치수(K형, L형, M형)
① K형 : 의료배관용
② L, M형 : 급수, 의료, 급탕, 냉난방, 가스 배관용

(5) 연관 (Lead Pipe)

연관은 공작이 용이하여 건축설비에서 굴곡이 많은 수도 인입관 및 기기 연결관에 사용되며 합금철판이라 불리운다.
급수용은 13A~50A가 있고 알카리(Alkali)에는 약하나 산에는 강하다.

1) 용도

화공배관, 가스배관, 수도관, 기구배수관용

2) 종류

① 수도용 연관 : 정수두 75m 이하에 사용된다.

② 배수용 연관 : 상온 가공이 용이하며 트랩에 쓰인다.

③ 일반공업용 연관 : 1종, 2종, 3종이 있다.

④ 경연관 : 화공용에 쓰인다.

3) 성질

① 산에 강하고 알칼리에 약하다.

② 내식성이 좋아 해수, 수도, 천연수 등에 견딘다.

③ 초산, 진한 염산, 증류수, 극연수 등에 침식된다.

④ 전연성(展延姓)이 풍부하고 굴곡이 용이하다.

⑤ 비중이 크다(11. 37)

(6) 알루미늄관 (Aluminum Pipe)

1) 용도

열교환기, 차량, 선박, 항공기용

2) 성질

① 열전도율이 동 다음으로 크다.

② 알칼리와 해수, 황산, 가성소다 등에 침식된다.

③ 전연성(展延姓), 내식성, 가공성이 좋다.

④ 비중은 2.7이다.

2) 비금속관 재료

(1) 플라스틱관

플라스틱관의 종류는 다양하지만 그 중에서 염화비닐관은 실용성이 있으므로 가장 널리 사용된다.

1) PVC (Poly Vinly Choloride)

① 내식성, 내산성, 내알칼리성이 크다.

② 시공이 쉽다.

③ 가볍고 강인하다.

④ 내부가 평활하여 마찰저항이 적다.

⑤ 충격에 약하며 용제에 약하다.
⑥ 자외선에 약하다.
⑦ 열의 불량도체이다. (철의 1/350)
⑧ 열 팽창이 심하다. (강의 7~8배)
⑨ 저온 및 고온에 약하다.
⑩ 온도에 의한 특성
a) 사용온도 : 10~60℃
b) 연화온도 : 70~80℃
c) 취화온도 : -18℃

2) PE Tube (Poly Ethilene Tube)
① 가장 가볍다.
② 유연성이 크다.
③ 내충격성 및 내한성이 크다.
④ 사용온도는 -60~80℃이다.
⑤ 내열성 및 보온성이 우수하다.
⑥ 화력에 약하다.
⑦ 외상의 우려가 있다.
⑧ 적색은 일광(日光)에 노화한다.
⑨ 인장 강도가 작다. (PVC의 1/5)

(2) 석면 시멘트관 (이터닛관 : Eternit Pipe)

1) 용도
가스, 공업용수, 수도, 배수용
2) 성질
① 내식성, 내알칼리성이 크다.
② 비교적 고압에 견딘다.
③ 재질이 치밀하고 강도가 크다.
④ 재료는 석면(1) : 시멘트(5~6)이다.

(3) 철근 콘크리트관(Reinfrorced Concrete Pipe)
1) 용도
단거리의 대지내 하수관 및 옥외 배수관용으로 쓰인다.

(4) 원심력 철근콘크리트관(Hume Pipe)
1) 용도
상하수도관, 배수로관, 보통압관, 압력관용

3.3 관의 접합

배관공사에서 관의 접합은 누기 및 누수 등을 방지하기 위한 배관작업인 동시에 매우 중요하며 각종 배관재료의 접합방법은 다음과 같다.

1) 강관의 접합

(1) 나사 접합

관경 50A 이하인 소구경관의 접합에 사용된다.

1) 접합방법

① 절단 : 수동공구, 동력기계, 가스절단

② 나사절삭 : 오스터, 동력기계

③ 패킹 : 페인트, 흑연, 일산화연, 액상수지

④ 테이퍼 나사 : 테이퍼(Taper) 1/16, 나사산 55°

⑤ 조립 : 관과 각종 이음부속 사용

(2) 용접 접합

고압배관의 접합에 사용된다.

1) 접합방법

① 가스용접, 전기용접

② 접합부의 강도가 크며 누수의 염려가 없다.

③ 보온피복의 시공이 쉽고 보온재가 절약된다.

④ 공사기간이 단축된다.

2) 특징

① 유체의 저항손실이 적다.

② 접합부의 강도가 크며 누수의 염려가 없다.

③ 보온피복의 시공이 쉽고 보온재가 절약된다.

④ 공사기간이 단축된다.

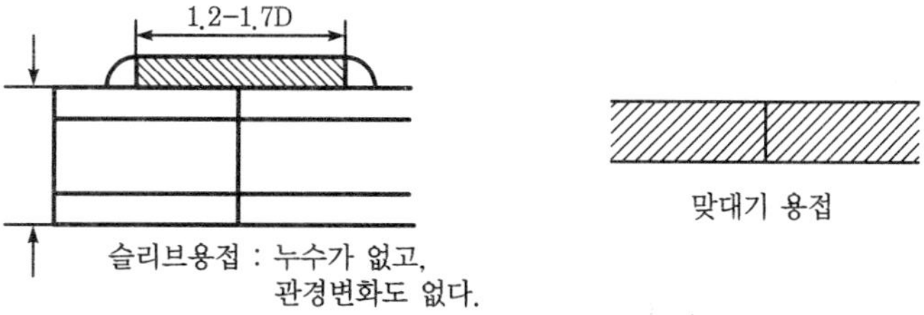

<그림 3-3> 강관 용접 접합

(3) 플랜지 (Flange) 접합

1) 접합방법

① 나사식 : 볼트는 대각선으로 조인다.

② 용접식

2) 용도

① 교환이나 분해가 잦은 곳의 배관

② 압력이 큰 배관의 중간

③ 밸브, 펌프, 열교환기 등의 연결

2) 강관의 배관용 가공

(1) 밴딩

① 연결부속이 불필요하고 접합작업이 생략된다.

② 관내유수의 마찰저항이 적다.

③ 곡률반경은 관경의 3~4배로 한다.

④ 곡률반경이 관경의 6배 이상이면 마찰저항은 무시된다.

(2) 나사 절삭

강관의 접합이나 기기의 연결을 위한 나사절삭은 절삭용 기계인 Pipe Threading Machine이 주로 사용되고 소규모인 경우 손작업으로 오스터가 사용되고 있다.

1) 강관의 나사절삭용 공구

① 오스터(Oster) : 관의 나사를 수동으로 깍는 공구

② 파이프 바이스(Pipe Vice) : 파이프 공작을 할 때, 파이프를 죄어 고정하는데 사용하는 바이스, 긴 관의 가공에 편리

③ 절단기

2) 동력용 나사절삭 기계

① 강관나사 절삭범위 : 1/2″~2″

② 회전수 : 32rpm

③ 전동기 : 100V, 600W(50~60Hz)

④ 다이스(Dies 3조) : 0.5″~0.75″, 1″~1.5″, 2″

⑤ 다이 헤드(Die Head 2개) : 0.5″~0.75″, 1″~1.5″, 2″

⑥ 중량 및 규격 : 77kg, 705×475×395mm

3) 주철관의 접합

(1) 소켓 이음 (Socket Joint)

주철관의 소켓 내부에 납과 얀(Yarn)을 넣는 접합 방법이다.

① 접합부에 수분을 제거하고 청결하게 한다.

② 수구에 차구를 끼워 넣는다.

③ 크립을 세운다.

④ 용연을 1회에 붓는다. (급수관 : 1/3 얀, 2/3 납, 배수관 : 2/3 얀, 1/3 납)

⑤ 납이 굳은 후 기밀유지를 위해 코킹한다.

⑥ 크립을 푼다.

(2) 플랜지 이음 (Flanged Joint)

① 고압배관 및 펌프 등 기계주위의 이음에 사용된다.

② 플랜지의 최소 볼트구멍수는 4개이다.

③ 플랜지 사이에 패킹재를 끼워 넣고 볼트 구멍을 일치시킨다.

④ 볼트를 대각선으로 조인다.

⑤ 패킹재는 고무, 석면, 마, 납판 등이 있다.

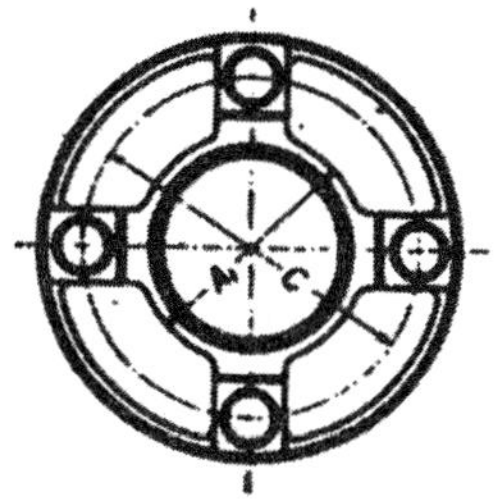

<그림 3-4> 플랜지 형

(3) 메카니컬 이음 (Mechanicla Joint)

소켓이음과 플랜지 이음을 병용하는 기계적 접합방법이다.

① 150A 이하의 수도관에 사용된다.

② 랜치로써 수중작업이 가능하다.

③ 지진 및 외압에 견디며 가요성(可要性)이 풍부하다.

④ 다수의 굴곡에도 누수가 안되며 신축성이 있다.

⑤ 시공성이 좋아 작업이 간단하다.

⑥ 근래 코팅접합에 갈음하여 많이 사용되고 있다.

<표 3-3> 플랜지의 규격

호칭경	플렌지의 각부치수				볼트구멍			볼트-너트				
									비 고			
	D	E	T	H	C	h	구멍수	호칭d	L	B	H_1	H_2
1/2	73	8	14	6	52	11. 5	4	W 3/8	35	17	6	8
3/4	78	9	16	6	58	11. 5	4	W 3/8	38	17	6	8
1	86	11. 5	17	8	66	11. 5	4	W 3/8	40	17	6	8
1 1/4	105	13	19	9	79	15	4	W 1/2	45	21	6	10
1 1/2	111	14	21	10	85	15	4	W 1/2	50	21	9	10
2	126	15. 5	24	11	99	15	4	W 1/2	55	21	9	10
2 1/2	153	16	27	12	121	19	4	W 5/8	65	26	11	13
3	167	18	30	13	134	19	4	W 5/8	70	26	11	13
3 1/2	183	19	31	14	149	19	4	W 5/8	70	26	11	13
4	200	21	32	16	165	19	4	W 5/8	75	26	11	13
5	228	24	35	19	192	19	6	W 5/8	80	26	11	13
6	265	26	36	21	224	22	6	W 3/4	85	32	13	16

(4) 빅토리 이음 (Victoric Joint)

① 가스배관에 사용된다.

② 고무링과 칼라를 사용하여 접합한다.

③ 압력이 증가하면 고무링이 관벽에 밀착되어 누수를 방지한다.

④ 관지름 350A는 2분, 400A는 4분의 시공시간이 소요된다.

(5) 타이톤 이음 (Tyton Joint)

원형의 고무링만으로 접합한다.

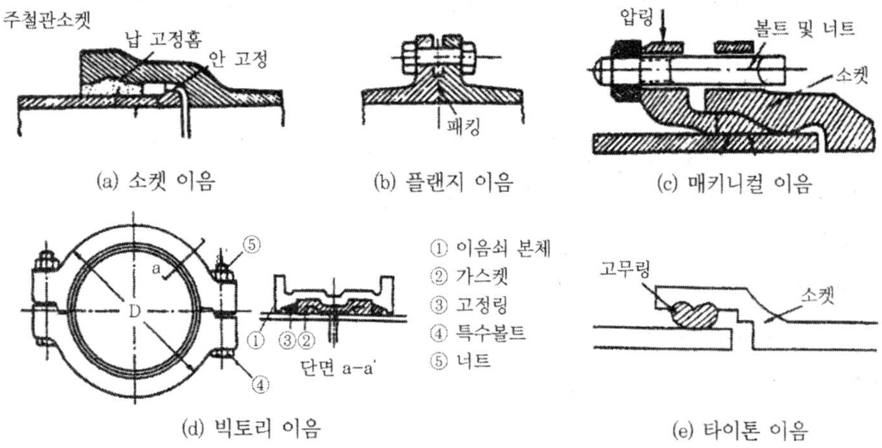

<그림 3-5> 주철관 접합

4) 동관의 접합

(1) 압축 접합 (Conpressed Joint)

이 접합은 동관 20A 이하의 관접합에 사용되며 점검, 보수 및 분해에도 이용된다.

1) 동관 절단

① 관경 20A 미만 : 튜브 커터(Tube Cutter)를 사용한다.

② 관경 20A 이상 : 쇠톱을 사용한다.

2) 용접

① 연납땜(Soldering) : 용융온도 450℃이하에서 용접한다. 주석, 안티몬, 은을 용접재료로 사용한다.

② 경납땜(Brazing) : 용융온도 450℃ 이상에서 황동납, 은납, 금납 등의 용접재를 사용하여 용접한다.

3) 용접접합 순서

① 동관을 직각 절단한다.

② 익스팬더 공구를 사용하여 확관한다.

③ 접합부에 네오타시를 바른다.

④ 용접한다.

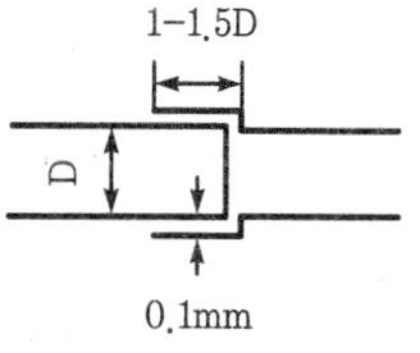

<그림 3-6> 동관 접합

(2) 벤딩 (Bending)

① 냉각 굴곡 : 동관용 사용하여 곡률반경을 4~5배 정도로 굴곡시킨다.

② 열간 굴곡 : 동관의 굴곡부를 토치 램프로 600~700℃ 정도로 가열하고 굴곡시킨다.

(3) 동관작업용 공구

① 토치램프 : 동관접합, 벤딩 등의 작업을 위한 가열용 공구
② 사이징툴 : 동관 끝을 정확하게 원형으로 가공하는 공구
③ 튜브벤더 : 동관의 굽힙용 공구
④ 익스펜더 : 동관의 확관용 공구
⑤ 튜브커터 : 동관의 절단용 공구
⑥ 플레어링툴 : 동관의 압축접합용 공구

5) 연관의 접합

(1) 플라스턴 접합 (Plastann Joint)

납 60%와 주석 40%로 된 플라스턴(232℃)을 사용한다. 관 끝의 꽂이에 크림 플라스턴에 얇게 도포해서 받이에 박아 겹쳐 밀착시킨 다음 주위를 일정하게 가열하고 와이어 플라스턴을 녹혀 넣는 접합법이다.
① 조작이 간단하다.
② 플라스턴 합금이 접합면에 잘 부착해서 큰 접착력이 얻어지므로 널리 이용된다.

(2) 살붙이 납땜 접합 (Soldered Joint)

납땜에 의하여 접합한다.
① 겹침이음, 평이음, 볼이음 등이 있다.
② 강도가 부족하다.
③ 현재는 수도용관에는 거의 사용하지 않는다.

(3) 연관용 공구

① 연관톱 : 연관의 절단용 공구
② 봄 볼 : 주관에 구멍를 뚫는 공구
③ 드레서 : 연관표면의 산화피막제거용 공구
④ 벤드벤 : 연관의 굽힘용 공구
⑤ 턴핀 : 관끝의 접합이 쉽도록 관끝에 끼우고 맬릿으로 정형한다.
⑥ 맬릿 : 나무 해머
⑦ 토치 램프 : 관작업의 가열용 공구

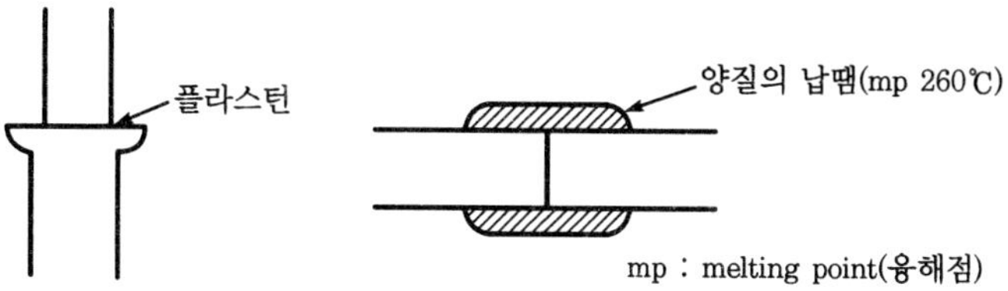

<그림 3-7> 연관 접합

6) 플라스틱관(PVC)접합

플라스틱관의 접합은 부속이음과 접합관 부분에 접착제를 발라 삽입하여 접속한다.

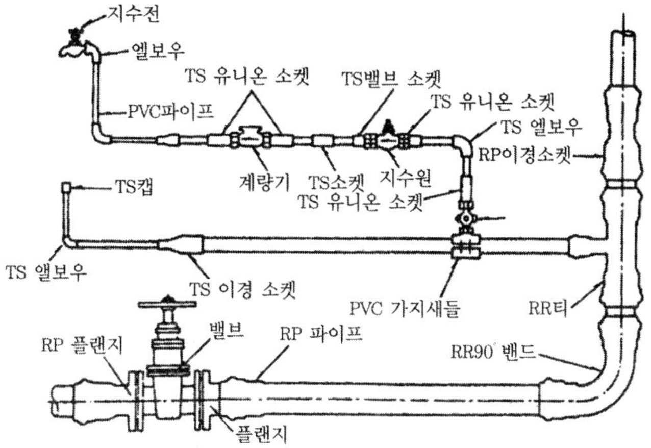

<그림 3-8> 수도용 PVC파이프 표준배관

예제-01 배관재료에서 스케줄번호(Sch-No)는 무엇을 나타내는가?

해답-01 Sch-No는 관재료의 두께를 나타낸다.

예제-02 동일한 외경의 강관에 있어서 스케줄 번호가 다음과 같을 때 가장 두께가 두꺼운 것은?

가) XXS　　나) Xs　　다) Sch-30　　라) Sch-5

해답-02 XXS : Sch-80, XS-40이므로 스케줄 번호가 클수록 두께가 두껍다.

예제-03 최고 사용압력이 95kg/cm^{2}인 배관에 인장강도가 89kg/cm^{2}인 관을 사용했을 때 안전률을 3으로 하면 이 관의 스케줄번호 Sch-No는 얼마인가?

해답-03 $Sch-No = 10\times\frac{P}{S} = 10\times\frac{95}{\left(\frac{89}{3}\right)} = 32$

7) 패킹 (Packin, Gasket)

(1) 플랜지 패킹 (Flange Packing)

1) 천연고무
① 탄성은 우수하나 흡수성이 없다.
② 내산, 내알카리성은 크지만 열과 기름에 약하다.
③ 100℃ 이상의 고온 배관용으로는 사용 불가능하며, 주로 급 배수 공기의 밀폐용으로 사용된다.
2) 네오프렌(Neoprene)고무
① 내열 범위가 -46℃~121℃인 합성고무이다.
② 물, 공기, 기름, 냉매 배관용에 쓰이며 증기관에는 쓰이지 않는다.
3) 석면 조인트 시트
① 주로 슈퍼 히트(Super Heat) 석면이 쓰인다.
② 450℃까지 사용 가능하다.
③ 증기, 온수, 고온유 배관에 쓰인다.
4) 합성수지(테프론) 패킹
① 주로 테프론이 쓰인다. ② 내열범위 : -260℃~260℃
③ 기름에 강하며, 내산 내알칼리성이 크며 용제에 잘 녹지 않는다.
5) 금속 패킹
① 구리, 납, 연강, 스테인레스강이 쓰인다.
② 탄성이 적어 관의 팽창, 수축, 진동 등으로 누설될 염려가 있다.

(2) 나사용 패킹

① 페인트 : 광명단을 섞어 사용하며 고온의 유배관을 제외한 모든 배관에 쓰인다.
② 일산화염(리사지) : 페인트에 소량을 섞어 사용하며 냉매 배관용으로 쓰인다.

8) 배관 부속

강관 배관 공사에 사용되는 강관 이음쇠류의 사용 개소는 다음과 같다.

(1) 배관의 굴곡 : 엘보우(Elbows), 밴드(Bends)
(2) 분기관을 낼 때 : 티(Tees), 크로스(Corsses), 와이(Y Branches 45°, Y Branches 90°)
(3) 직관의 접합 : 소켓(Sockets), 유니언(Unions), 플랜지(Flanges)
(4) 이경관 접속 : 이경 소켓(Reducing Socket), 이경 엘보우(Reducing Elbow), 이경티(Reducing Tees), 부싱(Bushing)
(5) 배관의 말단 : 플러그(Plug), 캡(Caps)등이 사용된다.

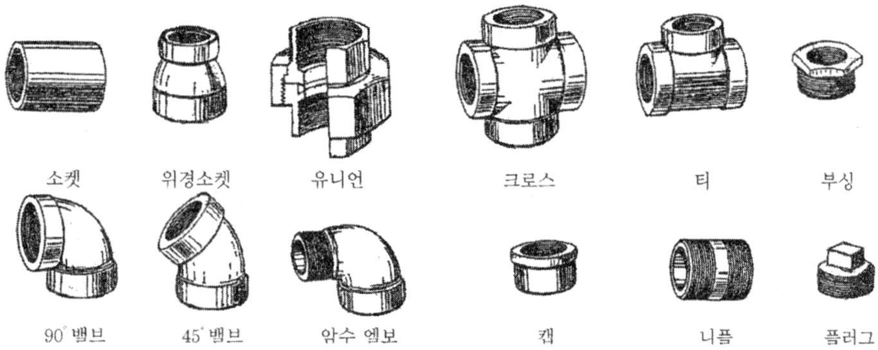

<그림 3-10> 배관 부속

3.4 밸브 (Valve)

1) 밸브의 종류

(1) 글로브 밸브 (Globe Vlave : Stop Valve)

이 밸브는 유로(流路)의 폐쇄나 유량의 계속적인 변화에 의한 유량조절에 적합하여 최대구경은 6B이다. 스톱밸브라고도 하며 유체에 대한 마찰저항이 큰 것이 결점이다.

1) 적용 범위

① 300℃ 이하의 기름, 가스, 증기, 공기 : 14kg/cm^2

② 220℃ 이하의 기름, 가스, 증기, 공기 : 12kg/cm^2

③ 120℃ 이하의 기름, 가스, 증기, 공기 : 10kg/cm^2

2) 형식

① One Piece Stem : 디스크와 스템이 일체로 된 것

② Loose Disc : 디스크와 스템이 별개로 된 것

3) 특징

① 유량조절용으로 유체의 저항이 크다.

② 유체의 흐름과 평행하게 밸브가 개폐된다.

③ 디스크 : 평면형, 원뿔형, 반원형, 부분원형

(2) 슬루스 밸브 (Sluice Valve : Gate Valve)

슬루스 밸브는 게이트 밸브라고도 불리우며 쐐기형의 디스크가 오르내림으로써 개폐된다. 일반적으로는 2. 5″이상은 동체가 주철제이고 밸브와 밸브시트는 포금제이다. 또한 2″이하는 모두 포금제 나사 맞춤이 보통이다.

그리고 증기 배관의 수평관에서 응축수가 고이는 것을 막기 위해서 사용하거나 또는 유체의 흐름에 의한 마찰손실(글로우브 밸브의 약 $\frac{1}{20}$ 정도)이 적으므로 공기빼기 목적으로 사용되기도 하고 주로 유체의 개폐목적으로 사용된다.

① 유체의 흐름에 따른 관내마찰 저항 손실이 적다.

② 찌꺼기가 체류해서는 안되는 난방배관에 적합하며, 유량조절용으로는 부적합하다.

③ 완전히 막고 사용하거나 완전히 열고 사용한다.

④ 디스크 : 쐐기형, 이중디스크

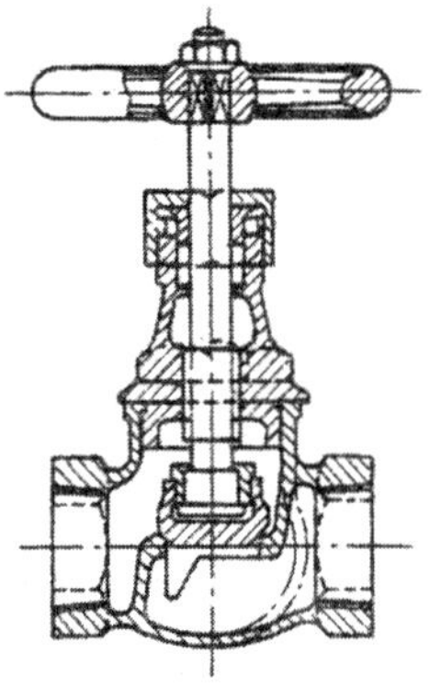

[글로브 밸브]

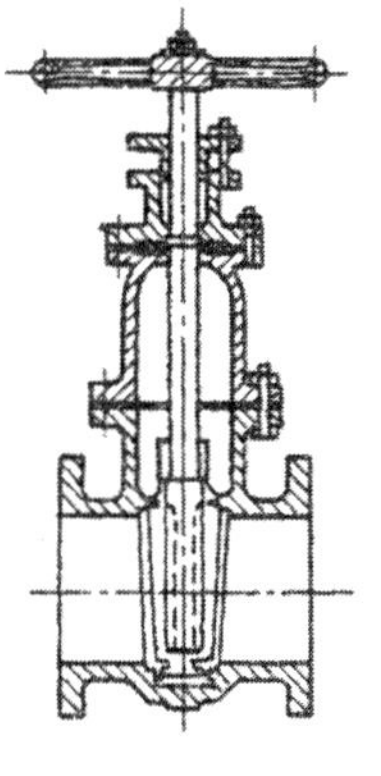

[슬루스 밸브]

<그림 3-10> 밸브

(3) 체크 밸브 (Check Valve : 역지 밸브)

유체의 역류방지용으로 사용되는 체크밸브는 유체의 흐름을 한 방향으로만 흐르게 하고 반대 방향으로는 흐르지 못하게 하는 역지밸브이다. 작동 상태에 따라 스윙형(Swing Type)과 리프트형(Lift Type)의 2종류가 있다.

리프트형은 구조상 수평배관($1\frac{1}{2}$ B 이하의 소구경)에만 사용되고 스윙형은 2B 이상의 수평 및 수직배관 대구경에 사용된다.

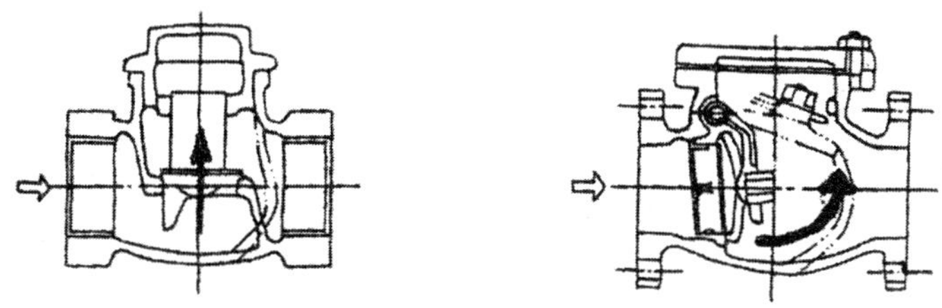

(a) 리프트형 (b) 스윙형

<그림 3-11> 체크 밸브

1) 적용범위(유체의 상태)

① 220℃ 이하의 증기, 가스 : 14kg/cm^2

② 120℃ 이하의 증기, 가스 : 10kg/cm^2

③ 120℃ 이하의 증기, 가스 : 10kg/cm^2

(4) 앵글 밸브 (Angle Valve)

유체의 흐름을 직각으로 바꿀 때 사용되는 글로우브 밸브의 일종이다. 그리고 글로우브 밸브보다 감압현상이 적은 것이 특징이다.

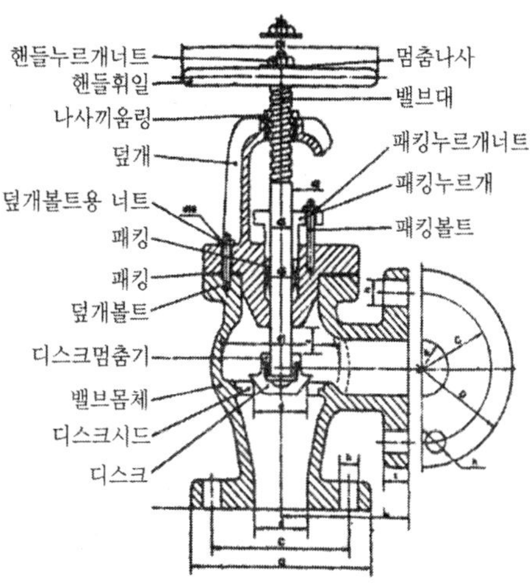

<그림 3-13> 주철제 앵글 밸브

(5) 콕 (Cock : Plug Valve)

원추형의 수전을 90°(1/4회전) 각도로 회전하여 유체의 흐름을 차단하고 유량을 정지시키는 것이다. 예각 한도 내에서 유량조절이 가능하고 유로(流路)의 개폐에도 사용된다.

① 유로를 급속히 개폐할 수 있다. (90° 개폐)

② 유체의 저항이 적다.

③ 기밀유지가 어려워 고압·대용량에는 적합하지 않다.

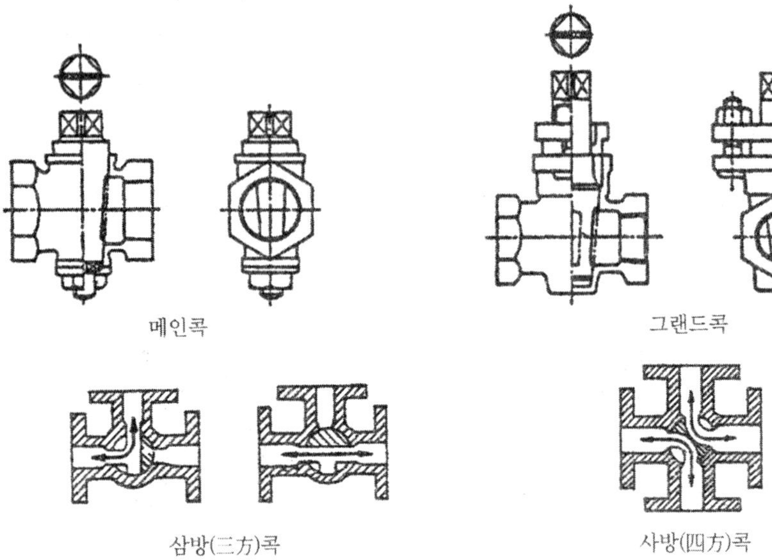

〈그림 3-13〉 콕 밸브

(6) 공기 밸브 (Air Valve)

배관내에서 유체 속에 섞인 공기가 유체로부터 분리되어 배관계통중의 산형배관 부분의 높은 곳에 체류해서 유체의 유량을 감소시키므로 산형배관 높은 곳에 공기밸브를 장착하여 분리된 공기와 기체를 자동적으로 빼내는데 사용된다.

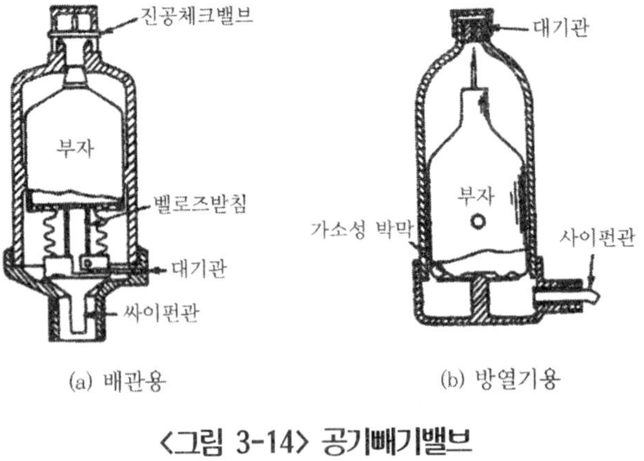

〈그림 3-14〉 공기빼기밸브

(7) 볼 밸브 (Ball Valve)

볼 밸브는 통로가 연결된 파이프와 같은 모양과 단면으로 되어 있는 중간에 둥근 볼(ball)의 회전에 의하여 유체(流體)를 조절하는 밸브이다.
이 밸브는 밸브 몸체(Valve Body)가 크기 때문에 넓은 공간이 필요하며 90° 회전에 의해 완전 개폐작용이 된다.

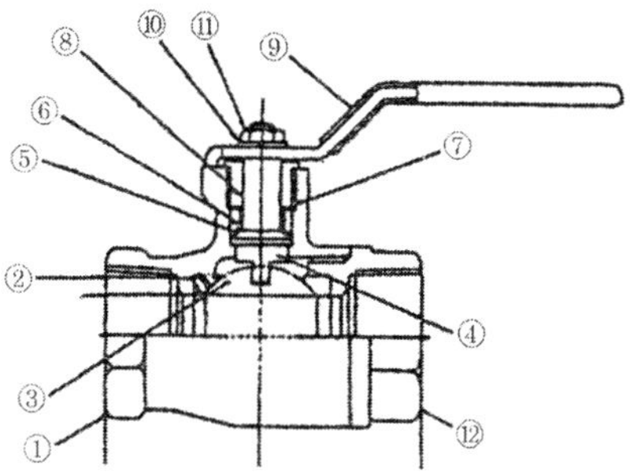

① 보디(body)
② 시트(Seat)
③ 볼(Ball)
④ 스템(Stem)
⑤ 슬라이브(Sleeve)
⑥ 팩킹(Packing)
⑦ 슬라이브 워셔(Sleeve washer)
⑧ 그랜드(Gland)
⑨ 레버(Lever)
⑩ 스프링 와셔(Spring washer)
⑪ 너트(Net)
⑫ 캡(Cap)

<그림 3-15> 볼 밸브

(8) 조정 밸브

조정 밸브의 종류에는 감압 밸브, 온도조절 밸브, 공기빼기 밸브, 자동수위조절기 등이 있다.
1) 감압 밸브(Pressure Reducing Valve)
고압배관과 저압배관의 사이에 감압밸브를 달고 압력을 제어하여 압력을 일정하게 유지할 때 사용되는 밸브이다. 종류에는 작동방식에 따라 다이어프램식, 벨로우즈식, 파이롯트식 등이 있다.
고・저압의 압력비는 2 : 1 이내로 하고 이것을 초과하는 경우에는 2조의 감압 밸브를 직렬로 연결하여 2단 감압을 한다.
2차측의 압력은 소유량이 흐를 때 상승하는데 이를 체절승압이라 하고 반대로 대유량이 흐르면 압력이 낮아지며 이 압력을 옵셋(Off set)압이라 한다.
감압밸브의 의한 미소유량의 조절범위는 설정유량의 5% 정도이나 밸브의 성능과 유지상태를 고려하여 20% 정도로 하고 있으며, 만약 20% 미만의 미소유량의 감압은 바이패스(Bypass) 감압밸브를 설치하여 이때 주감압밸브보다 0. 15~3kg/cm^2 정도 높게 압력설정을 하는 것이 일반적이다.

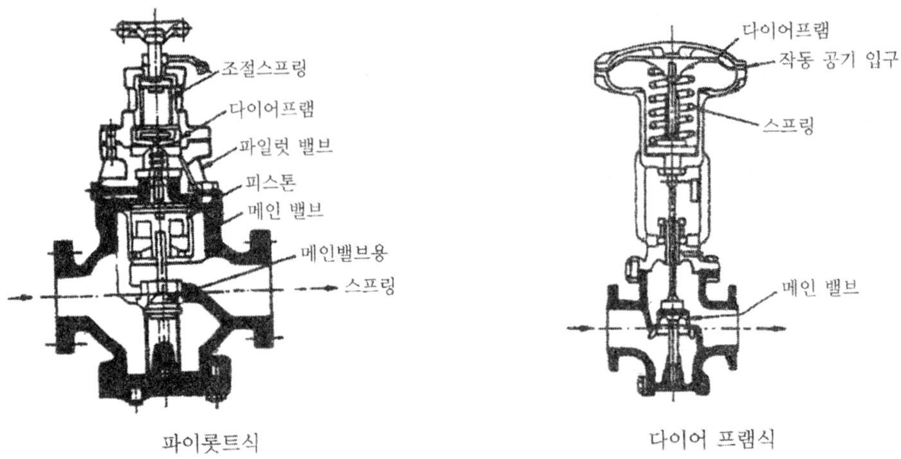

〈그림 3-16〉 감압 밸브

① 감압밸브의 구조

감압밸브의 역할은 밸브의 개도 및 개폐에 따라 압력이 감압되는 형태이므로 밸브의 개도에 이물질이 끼면 감압이 되지 않는 원인이 되므로 감압밸브의 앞에는 항상 감압밸브의 특성에 적합한 스트레이너(지름망 규격 #40~100)를 설치하여야 하며 그리고 주기적으로 청소를 해야 한다.

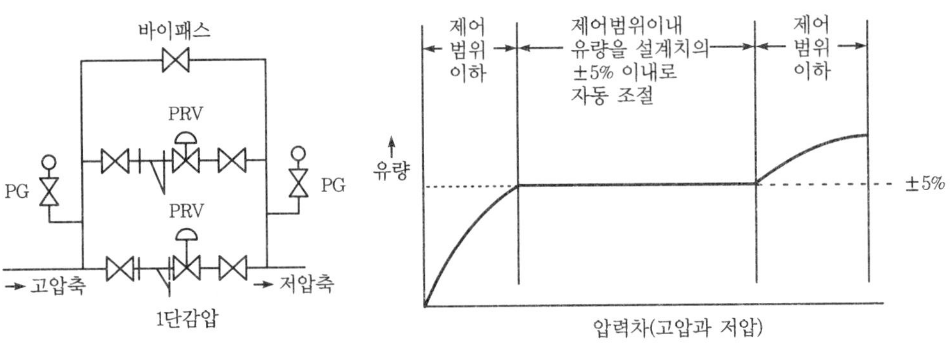

PG : 압력계
PRG : 감압밸브

(제어범위)
1-14 PSI(0.007-0.98kg/cm^2)
2-32 PSI(0.14-2.25kg/cm^2)
4-57 PSI(0.28-4.0kg/cm^2)
8-128 PSI(0.56-7.0kg/cm^2)

〈그림 3-17〉 감압밸브의 압력제어

설치시에는 스트레이너의 거름망 크기 및 감압밸브의 압력조절 범위에 유의하여 제성능을 발휘할 수 있다.

제품주문시 체절승압, 옵셋압, 설정 압력, 사용유량 등을 명기하여 공장에서 세팅하여 반입후 사용한다. 그리고 그 이상의 밸브에서는 압력범위가 1.3~20PSI(0. 09~1.4kg/cm^2)정도 이다.

② 감압밸브의 사용 목적은 다음과 같다.

a) 고압증기를 저압증기로 전환하기 위하여

b) 부하측의 압력을 일정하게 유지하기 위하여

c) 부하변동에 따른 증기의 소비량을 줄이기 위하여 사용된다.

2) 안전밸브(Safety Valve)

증기, 압력수 등의 배관계에 있어서 그 압력이 일정한도 이상으로 상승했을 때 급수관계(給水管系)에 있어서 수격작용이 일어나서 이상압력이 생길 때 등의 과잉압력(過剩壓力)을 자동적으로 외부에 방출하여 안전을 유지하는 밸브로서 증기보일러, 압축공기 탱크, 압력 탱크 등에 설치한다.

3) 온도조절 밸브

온도의 변화에 따라 벨로우즈의 예민한 작동으로 개폐되며 일정온도 이하가 되도록 자동으로 조절하는 자동 조정밸브이다.

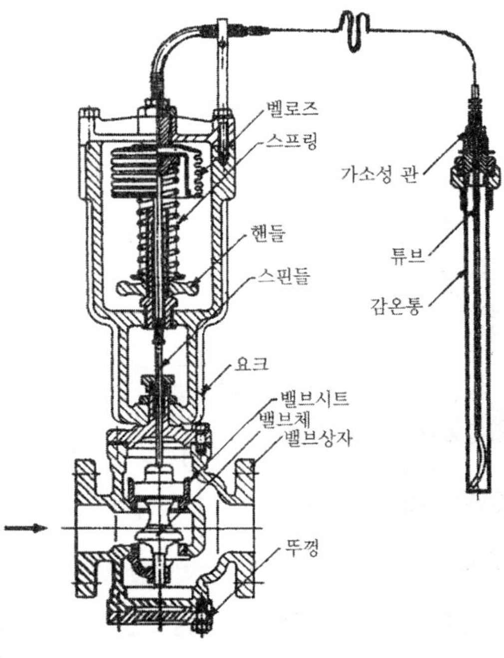

〈그림 3-18〉 온도 조절밸브의 구조

온수탱크, 열교환기, 중유 가열기 등의 가열용 유체의 공급관에 부착하되 조절부에 삽입하고, 일정 온도 이상으로 되면 밸브를 작동시켜 가열용 유체의 유입을 조절함으로서 피가열제의 온도를 일정하게 유지시킨다.

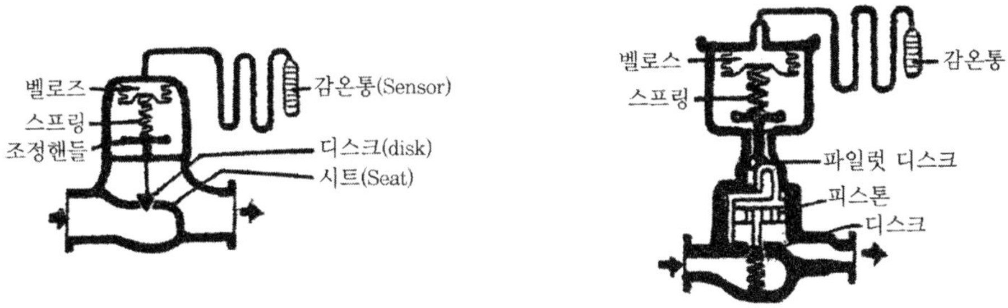

<그림 3-19> 온도 조절 밸브

(9) 전동 밸브 (Motor Valve)

이 밸브는 모터의 작동에 의하여 자동으로 밸브를 조절 개폐시킴으로서 각종 증기, 물, 오일 등의 온도, 압력, 유량 등을 자동제어 하는데 사용하는 밸브로서 최고 사용압력은 10kg/cm^2 또 유체의 온도는 200℃ 이하의 것으로 Position(On, Off)식 단좌 2방변형과 2방변형이 있다.

전원 트랜스는 전동 밸브 1대에 1개 부속시키며 전원 트랜스 접속방법은 다음과 같다.

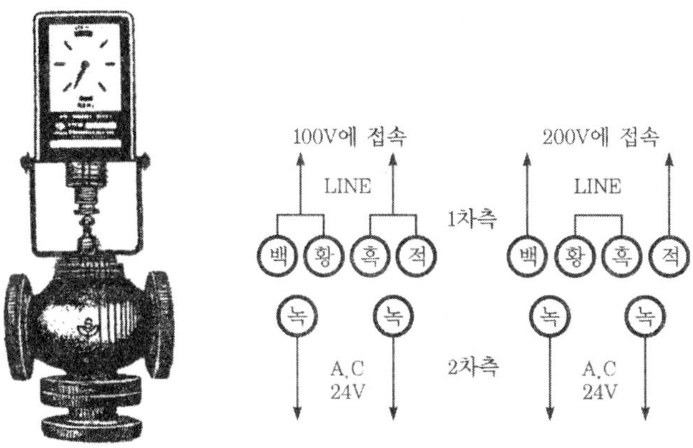

<그림 3-21> 전동 밸브의 전원 트랜스 접속방법

(10) 볼탭 (Ball Tap)

구전(球栓)이라고도 하며 물탱크의 급수구측에 장착하여 수조내 액면의 상승과 하강에 따라 상승, 하강하는 볼탭의 부력에 의하여 밸브가 자동적으로 개폐되는 자동밸브로서 수위(水位)가 자동조절되는 자동급수조절장치이다.

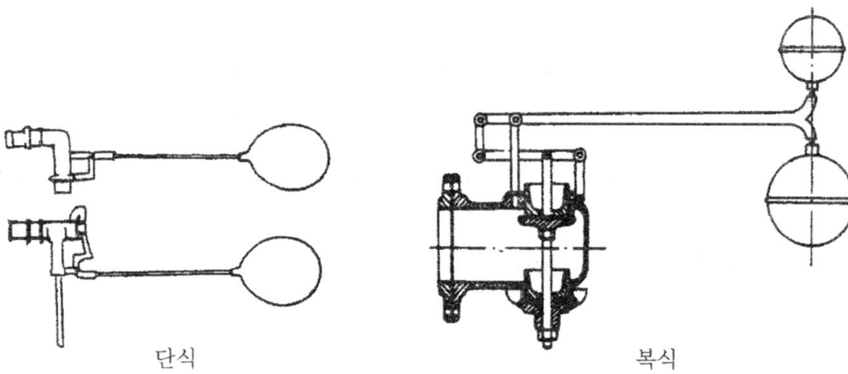

<그림 3-22> 볼탭 (Ball Tap)

(12) 버터 플라이 밸브 (butter fly valve)

버터 플라이 밸브는 원통형의 몸체 속에서 밸브봉을 축(軸)으로 하여 평판이 회전함으로써 개폐된다. 저압에 널리 사용되고 있으며 완전폐쇄가 어려운 단점이 있으나 최근 개발되어 배관장치의 대형화에 따라 많이 사용된다. 작동 방법에 따라 록레버식, 웜기어식, 압축 조작식, 전동조작식 등이 있다.

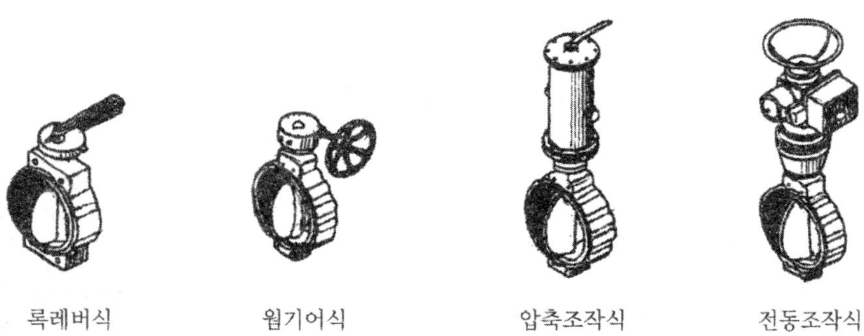

<그림 3-23> 버터플라이 밸브

(13) 플러시 밸브 (flush valve)

대·소변기의 세정에 주로 사용되며 한 번 누르면 밸브가 작동되어 0.7kg/cm^2 이상의 수압으로 일정량의 물이 한꺼번에 나온 다음, 완벽하게 오물이 자동으로 잠기는 밸브이다.

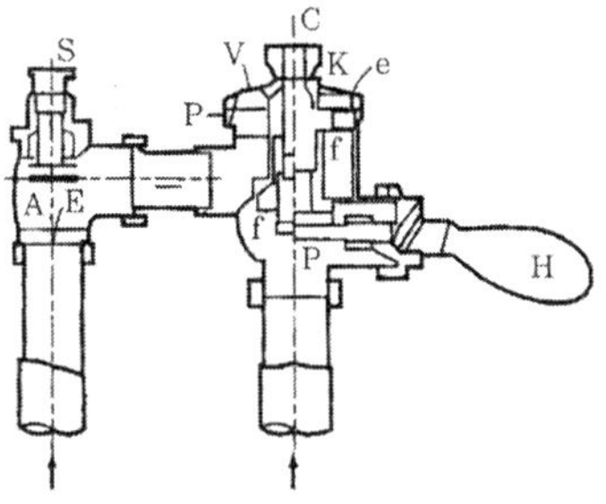

<그림 3-24> vmffjtl 밸브

(14) 차압 밸브 (Differential Pressure Control Valve)

차압밸브는 공급관과 환수관 사이에 설치하고 양측에 발생되는 압력을 감지하여 압력차를 일정하게 하여 주는 밸브로서, 순환수두가 높지 않은 중·고층 빌딩의 단일펌프 시스템에 주로 사용되며, 차압발생으로 인한 펌프의 과부하나 고장을 방지하기 위하여 차압에 따라 일정한 순환유량이 확보되도록 유지시킨다.

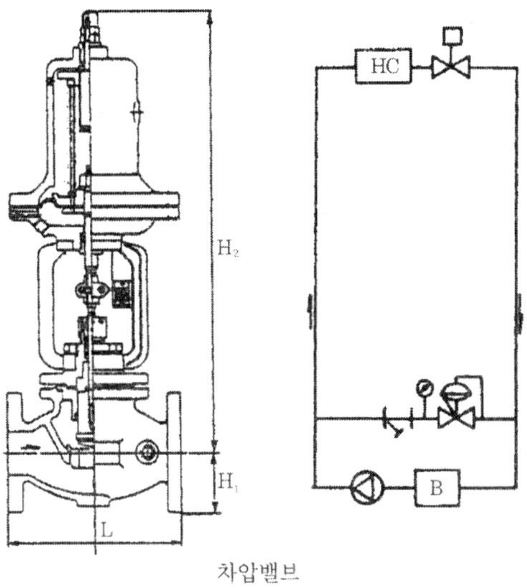

<그림 5-25> 차압밸브의 적용 예

(15) 다이어프램 밸브 (Diaphram Valve)

격막식 밸브라고도 하는데 격막에 작용하는 압력에 의거 개구부가 닫히는 밸브이다. 산 등의 화학약품을 차단하는 경우에 내약품, 내열 고무제의 다이어프램을 밸브시트에 밀착시키는 것으로 유체의 흐름에 대한 저항이 적어 기밀용으로 사용한다.

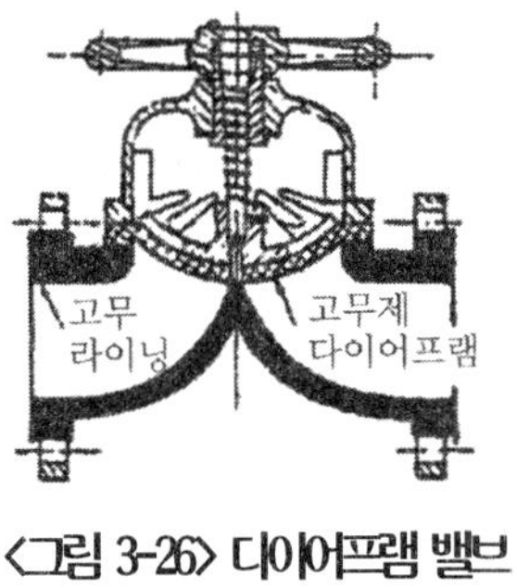

<그림 3-26> 다이어프램 밸브

(16) 밸런싱 밸브 (manual balancing valve)

밸브의 개도에 따라 배관 내를 흐르는 유량을 측정하고 유체의 흐르는 양을 조절할 수 있는 밸브이다. 유량측정은 밸런싱 밸브의 전후 차압으로 측정하고 배관 내부의 물을 배수시킬 수 있는 콕크와 관리자 이외에는 함부로 조절할 수 없도록 잠금 장치를 갖추고 있으며, 밸브의 개도를 확인할 수 있는 지시눈금이 있다.

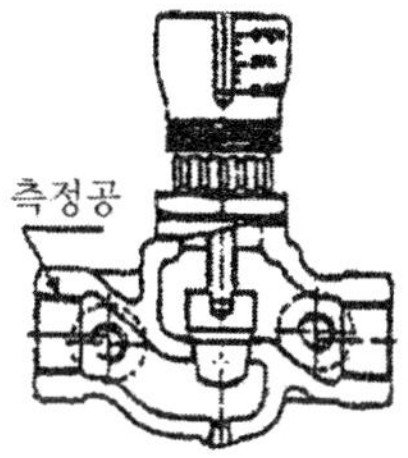

(15~25A)

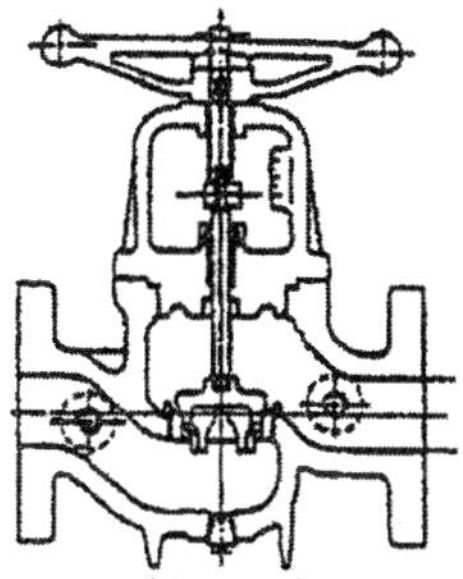
(32~150A)

<그림 3-27> 밸런싱 밸브

(17) 스트레이너 (Strainer)

배관계통중(配管系統中)에 먼지, 토사 등의 이물질로 배관내부가 막힐 염려가 있을 뿐만 아니라 또 각종기기를 손상시켜 수명단축을 촉진시키므로 이것을 방지하기 위하여 여과망 장치인 스트레이너를 부착하는 것이다. 스트레이너는 반드시 밸브 전방에 설치하여 미리 여과시켜 밸브의 기능을 보호하도록 하는 것이 좋다.

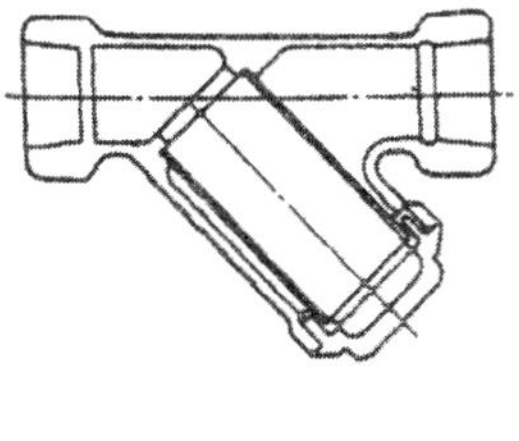
나사이음용 Y형 스트레이너

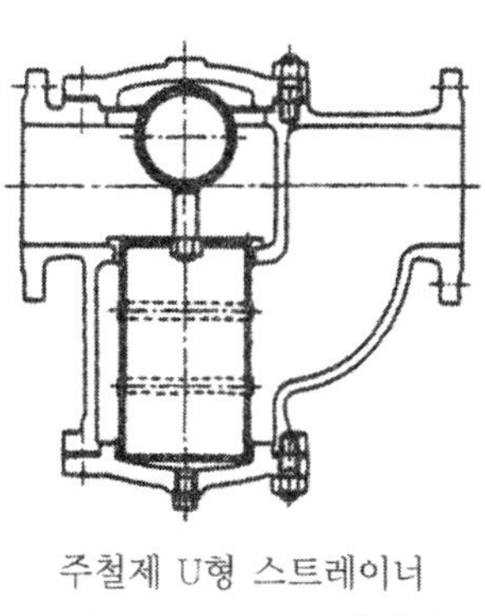
주철제 U형 스트레이너

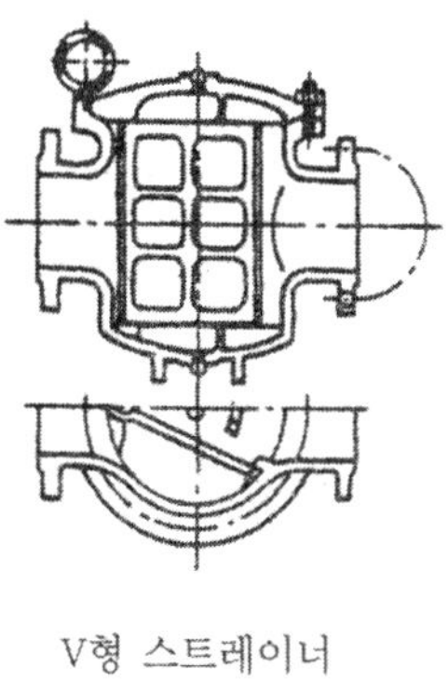
V형 스트레이너

<그림 3-28> 스트레이너

유체의 흐르는 방향은 한 방향이므로 화살표가 붙어 있고 종류는 Y, U, V형 스트레이너와 기름 스트레이너의 4종류가 있다.
스트레이너는 보통 급수 배관이나 냉·난방 배관, 냉매 배관 또는 오일 배관 중에 많이 설치한다.

(2) 밸브의 부착방법

건축설비에 사용되는 모든 밸브는 조작과 보수(保守)가 편리한 장소에 설치해야 한다. 일반적으로 밸브의 조작면에서 밸브를 설치한 중심위치까지의 높이는 1.8m가 적합하다.
만약 밸브중심까지의 설치높이가 1.8m 이상인 경우는 조작대를 설치해야 한다.
증기난방의 주증기관에 부착하는 바이 패스 밸브는 규격이 6B 이하인 경우에는 글로우브 밸브를 사용하고 또한 그 규격이 8B 이상인 경우에는 슬루스 밸브를 사용한다.
그리고 펌프 주위의 배관에서 흡입과 토출측은 모두 슬루스 밸브를 사용한다.
일반배관계통에서 관경줄임용 부속인 레듀서(Reducer)는 항상 조절밸브에 가까운 곳에 설치하는 것이 좋다.
또한 유체의 흐름을 지각으로 굴곡시키는 앵글밸브는 유체의 흐름방향에 유의하여 조작에 지장이 없는 장소에 설치하고 안전밸브는 부착용기 또는 주배관에 가깝게 설치한다.

<표 3-5> 밸브의 선정

부착기기	호칭경(B)	밸브의 종류
액 면 계	1/2	슬로수 밸브
압 력 계	1/2	글로우 밸브
유 량 계	1/2	슬루스 밸브
배 관 계 벤 트	3/4	글로우브 밸브
배 관 계 드 레 인	3/4	슬루스 밸브
스 팀 트 랩	스랩구경과 동일	글로우브 밸브

(3) 밸브 도시 기호

<표 3-6> 밸브의 도시 기호

종 류	기 호	종 류	기 호
글로우브 밸브		일반조작 밸브	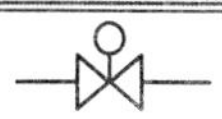
슬루스 밸브		전자 밸브	
앵글 밸브		전동 밸브	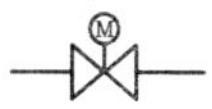
체크 밸브		공기빼기 밸브	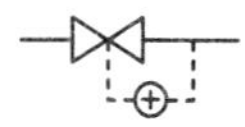
안전밸브(스프링식)	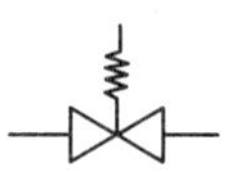	닫혀 있는 일반 밸브	
안전밸브(추식)		닫혀 있는 일반콕	
일반콕	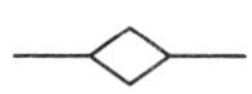	온도계	
삼방콕		압력계	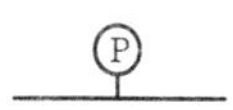

3.5 배관 도면

1) 건축설비용 배관도면의 종류

1) 평면 배관도
2) 입면 배관도
3) 입체 배관도
4) 부분 조립도

2) 기타 배관도

(1) 계통도 (Flow Diagram)

기기장치의 모양을 배관기호로 도시하고 배관을 통하여 유체 부하와 순환 등을 체계적으로 그린 계통도로서 주요 밸브, 온도, 유량, 압력 등을 기입한다.

(2) PID (Piping and Instrument diagram)

주계통의 라인, 계기, 제어기, 장치기기 등에서 필요한 모든 자료를 도시한 도면으로서 가격 산출, 배관장치의 설계 및 제작 시공, 운전조작과 공정수정 등에 도움을 준다.

(3) 치수 기입방법

(1) 치수표시

숫자로 나타내되 mm로 기입한다. (A : mm, B : inch)

(2) 높이 표시

1) EL 표시 : 배관의 높이는 관의 중심을 기준으로 표시한다.

① BOP(Bottom of Pipe) 표시 : 지름과 다른 관의 높이를 나타낼 때 적용되며 또한 관외경의 아래면까지를 기준으로 하여 표시한다.

② TOP(Top Of Pipe) 표시 : BOP와 같은 목적으로 사용되나 관의 윗면을 기준으로 하여 표시한다.

2) GL(Ground Line) 표시 : 포장된 지표면을 기준으로 하여 배관장치의 높이를 표시할 때 적용한다.

3) FL(Floor Line) 표시 : 1층의 바닥면을 기준으로 하여 높이를 표시한다.

3) 배관 도시방법

(1) 관의 도시법

하나의 실선으로 표시하여 같은 도면에서 다른 관을 표시할 때에 같은 굵기의 선으로 나타낸다.

(2) 유체의 유동 방향

화살표로 나타낸다.

(3) 유체의 도시법

관의 표시선위에 도시허가 인출선에 의해 도시한다.

A : 공기, G : 가스, O : 기름, S : 증기, W : 물

(4) 관경 및 종류 표시

관의 굵기를 표시하는 문자 또는 기호를 기입하여 복잡한 도면에서는 지시선을 사용하여 표시한다.

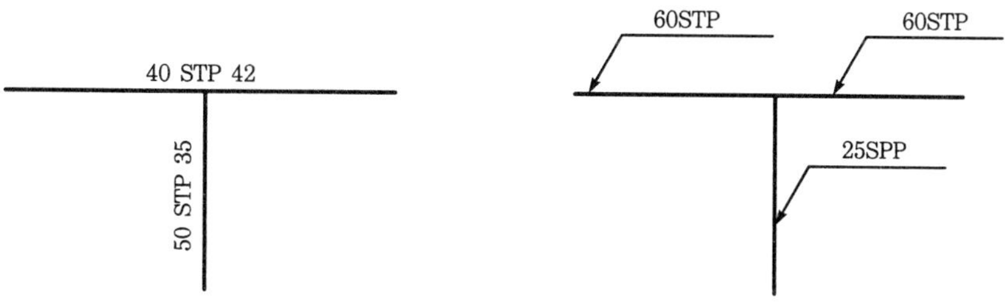

(5) 관의 접속상태

① 접속하고 있는 경우 

② 분기하고 있는 경우 

③ 접속하지 않는 경우 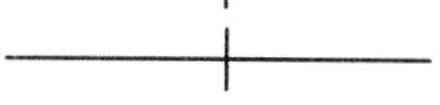

(6) 관의 입체도시

1) 관의 도면에 직각으로 앞쪽을 향해 구부려져 있을 때

(오는 엘보우) 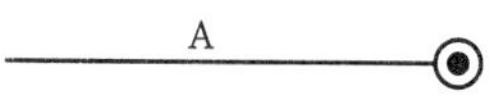

2) 관의 앞쪽에서 도면에 직각으로 구부려져 있을 때

(가는 엘보우) 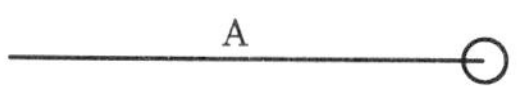

3) 관 A가 앞쪽에서 도면에 직각으로 구부려져 관 B에 접속할 때

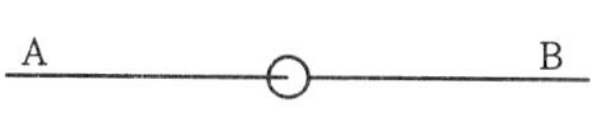

<표 3-7> 배관 도시기호

종류	도시기호	종류	도시기호
공기	——— A ———	관이 접속되어 있지 않을 때	
증기	——— S ———		
보일러급수	—————————	관이 접속되어 있을 때	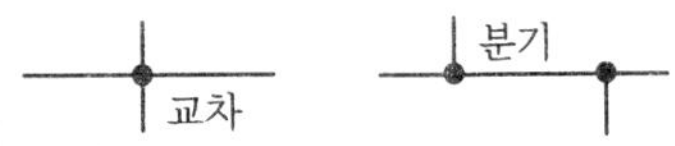
물	——— W ———		
가스	——— G ———	관의 굵기와 종류	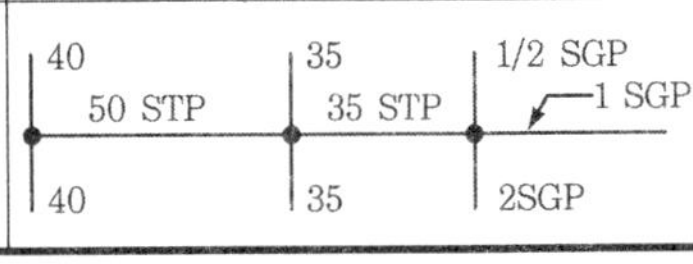
기름통	——— O ———		
유체흐름방향	———▶———		

입체관의 표기		평면도	등각투상토	평면도	등각투상도	평면도	등각투상도
관 A가 도면에서 사람눈쪽에 가까워지게 직각으로 구부러졌다. 즉 Z방향	1	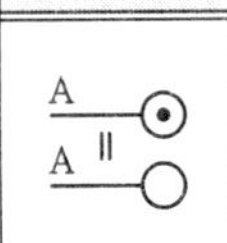		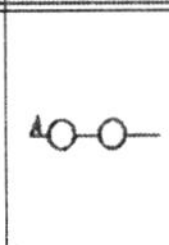	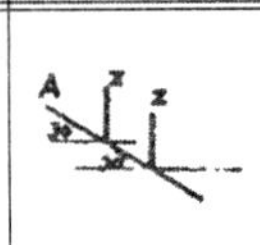	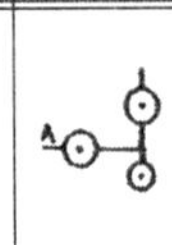	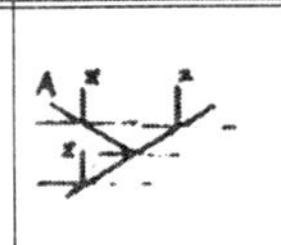
관 B가 도면에서 사람눈쪽에 멀어지게 직각으로 구부러졌다. 즉 Z′ 방향	2	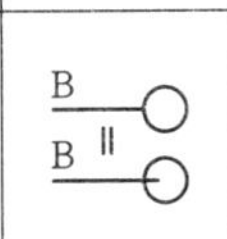	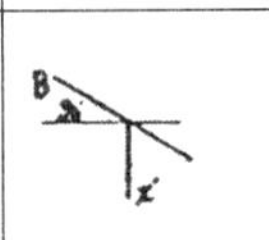	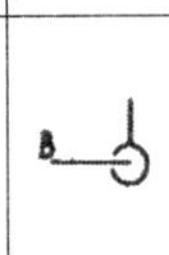	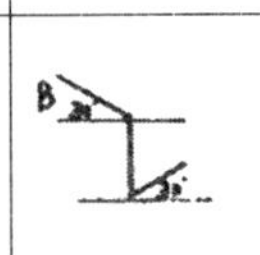	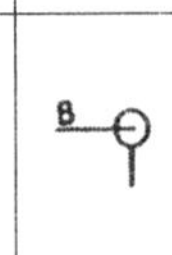	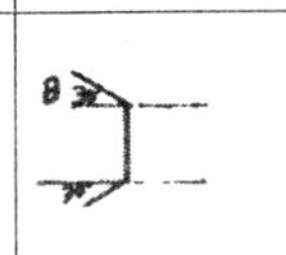
관 C가 도면에서 사람눈쪽에 멀어지게 직각으로 구부러졌다. 즉 Z′방향	3	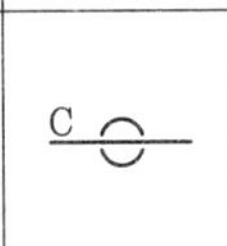	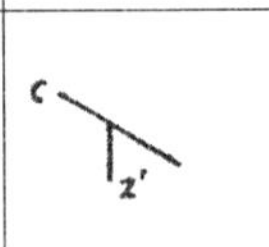	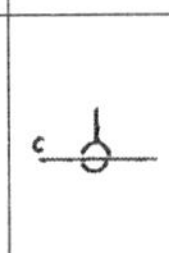	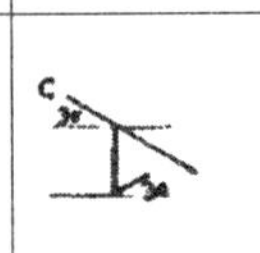	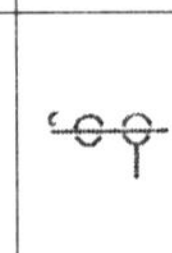	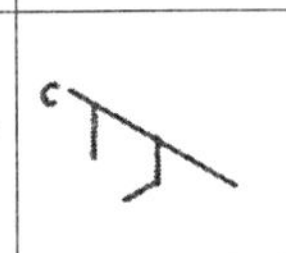
관 D가 연장선상에서 사람눈으로부터 멀어지게 직각으로 구부러졌다. 즉 Z′방향(이 방향은 혼돈되기 쉬우므로 삼가할 것)	4	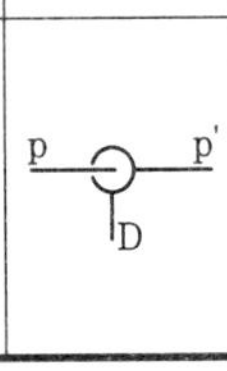	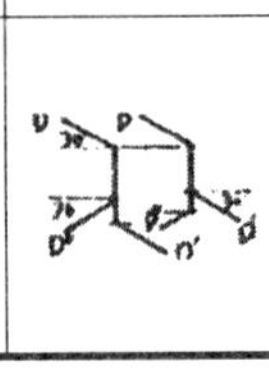	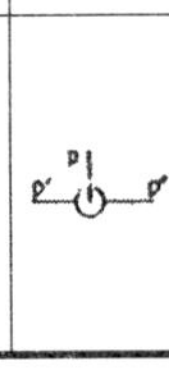	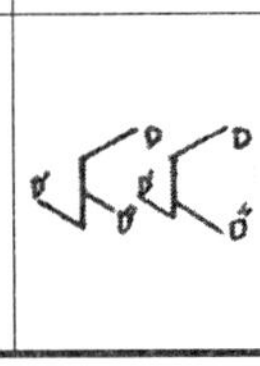	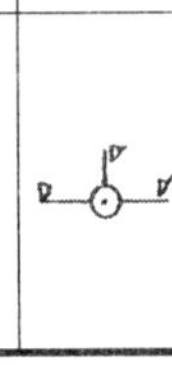	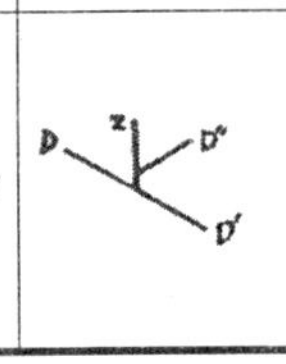

(7) 관연결 방법의 도시기호

〈표 3-8〉 배관연결

이음종류	연결방법	도시기호
관이음	나사이음 용접이음 플랜지이음 턱걸이이음 납땜이음	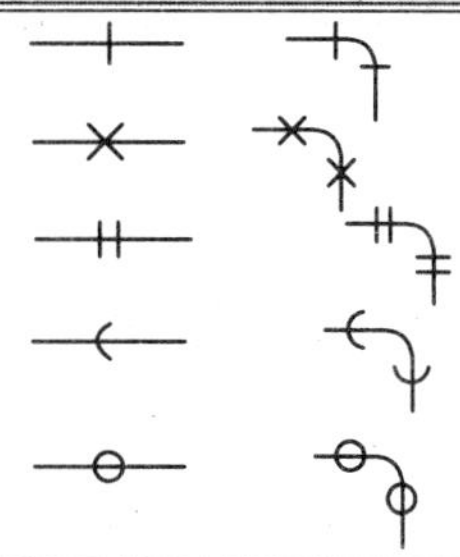
신축이음	루프형이음 슬리브형이음 벨로우즈형이음 스위블형이음	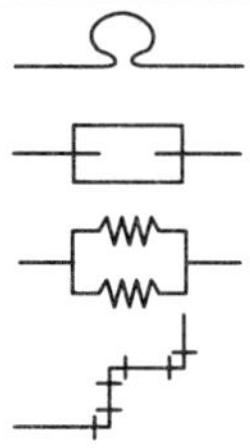

3.6 배관 공사

1) 초고층 건물의 배관

(1) 파이프 샤프트(Pipe Shaft)내 배관인 경우 수직관인 10~20m마다 1개의 비율로 신축 이음쇠를 사용하여 온도변화에 의한 신축을 흡수한다.
(2) 양수펌프 및 양수관 장치의 글로브밸브 대신 전동밸브 또는 뉴매틱스톱밸브를 사용한다.
(3) 압력이 커질 때는 압력배관용 탄소강관(사용압력 : 10kg/cm^2)을 사용한다.
(4) 나사이음은 건물의 진동과 수격작용 등에 의한 누수의 우려로 용접접합을 한다.
(5) 배관은 조립식(프리훼브)화 한다.
(6) 배관의 고정지지와 이음에 신중을 기하고 유연성을 확보한다.
(7) 고가수조와 같은 중량물의 설치에 건축구조상 보강한다.

2) 급수배관

(1) 급수 배관의 구배는 1/250 정도로 한다.
(2) 공기가 고일 염려가 있는 곳에는 에어밸브를 설치한다.
(3) 물이 고일 염려가 있는 곳, 즉 급수관의 최하부에는 배니 밸브(드레인)를 설치한다.
(4) 배관의 분기는 수량(水量) 배분이 균일하고 과대한 물저항이 발생하지 않도록 배관한다.

3) 배관공사의 기본사항

(1) 배관은 가능한한 그룹화한다. (미관, 행거의 경제성 확보)
(2) 배관은 가능한한 최단거리로 한다.
(3) 배관은 가능한한 굴곡을 적게 한다. (에어포켓 방지)
(4) 고온, 고압라인은 기기와의 접속시 접속용 플랜지를 사용한다.
(5) 고압라인, 고유속의 라인은 굴곡부와 T브랜치부를 최소로 한다. (충격파에 의한 진동방지)

4) 계기의 장치

(1) 압력계의 장착

① 보수가 편리한 곳에 부착한다.
② 압력계의 설치높이는 1.5m가 적당하다.
③ 고온라인의 압력계는 사이펀관을 붙인다.
④ 유체의 맥동(脈動)이 있는 경우에는 펄세이숀 댐퍼를 사용한다.

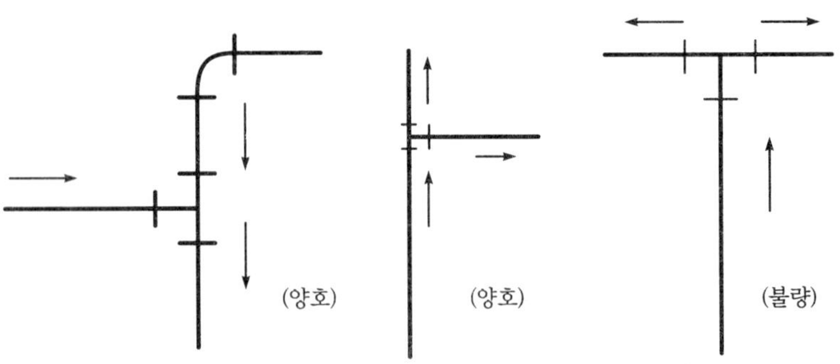

〈그림 3-29〉 압력계 장착 배관

(2) 유량계의 장착

① 유량계는 수평배관에 부착한다.

(3) 온도계의 장착

① 온도계는 최소구경 6B로 하고 배관에 직각이 되도록 직관부분에 장착한다.
② 곡관부에 장착시킬 때는 그 배관의 최소구경은 1 1/2B로 하여 내부유체의 흐름에 대항하도록 한다.
③ 설치높이는 1.5m로 한다.

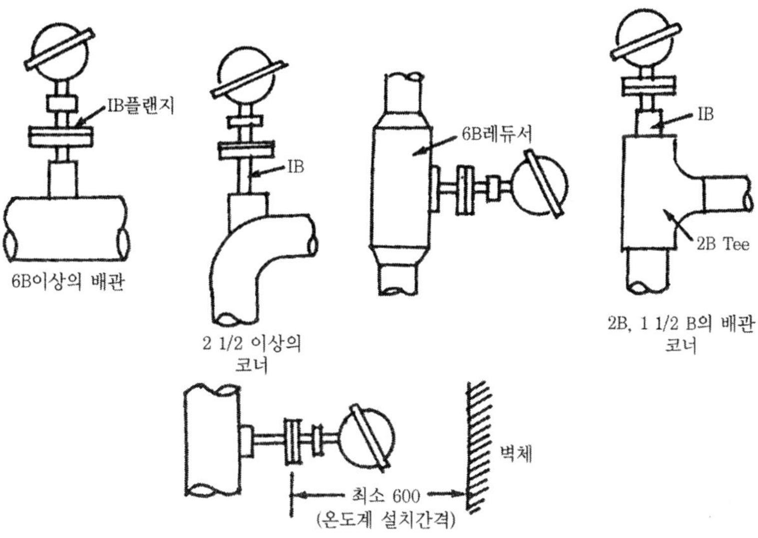

<그림 3-30> 온도계 장착

(4) 액면계 장착

① 액면계(Liquid Indicator)는 수고를 측정하는 계기로서 기준면을 직접 측정하는 것으로 클링거형(반사형)과 튜블러형이 있다.
② 액면계는 기기본체가 운전중에도 분리할 수 있도록 액면계와 기기 사이에 블록밸브를 플랜지 및 유니온 등으로 설치한다.
③ 투시형 액면계는 가시(可視) 방향이 반대측에서 광선이 유입하는 방향으로 장착시킨다.
④ 클링거형 액면계의 장착배관은 3/4B이다.
⑤ 기기본체에 직접 액면계의 부착이 곤란한 경우는 1 1/2B~2B의 헤더(Header)를 설치하여 장착한다.

3.7 배관의 지지

건축물에 노출 배관된 관은 외력과 관의 지중 및 방진설계의 미비에 의하여 발생하는 진동 등에 의한 변형이 발생하지 않도록 건축 구조물 등에 견고하게 지지되어 있어야 한다.

배관의 지지철물이나 파이프 행거(Pipe Hangger)설치를 위한 매설용 볼트, 인서트(Insert) 등ㄴ은 건축구조물의 콘크리트 속에 먼저 매설시킨 후 여기에 배관의 지지철물을 고정시킨다. 또한 여기에 배관을 지지시켜 배관이 움직임으로서 이음쇠 등이 파손되어 발생하는 누수를 방지한다.

중력에 의하여 자연유하되는 배수관과 급탕관의 수평배관에는 간단한 구배를 가감하여 조정할 수 있는 나사부의 조정에 의한 지지철물이 편리하고 즈익와 온수의 배관, 즉 고온 유체의 배관에는 신축이 자유로운 로울러 스탠드(Roller Stand)와 로울러 행거(Rollar Hanger)가 적합하다.

1) 배관의 지지철물이 갖추어야 할 조건

(1) 관의 지중과 관의 피복재 및 관내의 유체를 합한 중량에 견딜 것
(2) 온도의 변화에 따른 관의 신축에 순응할 것
(3) 외력이나 진동 충력에 견딜 수 있도록 견고할 것
(4) 수평 배관의 구배 조절이 용이할 것

2) 배관의 지지설계

일반식에 의한 지지점의 이동량을 계산하는 방법은 배관계 도중에서 관경이나 온도가 변화하거나 또는 분기가 있는 배관에는 적용이 곤란하며 이러한 사항을 제외한 일반적인 배관에 적용되며 배관의 지지 설계는 다음과 같다.

3) 배관의 지지 (Piping Support)

배관 지지의 설계에서 일반식에 의한 지지점의 이동량을 계산하는 방법은 배관계통의 도중에 관경과 온도가 변화하거나 또는 분기가 있는 배관에는 적용이 곤란하다.

이러한 사항을 제외한 배관의 지지설계에 적용되며 그 내용은 다음과 같다.

(1) 전체 설비 배관도에 필요한 자료

① 배관의 치수 및 재질
② 관내부 유체의 종류(비중, 온도, 압력)

〈표 3-9〉 파이프의 최대지지 간격·휨

관경 (B)	지지간격 (m)	물 라인 지지간격(m)	휨(mm)	증기, 가스, 공기 라인 지지간격(m)
1	12	2.12	3	2.74
2	11	3.04	3	3.95
3	10	3.65	3.3	4.56
4	9	4.26	3.3	5.17
6	8	5.17	4.3	6.40
8	7	5.78	4.6	7.30
12	6	7.00	4.6	9.12
16	6. 5	8.20	4.6	10.60
20	4. 5	9.12	4.6	11.85
24	4	9.74	4.3	12.80

③ 보온 및 보냉재의 두께, 부피, 비중 등
④ 플랜지, 밸브 등 배관에 부속된 부품에 관한 시방
⑤ 배관계통의 단말조건(접속점의 이동량, 반력, 모우먼트 등의 제한치)

(2) 지지점의 설계자료 도면

① 건축도면
② 보일러 및 터어빈의 설치도면
③ 기타 배관 주위에 설치되는 설비류의 도면

(3) 각종 기술자료

① 관 및 보온재의 중량표
② 밸브 및 플랜지의 중량표
③ 관의 열팽창량
④ 기타 관련 규칙

(4) 배관의 지지하중 및 지지점의 이동량 계산

① 배관에 관한 계산중량의 합계와 지지하중의 모우먼트 합계는 0이다.

② 인접된 지점에 대해 각각 모우먼트 및 반력을 산출하고 순차로 각 지점에 가해지는 하중을 계산한다.

(1) 입체 배관도 (Isometric Piping Sketch) 작성

설비 배관도를 참조하여 비례적으로 입체배관도를 작성하고 여기에 배관의 시방 및 단말조건 등을 기입한다.

(2) 지지점의 설정

배관 도 및 건물도면을 기본으로 하여 지지점(Support Point)을 설정해 나간다. 이때 고려해야 할 사항은 다음과 같다.

① 배관계통의 양단 지지점은 될 수 있는대로 단말가까이에 설정한다.

② 밸브와 수직배관은 집중하중이 작용하는 근처에 지지점을 설정한다.

③ 지지는 가능한 한 건물 및 기기가대(機器架垈) 등의 보(Gridder)를 이용한다.

④ 배관의 지지 간격(Support Span)을 적절히 설정하여 배관자중의 휨에 의한 과대응력의 발생이나 드레인(Draing)의 배출에 지장이 없도록 한다.

⑤ 배관의 지지에 장애가 되는 근접 및 설비기기는 유무를 체크하고 그 곳을 피한다.

(3) 배관 지지의 장치 및 설계

배관의 지지장치에 관한 설계자료는 다음과 같다.

① 각 지지점의 하중에 심한 차이가 있을 때는 지지점의 위치변경 또는 지지점을 추가하여 배관게의 전체를 통해 각 지지점의 하중이 거의 균일하게 분포되도록 하는 것이 바람직하다.

(4) 지지하중의 계산

모우먼트의 밸런스법(Moment Balance Method)에 의한 지지 하중을 계산하는 방법은 배관 전체를 하나의 강체(剛體)로 간주하여 계산한다.

<표 3-10> 배관계 중량표

관	관중량	보온		총중량	관시방		비고
		중량(kg/m)	두께(mm)		온도(℃)	열팽창량(mm)	
관(Dxt)	93.9kg/m	35	100	128.9kg	416	5.5	증기 $0.3g/cm^3$
밸브	790kg/개	166		956kg			보온계수 4.75
플랜지	140kg/개	35		175kg			보온계수 1.0
90° 벤드				81kg			R=0.4m ℓ=0.628m
90° 벤드				263kg			R=1.3m ℓ=2.04m

① 보온재 중량은 관의 보온재 중량×보온계수이다.

② 밸브의 보온재 중량=35×4.75=166kg

③ 플랜지의 보온재 중량=35×1.0=35kg

(5) 지저점의 모우먼트 및 반력 계산

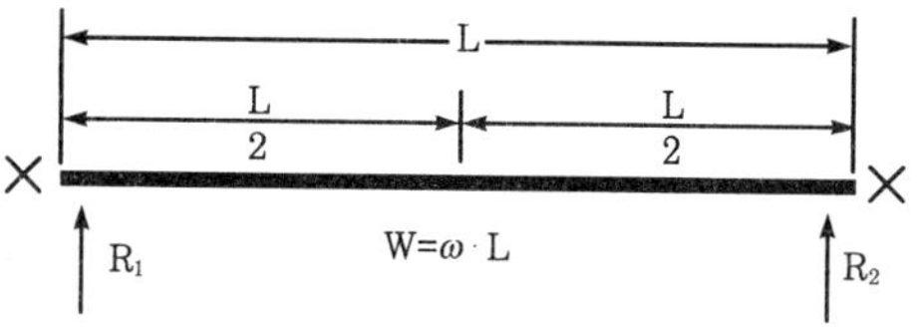

1) 지지점 사이에 집중하중 및 휨이 없는 경우

(반력) $R_1 = R_2 = \frac{W}{2} = \frac{\omega L}{2}$

W : 배관의 단위 m당 중량(kg/m)

2) 지점 사이에 집중하중이 있고 휨이 없는 경우

(반력) $R_1 = \sum_{1=1}^{5} Li\ Wi/L$

$R_2 = \sum_{1=1}^{5} Li\ Wi - R_1$

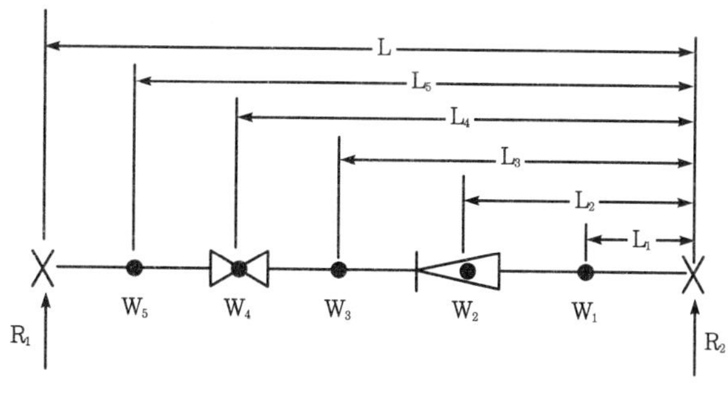

3) 휨이 있고 지지점중 3점이 직선 위에 없는 경우

(X축의 모우먼트)

$$M_x = a_{x1} \cdot R_1 + b_x \cdot R_2$$
$$= L_{x1} + W_1 + L_{x2} + W_2 + L_{x3} \times W_3 + L_{y4} \times W_4$$

(Y축의 모우먼트)

$$M_y = a_{y1} \cdot R_1 + b_y \cdot R_2$$
$$= L_{y1} + W_1 + L_{y2} + W_2 + L_{y3} \times W_3 + L_{y4} \times W_4$$

(반력)

$$R_3 = (W_1 + W_2 + W_3 + W_4) - (R_1 + R_2)$$

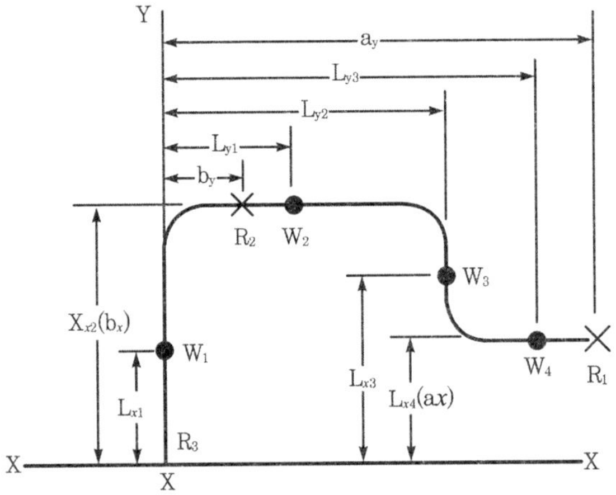

(6) 지지점의 이동량 계산

이 방법은 지지점의 이동량을 비례계산에 의하여 계산하는 식이다.

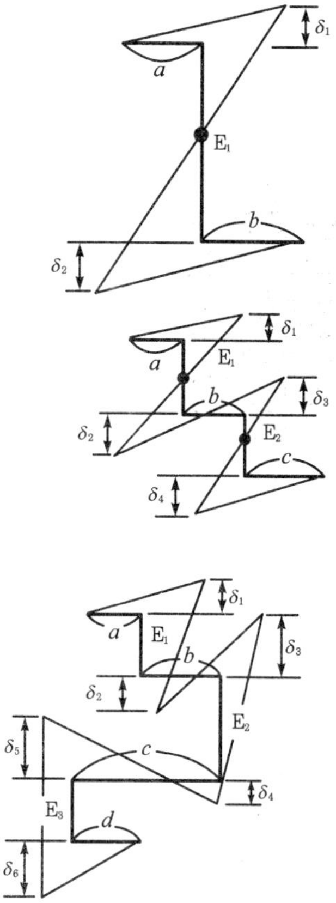

〈그림 3-31〉 지지점의 이동량

$$\delta_1 = \frac{aE_1}{a+b}$$

$$\delta_2 = E_1 - \delta_1$$

여기서 δ_1, δ_2 … 신장량(mm)

$$\delta_1 = \frac{a(E_1+E_2)}{a+b+c}$$

$$\delta_2 = E_1 - \delta_1$$

$$\delta_4 = \frac{c(E_2+E_2)}{a+b+c}$$

$$\delta_3 = E_2 - \delta_4$$

여기서 E_1, E_2 …… 수직부분의 열팽창량(mm)

$$\delta_1 = \frac{a(E_1+E_2+E_3)}{a+b+c+d}$$

$$\delta_2 = E_1 - \delta_1$$

$$\delta_3 = \frac{(a+b)\delta_1}{a} - E_1$$

$$\delta_4 = E_2 - \delta_3$$

$$\delta_6 = \frac{d(E_1+E_2+E_3)}{a+b+c+d}$$

$$\delta_5 = E_e - \delta_6$$

여기서 a, b …… 수평부분의 길이(m)

4) 배관 지지 철물

(1) 행거 (Hanger)

배관의 하중을 위해서 걸어당겨 지지하는 철물이다.

1) 리지드 행거(Rigid Hanger)

수직방향의 변위가 없는 곳에 사용되며 주위의 상황이 다종 다양한 형식이다.

2) 콘스탄트 행거(Constant Hanger)

상하방향의 이동에 대해 일정한 하중으로 지지한다.

3) 스프링 행거(Spring Hanger)

턴버클로 하중을 조절하며, 관의 수직이동에 대한 지지하중의 변화에 적용하는 지지철물이다.

① 표준하중 : 35~14,000kg

② 트래벨 : 0~120mm

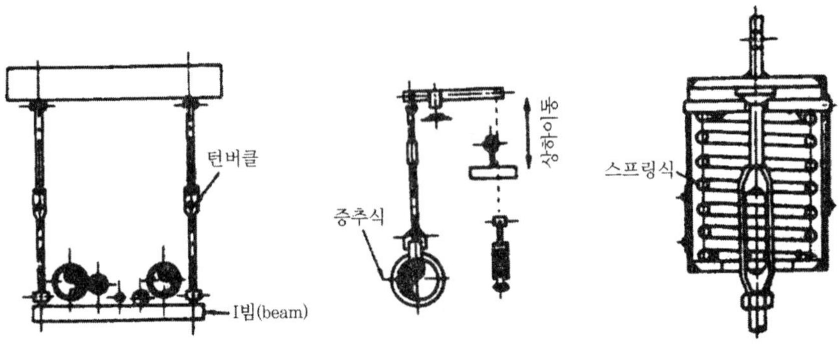

<그림 3-32> 행거의 종류

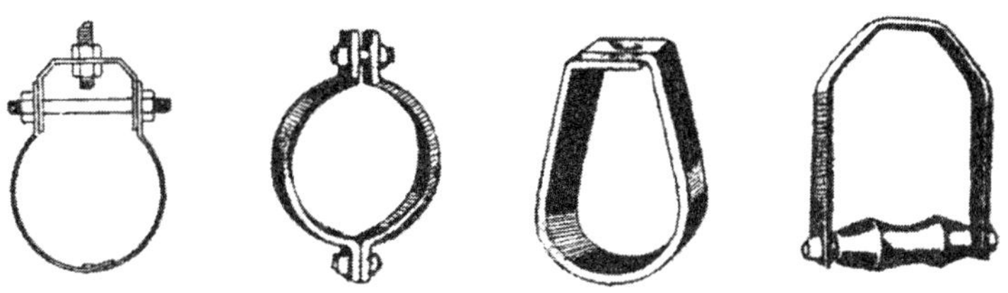

<그림 3-33> 파이프 행거의 종류

4) 로울러 행거(Roller Hanger)
로울러에 의해 배관의 신축흡수가 가능한 지지철물이다.

(2) 서포트 (Support)

배관의 하중을 아래에서 위로 지지한다.

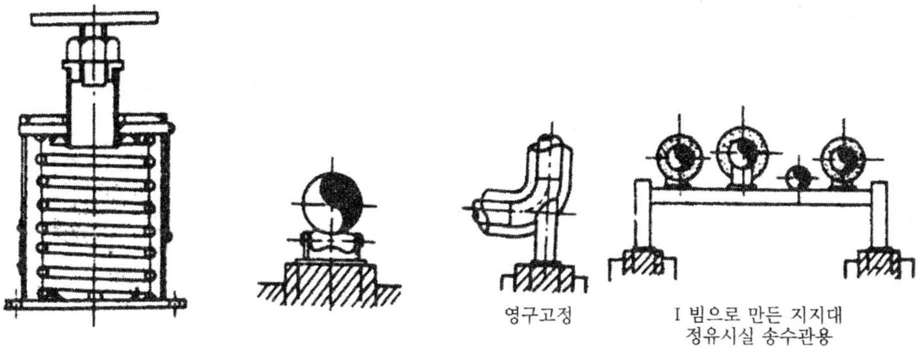

(a) 스프링 서포트 (b) 로울러 서포트 (c) 파이프 슈 (d) 리지드 서포트

<그림 3-34> 서포트의 종류

(3) 리스트레인트 (Restraint)

신축으로 인한 배관의 좌우, 상하 이동을 구속하고 제한하는 목적으로 사용한다.

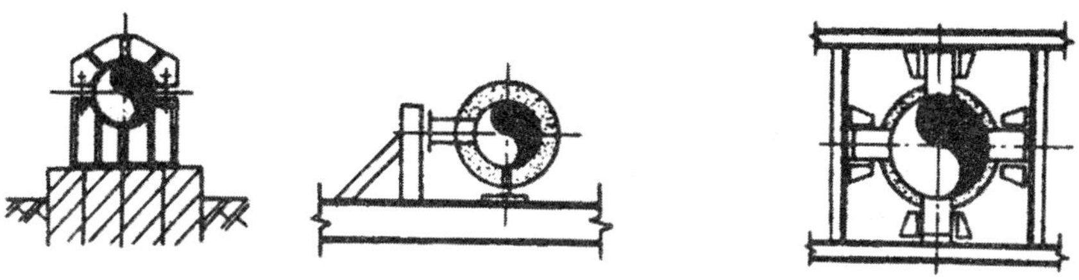

(a) 앵커 (b) 스톱 (c) 가이드

<그림 3-35> 리스트레인트의 종류

(4) 파이프 새들 (Pipe Saddle)

구조체의 외부에 노출 배관할 때 배관을 고정시키는 철물이다.

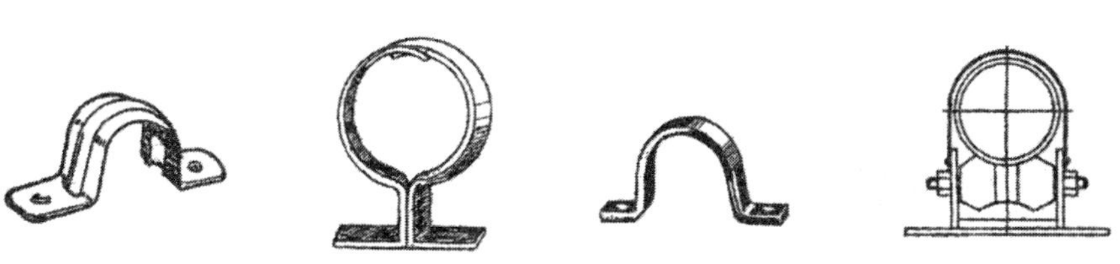

Pipe saddle Ring clamp Pipe clip Roller stand

<그림 3-36> 파이프 새들

5) 배관의 지지 간격

급수 수직관의 지지 간격은 각 층마다 1개소로 하고 최하층 바닥과 3개층 이내마다 배관하중을 지지시키기 위하여 1개소씩 바닥에 고정하며 배관의 지지 간격은 다음과 같다.

① 배수 주철관의 횡주관은 1.6m 이내마다 지지한다.
② 배수 주철관의 수직관은 각 층마다 지지한다.
③ 배수 주철관의 분기관을 접속할 경우에는 1.2m 이내마다 지지한다.
④ 배수 연관의 횡주관 수직관은 1.0m 이내마다 지지한다.
⑤ 분기관을 접속할 경우에는 0.6m 이내마다 지지한다.

<표 3-11> 급수관의 지지 간격(단위 : m)

호칭지름(mm) / 종 류	20	25	32	40	50	65	80	100	125	150	200	250
강 관	1.8	2.0	2.0	2.0	3.0	4.0	4.0	4.5	5.0	5.5	6.0	7.0

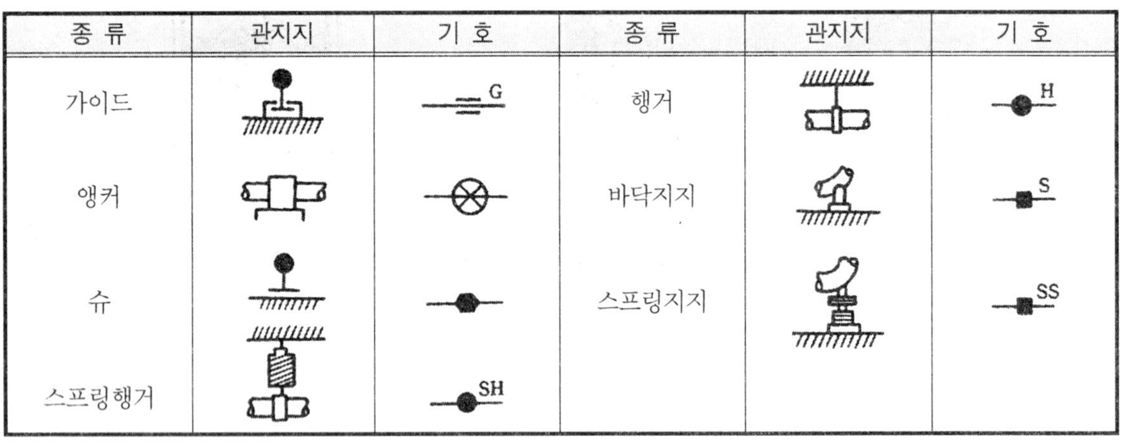

<그림 3-37> 관 지지 기호

3.8 배관의 보온

배관공사가 완료되면 관내 유체의 사용목적에 따라 보온(保溫) 및 방로(房勞)를 위한 피복을 해야 한다.

일반적으로 증기관 및 온수관에는 보온공사를 하고, 또한 냉매간에는 공기중의 습기와 결로 방지를 위한 보냉공사를 하며 위생설비 배관에는 겨울철 방동에 대비한 보온 피복공사를 해야 한다.

이러한 보온 피복 공사은 배관의 시험후에 피복하고, 보온 피복재료는 유기질 보온재와 무기질 보온재가 있으며 종류는 다음과 같다.

1) 보온 피복재의 종류

(1) 유기질 보온재

① 펠트 : 주로 방로 피복에 쓰인다.
② 코르크 : 주로 보냉용으로 쓰인다.
③ 기포성 수지 : 가볍고 열전도율이 낮고 흡수성이 낮은 보온재, 보냉재로서 우수하다.

(2) 무기질 보온재

1) 암면(Rock Wool)
암면은 규산칼슘의 광석을 적당량 배합하여 1,500℃~1,700℃의 고열로 용융액화시켜 압축공기로 분사하여 만든 순수한 무기질 섬유로서 판 또는 롤 모양으로 가공한 것이며 진동이 있는 곳의 보온에 적합하며 주로 400℃ 이하의 파이프, 덕프,. 탱크 등의 보온재로 사용된다.
2) 유리섬유(Glass Fiber)
양질의 규석(硅石)을 주원료로 하여 장석(長石) 등을 적당량 배합하여 1,500℃~1,600℃의 고온으로 용융섬유화하고 다시 화염분사시킨 미세한 무기질의 섬유이다.
그러므로 글라스 울(Glass Wool)은 300℃ 이하의 보온재로 쓰이며 특히 보냉재로서 우수한 특징을 지니고 있다.
① 불에 타지 않는 불연재이다.
② 열전도율이 매우 낮아 단열효과가 우수하다.
③ 가공이 많은 섬유이므로 흡음에도 효과가 있다.
3) 실리카(Silica)
규산질 원료와 소석회에 암면을 수열합성(水熱合成)한 규산칼슘계의 착화합물인 토바모라이트(Tobarmolite)를 주재로 한 보온재로서 보온판 및 보온통 카바 등의 제품이 있다. 용도는 보일러벽, 닥트, 배관, 열교환기 등에 널리 사용되며 특징은 다음과 같다.
① 열전도율이 극히 낮아 보온효과가 크다.
② 비중이 낮고 기계적 강도가 높기 때문에 현장 작업성이 좋으며 파손에 의한 손실이 적다
③ 완전 불연성이기 때문에 화재 위험이나 유독가스의 발생이 전혀 없다.

④ 시공이 간편하며 가공성이 좋아 공기가 단축된다.
⑤ 고온에 견디므로 650℃까지 안전하게 사용할 수 있다.
⑥ 내수성(耐水性)이 우수하고 수명이 반영구적이다.

〈표 3-12〉 보온재

종류		안 전 사용온도	열전도율 kcal/mh℃	제 조 방 법	특징 및 용도
유기질 보온재	펠트류	100℃	0.042～0.05	양모, 우모를 이용하여 펠트상으로 제작한 것	곡면 등에도 시공이 용이하며, 습도가 높으면 부식, 충해를 받는다. 방습처리가 필요하며 아스팔트로 방습한 것은 -60℃까지 보냉용에 사용할 수 있다.
	텍스류	120℃	0.057～0.058	톱밥, 목제, 펄프를 원료로 해서 압축판 모양으로 제작한다.	
	폼류	80℃	0.03이하	경질폴리우레탄폼, 폴리스티렌폼, 염화비닐폼	보온보냉재·배관보냉재·냉동창고용
	탄화코르크	130℃	0.046 ～0.049	크로크입자를 금형으로 압축 충전하고 300℃정도로 가열 제조함. 방수성을 향상시키기 위해 아스팔트를 결합시킨다.	냉장고, 건축용, 보온보냉제, 냉수, 냉매배관, 냉각기 펌프 등의 보냉용
무기질 보온재	탄산마그네슘보온재	250℃	0.05～0.07	염기성 탄산마그네슘(85%)에 석면(15%)을 혼합한 것. 물반죽 또는 보온판, 보온통으로 사용한다.	석면혼합 비율에 따라 열전도율이 좌우된다. 300℃ 정도에서 탄산분, 결정수가 없어진다.
	유리섬유 (Glass Wool)	300℃ (방수처리된 것 600℃)	0.036～0.042	용융유리를 압축공기나 원심력을 이용하여 섬유 형태로 제조, 보온대. 보온통, 판 등으로 하여 사용한다.	흡임율이 높다. 흡수성이 크기 때문에 방수처리를 해야한다. 보냉, 보온재료 냉장고, 일반건축의 벽체, 덕트 등에 사용한다.
	규토 토질 보온재	석면사용시 500℃ 삼여물사용시25℃	0.083 ～0.0977	규조토 건조분말에 석면 또는 삼여물을 혼합한 것으로 물반죽 시공을 한다.	열전도율이 다른 보온재보다 높으며 철사망 등 보강재를 사용해야 하고 시공시 건조시간이 길다. 접착성이 좋다.

종류		안 전 사용온도	열전도율 kcal/mh℃	제 조 방 법	특징 및 용도
무기질 보온재	석면 보온재 (아스베스토스)	350 ~550℃	0.048 ~0.065	사교암의 클리소타일(백색)이나 각석암계의 아모사이트석면(갈색)을 보온재료 사용, 석면사로 주로 제조되며 판, 통, 메트, 끈 등이 있다.	진동을 받는 부분이나 곡관부 플랜지 부분에 많이 사용된다. 천연품으로 제조하며, 800℃ 정도에서 강도, 보온성이 감소된다.
	암면 보온재 (Rock Wool)	400℃	0.039 ~0.048	인산암, 현무암, 석회석 등의 원료암석을 전기로에서 1,500~2,000℃ 정도로 용융시켜 원심력 압축공기 또는 압축수증기로 날려 무기질 분자구조라만 형성하여 섬유상으로 만든다.	400℃이하의 관, 덕트, 탱크 보온재로 적합하다. 흡서성이 적다. 알칼리에는 강하나 강산에는 약하다. 풍화의 염려가 없다.
	규산칼슘 보온재	650℃	0.053 ~0.065	규산질재료, 석회질재료, 암면 등을 혼합하여 수열 반응시켜 규산칼슘을 주레조 한 접착제를 쓰지 않은 결정체 보온재이다.	압축강도가 크며 곡강도가 높고 반영구적이다. 내수성, 내구성이 우수하며 시공이 편리하여 고온공업용에 가장 많이 쓰인다. 제철, 발전소, 선박 화공업용 탑류, 고온배관 등에 쓰인다.
	펄라이트 보온재	650℃	0.05~ 0.065	흑요석, 진주암 등을 100℃ 정도에서 팽창시켜 다공질로 하고 접착제 및 석면 등을 배합하여 관상, 통상으로 제작한 것이다.	
	버미큘라이트 보온재, 실리카 파이버 세라믹 파이버	650℃ 1,100~ 130℃	0.1~0.2 0.05 ~0.06	질석은 100℃정도로 가열하여 체적을 8~20배 정도로 팽창시켜 다공질로 만든 것이다. 용해석영을 섬유상으로 만든 실리카 울이나 고석회질로 만든 탄산글라스로부터 섬유를 산처리해서 고규산으로 만든 것이다.	보온재, 경량 콘크리트재 등으로 사용한다. 경량이며 단열성이 우수하다.

종류		안 전 사용온도	열전도율 kcal/mh℃	제 조 방 법	특징 및 용도
금속질 보온재	알루미늄박			알루미늄판 또는 박을 사용하여 공기층을 중첩시킨 것으로 그 표면을 열복사에 대한 반사능력을 이용한 것이다.	알루미늄박의 공기층 두께는 10mm 이하일 때 효과가 좋다.

2) 보온재의 두께

보앤재의 두께는 어느 정도의 두께 이상의 되면 오히려 열의 손실이 커지고 두께에 비례하여 공사비만 비싸게 되므로 경제적인 보온 방로 재료와 그 표준 피복 두께는 다음과 같다.

① 피복재의 두께 : 20~25mm : 배관관경 15A~50A

② 피복재의 두께 : 25~30mm : 배관관경 50A~150A

<표 3-13> 방로-보온 표준 두께 (mm)

재 료	관종류	관 경(mm)											
		15	20	25	32	40	50	65	80	100	125	150	200
양털펠트 또는 폴리에틸렌	급수·소화관	15	15	20	20	20	25	25	25	30	30	30	40
	배수관				10 (20)	10 (20)	20 (30)	20 (30)	20 (30)	20 (30)	20 (30)	20 (30)	20 (30)
규조토·암면 글래스울 폴리에틸렌	급탕관	20 (25)	20 (25)	20 (25)	20 (25)	20 (25)	25 (30)	25 (30)	25 (30)	30 (35)	30 (35)	30 (35)	35 (40)
	난방관	25 (30)	25 (30)	25 (30)	25 (30)	25 (30)	30 (35)	30 (35)	30 (35)	35 (40)	35 (40)	35 (40)	40 (45)
규조토	보일러	노 출 부 75mm											
	연도헤더	50m											

[주] (   )안의 숫자는 한냉지에서의 시공을 표시한 것임.

3) 보온재의 시공 방법 (Covering Methods)

시공법은 우선 관 외벽을 방수지로 감고, 관경 15mm~50mm 정도일 때는 두께 20mm, 관경 50mm~150mm 정도일 때는 두께 25mm~30mm 정도로 보온재를 단단히 감고 그 위에 다시 비닐테이프 등으로 단단히 감은 다음 아연철 벤드로 군데군데 동여맨다.

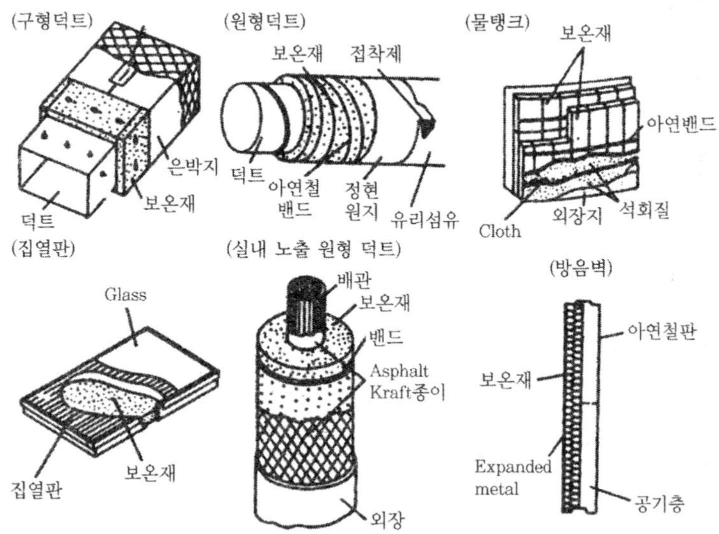

〈그림 3-38〉 각종 보온 시공

4) 배관의 식별

배간내 유체를 식별하기 위해서는 유체(流體)의 종류를 색깔로 나타내어 식별이 용이하도록 한다.

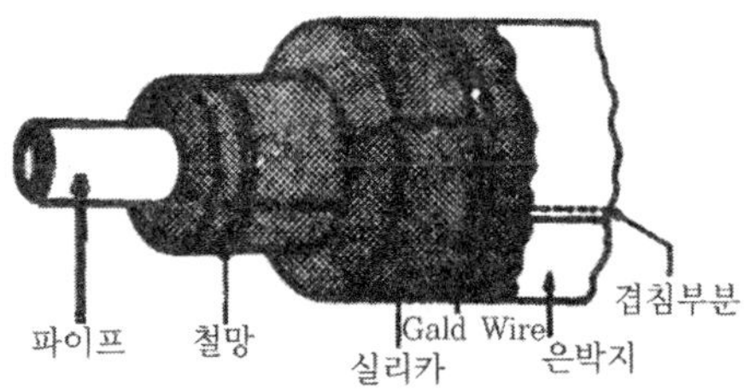

〈그림 3-34〉 파이프 보온

〈표 3-14〉 배관의 식별색

물질의 종류	식별색
물	청 색
증 기	적 색
공 기	백 색
가 스	황 색
기 름	진 한 황 적 색

5) 보온·보냉을 위한 열전열량 계산

열이 물체를 타고 고온부로부터 저온부로 이도아는 현상을 열전도라 하며 이 전도열량을 구하는 식은 다음과 같다.

(1) 판(板) 형상

$$Q = \frac{\lambda A(\Theta_0 - \Theta_r)}{D} = (\text{kcal/h})$$

Q : 단위 시간당 물체를 통과하는 열량(kcal/h)

A : 열이 통과하는 방향에 직각인 단면적(m2)

θ_0 : 고온도측의 온도(℃)

θ_r : 저온도측의 온도(℃)

λ : 열전도율(kcal/m · h · ℃)

(2) 원통(圓筒) 형상

$$Q = \frac{2\pi\lambda(\theta_0 - \theta_r)}{\text{In}\left(\frac{d_2}{d_1}\right)} = (\text{kcal/h})$$

Q : 단위 시간당 물체를 통과하는 열량(kcal/h)

In : 자연 대수(自然 對數)

L : 원통의 길이(m)

θ_0 : 원통의 내부온도(℃)

θ_r : 원통의 외부온도(℃)

d_1 : 원통의 내경(m)

d_2 : 원통의 외경(m)

λ : 열전도율(kcal/m · h · ℃)

어떤 물에체 열전도율이 1kcal/m · h · ℃라고 하는 것은 열이 통과하는 재료의 두께 1m, 전후면의 온도차가 1℃라고 하면 1시간에 1kcal의 열이 전해지는 것을 말한다.

(3) 관류열량 계산식

열의 이동은 전도(傳導), 대류(對流), 복사(輻射)의 3가지 현상에 의한다.

① 열전의 기본 공식 : $dQ = -\lambda \cdot \frac{d\theta}{dD} \cdot dF \cdot dt$

② 대류 및 복사의 뉴턴 냉각 법칙 $dQ = \alpha \cdot dF \cdot dt \cdot d\theta$

예를 들면 그라스 울(Glass Wool)을 사용할 경우 온도분포(ϴ) 가 시간(t)에 대해 변화하지 않는 정상상태(正常狀態)라고 하면 관류 열량을 구하는 식은 다음과 같다.

① 판(板)의 형상

$$Q = \lambda \frac{\theta_0 - \theta_s}{D}$$

② 단면적 $1m^2$에서 1시간당의 손실열량(방산열량)을 구하는 식은 다음과 같다.

$$Q = \frac{(Q_0 - Q_s)}{\frac{D}{\lambda}} = \frac{(Q_0 - Q_r)}{\frac{1}{\alpha} + \frac{D}{\lambda}} = \frac{(\theta_0 - \theta_r)}{R} = \alpha(\theta_s - \theta_r)\text{kcal}$$

③ 최적 보온 및 보냉재의 두께를 구하는 식은 다음과 같다.

$$D = \frac{\lambda}{\alpha} \times \frac{\theta_0 - \theta_s}{\theta_s - \theta_r}$$

④ 표면온도를 구하는 식은 다음과 같다.

$$\theta_s = \frac{Q}{\alpha} + \theta_r$$

여기서 λ : 열전도율(kcal/m · h · ℃)

θ_o : 내부온도(℃)

θ_r : 외부온도(℃)

θ_s : 표면온도(℃)

R : 열저항(m^2 · h · ℃/kcal)

α : 표면열전단율(kcal/m^2 · h · ℃)

보온의 경우 $\alpha = 10$

보냉의 경우 $\alpha = 7$

예제-09 내부온도는 θ_o=200℃, 외부온도 θ_r=20℃, 표면온도 θ_s=40℃일 때 때의 보온재의 두께와 열손실량을 구하시오. (단, Glass Wool의 열전도율은 0. 0463 kcal/m · h · ℃이다.)

해답-09 보온두께 $D=\frac{0.0463}{10}\times\frac{200-40}{40-20}=0.0370(\fallingdotseq 40mm)$

열손실량 $\theta=\dfrac{(200-20)}{\frac{1}{10}+\frac{0.040}{0.0463}}=187\text{kcal/m}^2\text{h}$

예제-10 내부온도는 θ_o=200℃, 외부온도 θ_r=20℃, 표면온도 θ_s=40℃일 때 Glass Wool로 보온하지 않고 5mm 두께의 철판만 사용할 경우의 열손실량과 표면온도는 얼마인가?(단, 철판의 λ= 57kcal/m · h · ℃이다.)

해답-10 $Q=\dfrac{(200-20)}{\frac{1}{10}+\frac{0.005}{57}}=1{,}798\text{kcal/m}^2\text{h}$

열손실량 $\theta_2=\frac{1{,}798}{10}+20=199.8℃$

계산결과와 같이 Glass Wool로 보온하지 않을 경우는 10배의 열손실이 생기게 된다.

3.9 배관의 부식(腐蝕)

건축설비 배관내에서의 부식은 배관금속이 그 주위의 한경과 산화반응하여 화합물로 변화되면서 금속자체가 소모되어 배관의 성능을 저하시켜 사용할 수 없게 되는 현상을 말한다. 부식은 지구상에서 안정된 자연상태로 있던 금속에 인위적인 에너지를 부가하여 금속결합을 강제로 시킨 것이 다시 자연상태로 돌아가기 위하여 에너지를 방출하는 불꽂 없는 화재로 진행되고 있는 것이다. 배관의 부식작용은 간의 재질이나 유체의 화학적 성질 등에 따라 다소 차이가 있으나 주로 금속의 이온화에 따른 부식이 주원인이다. 물과 접한 금속은 +이온화되어 용해하려는 성질이 있다. 예를 들어 철관이 물과 접촉하고 있을 때 물은 전해액으로 작용하여 다음과 같이 진행한다.

$$Fe+2H \rightleftarrows Fe^{++}+H_2$$

여기서 생기는 Fe^{++}는 그대로 존재하지 않고 수중의 OH^-와 반응하여 아래와 같이 수산화제1철이 된다.

$Fe^{++} + 2OH^- \rightleftarrows Fe(OH)_2$

이렇게 생성된 수산화 제1철은 다시 수중의 용존산소와 반응하여 수산화 제2철로 아래와 같이 된다.

$4Fe(OH)_2 + O_2 \rightarrow 4Fe(OH_3)$

이것이 곧 철의 빨간 녹이다. 이 빨간 녹은 철의 부식으로 인한 최종 생성물이지만 산소가 충분하지 않을 때는 그 중간 생성물인 검은 녹이라고 불리는 자성 산화철이 생길 때도 있다.

1) 부식의 종류

(1) 습식과 건식

습식(濕蝕 : Aqueous Corrosion)은 수용액 중에 배관되는 경우의 부식을 말하고 건식(乾蝕 : Dry Corrosion)은 가스부식이라고도 하는데 금속이 기체와 직접 반응하여 발생되며 물의 존재없이 진행되는 부식을 말한다.

(2) 금속 표면의 양상에 따른 부식

① 금속 외관의 변화가 없는 부식 : 알미늄관이나 크롬관과 같이 표면의 화합물층 두께가 수십 Å이하로 매우 얇은 부식층이 생기나 외관의 변화는 없고 그 이상의 부식진행이 되지 않는다.

② 금속 외관의 변색은 있으나 더 이상 진행되지 않는 부식 : 동관과 같이 검은 색을 띠는 산화철이 표면의 화화물층에 어느 정도의 두께로 보호막을 형성하여 더 이상 부식되지 않는다.

③ 금속 외관에 조잡한 표면 산화물층이 생기는 부식 : 산에 의한 금속에 침식에 의해서 부식이 계속적으로 발생한다.

(3) 전면부식과 국부부식

전면부식은 금속표면 전체가 동일환경 조건하에서 시간의 경과와 더불어 전반적으로 부식하고 국부부식은 금속재료의 재질이 불균일하다거나 전위차가 발생 또는 온도, 농도, 유속, 용존가스 등의 차로 인하여 부분적인 공상(孔狀)으로 진행되는 부식인데 오히려 더 큰 문제가 되는 부식이다.

(4) 이종금속(異種金屬) 접촉부식

이종금속 접촉부식을 갈바닉(Galvanic)부식이라고도 하며, 서로 다른 금속이 배관 중에 접촉되었을 대 결합금속간의 전극 전위차로 인하여 전지를 형성하여 그 양극이 되는 금속에 국부적으로 발생하는 부식이다.

(5) 전식(電蝕)

전류가 외부에서 철관 내부로 유입하여 이것이 습지나 저항이 적은 곳에서 외부로 나갈 때 일어나는 부식인데 다른 부식과 다른 점은 전류가 관내에서 발생하는 것이 아니라 외부에서 침입하는 것이며, 또한 전류가 외부로 유출되는 곳에서 일어나는 점이다. 전철 레일에서 누전전류가 지중매설관, 쇠물딱 등을 국부부식시키는 것도 전식의 일종이다.

(6) 틈 부식

배관에서 금속체끼리 또는 금속과 비금속체가 약간의 틈새로 접촉하고 있을 때 틈새에 전해질 수용액이 존재하면 농담전지 또는 통기차(通氣差) 전지를 구성하여 양극부가 되는 부분에서 급속하게 진행되는 부식이다. 주로 후렌지(Flange) 이음부분에서 발생한다.

(7) 입계 부식(粒界腐蝕)

급속 결정립간의 경계가 선택적으로 부식되는데 이 부식의 입간을 따라 내부에 침입하여 강도저하를 가져오고 알루미늄합금, 18-8 스테인레스강, 황동 등에 쉽게 발생한다.

(8) 선택 부식

합금 성분중 어느 특정 성분만 용해되고 부식이 되지 않는 부분만 남아서 강도가 약해지는 다공성 부식이다. 황동관의 합급성분중 아연만이 선택적으로 부식되어 탈아연부식이 진행되면 수격작용(Water Hammer)시 파손되기 쉽다. 탈아연 부식은 고온, 용액의 정체, 다공성의 밀스케일이 형성될 때에 발생한다. 주철의 흑연화 부식은 주철조직 중의 흑연이 음극, 철이 양극이 되어 철부분만 선택적으로 부식되어 약간의 충격에도 파괴된다.

(9) 응력 부식

배관내에서 외부응력을 받게 되면 그 재료가 원래 가지고 있떤 잔류응력과 함께 결정구조의 변위(Dislocation)가 생겨 전자가 이동함으로서 전극이 형성되어 부식이 일어난다. 응력은 금속제작시 용접, 냉간가공, 절단, 생산시의 열처리 등에 의한 잔류응력과 사용시 열팽창, 진동, 열사이클, 가중(加重) 등에 의한 외부응력 등이다.

(10) 찰과 부식

배관이 서로 접촉된 곳에서 상대적으로 슬립이 발생하면 그 부분에 전극이 형성되어 부식이 발생한다.

2) 부식 방지법

(1) 방식설계

전면 부식보다는 국부부식의 방지가 더욱 중요하므로 구조적인 틈, 응력, 고유속(高流速) 고형물을 함유한 유체, 국부가열, 이종금속, 접촉, 불필요한 액의 정체, 도금 손상부위의 코팅 등이 설계시부터 고려되어야 한다.

(2) 사용 재료의 선정

배관의 실제 상태에서 물이나 공기의 조성, PH, 산화 환원성, 부식촉진억제 성분의 유무, 용액의 전기 전도도, 온도, 압력, 유속, 고체입자의 유무, 재료의 내식성 등을 상세히 조사하여 부식이 되지 않는 적당한 재료를 선정한 후 재료의 선정시험을 시행하여 종합적인 판단을 하여 최종적으로 사용재료를 선정한다.

예를 들면, 이종관의 접합은 매개이음쇠로 접하할 필요가 있으며, 그 구조나 접합방법을 충분히 이해하고 시공할 필요가 있다. 또한 이종 금속관의 접합에는 이중 금속의 전위차에 의해 부식현상이 발생하기 때문에, 간의 종류에 따라서는 절연이음쇠를 사용하여 접합하여야 한다. 탄소강강관과 스테인리스 강관 또는 동관을 접합하는 경우에는 원칙적으로 절연 플랜지 또는 절연 유니온을 사용하여 접합한다.

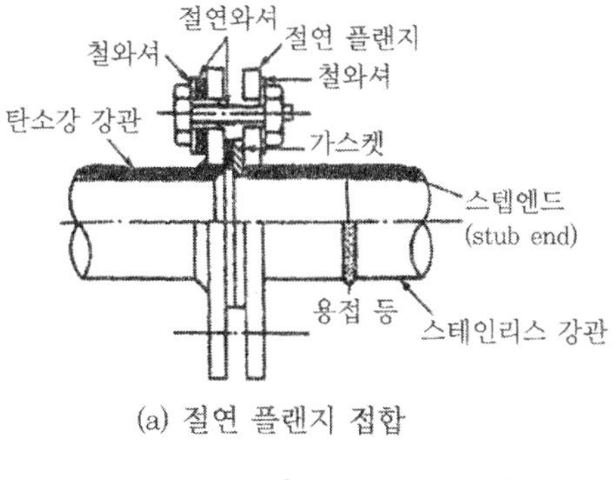

(a) 절연 플랜지 접합

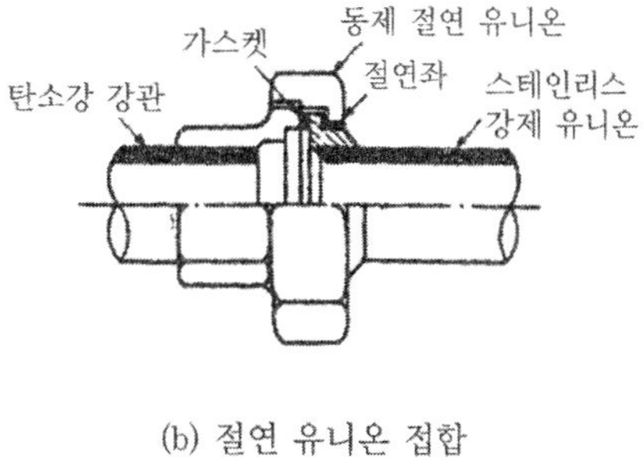

(b) 절연 유니온 접합

<그림 3-40> 스테인리스 강관과 탄소강 강관의 접합

(3) 부식 환경의 처리

제습, 기화성 방청제, 탈기 및 탈산소 처리방법이나 탄소소다, 가성소다, 인산소다 등을 이용한 중화법 또는 음료수계에서는 메타인산, 규산소다, 비음료수계에서는 크롬산염, 아질산소다 등을 이용한 부식 억제법 등을 채택하여 부식되지 않는 환경을 조성할 수 있다.

(4) 피복에 의한 방식

피복은 금속, 유기질, 무기질 피복이 있으며 금속 피복엔 전기도금, 용융도금, 용사, 확산 침투법 등이 있다.

① 전기도금 : 니켈, 크롬, 카드뮴, 동, 아연, 주석도금이 있다.
② 용융도금 : 용융아연, 알루미늄, 주석도금이 있다.
③ 용사 : 배관 표면에 용융상태의 금속입자를 분사한다.
④ 확산침투법 : 강관 표면에 다른 금속을 침투확산하여 표면을 고합금강으로 만든다.

제 4 장

위생설비

4.1 위생 기구

위생설비는 건물내의 변소, 욕실, 주방 등에 급수 및 온수를 공급하여 재실자가 사용하고 오폐수를 배출하는 목적으로 설치된 장치기구와 용기를 말한다. 또한 여기에 부착된 급배수관과 접속철물 및 부속품도 포함시켜 위생설비(Plumbing Eguipment)라 한다.

위생기구는 직접 냉온수와 오수(汚水) 및 오물(汚物)을 받는 기구로서 대변기(WC), 소변기(Urinal), 세면기(Lavatory), 욕조(Bath Tub), 싱크(Sink) 등이 있다. 그리고 위생기구를 접속하기 위한 기구, 즉 각종 수전(Faucet), 플러시 밸브(Flush Valve), 트랩(Trap)류도 포함된다.

그밖에 부속품류는 간접적으로 부속되어 사용하는 거울, 휴지걸이(Paper Holder), 비누갑, 수건걸이 등이 있다.

1) 위생기구 종류

(1) 대변기 (Water Closet)

수세식 대변기(Water Closet)는 모양에 따라 양식 변기와 동양식 변기의 두 종류가 있다. 또한 구조에 따라 ① 세출식, ② 세락식, ③ 사이펀식, ④ 사이펀제트식, ⑤ 블로우아웃식의 5종으로 나눈다.

① 세출식 : 동양식 대변기로 변좌 없이 쪼그리고 앉아 용변을 보며, 변기의 용기 일부분에 물이 고여 잇어 오물을 저장하고 세정시에는 물의 낙차에 의하여 오물을 트랩방향으로 씻겨나간다. 악취의 발산 때문에 문제가 있어 이 방식의 채택은 고려되어야 한다. 하이탱크나 플러시 밸브(F. V)를 사용하여 물을 내린다.

② 세락식 : 세출식 대변기와 같이 동양식 변기로서 변좌 없이 쪼그리고 앉아 용변을 보며, 오물이 트랩의 유수중에 낙하되므로 세출식에 비하여 악취의 발산은 적고 세출식과 같이 물의 낙차에 의한 유수작용에 의해 오물을 씻어내는 방식이다. 트랩의 유수면의 높이가 세정시에 높게 되어 세정 완료까지의 낙차를 유지한다. 물내림은 하이탱크나 플러시 밸브(F. V)에 의한다.

③ 사이펀식 : 양식 대변기로서 변좌에 앉아 용변을 보며, 세정시 로우탱크의 핸들을 누르면 일시에 수위가 높아져 사이펀 작용에 의해 오물을 세정한다. 세락식과 유사하지만 트랩부부분이 다르고 사이펀을 일으키기 쉽도록 유수저항을 크게 하였기 때문에 오물의 흡입력이 강하다. 오물이 트랩의 유수부에 낙하되어 악취가 적다.

④ 사이폰 볼텍스식(Siphon Vortex Type) : 세정수가 변기 내부벽을 타고 내려오면서 와류를 형성하면서 사이폰 작용을 일으켜 변기를 세정하면서 오물을 배출하는 방식으로 유수면이 넓어서 오물이 변기에 부착하지 않고 매우 위생적이며 소음이 적은 편이다.

⑤ 사이펀 제트식 : 사이펀식과 같은 양식 대변기로서 사이펀 작용을 강력하게 일으키게 하기 위해 로우 탱크의 물을 내리면 젯트 구멍에서 0. 7kg/cm^{2}의 수압으로 물을 불출시킴으로서 사이펀 작용이 강하게 일어난다. 가장 이상적인 대변기이다.

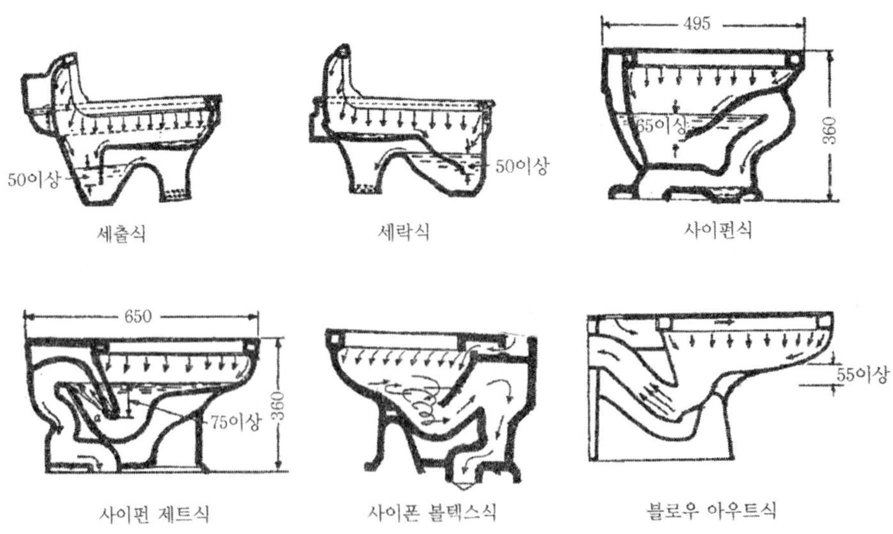

〈그림 4-1〉 구조에 의한 대변기의 종류

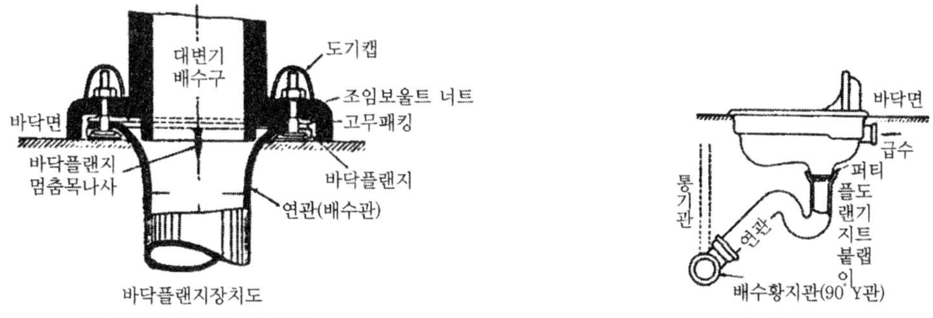

(a) 대변기의 배수 연결관 (b) 동양식 변기의 배수 연결관

<그림 4-2> 대변기의 배수 연결관 접속

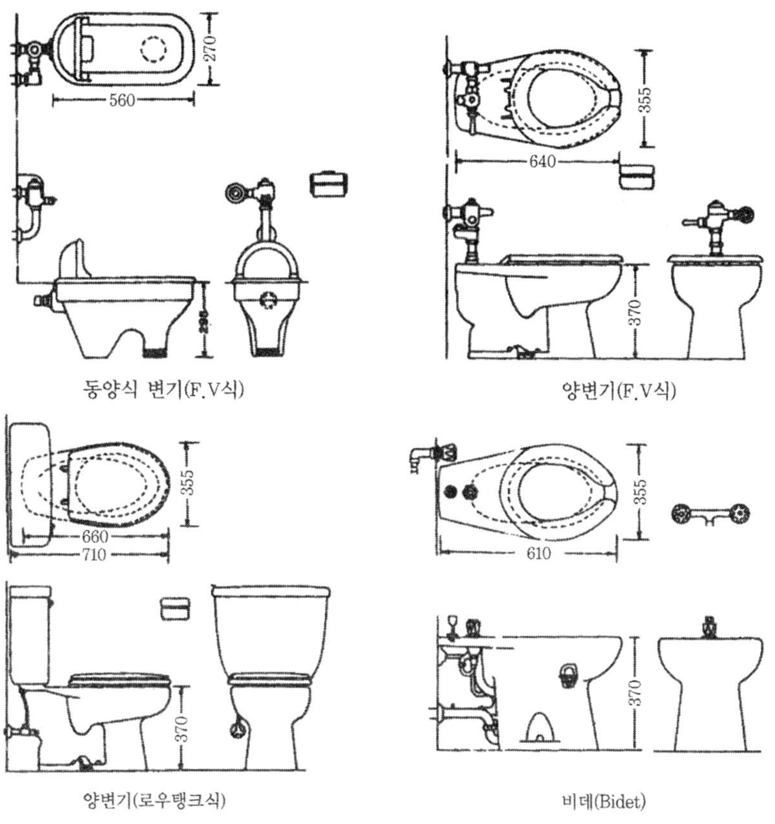

<그림 4-3> 대변기의 종류

⑥ 블로우 아웃트식 : 양식 대변기 중에서 가장 강력한 세정이 이루어지는 변기로 로우탱크의 물을 내리면 동시에 작은 구멍에서 강력한 물을 분출하여 그 작용으로 유수를 배수관 쪽으로 유출되게 하는 방식이다. 세척수의 급수압이 1.0kg/cm^2 이상을 필요로 하고 세정

시에 소음이 크다.

(2) 소변기 (Urinal)

소변기는 모양에 따라 벽걸이형(Wall Hang Type)과 입형(Stand Type)의 두 종류가 있다. 입형은 스툴(stool)로 불려지며 트랩이 있는 형과 없는 형으로 구별된다. 한편 벽걸이형은 격판을 필요로 하며 바닥이 더러워지기 쉽다.

세정은 소변기가 1개만 있을 때 소변기용 플러시 밸브(Falsh Valve)를 쓰고 다수의 소변기가 있을 때는 상부에 자동 사이펀 장치가 있는 자동세정장치를 설치한다.

소변기의 세정용수는 벽걸이식이 1회 세정에 4ℓ, 스툴(Stool)식은 6ℓ 이며 또한 세정시간은 4~8초 정도이다.

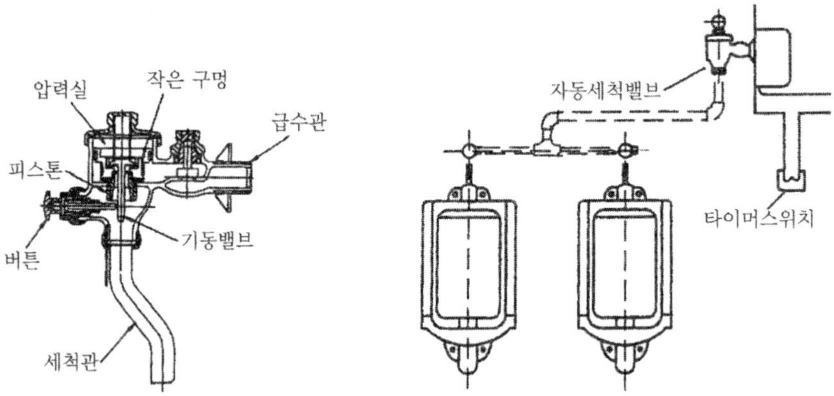

(a) 소변기 세정장치의 구조 (b) 자동 세척 밸브식

<그림 4-4> 소변기 세정장치

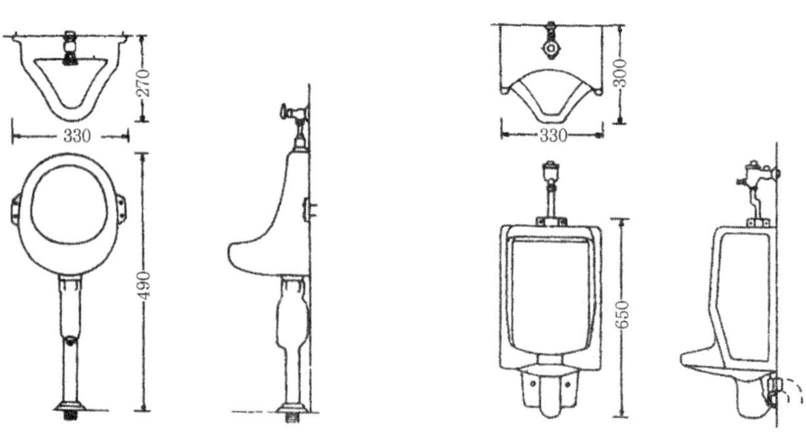

(a) 벽걸이식 (b) 벽걸이 스툴식

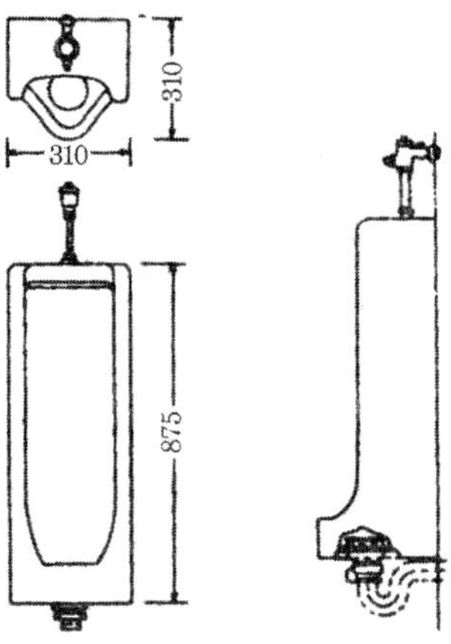

(c) 스톨식

<그림 4-5> 소변기의 종류

(3) 세면기 (Lavatory)

세면기(Lavatory)는 벽걸이식과 스탠드식의 2종류가 있다. 특수 목적의 것은 샴프싱크, 메니큐어테이블 등이 있으며 도기제품은 모양에 따라 여러 종류가 있다. 수전(水栓)의 온수용과 냉수용 구별은 사용자가 수전을 바라보고 오른쪽이 냉수, 왼쪽이 온수이다.

접속기구로 P 또는 S트랩(Trap)을 장치하고 핸들에 의해 개폐되는 팝업(Pop-up)식이 있으며 최근 적외선 감지에 의한 자동급수전은 사용에 매우 편리하다.

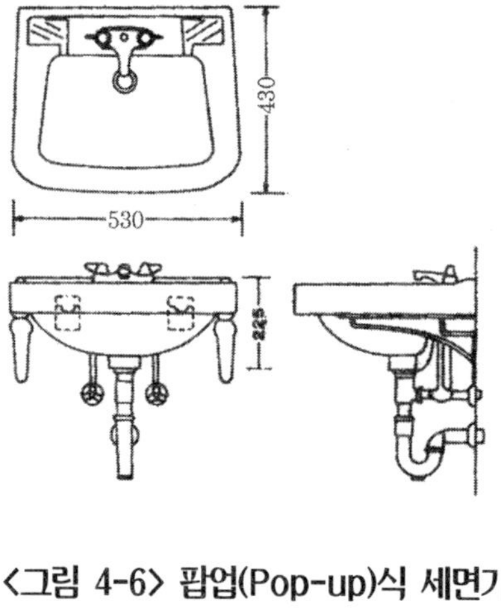

<그림 4-6> 팝업(Pop-up)식 세면기

(4) 싱크 (Sink)

싱크는 스텐레스와 동제품, 도기제품 등이 있고 사용목적에 따라 싱크류를 분류하면, 요리용, 세탁용, 청소용, 실험용 등이 있다.

① 주방 배선실용 싱크(Kitchen Sink)
② 세탁용 싱크(Laundry Sink)
③ 청소용 싱크(Slop Sink)
④ 실험용 싱크(Laboratory Sink)

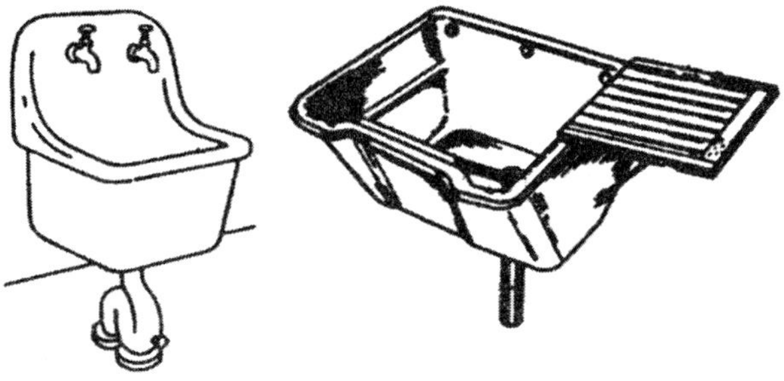

(a) 청소용 싱크 (b) 세탁용 싱크

<그림 4-7> 싱크의 종류

(5) 욕조 (Bath Tub)

욕조(Bath Tub)는 양식과 동양식이 있고, 거치형과 붙박이형이 잇다. 양식은 욕조내에서 몸을 씻고 한사람마다 사용수를 교환한다. 욕조는 몸을 펴고 누우므로 길고 얕은 것이 많고 샤워가 달려있다. 그리고 샤워 헤드는 텔레폰(Telephone)형의 핸드샤워가 편리하고 자동적으로 냉온수를 혼합하여 적당한 온수가 나오는 더머스탯(Thermostat)이 달린 것이 좋다. 동양식은 욕조 밖에서 몸을 씻고 욕수는 몸을 따뜻하게 하기 위하여 사용하므로 여러 사람이 사용할 수 있고 깊이가 60cm정도로 깊고 길이는 짧다.

(a) 동양식 욕조 (b) 서양식 욕조

〈그림 4-8〉 입욕형태에 의한 분류

(6) 음수기 (Drinking Fountain)

음수기(Drinking Fountain)는 공원 역(驛)구내, 학교, 백화점, 기타 공공건물 등 사람의 출입이 많은 장소에 설치하여 깨끗한 음료수를 마실 수 있는 기구로서 벽걸이형과 스탠드형이 있고 수전은 자동개폐식이 쓰인다.

4.2 위생기구의 소요수 산출

1) 건축물에 필요한 위생기기 설치수

(1) 주택, 아파트

대변기(WC), 소변기(U), 세면기(La), 욕조(B. T), 샤워(S) 등을 1주거당(住居當) 단위에 2개의 비율로 한다.

(2) 여관, 호텔

객실마다 대변기 1개, 소변기 1개로 한다.

(3) 흥행장, 사교장

각층의 객석 바닥면적 30m^2 이하는 15m^2, 300~600m^{2}의 객석은 20m^2, 600~900m^{2}의 객석은 20m^{2}의 900m^2 이상의 객석은 60m^{2}에 변기에(W. C) 1개씩으로 한다. 그리고 남자용과 여자용은 대략 같은 수로 하며, 남자소변기(U) 5개 이내마다 대변기 1개의 비율로 한다.

(4) 공장

유독성, 전염성 또는 자극성 물질이 피부에 오염(汚染)될 우려가 있는 공장은 5명마다 세면기(La) 1개, 15명마다 샤워 2개로 한다.

(5) 욕조

기숙사는 남자 8명에 1개, 여자는 30명에 1개의 비율로 가산(加算)하고 남녀 공히 150명을 초과하는 경우 20명마다 1개씩을 가산한다.

(6) 음수기(飮水器)

75명다 1개로 하고, 흥행장(興行場)에는 100명마다 1개씩 설치한다.

(7) 세탁용 싱크

주택, 아파트에는 1주거 단위마다 1조식(漕式) 1개 또는 아파트 10호(戶)마다 2조식 2개로 하고 기숙사는 50명에 1개로 한다.

(8) 청소용 싱크

기숙사에는 100명마다 1개씩 설치한다.

2) 위생기구 소요수량 구하는 방법

다음 그림 4-10은 NPC(영국위생공사 규칙) 및 일본법규가 요구하는 기구의 최저수를 나타낸 것이다.

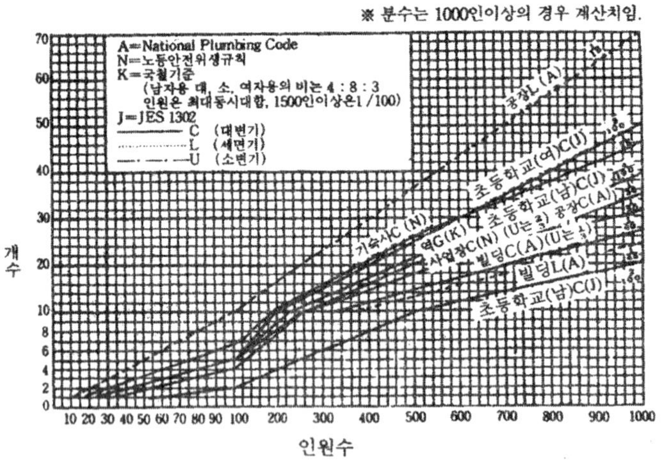

<그림 4-9> 필요한 위생기구 수

영국규격은 확률을 가미(加味)한 이론적인 것으로 양변기는 구조상 대·소변겸용이므로 남자용 소변기를 대변기수의 1/3로 하지만 한국에 적용할 때는 남자의 경우 겸용이 아니므로 변기의 60%를 소변기로 계산하면 적합하다.

예제-01 지상 9층, 각층면적 4,000m²의 일반사무실 빌딩의 위생도기 소요수량을 구하시오.

해답-01 법규상으로는 연면적에서 계산한 총인원으로도 지장이 없지만 실제로는 한층에서 다른 층으로 이동하여 사용하는 경우는 고려하지 않으므로 각층별로 계산해야 하고 남녀구분을 해야 하며 남녀의 비율은 3 : 1로 한다.
각층 면적은 4,000m²로 표 4-2에서 실면적을 56%로 가정하면 유효면적은 2,240m²가 되고 여기에 0. 2명/m²를 재실인원으로 하면 각층별 인원은 450명이 되므로 남자와 여자의 수는 340명과 110명이 된다.
그림 5-9에서 남자용변기는 11대가 되고 그 중에서 60%를 소변기로 하면 소변기는 7개, 대변기는 4개가 된다.
같은 방법으로 각층의 남녀용을 구하여 9배를 하면 위생기구의 총소요가 구해진다.
표에 특기(特記)하지 않는 것은 모두 공기조화 및 위생공학편람을 근거로 작성한 것이다.

〈표 4-1〉 위생기구 계산수량

각층 사용인원		각층별 소요수					소요층수		
남	여	남자변소			여자변소		WC	U	La
		WC	U	La	WC	La			
340	110	4	7	10	5	5	81	63	135

WC : 대변기 U : 소변기 La : 세면기

〈표 4-2〉 건축물의 유효면적과 인원

건물용도	일반사무실 관공서·은행	임대사무소	병 원	극 장	백화점	아파트
유효면적 비율(%)	55~57	60	45~48	50~55	55~60	45~50
유효면적당 인원	0.2인/m²	0.2인/m²	1병상당 3~5인	1.5인/m²	1.0인/m²	0.16인/m²

건물용도	호 텔	주 택		국민학교 중학교	고등학교 대학
		220m²이하	220m²이상		
유효면적 비율(%)	45~50	50~53	42~45	58~60	58~60
유효면적당 인원	0.17인/m²	0.16인/m²	0.16인/m²	0.25~0.14인/m²	0.1인/m²

4.3 대변기의 세정 급수 방식

1) 대변기 세정 급수방식의 분류

대변기의 세정 급수 방식은 다음과 같이 분류할 수 있다.

- 세정 급수 방식
  - 세정 탱크식
    - 하이 탱크식
    - 로우 탱크식
  - 세정 밸브식

(1) 하이 탱크식 (High Tank System)

하이 탱크식은 최소 1. 9m 이상되는 높이에 세정 탱크를 설치하고 볼탭에 의해서 항상 15ℓ 이상의 물이 저수되고, 이 물이 관경 32A의 세정관을 통하여 변기에 사출되어 세정되는 것이다. 이와 같은 방식을 고수조식(高水槽式) 또는 하이 탱크식이라 한다.
하이 탱크식의 장점은 다음과 같다.
① 급수관이 가늘어도 된다. (15A 급수관)
② 수압도 탱크내에 유입(流入)할 정도이면 된다(1층이면 0. 3kg/cm^2 정도로 충분하다.) 하이 탱크식의 단점은 다음과 같다.
③ 쇠사슬과 레버의 고장이 많다.
④ 고수조이므로 수리가 곤란하다.
⑤ 세정시 소음이 크다.
⑥ 단수시 사용이 곤란하다.

1) 수동 사이펀관식 하이 탱크
이 방식은 관경 15mm의 급수관을 통하여 볼탭에 의하여 하이탱크내에 일정량의 물이 찬뒤 레버 손잡이를 당기면 사이펀 밸브는 밸브시이트에서 떨어져 탱크내의 물이 세정관으로 흘러 내리고 이때 U자관내에 사이펀 작용이 계속되어 수면이 하강하여 U자관의 하부 입구에서 공기가 흡입되면 사이펀 작용이 정지됨과 동시에 사수도 정지된다. 그리고 급수는 불탭에 의하여 자동으로 급수되며, 급수량은 보통 15ℓ 정도이다.

2) 플러시 밸브식 하이 탱크
이 방식은 수동 사이펀관식 하이탱크 방식의 결점을 보완하기 위하여 하이 탱크식에 플러시 밸브(Flush Valve)를 조합한 방식으로 변기에서 수직으로 40~50cm 높은 위치에서 세정관에 플러시 밸브를 접속하고 또한 수위 상승으로 물이 넘치는 것을 막기 위하여 넘침관(Over Flow Pipe)을 장치한 것이며 탱크내에는 볼탭에 의하여 물이 일정량 저수된다. 그리고 플러시 밸브를 작동시키면 저수된 물에 의해 변기가 세정된다.

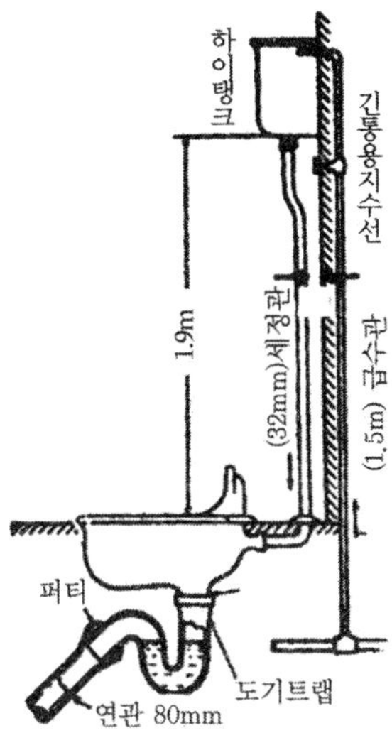

(a) 하이탱크식 세정장치의 관 접속도

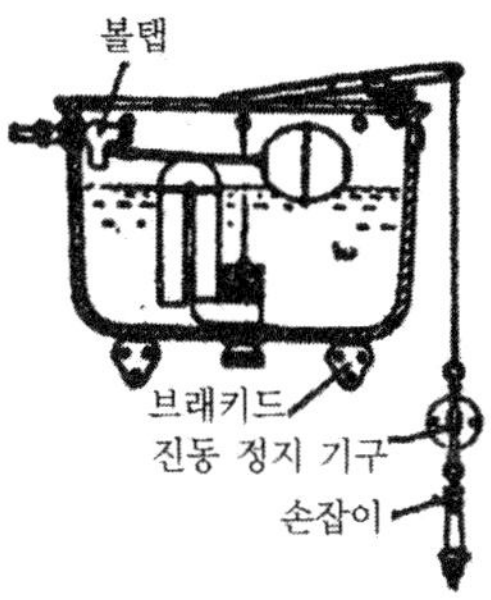

(b) 탱크내 사이펀관 장치도

<그림 4-10> 수동 사이펀관식 하이 탱크

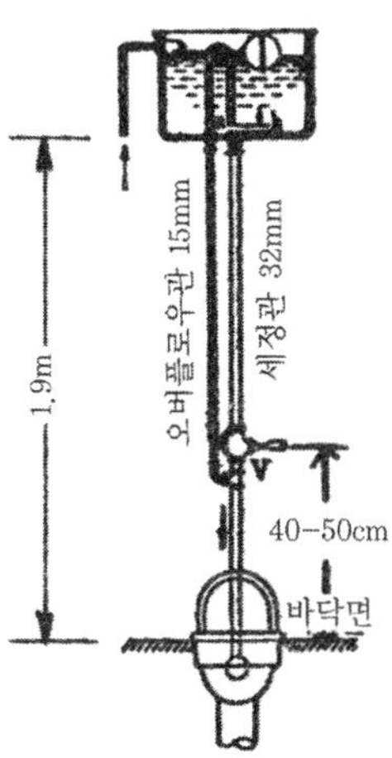

<그림 4-11> 플러시 밸브 접속도

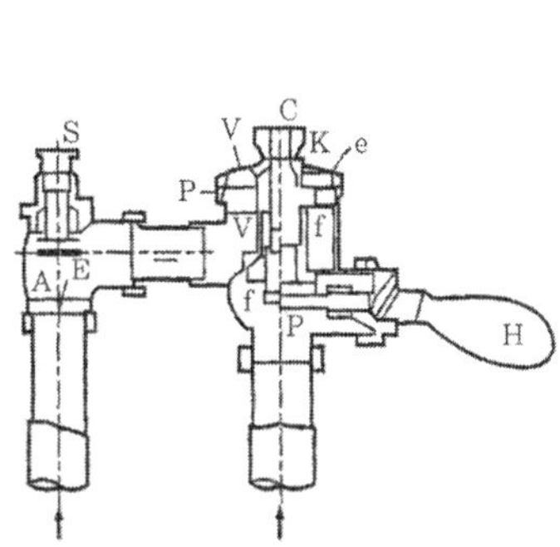

<그림 4-12> 플러시 밸브식

이 방식의 장점은 다음과 같다.
① 수동용 쇠사슬이 필요 없다.
② 세정시 소음이 적다.
③ 탱크내에서 사이펀관이 필요 없다.
④ 급수관이 가늘어도 된다.
⑤ 수압이 낮아도 세정이 가능하다.

이 방식의 단점은 다음과 같다.
① 탱크의 위치가 높아 고장수리가 어렵다.
② 넘침관(Over Flow Pipe)이 필요하다.

(2) 로우 탱크식(Low Tank System)

이 방식은 로우탱크와 변기와의 사이에 50mm 정도의 세정관이 접속되어 있어 수압이 낮은 세정수를 단시간(短時間)에 소요량의 물을 보내 세정하는 방식이다.
급수관은 15mm 정도로 앵글밸브(Angle Valve)를 통하여 탱크내의 소음관과 연결된다.
로우 탱크식의 장점은 다음과 같다.
① 물의 사용량이 하이탱크식보다 많지만 세정시 소음이 적다.
② 탱크의 위치가 낮아 단수(斷水)시 사용이 가능하다.
③ 저압의 지역에서도 사용할 수 있다.
이에 반해 설치 면적이 넓은 것이 단점이다.

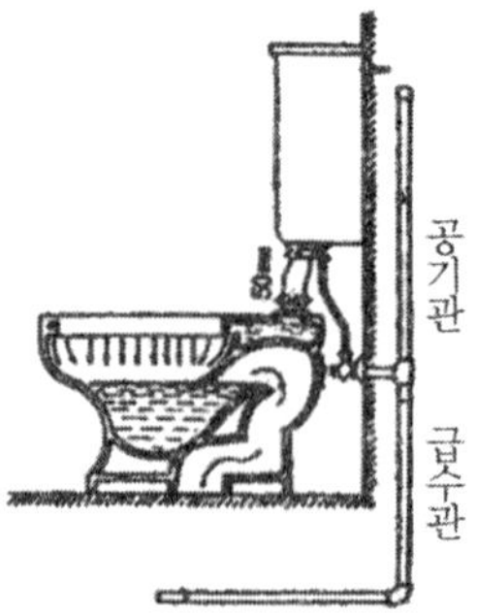

〈그림 4-13〉 로우 탱크식

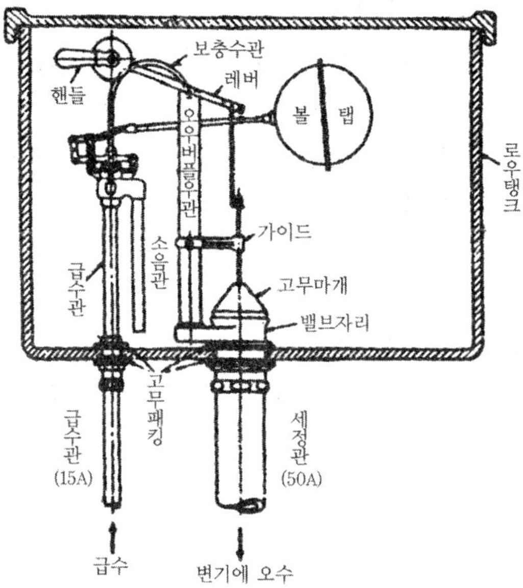

<그림 4-14> 로우 탱크의 구조

(3) 세정 밸브식 (Flush Valve System)

이 방식은 급수관과 변기의 급수구가 직결되고 그 사이에 설치된 플러시 밸브(Flush Valve)의 핸들을 작동시키면 관경이 25mm 이상인 급수관에 의하여 급수되는 물이 사수기구(射水機具)를 통하여 일정량이 사출되어 변기를 세정하는 방식이다.

인입관이 25mm 이상이어야 하므로 학교, 호텔, 사무실 등에는 적합하고 급수관의 직경이 15mm 정도인 일반 주택에는 사용이 곤란하다.

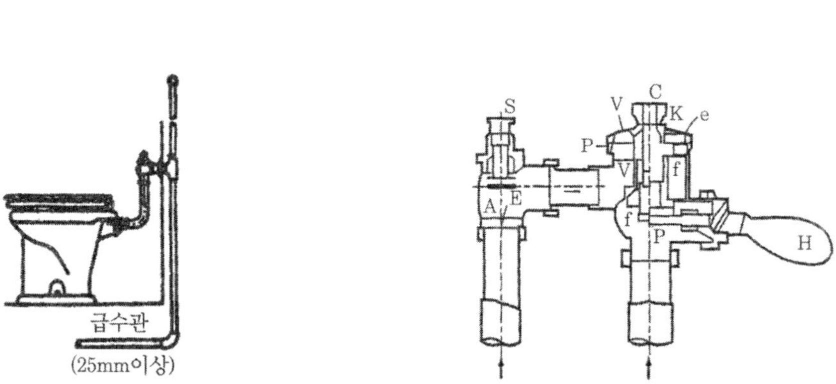

(a) 플러시 밸브 접속도

(b) 플러시 밸브의 구조

<그림 4-15> 세정 밸브식

1) 역류 방지기(Back Syphon Breaker)

세정 밸브식의 급수관이 직결(直結)된 상태에서 대변기의 트랩로에 고형물로 배수가 나쁘면, 변기급수구까지 오수에 잠기고 이때 단수로 인하여 급수관이 감압되어 역사이펀 작용이 일어나 오수가 급수관내로 빨려들어가므로 이것을 방지하는 기기이다. 역류방지기는 플러스밸브와 급수관의 사이에 부착해야 한다.

2) 역류 방지기의 작용

세정 사수시에는 고무링밸브 A가 수압에 의해 위로 움직여서 물이 흐르고 반면 역류작용이 발생하면 화살표 방향으로 공기를 흡입하여 역류를 방지한다.

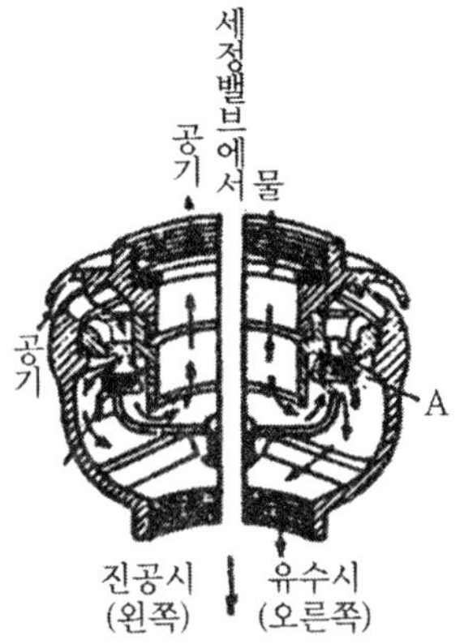

<그림 4-16> 역류 방지기

제 5 장

펌프(Pump)

5.1 펌프

펌프는 흡상과 토출의 작용으로 유체를 이송(移送)하는 기계로서 급유, 급수, 배수, 순환, 진공 등에 사용된다. 진공에 의한 흡상높이는 표준 기압 상태하에서 이론적으로 10. 33m이지만 대기의 압력, 유체의 온도, 유체의 점도에 따라 달라지 때문에 실제의 흡상높이는 약 7m에 불과하다. 이 수치를 기준해서 우물의 종류를 구분하기도 한다.

1) 우물의 종류와 사용펌프

① 깊이 1~7m 이하의 우물(천정층) : 왕복동식 펌프
② 깊이 7~30m 이상의 우물(심정층) : 원심식 펌프
③ 깊이 30~100m의 우물(관정천) : 특수 펌프(공기흡상펌프 및 젯트 펌프)

2) 펌프의 종류

펌프는 구조 및 운전방법, 사용용도에 따라 다음과 같이 분류한다.

(1) 왕복동식 펌프(Reciprocating Type Pump) : 피스톤 펌프, 플린저 펌프, 워싱턴 펌프
(2) 원심식 펌프(Centrifugal Type Pump) : 볼류트 펌프, 터빈 펌프, 보아올 펌프, 수중모터 펌프, 수중잠수 펌프
(3) 축류식 펌프(Axial Flow Type Pump) : 엑셜플로우 펌프, 프로펠러 펌프
(4) 회전식 펌프(Rotary Type Pump) : 회전식 기어 펌프, 윙펌프, 회전식 펌프
(5) 특수식 펌프(Special Type Pump) : 공기흡상 펌프, 젯트 펌프

3) 왕복동식(往復動式) 펌프

피스톤 또는 플런저, 실린더, 흡입밸브, 토출밸브가 주체로 구성되어 있는 펌프로서 피스톤의 왕

복운동에 의해서 액체를 흡입하고 소요압력으로 가압하여 토출한다. 플런저 펌프는 고압펌프로 사용되고, 워싱턴 펌프는 증기 기관에 직결되어 증기압을 동력으로 하는 횡형 피스톤 펌프로서 증기압 10kg/cm^2 이하인 보일러의 급수용에 적합하여 왕복동식 펌프는 송수압의 변동이 큰 것이 단점이다.

<표 5-1> 플런저 펌프의 선정표

구경 (A)	회전수 (rpm)	토출량 (m^3/min)	전양정 (m)	마력 (HP)
25	120	0. 024	7	1
50	110	0. 08	15	3
75	110	0. 18	15	7. 5

(1) 왕복동식 펌프의 양수량(揚水量)

피스톤의 압축력에 의한 물의 토출(吐出)에서 반대방향으로 작요하는 역류와 누수의 용적효율(容積效率 : Ev)을 고려한 왕동복식 펌프의 양수량(揚水量)을 구하는 식은 다음과 같다.

Q=ALINEv
A : 피스톤(Piston) 또는 플런저(Plunger)의 유효단면적(m^2)
L : 피스톤 또는 플런저의 스트로크(Stroke) (m)
N : 매분 스토로크(Stroke)의 수, 또는 크랭크(Crank)의 회전수

(2) 왕복동식 펌프 사용할 때 주의사항

① 수량의 조절이 어렵다. 조절하려면 스트로크(Stroke)를 바꾸든지 또는 바이 패스(Bypass)를 설치하여야 한다.
② 왕복운동으로 송수압의 변동이 심하다. 이것을 완화하려면 토출구(吐出口) 근처에 공기실(Air Chamber)를 설치하여 에어 쿠션(Air Cushion)역할을 시킨다.
③ 양수량이 적고 양정(楊程)이 클 때 가장 적합하다.
④ 규정 이상의 회전수로 운전하면 효율이 나빠진다.
⑤ 피스턴 펌프(Piston Pump)는 모래가 포함된 물을 양수할 수 없다.
⑥ 플런저 펌프(Plunger Pump)는 모래가 포함된 물의 양수에 사용된다.
⑦ 양수불능 및 양수감소 등의 원인은 대부분 토출구의 흡입구 밸브의 고장에 기인한다.

4) 원심식 펌프 (Centrifugal Type Pump)

원심식 펌프의 작동원리는 그림 4-2와 같이 다수의 임펠러가 스파이럴 케이싱내에서 고속 회전을 하면 흡입관내에는 거의 진공상태가 되므로 물이 흡입되어 임펠러의 중심부로 들어가 회전하면 원심력을 부여받아 속도 에너지를 압력에너지로 변환시켜 토출구로 방출된다. 안내날개를 가진 펌프를 터빈 와권 펌프 또는 터빈펌프라 하고 안내날개가 없는 펌프를 볼류트 와권 펌프 또는 볼류트 펌프라 한다. 그러나 통상적으로 볼류트 펌프를 와권펌프라 칭하고 있다.
원심식 펌프는 고속운전에 적합하고 양수량 조절이 쉽기 때문에 고양정 펌프로 사용된다.
구조적으로 케이싱내에 안내날개의 유무에 따라 터어빈 펌프(Turbine Pump)와 볼트류 펌프(Volute Pump)로 구분되며 단단(單段)과 다단(多段) 그리고 편흡입과 양흡입으로 분류된다.
전동기와 펌프의 연결방법에 따라서 입축(立軸)과 횡축(橫軸)으로 분류된다.

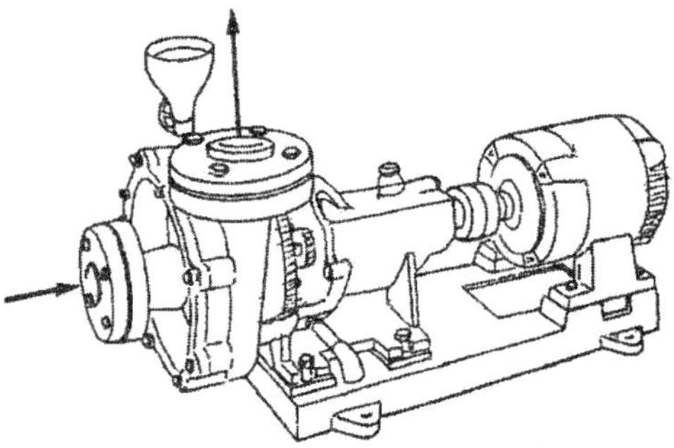

<그림 5-1> 원심식(와권) 펌프

(1) 원심식 펌프의 종류

① 볼류트 펌프(Volute Pump)
② 터어빈 펌프(Turbine Pump)
③ 보아홀 펌프(Bore Hole Pump)

(2) 원심식 펌프의 특징

① 전동기에 직결되어 있다.
② 고속운전에 알맞다.
③ 회전운동으로 진동이 적다.
④ 양수량 조절이 용이하다.
⑤ 송수압의 변동이 적다.

원심식 펌프에는 안내날개(Guide Vane)가 있는 터빈펌프와 안내날개가 없는 볼류트 펌프가 있으며 볼류트 펌프는 주로 양정 15m 이하에 사용되고 터빈 펌프는 양정 20m 이상에 사용된다. 그리고 펌프의 양정은 임펠러와 외주(外周) 속도의 2승에 비례하므로 2개의 임펠러로 소요의 양정에 도달하지 못한 때는 여러 개의 임펠러를 직렬로 장치하면 고양정을 얻을 수 있고 이 임펠러의 수에 따라 단단(單段), 2단, 3단 펌프라고 부른다.

1) 터어빈 펌프(Turbine Pump)
임펠러(Impeller)의 주위에 안내 날개(Guide Vane)가 있는 20m 이상의 고양정에 알맞는 펌프이며 단단과 다단 터어빈이 있다.
2) 볼류트 펌프(Volure Pump)
임펠러의 주위에 안내날개가 없기 때문에 15m 이하의 저양정인 온수순환용으로 사용된다. 안내날개(Guide Vane)는 케이싱내에 유입된 물의 유동을 정돈하여 유속을 적게하고 송수압을 상승시키는 역할을 한다.

(3) 원심식 펌프의 원전

① 임펠러가 스파이럴 케이싱 속에서 고속회전을 한다.
② 흡입관내가 진공상태로 된다.
③ 흡입된 물은 임펠러의 중심에서 원심력이 부여된다.
④ 원심력에 의해 압력이 발생한다.
⑤ 초출구로 물이 방출된다.

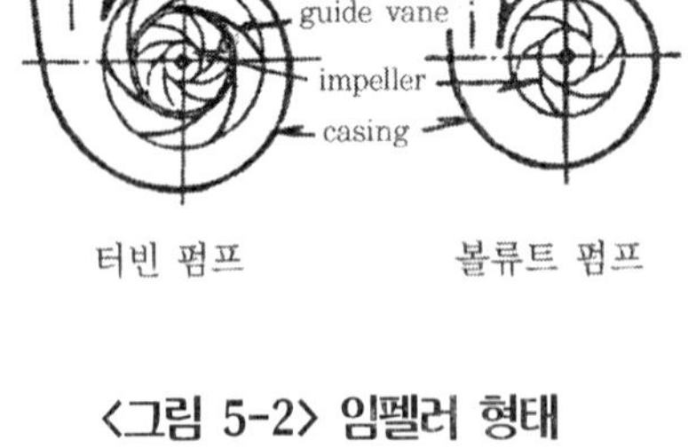

〈그림 5-2〉 임펠러 형태

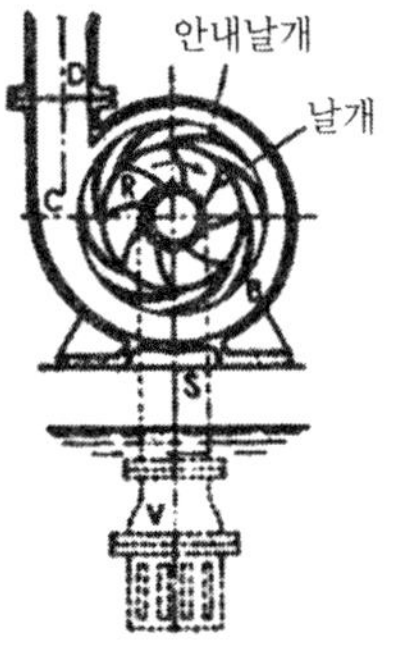

〈그림 5-3〉 터빈 펌프

(4) 원심식 펌프의 용량

펌프의 용량은 구경, 양수량, 양정 등으로 표시된다. 펌프의 내부를 흐르는 유속은 볼류트 펌프가 V=1.2~1.8m/sec(평균 2.5m/sec), 터어빈 펌프는 V=2~3m/sec(평균 2m/sec)로 할 때 소요 양수량(揚水量)에 의한 펌프의 구경(d)을 구하는 식은 다음과 같다.

$$Q = v \cdot s$$

$$= v \cdot \frac{\pi}{4} d^2$$

펌프의 구경 $d = \sqrt{\frac{4Q}{v\pi}} = 1.13\sqrt{\frac{Q}{v}}$

d : 흡입관의 구경(m)

Q : 양수량(m^3/sec)

s : $\pi d^2/4$: 단면적

v : 펌프관 속을 흐르는 유체의 속도(m/sec)(유속은 1. 2~3m/sec 정도)

5) 보어홀 펌프 (Bore Hole Pump)

이 펌프는 깊은 수직 우물의 양수에 사용하는 입형다단 터어빈 펌프로서 흡입양정이 높아 횡축 펌프로서 양수할 수 없는 경우에 사용되며, 굽지 않고 수직인 깊은 물 속에 매달아 운전한다. 운전상의 주의사항은 볼류트, 터빈펌프와 비슷하나 특히 주의를 요하는 사항은 다음과 같다.

① 모래를 빨아 올리지 않을 것
② 급격한 양수가 되지 않도록 토출구축의 밸브를 서서히 열 것
③ 양수하는 물이 역류되는 것을 방지하기 위하여 토출구에 체크 밸브(Check Valve)를 붙일 것

이 펌프는 지상의 전동기와 깊은 우물 속의 입형다단 터빈 펌프가 긴 중공축(中空軸)으로 연결되어 있어 다음과 같은 단점이 있다.

① 효율이 낮다.
② 전력소비가 많다.
③ 고장이 많다.
④ 진동 소음이 크다.

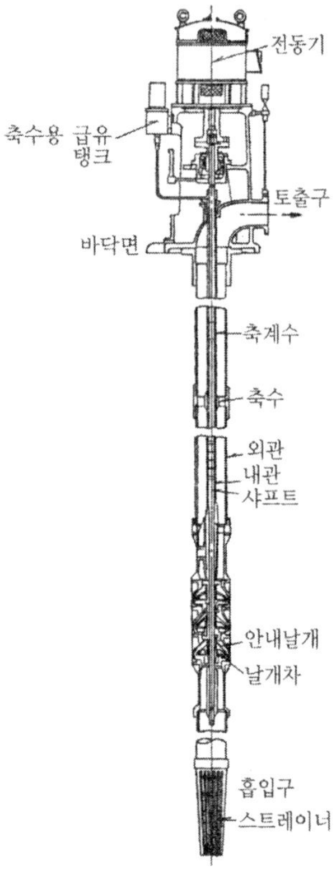

<그림 5-4> 보아 홀 펌프

<표 5-2> 보아 홀 펌프의 능력

펌프구경	우물경	유량(m^3/min)		양정(m)	
(mm)	(mm)	50 (1,500rpm)	60 (1,800rpm)	50 (1,500rpm)	60 (1,800rpm)
80	150	0.33	0.4	1.8	2.6
100	200	0.69	0.85	4.0	5
130	250	1.4	1.8	6.2	8
160	300	2.1	2.55	9.6	13.5
180	300	2.85	3.9	10.0	13.5

6) 수중 모터 펌프 (Submersible Motor Pump)

수직형 터빈 펌프 밑에 수직형의 전동기가 직결되어 전동기의 펌프 본체를 서로 직결하여 하나로 만든 수직형사류(垂直形斜流) 다단 터어빈 펌프이다. 전동기는 수중에서 사용되는 구조로 강관의 케이싱을 사용하여 일반 전동기에 비하여 가늘고 길다. 전동기의 코일은 절연성이 좋고 흡수성이 없는 특수피복이 되어 있으며 또한 케이블은 완전방수성의 동력 케이블로 최하단의 수중 전동기에 접속되어 있고 진동과 소음이 없다.

그리고 15m 이하의 저양정용에는 축류형 펌프가 사용되고 고양정에는 다단 터어빈 펌프가 사용되며 운전요령은 다음과 같다.

① 절연 내력을 확인한다. (최소 50MΩ 이상이어야 하므로 저항 측정기를 사용하여 절연을 확인한다.)

② 회전 방향을 확인한다.

③ 수위조절 장치가 없는 경우는 고정 수위를 확인하면서 운전한다.

④ 온천수 또는 산성수질이 있는 곳은 부식성이 있으므로 특수 제작해야 하며 수질은 pH : 6.5~8.0, 불순물 : 50ppm 이하, 모래 크기 : 0.25mm 이하가 요구된다.

(1) 수중모터 펌프의 특징

① 고속 전동기를 사용하기 때문에 총합효율이 높고 소요동력이 적게 들며 운전경비가 절약된다.
② 수중 전동기는 특수 절연구조로 되어 있어 전기적으로나 기계적으로 고장이 없다.
③ 설치에 특수한 기술이 필요 없고 단시간 시공이 가능하다.
④ 소음이 없으며 빌딩 및 집단주택단지 등의 급수용에 적합하다.

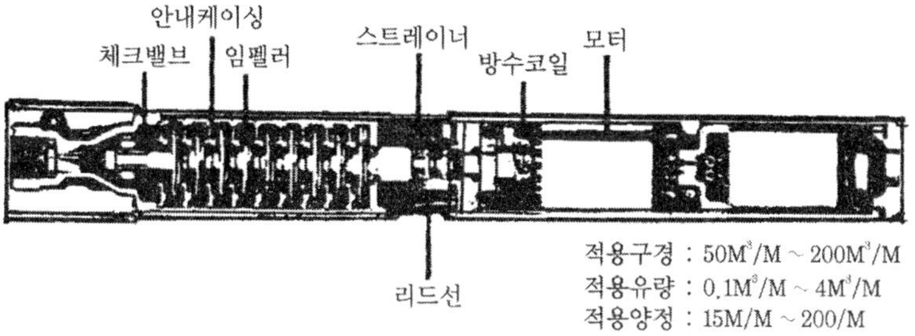

<그림 5-5> 수중 모터 펌프

7) 수중 잠수 펌프 (Submerged Motro Pump)

이 펌프는 이중의 메카니컬 실(Double Mechanical Seal)을 사용한 완전 방수구조로 되어 있어 설치운반과 조작이 간편하다. 또한 자동보호장치가 내장되어 있어 전동기와 기름 케이싱은 $5kg/cm^2$의 수압시험에 견디며 호스와 전원 케이블을 연결하여 물 속에 매달아 사용한다. 수중 잠수 펌프의 특징은 다음과 같다.

① 공사용에 적합하고 수명이 길다.
② 설치 운반 및 조작이 간편하고 관리비가 저렴하다.
③ 자동 보호장치가 내장되어 있다.
④ 이중의 메카니컬실의 사용으로 성능이 우수하다.
⑤ 고양정에 적합하다.

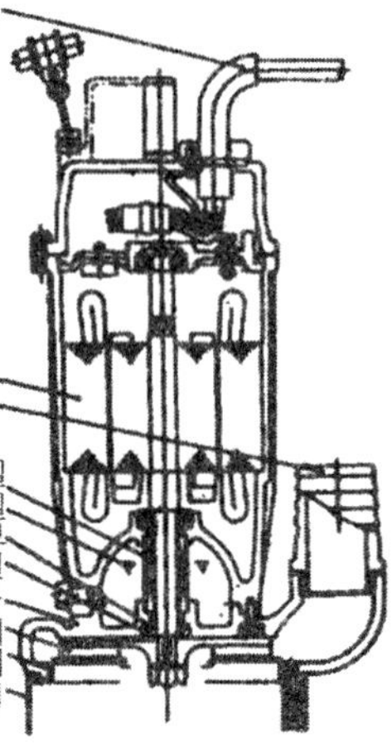

〈그림 5-6〉 수중 잠수 펌프

〈표 5-3〉 수중 잠수 펌프

구경(mm)	유량(m^3/min)	양정(m)	회전수(rpm)	마력(HP)
50	0.2	20	3450	5
50	0.2	70	3450	17
80	0.5	20	3450	7.5
80	0.5	70	3450	20
100	1.0	30	3450	15
100	1.0	70	3450	30
125	1.5	30	3450	30
125	1.5	70	3450	50
150	2.4	30	3450	40
150	2.0	70	3450	60

8) **회전식 펌프** (Ratary Type Pump)

회전식(回轉式) 펌프는 1~2개 또는 3개의 회전자가 회전하여 액체를 밀어내는 펌프로서 구조가 간단하고 취급이 용이하다. 이 펌프의 종류는 회전식 기어 펌프, 회전 펌프, 윙펌프, 마찰 펌프 등이 있다.
이 중에서 기어펌프(Gear Pump)는 펌프의 케이싱 안에서 서로 맞물고 회전하는 기어의 이가 흡입측에서 서로 떨어지면서 기어의 골에 액체가 유입되고 그 흡입된 액체는 기어의 회전과 함께 케이싱에 둘러싸여져 송출구측으로 압송되는 펌프를 기어펌프라 한다.
기어펌프는 삼엽펌프(Lobe Pump), 기어펌프(Gear Pump), 나사펌프(Screw Pump)로 분류된다.

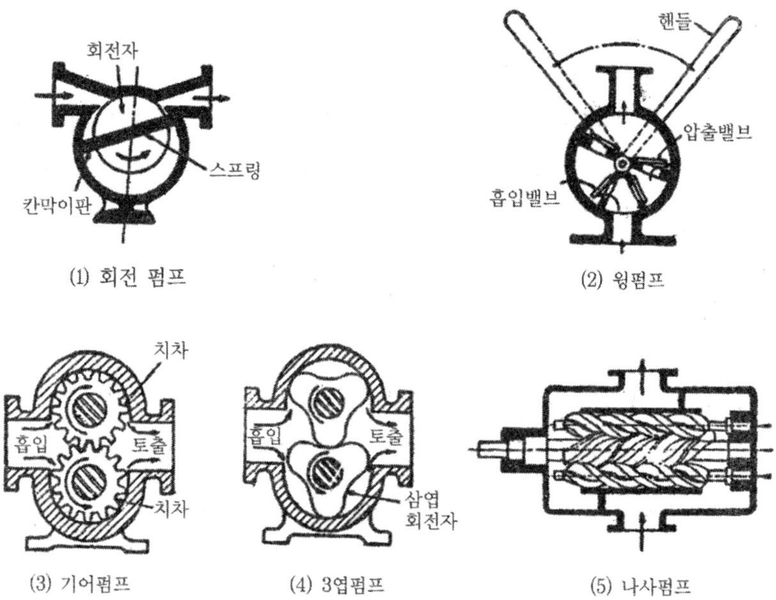

<그림 5-7> 회전식 펌프의 구조

기어펌프의 톱니바퀴는 그림 5-8과 같이 나사모양 톱니와 둥근모양톱니의 2종류가 있다. 이 톱니바퀴 회전수는 액체종류, 점도, 온도, 압력 등에 따라 다르며 이송(移送)가능한 액체는 연료유류(A, B, C중유)로서 항상 사용온도는 70℃ 이하가 좋다.

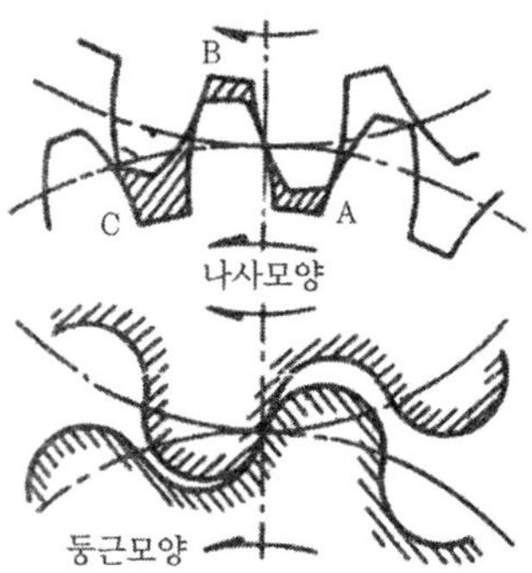

<그림 5-8> 톱니의 비교

<표 5-4> 기어 펌프의 비교

구분	나사 기어 펌프	원형 기어 펌프
접촉방식	2점 접촉	1점 접촉
미끄럼률	1	1/10
마모율	많다	적다
폐입현상	있다	없다
공동현상	있다	없다
소음	많다	적다
진동	많다	적다
고압사용	접합	부적합

9) 특수식 펌프 (Special Type Pump)

지하수 목적으로 깊이 10~100m 정도인 관정층(管井層)의 우물에는 특수 펌프를 사용하여 양수를 시키며 그 종류는 다음과 같다.

(1) 공기흡상 펌프 (Air Lift Pump)

공기흡상 펌프는 양수관의 하단에 압축공기관을 연결하여 우물 저부에 공기를 불어 넣어 물과 공기를 혼합시켜 물의 비중을 가볍게 기포의 부력으로 양수관내를 통해서 물을 상승시킨다. 이 펌프의 효율은 20～40% 정도이며 소구경 우물에 적합하고 압축공기만 공급되면 배관 비용으로 설치가 가능하다.

① 고장이 적다. ② 수리 및 교체가 쉽다.

③ 소구경의 우물에 적합하다.

(2) 젯트 펌프 (Jet Pump)

깊이가 7m 이상인 심정층(深井層)의 우물은 양수펌프의 흡입양정이 과다하여 양수(揚水)가 불가하므로 노즐(Nozzle) 끝에서 증기 또는 물을 고속으로 분사시키면 그 수위가 빈압(貧壓)이 되어 물을 흡상시킨다.

이 펌프는 흡상높이 30m 정도의 양수에 적합하다.

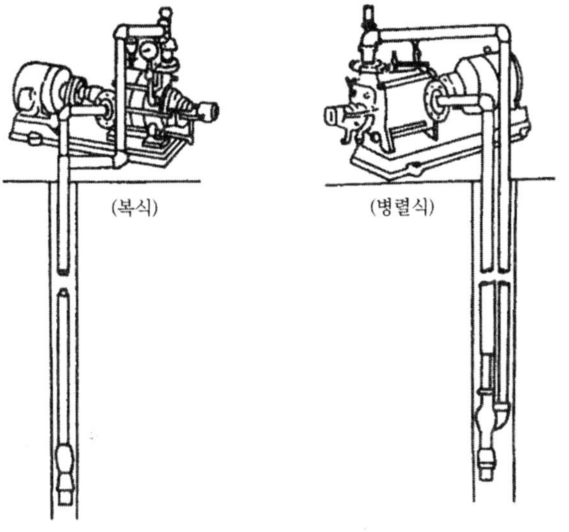

<그림 5-9> 젯트 펌프 배관

<표 5-5> 젯트 펌프의 선정표

구경(mm) 흡입×토출×순환	흡입양정 (m)	토출량 (m^3/m)	토출양정 (m)	단수 (S)	회전수 (rpm)	마력 (HP)
70×4,050	0.1	40	40	1	3,450	10
70×5,050	0.2	30	30	1	3,450	10

10) 오수(汚水) 펌프 (Sump Pump)

이 펌프는 건축물의 지하실에 오수 피트(Sump Pit)를 설치하고 저수된 오수를 지하수관내로 배수시킨다.
수직형 오수 펌프(Vertical Sump Pump)는 지하실내의 오수와 잡배수 또한 정화조 등의 배수용에 적합한 펌프로서 수직형 원식식 펌프이다. 그 구조는 임펠러의 블레이드(Blade) 입구를 둥글게 하여 고형물이 걸리지 않도록 되어 있다.
형식은 수직형가 수평형이 있고 다시 수직형에는 조내식(槽內式)과 조외식(槽外式)이 있다.
오수 펌프의 특징은 다음과 같다.
(1) 빌딩의 오수조 등 협소한 장소에 설치가 가능하다.
(2) 오물이나 고형물도 양수가 가능하다.
(3) 구조가 간단해서 설치면적이 적다.

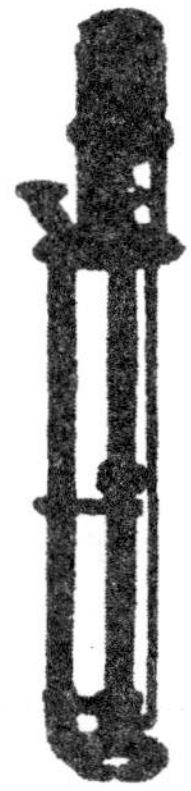
<그림 5-10> 수직형 오수 펌프

<표 5-6> 수직오수펌프 선정표

구경 (m)	60~4P 1,800rpm		
	소요동력(kW)	전양정(m)	양수량(m³/min)
40	0.4	6	0.12
40	0.75	9	0.12
50	0.75	9	0.23
50	1.5	9~12	0.23
70	1.5	6~9	0.35
70	2.2	12	0.35
80	1.5	6	0.55
80	2.2	9	0.55
80	3.7	12	0.55
100	3.7	6~9	1.1
100	5.5	12	1.1
130	7.5	12	1.7
130	7.5	12	2.5

11) 배수 펌프(Drainage Pump)

건축물내에서 생기는 배수를 배출하는 데에 사용되는 펌프이며, 일반적으로 오물펌프(Soil Pump), 오수펌프(Sump Pump)의 2종으로 분류되고, 오물펌프는 오수를, 오수펌프는 잡배수를 배출하는 데에 사용되는 원심펌프이다.

① 오물제거에 중점을 둔다.

② 구경은 최소 65A 이상으로 한다.

③ 배수용 피트의 용량은 펌프용량의 10~15분간 이하로 한다. 그 이상은 오물이 부패되어 악취가 발생하기 때문이다.

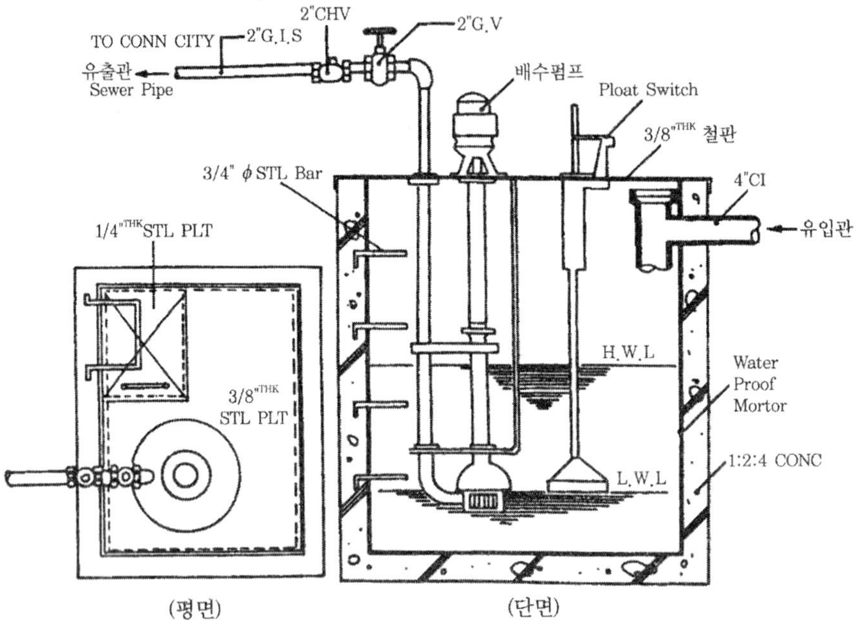

〈그림 5-11〉 배수펌프와 오수피트

〈표 5-7〉 펌프의 종류와 용도

종류	용도	비고
왕복동식 펌프(윙 펌프)	급수용(양수)	Hand Pump
원심식 펌프	급수용(양수), 급탕순환용	수직, 수평형
보어홀 펌프	급수용(양수)	펌프만 수중
수중모터 펌프	급수용(양수)	펌프와 모터 수중
블레이드레스 펌프(Bladeless형)	오배수 잡배수	수직형
원심식 펌프	오배수 잡배수	수직형
자동압력펌프	급수용(양수)	

<표 5-8> 펌프의 용량표

용 도	펌프의 종류	양정(m)	양수량(m^3/min)	축동량(kW)
양수펌프	볼류트 펌프	10	0. 15	0. 75
		10	0. 3	1. 5
		10	0. 6	2. 2
	터빈 펌프	20	0. 15	1. 5
		20	0. 3	2. 2
		20	0. 6	3. 7

5.2 펌프의 축동력 및 소요동력

펌프의 설계에서 실제로 양수하는 유량의 중량을 전양정까지 양수시키는데 필요한 축동력과 축마력을 구하는 식은 다음과 같다.

$$\text{펌프의 축동력(kW)} = \frac{WQH}{6,120E}$$

$$\text{펌프의 축마력(HP)} = \frac{WQH}{4,500E}$$

W : 물의 단위용적 중량(W=1,000kg/m^3)
Q : 양수량(m^3/min)
E : 펌프의 효율(%) (E=50~75%)

원심식 펌프의 축동력을 구할 때 펌프의 효율 E(%)는 유체의 종류와 펌프의 규격에 따라 다르지만 펌프구경에 대한 효율은 다음 표 5-9와 같다.

<표 5-9> 원심식 펌프의 구경과 효율

펌프의 구경(mm)	40	50	75	100	125	150	175	200
펌프의 효율(%)	40~48	45~55	50~62	55~65	64~72	66~75	68~76	70~80

펌프축의 구동방법에 따른 필요동력은 축동력이며 여기에 전동기의 전달효율을 고려하면 소요동력이 된다.
이 소용동력을 구하는 식은 다음과 같다.

$$L = 0.163\frac{(1+\alpha)QG}{E \cdot K}(kW)$$

L : 펌프의 소요동력(kW)
Q : 양수량(m^3/min)
H : 전양정(m)
E : 펌프의 효율(%)
K : 동력 전달 계수(전동기 직결 K=1.0)
α : 여유율(전동기인 경우 α=0.1~0.2)

5.3 펌프의 양정

펌프의 축동력 및 소요동력을 계산할 때 적용하는 양정을 구하는 식은 다음과 같다.

1) 펌프의 전양정 (H : m)

$H=H_s+H_d+H_f$
H_s(m) : 흡입양정(Suction Head : 저수조의 수위면에서 펌프중심까지의 높이)
H_d(m) : 토출양정(Discharge Head : 펌프에서 고가수조에 양수하는 토출관(吐出管)까지의 높이
H_f(m) : 관내 마찰손실수두(Friction Loss Head : 양수관의 관 길이에 대한 마찰손실을 합계한 값)

2) 실양정

물기 고가수조로 양수될 때 H_s+H_d는 상하수면의 고저차로서 실양정(實揚程 : Actural Head)이라고 한다.
실양정(m)$=H_s+H_d$

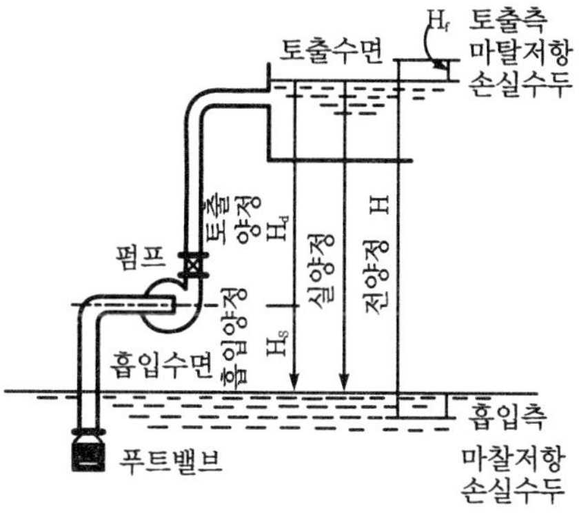

<그림 5-12> 펌프의 양정

3) 유효흡입 양정

원심식 펌프는 흡입양정이 과대하면 케비테이션(Cavitation : 공동현상)의 발생으로 유량 및 압력이 저하되거나 또는 흡상작용을 상실하게 된다. 따라서 유체의 유효흡입양정(Net Positive Suction Head)을 계산하여 펌프의 유효흡입양정보다 많도록 해야 한다.
유효흡입 양정의 계산식은 다음과 같다.

$$H_n = \frac{P_a}{r} \pm H_s - h_f - \frac{P_s}{r}$$

H_n : 유효흡입양정(m)
P_s : 흡입 수면의 압력(절대압력) (kg/m^2)
H_s : 흡입 양정(m)(흡상일 때 : -, 압입일 때 : +)
h_f : 마찰 손실 수두(m)
P_s : 수온의 수압(kg/m^2)
r : 액체의 단위 체적중량(kg/m^3)

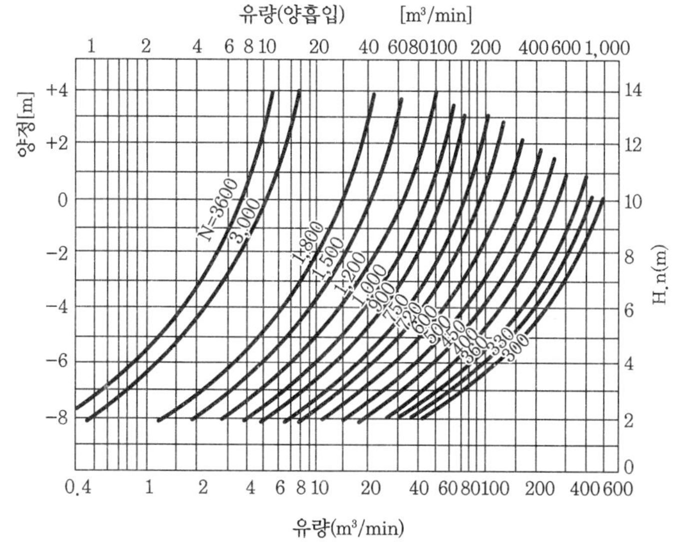

<그림 5-13> 펌프의 유효흡입양정(흡입비속도 S = 1,200 경우)

4) 관내 마찰 손실 수두

관내 마찰 손실 수두(Friction Loss Head)는 직관 속에 물이 흐를 때 물과 관내 벽과의 마찰 저항에 의해 유수가 방해되며 또한 물이 지닌 점성(黏性)에 의해서도 유수가 방해된다. 이 관내 마찰 손실 때문에 물이 가지는 에너지의 일부가 소모된다. 이것을 마찰 손실이라고 하며 마찰 손실 수두의 계산 방법은 여러 가지가 있지만 가장 널리 이용되는 Darcy공식을 소개 하면 다음과 같다.

$$H_f = f\frac{l}{d} \cdot \frac{v^2}{2g}$$

H_f : 직관부의 마찰 손실 수두(m)

f : 마찰 손실 계수 $f = 0.020 + \frac{0.005}{d}$ (신관)

l : 관의 길이(m)

d : 관의 직경(m)

v : 관내를 흐르는 물의 평균 유속(m/sec)

g : 중력 가속도(9. 8m/sec^2)

〈표 5-10〉 각종 배관부속의 저항손실(직선상당길이 : m)

부속품 \ 관경(m)	15	20	25	32	40	50	65	80	100	125	150
90° 엘보우	0. 6	0. 75	0. 9	1. 2	1. 5	2. 1	2. 4	3. 0	4. 2	5. 1	6. 0
45° 엘보우	0. 36	0. 45	0. 54	0. 72	0. 9	1. 2	1. 5	1. 8	2. 4	3. 0	3. 6
90° T자관	0. 9	1. 2	0. 5	1. 8	2. 1	3. 0	3. 6	4. . 5	6. 3	7. 9	9. 9
90° T주관	0. 18	0. 24	0. 27	0. 36	0. 45	0. 6	0. 75	0. 9	1. 2	1. 5	1. 8
슬루스밸브	0. 12	0. 15	0. 18	0. 34	0. 3	0. 39	0. 48	0. 63	0. 81	0. 99	1. 2
글로브밸브	4. 5	6. 0	7. 5	10. 5	13. 5	16. 5	19. 5	24. 0	37. 5	42. 0	49. 5
앵글 밸브	2. 4	3. 6	4. 5	5. 4	6. 6	8. 4	10. 2	12. 0	16. 5	21. 0	24. 0
체크 밸브	1. 2	1. 6	2. 0	2. 5	3. 1	4. 0	4. 6	5. 7	7. 6	10. 0	12. 0

[주] 푸트 밸브는 앵글 밸브와 같고, 체크 밸브는 스윙형의 경우

<표 5-11> 마찰손실계수표(신관)

호칭경	마찰계수	호칭경	마찰계수	호칭경	마찰계수	호칭경	마찰계수
40	0. 0325	125	0. 0240	250	0. 0220	450	0. 0211
50	0. 0300	150	0. 0233	300	0. 0217	500	0. 0210
80	0. 0267	175	0. 0228	350	0. 0214	600	0. 0208
100	0. 0250	200	0. 0225	400	0. 0213	700	0. 0207

윗 식은 신관(新管)의 경우이고 구관(舊館)이나 주철관일 경우에는 2배하면 충분하다.

5) 곡관의 마찰 손실 수두 계산법

$$H_f = f_2 \frac{V^2}{2g}$$

H_f : 마찰손실 수두(m)

V : 유속(m/sec)

g : 9. 8m/sec^2

f_2 : 곡관손실계수

<표 5-12> 곡관의 마찰 손실 계수

R/D	90°	60°	45°	30°
0. 5	2. 0	1. 63	1. 42	1. 16
0. 75	0. 6	0. 49	0. 425	0. 35
1	0. 3	0. 245	0. 21	0. 175
1. 5	0. 17	0. 14	0. 12	0. 10
2. 0	0. 145	0. 118	0. 103	0. 085
2. 5	0. 138	0. 113	0. 098	0. 08
5. 0	0. 13	0. 106	0. 092	0. 075

5.4 펌프의 배관

1) 펌프의 흡입배관

(1) 진동을 흡수하기 위해서 배관에 플렉시블 조인트를 부착한다.

(2) 고온 펌프의 운전은 온도 조건에 따라 적절한 루우프를 고르게 해준다.
(3) 펌프의 흡입배관은 가능한한 길이를 짧게 하고 굴곡을 적게 한다.
(4) 흡입관은 토출관보다 직경을 1~2급(級)정도 크게 하여 관로의 마찰저항을 감소시킨다.
(5) 흡입관의 수평배관은 1/50~1/100 정도의 구배를 유지한다.
(6) 흡입관은 펌프전방에서 관경의 3배 이상 직관부를 두고 관경을 바꿀 때는 편심이음쇠를 사용한다.
(7) 흡입관의 길이는 6m 이하로 하고 관경은 펌프의 흡입구 지름보다 한 치수 큰 것을 사용하며 장애물에 의해 굴곡배관시킬 때는 반드시 장애물 아래로 통과시킨다.
(8) 펌프의 흡입배관은 다음 그림 5-14와 같이 설치한다.
(9) 흡입관의 말단에는 스트레이너를 설치한다.

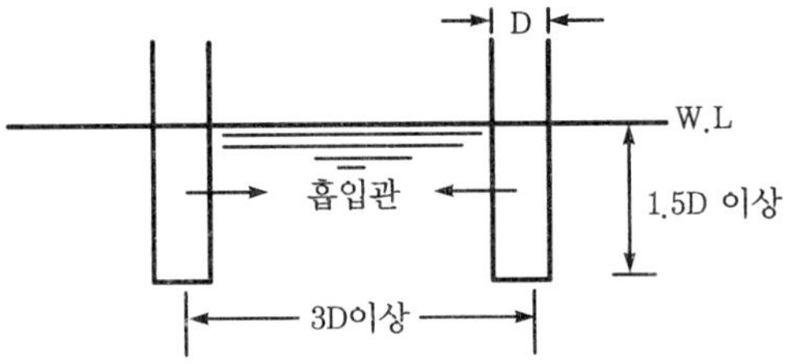

<그림 5-14> 흡입관

2) 펌프의 토출배관

(1) 진동방지용으로 플렉시블 조인트를 부착한다.
(2) 운전 정지시 역류방지용으로 체크밸브를 부착한다.
(3) 토출관은 펌프의 출구에서 1m 이상 위로 올려 수평관에 접속하여 체크밸브는 펌프와 슬루스밸브 사이에 설치한다.
(4) 펌프의 토출측에는 압력계를 설치한다.

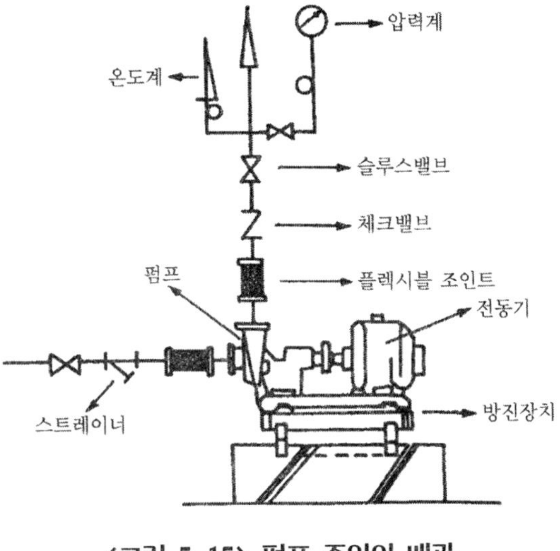

<그림 5-15> 펌프 주위의 배관

3) 펌프 관계 배관

펌프 관계 배관의 목적은 펌프 자체가 요구하는 프로세스적, 또는 기계적 조건을 만족시키는 동시에 배관이 가진 설계기본 조건을 만족시켜 주는데 있다.

(1) 펌프 주위 배관의 제1단계로서의 펌프의 위치를 결정한다.
(2) 펌프의 형식에 따라 그 조작 범위의 공간과 방향을 고려한다.
(3) 대형펌프일 때는 케이싱과 샤프트의 분해를 위한 공간과 흡입배관의 직관부 길이를 확보한다.
(4) 수조, 열교환기, 파이프래크(Pipe Rack : 파이프 걸이), 가조(架槽) 등의 배치를 정하고 최후로 펌프를 배치한다.
(5) 파이프래크와 평행하게 라인업(Line-Up)시키며 그 방법은 다음과 같다.
  ① 펌프의 토출구를 라인업시키는 방법
  ② 펌프측의 기초면을 라인업시키는 방법
  ③ 드라이버측의 기초면을 라인업시키는 방법
(6) 펌프의 라인업이 끝나면 펌프간의 클리어런스(Clearance : 간격)를 결정하고 밸브의 위치를 결정한다.
(7) 펌프의 설치 높이는 지면에서 20~60cm 정도를 유지한다.
(8) 펌프와 원동기측의 중심을 일치시킨다.
(9) 펌프는 원동기쪽에서 우회전한다.

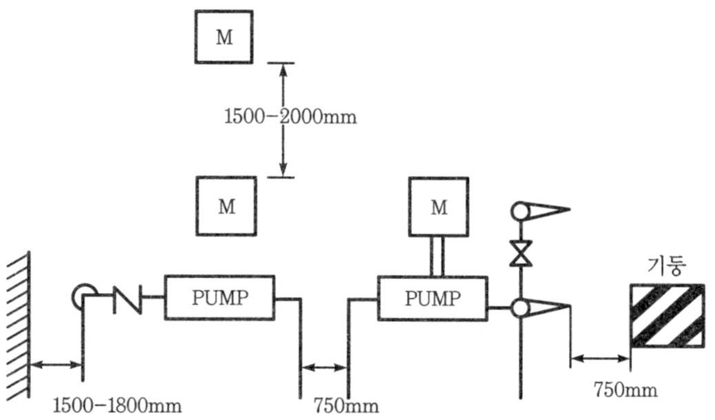

〈그림 5-16〉 펌프의 클리어런스

4) 펌프의 설치 배관상 주의사항

사용장소에 적합한 펌프의 설치 및 배관에 관한 주의 사항은 다음과 같다.

1) 흡입양정을 짧게 한다.
2) 펌프를 전동기에 직결(直結)할 때 서로 축중심을 일치시킨다.
3) 배관의 곡부(曲部)를 적게 하고 관의 접속은 수밀(水密) 및 기밀(氣密)을 유지한다.
4) 펌프의 흡입구는 동수위면(動水位面)에서 간경의 2배 이상 깊게 물속에 잠기게 한다.
5) 양정이 높을 때(18m 이상)는 펌프 토출구와 슬루스 밸브 사이에 체크밸브(Check Valve)를 설치한다.
6) 펌프의 임펠러와 전동기축의 회전방향에 유의하고 원동기쪽에서 보아 우회전시킨다.
7) 펌프에서 발생한 진동이 기초와 배관에 직접 전달되지 않도록 방지장치를 한다.

예제-01 1. 20m 높이에 있는 고가수조에 매시 $18m^3$의 물을 양수시키기 위한 양수펌프의 구경, 전양정, 축마력 등을 계산하시오(단, 배관계의 마찰손실 수두 $H_f=10m$, 토출양정 $H_d=20m$, 흡입양정 $H_s=4m$, 유속 V=2m/sec, 펌프의 효율 E=50%이다.)

해답-01 1) $Q=18m/h=0.\ 3m^3/min=0.\ 05m^3/sec$
V=2m/sec

$$d=\sqrt{\frac{4Q}{v\pi}}=\sqrt{\frac{4\times0.005}{2\times3.14}}=0.0565m=56.6mm \fallingdotseq 65A$$

2) 전양적 $H=H_d+H_s+H_f=20+4+10=34m$

3) 펌프의 축마력(HP)

$$HP=\frac{WQH}{4,500E}=\frac{1,000\times0.3\times34}{4,500\times0.5}=4.5HP$$

예제-02 시간당 최대예상 급수량이 12,000 ℓ/h일 때 고가수조에 급수하는 펌프의 양수량, 전양정, 소요동력을 계산하시오. 6층 건물로서 충고는 각 3.5m이며, 최상층에서 양수관까지는 3m, 펌프에서 1층까지는 0.5m, 흡입양정은 3m이다. (단, 양수량은 시간당 최대예상 급수량으로 하여 흡입관과 토출관의 마찰손실은 실양정(흡입양정+토출양정)의 25%, 양수관 토출구의 속도 수두는 0.3mAq, 펌프의 효율은 55%, 펌프의 구동은 전동기 직결형이다.)

해답-02 1) 양수량 $Q(m^2/min)$
양수량은 시간최대 예상급수량이다.

$$Q=12,000\ \ell/h=12m^3/min\times\frac{1}{6}=0.\ 2m^3/min$$

2) 전양정 H(m)
① 흡입양정=3m

② 토출양정=0.5+(3.5×6)+3=24.5m 따라서 실양정은 3+24.5=27.5m
마찰손실수두는 27.5×0.25=6.875m이다.
속도 수두는 0.3mAq이므로 전양정(H)은 다음과 같다. H=3+24.5+6.875+0.3=34.68m
3) 펌프의 소요동력(전달효율을 고려한 소요동력)

$$L = 0.163\frac{(1+\alpha)QH}{E \cdot K}(kW)$$

$$= 0.163\frac{(1+0.1)\times 0.2\times 34.68}{0.55\times 1.0} = 2.26(kw)$$

α : 여유율(전동기의 경우) 0.1~0.2이다.

5.5 펌프 운전시의 이상 현상

1) 캐비테이션 현상

대기압 이하에서 물은 100[℃] 이하에서 비등한다. 유수(流水)중에서도 정압(靜壓)이 그때의 수온에 상당하는 포화증기압 이하로 되는 부분이 발생하면, 그 부분의 물은 증발하여 물로부터 분리되기 때문에 유수 중에 공동부분(空洞部分)이 발생한다. 펌프의 내부에 있어서도 흡입양정이 높거나 물의 유속이 국부적으로 빠른 경우 등은 압력이 저하하여 이와 같은 현상이 일어날 때가 있다. 이것이 캐비테이션이라고 하는 현상이다.
캐비테이션이 펌프내에서 발생하면 펌프의 성능은 저하되고, 소음이나 진동을 일으키며, 압력이 더욱 저하되면 결국에는 양수불능을 일으키게 된다. 그리고 캐비테이션이 발생하고 있는 상태로 오랜 시간 사용하면 발생부분(주로 회전차의 입구 부분)이 침식된다.
캐비테이션에 의한 펌프의 성능저하는 비속도 η_s에 따라 달라지며, 건축설비에서 일반적으로 사용하는 원심펌프에서는 양정, 축동력 및 효율이 급격히 저하된다.
캐비테이션 발생에 따라 나타나는 현상으로는

① 초기에는 약간의 기포가 발생하고, 어느 정도 소음이 들리는 정도이다.
② 캐비테이션이 진행되면 기포의 발생과 붕괴가 많게 되고, 소음이 발생하며, 펌프의 양수량, 양정 및 효율이 저하되어 간다.
③ 캐비테이션이 심한 경우는 기포가 깨질 때 발생하는 격렬한 충격음이 크게 되고, 펌프 특성에 극단적인 변화가 일어나며, 음향 및 진동으로 펌프의 운전은 불가능하게 된다.

2) NPSH(Net Positive Suction Head)

전술한 바와 같이 회전차 입구(흡입측)에서 캐비테이션이 발생하는 원인은 흡입수두의 부족에 있다. 펌프를 운전하면, 회전차의 입구에서는 여러 가지 원인에 의해 압력 손실이 생긴다. 이 손실에 의해서 펌프입구의 잔류정압이 양수하는 수온에 상당하는 포화증기압 이하로 되는 경우, 물의 일부가 증발하여 캐비테이션이 발생한다.

따라서 펌프입구에서 캐비테이션을 일으키지 않기 위해서는 그 수온에 상당하는 포화증기압 이하로 되는 부분이 생기지 않게 해야 한다. 이와 같이 하기 위해서는 펌프를 설치하는 환경 조건에 따라 정해지는 압력(유효 흡입수두라고 함) 및 펌프 자신의 내부조건에서 정해지는 압력(펌프의 고유한 값임, 필요 흡입수두라고 함)의 2가지에 대해 생각하여야 한다.

흡입관이 펌프 입구부분에 연결되는 플랜지 면의 전후(또는 압력계의 설치위치)로 나누어 생각하여, 흡입수면으로부터 흡입 플랜지까지의 흡입관의 유효한 흡입수두(NPSH : Net Positive Suction Head)를 H_{sv}로, 흡입 플랜지 면으로부터 펌프의 회전차 입구까지의 NPSH를 h_{sv}로 표시하면 H_{sv}는 흡수면의 위치나 관로의 저항 등에 관계하는 값이며, h_{sv}는 펌프의 고유의 값으로서 동일한 펌프에서도 회전수나 토출량에 따라 변화하는 값이다. 그리고 이 h_{sv}를 필요흡입수두(Re. NPSH, Reguired NPSH)라고 한다.

(1) 유효 NPSH

펌프를 설치하여 사용할 때, 펌프에 유입되는 물에 외부에서 주어지는 압력(절대압력)으로부터 물의 포화증기압을 뺀 것을 유효 NPSH라고 한다. 즉, 그림과 같이 설치된 펌프에서 유효 NPSH는 다음과 같다.

$$H_{sv} = H_{ap} + H_{as} - H_{sat} - H_f$$

H_{sv} : 유효 NPSH[m]
H_{ap} : 흡수면에 작용하는 압력수두[m], 대기압인 경우 10. 33[m]
H_{as} : 흡입 실양정[m], 펌프 중심에 대해 압입(押入)은 +, 흡입은 −로 한다.
H_{sat} : 수온에 상당하는 포화 증기 압력수두[m]
H_f : 흡입관내의 총손실 수두[m]

펌프를 고지대에서 사용할 때 흡수면에 대기압이 작용하는 경우는 표를 이용하여 대기압을 보정할 필요가 있다.

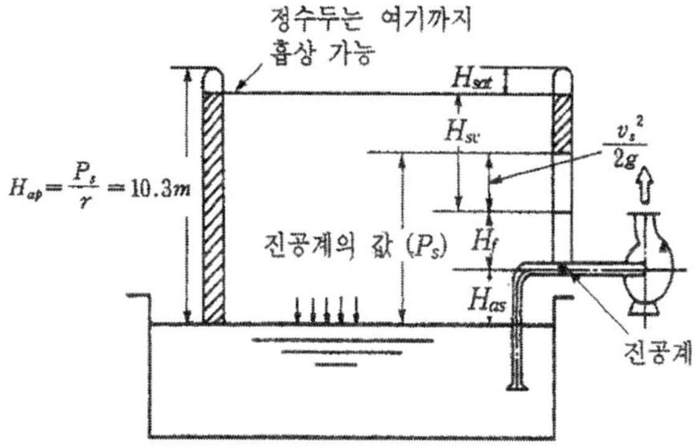

(a) 흡입(흡수면에 대기압 작용)

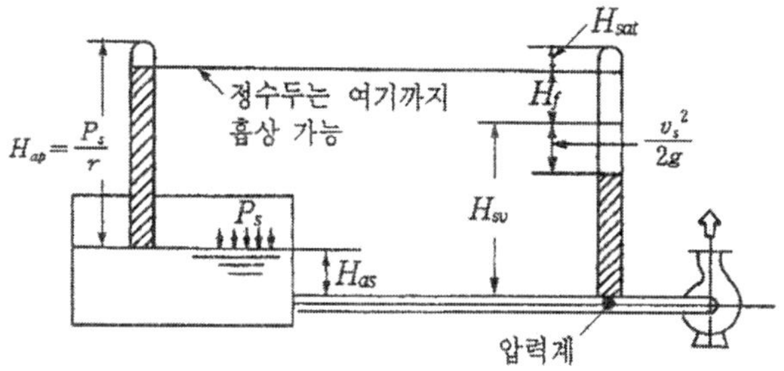

(b) 압입(흡수면에 절대압력 P_s가 작용)

〈그림 5-17〉 개방수조 및 밀폐수조에서의 유효 NPSH

제 6 장

급탕설비

6.1 급탕

급탕설비(Hot Water Supply Equipment)는 가열한 물의 공급장치를 설치하여 더운 물을 필요로 하는 장소에 적당한 온도로 공급하는 설비를 말한다.
온수의 온도는 세탁용을 겸할 경우 70~80℃로 하여 사용할 때 적당량의 냉수를 혼합해서 개개의 용도에 알맞는 온도로 저절하는 것이 좋다. 그 외의 경우에는 60℃ 정도 급탕하고 특히 물을 가열함으로써 발생하는 물의 팽창, 압력상승, 온도변화 등에 의한 배관계통의 신축을 고려하며 수질변화 등에도 유의하여야 한다.
일반적으로 용도별 급탕온도는 표 6-1과 같다.

〈표 6-1〉 급탕온도

용 도	급탕온도	용 도	급탕온도
세면용	38~43℃	세탁(합성섬유)	40℃
목욕용	35~40℃	세탁(천연섬유)	60~66℃
싱크용	45℃	세탁(섬유용)	82℃
접시닦기용(Dish Washer)	60℃	음료수용	50~55℃
소독기	82℃	수영풀장(Swimming Pool)	24~28℃

1) 급탕의 기초

물이 가열되면 비체적이 커지고 반대로 비중은 작아진다. 그리고 급탕계통내에서 열손실이 발생하여 온도차가 생긴다.

이 온도차에 의한 비중의 차(差)로서 자연 순환력이 작용하여 중력식 순환이 이루어진다. 이와 같이 유체의 물리적인 성질을 고려하여 급탕의 설비설계에 적용해야 한다. 급탕의 기초이론은 다음과 같다.

(1) 온수의 자연 순환력

그림 6-1과 같이 회로내에서 물이 가열되면 급탕관의 뜨거워진 물과 반탕관의 차가워진 물과의 사이에 밀도차가 생긴다. 뜨거워진 물은 밀도가 작아져 상승하고, 차가워진 물은 밀도가 커져 하강한다. 이 현상에 따라 물은 회로 내에서 순환 작용을 일으킨다. 이 순환작용을 일으키는 힘을 중력에 의한 자연 순환력이라고 하고, 이것을 수두로 표시한 것을 자연 순환수두라고 한다. 자연 순환 수두를 식으로 표시하면 다음과 같다.

$$H=1,000(\rho_b-\rho_a)\times h$$

여기서, H : 자연순환수두(mmAq)

ρ_a : 급탕관 내의 온수의 밀도(kg/ℓ)

ρ_b : 반탕관 내의 온수의 밀도(kg/ℓ)

h : 가장 높은 곳의 급탕관과 가열기로 들어가는 반탕관과의 수직 높이(m)

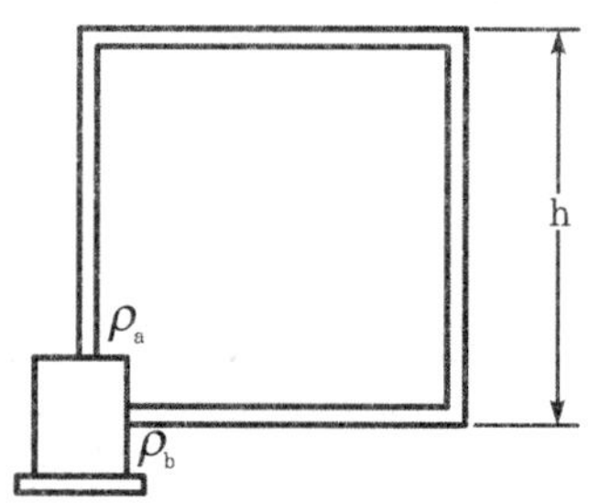

〈그림 6-1〉 자연순환식

뜨거운 물을 순환시키는 경우 소규모 건물이면 이 자연 순환력만으로 순환시킬 수 있으나 대규모 건물의 경우는 마찰 손실이 커지므로 순환 펌프를 사용하여야 한다. 물의 온도별 체적과 밀도는 표 6-2와 같다.

<표 6-2> 물의 온도별 체적과 밀도

온도(℃)	체적(ℓ/kg)	밀도(ℓ/kg)	온도(℃)	체적(ℓ/kg)	밀도(ℓ/kg)
0	1.000127	0.999	50	1.012050	0.988
4	1.000000	1.000	55	1.014451	0.986
10	1.000269	0.999	60	1.016979	0.983
15	1.000875	0.999	65	1.020401	0.980
20	1.001790	0.998	70	1.022539	0.978
25	1.002930	0.997	75	1.025611	0.975
30	1.004330	0.996	80	1.028848	0.972
35	1.006234	0.994	85	1.032245	0.969
40	1.007727	0.992	90	1.035651	0.966
45	1.009854	0.990	95	1.039243	0.962
			100	1.043150	0.959

예제-01 급탕관 내의 온수의 온도가 70℃ 반탕관 내의 온수의 온도가 55℃일 때 자연 순환력은 얼마인가? 다만 가장 높은 곳의 급탕관과 가열기쪽의 반탕관과의 수직 높이를 30m로 한다.

해답-01 $H=1,000(\rho_b-\rho_a)\times h$

$H=1,000(0.986-0.978)\times 30$

$=240mmAq$

(2) 온수의 성질

온도변화에 의한 물의 상태 변화에서 0℃~4℃까지 수축하여 최대밀도가 그 이상은 온도가 상승함에 따라 팽창하여 밀도가 작아진다. 또한 물의 온도가 4℃에서 100℃까지 상승하면 온수의 용적은 4. 3% 팽창한다.

이 팽창에 의해서 급탕설비내의 압력상승을 초래한다. 그러므로 이 팽창력을 완화시켜야 한다.

(3) 배관 계통의 신축

급탕 설비가 온수로부터 열을 전달받으면 온도차에 의해서 신축이 발생하게 되고 그 결과 열응력이 작용되어 누수의 원인이 되므로 온도변화에 의한 급탕설비 계통에 신축을 항상 고려해야 한다.

(4) 수질 변화

급수(17℃정도)된 물을 가열하면 수중의 용존산소(DO : Dissolved Oxygen)가 분리되어 철을 부식시킴은 물론 적수를 발생시킨다. 또한 분리된 공기가 급탕설비의 계통내에 고이면 결국 온수의 순환력을 저하시킨다.

(5) 철의 녹 발생

탄소강 강재가 수중에 포함된 산소에 표면이 노출되면 다음과 같은 화학반응이 일어난다.

$Fe \rightarrow Fe^{2+} + 2e$(양극반응)

$O2 + 2H_2O + 4e \rightarrow 4OH^-$(음극반응)

$2Fe + 2H_2O + O_2 \rightarrow 2F^{2+} + 4OH^- \rightarrow 2Fe(OH)_2$ (수산화 제1철)

계속적으로 산소가 공급되면 위 화학반응식은 다음과 같이 변한다.

$2Fe(OH)_2 + H_2O + 1/2O_2 \rightarrow 2Fe(OH)_3$

수산화 제2철 [$2Fe(OH)_3$]은 산소(O_2)를 읽고 $Fe_2O_33H_2$가 되어 적색의 녹이 된다. 즉 녹의 단면은 녹색에서 흑색으로 변화하며 결국 적색층이 된다.

1) 방식법

① 철 표면에 도장 및 도금을 하여 산소 및 수분의 접촉을 차단한다.

② 양극보호법 : 철 표면의 전위를 부동태 전위 이상 올리든가 또는 부동태 피막을 형성케 한다.

③ 음극보호법 : 철 표면의 전위를 안정역까지 낮춤으로써 부식을 방지한다.

④ 환경개선법 : pH(수소이온농도지수)를 조정하여 Fe(OH)2의 부동태 피막을 형성시킨다.

(6) 급탕온도의 균일성 유지

급탕의 온도를 사용목적에 적합하도록 일정하게 유지하는 데는 어려움이 있으나 최근 자동제어기기의 발달로 수온의 조절이 가능해졌으며, 수온조절 방법은 수조내에 자동온도 조절기(Thermostat)를 설치하여 온도를 자동적으로 조절하거나 자동온도 조절용 밸브(벨로우즈 밸브)로 열매량을 제어하므로 목적을 달성할 수 있다.

(7) 물처리

급탕하기 위해서 급수하는 물의 경도가 높으면 관계통내에 스케일이 끼어 전열효율이 저하하고 마침내 부식이 촉진되어 급탕설비의 수명을 단축시키므로 급수를 연수화하여 처리해야 한다.

6.2 급탕 방식

급탕(給湯) 방식에는 개별식 급탕방식과 중앙식 급탕방식의 2종류가 있으며 이들을 세분하면 다음과 같이 분류할 수 있다.

- 급탕방식
  - 개별식 급탕방식
    - 즉시 탕비기식 (Instantaneous Hot Water Heater)
    - 저탕형 탕비기식 (Storage Type Hot Water Heater)
    - 기수 혼합식 탕비기 (Water & Steam Mixed Heating Type)
  - 중앙식 급탕방식
    - 직접 가열식 (Direct Heating Type)
    - 간접 가열식 (Indirect Heating Type)

1) 개별식 급탕방식 (Local Hot Water Supply)

개별식은 주방, 욕실, 세면기 등 급탕을 필요로 하는 기구 근처에 소형 탕비기를 설치하고 짧은 배관으로 급탕개소에 급탕하는 방법이며 다음과 같은 장점이 있다. 일반적으로 주택, 중소여관, 소사무소 등 급탕개소가 적은 소규모 건물에서 채용된다.

① 배관길이가 짧아 배관중의 열손실이 적다.
② 필요한 온수를 쉽게 얻을 수 있다.
③ 급탕 개소가 적을 경우에 시설비가 적다.

(1) 즉시 탕비기식 (Instantaneous Hot Water Heater : 순간온수기)

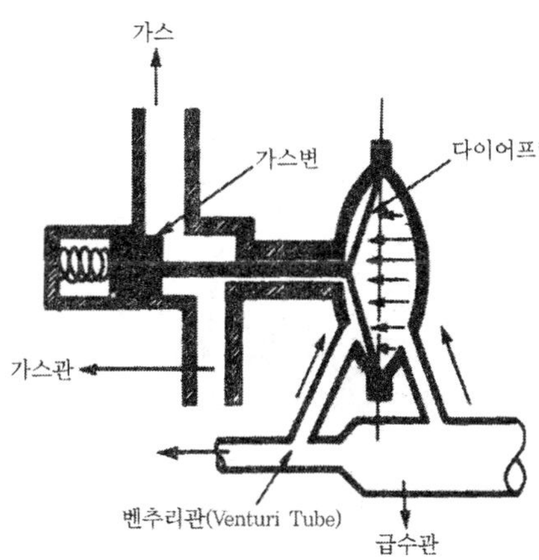

<그림 6-2> 다이어프램 밸브 그림

가스 및 전기를 열원으로 하는 즉시 탕비기는 항상 적은 양의 온수를 필요로 하는 곳에 적합하며 가스 순간 온수기의 가스 공급은 그림 6-2와 같이 벤츄리(Venturi)과 원리에 의하여 점화는 그림 6-3과 같이 파일럿 램프(Pilot Lamp)에 의해 버어너가 자동 점화된다.

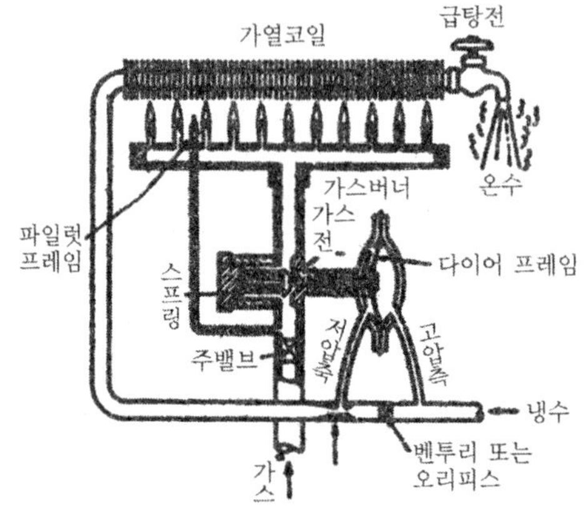

〈그림 6-3〉 자동 연소장치의 원리

급수관으로부터 공급되는 차가운 물은 코일 모양으로 배관된 가열관을 통과하는 동안에 가열관 주위에서 연소하는 가스 불꽃의 열을 흡수하여 가열되고 급탕관에서 온수가 만들어진다.
이 탕비기는 60℃~70℃ 이상의 고온수를 얻을 수 없는 것이 결점이다.
그림 6-4는 가스 즉시 탕비기의 구조를 나타낸다.

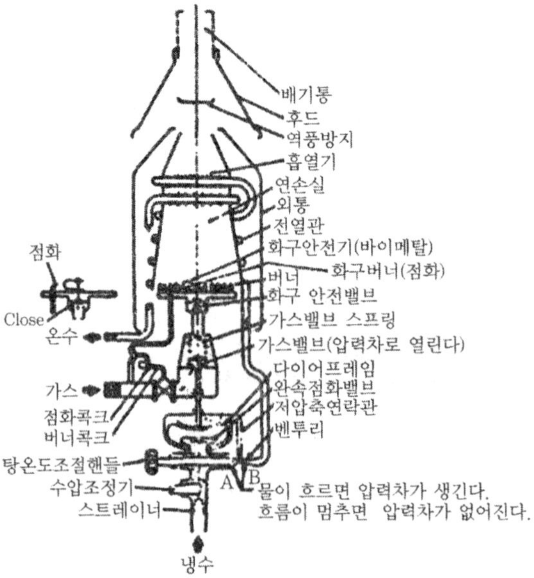

〈그림 6-4〉 가스 즉시 탕비기의 구조

(2) 저탕형 탕비기식 (Storage Type Hot Water Heater)

저탕형 탕비기는 그림 6-5와 같이 가열된 온수를 저탕조내에 저탕하여 항상 사용한 급탕량 만큼의 물이 팽창탱크로부터 보충된다.

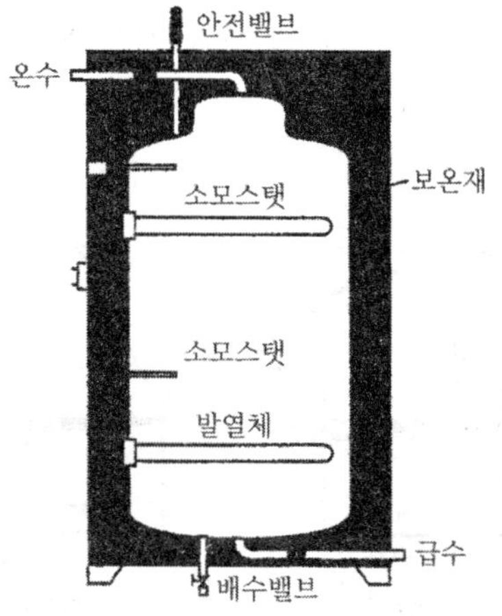

<그림 6-5> 저탕형 탕비기

수온이 65℃~80℃ 정도로 가열되어 온수가 저탕조에 저탕되어 있으므로 저탕조로부터 열손실이 비교적 많지만 즉시 탕비기에 비해 비등점(沸騰點)에 가까운 뜨거운 물을 얻을 수 있어 특정한 시간에 일시적으로 다량의 급탕을 필요로 하고 학교, 기숙사 등에 적합하다.
그리고 저탕형 탕비기의 저탕 온도는 더머스탯의 작동에 의해 자동적으로 가스전이 개폐되어 온수의 온도가 자동조절 된다. 그림 6-6은 저탕형 탕비기 시스템을 나타낸다.

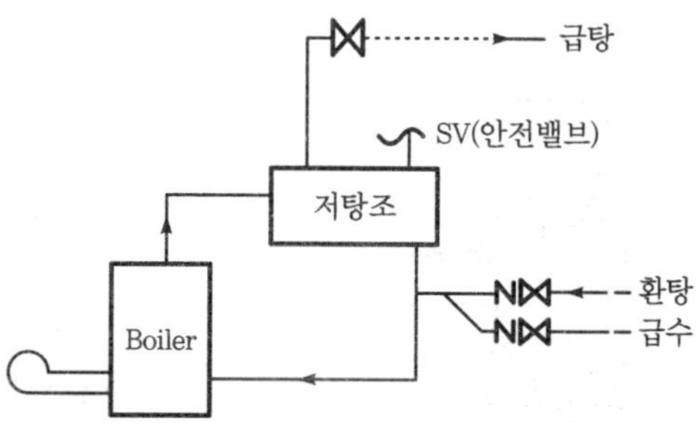

<그림 6-6> 저탕형 탕비기 시스템

(3) 기수 혼합기 탕비기식 (Water & Steam Mixed Heating Type)

이 방식은 병원 및 공장에서 증기를 열원으로 하는 경우 더운 물을 만드려는 저탕조내에 냉수에 압력 1~4kg/cm^2 정도의 증기를 직접 불어넣어 가열하여 더운 물을 생산하는 방식으로서 물에 부여하는 열효율은 100% 이지만 소음이 발생하는 결점이 있기 때문에 소음을 줄이기 위하여 그림 6-7, 8과 같이 S형과 F형의 스팀 사일렌스(Steam Silencer)를 부착해야 한다. 이 방법은 공장, 기숙사, 학교, 여관 등의 욕조에 급탕 공급용으로 널리 사용된다.

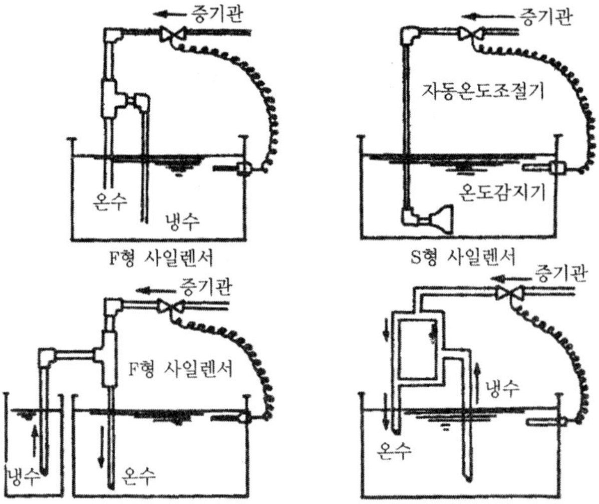

〈그림 6-7〉 기수혼합식 탕비기 원리

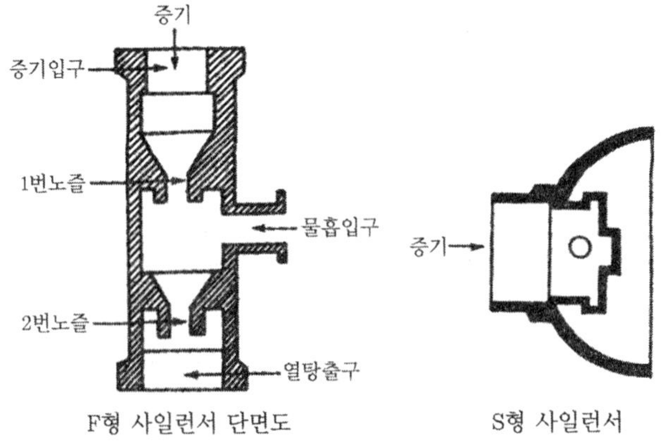

〈그림 6-8〉 스팀 사일렌서 단면도

2) 중앙식 급탕방식 (Central Hot Water Supply)

이 방식은 일정한 장소(지하실)에 급탕설비를 갖추고 급탕배관으로 각 사용장소에 급탕을 공급하여 열원으로서는 가격이 저렴한 중유, 방커-C유 등을 사용하였지만 최근 대기의 오염(특히 CO_2의 과다 배출) 때문에 가스연료의 사용이 일반화되고 있다. 중앙식은 호텔 사무소 등 급탕 개소가 많고 소요 급탕량도 다량으로 필요한 대규모 건축물에 채용된다.
중앙식 급탕방식은 다음과 같은 특징이 있다.

① 연료로 청정연료인 가스가 사용된다.
② 급탕설비가 대규모이므로 열효율이 좋다.
③ 급탕설비의 기계류가 동일장소에 설치되어 관리상 유리하다.
④ 최초의 설비비와 건설비는 고가이지만 경상비가 적게 소요되므로 대규모 급탕에는 중앙식이 경제적이다.
⑤ 급탕공급의 관길이가 길어 열손실이 많다.
⑥ 순환이 느리기 때문에 순환 펌프를 사용해야 한다.

(1) 직접 가열식 급탕 (Direct Heating Type)

직접 가열식 온수 보일러로 80℃~85℃ 정도 가열된 온수를 탱크에 모아 탱크 위에 수직으로 세운 급탕 주관에서 각 지관을 거쳐 각층별 급탕을 필요로 하는 기구의 수전에 공급한다. 그리고 온도가 저하한 급탕기구에서 사용하고 남은 온수는 자연순환이나 강제순환으로 반탕주관을 통해 저탕조로 되돌아 온다.
이 방식은 다음과 같은 단점이 있다.

① 고압이 작용하므로 고층 건물에는 고압 보일러가 필요하다.
② 대규모 급탕 설비에는 부적당하다.

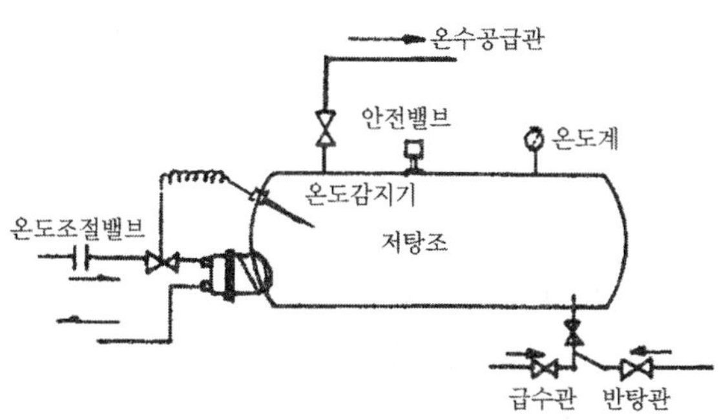

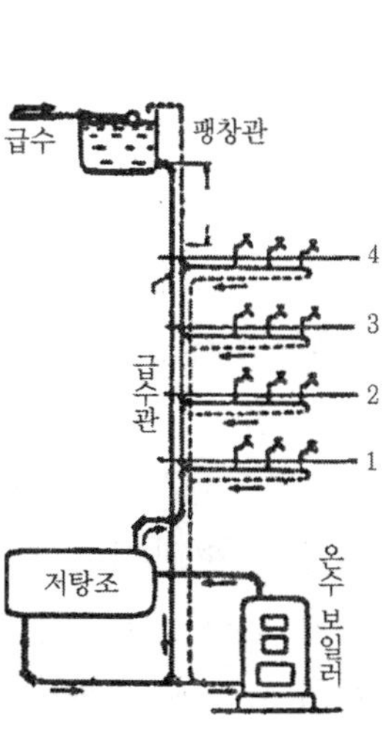

〈그림 6-9〉 직접가열식 급탕기

③ 냉수가 저탕조를 거쳐 보일러에 급수되므로 보일러 본체에 온도차로 인한 열응력이 커진다.
④ 수질의 경도가 높으면 보일러의 내부에 스케일이 끼어 전열 효율이 저하되고 보일러의 수명도 단축된다.
⑤ 열손실이 많다.

(2) 간접 가열식 급탕 (Indirect Heationg Type)

간접 가열식은 저탕조 내에 설치된 가열 코일을 통해 증기 또는 고온수를 통과시켜 저탕조의 물을 간접적으로 가열하는 방식이다.

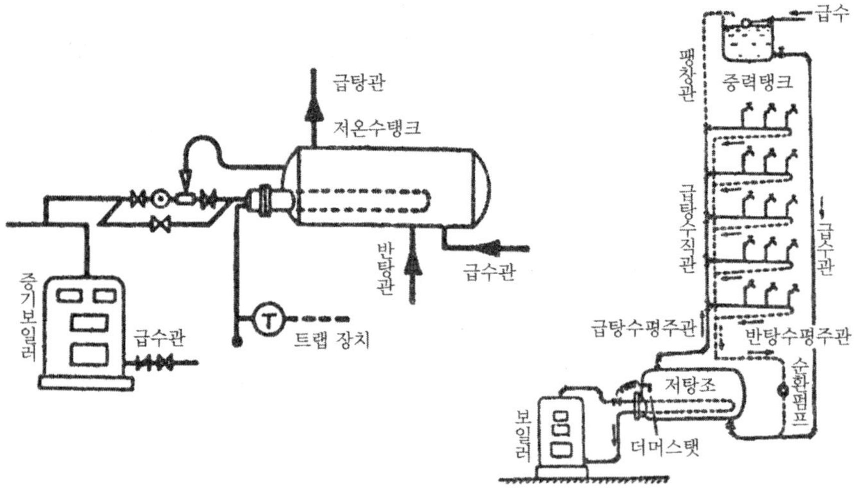

〈그림 6-10〉 간접 가열식 급탕

저탕조 내에는 자동 온도 조절의 더머스탯(Thermostat)을 설치하여 저탕조 내의 수온이 필요 이상으로 높아지면 자동온도 조절밸브내 밸로우즈의 작동으로 증기 공급량을 줄여서 온도를 자동 조절한다.
그리고 가열원으로서 증기(압력 : 0.3~1.0kg/cm^3)를 사용할 때에는 가열 코일(가열코일내 증기의 유속 : V=30m/sec)의 출구에 증기 트랩을 부착하여 응축수만을 보일러에 환수시킨다.
이 방식은 다음과 같은 특징이 있다.

① 증기난방을 할 때에는 별도로 급탕용 보일러가 필요 없다.
② 보일러에 걸리는 압력과 건물의 높이와는 무관계하므로 저압보일러로 충분하다.
③ 보일러의 내면에 스케일이 낄 염려가 없다.
④ 대규모 급탕 설비에 적합하다.

6.3 급탕 배관 방식

급탕배관은 방식에 따라 단관식(One Pipe System)과 복관식(Double Pipe System)으로 구분되며 급탕배관방식은 다음과 같다.

- 급탕 배관방식
  - 단관식
    - 상향 배관
    - 하향 배관
  - 복관식
    - 상향 급탕 배관
    - 하향 급탕 배관
    - 상·하향 급탕 배관

1) 단관식 (One Pipe System)

탕비기에서 수전에 이르기까지 공급관(Supply Pipe)뿐인 배관방식을 단관식이라 하며 개별식 급탕방법에 이용된다. 이 방식은 주관(主管)에서 멀리 떨어져 있는 급탕전에는 배관속에 정체(停滯)하고 있던 온수가 냉각하기 때문에 수전을 열면 처음에는 식은 물이 나오고 잠시 후에 더운 물이 나오므로 사용상 불편한 반면 배관의 길이가 비교적 짧고 설비가 간단하여 설비비가 저렴하므로 중 소 주택 등 소규모 급탕 배관에 사용된다.
공급 방식으로는 수전에 이르기까지 배관 내의 유수 방향이 상향이고 유수와 배관 속에서 발생한 공기의 흐름과 방향이 일치하는 상향 공급식과 유수 방향이 하향이고 배관 속에서 발생하는 공기의 흐름과는 반대 방향인 하향 공급식이 있다. 전자는 배관 계통의 최상부 탕전(湯栓)에서 공기를 배출시키고, 후자에서는 공기 배출을 최상부 수평관의 최고 높은 곳에서 한다.
단관식은 열손실로 인한 냉각 때문에 온수보일러 또는 저탕조에서 15m 이내에 수전을 설치해야 한다.

2) 복관식 (Double Pipe System)

이 방식은 저탕조를 중심으로 하여 급탕관의 길이가 길 때 배관내의 온수가 냉각되는 것을 방지하기 위하여 반탕관을 설치하여 회로 배관을 형성하고 물의 밀도차에 의해서 항상 순환되므로 2관식 또는 순환식이라 한다. 수전을 열면 분기 상향 수직관에서 곧 뜨거운 물이 나오며 온수 보일러 또는 저탕조에서 15m 이상 떨어져서 수전을 설치하는 경우에 순환식을 채용하는 것이 좋다. 복관식에는 다음 3종류의 배관 방법이 있다.

(1) 상향 급탕 배관

일반적으로 가장 많이 사용되는 배관법이며 배관은 급탕 수평 주관으로부터 수직관을 세워 배관하고 이 수직관으로부터 각층 기구에 급탕하고 각 최말단 기구에서 순환관을 내어 환수 주관에 연결한다.

(2) 하향 급탕 배관

급탕주관을 건출최고층까지 끌어올려 최고층에서 수평 주관을 배관하여 각 파이프 샤프트(Pipe Shaft)에서 수직관을 내려 세워 그 수직관에서 각층 기구에 급탕하고, 각 최말단 기구에서 환수 주관에 연결한다.

(3) 상 하향 급탕 배관

대규모 급탕 설비에서는 배관 연장이 길어서 마찰 손실이 커져 급탕의 순환이 느리다. 따라서 온수의 유통도 나빠지므로 수직 급탕 주관을 통해 각층 기구에 급탕하며, 한편 최고층 수평관을 거쳐 필요한 위치에서 수직관을 내려 그 수직관에서도 각층 기구에 급탕하는 방식이다. 이 경우에 하단은 순환관이 된다.

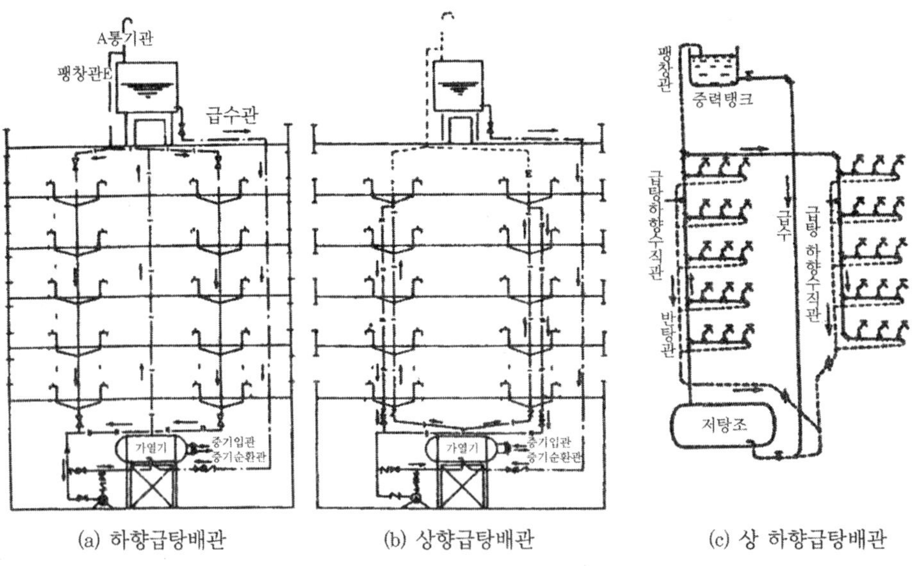

(a) 하향급탕배관　(b) 상향급탕배관　(c) 상 하향급탕배관

〈그림 6-11〉 급탕 배관 방법

3) 온수의 순환방식

온수의 순환은 순환방식에 따라 중력식과 강제순환식이 있다.

(1) 중 력 식

급탕관과 반탕관내의 수온차에 의하여 발생하는 물의 밀도에 의한 비중차(比重差)로 반탕관의 물은 저탕조로 저절로 순환되므로 이 방식을 자연순환식이라 한다.

(2) 강 제 순 환 식

급탕규모가 대규모이면 순환을 빠르게 할 필요가 있으므로 강제순환식을 채택한다. 이 방식은 순환을 빠르게 하기 위하여 반탕관의 말단에 축류형 펌프를 부착한다. 특히 순환량이 많을 때는 볼류트 펌프(Volute Pump)를 사용하고 또한 순환량이 적을 때는 하이드로레이터(Hydroreater)를 사용한다.

6.4 급탕 배관 시공시 주의사항

급탕 설비 배관의 설계 및 시공에 있어서는 다음사항을 고려하여 설계 시공한다.

1) 배관의 구배

급탕 배관의 구배는 온수의 순환을 원활하게 하기 위해 가능한한 급구배로 하는 것이 좋고, 상향공급 방식의 급탕 수평 주관은 선상향(앞올림)구배로 하며 반탕관은 선하향(앞내림)구배로 한다. 한편 하향 공급방식은 급탕관 및 반탕관 모두 선하향(앞내림) 구배로 한다. 그리고 중력 순환식의 배관 구배는 1/150 정도로 하고, 강제 순환 방식의 배관 구배는 1/200정도로 한다.

2) 공기 빼기

급탕설비에서 온수를 생산하기 위해 물을 가열하면 물속에 녹아있는 용존산소(Dissolved Oxygen)와 그 속에 함유되어 있는 공기가 분리된다.
이 분리된 공기는 배관 계통 중 ㄷ자형 배관부 등에 괴오 온수의 순환을 저해하므로 구배를 주거나 ㄷ자형 배관을 피해야 하며 ㄷ자형 배관이 불가피할 경우에는 공기빼기 밸브를 설치한다. 이 때 공기빼기 밸브는 마찰저항이 크고 공기를 정체시키는 글로우브 밸브는 피하고 슬루스밸브를 사용하면 좋다. 공기빼기용 부속은 다음과 같다.
① 에어 핀 ② 자동 에어 벤트 ③ 공기빼기 밸브

3) 보온

급탕설비의 저탕조와 배관은 열손실을 최소화기 위해서 보온을 해야하며 보온 피복 두께는 30~50mm정도로 한다. 저탕조나 보일러 주위는 석면 또는 규조토와 시멘트를 섞어서 물반죽하여 2~3회에 걸쳐 두껍게 바른다. 또한 배관은 파이프 커버로 감싸고 그 위에 테이핑을 흐여 보온 처리한다.

4) 신축 이음쇠의 설치 위치

신축 이음쇠 1개소의 신축흡수는 30mm 전후가 되므로 강관은 길이 30m 이내마다 1개소 동관은 20m 이내마다 1개소씩 신축 이음쇠를 설치하는 것을 표준으로 하고 복식의 경우는 약 2배의 길이마다 설치한다.
그리고 배관의 콘크리트벽을 관통하는 곳에서는 슬리브(Sleeve)를 설치하여 관의 교체를 편리하게 하고 관의 신축에도 무리가 생기지 않도록 한다. 철판제인 슬리브는 그림 6-12에 나타낸다

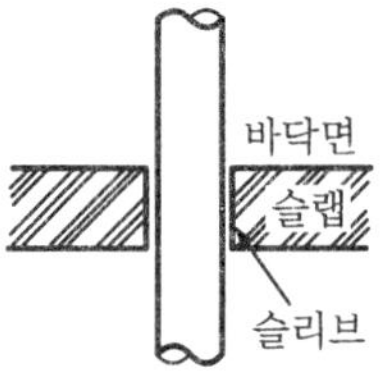

〈그림 6-12〉 슬리브

5) 관의 부식에 대한 고려

급탕관은 급수관에 비하여 부식되기 쉽고 수명이 짧으므로 수리, 교환이 용이하도록 노출배관 한다.

6) 배관

급탕관의 관경은 급수관과 같은 방법으로 결정하고 배관내에 정체(停滯)한 온수의 온도저하를 방지하기 위해서는 순환펌프와 반팅관(返湯管)을 설치할 필요가 있다.
순환펌프의 유량은 급탕량의 1/4 정도로 하고 반탕관경은 급탄광보다 한 치수가 작은 관경으로 하나 최소 관경은 20A이며, 그 표준은 표 6-3과 같다.

〈표 6-3〉 반탕관의 표준 관경

급탕 관경	20~32A	40A	50A	65~80A
반탕 관경	20A	25A	32A	40A

7) 수압시험

급탕배관의 수압시험은 피복 전에 실시하며 실제로 사용하는 최고 압력의 2배 이상의 압력으로 10분 이상 유지될 수 있어야 한다.

8) 팽창관과 팽창탱크

급탕 또는 온수난방에서 온수의 온도변화에 따른 체적 팽창 및 이상팽창으로 인한 압력에 의해 배관 및 보일러에 파손이 생기므로 이를 조절하기 위한 관을 팽창관이라 하고 팽창관은 보일러나 저탕조 또는 급탕수직관에서부터 연결하여 팽창탱크에 개방한다. 팽창탱크는 급수탱크를 이용하면 편리하고 팽창관의 도중에는 밸브를 설치해서는 안되며 관경은 겨울철의 동결을 고려하여 25A 이상이 되도록 한다. 중앙식 급탕방식의 배관에서 급수용 팽창탱크(Expansion Tank)의 설치 높이는 탱크의 저면이 급수전보다 최소 5m이상 높게 설치해야 한다. 또한 최고층의 지수전이 플러시밸브(Flush Valve)나 샤워(Shower)일때는 7.7m 이상 높게 설치해야 이용 수압을 얻을 수 있다.

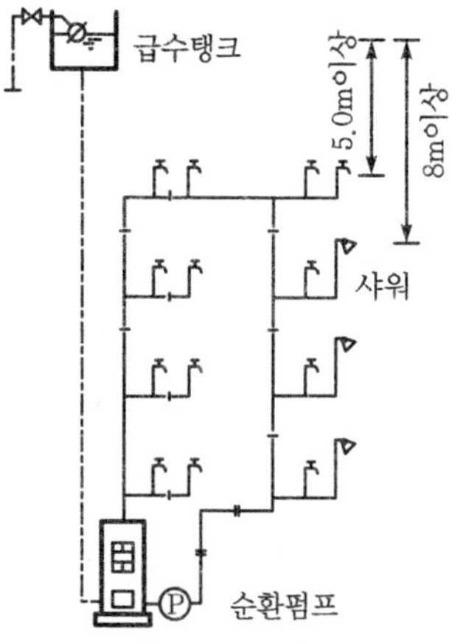

〈그림 6-13〉 팽창탱크의 설치 높이

급수는 탱크내 설치된 볼탭에 의해 수위(水位)에 따라 자동급수가 되도록 한다.

9) 온수 순환 펌프

(1) 온수 순환 펌프의 구경

$$d = \sqrt{\frac{4Qr}{V\pi}}$$

d : 순환펌프의 구경(m)

V : 관내 온수의 유속(V=0.7~1.0m/sec)

Qr : 1시간당의 순환탕량(매시급탕량의 2~2.5배)

(2) 순환수량

순환수량은 배관에서의 열손실을 급탕온도와 반탕온도의 차로 나눈 것으로 다음과 같이 나타낸다.

$$W = \frac{Q}{\triangle t}(\ell/h)$$

W : 순환수량(ℓ/h)
Q : 배관에서의 열손실(kcal/h)
$\triangle t$: 급탕관, 반탕관의 온도차(강제순환식의 경우 5℃ 정도)

(3) 온수 순환펌프의 전양정 (약산식)

순환펌프의 양정은 급탕배관계통이 있어 마찰손실수두를 구하면 되나 마찰손실수두의 계산이 복잡하기 때문에 다음과 같은 약산식을 일반적으로 사용한다.

$$H = 0.01 + \frac{L}{2} + \ell$$

H : 순환펌프의 전양정(m)
L : 급탕관의 전길이(m)
ℓ : 반탕관의 전길이(m)

6.5 급탕 설비의 설계

1) 직접 가열식 급탕 설비

(1) 중유를 연료로 하는 경우 고체에서 액체로 열을 전하는 면적 즉 급탕용 보일러의 전열 면적을 구하는 식은 다음과 같다.

$$S = \frac{Q(t_h - t_w)}{R \cdot F \cdot E}(m^2)$$

S : 전열면적(m^2)
Q : 급탕량(kg/h)
t_h : 보일러에서 나오는 온수온도(℃) (보통 80℃)
t_w : 급수온도(℃) (보통 10~17℃)
R : 연소율 석탄 : 화상면적 $1m^2$당 1시간의 연소량($kg/m^2 \cdot h$)
중유 : 전열면적 $1m^2$당 1시간의 연소량($kg/m^2 \cdot h$)
F : 연료의 발열량(kcal/kg 또는 kcal/m^2, kcal/kw)

E : 보일러의 효율(%) (전열효율)

(2) 가스히터를 사용하는 경우, 소요 가스량을 구하는 식은 다음과 같다.

$$G_s = \frac{Q(t_h - t_w)}{F \cdot E} (m^3/h)$$

G_g : 소요 가스량(m^3/h 또는 kg/h)

<표 6-4> 연료의 발열량

기호 / 연료의 종류	단위	발열량(F)		효율(E)(%)
중유, 경우	kg/h	10,000	kcal/kg	50~70
도시가스	m^3/h	3,600~11,000	kcal/m^3	65~75
액화석유가스	kg/h	11,000~12,000	kcal/kg	65~75
메탄가스	m^3/h	9.535	kcal/m^3	65~75
석탄	kg/h	4,500~7,500	kcal/kg	35~65
전기	kw/h	860	kcal/kw	85~95
증기코일	kg/h	증기의 잠열량 539	kcal/kg	
기수혼합	kg/h	증기의 전열량-탕온까지의 현열량(kcal/kg)		

(3) 전기히터를 사용하는 경우, 소요 전력량을 구하는 식은 다음과 같다.

$$H_e = \frac{Q(t_h - t_w)}{K \cdot E} (kwh)$$

H_e : 소요 전력량(kW/h)
K : 전력 1kW의 발열양(860kcal/h)

(4) 기수(氣水) 혼합식의 경우, 소요 증기량을 구하는 식은 다음과 같다.

$$W_s = \frac{Q(t_h - t_w)}{L} (kg/h)$$

W_s : 소요 증기량(kg/h)
L : 증기 1kg당 보유 잠열(539kcal/kg)

2) 간접 가열식 급탕 설비

간접 가열식은 가열식의 경우와 같은 방법으로 계산하고 보일러와 저장 탱크간의 열 손실을 고려하기 위해서 계산한 결과 온수 보일러는 15%의 열을 증가시키고 증기 보일러는 20%를 증가시킨다.

(1) 가열관(코일)의 표면적

$$S = \frac{Q(t_h - t_w)}{\lambda E(t_s - t_a)} (m^2)$$

S : 가열관의 표면적(m^2)
λ : 가열코일의 전도율(kcal/m · ℃ · h)
ts : 증기 온도(℃)
ta : 급수 온도의 급탕 온도의 평균치(℃)

(2) 소요 증가량

$$W_s = \frac{Q(t_h - t_w)}{E \cdot L}$$

3) 저탕조(貯湯槽)의 용량계산

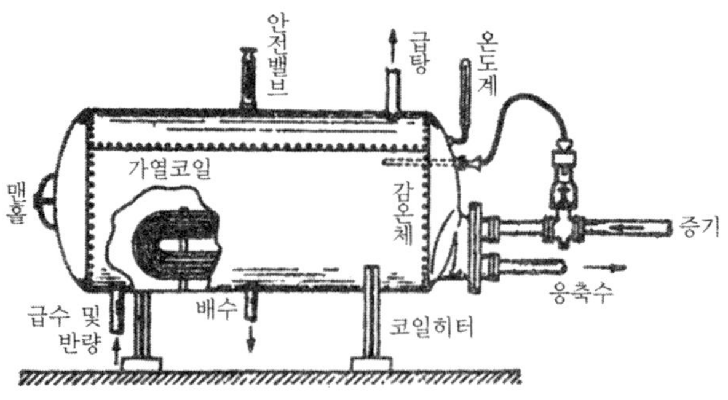

<그림 6-14> 저탕조

저탕조의 용량은 피이크 로드(Peak Load)와 온수의 사용상태에 따라서 결정해야 하지만 보통 저탕조의 개략적인 치수는 직경과 길이의 비를 1 : 2 ~3으로 하여 저탕량을 구한다. 그리고 설치 공간은 주위를 50cm 정도 띄우고 코일의 점검 수리를 위해 작업 공간을 두어야 하며 저탕조와 그 부속 장치는 그림 6-14와 같다.

(1) 직접가열식의 저탕조 용량

저탕조 용량(V)=(시간당 최대 사용 급탕량−온수 보일러의 탕량)×1.25

(2) 간접가열식의 저탕조 용량

저탕조 용량(V)=시간당 최대 사용 급탕량×(0.6~0.9)

4) 탕비기의 용량

(1) 순간 탕비기

순간식 탕비기의 용량을 구하는 식은 다음과 같다.

$H=Q(t_h+t_w)\times k$

여기서 H : 탕비기의 출력(kcal/min)
Q : 급탕량(ℓ/min)
t_h : 급탕온도(℃)
t_w : 급수온도(℃)
k : 동시 사용률(표 6-7 참조)

(2) 급탕량

급탕량은 건물의 종별에 따라 필요량이 크게 차이가 있어 급탕설비를 설계하기 위해서는 먼저 매일 사용하는 온수량을 정하고 유량에 의하여 저탕조의 용량과 급탕용 보일러의 규격 및 배관관경도 결정하는 것이다.
급탕량을 산출하는 방법에는 사용 인원수에 의해 산출하는 방법과 기구수에 의하여 산출하는 방법이 있으며 1인당 급탕량과 기구별 급탕량은 표 6-5 및 표 6-6과 같다.

<표 6-5> 1인당 급탕량

건축물	급탕량(ℓ)	1일중 소비시간	비 고
주택, 아파트	135	7	
호 텔	150	7	
병원(입원환자)	50~75	10	보통병원 50ℓ, 고급병원 75ℓ
사무소	10	5	
공장	15~20	3	보통식당 3ℓ, 고급 Restaurant 5ℓ
식당(객)	3~5		Dish Washer 사용할 때는 2배
공중욕탕(객)	30		1인 1회당

<표 6-6> 위생 기구당 급탕량

1시간당 급탕량(ℓ) 출구온도 60℃

기구별 \ 건물별	아파트	회관	체육관	병원	호텔	공장	사무소	주택	학교	집회소
세면기(개인용)	7.5	7.5	7.5	7.5	7.5	7.5	7.5	7.5	7.5	7.5
세면기(공중용)	15	22	30	22	30	30	22	-	57	30
욕조(Bath Tub)	75	75	110	75	75	-	-	75	-	110
접시닦기	57	190		190	190	75		57	75	75~
(Dish Washer)		~570		~570	~570	~375		38	~375	375
주방싱크	38	38	-	75	110	75	75	75	75	75
세탁싱크	75	75	-	106	106	-	-	19	-	106
배선실 싱크	19	19	-	38	38	-	38	110	38	38
샤워(Shower)	110	110	850	280	280	850	110	75	850	850
청소용싱크	75	75	-	75	110	75	75		75	75
사용률	0.30	0.30	0.40	0.25	0.25	0.40	0.30	0.30	0.40	0.40
저탕계수	1.25	0.90	1.00	0.60	0.60	1.00	2.00	0.70	1.00	1.00

<표 6-7> 위생 기구수에 의한 동시사용률(K)

1층분 또는 1군의 기구설치수	1	2	4	8	12	16	20	24
동시사용 기구수	1	2	3.3	5.5	7.5	9.5	11.5	13.0
동시사용률(%)	100	100	84	70	62	60	57	54

5) 중앙식 급탕방식의 급탕량 산출방법

(1) 인원수에 의한 방법

건물별 1인당의 급탕량(60℃)은 표 6-9를 기준으로 하여 다음 식에서 구한다.

$Q=N\times q_b$ Q : 1일 급탕량(ℓ)

$Qh=Q\times q_b$ Q_h : 시간당 최대급탕량(ℓ/h)

N : 사용인원

q_b : 1인 1일당 급탕량

q_h : 1일 사용량에 대한 시간당의 최대비율

(2) 위생 기구수에 의한 방법

1) 기구의 사용횟수가 파악되는 경우 <표 6-9>

$Q_h=\Sigma(q_1\times n_1\times a_1+q_2\times n_2\times a_2+\cdots\cdots)\times k$

Q_h : 1시간당 최대 급탕량(ℓ/h)

q : 각 기구 1회당 사용량(ℓ)

n : 각 기구 1시간당 사용횟수

a : 각 기구의 개수

k : 기구수에 의한 동시사용률

2) 기구의 사용횟수가 파악되지 않는 경우 <표 6-6>

$Q_h=\Sigma(q_{h1}\times q_{h2}\times q_{h3}\cdots\cdots)\times k$

Q_h : 기구 1개당 1시간당 급탕량(ℓ/h)

q_h : 기구 1개당 1시간당 급탕량(ℓ/h)

〈표 6-8〉 각종건물의 기구에 의한 동시 사용률

건물용도	아파트	회관	체육관	병원	호텔	사무실	단독주택	학교
동시사용률(k)	0.30	0.30	0.40	0.25	0.25	0.30	0.30	0.40

<표 6-9> 건물종류별 급탕량

건물종류	1인 1일당 급탕량 qd(ℓ/d)	1일 사용량에 대한 시간당 최대치의 비율(ch)	Peak Load의 연속시간(h)
주택, 아파트	75~150	1/7	4
사무실	7.5~11.5	1/5	2
공장	20	1/3	1
호텔	100~150		
레스토랑 3식 / 1일		1/10	8
레스토랑 1식 / 1일		1/5	2
병원	60~120		

<표 6-10> 기구당 필요급탕량(60℃공급)

기구명칭	1회당 급탕량 q(ℓ)	1시간당 사용횟수 n(회)	1시간당의 급탕량(ℓ/h)	비 고
세면기(개인)	7.5	1	7.5	주택, 아파트 (식당은 별도계산)
세면기(일반)	5	2~8	10~40	
서양식 욕조	100	1~3	100~300	
샤워	50	1~6	50~300	
주방싱크	15	3~5	45~75	
배선실 싱크	10	2~4	20~40	
세탁싱크	15	4~6	60~90	세탁기의 경우는 기계 용량에 의한다.
청소싱크	15	3~5	45~75	

예제-01 매시 급탕량 3,500ℓ를 강제순환시킬 때 급탕주관의 관경은 얼마인가?

해답-01 ① V=0.8m/sec(V=0.7~1.0m/sec)

V : 관내 온수의 유속(m/sec)

② 1시간당의 순환탕량은 매시 급탕량의 2.5배(2~2.5배)

Q=3,500×2.5=8,750(ℓ/h)=8.75m^3/h

V=0.8m/sec=2,880m/h

③ $\frac{\pi d^2}{4} = \frac{Q}{V}$

$$\therefore d = \sqrt{\frac{4Q}{V\pi}} = \sqrt{\frac{4\times8.75}{3.14\times2,880}} = 0.0622(m) = 62.2mm ≒ 65A$$

예제-02 급탕주관의 전길이가 90m이고, 반탕관의 전길이가 50일 때 온수순환 펌프의 전양정을 구하시오.

해답-02 $H = 0.01\left(\frac{L}{2} + \ell\right) = 0.01\left(\frac{90}{2} + 50\right)$

$= 0.95$

예제-03 온도가 16℃인 물 180kg에 85℃의 온수 몇 kg을 혼합하면 42℃의 온수를 얻을 수 있는가?

해답-03 $T_m = \frac{QT + qt}{Q + q}$

T_m : 혼합수의 온도(℃)

T : 온수의 온도(℃)

t : 냉수의 온도(℃)

Q : 온수의 양(kg)

q : 냉수의 양(kg)

$42 = \frac{Q \times 85 + 180 \times 16}{Q + 180}$

$Q = \frac{4,680}{43} = 108.83 \fallingdotseq (kg)$

예제-04 10℃의 물을 85℃의 온수 3,000 ℓ/h를 공급하기 위해서 열매를 증기로 하여 기수 혼합법으로 가열할 때 필요한 증기량을 계산하시오.

해답-04 소요 증기량(W_s : kg/h)

$W_s = \frac{Q(t_h - t_w)}{L} = \frac{3,000(85 - 10)}{539}$

$= 422.9(kg/h) \fallingdotseq 423kg/h$

예제-05 10세대 아파트에서 세면기(La), 주방용 싱크(K.S), 욕조(BT), 청소용 싱크(S.S)를 각각 1개씩 설치했을 경우 필요한 급탕설비 설계를 하시오.

해답-05 1) 소요 급탕량 계산

① 시간당 최대 급탕량 : Qh

$Qh = \Sigma(q_1 \times n_1 \times a_1 + q_2 \times n_2 \times a_2 + \cdots\cdots) \times K \times N$

$= (5\times5\times1 + 15\times4\times1 + 100\times2\times1 + 15\times4\times1)\times0.30\times10$

$= 1{,}035(\ell/h)$

② 1일의 급탕량 : Q_d

1일의 사용 급탕량은 1일의 사용시간을 10시간으로 하고 그 총량의 50~70%를 1일의 총급탕량으로 하면 1일 급탕량은 다음과 같다.

$Q_d = 1{,}035\times10\times0.6 = 6{,}210\,\ell/d$

2) 급탕주관의 관경 : d

시간당 순환탕량은 시간당 급탕량의 2~2.5배이다.

$Qr = 1{,}035\times2.2 = 2{,}277\,\ell/h = 2.\ \ 277m^3/h$

$V = 0.8m/sec = 2{,}880m/h$

$$d = \sqrt{\frac{4Qr}{V\pi}} = \sqrt{\frac{4\times2.277}{2{,}880\times3.14}} = 0.0316(m) = 31.6mm \fallingdotseq 32A$$

3) 저탄조 용량 : V

직접가열식에서 저탕조의 크기는 시간당 최대 급탕량에서 온수보일러의 탕량을 빼고 25% 증가시킨다. 보일러의 탕량이 800ℓ이면

$V = (1{,}035-800)\times1.25 = 294\,\ell$

6.6 관의 신축

관내 유체의 온도가 상승하면 이와 함께 관경과 길이가 신축한다. 일반적으로 신축중에서 관경 신축량은 미소하지만 한편 길이의 직선 배관이 길 때 길이방향의 신축량이 증가하여 배관중의 지관(持管)부분, 관이음쇠, 밸브류, 배간지지 철물 등에 큰 응력이 작용하여 이음쇠가 파손되어 누수의 원인이 된다. 이런 현상을 방지하기 위해서 배관중에 신축 이음쇠(Expansion Join)를 설치한다.

실제 배관에 있어서 선팽창에 의하여 생기는 신축량은 배관의 주위 온도가 공급되는 탕의 온도차(Δt)와 사용되는 배관재료의 자체 선팽창 계수에 따라 계산된다. 즉, 길이가 긴 직선 배관의 신축량은 배관의 길이와 온도변화에 비례하여 신축량을 구하는 식은 다음과 같다.

$L = 1{,}000c\,\ell\ \ \Delta t$

L : 신축량(mm)

c : 관의 선팽창 계수
Δt : 온도 변화(℃)
ℓ : 온도 변화 전의 관의 길이(m)

〈표 6-11〉 관의 선팽창 계수

관종류	선팽창 계수
연철관	0. 000012348
강관	0. 00001098
주철관	0. 00001062
동관	0. 00001710
황동관	0. 00001872
연관	0. 00002862

이와 같이 배관에 생기는 팽창량에 의해 발생하는 신축을 흡수하기 위하여 배관에 설치하는 신축이음쇠는 스위블형, 루프형, 슬리브형, 벨로우즈형, 볼조인트형 등이 있다.

1) 신축 이음쇠의 종류

(1) 스위블형 (Swivel Type)

2개 이상의 엘보우(Elbows)를 사용하여 나사회전을 이용해서 신축을 흡수하는 조인트로서 너무 큰 신축에는 파손되어 누수의 원인이 되며 저압증기관 및 난방공급수직관에서 분기하여 방열기에 이르는 배관에 사용된다.

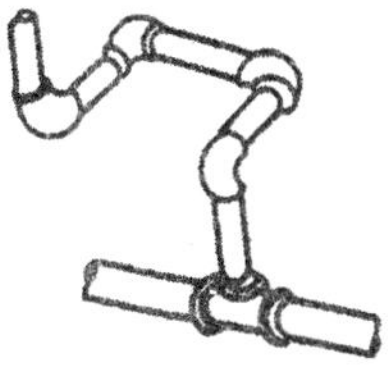
〈그림 6-15〉 스위블형 조인트

① 증기 및 온수난방용 배관에 사용한다.
② 2개 이상의 엘보우를 사용하여 이음부의 나사회전을 이용해서 배관의 신축을 흡수한다.
③ 굴곡부의 압력강하가 크고 산출량이 큰 배관에서는 나사접합부가 헐거워져 누수의 원인이 된다.
④ 설비비가 싸고 시공이 용이하다.
⑤ 직관길이 30m에 대해 회전관 1.5m정도로 조립한다.

(2) 루프형 (Loop Type)

신축곡관은 고장이 적고 고압 옥의 배관에 적합하지만 신축을 흡수하는 단위길이(신축곡관 1개의 길이)가 긴 것이 결점이다.
신축곡관의 길이를 구하는 식은 다음과 같다.

$L = 0.073d \cdot \Delta \ell$
L : 곡관의 길이(m)
d : 곡관의 외경(mm)
$\Delta \ell$: 흡수해야 할 곡관의 신축(mm)

① 관의 구브림과 관 자체의 가요성(Flexbility)을 이용해서 배관의 신축을 흡수한다.
② 설치장소의 제한이 없다.
③ 고압에 잘 견디며 고장이 적고, 고온 고압용의 옥외배관에 널리 사용된다.
④ 관의 곡률반경은 보통관경의 6배 이상이다.
⑤ 신축의 흡수에 따른 응력이 생긴다.

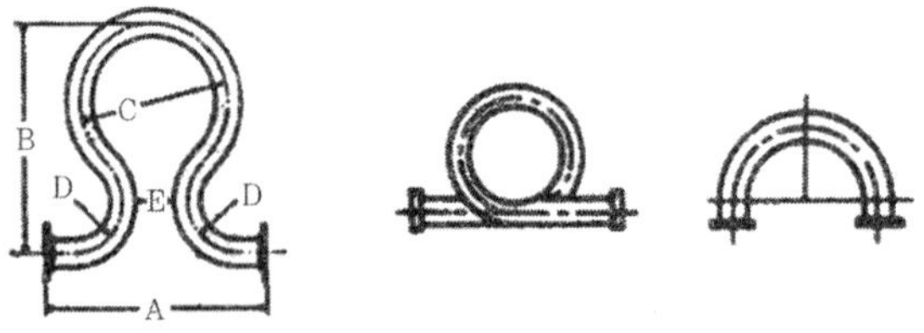

〈그림 6-16〉 루프형 신축곡관

(3) 슬리브형 (Sleeve Type)

슬리브가 온도의 변화에 따라 생기는 관의 신축을 슬리브의 미끄럼에 의해서 흡수하므로 미끄럼신축이음이라 한다. 이 이음쇠는 저압증기배관 및 온수배관의 신축이음쇠로서 널리 사용되고 있으며 종류로는 나사형(박음식)과 플랜지형(압착식)이 있다. 호칭압력은 $5kg/cm^2$와 $10kg/cm^2$의 2종이 있다.

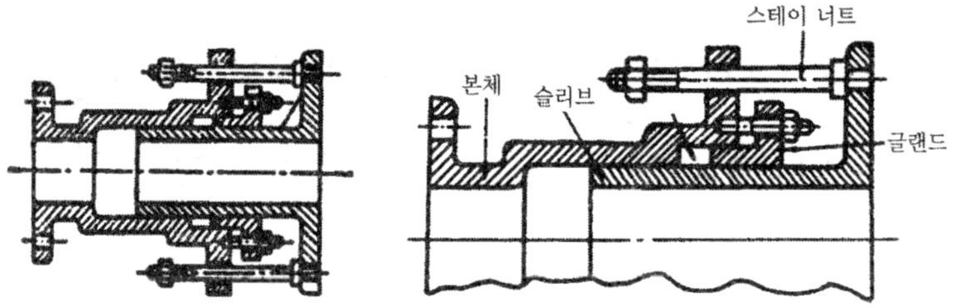

〈그림 6-17〉 슬리브형 신축 이음쇠

(4) 벨로우즈형 (Bellows Type : Packless Type)

온도변화에 따른 관의 신축을 벨로우즈의 변형에 의해 흡수시키는 기구(機構)로서 파형신축이음이라 한다. 최고사용압력이 5kg/cm^{2}와 10kg/cm^{2}의 2종이 있으며 주로 스테인리스강을 사용한다.

① 패킹이 없으며 누설이 없어 온도변화가 많은 장소나 배관의 이동 우려가 있는 장소에 사용한다.
② 설치장소가 적고 응력이 생기지 않는다.
③ 응축수가 고이면 부식의 우려가 있으므로 트랩과 함께 사용한다.
④ 80℃이하의 온도에서 사용된다.
그러나 증기배관에 사용하면 주름 사이에 증기가 고여 응축수로 변환하여 녹슬게 할 우려가 있으며, 종류는 단식과 복식이 있고 축방향을 위주로 하는 로드식에는 다음과 같은 종류가 있다.

1 소골 벨로우즈
2 대골 벨로우즈
3 오메가 후렉스 벨로우즈
4 시므드 벨로우즈(용접벨로우즈)

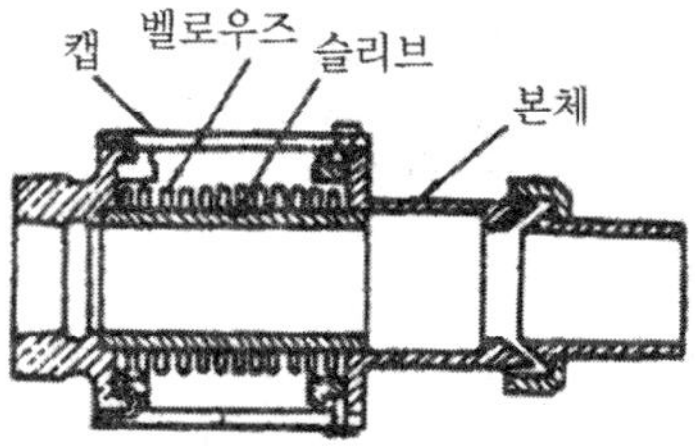

(벨로우즈형)

〈그림 6-18〉 벨로우즈형 신축 이음쇠

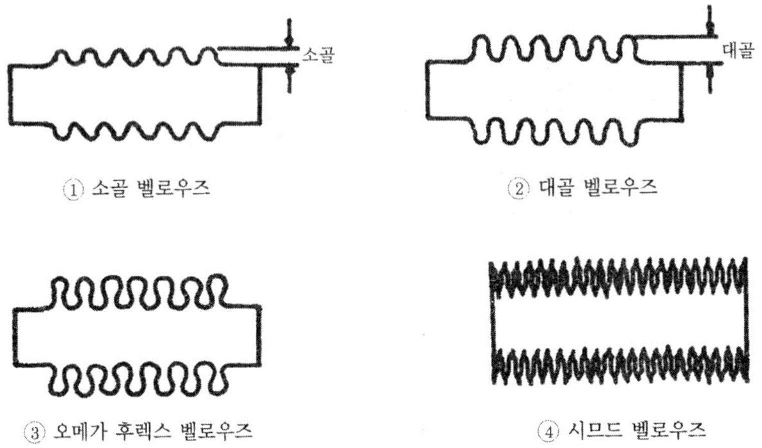

<그림 6-19> 로드식 벨로우즈 신축이음쇠

(5) 볼 조인트형 (Ball Joint Type)

볼 조인트는 평면상의 변위 뿐만 아니라 입체적인 변위까지도 안전하게 흡수하므로 어떠한 형상에 의한 신축에도 배관이 안전하여 앵커, 가이드, 스폿에도 기존의 타 신축이음에 비하여 극히 간단히 설치할 수 있으며, 면적도 작게 소요된다. 증기, 물, 기름 등 30(kg/cm^2)에서 220℃까지 사용되고 있다.

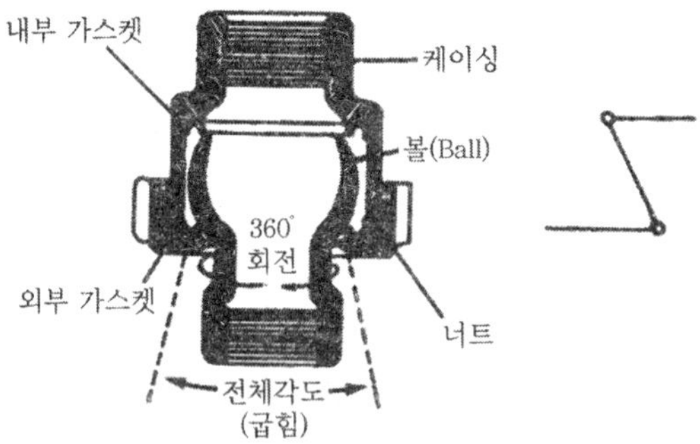

<그림 6-20> 볼 조인트형 신축이음쇠

제 7 장

배수·통기설비

7.1 배수·통기

배수설비(Drainage Equipment)란 건물내에서 사용한 물을 실외의 하수구나 일정한 장소로 흘러 보내는 배수계통 일체에 해당하는 트랩, 통기관, 배수관, 배수펌프 시설 등을 배수설비라 한다. 건물내에서 생긴 여러 종류의 폐수를 공공하수도에 흘러 보내기 위해서는 배수설비가 필요하고 또한 배수관 계통에서 발생한 하수가사를 배기시키기 위하여 통기설비(Vent Equipment)를 필요로 한다.

그리고 이 하수 가스가 실내에 침입하는 것을 방지하기 위해서는 반드시 배수기구 근처에는 트랩을 설치해야 한다.

건물에는 옥내배수와 옥외배수가 있는 옥외배수는 건물외벽에서 1m 이외의 옥외부분으로 배수시키는 것을 말한다. 이들 배수의 처리는 환경정화 및 보건위생상의 관점에서 세밀한 배려가 요구되며 법령의 규제를 많이 받고 있다. 따라서 배수, 통기계통의 계획 설계에 있어서는 이를 충분히 고려해야 한다.

1) 배수의 종류

건물내의 배수는 다음과 같이 구분된다.

(1) 오수(汚水)

수세변기의 대소변기에서의 배수로서 분뇨오수라고도 하며 반드시 정화처리해야 한다.

(2) 잡배수(雜排水)

부엌, 세면소, 욕실 등에서의 배수를 말한다.

(3) 우수(雨水)

지붕이나 발코니 등의 루우프 드레인(Roof Drain)에서의 배수이며 이 배수는 트랩에 장애를 주므로 옥내에서는 다른 배수관과 완전히 구분하여 배관한다.

(4) 간접배수(間接排水)

냉장고나 공조기에 의한 응축수의 배수이며 타배수관과 연결하면 오염의 원인이 되므로 영향이 없도록 배수해야 한다.

(5) 특수배수(特殊排水)

병원, 공장, 실험실 등의 배수로서 이 배수는 병원균과 화학약품 및 다량의 유기물 등을 함유하고 있으므로 특수한 배수처리가 필요하다.

2) 종국 유속(終局流速)

배수관내에서 유입된 배수는 관의 내주(內周)를 따라서 상층에서 저층으로 흘러갈 때 초기의 유속은 급격히 증가하지만 어느 정도 유하(流下)하면 배수관의 내벽과 유수에서 유속의 제곱에 비례하여 발생하는 마찰손실의 증가에 의해서 마침내 일정한 유속이 된다.
이것을 종국유속(Terminal Velocity)이라 하며 배수관 재료로 사용되는 주철관에서는 5~12m/sec이다. 그리고 이 종국유속이 되기까지 배수가 흘러내리는 유하거리를 종국길이(Termianl Length)이라 하고 일반적으로 3~6m이다.
이렇게 배수 수직관내를 흘러내린 배수는 배수수평주관에 유입될 때 직각(90°)의 방향전환이 이루어지기 때문에 흐름의 상태는 수직관의 바닥으로부터 1~2m의 수평주관 부분에서 물이 튀어올라 운동에너지를 상실했다가 다시 그 이후로 조용하게 흐른다.

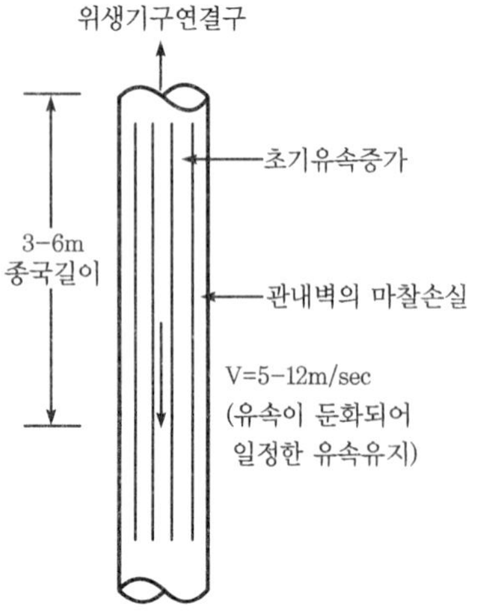

〈그림 7-1〉 배수 수직관의 종국유속

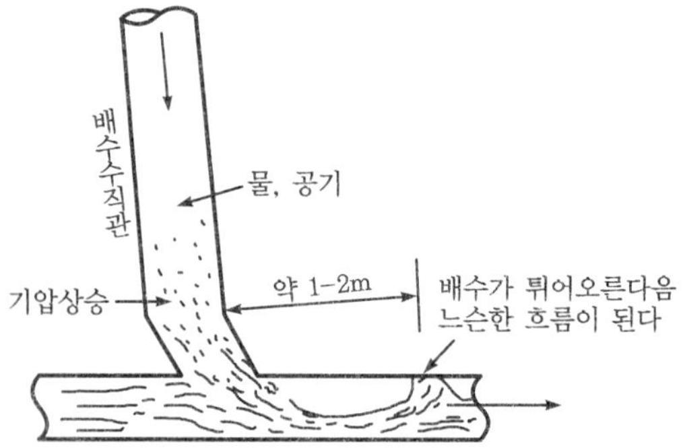

〈그림 7-2〉 배수 수평주관

3) 배수설비설계시 고려할 사항

(1) 배수중 오수(汚水)는 정화조를 통과시켜 정화처리후 하수구로 흘려 보낸다.
(2) 오수관내의 배수는 여러 가지 유기물이 포함되어 있으므로 유체의 흐름에 점성을 증대시켜 흐름이 느리게 된다. 특히 배수 수평주관과 수평지관은 구배조정에 의한다.
(3) 배수가 관내를 흘러갈 때 최초 관속에는 하수가스가 꽉 차 있기 때문에 액체와 기체간에 상호마찰이 발생하므로 배수관의 관경이 너무 크면 오히려 배수능력을 저하시킨다.
그래서 배수관내의 공기를 유체역학적으로 유리하게, 인위적으로 처리하는 특수배수방법이 있다. 또한 이 하수가스는 역류해서 실내에 칩입하여 발생시키므로 통기설비를 갖추기나 배수용 트랩을 사용한다.
(4) 배수관내 배수는 상층부에서 너무 급격히 배수가 이루어져 와류가 발생하게 되고 반대로 저층부에는 역압에 의해서 배수가 역류하거나 배수속도가 완만하여 기구사용에 불리하다. 그러므로 배수관 접촉에는 T형 이음을 사용하지 않고 Y자관을 사용한다.
(5) 건물내 배수관재료로 사용하는 주철관은 중량물체이므로 배관의 지지에 충분히 고려해야 한다.
(6) 배수관내에 배수는 기구의 최고수면과 배수수평지관이 수지고간에 접속되는 점을 연결한 동수구배선에 의하며 흘러가므로 통기관을 동수구배선보다 높게 설치하여 배수 중의 오물에 의해 통기관이 막히는 경우가 없도록 해야 한다.
(7) 특수한 용도로 사용한 물은 그 속에 포함된 물질을 제거하는 특수 정화처리후 배수한다.

4) 배수관의 종류

(1) 기구 배수관

위생기구의 트랩에서 배수수평지관에 접속하는 배수관을 말한다.

(2) 배수 수평지관

기구배수관의 배수를 배수수직관내로 흘러 보내는 수평관을 말한다.

(3) 배수 수직관

배수 수평지관의 물을 받아 배수 수평주관으로 흘러 보내는 주된 수직관을 말한다.

(4) 배수 수평주관

건물 내의 배수를 모아 건물 밖으로 유도하여 대지내 배수관에 접속하는 수평관을 말한다.

5) 배수관의 구배

배수관내의 유수는 관내 구배(句配)에 의한 중력시 유하로서 유하하는 배수는 관내의 1/3~1/2정도 점유하고 나머지는 공기가 충만한 상태이므로 배수관은 반드시 선하향 구배(先下向 句配)로 하여야 한다.
여기에 비해 통기관은 다소 선상향 구배로 한다. 일반적으로 배수관의 구배는 관경의 10배의 역수를 표준구배로 하고, 이 경우 배수관의 유속은 1.4m/sec 정도가 된다.

① 배수관 관경 32A~50A : 구배 $\frac{1}{50}$

② 배수관 관경 65A~100A : 구배 $\frac{1}{100}$

③ 배수관 관경 125A~200A : 구배 $\frac{1}{200}$

배수 수평주관의 유혹은 0.6~1.6m/sec가 적당하고 구배는 옥내배수관의 관경이 75mm 이하일 때 1/50, 관경이 100mm 이상이면 1/100 정도로 한다. 또한 옥외배관은 보통 1/150 정도로 한다.

① 수평주관의 관경 32A~50A : 구배 $\frac{1}{50}$

② 수평주관의 100A~125A : 구배 $\frac{1}{75} \sim \frac{1}{100}$

③ 수평주관의 관경 150A 이상 : 구배 $\frac{1}{100} \sim \frac{1}{150}$

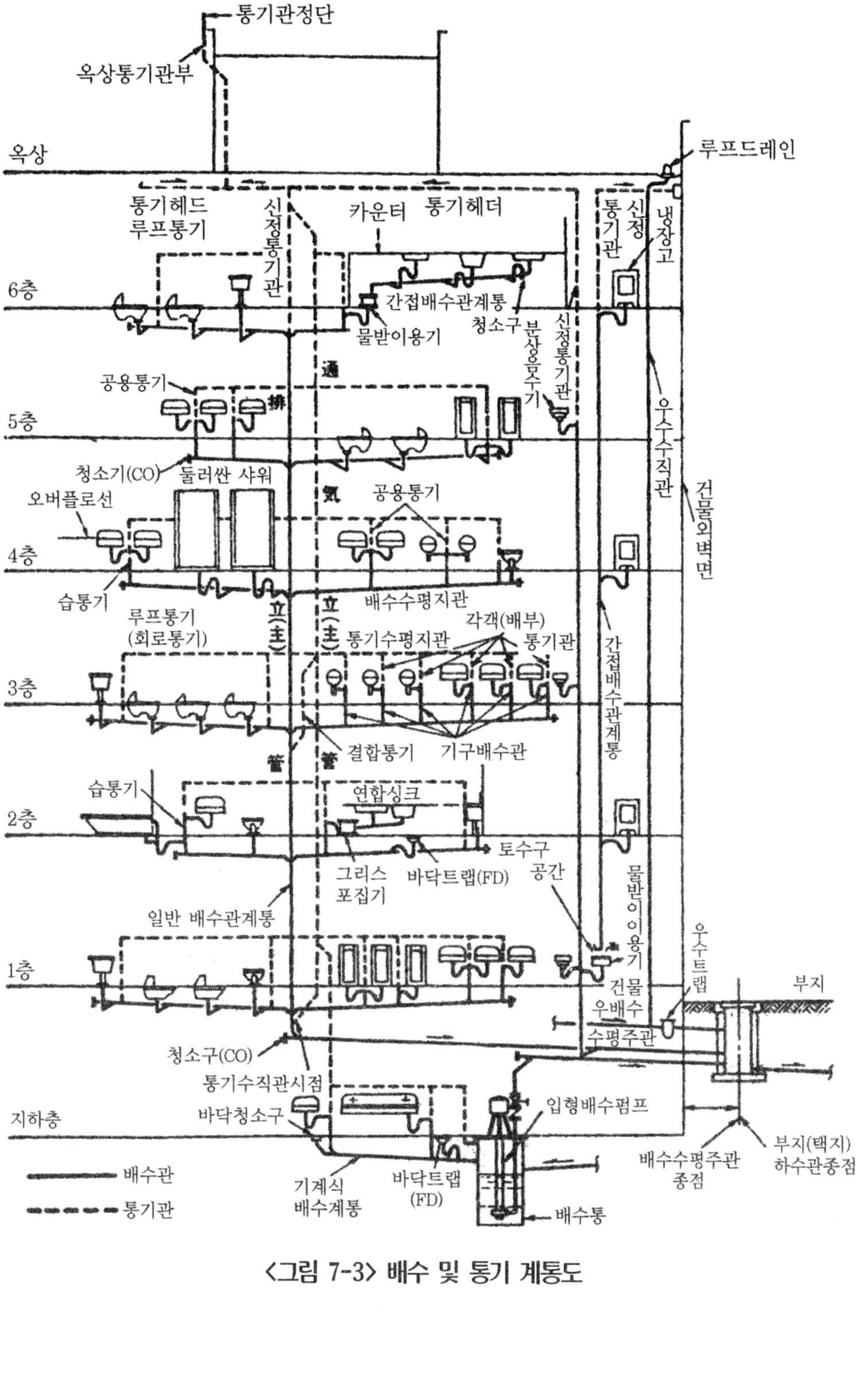

〈그림 7-3〉 배수 및 통기 계통도

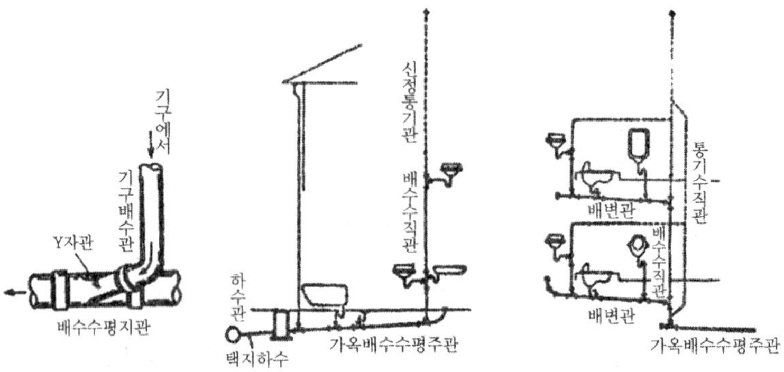

〈그림 7-4〉 배수관 및 통기관의 배관법

7.2 통기설비(通氣設備)

1) 통기관의 배관목적

배수관 계통에는 트랩과 통기관이 필요한데 통기관의 주역할은 배수용 트랩의 봉수를 보호하는 것이다. 통기관을 배관하는 목적은 다음과 같다.

① 배수관의 내부에 대기압을 도입하여 자기 사이펀 작용과 유도 사이펀 작용, 흡출작용 등으로부터 트랩의 봉수를 보호한다.
② 배수관 내에 배수의 흐름을 원할하게 한다.
③ 배수관 내에 신선한 공기를 유통시켜 배수 관내를 청결하게 한다.

2) 통기 배관 방식

배수설비에서 통기관의 배관방법은 그림 8-4에서와 같이 배수관과 통기관을 함께 배관하는 2관식 배관법과 최고층의 기구 배수관의 접속점에서 상방향 수직관을 세워서 신정통기관을 배관하는 1관식 배관법의 2가지가 있다.
그런데 2관식은 대규모 고층건물에 널리 채용되며 트랩의 봉수파괴가 적다. 또 1관식은 기구의 수도 적고 2, 3층 정도의 소규모 건물에 채용되는 방식이다.
소규모 건물에서는 1관식과 같이 배수수직관의 정상부를 연장 배관하여 배수통기관으로 사용하고 고층건물에서는 2관식과 같이 배수수직관과 최하층의 배수수평주관이 서로 합류하는 곳보다 50~60mm 상부에 45° Y자이음쇠를 사용해서 통기수직관을 세운다.
그리고 각 통기수직관은 통기헤더(수평관)에 연결하고, 여기에 하나의 통기관을 세워 정상부를 대기중에 개방한다.
2관식 통기 배관법은 통기관의 접속에 따라 다음과 같은 종류로 분류되며 통기관의 재료는 백관 또는 염하비닐관이 사용된다.

(1) 각개통기 (Individual Vent)

개별통기라고도 하며 각 기구의 트랩에서 통기관을 취하므로 통기효과가 최대이지만 구조체의 관통부가 증대하기 때문에 설비비가 증가하며 관경은 최소 32A 이상이다.

(2) 루우프 통기 (Loop Vent)

2개 이상의 기구의 트랩을 1본의 통기관에 의하여 통기하는 방식이며, 적절한 배관을 하면 효과가 크기 때문에 널리 사용되고 있다. 그림 7-5에 나타낸다.
루우프(Loop) 통기방식을 세분류하면 신정통기관에 접속하는 환상통기방식과 통기 수직관에 접속하는 회로통기방식의 2종류가 있다.
루우프 통기로 통기할 수 있는 위생기구는 2개 이상 8개 이내이다. 그리고 통기수직주관과 루우프 통기관의 연결 길이는 7.5m 이내로 하고 관경은 배수수평지관 또는 통기수직관 관경의 $\frac{1}{2}$ 이상으로 한다. 루우프 통기관의 인출위치는 배수 수평지관의 최상류기구 바로 아래쪽이다.

(3) 공용통기 (Common Vent)

그림 7-5과 같이 2개의 기구배수관의 접속부분에서 수직으로 올려 양 기구의 트랩의 봉수 깊이를 유지하는 통기간이다.

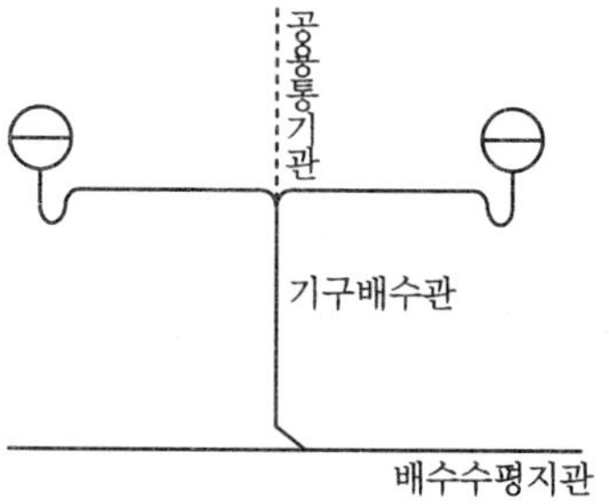

〈그림 7-5〉 공용통기관

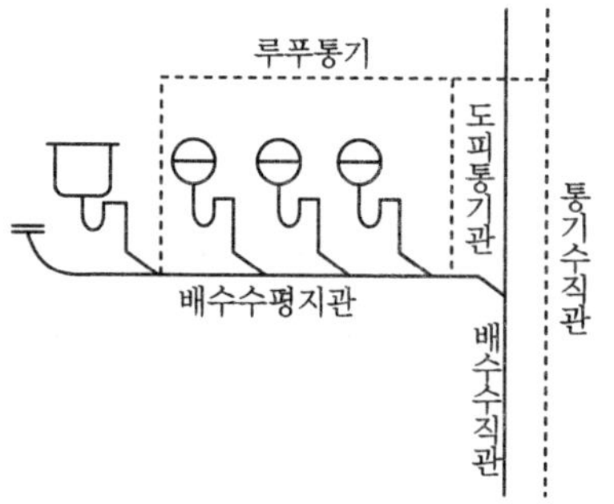

〈그림 7-6〉 도피통기관

(4) 도피통기 (Relief Vent)

배수수평지관이 배수수직관에 접속하기 전에 통기관을 취하는 방법으로서 최하류에서 기구배수관이 접속된 직후의 배수수평지관에서 세운 통기관이다. 그림 7-6에 나타낸다.
이 통기관은 최상층을 제외한 층의 대변기가 3개 이상 있을 때 배수통기의 양계통간의 공기유통을 목적으로 특히 수평지관에 접속하는 기구가 많은 경우 하류기구의 취출(吹出)을 방지하기 위해서 세운다.
관경은 배수수평지관 관경의 1/2 이상 또는 32A 이상으로 한다.

(5) 결합통기 (Yoke Vent)

결합통기관은 배수수직관을 통기수직관에 접속하는 통기관으로서 층수가 많은 경우에는 5층마다에 결합통기관을 설치한다. 또한 관경은 통기수직주관과 또는 50A 이상이어야 한다. 그림 7-7에 나타낸다.

(6) 신정통기 (Stack Vent)

배수수직관의 상부를 배수수직관과 동일한 관경으로 상부로 연장, 배관하여 개방하는 통기관으로서 그 층의 기구가 1~2개이고, 또 기구의 위치가 배수수직관에 가까우면 신정통기관만으로도 통기가 가능하다.

(7) 통기수직관 (Vent Stack)

각 층의 통기관을 접속하여 대기(大氣)에 개방하여 통기수직관의 상단은 최상층 기구의 넘치는 수면에서 15cm 이상으로 하여 신정통기관에 접속한다. 또한 환기용 창이나 외기 출입구 등에서 충분히 거리를 이격시켜 대기에 개방하는 것이 좋다.

(8) 통기수평지관 (Vent Horizontal Branch)

1개 이상의 개별통기관을 모아 이를 통기수직관까지 접속하는 수평관을 말한다.

(9) 습통기 (Wet Vent)

그림 7-8과 같이 회로통기에 연결되어 통기의 역할도 하는 배수관을 말하며, 이 경우 파이프 속에 공간을 만들기 때문에 배수수평지관에의 연결을 관위에서 하지 않고 측면에서 Y자형으로 접속한다.

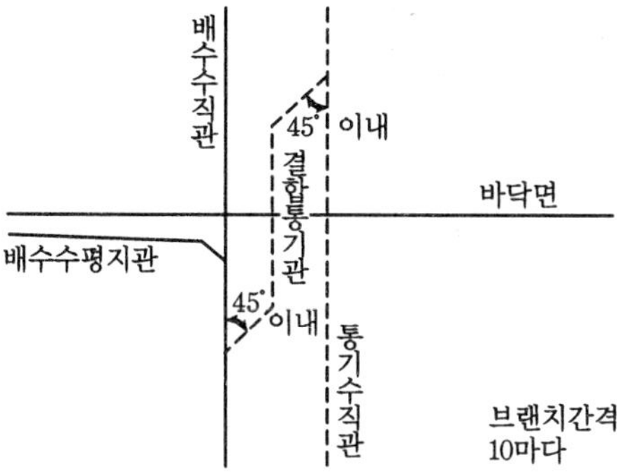

<그림 7-7> 결합통기관

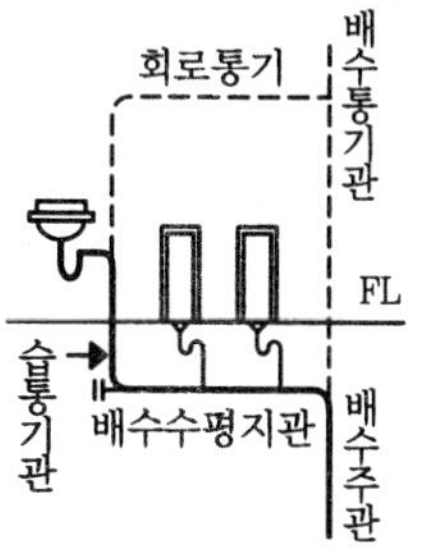

<그림 7-8> 습통기관

(10) 통기헤더 (Header)

통기수직관과 신정통기관을 대기중에 개방하기 전 두 개의 관을 하나의 관으로 통합한 관 부분을 말한다. 그림 7-9에 나타낸다.

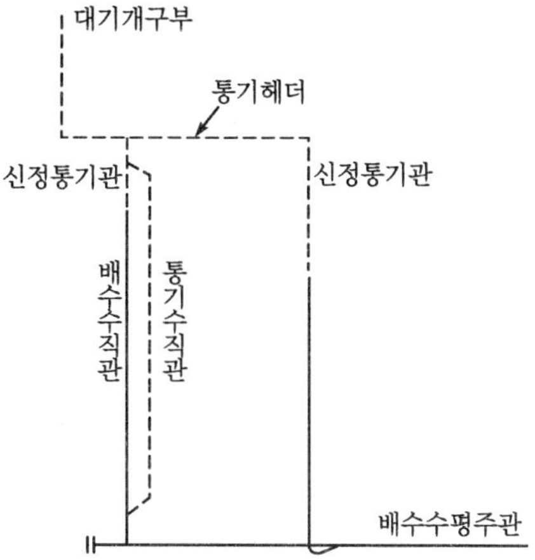

<그림 7-9> 통기헤더

3) 통기관의 배관

(1) 통기관의 관경

통기관의 관경 결정에 중요한 요소는 배수관 속을 흐르는 배수의 유량과 유속이다.

<표 7-1> 통기 수직관의 관경과 최대 길이

배수수직 관의관경 (A)	접속허용 기구배수 단위수	통기관의 관경(mm)								
		32	40	50	65	75	100	125	150	200
		통기관의 최대 관길이(m)								
(a)	*(b)*	*(c)*	*(d)*	*(e)*	*(f)*	*(g)*	*(h)*	*(i)*	*(j)*	*(k)*
32	2	9	-	-	-	-	-	-	-	-
40	8	15	45	-	-	-	-	-	-	-
40	10	9	30	-	-	-	-	-	-	-
50	12	9	22.5	60	-	-	-	-	-	-
50	20	7.8	15	45	-	-	-	-	-	-
65	42	-	9	30	60	180	-	-	-	-
75	30	-	-	18	30	150	-	-	-	-
75	60	-	-	15	24	120	-	-	-	-
100	100	-	-	10.5	30	78	300	-	-	-
100	200	-	-	9	27	75	70	-	-	-
100	500	-	-	6	21	54	210	-	-	-
125	200	-	-	-	10.5	24	105	300	-	-
125	500	-	-	-	9	21	90	270	-	-
125	1100	-	-	-	6	15	60	210	-	-
150	350	-	-	-	7.5	15	60	120	390	-
150	620	-	-	-	4.5	9	37.5	90	330	-
150	960	-	-	-	-	7.2	30	75	300	-
150	1900	-	-	-	-	6	21	60	210	-
200	600	-	-	-	-	-	15	45	150	390
200	1400	-	-	-	-	-	12	30	120	360
200	2200	-	-	-	-	-	9	24	105	330
200	3600	-	-	-	-	-	7.5	18	75	240

1) 통기 수직관의 관경

통기수직관의 관경 결정은 기구배수 단위수의 누계(累計)와 배수관의 관경 및 통기관의 관경 그리고 그 최대관은 길이와의 관계를 나타낸 표 8-1을 이용한다.

2) 개별 통기관의 관경

① 개별 통기관의 관경은 최소 32A(1 1/4B)로 한다.

② 개별 통기관에 접속하는 배수관 관경의 1/2 이상으로 한다.

③ 배수 단위수가 2인 경우에만 32A의 통기관이 허용된다.

④ 통기관의 관경은 통기관에 접속되는 배수관 구경의 1/2보다 크게 한다.

⑤ 수평배관이나 수직통기관으로 사용되는 통기관의 관경은 배수 단위수에 의하여 결정된 배수관 관경의 1/2까지의 통기관의 관경을 축소하여도 된다.

3) 루프 통기관의 관경

① 배수수평지관 관경의 1/2 이상으로 한다.

② 통기 수직관 관경의 1/2 이상으로 한다.

4) 도피 통기관의 관경

① 배수 수평지관 관경의 1/2 이상으로 한다.

② 도피 통기관의 최소 관경은 40A 이상이어야 한다.

<표 7-2> 각종 위생 기구의 통기관 관경

기구명	통기관의 최소관경 (A)	배수 단위수	기구명	통기관의 최소관경 (A)	배수 단위수
세면기・수세기	32	1	욕조	32	2~3
음수기	32	1	샤워	32	2~3
대변기	50	8	공동욕조	40	4
소변기	32	4	요리싱크(주택용)	32	2
툴소변기	40	4	요리싱크(영업용)	40	4
비 데	40	2.5	세탁싱크	40	2
오물수채	50	8	청소싱크	40	3

4) 통기 배관 시공상의 주의사항

① 통기관은 위생기구의 넘침선까지 올려 세운 다음 배관에 접속한다.

② 각 위생기구에 대한 통기관 구경은 기구배수 구경의 1/2 이상으로 하고 최소 20A로 한다.

③ 바닥 아래의 통기관 배관은 금지한다.

④ 오물 정화조의 배기관은 단독으로 대기 중에 개방한다.

⑤ 통기 수직관을 빗물 수직관과 연결해서는 안된다.

⑥ 통기관은 실내 환기용 덕트에 연결해서는 안된다.

⑦ 간접 배수 계통의 통기관, 간접 배수 계통의 신정 통기관 및 통기 수직관은 단독으로 대기 중에 개방한다.

배수나 통기용 배관에는 플라스틱관, 배수용 주철관, 아연 도금 강판, 연관 등을 사용한다. 주철관은 가격이 싸고 내구성 내식성도 풍부하여 널리 쓰이며 또한 배수주철관의 최소 직경이 50A 이상이므로 그 이하의 배수관에는 사용할 수 없다.

7.3 배수 및 통기 배관

근래 건물의 대형화와 함께 건물내 사용수량의 증가로 여기에 수반하는 배수 또한 매우 복잡하므로 배수 배관의 경우 다음과 같은 사항을 주의하여야 한다.

1) 배수 배관시 주의사항

① 배수 및 통기 수직주관은 파이프 샤프트(Pipe Shaft)내에 배관한다.
② 위생기구 중에서 배수 부하 단위가 가장 큰 변기는 수직관 가까이에 설치한다.
③ 배수관의 점검 수리를 위해 필요한 곳에는 청소구(Clean Out)를 설치한다.
④ 지관과 주관의 접속에는 반드시 Y자관 도는 90° Y자관을 사용해야 하며 상향 수직관에는 90° 곡선을 사용해야 한다.
⑤ 수평관을 구부릴 때는 45° Y자관과 45° 곡관을 사용하여 유수의 저항을 되도록 감소시킨다.
⑥ 배수를 될 수 있는대로 빨리 옥외 하수관으로 유출할 수 있도록 한다.
⑦ 실외 하수관 내의 하수 가스가 건물 안으로 침입하는 것을 방지할 수 있도록 배출한다.
⑧ 배수관 및 통기관은 내구성이 커야 하며, 가스나 물이 새지 않도록 배관 및 기구 상호간의 접합을 정밀하게 해야 한다.
⑨ 배수 통기 계통의 배관 공사가 완료되면 배관계통의 수밀(水密) 및 기밀(氣密)의 상태를 시험해야 한다.
⑩ 배수관의 관경이 필요 이상으로 크면 오히려 배수 능력이 저하되므로 유의한다.

2) 청소구(Clean Out)의 설치장소

1) 실내 배수관과 부지 하수관이 접속되는 곳
2) 배수 수직관의 최하단부
3) 수평 지관의 최상단부
4) 실내 배수 수평 주관의 기점
5) 배관이 45° 이상의 각도로 구부러지는 곳
6) 배수 수평관에서 관경이 100A 이하일 때는 직선거리 15m 이내마다, 100A 이상일 때에는 직진거리 30m 이내마다 1개소씩 설치
7) 각종 트랩 및 기타 배관상 특별히 필요한 것

3) 배수 배관 시험

배수 배관의 시험 방법에는 다음과 같은 방법이 있다. 시험의 기구는 기구부착전 또는 배관 피복전에 실시한다.

(1) 수압시험

통기, 배수관의 시험은 배관계통의 최고 위치의 개구부를 제외하고 모두 개구부를 시험 폐전(Testing Plug)으로 밀폐하고 최고 개구부까지 물을 충만시킨 다음 3m 이상의 수두에 상당하는 수압을 가하여 이 수압에 15분 이상 견디어야 한다.

(2) 기압시험

다른 개구부는 모두 밀폐하고 공기 압축기로 한 개구블 통해 게이지압이 35kg/cm^2 될때까지 공기를 압입하여 압력을 올렸을 때 공기의 공급 없이 15분간 이상 그 압력이 유지되어야 한다. 이때 압력강하가 발생하면 공기가 새는 것이며 누설 개소를 알기 우하여 비누물의 기포 발생 여부를 시험한다.

(3) 기밀시험

기밀 시험은 최종 시험(Final Test)으로서 연기 시험과 박하 시험 등이 있다.

(4) 실내 배수관의 관경 결정

실내 배수관의 관경을 결정하는 데는 관 계통에 접속하는 위생 기기류의 최대 배수 유량을 기준으로 하여 관경을 합리적으로 결정한다. 예를 들면 구경 32A의 트랩을 갖는 세면기의 최대 배수시의 유량을 28.5ℓ/min으로 하여 기구 배수 부하 단위를 1fuD(fuD : Fixture Unite Value as Load Factors)로 하고 이것을 기준하여 각종 위생기구의 동시 사용률과 기구 종류에 따라 사용빈도수 및 사용지수를 고려한 기구 배수 부하 단위를 기초로 하여 배수관의 관경을 결정한다.

<표 7-3> 각종 기구의 배수 부하 단위

기구	부호	부속트랩의 구경(A)	기구배수 부하단위 (fuD)	기구	부호	부속트랩의 구경(A)	기구배수 부하단위 (fuD)
대변기(세정밸브)	WC	75	8	샤워(아파트)	S	50	3
대변기(로우탱크)	WC	75	6	욕실조합가구	BC		8
대변기(하이탱크)	WC	75	4	청소싱크	SS	65	3
소변기	U	40	4	세탁싱크	LT	40	2
비데	B	40	2.5	요리수채(주택용)	KS	40	2
세면기	Lav	32	1	요리수채(영업용)	KS	40~50	2~4
소형세수기	WB	25	0.5	배선싱크(주택용)	PS	40	2
음수기	F	32	0.5	배선싱크(영업용)	PS	50	4
욕조(주택용)	BT	40~50	2~3	화학실험싱크	LS	32	0.5
욕조(공중용)	BT	50~75	4~6	접시세척기			1.5
샤워(주택용)	S	40	2	바닥배수	FD	50~75	1~2

<표 7-4> 표준 기구 이외의 배수 부하단위

기구 배수관 또는 트랩구경		기구배수부하단위(fuD)
A	B	
32이하	1 1/4	1
40	1 1/2	2
50	2	3
65	2 1/2	4
75	3	5
100	4	6

<표 7-5> 기구 배수관의 최소 관경

기구	관경	기구	관경
	A		A
음수기	32	샤워	50
세면기·세수기	32	공동목욕탕	75
대변기	75	요리싱크(주택용)	40
소변기(벽결이)	40	요리싱크(영업용)	50
소변기(스톨)	50	조합싱크	40
비데	40	세탁싱크	40
오물수채	75	청소용싱크	50
욕조	40	양식욕조	40~50
양식욕조	50	바닥배수	75

(1) 실내 배수관의 관경을 결정하는 기본사항

① 배수관 계통이 담당하는 기구의 배수 단위 누계로 결정한다.

② 배수지관의 관경은 여기에 접속되는 위생 기구의 트랩중 최대 구경의 트랩 구경 이상으로 해야 한다.

③ 대변기를 접속하는 경우에 그 배수 수평 지관의 관경은 대변기가 1개인 경우에 75A이상, 2개 이상인 경우에는 100A 이상으로 한다.

④ 배수 수직관의 관경은 여기에 접속하는 배수 수평 지관의 관경보다 크게 해야 한다.

⑤ 배수관의 유속은 0.6m/sec가 되도록 한다.

⑥ 펌프류에서 배출되는 물을 옥내 배수관에 합류시키는 경우에 먼저 기구의 배수 단위에 상당하는 수치로 환산한 이후 관경을 결정한다.

⑦ 변기의 수평지관(T.Y지관)과 변기의 연결관을 접속할 경우에는 연관의 관경을 양변기일 때는 100A(4B) 또는 동양변기일 때는 80A(3B)관으로 연결한다.

7.4 배수관 및 통기관의 관경

1) 배수관의 관경결정

실내 배수관의 관경은 트랩, 기구 배수관, 배수 수평지관, 배수 수직 주관, 배수 수평 주관의 순인데, 배수 흐름의 방향으로 관경을 축소해서는 안된다.

실내 배수관 계통에 있어서 수평관은 관경의 1/2 또는 최대 유수시에도 관의 2/3 이상으로 유수면이 높아지지 않도록 간경을 정하는 것이 좋다. 그러므로 관 상부의 공간에는 공기가 흐르게 되므로 통기의 역할도 겸하게 된다.

배수관경 결정에는 우선 유량을 계산하고 이에 의하여 적당한 관경을 결정한다. 이 유량은 기구에서 배출되어 배수관에 유입하는 최대유량을 말한다. 그러나 이 최대유량의 산출은 결코 간단하지는 않다. 방법은 두 가지가 있는데, 정상유량에 의한 방법과 기구배수 부하단위(fuD)에 의한 방법이 있다. 본 항에서는 기구배수 부하단위에 의한 방법으로 관경을 결정한다.

(1) 기구배수 부하 단위

일반적으로 건물 배수관의 관경을 결정하는 데는 배관 계통의 접속하는 위생기구류의 최대 배수 유량을 기준으로 하여 관경을 구하는 것이 합리적이다. 미국에서는 구경 32A의 트랩을 갖는 세면기의 배수량을 28.5 ℓ/min으로 하여 세면기의 기구 배수 부하 단위를 1fuD로 하고 이것을 기준으로 하여 표 8-3과 같이 각종 기구의 배수 부하 단위를 정하였다.
그러나 이것만으로는 모든 종류의 위생 기구를 평가하기는 곤란하므로 표에 없는 것은 표 8-6과같이 개략치를 사용한다.

〈표 7-6〉 표준기구 이외의 기구배수 부하단위(fuD)

기구배수관의 구경, 트랩구경(A)	32이하	40	50	65	75	100
기구배수 부하단위(fuD)	1	2	3	4	5	6

(2) 배수관 관경의 기본사항

① 배수관의 최소관경은 32A로 한다.
② 고형물이 흐르는 잡배수관의 최소관경은 50A로 한다.
③ 지중 매설관의 관경은 50A 이상으로 한다.
④ 배수수평지관의 최소관경은 접속하는 기구 트랩의 최대구경과 같거나, 그 이상으로 한다.
⑤ 배수수직관의 관경은 이와 접속하는 배수수평지관의 최대 관경 이상으로 한다.
⑥ 배수관의 관경은 상류에서 하류방향으로 차차 크게 하고 중간에서 관경을 축소해서는 안 된다.

(3) 배수수평지관의 관경

배수수평지관에 접속되어 있는 각종 위생기구의 fuD를 합계하여 표 7-7란에서 관경 D(mm)를 구한다. 다만 대변기를 접속하는 경우 1개일 때는 75A, 2개일 때는 100A 이상의 관경으로 한다.

<표 7-7> 배수 수평지관 및 수직관의 관경과 기구배수 부하단위(fuD)

구분	A	B	C	D
배수관 종류 / 관경(A)	배수수평지관이 담당할 수 있는 fuD의 합계	3층건물에서 브랜치인터벌 3까지 하나의 수직관이 담당할 수 있는 fuD	4층 이상의 건물	
			1수직관이 담당할 수 있는 fuD의 합계	1층분, 1브렌치 인터벌이 담당할 수 있는 fuD의 합계
32	1	2	2	1
40	3	4	8	2
50	5	9	24	6
65	10	18	48	9
80	14	27	54	14
100	96	192	400	72
125	216	432	880	160
150	372	768	1,520	280
200	840	1,760	2,880	480
250	1,500	2,660	3,920	700
300	2,340	4,200	5,880	1,050

(4) 배수수직관의 관경

배수수직관에 접속되어 있는 수평주관의 fuD를 합계해서 그 수직관이 부담하는 fuD의 값을 구하여, 표 7-7에서 관경 D(mm)를 결정한다. 이때 브랜치 인터벌(Branch Interval : 지관 간격, 브랜치 간격이라고도 함)을 설정하여야 한다.

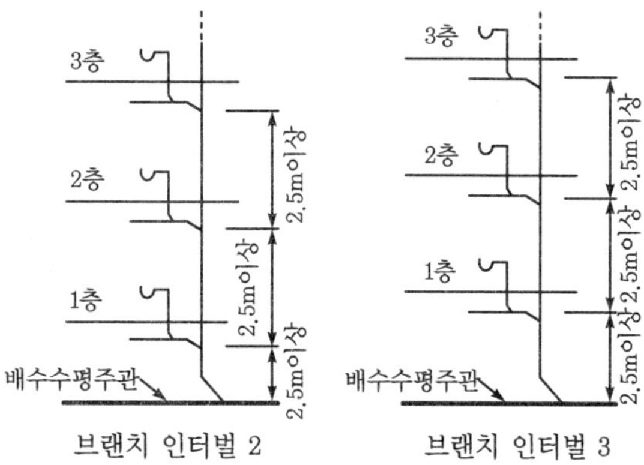

<그림 7-10> 브랜치 인터벌

브랜치 인터벌은 그림 7-10과 같이 배수수지고간에 접속하는 수평지관의 수직거리가 2.5m이상일 때 브랜치 인터벌 1이라 한다. 다만 2.5m 이내일 때에는 브랜치 인터벌로 계산하지 아니한다.

① 1층부터 3층까지의 건물은 표에서 B란을 사용한다.
② 4층 이상 건물의 경우는, 우선 C란을 사용해서 관경을 가정하고, D란에서 각 브랜치인터벌의 fuD의 가2장 큰 값을 구하여, 두 개의 표를 비교해서 큰 관경을 결정관경으로 한다.

(5) 배수수평주관의 관경

배수 수평주관의 관경은 이와 접속하는 수직관의 관경 또는 몇 가지 배수수평주관의 관경 이상으로 하고, 그 관경의 기준을 정해서 배수물매를 우선 결정하고, 이 수평주관이 부담하는 fuD의 합계값을 구해서 표 7-8에서 관경을 결정한다.
만약 이 수평주관에 펌프, 공기용기기 등에서의 배수가 합류하는 경우 다음 식을 사용해서 그 유량을 fuD로 환산하여 합류점 이후의 관경을 결정한다.

$$\text{환산fuD} = \frac{2\times(\text{펌프, 기기의 유량})}{3.8}$$

여기서, 펌프 및 기기의 유량 단위는 ℓ/min이다.

<표 7-8> 배수 수평주관, 실외 배수관의 기구배수 부하단위(fuD)

구분	A	B	C	D
구배	1/192(≒1/200)	1/96(≒1/100)	1/48(≒1/50)	1/24(≒1/25)
관별 / fuD 관경[D]	배수수평주관 실외배수관의 fuD의 허용량	배수수평주관 실외배수관의 fuD의 허용량	배수수평주관 실외배수관의 fuD의 허용량	배수수평주관 실외배수관의 fuD의 허용량
50			21	26
65			22	28
80		18	23	29
100		104	130	150
125		234	288	345
150		420	504	600
200	840	960	1,152	1,380
250	1,500	1,740	2,100	2,520
300	2,340	2,760	3,360	4,020
375	3,500	4,150	5,000	6,000

예제-01 배수관의 그림 7-11과 같은 배수설비에서 각부의 관경을 구하시오.

해답-01 배수관의 관경 결정

이 배수관에는 3개의 수평지관이 각각 배수수직관에 접속되고 또한 3개의 수직관은 배수수평주관에 연결되며 이 수평주관은 실외배수관에 연결된다. 그러므로 먼저 배수수평지관의 관경을 구한 다음 각수지관의 ΣfuD로 수직관의 관경을 결정하고, 다시 이 수직관의 관경을 기초로 수평주관의 관경을 B~C, C~D, D~E의 순서로 결정한다.

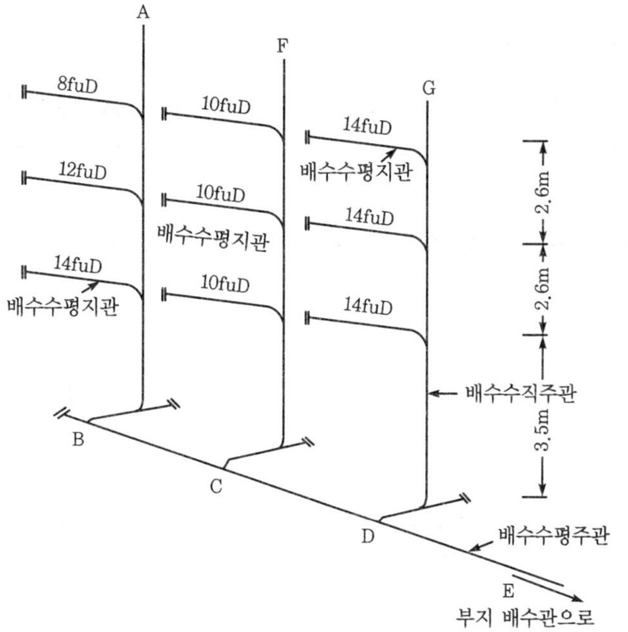

〈그림 7-11〉 건물의 배수관 계통도

(1) 배수수평지관의 관경

8fuD의 경우 표 8-7에서 D=65A로 한다. 물매는 1/50
10fuD의 경우 표 8-7에서 D=65A로 한다. 물매는 1/50
12fuD의 경우 표 8-7에서 D=75A로 한다. 물매는 1/50
14fuD의 경우 표 8-7에서 D=75A로 한다. 물매는 1/50
위와 같이 결정하지만, 이는 설명의 편의상 각 지간의 fuD를 부여하고 있으나 실제로는 수평지관에 접속되는 위생기구의 트랩구경과 위의 수평지관의 관경을 비교하여 트랩구경 이상임을 체크해야 한다.

(2) 배수수직관의 관경

① 수직관 A~B의 관경
fuD의 합계값은 8+12+14=34이다. 또 브랜치 인터벌이 3이므로 표 8-7 B란에서 D=100A가 된다. 이 관경은 수직관 A~B에 접속되는 배수수평지관의 최대간경 75A보다 크기 때문에 적당하다.
② 수직관 F~C의 관경
fuD의 합계값은 30이다. 따라서 A~B와 같이 D=100A로 한다.
③ 수직관 G~D의 간지름 fuD의 합계값는 42이다. D=100A로 한다.

(3) 배수수평주관의 관경

물매를 결정하고 건축 평면도 및 단면도를 검토하여 수직관 A~B의 하부와 실외배수관의 수채의 매설 깊이 등을 결정한다. 여기서 물매는 1/96(≒1/100)로 결정한다.
① 구간 B~C의 관경
이 구간은 수직관 A~B의 fuD 34의 한 수직관만 부담하는 관계로, 표 8-8 B란에서 D=100A로 한다.
② 구간 C~D의 관경
이 구간은 수직관 A~B의 fuD 34와 수직관 F~C의 FuD 30의 합계 64를 부담하므로, 표 8-8 B란에서 D=100A로 한다.
③ 구간 D~E의 관경
3개 수직관의 fuD의 합계값은 106이다. 따라서 이 구간은 표 8-8 B란에서 D=125A로 한다.

2) 통기관의 관경 결정

배수관내 배수가 통과할 때 기압의 변동으로 트랩봉수를 파괴하지 않도록 배관내에 공기를 도입하여야 한다. 통기관은 이같은 목적으로 장치되며 배수관내 흐름의 상태를 원활히 하고 또한 배수관내의 환기에도 좋고 배관 속을 청결하게 유지하는 역할도 한다. 통기관을 설치하는 방식은 3가지로 구분된다.
(1) 개별통기 방식 (2) 루프통기 방식
(3) 신정통기 방식
그리고 통기관을 설치하는 경우의 기본사항은 다음과 같다.
① 배수수직관의 상부는 그대로 연장해서 신정통기관을 설치하고 다시 통기관의 상단은 대기중에 개구한다. 개구부는 빗물처리를 하고 새가 둥지를 트는 일이 없도록 한다.
② 통기수직관의 상단은 신정통기관의 접속시켜 1개의 관을 치켜세우지만 접속부분은 최상층 위생기구의 넘침선에서 150mm 이상 높은 위치로 잡는다.

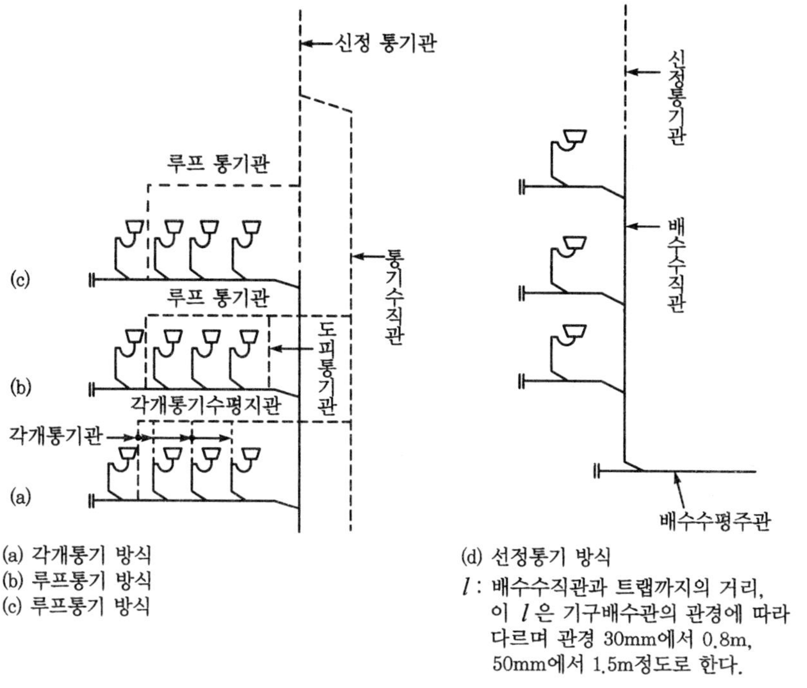

<그림 7-12> 통기방식

③ 통기 수직관의 하단은 최하부의 위생기구보다 아래에서 배수수직관에 45° 이내의 각도로 접속하거나 배수수평주관에 접속한다.

통기의 이상적인 방법은 기구의 하나 하나에 대하여 개별 통기관을 설치하는 일이지만, 공사비를 수반하는 경제적인 이유 또는 건물구조의 측면에서 통상 루프통기 방식이 채택되고 있다.

(1) 통기관 관경결정의 기본사항

① 통기관의 최소관경은 다음과 같이 한다.

- 개별통기관 : 30A 이상 또는 접속되는 배수관 관경의 1/2 이상으로 한다.
- 루프통 기관 : 접속되는 배수수평지관과 통기수직관 중에서 작은 쪽 관경의 1/2 이상으로 한다.
- 신정통기관 : 배수 수직관의 관경을 축소하지 않고 연장해서 대기중에 개구한다.

② 통기관의 필요통기량과 허용압력차에 대하여

배수관내의 유수로 인해 배관 속의 공기가 흐를 때 그 흐르는 공기의 전량을 필요통기량이라 하며 이는 배수량과 유속에 따라 변동한다. 또한 공기의 변동으로 배수관내의 기압도 항상 변동하지만 트랩의 봉수파괴 원인이 되기도 하므로 이 공기의 변동은 꼭 막아야만 한다. 따라서 통기관을 통해 공기를 끌어들이지만 통기관 자체의 관내기압의 변동치도 어느 값 이하로 억제하여야 한다. 이것이 통기관의 허용압력차(허용압력차)이다.

통기관의 필요통기량[ℓ/s)과 통기관의 허용압력차(許容壓力差)이다.

i) 개별통기관 및 루프통기관의 경우

필요통기량은 접속되는 배수수평지관의 부하유량과 같은 양으로 하고 허용압력차는 10mmAq로 한다.

ii) 통기수직관의 경우

필요통기량은 접속되는 배수수평지관의 부하유량의 두 배로 한다. 허용압력차는 25mmAq로 한다.

iii) 신정통기관 또는 통기헤더의 경우

필요통기량은 접속되는 배수수평주관의 부하유량을 두 배로 하고 허용압력차는 25mmAq로 한다.

③ 보조적인 통기관의 관경에 대하여

결합통기관의 관경은 통기수직관과 배수수직관 중 두 가지 관경을 비교하여 작은 쪽의 관경 이상으로 한다. 도피통기관은 배수수평지관에서 통기수직관과 접속되는 경우 배수수평지관 관경의 1/2 이상으로 한다. 또한 배수수직관의 오프 세트의 도피통기관은 통기수직관과 배수수직관 중 작은 쪽 관경의 1/2 이상으로 한다.

(2) 통기관의 관경결정

관경의 결정방법은 두 가지가 있다. 하나는 단위길이당의 허용압력 손실과 필요 통기량에서 통기관저항선도를 사용하여 관경을 구하는 방법이고, 또 하나는 NPC(전국위생공사기준)에 따라 배수관의 fuD와 통기관의 길이로 구하는 방법이다.

7.5 우수(雨水) 배수관

1) 우수 배수관의 관경 결정

(1) 우수 수직관의 관경

건물 우수배수관의 관경을 그 지역의 최대 강우량과 지붕의 수평투영 면적으로 기초로 한다. 예를 들면 어떤 지방의 최대 강우량이 130mm/h이며, 강우량 100mm/h를 기준하므로 환산지붕면적=실제 지붕 수평면적× $\frac{130}{100}$ 으로 구할 수 있다. 표 7-9에서 환산지붕면적을 허용최대지붕면적에 적용시켜 수직관경을 구한다. 단, 구형 단면의 우수관은 같은 부하를 담당하는 원형단면의 우수관보다 10%정도 크게 한다.

<표 7-9> 우수 수직관

구경[A]	허용최대 지붕면적[m^2]
50	67
65	121
75	204
100	427
125	804
150	1,254
200	2,694

(2) 우수 수평관의 관경

우수 수평관의 관경은 표 7-10에 의해 결정한다. 그리고 펌프 등에 의하여 연속적인 배수를 받고 있는 우수수평관 및 우수 실외 배수관의 관경은 그 배수량을 지붕면적으로 환산하여 우수지붕 면적에 가산한 우수 관경을 선정하여야 한다.

① 수량 3.8ℓ/min마다, 최대강우량 100mm/h에서, 2.33m^2의 지붕면적에 상당한다.

② 최대강우량 100mm/h 이외에는 표의 수치 × $\frac{\text{그 지역의 최대 강우량}}{100}$ 으로 보정(補正)한다.

<표 7-10> 우수 수평관 관경

관경(A)	허용 최대 지붕 면적(m^2)		
	배관구배		
	1/24	1/48	1/96
75	153	108	76
100	349	246	175
125	621	438	310
150	994	701	497
200	2,137	1,514	1,068
250	3,846	2,713	1,923
300	6,187	4,366	3,094
375	7,055	7,804	5,528

※ 이 표는 최대강우량 100m/h를 기초로 하여 작성한 것임

(3) 합류식 배수 수평관의 관경

빗물 및 실내 배수를 1개의 간으로 모아 배수하는 합류식의 배수 수평관 및 실외배수관의 관경은 우수의 지붕면적을 기구배수 부하단위로 다음과 같이 환산하여 가산하므로 그 배수관의 용량표로부터 구할 수 있다.

① 지붕면적 $93m^2$까지는 그것에 상당하는 기구배수부하 단위는 256으로 한다.

② $93m^2$를 초과할 때는 초과한 부분에 대하여 $0.26m^2$마다 1기구배수부하 단위로 한다.

$$\text{배수 기구 단위수} = 256 + \frac{\text{수평지붕면적} - 93}{0.36}$$

③ 최대 강우량이 100m/h 이상에 대하여는 상기 ①, ②항을 모두 보정하여야 한다.

$$\text{배수 기구 단위수} = \left(256 + \frac{\text{수평지붕면적} - 93}{0.36}\right) \times \frac{\text{그 지역의 최대 강우량}}{100}$$

7.6 배수 펌프

기계식 배수에 사용하는 배수펌프는 넌 클로크 펌프(Non-clock-Pump) 또는 블레이드레스 펌프(Bladeless Pump)를 사용한다. 한편 구경은 양수량보다 오물제거에 중점을 두어야 하며 최소 65A 이상이 좋다. 그리고 배수피트의 용량은 배수펌프용량의 10~15분간분 이하로 함이 좋다. 이유는 용량이 그 이상이면 오물이 부패되어 악취가 나기 때문이다.

이에 비해 비교적 수질이 좋고 배수만을 할 경우에는 구경이 작은 펌프의 사용도 가능하며, 최소 구경은 40A로 한다. 또한 일정량의 배수를 연속 배수시킬 경우에는 배수 펌프의 용량은 그 배출 수량의 1.5배 이상으로 하고 잡배수 피트의 용량은 20~30분간분으로 한다.

7.7 트랩(Trap)

트랩의 역할은 하수 본관 및 실내 배수관내에서 발생한 하수 유해 가스가 역류해서 위생기구를 통하여 실내로 침입하는 것을 방지하기 위해서 설치한다. 배수계통의 요소에는 트랩을 부착하여야 한다.

1) 트랩의 구비 조건

배수용 트랩이 구비해야 할 조건은 다음과 같다.

(1) 봉수(封手)가 확실하고 유효하게 유지되는 구조일 것

(2) 구조가 간단하며 자기세정(自己洗淨)작용을 할 것

(3) 유수면은 평활하여 오수(汚水)가 정체하지 않을 것

(4) 재질은 내식성, 내구성이 우수할 것

<표 7-11> 트랩 및 배수관의 최소구경

(단위 : A)

기 구	트랩의 최소구경	기구배수관의 최소구경	기구	트랩의 최소구경	기구배수관의 최소구경
대변기	75~100	75~100	욕조(양식)	40	40
소변기(벽걸이)	40	40	비데	40	40
소변기(스톨형)	50	50	소제용싱크	65~75	65~75
세면기	32	32	세탁용싱크	40	40
수세기	32	32	오물싱크	75~100	75~100
수세기(소형)	25	25	의료용싱크	40	40
의료용세면기	32	32	화학실험용싱크	40	40
이발・미용용세면기	32	32	가정용싱크	40~50	40~50
음수기	32	32	전기세탁기	40	40
욕조	50	50	바닥배수	40~75	40~75

2) 트랩의 종류

트랩은 사이펀식(Siphon Type Trap)과 그외의 트랩(Non Siphon Type Trap)으로 분류되고 트랩의 종류는 다음과 같다.

(1) S트랩 : 벽걸이 소변기와 동양식면기 등에 일반적으로 널리 사용하는 트랩으로서 봉수(封水)가 파괴되는 경우가 많다.

(2) P트랩 : S트랩과 같이 널리 사용하는 트랩으로서 세면기에 주로 사용되며 봉수는 S트랩보다 안전하다 그리고 S트랩을 변형시킨 3/4인치 S트랩도 있다.

(3) U트랩 : 수평주관에 사요오디면 유속을 저해하는 결점이 있으나 실내 트랩으로서 실내배수 수평주관의 말단에 부착한다. 이상 S트랩・P트랩・U트랩을 사이펀식 트랩이라 한다.

(4) 드럼 트랩 : 주방용 싱크나 소재용 싱크류에 사용하며 주로 음식물의 찌꺼기를 제거하고 봉수

가 잘 유지되는 특징이 있다.

(5) 플로어 트랩 : 욕실 및 다용도실의 바닥배수에 사용되며 벨 트랩(Ball Trap)이라고도 한다.

(6) 그리이스 트랩 : 다량의 기름을 사용하는 대주방의 싱크에 사용하며 배수 중에 포함된 지방분을 냉각수로 응고시켜 제거하여 배수관 도중에서 지방분이 응고하는 것을 방지하므로 지방트랩(Grease Trap)이라고도 부른다.

(7) 가솔린 트랩 : 가솔린(Gasolin)을 많이 사용하는 세차장 등에 사용하는 트랩으로서 배수에 포함된 가솔린을 트랩내 수면에 부유시켜 통기관을 통해 휘발시킨다.

(8) 플라스타 트랩 : 배수관이 막히는 것을 방지할 목적으로 배수에 포함된 플라스타(Plaster)를 제거하기 위해서 치과에서 사용한다.

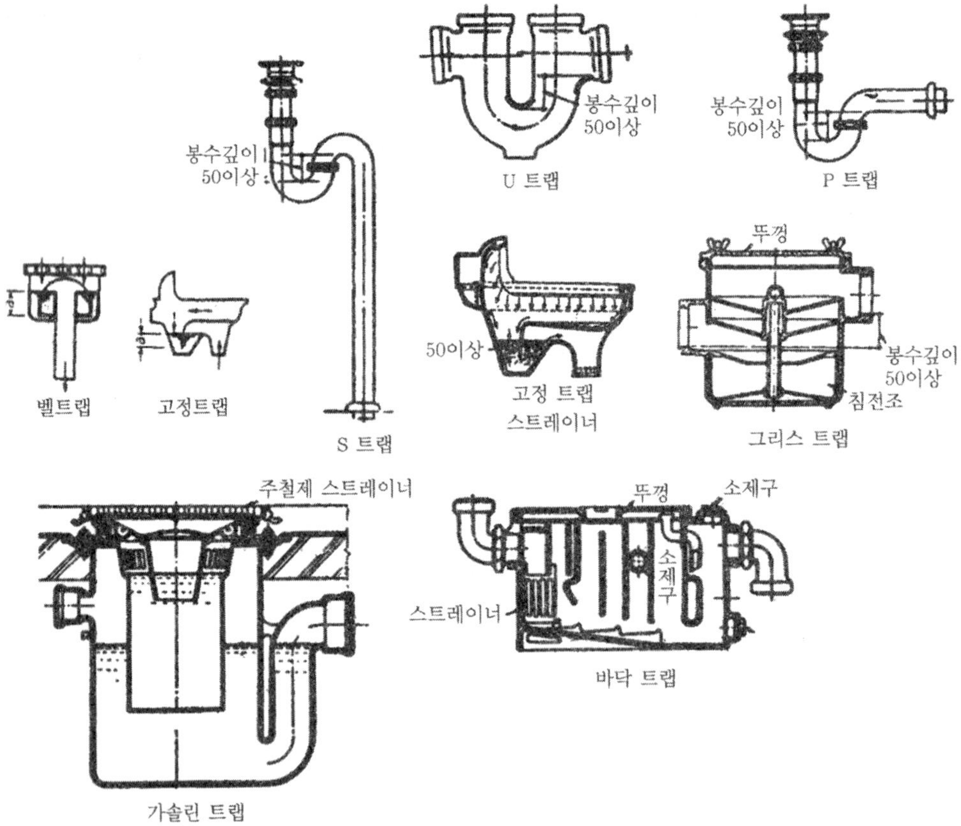

〈그림 7-13〉 트랩의 종류

3) 트랩의 봉수(Seal Water)

트랩은 배수관내에서 발생한 유해 가스, 냄새, 벌레 등이 실내로 침입하는 것을 방지한다. 이러한 기능은 배수관에 설치한 트랩 속에 고여 있는 봉수(封水)에 의해 그 기능이 발휘된다.
그림 8-14에서 a는 봉수깊이로서 그 깊은 5~10cm로 하는 것이 보통이며 봉수깊이가 5cm 이하이면 봉수 유지가 곤란하고 또 10cm 이상으로 너무 깊게 하면 유수(流水)의 저항이 증대하여 유수 능력이 감소되어 자기세정작용이 약해져서 트랩의 바닥에 침전물이 쌓여 막히는 경우가 있다. 그리고 트랩내에는 필히 봉수가 고여져 있어야 하는데 다음과 같이 여러 가지 작용에 의해 봉수가 상실되거나 양이 줄어드는 경우가 있다.

〈표 7-12〉 대변기의 봉수심

세정방식	유효 봉수심
세출식	55mm 이상
사이펀식	65mm 이상
사이펀젯트식	75mm 이상

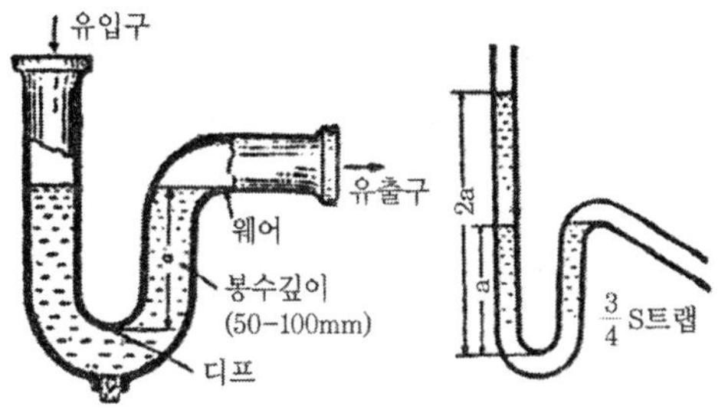

〈그림 7-14〉 트랩의 봉수

(1) 트랩의 봉수파괴 원인

① 사이펀 작용(Self Siphonage Action) : 위생기구로부터 트랩을 통하여 배수가 만수상태로 흐르면 강한 사이펀작용으로 트랩내의 물도 흡인(吸引)되어 트랩의 봉수가 파괴된다. S트랩에서 발생하기 쉽고 이것을 방지하려면 트랩 상부 V부에 통기관을 설치한다.

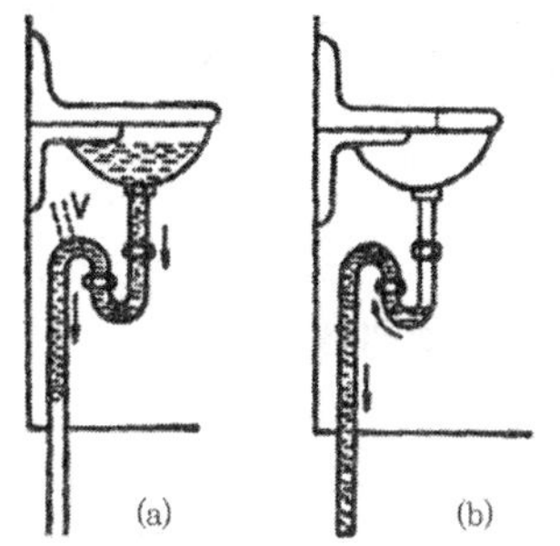

〈그림 7-15〉 자기 사이펀작용

② 모세관현상(Capillary Attraction) : 트랩의 봉수부와 수직관의 사이 부분에 모발(毛髮)이나 실 등이 뭉치면 봉수가 서서히 파괴된다. 이 모세관 현상은 벨트랩, S트랩에서 발생하기 쉽고 격자를 설치하면 방지할 수 있으나 가능한한 사용하지 않는 편이 좋다

③ 증발(Evaporation) : 트랩을 장기간 사용하지 않으면 봉수가 증발하여 파괴되므로 수면에 기름을 떨어뜨리면 효과적이고, 봉수의 깊이를 깊게 하여도 좋으나 너무 깊으면 오물이 세정되기 어렵다.

④ 유도 사이펀작용(With-Drawing Action) : 윗층의 기구로부터 배수가 배수수직관내를 급속히 흘러 하층 기구의 유출관 부분을 통과할 때, 수평주관내 a부의 공기를 감압시켜 봉수가 파괴된다. 통기관을 세우거나 수직관을 충분히 크게하면 방지할 수 있다.

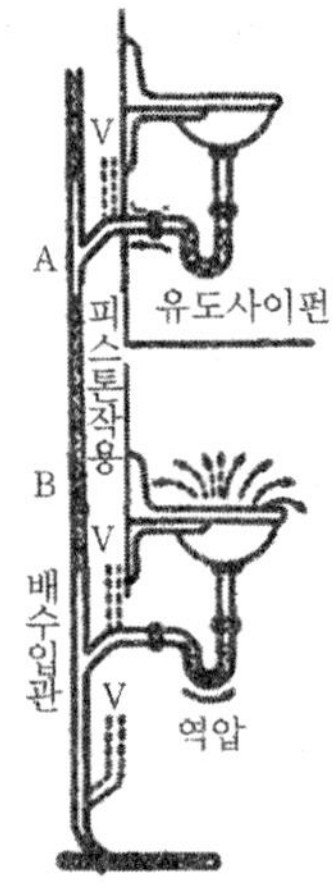

<그림 7-16> 유도 사이펀 및 역압작용

⑤ 역압에 의한 흡출작용(Back Pressure Action) : 대규모 배수설비에서 배수관의 하저곡부(下底曲部) 가까이 설치된 기구는 윗층에서 많은 기구를 동시에 사용하면 배수 수직관내에 꽉 차서 피스톤(Piston)상태로 흐르면 배수수직관내에서 압축된 공기는 위생기구의 봉수를 실내로 분출(噴出)시킨다.
이러한 현상을 방지하려면 수직관 하저부의 곡관(曲管) 가까이 C부분에 통기관을 세운다.

7.8 특수 배수배관과 공동구

1) 특수 배수배관

배수관내의 하수가스, 유체의 흐름, 청결 등을 보완하기 위한 통기관을 별도로 필요로 하는 배수배관방식은 배관구성이 복잡하고 또한 배관용 공간을 점유하므로 보다 과학적인 배수방법의 필요성에 의해서 특수하게 배수방법이 고안되었다.
배수관의 이음을 특수한 구조로 하여 유체역학으로 유체의 흐름을 변환시킨 단일수직관식 배관방식으로 신정통기관을 사용하는 소벤트방식(Sovent System)과 섹스티아방식(Sextia System)이 있다.

(1) 소벤트 방식 (Sovent System)

이 방식은 베른 시립직업학교의 위생설비와 주임(Frity Sommer씨가 1961년에 고안하여 미국에서 1968년에 처음 시공되었다. 종래의 배수 배관방식을 유체역학적으로 발전시킨 방식이다. 스위스에서는 많은 아파트에 채용하고 있다.

① 소벤트 시스템의 원리

a) 배수 수직관의 각층의 배수 수평지관을 접속하는 부분에 그림 7-17과 같이 공기혼합 이음을 설치하는 한편 배수 수직주관과 배수 수평주관이 접속되는 부분에는 그림 7-18과 같이 공기분리 이음을 사용하여 공기층이 서로 단절되지 않도록 기압변화를 최소화하는 것이다.

b) 공기 혼합이음을 사용하지 않는 층의 수직관에는 S자형 옵셋을 설치하여 배수의 유속을 감소시킨다.

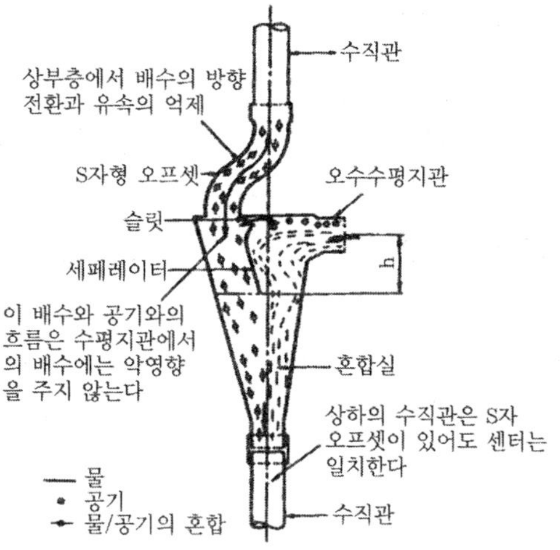

〈그림 7-17〉 소벤트 공기혼합이음

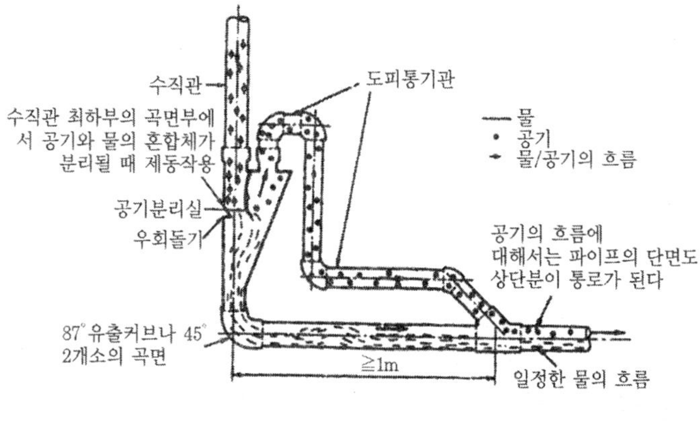

〈그림 7-18〉 소벤트 공기분리이음

② 공기이음의 역할

a) 공기혼합이음(Aerator Fitting)

i) 배수 수평관내에 유입된 배수와 공기를 혼합시킨다.

ii) 배수는 비중이 가벼운 수포를 만들어서 수직관내 유하수(流下水)의 유속을 감소시켜 수직관의 정상부에서 급격한 공기흡입현상을 방지한다.

b) 공기분리이음(Deaeratro Fitting)

i) 우회돌기에 의해 낙하한 배수와 공기의 혼합체를 분리하고 유속을 감소시킨다.

ii) 유하(流下)하는 배수중에 포함되어 있는 공기의 2/3는 배수 수평주관으로 방출된다.

c) S자형 옵셋

상층에서 유하하는 배수의 방향전환과 유속을 억제하는 역할을 한다.

(2) 섹스티아 방식 (Sextia System)

섹스티아 방식은 1개의 수직관에서 배수와 통기가 이루어지는 시스템으로 대변기와 여러 위생기구에서 나오는 배수 수평관을 수직관의 접속구에 연결한다.

이 방식은 배수의 공기심을 고려한 특수이음으로 설치한 것이다. 섹스티아 방식은 프랑스의 Roger, Legg씨의 공동개발로 1967년경 프랑스의 남부지방에서 고층아파트의 배수에 적용되었다.

섹스티아 이음은 각층의 배수 수평지관과 배수 수직관을 연견하는 섹스티아 이음부분과 배수 수직주관과 수평주관의 접속곡관부에 설치하는 섹스티아 밴드부분의 두 종류가 있다.

① 섹스티아 이음

배수 수평지관과 배수수직지관의 연결 부분에 고정날개에 설치하여 배수의 흐름에 제동을 걸면서 이때 원심력을 일으켜 수직관 내벽에 밀어 붙여 얇은 수막을 형성시키고 한편 수직관의 중심부에 생긴 공기심(Core)의 주위를 선회하면서 배수를 유하시킨다. 여기에 1개의 대변기와 6개의 위생기구의 배수와 배수수직관을 접속할 수 있다.

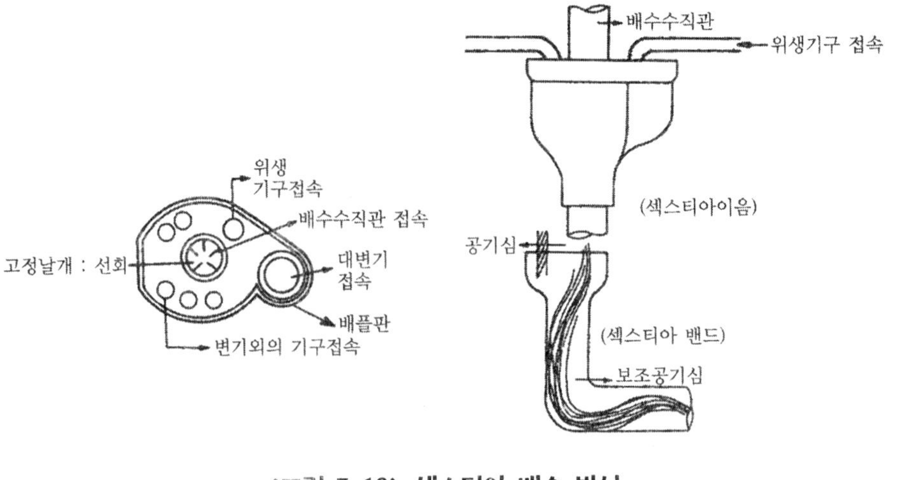

<그림 7-19> 섹스티아 배수 방식

② 수직관 하부의 곡관

섹스티아 벤드(Sextia Beng) 내부에 디플렉터(Deflector : 편향장치)를 설치하여 수직관내에서 발생하는 유하수의 수격현상을 방지하고 공기심이 수평주관에도 연결되도록 한다.

섹스티아 방식은 배수 수직관경 100A, 배수기구 부하단위(fuD) 500의 단일형으로서 호텔과 아파트건축과 같이 배관방식이 간단하거나 욕실이 상하같은 위치로 배치될 때 적용될 수 있으나 만약 화장실에 대변기가 여러 개 설치되면 수평관의 길이가 길어지므로 일반건물의 적용에는 보완이 필요하다.

(3) 싱글 스택 방식 (Single Stack System)

이 방식은 일반배수 배관방식처럼 배수수평관의 기울기를 한정시키고 배수 수직관에 접속하는 배수 구평관의 각도와 곡부에 배수조건을 부여한다. 여기서 배수 수직관은 하층일수록 배수기구 부하 단위수가 증가함에 따라 관경을 크게 한 특수배수 방법이다.

영국에서 개발되어 1953년경부터 보급되었고, 미국에서도 필라델피아 등의 일부에서 1900년대 초기부터 시공되었다.

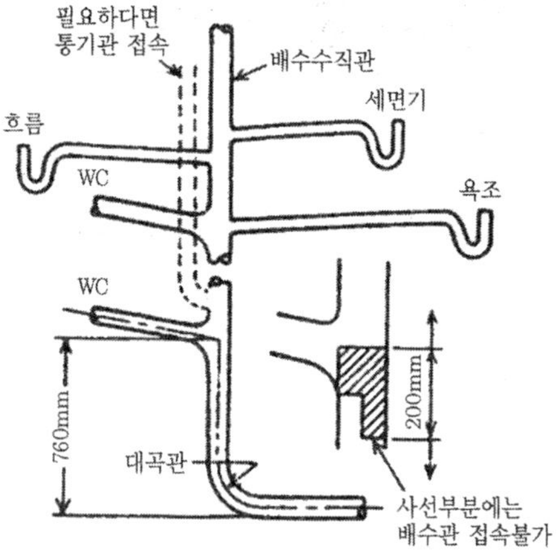

<그림 7-20> 싱글 스택 배수 방식

2) 공동구

공동구(共同構)란 지하매설물(전기 · 가스 · 수도 등의 공급설비, 통신시설, 하수도시설 등)을 공동 수용하여 미관의 개선, 도로구조의 보전 및 교통의 원활한 소통을 기하기 위하여 지하에 설치하는 시설물을 말한다. 공동구는 전기 · 가스 · 수도와 같은 도시인프라의 설치, 제거, 유지보수 등을 대단히 용이하고도 안전하게 이루어지게 하는 시설이지만, 설치 비용의 문제로 인해 도시설비로서 적용된 예는 도시계획된 신시가지 외에는 별로 없고, 대부분 아파트 단지와 같은 일정구역 내에 설치되는 것일 일반적이다.

그림 7-21은 공동구의 폭과 높이를 각각 1.8m로 설정한 것으로, 아파트 단지를 비롯한 일정 지역 내의 급수·온수·하수·전기·통신을 위한 배관을 배치할때 일반적으로 적용하는 크기이다. 도시설비로서 공동구를 계획하고자 한다면 공동구에 수용할 인프라의 종류도 많아지고 그 크기도 커져, 그림과 같은 크기로는 부족하게 되므로 면밀한 검토를 거쳐 적절한 크기로 계획을 해야 한다.

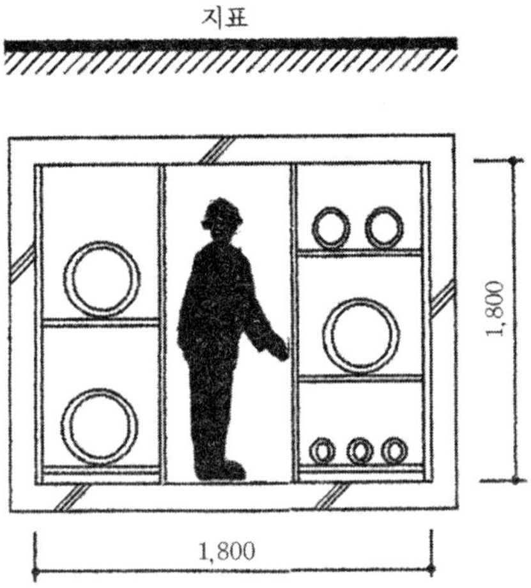

<그림 7-21> 공동구의 단면도

제 8 장

난방설비

난방방식에는 증기난방, 온수난방, 고온수난방, 복사난방, 지역난방 등이 있으며 이에 따른 부속장치와 배관부속품을 파악하고 난방설계를 할 수 있도록 본단원을 구성하였다.

8.1 보일러

건축물의 난방용으로 사용되는 열매(온수, 증기)를 생산하는 보일러는 주철제 보일러, 연관식 봉일러, 수관식 보일러, 가스 보일러 등이 있다.

1) 주철제 보일러 (Sectional Cast Iron Boiler)

주철제 보일러는 섹셔널 보일러라라고 하며 본체가 주철로 된 몇 매(枚)의 섹션(Section)을 니플(Nipple)로 접속시켜 몸체를 구성시킨 것이다. 섹션장수를 증가시키면 간단히 보일러 용량을 증가시킬 수 있다.

그러나 주철제 보일러의 섹션수의 사용범위는 법에 규정되어 있으며 이 보일러의 특징은 다음과 같다.

① 가격이 다른 보일러에 비해 염가이다.

② 섹션으로 분할되므로 반입, 조립, 증설이 쉽다.

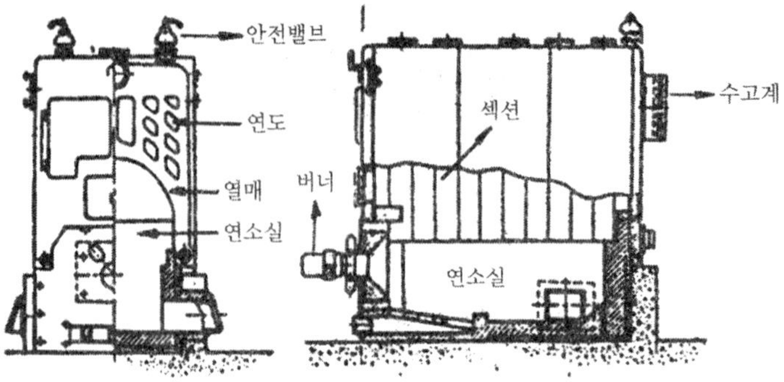

〈그림 8-1〉 저압 스팀 주철제 보일러

③ 형이 장방형이어서 건물에 잘 맞는다.
④ 보일러 효율이 낮아 큰 건물에서는 대수가 많아진다.
⑤ 내식성이 우수하고 수명이 길다.

주철제 보일러는 볼트 조립이므로 내압력이 낮아 중소규모 건축의 난방, 급탕용, 증기보일러, 온수보일러로서 널리 사용된다.
사용압력은 증기용에서는 압력 $1kg/cm^2 \cdot G$ 이하, 온수용에서는 수두압 50mAq 이하의 저압용에만 사용이 제한되어 있다.

2) 노통 연관 보일러 (Somoke Tube Boiler)

강판제 보일러의 일종으로 강판으로 된 원통 속에 노통(연소통)이 있고 연소가스는 수중의 연관(煙管)을 2~3회 흐름방향을 바꾸어 통과하여 물에 열을 주고 연돌로 흐른다.
이 보일러의 용량은 0.3~10ton/h 정도이고 또한 사용압력은 $7 \sim 10kg/cm^2$ 범위가 최적이다.
이 보일러의 특징은 다음과 같다.

① 보일러의 효율이 주철제보다 높다.
② 내압력이 보통형이면 $10kg/cm^2 \cdot G$이고, 난(냉)방용에는 충분하다.
③ 수처리에 주의하지 않으면 부식의 염려가 있다.
④ 소형의 것은 주철제보다 약간 고가이다.
⑤ 보유수량이 많아 예열시간이 길다.
⑥ 전열면적이 크므로 열효율도 좋다.(80~85%)
⑦ 보일러의 분할반입이 곤란하므로 큰 반입구가 필요하다.

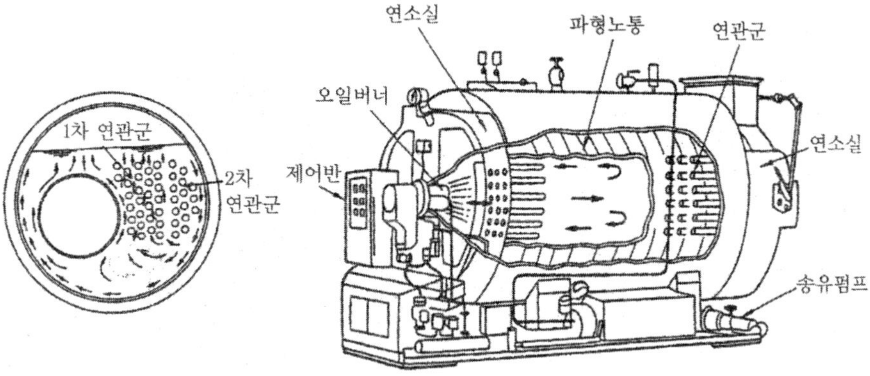

<그림 8-2> 노통 연관 보일러의 구조도

노통 연관 보일러는 중, 대규모 건축의 난방용 증기 및 온수 보일러로 채용되고 또 고온수 보일러로서 지역난방용으로도 사용됨은 물론 주로 건축용으로서 사용한다.

3) 수관 보일러 (Water Tube Boiler)

이 보일러는 동력용의 고압증기를 대량으로 발생시키는데 적합하며 구조는 상부에 증기드럼, 하부에는 물드럼인 2개의 드럼이 있고, 이것들을 서로 연결하는 다수의 수관과의 조합으로 구성되고 또 보일러 전체를 벽돌로 둘러 쌓는다.
보일러의 용량은 패키지(Package)형으로 증발량이 3~30ton/h 또한 최고 사용압력은 10~20kg/cm^2 정도이다.
건축에 쓰이는 수관 보일러는 비교적 소용량의 매시증발량이 2.5t 이하의 패키지(Package)형이 사용되는 반면 고압증기를 대량으로 사용하는 병원, 호텔, 지역 냉난방용으로도 사용된다.
수관식 증기 보일러의 특징은 다음과 같다.

① 연소 상태가 좋고 보일러의 효율이 높다.
② 스케일로 인한 수관의 파열이 쉽다.
③ 보유수량이 적어 증기발생 속도가 빠르므로 예열시간이 짧다.
④ 파열시 재해가 적어 대용량, 고압 · 고온형에 알맞다.
⑤ 다른 보일러에 비해 고가이다.
⑥ 고도의 물처리가 필요하다.
⑦ 물드럼이 2개이므로 설치높이가 높다.

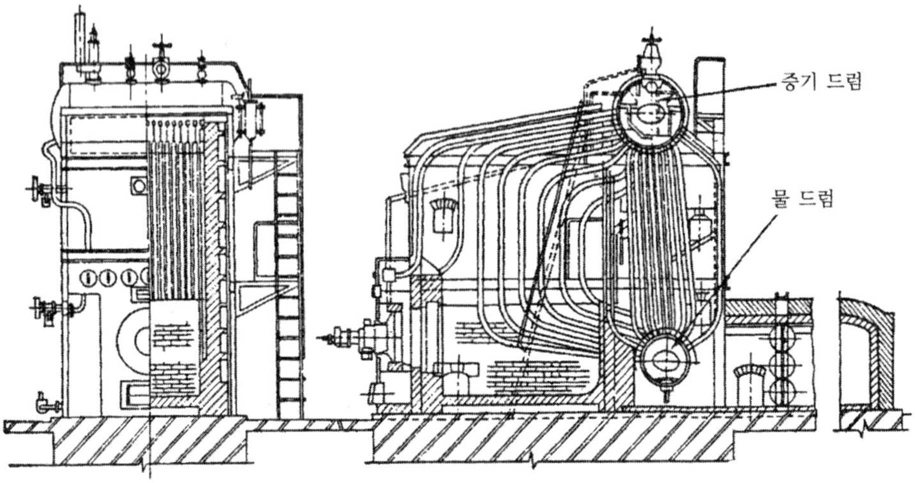

〈그림 8-3〉 수관식 보일러

⑧ 압력이나 수위변동이 크므로 자동급수를 요한다.

4) 가스 보일러 (Gas Boiler)

대기오염을 줄이기 위해서 화석연료 대신에 청정연료인 가스를 연소시켜 열매를 생산하는 가스 보일러의 사용이 점차 증가하고 있다.
가스 보일러의 연료는 가스이므로 누기에 의한 화재의 위험성 및 배관방법이 중요시되고 있다. 특히 연소시 많은 양의 산소를 필요로 하므로 환기도 충분히 고려해야 함은 물론 연소가스의 배기도 충분히 검토되어야 한다.

(1) 가스 보일러의 종류

① 자연 배기식 가스보일러
② 강제 배기식 가스보일러
③ 저탕식 가스보일러
④ 순간식 가스보일러
⑤ 바닥 설치형 가스보일러
⑥ 벽걸이형 가스보일러

(2) 가스 보일러의 설치기준

도시가스 사업법 시행규칙 제38조의 규정에 의한 가스보일러의 설치기준은 다음과 같다.

① 바닥설치형 가스보일러 및 벽걸이형 가스보일러는 그 하중에 견디는 구조로서 견고하게 설치할 것

② 가스보일러를 설치하는 주위는 가연성물질 또는 인화성 물질 저장취급하는 장소가 아니어야 한다.

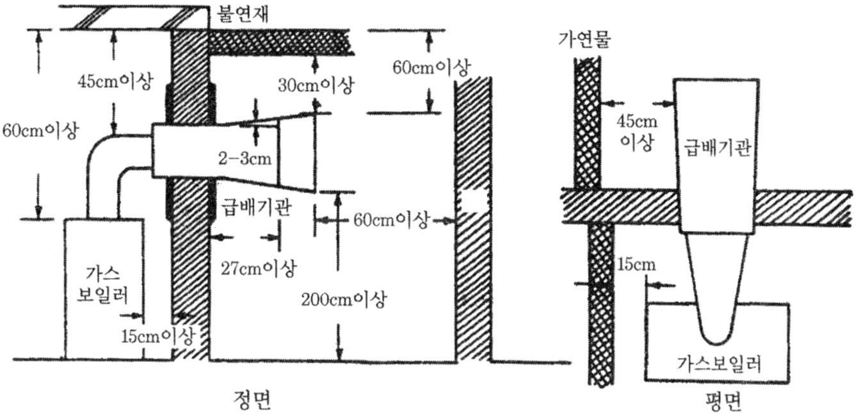

<그림 8-4> 가스 보일러 설치도

③ 가스보일러는 전용보일러실에 설치할 것

④ 가스보일러의 가스접속배관은 금속 또는 가스용 플렉시블 호스를 사용하고 가스의 누설이 없도록 확실히 접속할 것

8.2 보일러의 효율과 능력

보일러의 효율은 그 구조, 크기, 연료의 종류, 연소 방법, 보일러의 취급방법 등에 따라서 효율은 크게 달라지지만 보일러의 능력을 표현하는 데는 일반적으로 다음의 요소를 사용한다.

(1) 화상(火床) 면적 (Grate Area)

연료를 연소하는 화격자(Fire Grate)의 면적을 말한다.

(2) 전열면적 (Heating Surface)

보일러의 연소실에서 연료의 연소로 발생하는 열에 의해 보일러를 형성하는 판(板), 또는 관의 면이 한쪽은 가열되고, 그 반대쪽은 열을 물에 전하는 면적(m^2)을 말한다.

(3) 연소율 (Rate of Combustion)

고체 연료를 사용할 경우 화상 면적 $1m^2$당 1시간의 연소량, 또한 액체 연료의 경우에는 전열면적 $1m^2$당 1시간의 연소량을 그 보일러에 대한 연소율이라 한다.

(4) 증발량 (Quantity of Evaporation)

단위 시간에 발생하는 증기량(kg/h)을 말한다.

① 실제증발량(Wa : kg/h) : 단위시간에 발생하는 증기량이다.

② 상당증발량(We : 환산증발량) : 실제 증발량이 흡수한 전 열량을 가지고 100℃의 온수에서 같은 온도의 증기롤 변화시킬 수 있는 증발량으로서 즉, 실제증발량(Wa)을 기준 증발량(539kcal/kg)으로 환산한 증발량(kg/h)을 말하며 보일러의 출력을 나타낸다.

$$We = \frac{Wa(i_2 - i_1)}{539}$$

We : 상당증발량(kg/h)

Wa : 실제증발량(kg/h)

i_2 : 발생기의 엔탈피(kcal/kg)

i_1 : 급수 엔탈피(kcal/kg)

예제-01 어떤 보일러의 상당증발량이 4,500kg/h이고 급수엔탈피가 27kcal/kg이면 실제증발량은 얼마인가?(단, 발생증기의 엔탈피는 645.5kcal/kg이다)

해답-01 $Wa = \frac{4,500 \times 539}{645.5 - 27} = 3,921.58\ kg/h$

예제-02 보일러의 매시증발량이 3,600kg/h일 때 소비된 연료는 420ℓ/h, 연료의 발열량은 7,200kcal/kg이다. 이 보일러의 효율은 얼마인가? (단, 연료의 비중은 0.94, 발생중기의 엔탈피는 623.5kcal/kg, 급수온도는 25℃이다.)

해답-02 $y = \frac{g}{Gf \times rf} \times 100 = \frac{3,600 \times (623.5-25)}{420 \times 0.94 \times 7,200} \times 100 = 75.8\%$

(5) 유효열량 (Effective Heat)

보일러에서 단위 시간에 증기 또는 온수의 보유열량(kcal/h)을 말한다.

(6) 보일러 마력 (Boiler Horse Power : BHP)

보일러의 용량을 나타내는 단위이다.
① 1시간에 100℃의 물 15.65kg을 전부 증기로 증발시키는 증발 능력을 1보일러 마력이라 한다.
IBHP=15.65(kg/h)×539(kcal/kg)=8,435(kcal/h)
② 급수온도 37.8℃일 때 70PSLG(4.9aty)의 증기를 13.6kg 발생시키는 능력이다.
IBHP=13.6×(658-37.8)=8.434(kcal/h)

(7) 상당방열면적 (Area of Equivalent Direct Radiation : EDR)

난방설비의 용량은 발열량 표시 방법인 상당 방열면적(EDR=Equivalent Direct Radiation)m^{2}와 시간당 발열량 kcal/h로 표시하는 방법이 있다.
상당방열면적(EDR)이란 실내온도 18.5℃, 열매온도가 증기 102℃, 온수 80℃의 표준 상태에서 얻어지는 표준 방열량 Q_0(kcal/m2 · h)로 방열기로 전방열량 Q_0(kcal/m^2 · h)를 나누어 얻어지는 값으로써 표시된다.

$$EDR = \frac{Q}{Q_0}(m^2)$$

<표 8-1> 방열기의 표준 발열량

열매 종류	표준 발열량 Q_0	표준 상태에서의 온도(℃)	
		열매 온도	실내 온도
증기	650	102	18.5
온수	450	80	18.5

(8) 난방 도일 (Heating Degree Day)

난방기간 동안 난방 실내 설계온도와 매일의 평균외기온도의 차에다 날짜별로 가산한 양이다.

$D=\sum(t_i-t_o)$℃ day

D : 난방도일(℃ day)
t_i : 난방 실내 설계 온도(℃)
t_o : 매일의 실외평균온도(℃)

그리고 난방 도일은 추운 정도의 지표가 되며 그 값이 크면 난방용 소비가 많고 각 지역에 따라 그 값이 다르다.
난방도일에 따른 우리 나라 기후지역 구분을 보면 표 8-2와 같다. 제주도와 서울지역의 난방도일 차이는 약 1,400℃day이고, 제주도를 제외한 내륙지방에서는 중부와 남부지역의 난방도일은 1,000℃day 이상의 차이를 보이고 있다.

<표 8-2> 난방도일에 따른 지역구분(단위 : 난방도일 ℃day, 18℃ 기준)

구 분	난방도일	해당 지역
제Ⅰ지역	3,000 이상	서울시, 인천시, 경기도, 강원도, 충청북도
제Ⅱ지역	2,000~3,000	충청남도, 대전시, 전라남북도, 광주시, 경상남북도, 대구시, 부산시, 울산시
제Ⅲ지역	2,000 미만	제주도

(9) 보일러의 부하 (H : kcal/h)

$H=H_R+H_w+H_P+H_e$
H_R : 난방부하(가열코일, 방열기의 용량 kcal/h)
H_W : 급탕 부하(급수 10℃를 온수 70℃ 온도까지 가열하는데 필요한 열량 : 1ℓ=60kcal)
H_P : 배관 표면의 손실부하(HR+HW의 20%)
H_e : 예열부하(상용출력 HR+HW+Hp의 20~50%)
H_R+H_W : 방열기의 용량
$H_R+H_W+H_P$: 상용 출력
$H_R+H_W+H_P+H_e$: 정격 출력

(10) 보일러 전열면적의 증발률

$E=(h_2-h_1)/539$
h_1 : 보일러 본체 입구에 의한 급수 엔탈피

h_2 : 발생포화 증기의 엔탈피
539 : 증발 전열 면적

(11) 보일러 효율 (y : %)

연료의 열량 중 몇 %가 유효한 열로서 증기 혹은 물에 전해주었는가를 나타내는 율이다.

$$y = \frac{q}{G_f \times h_f} \times 100(\%)$$

q : 발생열량(kcal/h)
G_f : 연료의 소비량(kg/h, m^3/h, ℓ/h)
h_f : 연료의 발열량(kcal/kg, kcal/m^3)

예제-03 보일러 마력 2.5HP로서 증기압력 15kg/cm^2, 온수 400℃의 증기 30kg을 발생시키기 위한 급수 온도는 몇 ℃인가?(단, 15kg/cm^2인 온도 400℃ 증기의 엔탈피는 750kcal/kg이다.)

해답-03 2.5×8,434=30(750 - t)
t=47℃

예제-04 중유를 매시 100ℓ 연소시키는 보일러가 있다. 이 보일러의 증기압력이 10kg/cm^2, 급수 온도 40℃, 매시증발량 1,000kg일 때 보일러의 효율을 구하라(단, 중유의 발열량은 9,500kcal/kg이고, 10kg/cm^2에서 증기의 엔탈피는 682kcal/kg이고 중유의 비중은 0.96이다)

해답-04 $y = \frac{1,000 \times (682 - 40)}{100 \times 0.96 \times 9,500} \times 100 = 70\%$

예제-05 보일러 전열면적의 증발율을 구하는 식은? (단, h_1 : 보일러 본체 입구에 의한 급수 엔탈피, h_2 : 발생 포화증기의 엔탈피이다.)

해답-05 (매시증발율)(h_2−h_1)/538.8(증발 전열면적)

예제-06 상당증발량이 3,000kg/h이고 급수온도가 30℃, 발생증기의 엔탈피가 635.2kcal/kg 일 때 실제 증발량은 얼마인가?

해답-06 $W_e = \dfrac{W_a(i_2 - i_1)}{539}$

$$W_e = \frac{W_a(i_2 - i_1)}{539} = \frac{3,000 \times 539}{635.2 - 30} = 2,672\text{kg/h}$$

8.3 증기 난방 (Steam Heating System)

보일러내 증기의 발새응로 압력이 증가하고 방열기에서는 증기의 응축으로 압력이 감소한다. 따라서 증기 보일러와 방열기의 압력차에 의해 증기가 순환된다.
증기 난방은 방열기에 증기를 순환시켜 잠열(Latent Heat : 상태 변화에 따라 출입하는 열)로 방열기 표면을 통해 방출되어 실내온도를 상승시키는 방법이다.
증기 1kg의 539kcal이고 이 잠열을 방출한 증기는, 응축수로 바뀌어 스팀트랩을 통해 보일러로 환수되는데 환수관에 의한 순환회로가 되면 방열기내의 저압에 의해 드롭레그(Drop Leg)안의 수면은 보일러의 수면보다 높아지고 한편 방열기내에서 응축한 물은 무게에 의해 보일러로 환수된다.
증기난방은 배관에서 환수관은 공급관보다 한 치수 작아도 되는데 예를 들면 공급관 직경이 25mm이면 환수관의 직경은 20mm도 가능하다. 그러므로 설비비는 20~30%가량 절감되지만 보일러는 고압이 사용되기 때문에 일반적으로 연면적 1,000m2 이상의 건물 난방에서 채택된다.
증기난방의 특징은 다음과 같다.

① 예열시간이 짧다.
② 열용량이 작으므로 실내온도의 상승이 빨라 간헐 난방에 적합하다.
③ 온수에 비해 소요방열면적이 적고 배관이 가늘어도 된다.
④ 층고에 관계없이 증기공급이 원활하다.
⑤ 겨울에 난방중지의 경우 동결파손이 적다.
⑥ 고압보일러의 취급에는 운전자의 자격을 요하고 취급이 어렵다.
⑦ 난방부하에 따른 실내 방열량 조정이 곤란하므로 ON-Off 제어만 가능하다.
⑧ 방열기의 표면온도가 높기 때문에 유치원의 난방에는 부적합하다.

⑨ 방열기를 바닥에 설치하므로 복사난방에 비해 실내바닥의 유효면적이 줄어든다.
⑩ 초기 통기시 주관내 응축수의 배수에서 열이 손실된다.
⑪ 스팀 해머링(Steam Hammering)이 발생한다.
⑫ 설비비와 유지비가 저렴하다.(온수난방에 비해 20~30% 절감)
⑬ 응축수 환수관내에서 부식이 발생한다.
⑭ 먼지의 비산이 많아 병원의 난방에 부적합하다.

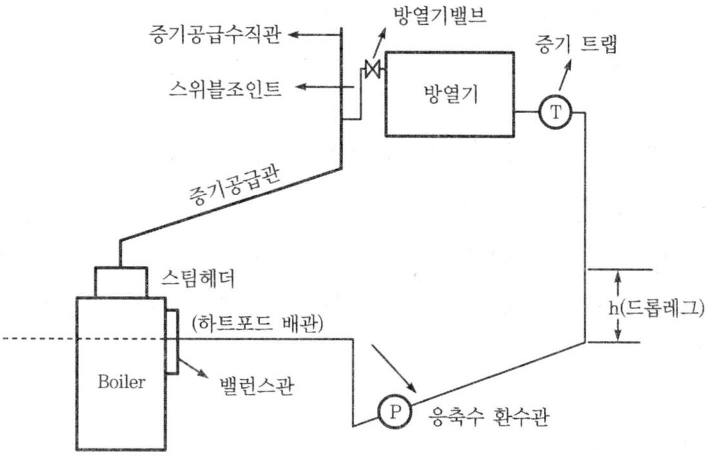

〈그림 8-5〉 증기 공급 계통도

1) 증기난방의 종류

증기 난방의 종류는 사용증기의 압력에 따라 다음과 같이 분류되며, 지역난방에 사용되는 증기의 압력은 5~10kg/cm^2 정도이다.

(1) 저압증기 난방 (0.15~0.35kg/cm2)

일반 건물에서 많이 쓰는 난방용 주철제 방열기를 사용하므로 난방감각이 좋고 안전하다. 주로 고압증기를 공급도중에 감압하여 저압증기로 사용한다.

(2) 중압증기 난방 (1~3kg/cm^2) 이상

압력이 1~3kg/cm^{2}인 증기가 열매로 이동하는 난방을 중압증기 난방이라 한다. 공장이 난방에 사용한다.

(3) 고압증기 난방 ($4kg/cm^2$) 이상

공장용 관방열기를 사용하므로 누설위험이 크고 또한 고온이므로 난방감각이 나쁘고 냄새가 나지만 지역 난방에 적합하다.

2) 응축수 환수방식에 의한 증기난방

증기난방에 사용되는 증기의 경로는 보일러→스팀헤더(Steam Header)→증기주관→감압밸브→방열기→증기 트랩→환수관→관말트랩→Return Tank→펌프(Pump)→보일러로 반복 순환하며 응축수 환수방식에 따라 증기난방의 종류를 분류하면 다음과 같다.

(1) 중력 환수식 증기 난방 (Gravity Return System)

열을 방산한 증기는 응축수로 바뀌는데 이 응축수(Condensate Water)를 중력 작용에 의해 보일러로 환수시키는 난방방법이다. 응축수의 환수방식에는 응축수와 증기가 하나의 관속을 흐르는 단관식(One Pipe System)과 증기와 응축수가 각기 다른 배관을 흐르는 복관식(Two Pipe System)이 있다.

1) 배관방식에 의한 분류

① 단관식

증기의 공급과 응축수의 환수가 동일 관내를 서로 역류하는 방식으로 소형건물에 적합하다. 만약 증기트랩(Steam Trap)을 사용하지 않으므로 방열기 밸브(RV)를 설치하고, 환수관이 없어 장치내의 공기를 제거해야 난방이 가공하므로 공기빼기 밸브를 부착한다. 우리나라에서는 거의 볼 수 없다.

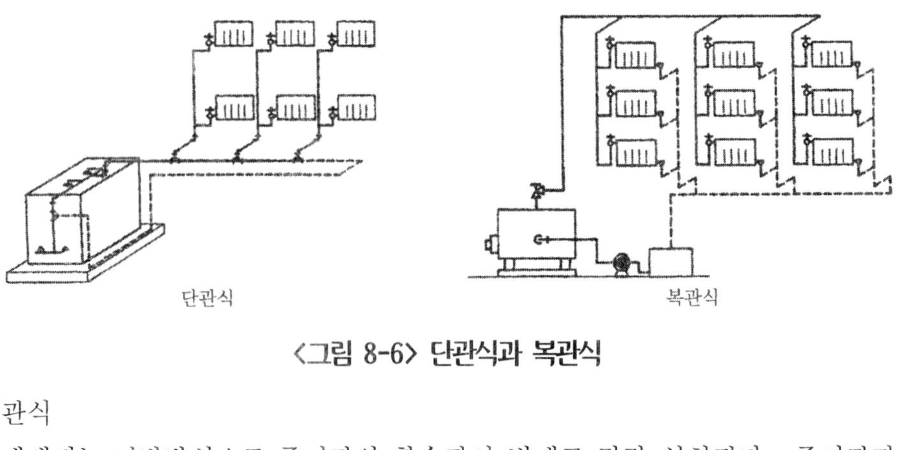

〈그림 8-6〉 단관식과 복관식

② 복관식

널리 채택되는 난방방식으로 증기관의 환수관이 별개로 각각 설치된다. 증기관과 환수관이 연결되는 곳에 트랩을 설치하여 증기가 환수관에 혼입되는 것을 방지한다.

이 난방방법은 주로 저압 보일러에 사용되고, 특히 방열기의 응축수가 중력에 의해 환수되기 때문에 보일러와 동일한 바닥면에 방열기를 설치할 수 없다.

방열기는 보일러의 수면보다 높아야 하고 또한 증기주관의 관말높이는 최소 증기주관과 환수관의 합계 마찰손실수두만큼 높게 해주어야 한다.

③ 단관식 상향 증기 난방

이 방식은 보일러에서 각층 방열기로 증기를 상향으로 보내는 상향 급기식(Up-feed System)으로서 하나의 수직관 속에서 상향하는 증기와 관내에서 발생한 응축수와 방열기에서 나오는 응축수가 보일러로 유입되어 증기와 물이 역방향으로 흐르기 때문에 다른 방식에 비하여 관경을 크게 하여야 한다. 방열기 밸브는 응축수가 괴지 않도록 슬루스 밸브, 또는 앵글밸브 등을 사용해야 한다. 또 여기에 연결하는 관은 환수관이 되므로 반드시 방열기의 하부 태핑에 연결 배관해야 된다. 또 방열기 안에서 분리된 공기를 배제하기 위해서 각 방열기에 공기빼기밸브를 부착해야 한다. 그리고 증기와 응축수가 함께 순환하는 각 수평지관의 구배는 순류하는 관에서 1/100~1/200, 역류관에서 1/50~1/100의 구배가 필요하다.

④ 단관식 하향 증기 난방

증기 주관을 최상층 천정까지 세워 올리고 천정에서 수평관을 배관하여 각 방열기에 수직관을 분기하며, 그 하단은 증기 트랩을 통하여 건식 환수관에 연결한다.

이 배관에서 증기와 응축수는 동일 방향으로 흐르므로 관경이 상향 급기식에 비해 작아도 된다. 그리고 건식 환수관의 깊이가 짧아져 증기트랩이 필요치 않다.

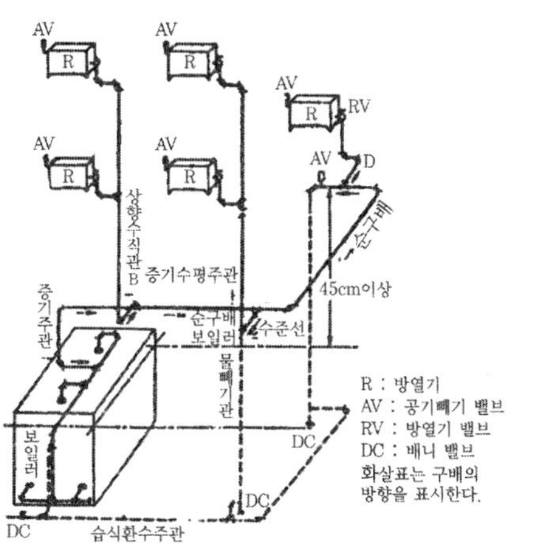

〈그림 8-7〉 단관식 중력 환수 증기난방(상향급기)

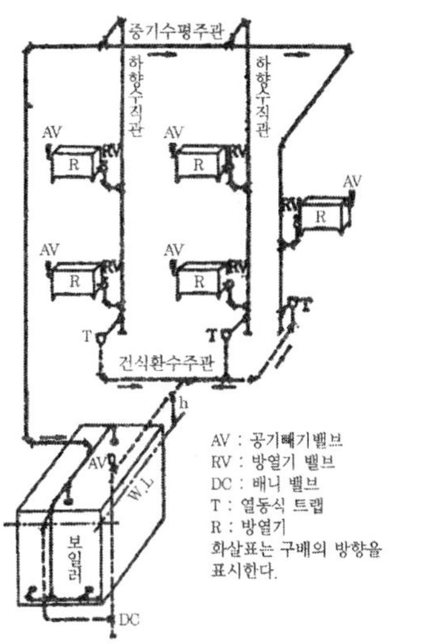

〈그림 8-8〉 단관식 중력 환수 증기 난방(하향급기)

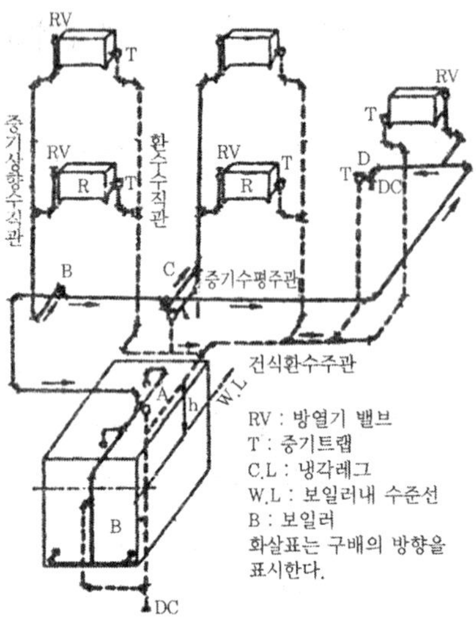

<그림 8-9> 복관식 중력 환수 증기난방(상황급기)

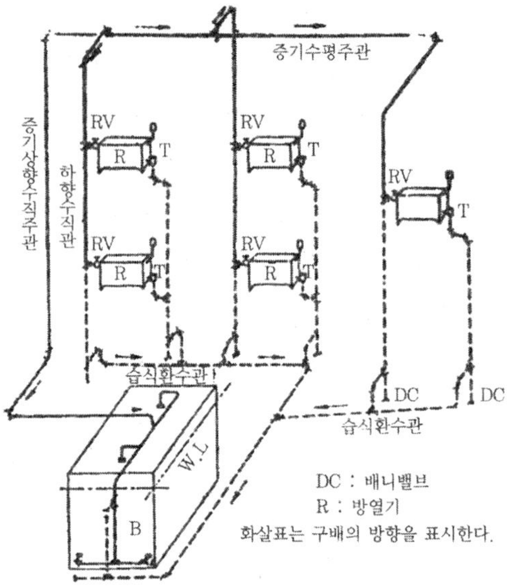

<그림 8-10> 증기난방(하향급기)

⑤ 복관식 중력 환수 증기난방

난방 설비중에서 가장 널리 채택되는 복관식은 증기공급 방식에 따라 보통 많이 채택되는 상향 급기식과 하향 급기식이 있으며 증기 주관은 1/200 정도의 선하향 구배로 하고, 건식 하수관에는 꼭 증기 트랩을 경유하여 환수관에 접속해야 한다.

증기 트랩은 방열기 밸브가 부착되어 있는 반대쪽 하부 태핑에 부착한다. 방열기의 응축수가 중력에 의해 환수되기 때문에 방열기를 보일러보다 높은 위치에 설치해야 한다. 현재는 거의 쓰이지 않는 배관 방식이다.

(2) 기계 환수식 증기 난방

이 방식은 중력 환수식의 배관 방식에서 환수 주관과 환수탱크 사이를 중력식으로 조작하고 환수탱크에 모인 응축수만을 응축수 펌프(Condesnsation Pump)를 이용하여 보일러에 압송하는 방식이며 응축수에 작용하는 압력은 항상 대기압 보다 커야 한다. 보일러의 위치는 방열기의 위치보다 낮거나 높아도 된다.

응축수의 환수탱크에서는 응축수 중에 혼입되어 온 공기를 분리시켜 공기 빼기 밸브를 통하여 배기한다.

(3) 진공 환수식 증기 난방

이 방식은 보일러와 방열기의 설치 위치에 제한을 받지 않고 응축수 환수방법중 순환이 가장 빠르다 환수관의 압력은 진공 펌프(Vaccum Pump)에 의하며 대기압 이하로 유지하여 응축수를 환수탱크에 다시 이것을 보일러에 압송하는 방식이다.

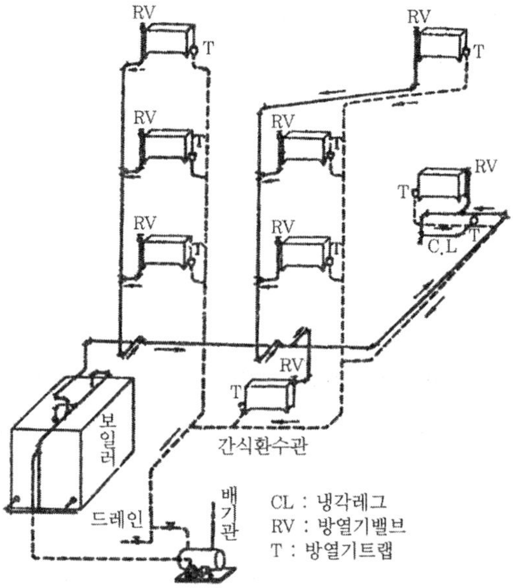

<그림 8-11> 기계 환수식 증기난방

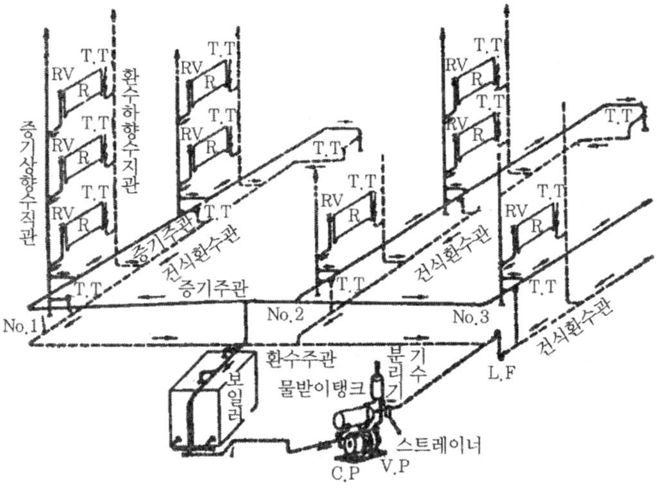

<그림 8-12> 진공 환수식 증기 난방

이때 환수관의 진공도는 100~250mmHg 정도이며 공기빼기 밸브는 필요하지 않다.
설비는 진공 펌프를 환수 주관 말단의 보일러 바로 앞에 접속시켜 환수관중의 응축수와 공기를 흡입하는 방식으로 이 진공 펌프는 공기와 응축수가 혼합된 유체 중에서 공기는 대기중에 배출하고 응축수만을 보일러에 환수시킨다. 그러므로 환수관은 다른 방식에 비해 작아도 되며 방열량도 광범위하게 조절할 수 있는 것이 특징이다. 또한 배관 기울기에 구애됨이 없이 흡상이음이 가능하다.

3) 환수관에 배치에 의한 분류

(1) 건수 환수법

환수주관(Return Main Pipe)이 보일러의 수면보다 높은 위치에 있다.
환수주관의 증기혼입으로 인한 열손실을 방지하기 위해 방열기와 관말에 트랩을 설치한다.

(2) 습식 환수법

환수주관이 보일러의 수면보다 낮게 설치되며 환수주관내에는 응축수로 환수되므로 건식보다 관경이 작아도 한편 관말트랩을 설치하지 않아도 된다.

4) 증기난방 배관법

(1) 증기 보일러 주위 배관

증기보일러에서 증기 취출관은 60cm 이상 위로 올려 루프배관한다. 그리고 증기보일러 내부의 안전수면이 저하해서 위험해지는 것을 방지하기 위한 하트포드배관에서 환수루프관의 접속점은 보일러 안전수면과 같은 높이로 한다.

(2) 증기주관

증기주관은 증기 진행방향으로 1/200~1/300의 하향구배를 잡는다.

(3) 감압밸브

고압증기난방시는 증기주관의 도중에 감압밸브를 설치하여 증기의 압력을 감압시켜 공급한다.

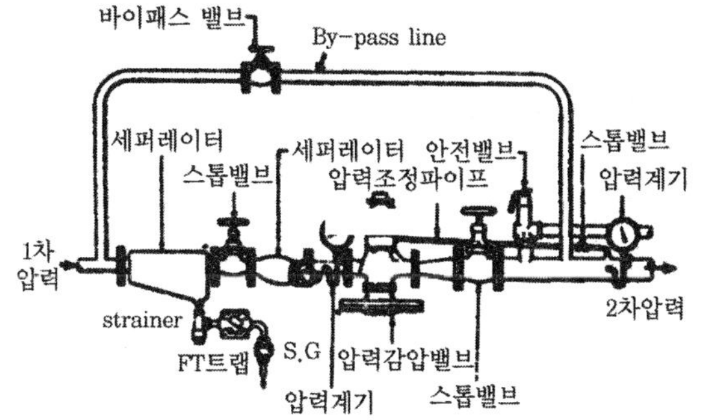

<그림 8-13> 증기난방의 감압밸브 주변 배관

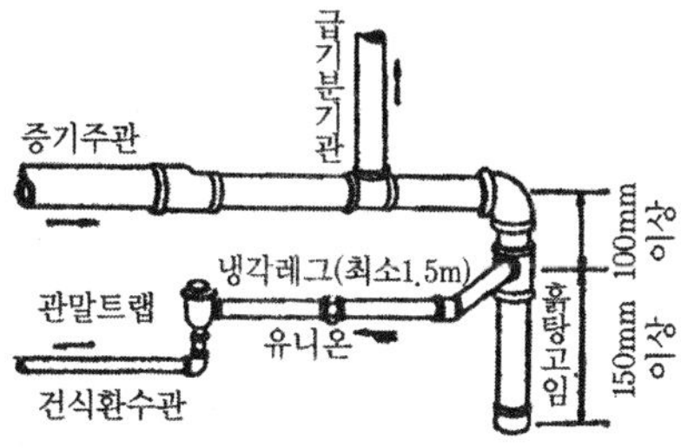

<그림 8-14> 증기주관 관말 트랩 배관

(4) 환수주관

환수주관은 환수방향으로 1/200~1/300의 하향구배를 잡는다.

(5) 관말 트랩 주위의 배관

증기주관에서 응축수를 건식 환수관으로 배출하려면 주관과 같은 관경으로 100mm 이상 내리고 하부를 150mm 이상 연장해 흙탕고임(Drain Pocket)을 만들어 준다. 냉각다리(Cooling Leg)을 트랩앞에서 1.5m 이상 떨어진 곳까지 나관배관으로 한다. 또한 주관의 관말에는 트랩을 설치한다.

(6) 방열기 지관

방열기의 지관(枝管)은 열팽창에 의하여 발생하는 응력을 흡수하도록 스위블조인트를 설치하고 루우프상으로 배관한다.

(7) 증기 주관의 관말 트랩 배관

주관 안의 응축수를 건식 환수관에 보내기 위해서 증기관 끝의 흙탕 고임부에 하향 수직관을 세우고 냉각관(Cooling Leg)을 연결하여 관말트랩에 연결한다.

(8) 냉각관 (Cooling Leg)

증기 주관에서부터 관말 트랩에 이르는 길이 1.5m 이상의 배관으로서 완전한 응축수를 트랩에 보내므로 보온 피복을 하지 않으며, 또 냉각 면적을 넓혀 주는 것이 좋고 주증기관보다 한 치수 작게 한다.

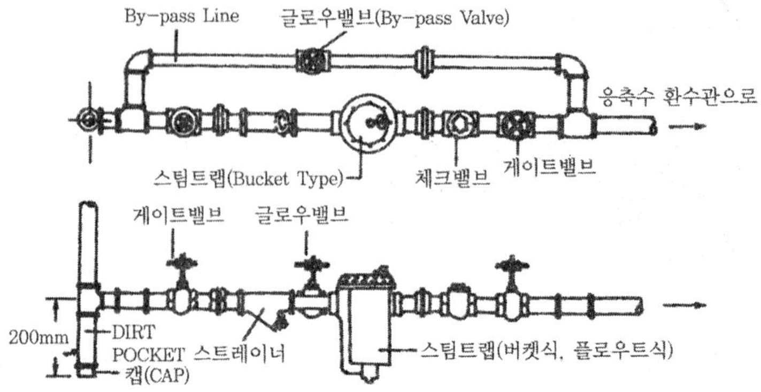

〈그림 8-15〉 스팀트랩 주변 배관

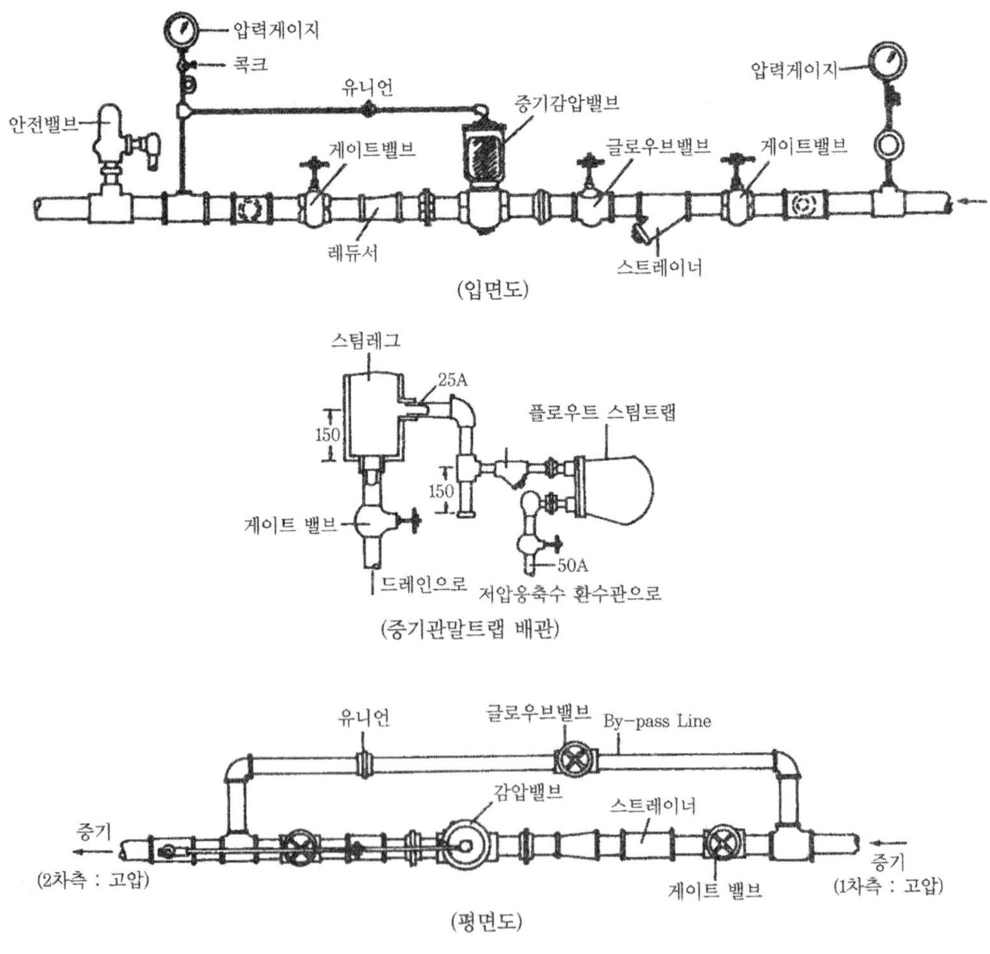

〈그림 8-16〉 증기 난방 배관

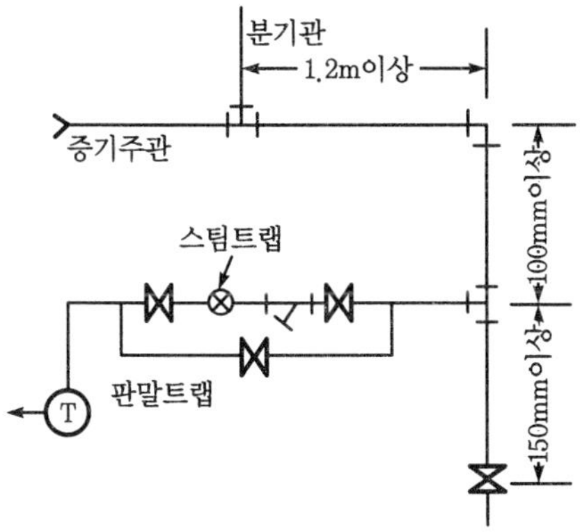

〈그림 8-17〉 관말트랩 주위 배관

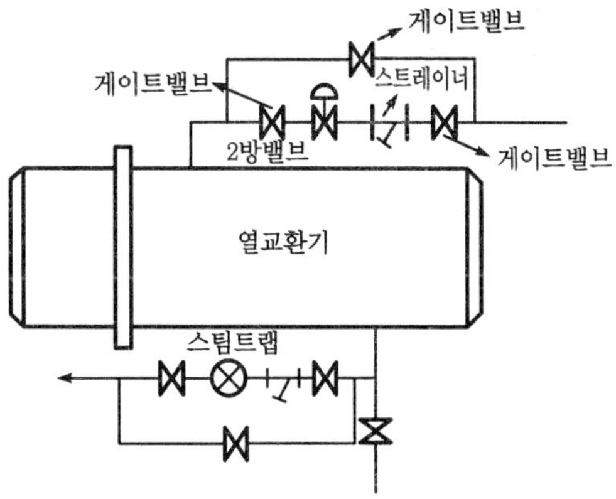

〈그림 8-18〉 열교환기 주위 배관

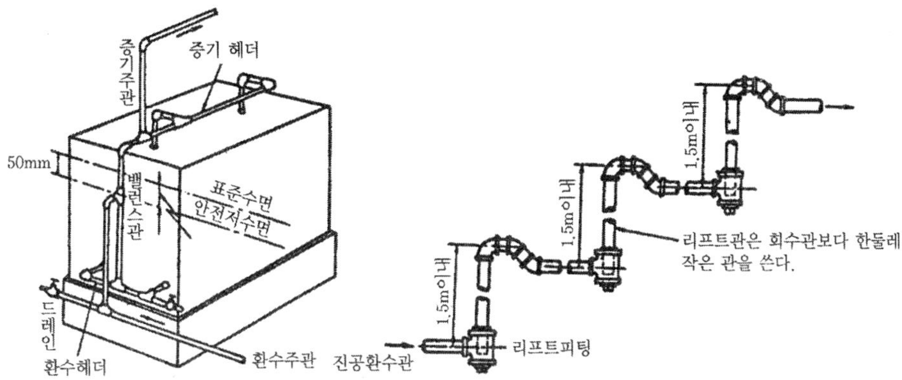

〈그림 8-19〉 하트포드 접속법과 흡상이음 배관

(9) 흡상이음 (Lift Fitting)

진공급수펌프에 의한 환수방식은 흡상이음을 사용하여 환수를 낮은 곳에서 높은 곳으로 흡상(Lift Up)할 수 있다. 흡상 높이는 1.5m 이내로 하고 흡상관은 환수관 보다 1~2사이즈가 작은 관으로 한다. 그러나 이 방식의 채용은 배관저항이 크므로 가급적 사용하지 않는 것이 좋다.

(10) 하트포드 (Hartford) 접속

저압증기 난방장치에서 환수관을 보일러 하단에 접속하면 환수관에서 누수되는 경우에 보일러의 물이 빠져 위험하므로 안전 수위를 유지하기 위하여 밸런스관을 달고, 안전 저수면보다 높은 위치에 환수관을 접속시키는 방법이다.

8.4 증기 난방 설계

1) 증기난방 설계

(1) 실내 난방부하를 산출하여 상당방열 면적 EDR(Area of Equivalent Direct Radiation)을 구한다.

$$EDR = \frac{qH_c}{650}$$

qH_C : 난방부하(손실열량)kcal/h

(2) 배관방식을 결정한다.

① 단관식
② 복관식
③ 상향급기식
④ 하향급기식
⑤ 중력환수식
⑥ 강제환수식

(3) 배관 관경의 결정 요소

① 증기와 환수의 유량
② 증기의 속도
③ 초기 증기압력과 허용압력강화
④ 배관의 길이
⑤ 증기와 환수의 흐름방향

(4) 각 방열기의 종류, 크기, 배치, EDR을 결정한다.

① 방열기 1대의 커버(Cover)면적은 $10m^2$ 이하가 되도록 한다.
② 방열기 설치 위치는 열손실이 큰 곳에 설치한다.

(5) 각 배관 구간의 증기량을 산출한다.

$$G = \frac{650 \times EDR}{r}$$

G : 증기량(kg/h)
r : 증기량 증발잠열(539kcal/kg)
EDR : 상당 방열 면적(m^2)
650 : 단위 방열면적당 방열량($kcal/m^2 \cdot h$)

(6) 방열기, 가열코일, 열교환기의 증기량(kg/h)

$$G = \frac{Q}{i_2 - i_1}$$

G : 필요 증기량(kg/h)
i_2 : 입구증기 엔탈피(kcal/kg)
i_1 : 출구증기엔탈피(kcal/kg)

(7) 증기유속의 결정 요소

① 증기관에서 발생하는 응축수량
② 구분 : 상향급기수직관, 역구배 수평주관
③ 배관내 응축수가 고이는 개소 및 유, 무

(8) 각 구간의 배관 관경을 결정한다.

① 증기관의 마찰저항 손실(R : mmAq)

$$R = f \cdot \frac{\ell}{d} \cdot \frac{v^2}{2g} \cdot r$$

f : 손실계수, d : 관경(m), ℓ : 배관의 길이(m)
v : 증기 속도(m/s) r : 증기의 비중량(kg/m3)

<표 8-3> 저압증기관의 관경

관경	저압증기기관의 용량(EDR : m²)									
	순구배 수평주관 및 하향급기 수직관 (복관식 및 단관식)						역구배 수평주관 및 상향급기수직관			
	R=압력강하(kg/cm² · 100m)						복 관 식		단 관 식	
	0.005	0.01	0.02	0.05	0.1	0.2	수직관	수평주관	수직관	수평주관
20	2.1	3.1	4.5	7.4	10.6	15.3	4.5	-	3.1	-
25	3.9	5.7	8.4	14	20	29	8.4	3.7	5.7	3.0
32	7.7	11.5	17	28	41	59	17.0	8.2	11.5	6.8
40	12	17.5	26	42	61	88	26	12	17.5	10.4
50	22	33	48	80	115	166	48	21	33	18
65	44	64	94	155	225	325	90	51	63	34
80	70	102	150	247	350	510	130	85	96	55
90	104	150	218	360	520	740	180	134	135	85
100	145	210	300	500	720	1,040	235	192	175	130
125	260	370	540	860	1,250	1,800	440	360		240
150	410	600	860	1,400	2,000	2,900	770	610		
200	850	1,240	1,800	2,900	4,100	5,900	1,700	1,340		
250	1,530	2,200	3,200	5,100	7,300	10,400	3,000	2,500		
300	3,450	3,500	5,000	8,100	11,500	17,000	4,800	4,000		

<표 8-4> 저압증기 환수관의 관경(수평주관)

압력강하 관경(A)	저압증기의 환수관 용량[EDR : m²]								
	R=0.005		0.01		0.02		0.05		0.1
	습식	건식	습식 및 진공식	건식	습식 및 진공식	건식	습식 및 진공식	건식	진공식
20	22.3	-	31.6	26.9	44.5	-	69.6	-	99.4
25	39	19.5	58.3	54.8	77	34.4	121	42.7	176
32	67	42	93	89	130	70.5	209	88	297
40	106	65	149	195	209	114	334	139	464
50	223	149	316	334	436	246	696	297	975
65	372	242	520	594	734	408	1,170	492	1,640
80	585	446	826	835	1,190	724	1,860	910	2,650
90	863	640	1,225	1,250	1,760	1,020	2,780	1,300	3,900
100	1,210	955	1,710	-	2,410	1,580	3,810	1,950	5,380
125	2,140	-	2,970	-	4,270	-	6,600	-	9,300
150	3,100	-	4,830		6,780	-	10,850	-	15,200

② 증기관내의 단위마찰저항

ⓐ 압력강하(R′ : $kg/cm^2 \cdot 100m$)

$$R' = \frac{100(pb - pr)}{\ell(1 + k)}$$

Pb : 보일러의 증기압력(kg/cm^2)

pr : 방열기의 증기압력(kg/cm^2)

pb-pr : 증기관내의 허용전손실(kg/cm^2)

ℓ : 보일러내에서 최고 먼 곳에 설치된 방열기까지의 증기관 길이(m)

증기난방 : 편도길이

온수난방 : 왕복길이

k : 이음쇠 밸브류 등의 직선관 상당길이

대규모 배관 k=0.5

소규모 배관 k=1.0

ⓑ 증기의 압력과 허용압력강화

- 증기관의 전압력 강화=초기압력$\times \frac{1}{2} \times \frac{1}{3}$ 이하
- 저압 2관식 증기관의 전압력강화=초기압력 $\times \frac{1}{4}$

ⓒ 압력강화는 증기 속도가 지나치게 빠르지 않도록 결정한다.

ⓓ 습식환수방식에서 증기관과 환수관의 합계 마찰손실수두만큼 관말에서 응축수위가 보이럴의 수위보다 높아지게 되는데 수위가 상승하여도 증기 주관에 응축수가 고이지 않도록 증기관 및 환수관의 압력강하를 결정하여야 한다.

ⓔ 증기배관의 전압력 강화

배관 전체의 상당길이×단위길이당 압력강화=배관직관부×2

③ EDR과 R′에 의해 표 8-5에서 관경을 결정한다. 이때 마찰저항손실이 배관의 허용 손실 이하가 되도록 한다.

- 단관식 증기주관 : B.C란
  증기 수직관 : H란
  수직관과의 연결관 : I란
- 복관식 증기주관 : A−E란
  수직관 : F란

<표 8-5> 저압증기 환수관의 관경 (수직관)

저항증기 환수수직관의 용량 [EDR : m^2]					
관경 \ 압력강화	진 공 식				건 식
	R=0.01	0.02	0.05	0.1	
20	58.3	77	121	176	17.6
25	93	130	209	297	41.8
32	149	209	334	464	92
40	316	436	696	975	139
50	520	734	1,170	1,640	278
65	826	1,190	1,860	2,650	
80	1,225	1,760	2,780	3,900	
90	1,710	2,410	3,810	5,380	
100	2,970	4,270	6,600	9,300	
125	4,830	6,780	10,850	15,200	

(9) 관의 신축이음, 공기방출, 응축수의 처리방법을 결정하고 용량을 산정한다.

(10) 보일러의 용량을 결정한다.

(11) 응축수 펌프 또는 진공펌프의 용량과 설치방법을 결정한다.

<표 8-6> 방열기 지관 및 밸브류 관경

방열기 지관 및 밸브 용량 [EDR : m^3]						
관경 (A)	증기관		환수관			
	수직관 및 방열기 밸브		중력식		진공식	
	단관식	복관식	수직관	트랩	수직관	트랩
15	1.3	2.0	12.5	7.5	37	15
20	3.1	4.5	18.0	15	65	30
25	5.7	8.4	42	24	110	48
32	11.5	17.0	-	-	-	-
40	17.5	26	-	-	-	-
50	33	48	-	-	-	-

예제-09 중력단관식 보일러와 방열기에서 증발압력이 각각 $10.540kg/cm^2$, $10.525kg/cm^2$이고, 보일러에서 제일 먼 거리에 있는 방열기의 거리가 60m인 대규모 증기배관에서의 압력강하($kg/cm^2 \cdot 100mm$)는 얼마인가?

해답-09 $R = \dfrac{100(P_b - p_r)}{\ell(1+K)} = \dfrac{(10.540 - 10.525) \times 100}{60(1+1.0)} = 0.0125kg/cm^2 \cdot 100m$

예제-10 지역난방에서 보일러와 감압밸브의 압력이 각각 $3.7kg/cm^2$, $2.5kg/cm^2$이고, 이 점에서 종점까지의 배관길이가 150m이며, 국부저항은 시점에서 종점간 배관 길의 50%라 하면, 이때 압력강하는 얼마인가?

해답-10 $R = \dfrac{(3.7 - 2.5) \times 10.4}{150(1+0.5)} = 0.05546kg/cm^2 \cdot m = 55.46mmAq/m$

예제-11 보일러에서 실제증발량을 Wa(kg/h), 급수의 엔탈피를 i_1(kcal/kg), 발생증기의 엔탈피를 i_2(kcal/kg)라고 하면 이때 상당증발량 We(kg/h)의 공식은?

해답-11 $W_e = \dfrac{W_a(i_2 - i_1)}{538.8}$

예제-12 연료의 저위발열량 $q = Gf \cdot HL \cdot YB \cdot \dfrac{1}{100}$을 H_L(kcal/kg), 연료소비량 G_f(kg/h), 보일러의 효율을 y_b(%)라 할 때 보일러의 능력 q(kcal/h)는?

해답-12 $q = G_f \cdot H_L \cdot y_B$

예제-13 방열기($8개 \times 10m^2$)의 표면적이 $80m^2$이고, 방열기 $1m^2$당 응축수량은 1.21kg일 때 응축수 펌프의 용량은?(단, 증기관내에서 생기는 응축수량은 30%로 본다)

해답-13 ① 전응축수량

$Q = 80 \times 1.21 \times 1.30 = 126.88\text{kg/h}$

$= \dfrac{126.88}{60}\text{kg/min} = 2.1\text{kg/min}$

② 펌프의 양수량

$Q = 3Q_c = 3 \times 2.1 = 6.3\ell/\text{min}$(비중은 1이다)

예제-14 증기의 압력강하에 의한 단관식, 사향식, 중력환수식, 증기난방을 설계하시오.(단, 상당방열면적(EDR)은 $C_2 \rightarrow 7m^2$, $B_2 \rightarrow 7m^2$, $A_2 \rightarrow 9m^2$, $C_1 \rightarrow 8m^2$, $B_1 \rightarrow 8m^2$이다.)

해답-14 (1) 증기의 압력강하를 계산한다.

증기의 압력강하(R) $= \dfrac{100(pb - pr)}{\ell(1+k)}(\text{kg/cm}^2 \cdot 100\text{m})$

pb : 보일러의 증기압력(kg/cm^2)

pr : 방열기의 증기압력(kg/cm^2)

ℓ : Boiler에서 가장 먼 방열기까지의 증기관 전체의 기링(m)

K : 이음쇠 밸브류 등의 마찰저항과 직선과의 전지저항에 대한 비율 0.5~1.0

대규모 배관 K=0.5

소규모 배관 K=1.0

증기 난방에서 ① 중력환수식(단관식) R=0.01

② 중력환수식(복관식) R=0.01~0.02

③ 진공환수식 R=0.02~0.05

<표 8-7> 증기관 결정표

관의 종류			압력강하 (R : $\text{kg/cm}^2 \cdot 100\text{m}$)	해당란
증기관	단관식	① 증기주관(순구배)	0.01~0.02	B, C란
		② 증기 수직관 및 방열기 밸브		H란
		③ 주관과 수직관 사이의 수평연결관		I란
	복관식	① 증기주관(하향공급수직관 순구배 수평관)		A~E란
		② 수직관(하향급기식)		F란
		③ 방열기 및 동용(同用)수직관		F란
		④ 주관과 수직관 사이 수평관 및 역구배 수평지관		G란

(2) 주관 및 수직관 관경 결정(표 8-7)

증기주관

$$Q_{①} = \frac{650 \times 9m^2}{539} = 10.85kg/h \rightarrow \text{B란 32mm}$$

$$Q_{②} = \frac{650 \times 24m^2}{539} = 28.94kg/h \rightarrow \text{B란 50mm}$$

$$Q_{③} = \frac{650 \times 39m^2}{539} = 47.03kg/h \rightarrow \text{B란 65mm}$$

증기의 유속은 수직관에서 3~9m/sec, 역구배 수평관내에서 1.5m~6.5m/sec로 본다.

(3) 각실의 손실부하(난방부하 kcal/h)에 대한 소요방열면적(S)을 구한다.

$$S = \frac{H_L}{650}(m^2)$$

H_L : 각실의 손실열량(난방부하)

S : 각실의 소요방열면적

(4) 각 배관에 흐르는 증기량을 산출한다.

$$Q = \frac{650 \times S}{539}$$

Q : 소요증기량(kg/h)

S : 방열면적(m^2)

(5) 각 실의 손실열량(난방부하 : kcal/h)을 산출한다.

① A_1실 : $S_{A1} = \frac{H_{L1}}{650} \times 9m^2 = \frac{H_{L1}}{650}$ $H_{L1} = 5,850kcal/h$

② B_1실 : $S_{B1} = \frac{H_{L2}}{650} \times 8m^2 = \frac{H_{L2}}{650}$ $H_{L2} = 5,200kcal/h$

③ B_2실 : $S_{B2} = \frac{H_{L3}}{650} \times 7m^2 = \frac{H_{L3}}{650}$ $H_{L3} = 4,550kcal/h$

④ C_1실 : $S_{C1} = \frac{H_{L4}}{650} \times 8m^2 = \frac{H_{L4}}{650}$ $H_{L4} = 5,200kcal/h$

⑤ C_1실 : $S_{C1} = \frac{H_{L5}}{650} \times 7m^2 = \frac{H_{L5}}{650}$ $H_{L5} = 4,550kcal/h$

각실의 난방부하가 각각

$H_{L1} = 5,850kcal/h$ $H_{L2} = 5,200kcal/h$

$H_{L3} = 4,550kcal/h$ $H_{L4} = 5,200kcal/h$

$H_{L5} = 4,550kcal/h$

(6) 환수주관(습식)의 관경 (표 8-9에서)

① $Q_{④} = \frac{650 \times 39m^2}{539} = 47.03kg/h \rightarrow$ N란 20mm

② $Q_{⑤} = \frac{650 \times 15}{539} = 18.08kg/h \rightarrow$ I란 65mm

③ $Q_{⑥} = \frac{650 \times 15}{539} = 18.08kg/h \rightarrow$ H란 50mm

(7) 수직상관의 관경

③ $Q_{⑦} = \frac{650 \times 7}{539} = 8.44kg/h$ → H란 32mm

④ $Q_{⑧} = \frac{650 \times 15}{539} = 18.08kg/h$ → H란 50mm

⑤ $Q_{⑨} = \frac{650 \times 7}{539} = 8.44kg/h$ → H란 32mm

<표 8-8> 저압증기관 관경표

관경		순구배수평관, 하향급기수직관 복관식 및 단관식 압력강하(kg/cm² · 100m)					상향급기수직관 역구배수평관 (복관식)		상향급기 (단관식)	
A	B	A	B	C	D	E	수직관	수평관	수직관	입관용 수평관
20	3/4	-	2.4	3.5	5.4	7.7	3.2	-	2.6	-
25	1	3.6	5.0	7.1	11.2	15.9	6.1	3.2	4.9	2.2
32	1 1/4	7.3	10.3	14.7	23.1	32.7	11.7	5.9	9.4	4.1
40	1 1/2	11.3	15.9	22.6	35.6	50.3	17.9	9.9	14.3	6.9
50	2	22.4	31.6	44.9	70.6	99.7	35.4	19.3	28.3	13.5
65	2 1/2	45.1	63.5	90.3	142	201	63.6	37.1	50.9	26.0

<표 8-9> 저압증기의 환수관 관경표

압력강하 (kg/cm² · 100m) / 관경		중력식 환수관 용량(상당방열면적 m²)						진공환수관(상당방열면적 m²)			
		수평관					수직관	수평관			수직관
		건식환수			습식환수						
		0.0005	0.01	0.02	0.005	0.01		0.01	0.02	0.05	
A	B	J	K	L	M	N	O	P	Q	R	S
20	3/4				40.5	60	18.8	35.0	48.8	78.2	52.5
25	1	25.7	36.2	50.5	78.5	115	38.6	72.4	101	162	109
32	1 1/4	25.9	74.5	104	158	231	79.4	149	208	334	175
40	1 1/2	81.5	115	160	238	347	142	230	320	514	346
50	2	162	227	317	455	661	283	454	634	1,018	622
65	2 1/2	325	458	638	887	1,293	-	916	1,276	2,046	1,990
80	3	525	739	1,031	1,409	2,054	-	1,478	2,062	3,306	1,218
90	3 1/2	781	1,099	1,533	2,074	3,023	-	2,198	3,066	4,918	
100	4	1,091	1,535	2,142	2,880	4,196	-	3,070	4,284	6,870	
125	5	1,968	2,768	3,861			-	5,536	7,722	12,384	
150	6	3,119	4,980	6,123			-	8,780	12,246	19,640	

[주] • 중력식 환수주관은 되도록 32mm(1 1/4B)이상을 사용한다.
• 진공 환수식 주관은 되도록 25mm(1B)이상을 사용한다.

(12) 각방열기의 분기관 관경 설정

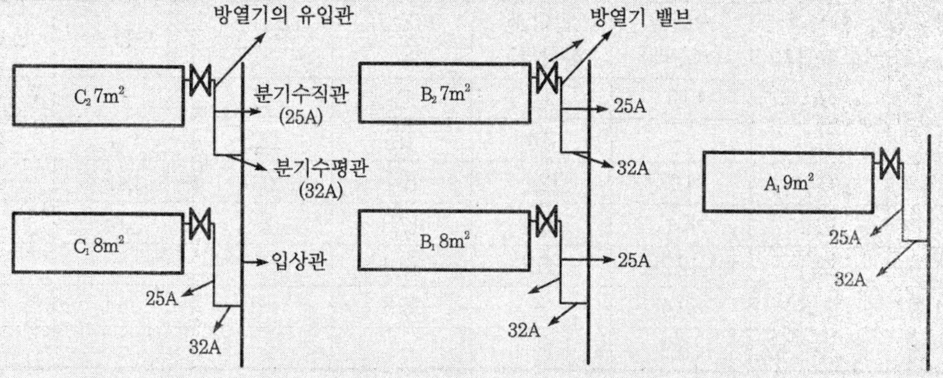

<표 8-10> 방열기의 분기관

방열기의 분기관 관경	EDR(m²)	해당란	관경(A)
A1 수평관	9	$Q = \frac{650\times9}{539} = 10.85$ B란→	32
A1 수직관	9	$Q = \frac{650\times9}{539} = 10.85$ A란→	25
B_1 및 C_1 수평관	8	$Q = \frac{650\times8}{539} = 9.64$ B란→	32
B_1 및 C_1 수직관	8	$Q = \frac{650\times8}{539} = 9.64$ A란→	25
B_2 및 C_2 수평관	7	$Q = \frac{650\times7}{539} = 8.44$ B란→	32
B_2 및 C_2 수직관	7	$Q = \frac{650\times7}{539} = 8.44$ A란→	25

(9) 방열기의 밸브의 구경(표 8-11)

① A_1 방열기 밸브 EDR 9cm² $Q = \frac{650\times EDR}{r} = \frac{650\times9}{539} = 10.85$D란→25mm

② B_1 및 C_1 방열기 밸브 EDR 8cm² $Q = \frac{650\times8}{539} = 0.64$D란→25mm

③ B_2 및 C_2 방열기 밸브 EDR 7cm² $Q = \frac{650\times7}{539} = 8.44$D란→25mm

<표 8-11> 방열기 분기관, 방열기 밸브 및 트랩관경

관경		증기관 용량(상당방열 면적 m^2)				환수량 용량(상당방열면적 m^2)		
		입상관 (상향급기)	수평관 (역구배)	입하관 (하향급기)	방열기 밸브	수직관	수평관	스팀트랩
A	B	A	B	C	D	E	F	G
15	1/2	1.7	-	6.4	1.7	12.2	6.4	12.2
20	3/4	6.4	1.7	12.2	6.4	23.4	12.2	23.4
25	1	12.2	6.4	23.4	12.2	-	23.4	-
32	1 1/4	23.4	12.2	35.8	23.4	-	-	-
40	1 1/2	35.8	23.4	-	35.8	-	-	-
50	2	-	35.8	-	-	-	-	-

[주] 수평지관이 2.5m 이상일 때는 이 표의 관경보다 한 치수 큰 광경으로 한다.

(10) 단관식 상향식 증기 난방 배관도

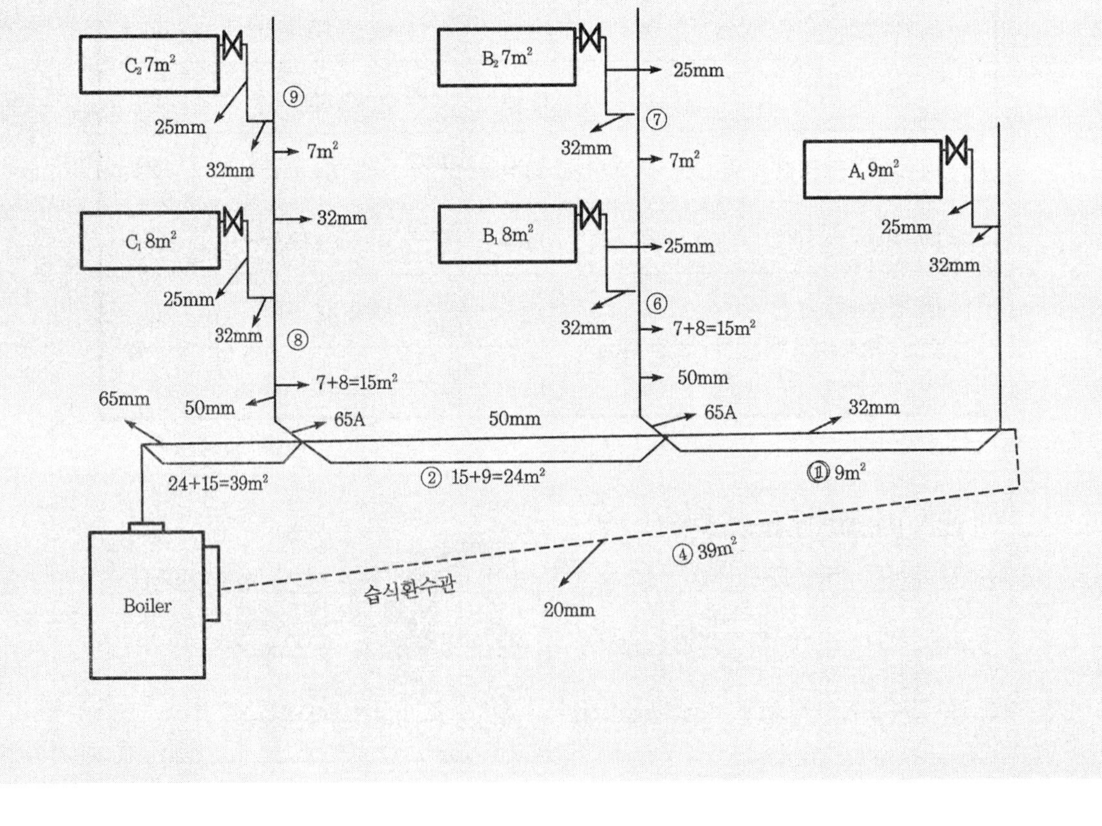

(11) 방열기 주위의 배관도

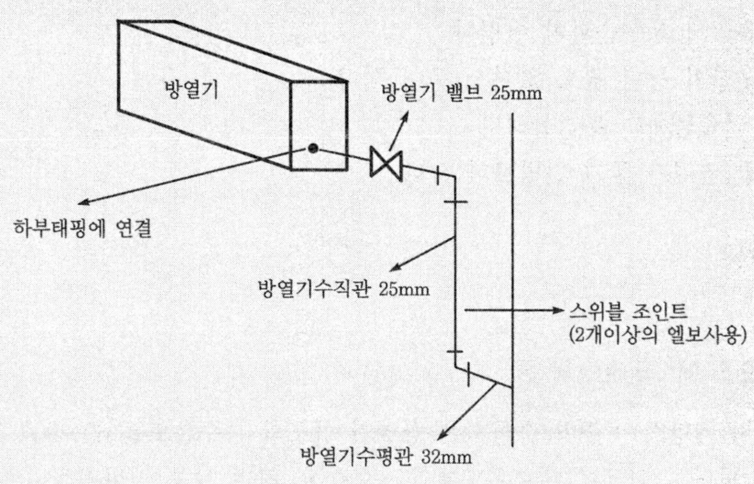

8.5 온수 난방(Hot Water Heating System)

온수난방에서 온수의 순환은 공급수(고온수)와 환수(저온수)의 밀도차에 의한 자연순환작용과 순환펌프에 의한 강제순환에 의해서 이루어지는 난방으로서 온수의 현열(Sensible Heat : 온도 변화에 따라 출입하는 열)을 이용한다.

이때 열을 방산한 온수는 보일러로 환수되어 재사용한다. 그러나 온수는 열량이 증기에 비해 적으므로 소규모 건물의 난방에 적합하며 보통 100℃ 이하의 온수를 열매로 한다. 열매로서의 온수는 다음과 같은 특성이 있다.

① 보일러의 취급이 용이하고 안전하다.
② 배관의 열손실이 적고 연료소비량도 적다.
③ 물의 열용량이 증기보다 크므로 실온변동이 적고 잘 식지 않아 연속 난방에 유리하다.
④ 물의 비열은 다른 물질에 비해 크고 열용량도 다른 물질에 비해 가장 크다.
⑤ 물은 대량으로 얻을 수 있어 염가(廉價)이다.
⑥ 물은 열매로서 유동성(流動性)이 우수하다.
⑦ 증기난방에 비해 실내 공기의 상하 온도차가 적고 쾌적하다.
⑧ 예열시간이 걸린다.
⑨ 부하에 따른 용량제어로 온도조절이 용이하다.

⑩ 방열기의 표면온도가 낮아 화상을 입을 염려가 적다.
⑪ 증기난방에 비해 관경과 방열기가 크므로 설비비가 고가이다.
⑫ 기기내 공기유입시 온수순환이 어렵다.
⑬ 트랩이나 기구장치 등이 필요 없이 소음이 적다.
⑭ 처장이 높은 건축물에는 부적합하다.
⑮ 환수관의 동결 염려가 증기 난방보다 크다.

1) 온수난방의 분류

(1) 사용온도에 의한 분류

① 저온수난방(개방식) : 중력 순환식은 방열기 입구의 온수온도를 60~90℃로 하고, 또 강제 순환식은 방열기 입국의 온수온도를 75~95℃로 하며 보통 일반건물의 난방에 사용된다. 개방형 팽창탱크를 설치하여 온수의 온도를 100℃ 이하로 제한한다. 방열기는 주로 주철제 방열기를 사용한다.

② 고온수난방(밀폐식) : 중력 순환식의 방열기 입구의 온수온도가 100~180℃로서 밀폐식 온수난방이라고도 하며 주로 지역난방에 사용된다. 밀폐식 팽창탱크를 설치하여 온수의 압력이 대기압 이상이 되도록 유지하므로 100℃ 이상의 고온수 난방이 가능하다. 저온수식과 비교하면 고온이므로 방열기와 배관의 치수가 작다. 주철제 방열기를 사용할 수 없으므로 강판제 방열기가 쓰인다.

(2) 온수의 순환방법에 따른 분류

① 중력 순환식 온수 난방법(Cravity Circulation System) : 온수의 온도차에서 오는 물의 밀도차에 의해 자연 순환시키는 방식으로 방열기의 위치는 항상 보일러보다 높은 위치에 설치해야 한다. 중력 순환식에는 다시 상향공급식(Up-feed System)과 하향공급식(Down-feed System)이 있으며 어느 경우에도 공급주관은 앞쪽 내림 구배(句配)로 하고 관내의 공기는 팽창탱크에 모이도록 한다.

방열기의 상부 태핑(Tapping)에는 유수저항(流水抵抗)이 적은 콕크식을 달고 반대편 하부 태핑에는 환수관을 연결한다.

② 강제 순환식 온수 난방법(Forced Circulation System) : 펌프의 기계력을 이용하여 온수를 강제로 순환시키는 방식이며 대규모 건물의 난방에도 균등하게 순환이 가능하고 배관의 간경도 중력식보다 가늘어도 된다. 또 방열기의 위치가 보일러와 같은 위치 또는 아래에 있어도 순환된다.

펌프는 양정(揚程)이 1~3m 정도의 저양정 볼류트 펌프를 사용하며 환수관 말단의 보일러 가까이에 설치해야 하지만 매우 소규모일 경우에는 하이드로레이터를 사용한다. 공급 수평 주관의 구배는 배관중의 공기를 팽창탱크에 모이도록 앞쪽내림 구배로 한다.

(3) 배관방식에 의한 분류

① 단관식 : 단관식은 공급관과 환수관이 하나의 관으로 되어 있는 방식으로서 공급관이 앞으로 나아갈수록 온수 온도가 낮아지므로 주관의 선단일수록 방열기의 방열 면적으로 증가시켜야 한다.

② 복관식 : 복관식은 공급관과 환수관이 별개로 되어 있는 배관 방식이며 단관식에 비하여 배간길이가 길기 때문에 설비비는 많이 들지만 온도 변화가 거의 없고 운전이 쉽다. 모든 난방장치에서 채택하는 방식으로 공급관과 환수관이 따로 있다.

(4) 공급관의 공급방식에 의한 분류

① 상향공급식 : 보일러에서 나온 공급주관을 최하층의 천정에 배관하고 여기에서 상향으로 수직관을 분기시켜 각 방열기에 연결하는 방식이다.

② 하향공급식 : 하향식은 보일러에서 나온 공급주관을 최상층까지 올려 세워 최상층 천정에 배관하고 여기서 하향 수직관을 세워 각 방열기로 연결하는 방식이다. 이 방식은 중력 순환식인 경우에 유리하다.

2) 온수난방의 설계

(1) 각 실의 손실열량(난방부하)을 계사한다.(9_{HC} : kcal/h)

(2) 방열기 입구의 온수온도와 출구의 온수온도를 결정한다.

(3) 방열기의 소요방열면적(상당방열면적)을 산출한다.

$$EDR = \frac{q_{HC}}{Q'}$$

Q' : 방열기의 발열량(Q/C : kcal/m^{2}h)　　Q : 표준방열량(450kcal/m^{2}h)

C : 보정계수　　q_{HC} : 난방부하(kcal/h)

(4) 배관 각 구간의 온수순환량을 계산한다.(G : kg/m^{2}h)

$$G = \frac{Q'}{tw_1 - tw_2}$$

tw_1 : 방열기의 입구수온(℃)

tw_2 : 방열기의 출구수온(℃)

(5) 순환수두를 계산한다. (H : mmAq)

① 중력식 $H = 1{,}000(\rho_2 - \rho_1) \times h = h\frac{1}{v_2} - \frac{1}{v_1}$

H : 자연순환식의 순환수두(mmAq)

h : 보일러 기준선에서 방열기 기준선 사이의 높이차(m)

ρ_2 : 방열기 출구온도의 밀도(kg/m^3)

ρ_1 : 방열기 입구온도의 밀도(kg/m^3)

v : 방열기 입출구 수의 비체적(m3/kg)

② 강제식 H=0.5~4mmAq

<표 8-12> 온수관의 관경표

관경(mm)	15	20	25	32	40	50	65	80	100	125	150	200	250	300
압력강하R (mmAq/m)	유량(kg/h)													
0.050	10.3	23.3	46.5	94	140	275	550	870	1,850	3,330	5,250	10,850	19,700	
0.070	12.5	28.4	56.5	115	174	335	665	1,070	2,250	4,000	6,300	13,150	23,850	
0.10	15.4	34.0	69.0	140	213	413	820	1,310	2,700	4,950	7,750	16,050	29,000	
0.15	19.6	44.0	87.0	177	270	520	1,030	1,660	3,450	6,250	9,750	20,250	36,250	
0.20	23.0	52.0	102	208	320	613	1,210	1,955	4,060	7,300	11,400	23,550	42,250	
0.30	29..0	66.0	130	265	400	770	1,620	2,450	5,100	9,250	19,000	29,500	53,000	
0.50	39.5	89.0	175	355	535	1,030	2,150	3,280	6,800	12,300	23,000	39,000	70,000	
0.70	47.5	107.5	211	435	650	1,250	2,450	3,950	8,250	14,800	28,400	47,000	84,000	
1.0	59	133	260	525	800	1,530	3,030	4,850	10,000	18,000	34,900	57,500	102,500	
1.5	74	166	328	665	1,010	1,900	3,800	6,100	12,500	22,600	41,000	71,500	128,000	
2.0	87	195	390	770	1,180	2,250	4,500	7,100	14,600	26,500	50,500	84,000	149,500	
3.0	110	243	480	975	1,470	2,820	5,550	8,850	18,150	33,000	59,000	104,500	186,000	245,500
4.0	129	285	565	1,140	1,725	3,300	6,500	10,500	21,300	38,600	66,500	121,500	217,000	343,500
5.0	145	325	635	1,725	1,950	3,750	7,400	11,750	24,100	38,600	82,500	137,500	245,000	388,500
7.5	182	406	800	1,950	2,450	4,700	9,250	14,700	30,000	43,600	96,500	170,500	303,500	481,500
10.0	213	476	940	2,450	2,870	5,470	10,760	17,160	35,000	54,500	141,000	199,500	352,500	560,000
20.0	314	697	1,375	2,870	4,200	7,975	15,750	24,900	50,900	63,500	176,000	288,500	510,000	
30.0	392	872	1,725	3,480	5,250	9,920	19,650	31,050	63,100	92,200	231,000	357,500		
50..0	516	1,150	2,280	4,600	6,930	13,150	25,900	40,900	83,000	115,000				
100.0	752	1,680	3,330	6,660	10,100	19,000	37,500	59,100	87,500	151,000				
200.0	1,100	2,450	4,800	9,700	14,600	27,700								
300.0	1,370	3,050	5,970	12,100										

(6) 각 구간의 배관경을 결정한다.

① 허용마찰손실수두(R : mmAq/m)

$$R = \frac{\ell}{\ell + \ell'}$$

ℓ : 보일러에서 가장 먼거리에 있는 방열기까지의 왕복 배관 길이(m)

ℓ' : 배관중의 국부저항 상당관 길이(m)

② 유량(G)과 허용마찰손실(R)에 의해 표 8-12에서 간경을 구한다.

(7) 검산하여 전배관 마찰손실의 힘이 H보다 클 경우에는 보정한다.

(8) 보일러의 용량을 결정한다.

3) 온수난방 배관

(1) 배관은 1/200 정도 일정구배로 최고부의 배관중에 공기가 모이도록 하여 에어벤트(Air Vent)로 제거하거나 팽창탱크로 보낸다.
(2) 수리나 난방중지시의 배수를 위한 배니밸브(Drain Valve)를 설치한다.
(3) 보일러에서 팽창탱크에 이라는 팽창관에는 밸브를 부착하지 않는다.
(4) 관계통중의 부속이나 장치내에 공기가 고일 우려가 있는 곳에는 에어벤트를 부착한다.
(5) 관계통중의 부속이나 장치내에 공기가 고일 우려가 있는 곳에는 에어벤트를 부착한다.
(6) 수평배관에서 관경을 바꿀 때는 편심레듀서를 사용하여 응축수가 고이지 않도록 한다.

4) 온수 보일러 주위배관

(1) 온수의 출구관에는 공기나 증기의 혼입을 방지하기 위해 딥 튜브(Deep Tube)를 설치한다.
(2) 온수펌프의 토출축에는 역지밸브를 설치한다.
(3) 보일러의 출입구 배관에는 온도계를 설치한다.

5) 회로 방식에 의한 배관구분

(1) 개방 회로 (Open Circuit)

① 순환펌프의 양정에 수조의 배관 최고부분까지의 정수두를 가산한다.
② 환수관의 사이편 작용, 진동, 소음 등에 유의한다.
③ 배관 부식이 밀폐형보다 심하다.
④ 배관경이 밀폐형보다 크다.

(2) 밀폐 회로 (Close Circuit)

① 온수의 수류가 안정된다.

② 팽창탱크를 설치해야 한다.

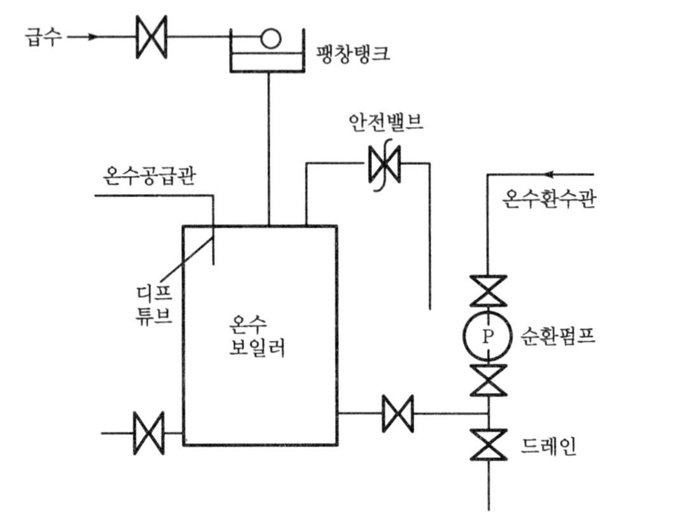

(온수보일러 주위 배관)

<그림 8-20> 온수 보일러 주위 배관도

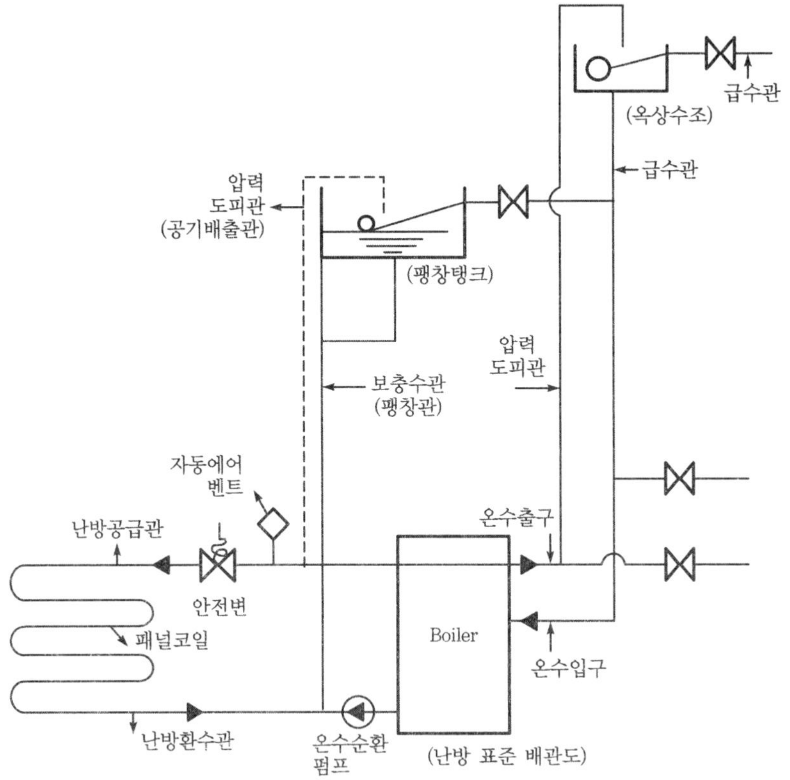

(난방 표준 배관도)

<그림 8-21> 온수난방배관

6) 환수방식에 의한 배관구분

(1) 직접 환수 회로 (Direct Return Circuit)

① 수량이 불균일하고 배관설비가 간단하다.
② 소형건물에 적합하다.
③ 방열기마다 저항이 다른 경우 유량을 자동제어하면 유리하다.

(2) 역한수 회로 (Revears Return Circuit)

① 각 방열기의 유량분배가 균일하다.
② 배관이 복잡하고 설비비가 비싸다.

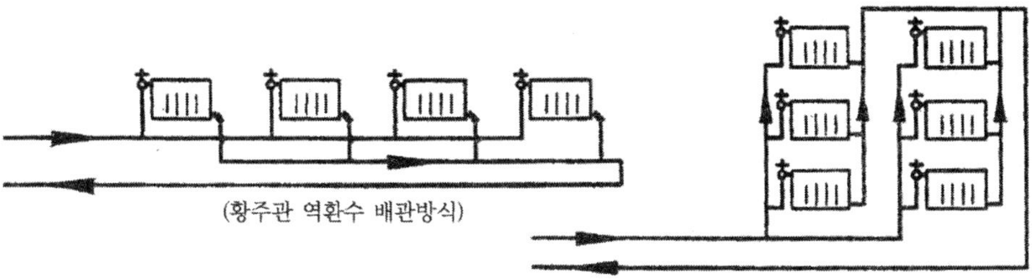

〈그림 8-22〉 역환수식 배관방식

7) 제어방식에 의한 배관구분

(1) 정유량 방식 (3방밸브 사용)

① 부하변동에도 유량이 일정하다.
② 장치 전체의 운전이 안정된다.
③ 제어밸브 주위가 복잡하다.
④ 부분 부하에는 운전동력비가 크다.
⑤ 온수난방에만 쓰인다.

(2) 변유량 방식 (2방밸브 사용)

① 장치전체의 순환유량이 변한다.
② By-pass Valve가 필요하다.

③ 부분 부하시 제어성이 크다.
④ 온수 및 증기 난방에 사용가능하다.
⑤ 펌프의 토출압력 제어가 용이하다.

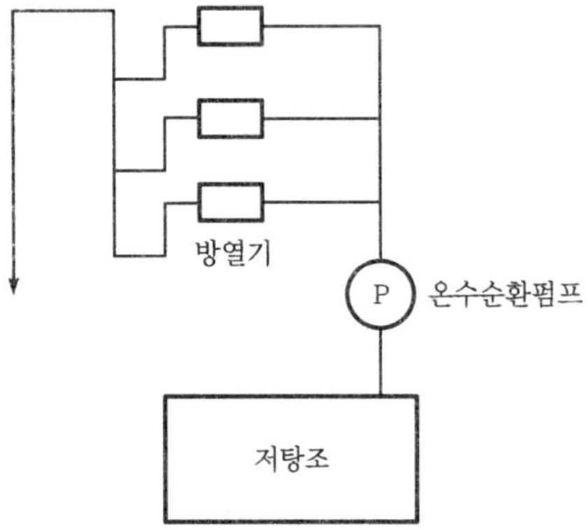

<그림 8-23> 개방회로의 리버어스 리턴 배관

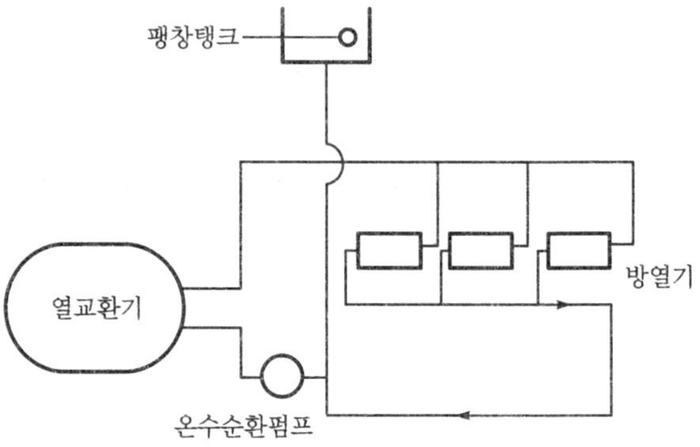

<그림 8-24> 리버어스 리턴 배관

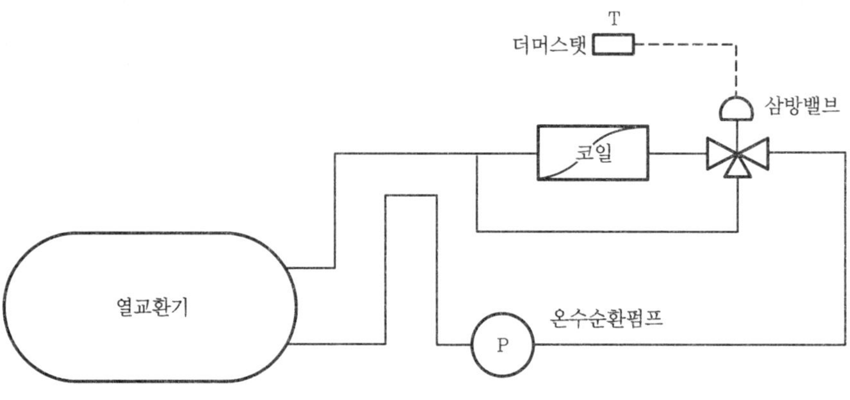

<그림 8-25> 정유량방식

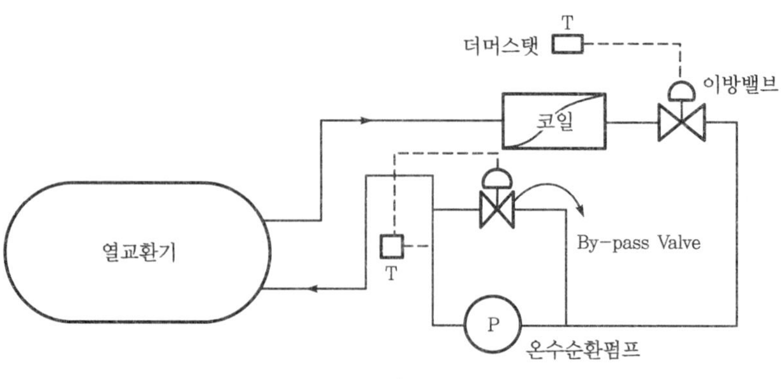

<그림 8-26> 변유량방식

8) 배관수에 의한 구분

(1) 1관식

1개의 배관으로 온수의 공급과 환수를 겸하는 방식이다.

① 배관 공사가 간단하다.
② 실내온도의 개별제어가 곤란하다.
③ 실내온도의 불균형(Unbalance)이 생긴다.
④ 소규모 온수난방에 적합하다.

(2) 2관식

공급관과 환수관을 각 1개씩 방열기에 접속하는 방식으로 가장 널리 사용된다.

(3) 3관식

공급관이 2개이고 환수관을 1개의 계통으로 하는 방식이다.

① 배관공사가 복잡하다.
② 안전 개별제어가 가능하다.
③ 부하 변동에 대한 응답이 신속하다.
④ 환수관이 1개이므로 냉수와 온수의 혼합열손실이 발생한다.

9) 온수난방계산

(1) 온수의 자연순환수두(자연 순환력)

$H=1{,}000(\rho_r-\rho_f)h$(mmAq)

H : 자연 순환수도(mmAq)

h : 보일러의 중심에서 최고층 방열기 중심까지의 높이(m)

ρ_r : 공급 온수의 밀도(kg/ℓ)

ρ_f : 환수의 밀도(kg/ℓ)

예제-16 공급 온수의 90℃, 환수의 온도가 70℃일 때 자연순환수두는 얼마인가?(단, 보일러에서 최고 방열기까지의 높이를 15m로 한다.)

해답-16 공급수의 밀도(90℃) : ρ_f=0.96534(kg/ℓ)
환수의 밀도(70℃) : ρ_r=0.97781(kg/ℓ)
$H=1,000(\rho_r-\rho_f)h=1,000(0.97781-0.96534)\times 15$
$=185.05$mmAq
(2) 온수난방에 의한 팽창량

$$\Delta v=\left(\frac{1}{\rho_f}-\frac{1}{p_r}\right)\cdot v$$

Δ_v : 온수의 팽창수량(ℓ)
ρ_r : 가열전 급수의 밀도(kg/ℓ)
ρ_f : 가열후 온수의 밀도(kg/ℓ)
v : 난방장치내의 전수량(ℓ)

예제-16 개방식 탱크에 있어서 10℃의 물을 85℃로 가열했을 시의 팽창용적은 얼마인가?

해답-16 $\Delta v=\left(\frac{1}{\rho_f}-\frac{1}{\rho_r}\right)\cdot v=\left(\frac{1}{0.9687}-\frac{1}{0.9997}\right)v$

$=0.032\,v$
즉, 전수량의 3.2%가 증가된다.
(3) 온수난방의 팽창탱크 용량
$V=\alpha\cdot\Delta v$
V : 팽창탱크 용량(ℓ)
α : 여유율 1.2~1.5
Δv : 온수의 팽창수량(ℓ)
(4) 온수의 순환량

$$G=\frac{H_L}{t_f-t_r}\text{(kg/h)}$$

H_L : 난방부하(kcal/h)
t_f : 방열기 입구의 온도(℃)
t_r : 방열기 출구의 온도(℃)

8.6 고온수 난방

물은 대기압하에서 포화온도가 100℃이므로 그 이상의 온수를 만든다는 것은 불가능하지만 밀폐된 장치내에서 물을 가열하면 100℃ 이상의 고온수를 생산할 수 있다. 즉 고온수 보일러로 생산한 고온수를 각 방열기에 보내어 난방하는 고온수 난방이라 한다. 고온수의 온도범위는 보통 100℃~230℃까지이며 고온수를 생산하는 방법에는 2가지가 있는데 고온수 보일러에서 고온수를 생산하여 공급하는 방법과 열교환기에 고압증기를 보내서 고온수를 생산공급하는 방법이 있다. 고온수의 공급온도는 보통 100℃~180℃가 적당하다. 그 이유는 230℃ 이상의 고온수를 공급하면 난방의 쾌감도와 위험성이 문제되기 때문이다. 그러므로 고온수 난방은 일반적으로 지역난방에 사용한다.

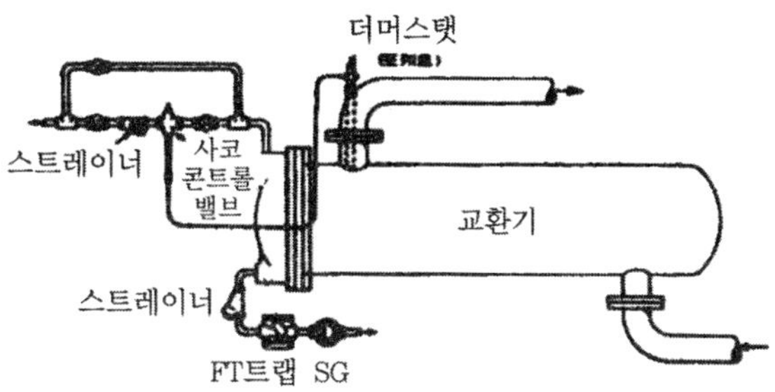

<그림 8-27> 열 교환기

1) 고온수 난방의 특징

고온수 난방의 특징은 다음과 같다.

(1) 고압증기의 흡입으로 온수순환력이 커지므로 관경을 가늘게 할 수 있다.
(2) 보일러와 동일 높이의 방열기에도 온수의 순환이 가능하다.
(3) 열매온도가 높기 때문에 방열기의 면적이 적어도 된다.
(4) 지역난방(Distric Heating)의 경우나 배관 총길이가 길고 아파트와 같이 분산된 건물의 난방에 적합하다.
(5) 특수기기가 필요하고 취급관리가 복잡하고 어렵다.
(6) 방열기의 표면 온도가 100℃ 전후(前後)이므로 고온에 의한 위험이 있다.
(7) 배관내에서 굉음이 난다.

2) 고온수 난방의 문제점

① 순환펌프의 용량이 커진다.
② 높은 건물에 공급이 곤란하다.
③ 유황성분이 많은 연료를 사용할 때 저온부식의 염려가 있다.
④ 예열시간이 길어 연료소비량이 크다.

8.7 복사 난방 (Panel Heating System)

복사난방은 건축물의 바닥, 천정, 벽체 등에 코일을 매설하고 그 코일 속에 온수나 증기의 열원을 공급하여 판넬을 가열하여 그 복사열에 의해서 실내를 난방하는 방식이다. 이 난방방식은 열량의 70~80%를 대류열로 이용한 대류난방에 비해 약간의 대류열(30~50%)을 이용하지만 주로 50~70%의 복사열을 이용하기 때문에 대류식 보다 쾌적감(快適感)이 우수한 난방이다.
복사난방의 특징은 다음과 같다.

① 방열기를 설치하지 않아 실내 바닥면의 이용도가 높다.
② 실내의 온도분포가 균등하고 쾌감도가 높다.
③ 천정이 높은 실의 난방에 적합하다.
④ 방이 개방 상태에서도 난방 효과가 있다.
⑤ 대류 난방에 비해 바닥면의 먼지가 상승하지 않는다
⑥ 가열 코일을 매설하기 때문에 설비비가 많이 든다.
⑦ 열손실 방지를 위한 단열층이 필요하다.
⑧ 매설 배관이므로 하자 발견이 어렵고 보수가 어렵다.
⑨ 복사열을 이용하므로 예열시간이 걸린다.
⑩ 연속 난방에 알맞다.
⑪ 외기온도에 의한 방열량 조정이 어렵다.

1) 복사난방의 판넬

복사난방에 필요한 가열면의 판넬코일은 설치위치에 따라 바닥판넬, 천정판넬, 벽판넬로 구분된다. 이중에서 바닥판넬이 가장 널리 사용되며 판넬의 종류는 다음과 같다.

(1) 바닥판넬

바닥면을 가열하므로 가열면의 온도는 단시간 33℃ 장시간 30℃이상 되지 않게 해야 쾌적하며 우리나라의 온돌이 대표적이고, 시공이 비교적 용이하다.

(2) 천정판넬

천정이 높은 건축물에는 부적합하나 가열온도는 50℃ 정도까지 상승시킬 수 있어 열손실이 큰 실에 적합하다. 천정 표면 온도는 약 43℃ 이하로 하고 천정고 3m 이하에서는 30~40℃가 되도록 한다.

(3) 벽판넬

이 판넬은 특수한 벽체구조의 시공이 필요하고 실내의 가구 등에 의해 방열이 방해되며 벽체를 통한 실외쪽으로 열손실이 커진다. 주로 보조 판넬로 쓰인다. 벽면의 표면 온도는 균열이 생기지 않도록 약 43℃ 이하로 제한시킨다.

2) 판넬의 구조

판넬은 강관과 동관이 사용되며 동관은 내식성이 우수하지만 바닥 매립후 손상을 입을 우려가 있고 가격이 비싸다. 또한 강관은 매립배관을 했을 경우 부식에 약한 결점이 있어 신더 콘크리트(Cinder Concrete)내의 매립에는 내식성의 관재료를 사용하는 것이 바람직하다. 최근에는 판넬용 X-L비닐관을 주로 사용한다.

(1) 판넬 코일의 종류

① 그리드형 코일 : 배관저항은 적지만 온수의 유량분배가 불균등하다.
② 사관식 코일 : 온도 분포가 불균일하며 왕복관의 위치가 떨어져 있어 시공이 불편하지만 널리 사용된다.
③ 밴드형 코일 : 온도 분포가 균일하고 시공이 용이하여 이상적이다.

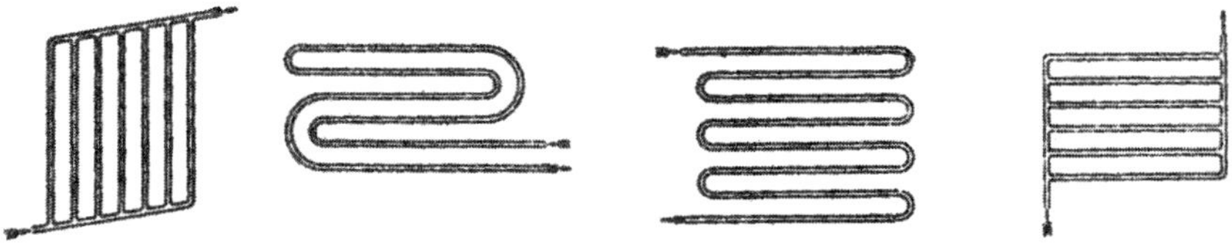

(a) 그리드 코일 (b) 사관식 코일 (c) 밴드코일 (d) 벽면 그리드 코일

<그림 8-28> 파이프 코일

(2) 판넬시공

판넬 배관시공에 관한 사항은 다음과 같다.

ⓐ 판넬용 코일은 직경이 $\frac{1}{2} \sim 1\frac{1}{2}$B의 관을 용접하여 사용한다.
ⓑ 코일의 간격은 보통 20~30cm로 한다.
ⓒ 코일의 매입깊이는 표면에서 3cm 이상으로 한다.
ⓓ 1조(組)의 코일 길이는 마찰저항손실이 코일 총 길이 100m당 2~3mmAq 정도가 되도록 관경을 선택한다.

(3) 복사난방의 판넬배관 누수원인

① 배간의 연결부속 및 용접시공의 불량
② 열팽창에 의한 동관 파손 및 주름 발생
③ 동관에 이물질이 포함되어 조그만 구멍이 뚫려 있을 때
④ 외부의 충격에 의한 동관의 파손
⑤ 엑스엘(XL) 파이프(20A)의 열팽창에 의한 누수

1) 평균복사온도(MRT : Mean Radiant Temperature)
실내의 주벽, 천정, 바닥의 표면온도에 의한 복사열로 이루어지는 평균복사 온도를 말한다.

$$MRT = \frac{\sum t_s \cdot A + t_p A_p}{\sum A + A_p}$$

MRT : 평균복사온도(℃)
t_s : 실내의 각 비가열면의 표면온도(℃)
A : 실내의 각 비가열면의 표면적(m2)
t_p : 패널 표면온도(℃)
A_p : 판넬 표면적(m2)

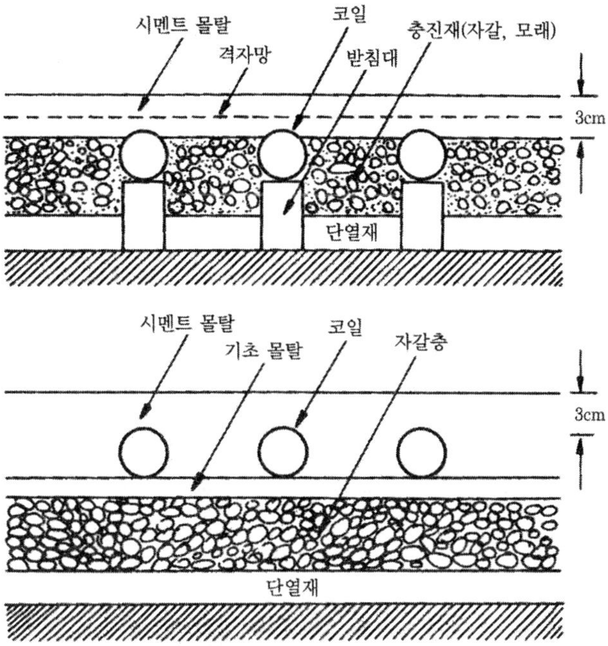

<그림 8-29> 바닥 판넬 시공 단면도

2) 비가열면의 평균복사온도(UMRT : Unheated Mean Radiant Temperature)
주로 바닥을 제외한 비가열면적의 평균복사온도를 말한다.

$$UMRT = \frac{\sum t_s \cdot A}{\Delta A}$$

3) 작용온도(OT : Operative Temperature)
기온과 주벽의 복사열 및 기류의 영향을 조합시킨 지표로서, 습도의 영향이 고려되고 있지 않다.

$$OT = \frac{h_r \cdot MRT + h_c \cdot t_a}{h_r + h_c}$$

hr : 복사전달률, h_e : 대류전달률
t_a : 공기온도, MRT : 평균 복사온도

예제-17 신축 건물의 복사난방을 설계하시오.
(단, 난방조건은 실내온도 t_a=18℃, 외기온도 t_o=-1℃, 실내손실열량 H_L=4,290kcal/h이다.)

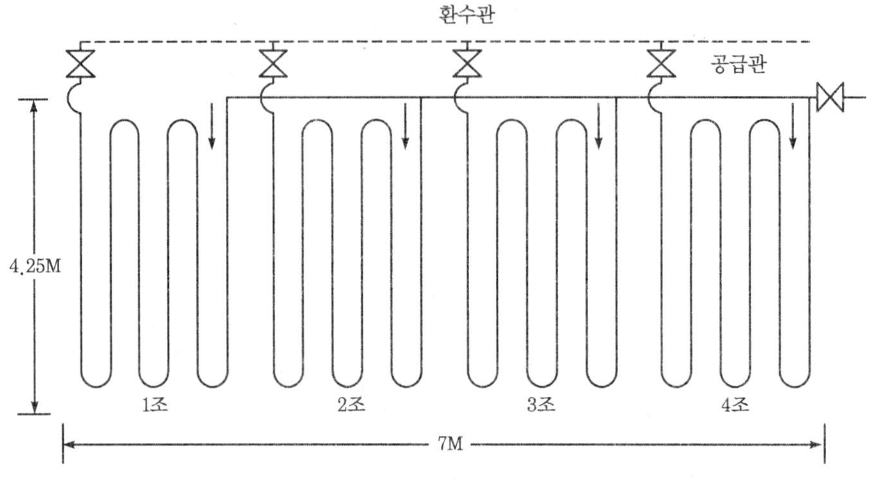

〈그림 8-30〉 복사난방 판넬 평면도

해답-17 (1) 가열면의 표면적

바닥면적 중 가열 판넬의 표면적은 바닥면적의 80%로 한다.

$A_p = 7^m \times 4.25^m \times 80\%$

$= 7 \times 4.25 \times 0.8 = 23.8m^2$

(2) 필요방열량(H_s : kcal/m² · h)

① 방열면적 1m²당 필요방열량은 다음과 같다.

$$H_s = \frac{H_L}{A_p} = \frac{4,290}{23.8} \fallingdotseq 180(\text{kcal/m}^2 \cdot \text{h})$$

H_s : 필요방열량(kcal/m² · h)

H_L : 실의 손실열량(kcal/h)

A_P : 가열 판넬의 표면적(m²)

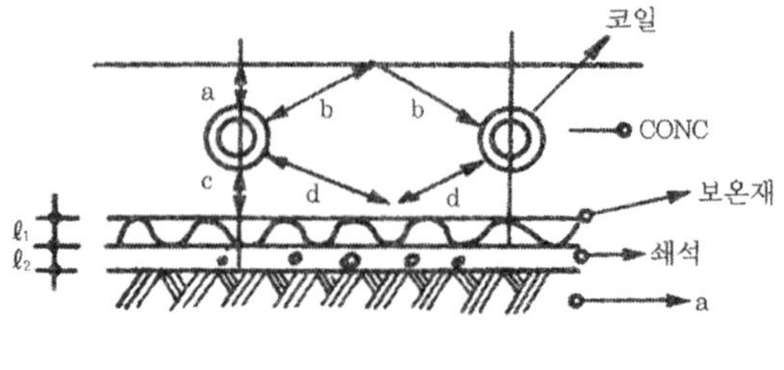

〈그림 8-31〉 복사난방 판넬 단면도

(3) 콘크리트

바닥 판넬에 있어서 a=5cm, b=15cm라 하고, 콘크리트 열전도율 λ=1.3(kcal/m · h · ℃)라 할 때 판넬표면과 온수코일 표면과의 전열계수 C를 계산하면 다음과 같다.

① 코일 표면과 바닥표면간의 평균 거리는 $\frac{a+b}{2}$이다.

$$\frac{1}{C} = \frac{\frac{a+b}{2}}{\lambda} \qquad \therefore C = \frac{2\lambda}{a+b} + \frac{2\times1.3}{0.05m+0.15m} = 13kcal/m^2h℃$$

a : 온수코일 표면에서 바닥표면까지의 거리(m)

b : 온수코일 표면에서 인접 코일의 중심선과 바닥표면과의 교점까지의 거리(m)

C : 전열계수(kcal/m^2 · h℃)

λ : 바닥재료의 열전도율(kcal/m · h℃)

(4) 바닥판넬의 표면온도(t_s)는 30℃로 가정한다.

바닥판넬 : 27~35(℃)

벽판넬 : 32~43(℃)

천정판넬 : 40~54(℃)

(5) 온수코일의 필요 표면 온도는 tp(℃)라 한다.

$t_p = t_s + \frac{H_s}{C}$ t_s : 판넬표면온도(℃)

$= 30 + \frac{180}{13}$ H_s : 필요방열량(kcal/m^2 · h)

$= 44$(℃) C : 전열계수(kcal/m^2 · h · ℃)

(6) 온수의 온도는 t_w(℃)라 한다.

t_w=tp+(1~3℃)

=44+2=46(℃)

(7) 바닥판넬에서 지중(地中)으로 빼앗기는 열량손실(H_L)을 계산한다. c=1cm, d=14cm로 한다.

CON'C의 열전도율 λ_1=1.3(kcal/m · h · ℃)

보온재의 열전도율 λ=0.05(kcal/m · h · ℃)

쇄석의 열전도율 λ_2=0.3(kcal/m · h · ℃)

흙의 열전도율 λ_3=1.2(kcal/m · h · ℃)

ℓ_1=3cm, ℓ_2=10cm, ℓ_3=1m로 하면 아래방향의 손실열량은? 아래방향의 손실 열량에 대한 전열계수 C′는 다음과 같다.

$$\frac{1}{C'} = \frac{C+d}{2\lambda} = \frac{\ell_1}{\lambda_{1'}} + \frac{\ell_2}{\lambda_{2'}} + \frac{\ell_3}{\lambda_{3'}}$$

C'=0.526kcal/m^{2}h℃

바닥면의 열전도는 지중 깊이 1m까지로 하면 이때 온수코일의 표면 온도(t_p)는 44℃이다. 바닥 판넬 및 흙의 온도를 20℃로 가정하면 아래방향의 손실열량은 다음과 같다.

$H_L=(t_p-20)\times C$

$=(44-20)\times0.526=12.6$(kcal/m^{2}h)

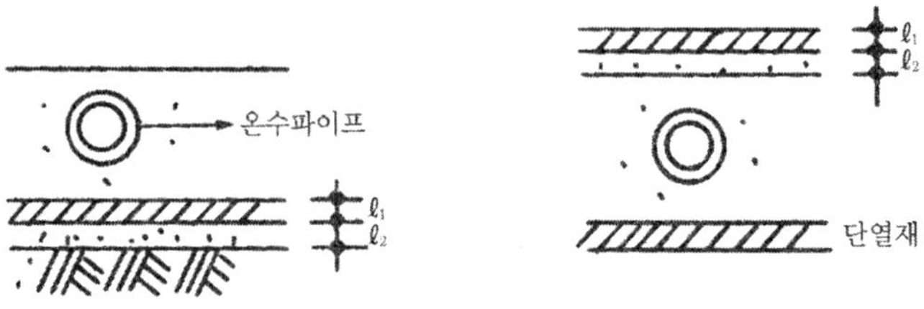

〈그림 8-32〉 복사난방 판넬의 두께

온수코일의 콘크리트 매설 깊이를 6cm로 하면 매설온수코일의 표면 $1cm^2$당 발열량
$h=34kcal/m^2h℃$

(8) 온수코일의 필요 표면적(S_p)은 다음과 같다.

$$S_p = \frac{A_p(H_s+H_l)}{h(t_w-t_s)} = \frac{23.8(180+12.6)}{34(46-30)} \fallingdotseq 8.4(m^2)$$

(9) 온수관의 필요 길이(ℓ)는 다음과 같다.

$$\ell = \frac{S_p}{a} = \frac{8.4}{0.085} \fallingdotseq 89(m)$$

(10) 온수코일의 피치(P)는 다음과 같다.

$$P = \frac{A_p}{\ell} = \frac{23.8}{89} = 0.267(m)$$

여기서 온수코일의 표준피치는 200~300이므로 ⓐ250으로 한다.

온수코일을 4조(組)의 코일로 분할하여 1조의 전장(全長) ℓ은 23m이다.

온수코일 1조의 길이(ℓ)= $\frac{89m}{4조}$ =23(m)

(11) 필요 난방 온수의 순환량(G)은 다음과 같다.

t_f : 온수의 입구온도(℃)
H_ℓ : 실의 손실열량(kcal/ℓ)
t_r : 온수의 출구온도(℃)
A_p : 가열 판넬의 표면적(m^2)
H_s : 방열면 $1m^2$당의 필요방열량($kcal/m^2h$)

여기서 t_f-t_r=10℃로 가정하면

① 온수가 방출한 열량=$G(t_f-t_r)$kcal/h

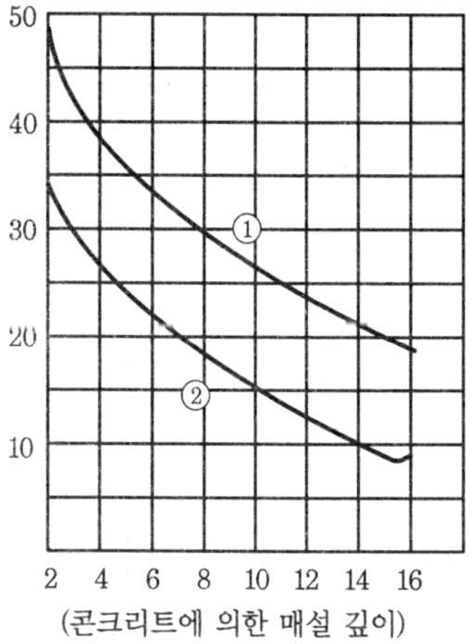

① 콘크리트중에 20mm코일 매설의 경우

② 콘크리트밑의 자갈속에 20mm코일을 매설할 때 콘크리트속 매설 코일표면의 방열량

<그림 8-33> 매설 온수코일 표면 1m²당 의 방열량(kcal/m²h)

<표 8-13> 강관 1m당 표면적(m²)

관의 호칭경		표면적(m²/m)
A	B	
15	1/2	0.068
20	3/4	0.085
25	1	0.107
32	1 1/4	0.134
40	1 1/2	0.153
50	2	0.190
65	2 1/2	0.240
80	3	0.280
90	3 1/2	0.319
100	4	0.359
125	5	0.439
150	6	0.519

② 바닥판넬에서의 전방열 열량=Ap(Hs+HL)kcal/h

양식이 비슷한 것으로 가정하면 G(tf-tr)=Ap(Hs+HL)가 된다.

$$\therefore G = \frac{A_p(H_s + h_L)}{t_f + t_r} = \frac{23.8(180+12.6)}{10} = 458(kg/h)$$

각 코일에 필요한 온수량 $\frac{G}{4조} = \frac{458}{4} = 115kg/h$

(12) 온수코일 1조(組)의 마찰 저항 손실을 계산한다.

① 국부저항 환산 총코일길이를 구한다.

② 리턴벤드 0.7×5=3.5m

③ 티이 1.4×2=2.8m

④ 슬루우스밸브 0.2×1=0.2m

계 ℓ'=6.5m

∴ 환산총 코일길이(마찰저항상당 코일길이) L=$\ell'+\ell$=6.5+122=128.5m

관경 20mm인 온수관에 온수 115kg/h를 흐르게 할 때에 코일길이 1m당 마찰저항 손실을 R =0.8mmAq이므로 전저항 손실은 다음과 같다.

전저항손실=R×($\ell'+\ell$)=0.8×128.5

=103(mmAq)

<표 8-14> 국부저항의 상당코일 길이(m)

배관부속(B) \ 관경(A)	15 (1/2)	20 (3/4)	25 (1)	32 $(1\frac{1}{4})$	40 $(1\frac{1}{2})$	50 (2)	65 $(2\frac{1}{2})$	80 (3)	100 (4)	125 (5)	150 (6)
엘보우	0.5	0.6	0.9	1.1	1.4	1.6	1.9	2.5	3.6	4.2	4.8
티이	0.3	0.4	0.5	0.7	0.8	1.0	1.2	1.5	2.0	2.5	3.0
티이	1.2	1.4	1.7	2.3	2.9	3.6	4.2	5.2	7.3	8.8	10.0
이경 1/2 B티이	0.5	0.6	0.9	1.1	1.4	1.6	1.9	2.5	3.6	4.2	4.8
이경 1/4 B티이	0.4	0.6	0.7	0.9	1.1	1.2	1.7	2.1	2.8	3.6	4.2
소켓(1/4 B축소)	2.4	3.0	3.6	4.5	6.0	7.5	9	12	15	18	24
소켓(1/2 B축소)	1.5	2.4	3.0	3.6	4.5	6	6	9	12	15	18
소켓(3/4 B축소)	1.2	1.5	1.8	3.0	3.0	4.5	4.5	6.0	7.5	9.0	10.5
게이트밸브	0.1	0.2	0.2	10.2	0.3	0.4	0.4	0.5	0.7	0.9	1.1
글로우브밸브	5.5	7.6	9.1	12.1	13.6	18.2	21.2	26	36	42	51
앵글 밸브	2.7	4.0	4.5	6.0	7.0	8.2	10.3	13.0	16.0	18.2	32.2
리턴 밸브	0.4	0.7	0.8	11.0	1.2	1.7	2.2	2.8	–	–	–
방열기	0.9	1.4	1.9	2.4	2.8	3.8	4.7	5.7	–	–	–
방열기밸브	1.6	2.2	2.8	3.6	4.2	5.3	–	–	–	–	–

(13) 온수 순환 펌프의 양정을 결정한다.

보일러에서 보일러로 되돌아가는 국부저항 상당코일 길이를 포함한 주관(主管)의 전길이는 100m로 한다.

① 저항손실에 의한 압력강하 R=0.8mmAq/m

② 유량(流量) G=458kg/h

①, ②에 적합한 주관의 관경을 표 9-15에서 구하면 관경은 32mm이다. 여기서 주관의 전저항 손실 Rℓ=0.8×100=80mmAq로 된다. 순환펌프의 전양정=103+80=183(mmAq) 위의 계산결과에서 온수·송수량이 458kg/h이므로 전양정 183m 이상의 순환펌프를 사용하면 된다.

<표 8-15> 온수송수량과 저항손실에 대한 관경

관경(A) (B)	15 1/2	20 3/4	25 1	32 1 1/4	40 1 1/2	50 2	65 2 1/2	80 3	90 3 1/2	100 4
실내경(A)	16.1	21.6	27.6	35.7	41.6	52.3	67.9	80.7	93.2	105.3
압력강하 mmAq/m	유 량(kg/h)									
0.70 0.75 0.80 0.90 1.0	51.2	116.5	228	465	700	1,350	2,650	4,250	6,390	8,850

8.8 지역난방 (District Heating System)

지역난방은 열병합 발전방식으로 에너지의 이용효율을 높이고 환경공해의 개선을 위해서 전기와 난방용 열매를 동시에 생산하여 주댁, 아파드단지, 빌딩 등에 난방하는 방식이나.

광범위한 지역의 건물에 열을 운반하려면 고압증기(압력 : 5~10kg/cm^2)나 고온수(온도 : 100~180℃)가 적합하다. 대지의 고저차가 있을 경우에 증기난방을 채택하면 응축수 트랩이나 환수관이 복잡해진다. 또한 감압장치도 필요하므로 고온수난방을 채용함이 좋다.

이 때 온수의 온도차를 50℃이상으로 설계하면 배관관경을 증기난방의 경우보다 작게 할 수 있으며 또한 배관내의 부식도 물처리에 의해 제거될 수 있다.

〈표 8-16〉 에너지 이용 효율

종류 \ 효율	기존 난방	지역 난방
난방	57	81
전기	35	85

1) 지역난방 시스템

지역 난방의 열원시스템 및 열공급계통도는 다음 그림 8-34과 같다.

(1) 지역난방 열공급 계통도

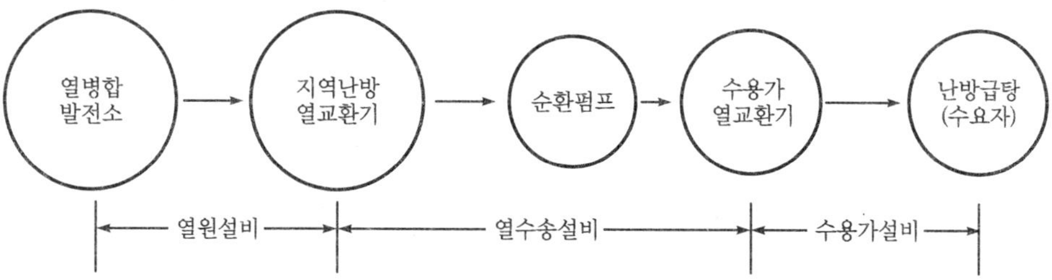

〈그림 8-34〉 지역난방 열공급 계통도

(2) 지역난방 열원 시스템

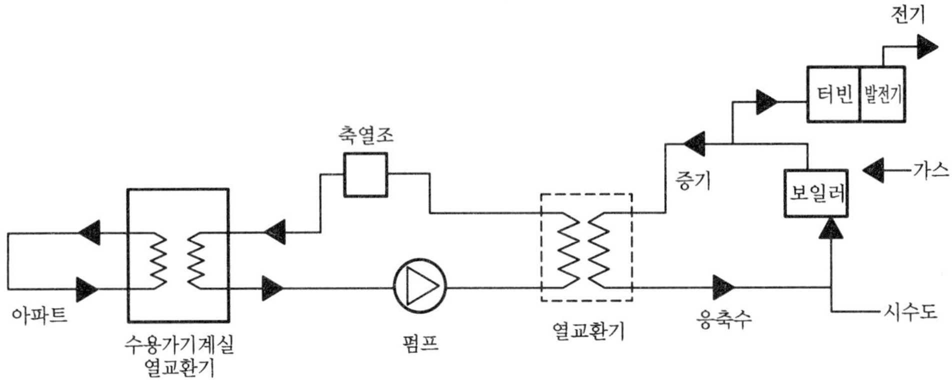

<그림 8-35> 지역난방 열원 시스템

(3) 지역난방의 열원설비

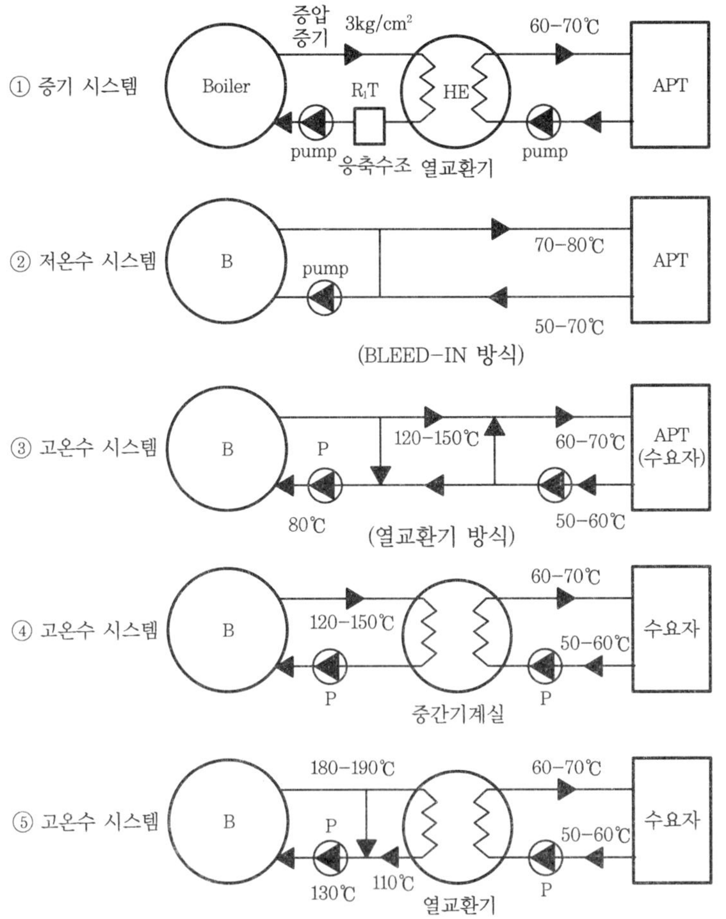

<그림 8-36> 지역난방 시스템

(1) 온수 지역난방용 온수의 구분

① 저온수 : 88℃이하
② 중온수 : 88~121℃
③ 고온수 : 121℃이상

(2) 배관(분배) 시스템

① 열매의 분배는 펌프를 사용하여 수요자에게 공급관과 환수관 관의 압력차를 발생시켜 분배한다.
② 각 건물에 공급되는 온수는 난방개소에 민감한 제어기기로 조절한다.
③ 외부온도에 따라서 온수의 온도를 조절하여 공급한다.

2) 아파트 난방

(1) 일반설계 기준

1) 온수배관 설계 : 마찰저항손실(20mmAq/m), 유속(1.5m/sec 이내)
2) 온수배관 설계 : 마찰저항손실(10mmAq/m), 유속(1.5m/sec 이내)
3) 온수온도 : 50~60℃, 60~70℃
4) 온도코일 : 아연독금 강관 20~32A 동관 15A
5) 배관방식 : 배관내에서 발생하는 마찰저항손실의 밸런스 유지와 유량의 균등공급을 위한 배관방식은 다음과 같은 방법으로 한다.
   ① 리버스 리턴 방식
   ② 관경, 밸브에 의한 방법
   ③ 오리피스에 의한 방법
   ④ 부스터 펌프에 의한 방법
6) 수직관
   ① 온수 공급용 수직관은 5개층 단위로 구획하여 설계한다.
   ② 정유량식인 밸런싱 밸브를 사용하여 단일존으로 한다.
7) 세대당 난방코일은 헤더식(온수 분배기)의 배관방식을 사용한다.
8) 열량계 설치
   ① 난방동시 사용률은 최고 50~60%, 최저 10~20%로 한다.

8.9 난방용 배관 부속품

1) 방열기 밸브 (Radiator Valve)

온수 또는 증기의 유량을 조정하는 밸브로서 증기용과 온수용의 두 종류가 있으며 증기용은 디스크 밸브를 사용한 글로브 밸브형이고 또한 유체가 흐르는 방향에 따라 앵글형, 직선형, 코너형이 있다.

2) 증기 트랩 (Steam Trap)

방열기의 환수구(하부Tapping) 또는 증기 배관의 최말단 등에 부착하여 증기관 내에 생긴 응축수만을 환수시키는 트랩이다.

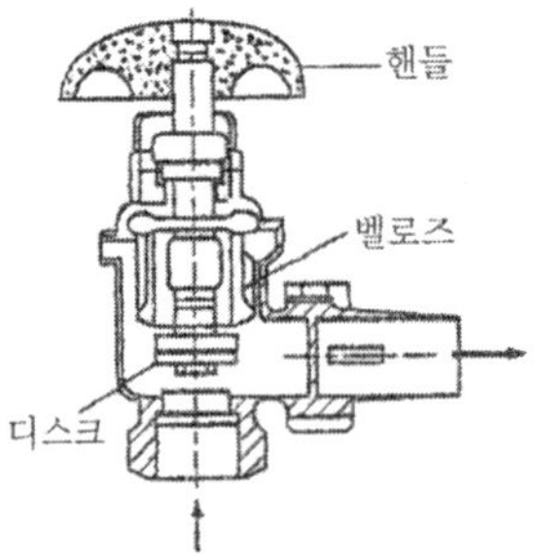

(a) 증기용

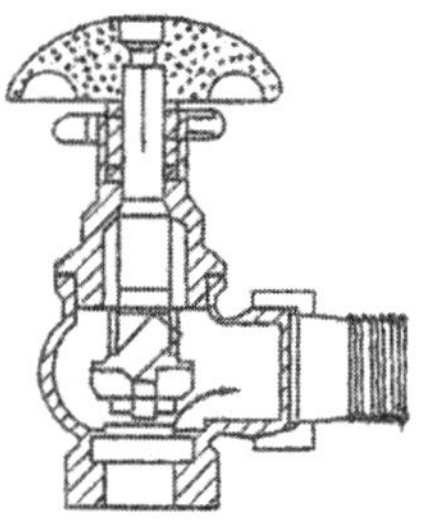
(b) 온수용

<그림 8-37> 방열기 밸브

3) 방열기 (Radiator)

방열기(放熱器)는 실내에 설치하여 증기나 온수를 통과시켜 온수와 증기에 함유된 열을 방열기의 표면을 통하여 복사나 대류로서 실내에 전달하여 실내의 기온을 상승시킨다.
재료에 따라 분류하면 주철제, 강판제, 강관제 등이 있으나 주로 내구성이 풍부한 주철제가 널리 사용되고 있다. 특별한 경우에는 내구성은 다소 뒤떨어지지만 형상이 미려하고 판 두께가 얇아 열의 전도 및 방산이 우수한 강판제 방열기 사용된다.

(1) 방열기의 종류

방열기의 종류는 그 구조 및 재료에 따라 다음과 같이 분류된다.

1) 주형(柱形) 방열기 (Column Radiator)

주형 방열기에는 2주방열기, 3주방열기, 3세주 방열기, 5세주 방열기 등 4종이 있다. 방열기의 호칭법은 종별-높이×섹션수로 호칭한다. 2주는 II, 3주는 III, 3세주는 3, 5세주는 5, 그리고 벽걸이는 W, 수평형은 H, 수직형은 V의 기호로 표시한다. 예를 들면 3세주 650mm 높이 18섹션으로 조합된 방열기의 호칭은 3-650×18로 표시한다.

수평형 벽걸이를 3섹션으로 조합한 것은 W-H×3로 표시한다.

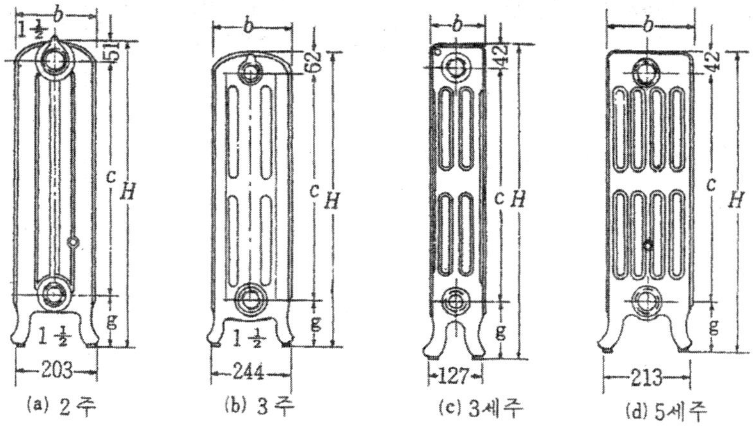

〈그림 8-38〉 주형 방열기

2) 벽걸이 방열기 (Wall Radiator)

이것은 주철제 방열기로서 수평형과 수직형이 있다.

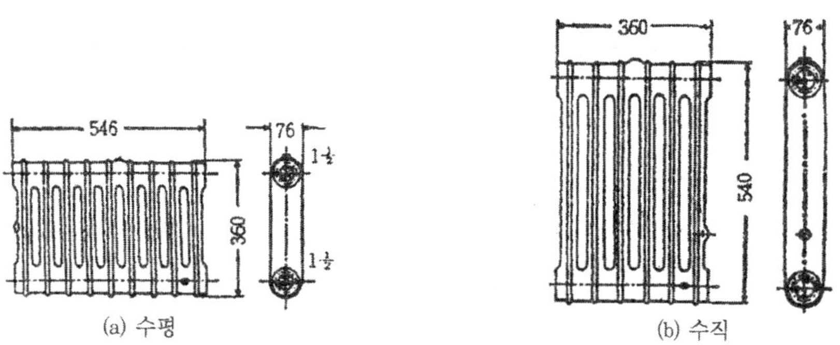

〈그림 8-39〉 벽걸이 방열기

3) 강판제 방열기 (Pressed Radiator)

강판제 방열기는 2, 3, 4주의 3종류가 있고 외형은 강판을 프레스로 성형하고 용접한 것으로 한번 설치하면 증감이 곤란하다.

4) 콘벡터(Convector)

대류 방열기라고도 하며 철판제 케비넷 속의 플레이트 휜(Plate Fin)이라는 열교환기에 접촉하는 공기의 자연 대류 작용에 의해 실내공기가 더워지는 대류 방열기이다. 종류는 벽걸이형, 자립형, 감춘형 등이 있다. 콘벡터와 같은 자연대류식 방열기는 난방부하가 가장 큰 외벽의 창 아래에 설치하여 창문에서 찬공기가 실내로 흘러 들어옴을 방지한다.

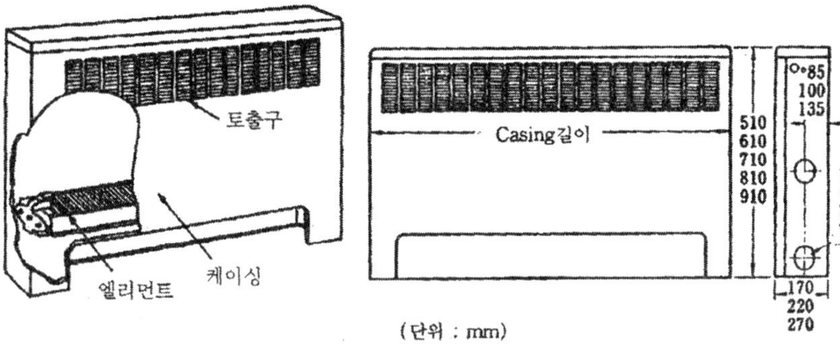

<그림 8-40> 콘벡터(Convector)

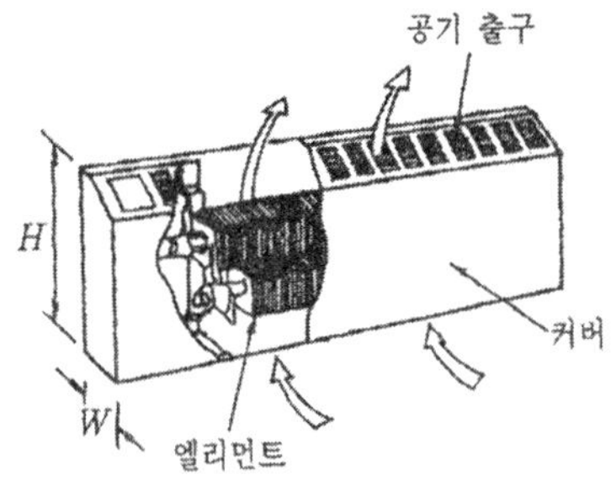

<그림 8-41> 베이스보오드 히터

<그림 8-42> 관 방열기

6) 베이스보오드 히터 (Baseboard Heater)

이 방열기는 대류 방열기를 낮은 바닥의 벽에 돌려 놓은 걸레받이를 따라 설치한 방열기이다. 증기, 온수 어느 것이나 사용된다.

7) 관방열기 (Pipe Radiator)

금속관을 노출시켜 관표면에서 열을 방산하는 방열기이다.

(2) 방열기의 표준 발열량

표준상태에서의 방열량(kcal/h) 즉 방열면적 $1m^2$당 $650kcal/m^2h$를 표분 방열량이라고 하고 이 표준방열량을 내는 방열면적을 상당방열면적(EDR : Equivalent Direct Radiation)이라 한다. 그리고 표준상태의 온도는 증기온도가 102℃, 실온이 21℃인 경우를 말하며 방열량은 다음 식으로 구한다.

$$H=K(t_S-t_i)$$

H : 단위면적당 방열량(kcal/m2h)
K : 방열기의 열관류율(kcal/m2h℃)　　증기 : 8　　온수 : 7.2
ts : 증기온도(℃)
ti : 실내 온도(℃)

방열기에 표준증기(절대압력 : $1.1kg/cm^2$, 온도 102℃)를 순환시키고 실내온도를 21℃로 하면 방열기의 방열면적 $1m^2$당 표준방열 열량은 다음과 같다.

$$H_S=K(t_s-t_i)=8(102-21)≒650kcal/m^2h$$

열매가 온수일 때는 온수의 평균온도 80℃, 방열기의 열관류율 $7.2kcal/m^2h℃$, 실내온도 18℃에서 방열기의 방열면적 $1m^2$당 표준방열 열량은 다음과 같다.

$$H_w=K(t_s-t_i)=7.2(80-18)≒450kcal/m^2h$$

(3) 방열기 섹션수

실내에 설치하는 방열기의 섹션수를 산출하려면 실내의 손실열량 H_L : (kcal/h)을 계산하고 섹션수는 다음식으로 계산한다.

① 증기난방의 경우 $N_s=\dfrac{H_L}{650A}$

② 온수난방의 경우 $N_s=\dfrac{H_L}{450A}$

N_s : 방열기섹션수(개)
H_L : 실내 전손실 열량(kcal/h)
A : 방열기 1섹션당 방열면적(m^2)

(4) 방열기내에서 발생하는 응축수량

증기난방에서 방열기의 단위 방열면적당 발생하는 응축수량은 단위 시간당 응결(凝結)하는 증기량이며 다음과 같다.

$$Q_w = \frac{Q}{L}$$

Q_w : 응축수량(kg/m^2h)
Q : 방열기의 방열량(kcal/kg)
L : 증기의 증발잠열(kcal/kg)
예를 들면 증기의 온도가 102℃이고, 게이지압이 1.1kg/cm^{2}일 때 증기의 잠열은 539kcal/kg이므로 방열량 650kcal/m^{2}h에서 발생하는 응축수량은 방열기의 방열면적 1m^{2}당 1.21kg/h이다.

$$Q_w = \frac{Q}{L} = \frac{650}{539} = 1.21kg/m \cdot {}^2h$$

(5) 방열기의 방열면적

실내에 설치한 방열기에 의한 대류난방에서 난방부하에 따른 방열기의 소요 방열면적을 구하는 식은 다음과 같다.

$$A = \frac{H_L}{q}$$

A : 소요방열면적(m^2)
H_L : 실내전손실열량(kcal/h)
q : 방열기의 표준상태의 방열량 증기 : 650(kcal/m^{2}h) 온수 : 450(kcal/m^{2}h)

(6) 방열기의 도시

방열기는 설비도면에 다음과 같은 방법으로 도시하며 작도 순서도 다음과 같다.

① 방열기의 설치위치에 보통원을 그린다.

② 평행선으로 3등분하여 원 중앙에 방열기의 종별과 높이를 표시하고 위에는 센션수를, 아래에는 유입관과 유출관의 관경을 각각 기입한다. 2주 방열기는 Ⅱ, 3주는 Ⅲ으로 표시하고 또한 3세주는 3, 5세주는 5로 표시한다. 그리고 벽걸이는 W, 수평형은 H, 수직형은 V로 표시한다.

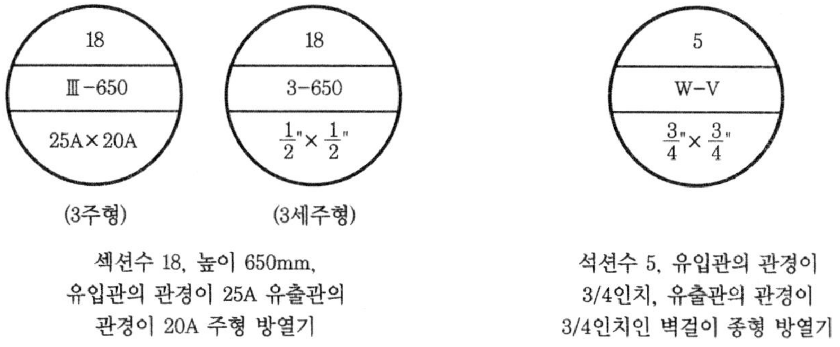

<그림 8-43> 방열기의 도시

(7) 방열기의 설치

방열기는 대류작용의 효과를 상승시키기 위해서 벽면으로부터 50~60mm 정도 거리를 유지하여 설치하되 그 위치는 열손실이 가장 많은 곳을 택한다.
한편 실내의 미관을 고려하여 방열기에 장식용 카바를 씌우면 방열량이 감소하기 때문에 방열기를 설치할 때 고려한다.

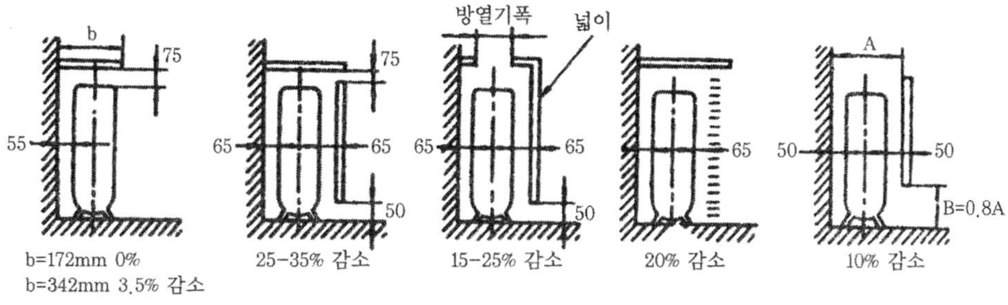

<그림 8-44> 방열기 설치방법과 방열량의 변화

(8) 방열기의 배관

① 열에 의한 배관의 신축을 고려하여 유입관과 유출관은 스위블이음으로 한다.
② 유체의 유입과 유출이 잘 되도록 구배를 둔다.
③ 진공환수식을 제외하고는 방열기 높이의 2/3 지점에 공기 빼기 밸브를 부착하여 순환이 잘 되게 한다.

④ 진공 환수식을 제외하고는 환수관보다 방열기를 설치한다.

⑤ 유출관에는 방열기트랩을 부착하여 응축수 유출이 용이하게 한다.

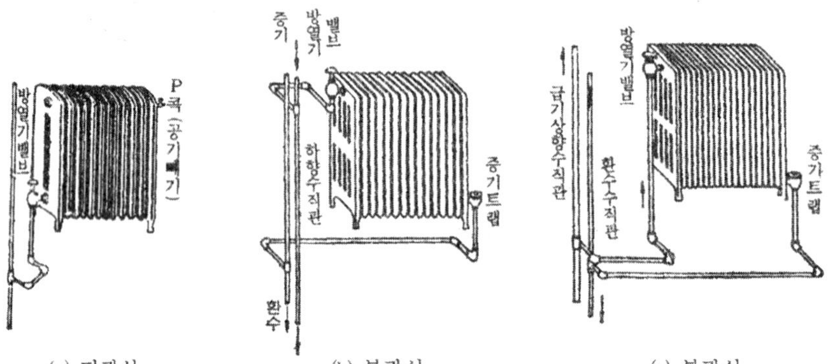

(a) 단관식　　(b) 복관식　　(c) 복관식

〈그림 8-45〉 방열기 주변의 배관

예제-18 대류형 방열기의 온두 입구온도 90℃, 출구온도 70℃, 실내온도 18℃로 할 때 방열량은 얼마인가?

해답-18 $Q' = \frac{Q}{C} = \frac{450}{\left(\frac{80-18.5}{80-18}\right)\cdot 1.4} = 455\text{kcal/m}^2\text{h}$

예제-19 열매온도 및 실내온도가 표준상태와 다른 경우에 강판제 판넬형 증기난방에서 방열기의 상당방열면적(EDR)을 구하시오.(단, 방열기의 전방열량은 2,200kcal/h이고, 실온이 20℃, 증기온도 104℃, 증기의 표준방열량은 650kcal/m²h이다.)

해답-19 $Q' = \frac{Q}{C} = \frac{650}{\left(\frac{102-18.5}{104-20}\right)\cdot 1.3} = 655\text{kcal/m}^2\text{h}$

$\therefore \text{EDR} = \frac{2,200}{655} = 3.35 \fallingdotseq 3.4\text{m}^2$

$\text{EDR} = \frac{\text{방열기의 전방열량(kcal/h)}}{\text{표준방열량(kcal/m}^2\text{h)}}$

예제-20 어떤 실의 전열에 의한 손실열량이 10,000kcal/h이고 환기에 의한 손실열량이 3,000kcal/h일 때 방열기의 소요면적은 얼마인가?

해답-20 증기 $A_s = \frac{H_L}{q} = \frac{13,000}{650} = 20m^2$

온수 $A_w = \frac{H_L}{q} = \frac{13,000}{650} = 28.9m^2$

8.10 팽창탱크 (Expansion Tank)

온수를 취급하는 난방 및 급탕설비에 설치하는 팽창탱크는 다음과 같은 역할을 한다.

1) 팽창탱크의 역할

① 급수를 자동으로 보충해 준다.
② 과승압력을 개방시킨다.
③ 배관중에 발생한 공기를 배출시킨다.
팽창탱크의 종류는 개방형과 밀폐형이 있다.
전자는 온수난방과 급탕설비에 사용되고, 후자는 고온수 난방에 사용된다.
그리고 팽창탱크의 설치는 개방형의 경우 가장 높은 곳에 위치하는 방열기보다 1m 이상 높게 설치하고 밀폐형의 경우에는 보일러에서 가까운 곳을 설치한다.

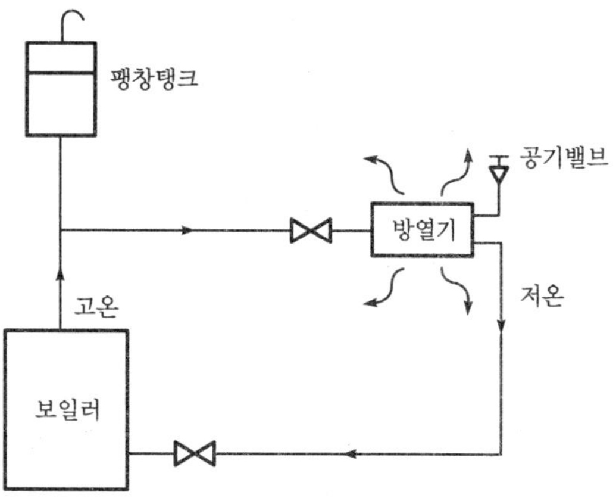

〈그림 8-46〉 팽창 탱크 설치

2) 팽창탱크의 설계

(1) 온수의 체적 팽창량($\Delta V : \ell$)

$$\Delta V = \left(\frac{1}{\rho_f} - \frac{1}{\rho_r}\right) \times V$$

ΔV : 온수의 체적 팽창량(ℓ)
ρ_f : 가열한 온수의 밀도(kg/ℓ)
ρ_r : 최초의 물의 밀도
V : 난방 장치내 전체의 수량(水量)(ℓ)

(2) 온수의 체적 팽창률

온수보일러에서 8℃의 물을 96℃까지 가열했을 때 온수의 체적 팽창률(e)은 다음과 같다.

$$e = \left(\frac{1}{\rho_f} - \frac{1}{\rho_r}\right) = \left(\frac{1}{0.96122} - \frac{1}{0.99988}\right) = 0.043 \text{ (4.3\%의 팽창)}$$

8℃ 물의 밀도(kg/ℓ) : 0.99988
96℃ 물의 밀도(kg/ℓ) : 0.96122

(3) 개방형 팽창탱크 (Open Type Expension Tank)의 용량

$$V_e = \alpha\Delta V = \alpha\left(\frac{1}{\rho_f} - \frac{1}{\rho_r}\right) \times V$$

V_e : 개방형 팽창탱크의 용량(kg/ℓ)
α : 여유율 2~2.5
ΔV : 온수의 체적팽창량(ℓ)
ρ_f : 최초의 물의 밀도
V : 난방 장치내 전체의 수량(ℓ)

여기서 개방형 팽창탱크의 용량은 온수팽창량의 2~2.5배 정도이므로 V_e=(2~2.5)ΔV가 된다. 이것은 강판제 보일러의 전열면적 1m²당 65~90ℓ의 온수량이다.

> **예제-21** 전방열면적 200m²의 방열기를 설치하는 온수난방장치에서 팽창탱크의 용량은 얼마인가?(단, 급수온도 8℃, 온수의 온도 96℃이다. 3주형 방열기내의 용적은 방열기 면적 1m²당 7ℓ이다.)

해답-21 ① 난방장치내 전체의 수량
V=200m²×7ℓ/m²×2배=2,800ℓ
② 개방형 팽창 탱크의 용량 $V_e = \alpha\left(\frac{1}{\rho_r} - \frac{1}{\rho_f}\right)V = 2.5 \times \left(\frac{1}{\rho_f} - \frac{1}{\rho_r}\right)$

$$= \left(\frac{1}{0.96122} - \frac{1}{0.9988}\right) \times 2,800 = 282(\ell)$$

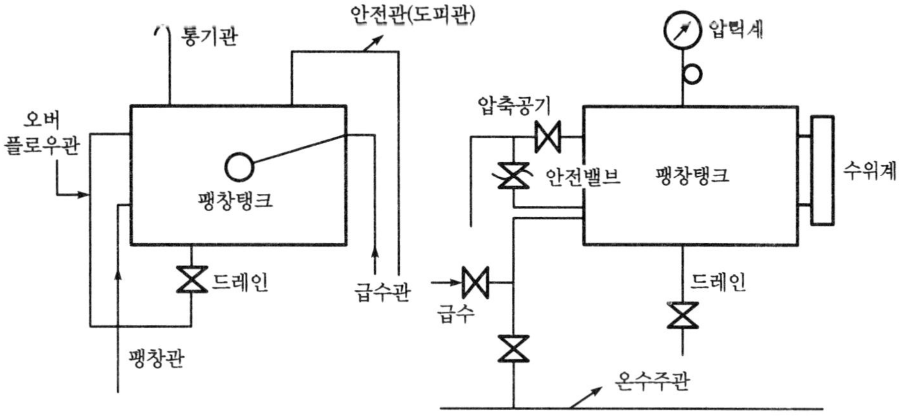

<그림 8-47> 팽창탱크(밀폐형)

③ 밀폐형 팽창탱크의 용량(VC : ℓ)

$$V_c = \frac{\Delta V}{\frac{P_1}{P_1 + 0.1H} - \frac{P_1}{P_2}}$$

예제-22 온수난방장치의 전수량은 750ℓ이다. 이때 개방형 팽창탱크의 필요체적을 구하여라. (단, 최초수온은 5℃, 보일러 운전시의 수온은 80℃로 하고 각온도에 대한 물의 밀도는 0.99999kg/ℓ, 0.97183kg/ℓ로 하고 개방형 팽창탱크의 용량은 온수팽창탱크의 2배로 한다.)

해답-22 $V_e = \alpha\left(\frac{1}{\rho_f} - \frac{1}{\rho_r}\right)V = 2 \times \left(\frac{1}{0.97183} - \frac{1}{0.99999}\right) \times 750 = 43.46\,\ell$

예제-23 체적 1,800ℓ의 온수보일러에 6℃(밀도 0.99997kg/ℓ)의 물을 급수하여 100℃(밀도 0.95838kg/ℓ)까지 가열하였다. 이 난방장치에서 밀폐형 팽창탱크의 체적을 구하여라. (단, 탱크에서 장치의 최고점까지 높이는 10m, 이때 최고허용압력은 4kg/cm^{2}g로 한다)

해답-22 $4r = \left(\frac{1}{Pf} - \frac{1}{Pr}\right) \times V$

$$V_c = \frac{\Delta V}{\frac{P_1}{P_1 + 0.1H} - \frac{P_1}{P_2}} = \frac{\left(\frac{1}{0.95838} - \frac{1}{0.99997}\right)1800}{\frac{1}{1 + 0.1 \times 10} - \frac{1}{1}} = 260.38\ell$$

제 9 장

태양열 에너지 시스템

9.1 태양열 에너지

태양열 에너지 수소의 핵융합 의한 헬리움합성의 방사에너지로서 빛에 의한 복사 에너지로 지상에 도달하는데는 연간 1.34×10^{21}kcal가 전리층을 통과하여 지상 약 12km상공에서 2cal/cm^2 · min의 에너지가 대기층을 통과한 후 지상에 도달한다. 그래서 태양에너지는 1KW/cm^2 · h정도로 추산되고 있다.

한국의 연평균 일조율은 55%이며 난방이 필요한 10월부터 다음해 3월까지 겨울에는 59.2%가 된다. 태양열이용에 중요한 지표가 되는 지표면 일사량은 우리 나라 전국이 양호하게 나타나 태양열이용에 보다 적극적인 정책이 요구된다.

한국에너지기술연구소의 대체에너지 연구부에 의한 지난 14년간(1982.1~1995.12) 지표면 일사량의 1일 평균값은 표 9-1과 같다.

〈표 9-1〉 전국 16개지역 지표면 일사량(단위 kcal/m^2)

지역	일사량	지역	일사량
춘천	2,967	대구	3,072
강릉	3,032	전주	2,967
서울	2,787	광주	3,148
원주	2,975	부산	3,199
서산	3,245	목포	3,337
청주	3,066	제주	2,950
대전	3,061	진주	3,367
포항	3,097	영주	3,222

16개 지역의 평균 일사량은 3,093kcal/m^{2}로 태양에너지를 광범위하게 이용하고 있는 일본의 중서부 지방(평균 일사량 3,100kcal/m^2)과 비슷한 수준이다.
특히 맑은 날 태양빛을 추적하며 수직으로 측정하는 직달일사량의 경우 광주와 대전 지역이 각각 평균 5,234kcal/m^2, 5,249kcal/m^{2}를 기록해 미국의 중부 사막지대와 비슷한 수준인 것으로 나타났다.
서울의 평균 일사량이 2,787kcal/m^{2}로 낮게 나타난 것은 대기오염으로 인해 태양광이 차단되기 때문이며, 일반적으로 태양에너지는 지표면의 일사량이 3,000kcal/m^2 이상일 때 가능한 것으로 알려져 있다.
태양열을 이용한 난방 및 급탕에 필요한 집열 온도는 60℃정도이다. 한편 시스템은 자연형(수동형 : Passive Solar System)시스템과 설비형(능동형 : Active Solar System)시스템으로 구분되고 전자는 공간대 공간의 온도차에 의한 자연대류 현상을 이용하여 열매체를 순환시킨다.
그러나 후자는 집열장치 및 축열장치 그리고 열교환 장치 등이 첨가되고 보조 열원장치로 보일러설비를 별도로 갖춘 형식이다.
자연형 및 설비형 태양열 시스템의 장단점을 표 9-2에서 나타낸다.

〈표 9-2〉 자연형 및 설비형 태양열 시스템의 장단점

장단점 / 시스템	장 점	단 점
자연형 (Passive System)	• 경제성이 크다.(초기투자비가 저렴하다) • 설계, 작동 및 관리가 용이하다. • 복사열에 의한 쾌적성이 크다.	• 실내온도 격차가 다소 존재하므로 제어시스템이 곤란하다.
설비형 (Active System)	• 제어가 용이하다. (실내온도 격차가 없다.)	• 경제성이 적다. • 설계, 작동 및 관리가 곤란하다. • 고장의 위험이 크다.

1) 자연형 시스템 (Passive System)

자연형 태양열 시스템은 각 구성부분의 에너지 전달방법이 자연순환 즉 전도, 대류 및 복사 현상에 의한 것이므로 특별한 기계장치 없이 태양에너지를 자연적인 방법으로 집열 저자하여 이용할 수 있도록 한 것이다.
따라서 경제성이 높은 것은 물론 고장이 잘 안나고 오래 쓸 수 있으며, 관리가 쉽다는 장점이 있다. 이 자연형 태양열 시스템은 태양에너지를 적용하는 방법에 따라 다음과 같이 구분된다.

(1) 자연형 태양열 난방 시스템

1) 직접 획득형(Direct Gain Type)

남향면의 집열창(Glazing)을 통하여 겨울철에 많은 양의 태양에너지가 실내로 들어오도록 한 형태이다. 이로써 얻어지는 태양 에너지는 실내바닥이나 벽에 열에너지로서 저장하며 야간이나 흐린 날 난방에 이용할 수 있도록 한다. 다시 말해서 실내의 난방이 태양의 직사광에 의하여 직접적으로 이루어지는 방식을 말한다.

그림 9-1은 직접획득형의 개념을 그림 9-2는 응용 예를 나타낸다.

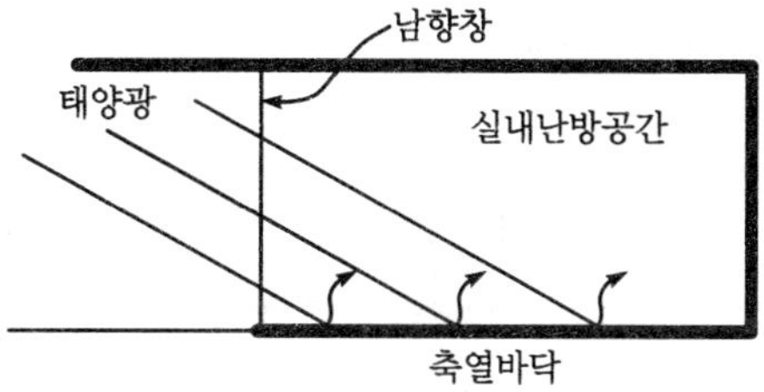

<그림 9-1> 직접 획득형의 개념

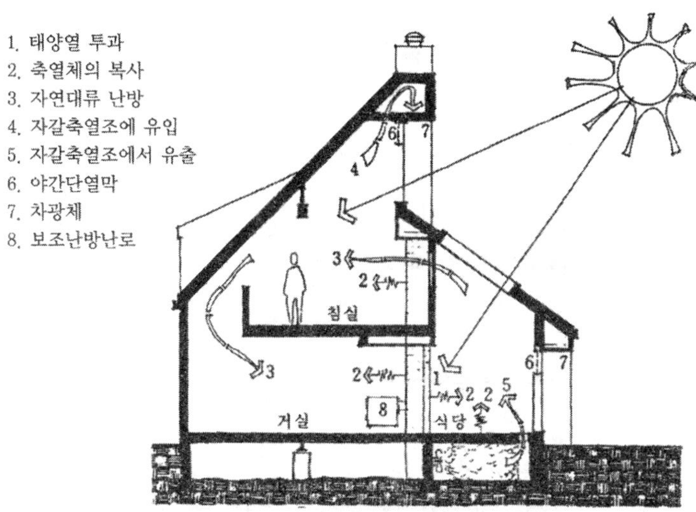

<그림 9-2> 직접 획득형의 응용 예

2) 간접획득형(Indirect Gain Type)

태양의 열에너지를 석벽(Maisonry Wall), 벽돌벽(Brick Wall) 또는 물벽(Water Wall)에 축열한 다음 열전도, 복사 및 대류와 같은 자연 현상에 의하여 실내의 난방효과를 얻을 수 있도록 한 것이다. 즉, 태양과 실내난방공간 사이에 집열창을 앞에 가까이 둔 축열벽을 설치하여 주간에 집열된 태양열이 야간이나 흐린 날 서서히 방출되도록 설계한 것으로 실내난방이 태양광에 의하여 간접적으로 이루어지는 시스템이다. 축열 재료로서 물, 액체, 콘크리트, 벽, 돌, 모래, 타일, 돌 오외에도 용융소금이나 파라핀과 같은 상변화물질(Phase Changing Meterial)을 사용하여 축열성능을 높일 수도 있다.

간적획득형의 대표적인 예로는 트롬벽(Trombe Wall)과 물벽(Water Wall) 시스템을 비롯하여 지붕연못(Roof Pond) 혹은 부착형 온실(Attached Green House) 시스템 등이 있다.

그림 9-3은 간접획득형의 개념을 그림 9-4~13-8에서 형태를 나타낸다.

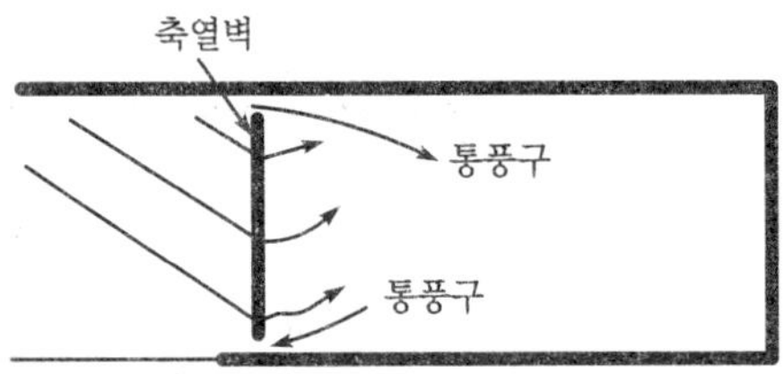

〈그림 9-3〉 간접 획득형의 개념

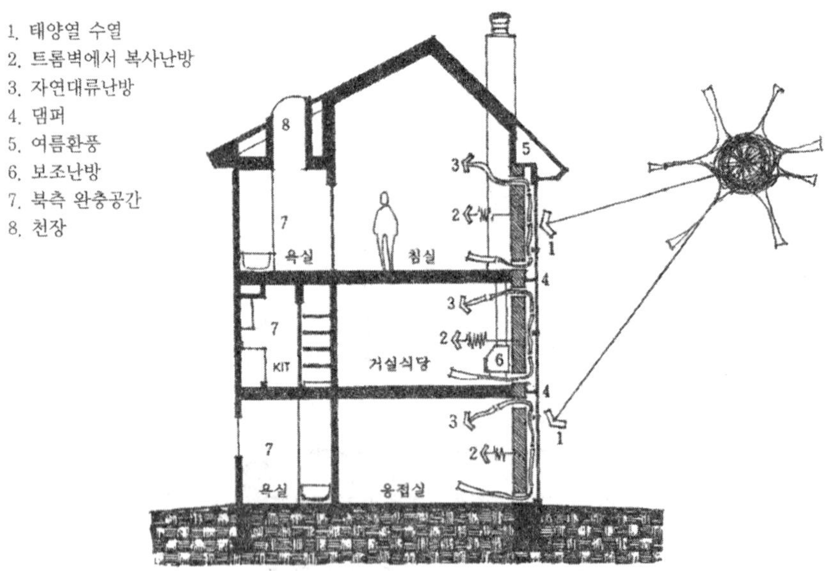

〈그림 9-4〉 간접 획득형 중 트롬벽식의 응용 예

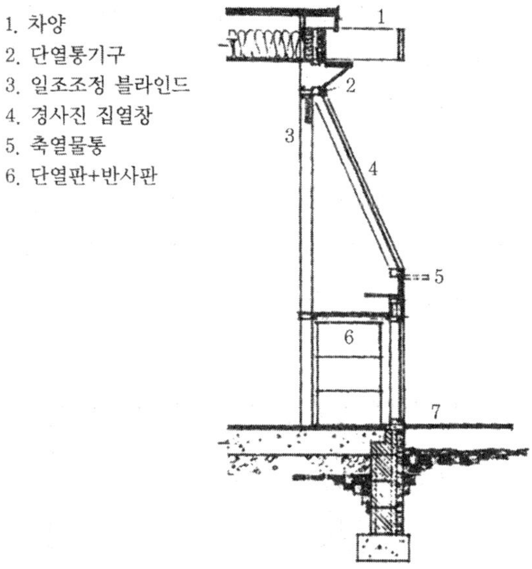

<그림 9-5> 간접 획득형중 물벽식의 단면

부착형온실은 추운 지방에서 일사량이 많은 경우 그 이용가치가 매우 높은 형태로 순간 집열로 얻어진 더운 공기는 낮동안에 통풍구 또는 자연 환풍기를 통해서 내부공간을 난방하거나 또는 순환송풍기에 의해서 축열조에 저장하였다가 야간의 난방에 이용한다. 온실내에 축열제로는 바닥, 벽, 잡석축열조 또는 수조 등이 사용되는데 축열체의 표면적은 온실유리 표면적의 1~1.3배가 확보되어야 한다.
그림 9-6은 부착형 온실의 원리를 나타낸다.

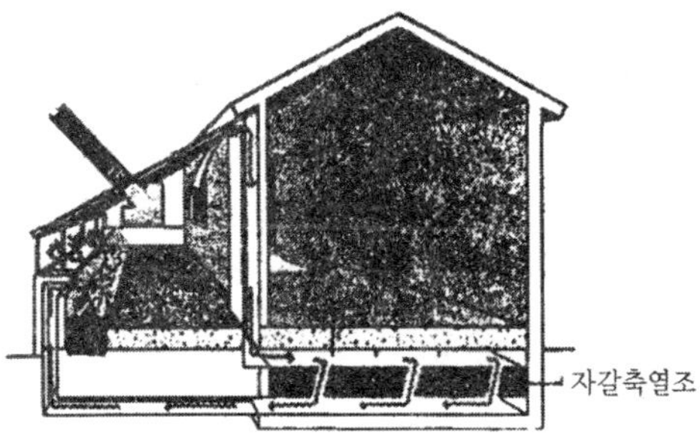

<그림 9-6> 부착형온실의 원리

3) 분리 획득형 (Isolated Gain Type)
집열부 및 축열부를 이용부 즉, 실내난방곤강과 격리식민 방식을 말한다.

이 방식은 실내로부터 떨어져 있거나 단열된 부분에 태양에너지를 모을 수 있는 집열부를 두어 난방이 필요할 때 독립된 대류작용에 의하여 그 효과를 얻도록 한 것이다. 즉, 태양에너지의 집여로가 축열이 실내 난방공간과 분리되어 있어 난방효과가 독립적으로 작동될 수 있다는 뜻이다.

분리획득형으로는 자연대류식 난방시스템(열사이펀식 : Thermosiphon)이 있다. 간접획득형에서 소개한 트롬벽의 안쪽부분을 단열하게 되면 이것도 분리획득형이 될 수 있다.

그림 9-7은 분리획득형의 개념을 그림 9-8은 원리를 나타낸다.

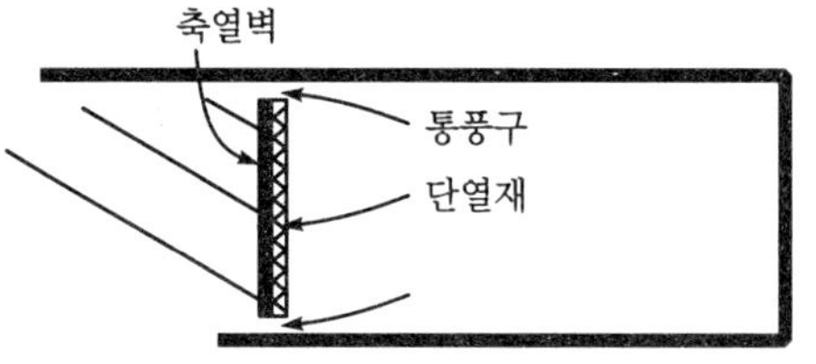

〈그림 9-7〉 분리획득형의 개념

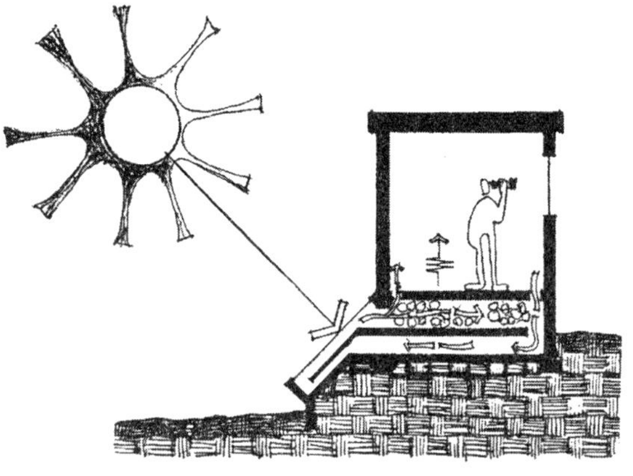

〈그림 9-8〉 분리획득형(자연대류형)의 원리

자연형식에는 크게 나누어 3가지 기본패턴이 있지만 실제로 건축할 때에는 이 3가지 방식을 적당히 조합하여 사용하는 경우가 많은 것을 볼 수 있다. 대체적으로 우리나라의 기후조건상 다음 3가지가 주로 이용된다.

① 부착형 온실+트롬벽식
② 부착형 온실+직접획득식
③ 부착형 온실+트롬벽식+직접획득식

이러한 조합식(System Combination)을 2차외피구성방식(Double Envelope)이라고 하며, 조합식의 응용 예는 그림 9-9와 같다.

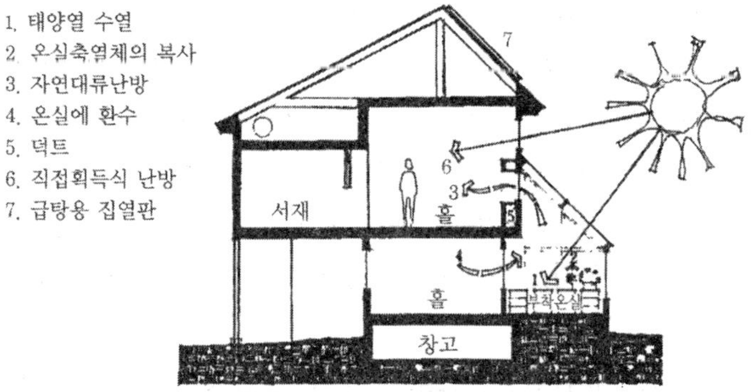

〈그림 9-9〉 조합식의 응용 예

자연형 태양열 주택의 위치는 가능한 한 대지의 북쪽에 정함으로써 주위의 건물이나 자연장애물에 의한 태양과의 차단을 피하고 주택 자체는 정남향으로 축조하여 동서를 축으로 길게 연장시켜 줌으로써 겨울철에 최대한의 일사량을 받도록 하는 것이 좋다.

아울러 태양열 주택을 설계할 때에는 여름철 냉방효과도 거둘 수 있도록 자연냉방개념(Passive Colling Concept)의 도입활용이 필수적으로 따라야 할 것이다.

(2) 자연대류형 급탕시스템

이 시스템은 집열부와 축열부분의 열전달이 자연적인 방법으로 이루어지므로 자연형 시스템의 한 분야로 취급된다.

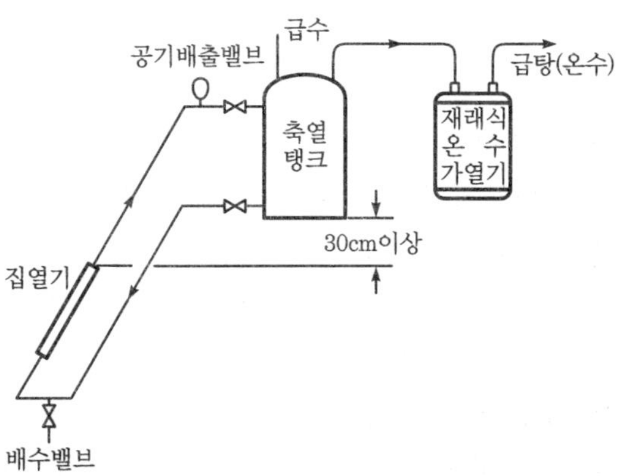

〈그림 9-10〉 자연대류형 (Thermosiphon Type) 온수기열 시스템

그림 9-10에서와 같이 열전달유체의 자연대류현상에 의하여 온수가열이 그냥하며 별도로 펌프나 기타 제어장치가 필요치 않은 것이 특징이다.
그러나, 축열탱크의 위치는 항상 집열기 상단에 두어 탱크의 물이 집열기로 자연 순환되도록 한다. 차가운 물이 탱크의 하부로부터 집열기입구로 들어가면 다시 더워져서 밀도가 낮아지며, 이 물은 탱크안에 있는 보다 차가운 물과 대치된다. 이런 형태의 시스템은 영하의 날씨가 자주 계속되는 추운 지방에서는 부동액을 넣은 열매체가 필요하거나 혹은 동파 방지장치가 요구된다. 그러므로 평판형 집열기의 설치는 태양을 최대로 장시간 쬐일 수 있는 곳에 설치해야 한다. 이 편판형 집열기는 1907년에 최초로 제작되었으며 일사량과 함께 태양열 에너지 시스템의 효율을 좌우한다. 중고온(中高溫) 집열기를 사요하면 40℃~50℃로 집열하여 급탕 및 난방에 이용할 수 있다.
능동형은 집열판, 축열조, 제어기기 등으로 구성되며, 난방부하의 100%를 공급할 수 있는 보조열원설비를 추가로 갖추어야 한다.

2) 설비형 시스템 (Active System)

설비형 시스템은 집열기, 배관, 펌프 또는 송풍기, 열저장장치 및 제어장치로 구성되는 것인데 집열기에서 흡수된 유효열을 동력을 공급하는 방식으로써 기존의 난방방식의 열원을 태양열 집열기로부터 공급하는 형태로 된다. 따라서 시스템의 설계나 시공은 기존의 난방방식과 비슷하나 다만, 집열기가 건물표면 특히 지붕, 발코니 등에 노출되는 것이 크게 다르다. 난방용 집열기의 면적은 난방면적의 1/3을 확보하여야 하는 어려움이 따르므로 건물디자인에 미치는 영향이 크고 시스템의 운전과 유지관리 특히 동파방지와 유리파손 등에 문제점이 따르게 되어 주택과 같은 소규모 건물에는 채용상 난점이 따르고 있다.
집열기에 사용하는 열매체의 종류에 따라 액체식과 공기식으로 분류되며, 액체식은 온수급탕을 겸하는 경우가 많다.

(1) 액체식 시스템

이 시스템은 집열매체로서 물을 사용한다.
태양열 집열기에서 집열된 태양에너지는 열교환기에서 출열조의 유체와 열교환을 하고 축열조에 열에너지를 저장한다. 저장된 에너지는 실내의 난방용으로 사용되거나 예열조에서 냉수를 예열하여 온수공급이 되도록 한다. 또 적절한 욜양의 축열조를 사용함으로써 야간이나 흐린 날의 에너지원을 저장시킬 수 있다.
그림 9-11은 액체식 태양열 시스템을 나타낸 것으로 태양열 집열기에 사용되는 유체(브라인, 에스텔, 염화칼슘수용액)와 난방기기 내에 사용되는 유체(물)가 상이하여 열교환기를 통하여 열교환을 함으로써 태양열을 이용하는 방식이다.

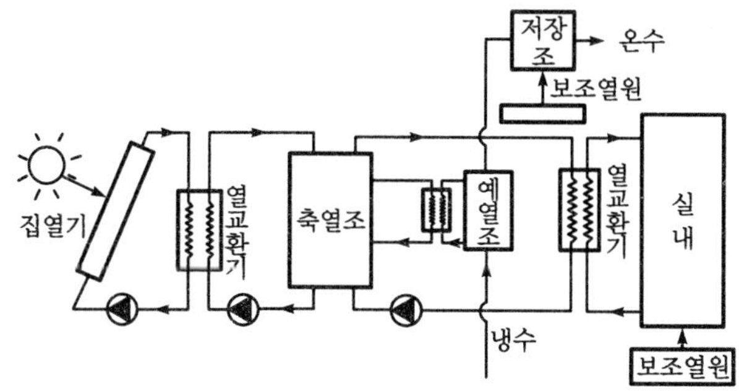

<그림 9-11> 액체식 태양열 시스템

일반적으로 태양열 이용 급탕 방식에는 자연순환 방식과 강제순환에 의한 저탕조 가열방식이 있다. 자연순환방식에서 온수기로 급수시키는 배관에 동결방지용 배수밸브를 설치하면 동절기에 온수기의 온도가 내려가면 자동으로 동결방지용 배수밸브를 통하여 배수되어 동파를 방지할 수 있다. 그림 9-12는 태양열을 이용한 급탕방식을 나타낸다.

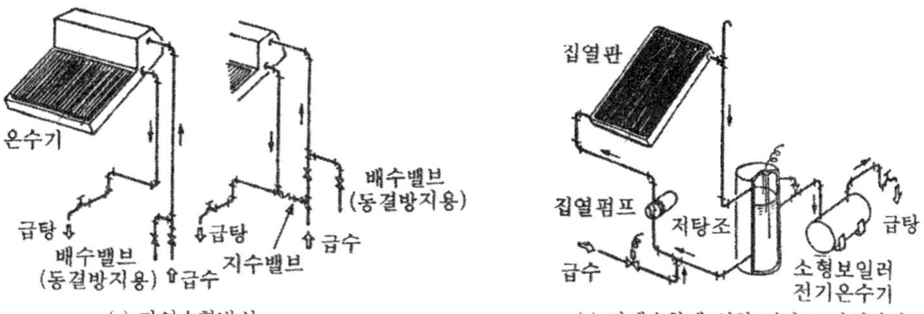

(a) 자연순환방식

(b) 강제순환에 의한 저탕조 가열방식

<그림 9-12> 태양열 이용 급탕 방식

간접 가열방식을 사용할 때에는 열교환기에서 수 ℃의 온도차가 발생하므로 이를 고려한 집열기가 선정되어야 한다.

(2) 공기식 시스템

공기식 시스템은 액체식 시스템에서의 액체를 공기로 개체(改替)한 것으로 그 전형적인 예는 그림 9-13과 같다.

이 시스템에서는 집열기로부터 가열된 공기가 직접 실내로 보내지거나 또는 축열조로 들어간다. 또한 액체식에서와 같이 냉수의 예열목적에 사용될 수도 있다. 공기식 시스템에서 사용되는 축열조로는 보통 자갈이 사용된다.

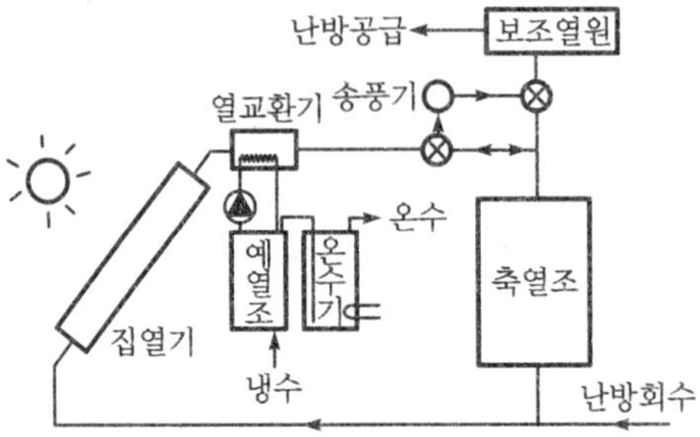

〈그림 9-13〉 공기식 태양열 시스템

(1) 집 열 기 (Solar Energy Collector)

평판형 집열기(Flat Plate Collector)는 효율의 결정적으로 영향을 미치고 열손실을 고려한 집열판의 길이와 폭의 비는 1.5 : 1이 적당하며, 경사각은 겨울동안 최대의 태양열을 흡수하기 위해서 10° ~15°가 최적 경사도이지만 일반적으로 그 지방의 위도+(10° ~15°)가 집열판의 설치 경사각이 된다. 또한 정남형으로 설치하는 것이 가장 유리하다.
태양열 실비형 시스템은 그림 9-14에 나타내며 구성은 다음과 같다.

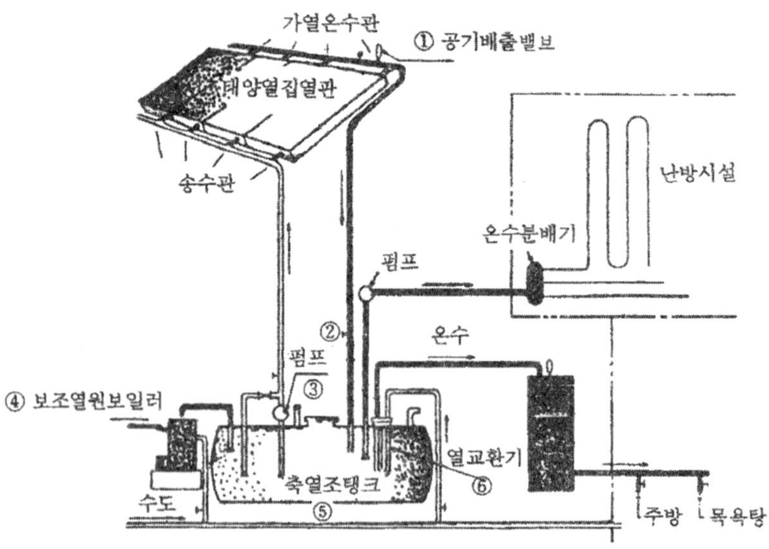

〈그림 9-14〉 설비형 태양열 시스템

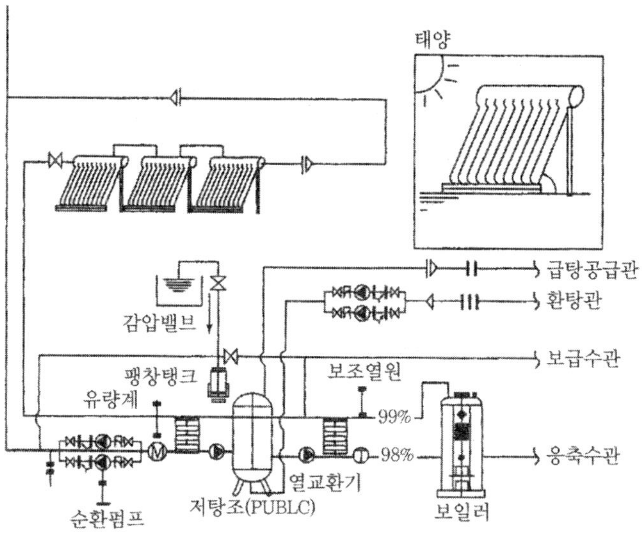

<그림 9-15> 태양열 급탕 시스템 개념도

그리고 집열기의 설치면적은 태양열 의존율 50% 이상을 확보할 수 있는 면적으로 한다.
집열량=흡수체에 흡수된 일사량-일사량
연간집열량=연간소요열량−부족열량(보조열원 부담열량)

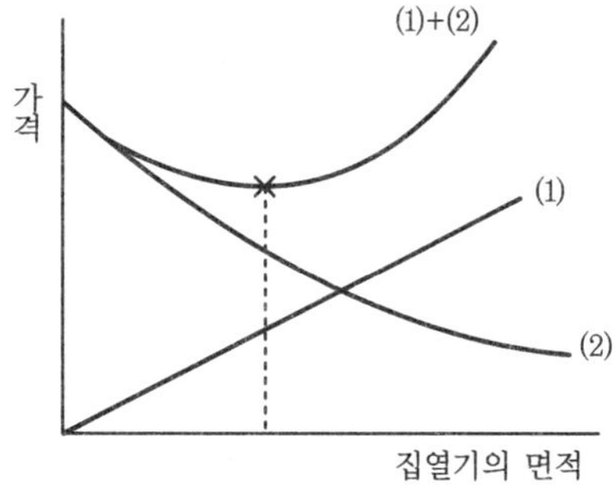

1) 집열판의 가격
2) 보조난방비의 가격

<그림 9-16> 집열기 면적과 가격

$q_c = \tau a I - (K_o + K_u)(\theta_c - \theta_o)$

q_c : 집열량[kcal/m^{2}h]

τ : 투과체의 투과율

a : 집열판의 일사흡수율

I : 입사전 일사량[kcal/m²h]

K_o : 집열판에서 투과체측의 외기까지의 열관류율[kcal/m²h℃]

K_u : 집열판에서 뒤쪽의 외기까지의 열관류율[kcal/m²h℃]

θ_c : 집열온도[℃]

θ_o : 외기온도[℃]

집열효율 (η_c)을 구하는 식은 다음과 같다.

$$\eta_c = \frac{q_c}{I} = \tau_a - (K_o + K_u)\frac{\theta_c - \theta_o}{I}$$

태양열 집열기의 구성재료는 다음과 같은 여러 가지로 구성된다.

1) 투과체(Glazinga)

투과체의 기능은 태양열을 투과시키고 대류복사에 의한 태양열의 손실을 방지하는 역할을 한다.

투과체의 유리표면에 반사방지용 코팅을 하면 92~94%의 투과율을 얻을 수 있다.

2) 흡수체(Absorber)

집열판이라고 하는 흡수체는 태양광선을 열에너지로 변환시켜 열매체(물, 공기)에 전달하는 역할을 한다. 이것의 재료는 열전도율이 커야하며 부식에 견디는 내식성이 요구된다. 집열판의 태양열 흡수성능을 높이기 위하여 집열판 위에 전기도금하여 흑색 피막을 입힌 선택흡수막(Selective Coating)을 코팅하면 적외선을 선택적으로 흡수할 수 있다.

흡수체의 구성은 판(板), 도관(導管), 휜(Fin), 표면마감 등으로 이루어지고 휜재료도 열전도율일 커야 한다.

<표 9-3> 열선투과율

유리종류(m)	투과율(%)	태양고도	유리종류(mm)	투과율(%)	태양고도
보통유리 2	83.5	47°	무늬유리 2	73.0	35°
보통유리 3	83.0	47°	무늬유리 6	65.0	45°
보통유리 5	83.0	47°	무늬유리 5	75.0	45°
보통유리 2	90.0	35°	철망유리 6	85.0	90°
보통유리 3	90.0	35°	철망유리 6	82.0	35°
보통유리 5	89.0	35°	철망유리 5	83.0	35°
안개유리 2	57.0				

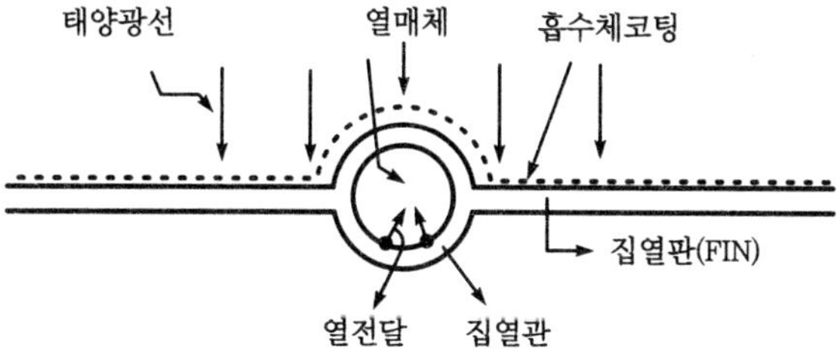

<그림 9-17> 흡수제

3) 케이싱(Casing)

집열기의 형상을 구성하는 틀로서 재료는 동, 알루미늄, 스텐레스, FRP 등이 사용된다.

4) 단열재(Insulation)

집열판이 흡수한 태양열의 에너지가 집열기 뒤쪽으로 손실되는 것을 방지하기 위하여 단열재를 설치한다.

(2) 축열조 (Stroage Tank)

집열판에서 흡수한 태양열 에너지는 마소하므로 연속 운전하고 흡수한 열을 계속 축열조에 축열한다.

축열매체는 액체(물, 실리콘계 기름)와 고체(자갈), 파라핀(Parafin), 미립 잠열재 등이 사용되고 있으나 물이 축열매체로 가장 적합하며 사용 및 운전하기에 편리하다.

이 축열조는 보온 및 단열재로 충분히 단열시키고 내부 열매는 온도에 따라 분류 저장되어야 한다. 이 이유는 급수에 의하여 저장된 열매온도의 저하를 방지해애 하기 때문이다.

① 물 축열조의 부피 : $0.05 \sim 0.75 m^3/m^2$(집열판 면적)

② 자갈 축열조의 부피 : $0.17 \sim 0.26 m^3/m^2$(집열판 면적)

축열조의 축열을 위한 소요수량을 구하는 식은 다음과 같다.

$$V = \frac{Q}{\theta_2 \theta_s \times e} [m^3]$$

V : 축열조의 소요수량(m^3)

Q : 축열해야 할 열량[kcal]

$\theta_{2-}\theta_5$: 난방용은 10~15℃

Iq : 이용하고자 하는 열량 [10^3kcal]

θ_s : 축열수조의 초기수온[℃]

θ_2 : 냉각코일의 설계환수온[℃]

e : 축(방)열효율

축열효율 e의 값은 건물지하의 연통식 축열수조에서 0.5~0.6, 성층형 축열수조에서는 0.75~0.85정도가 된다.

(3) 제어시스템 (Control System)

제어장치는 자동, 반자동, 수동제어장치 등이 있으며 태양열 시스템을 원활히 동작하기 위해서 센서(Sensor), 콘추럴박스(Control Box), 서모스테드(Thermostat), 밸브(Valve), 전자회로 등에 의한 제어기기 등을 사용한다.

(4) 혼합식 시스템

혼합식은 자연형과 설비형을 혼합해서 태양에너지를 이용하는 방식인데, 주로 중대형 건물에서 중앙관제 방식으로 열을 관리조절할 때 매우 효과적이다. 따라서 건물의 설계개념은 자연형 방식에 따르게 하고 설비형에 의한 기계적 난방을 병용하는 것이므로 태양에너지의 이용도가 거의 완벽에 가깝게 된다.

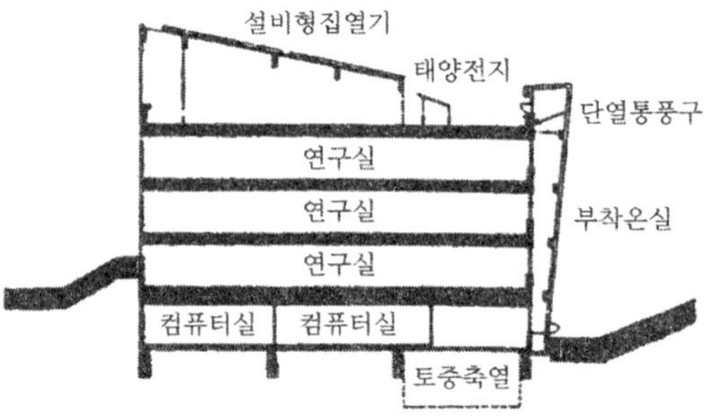

<그림 9-18> 혼합식 응용 예

그림 9-18은 혼합식을 채용한 예인데 남면에는 부착온실을 옥상에는 집열기를 설치한 것이다. 난방시에는 공조용 외기와 순환공기가 온실공간을 통해서 가열된 다음 공조기에 도입되도록 하는 것과 온실로부터 직접 집무공간에 열을 공급하는 것을 병용한다.

제 10 장

냉동설비

10.1 냉동이론(冷凍異論)

피부에 알코올을 바르면 차갑게 느낀다. 이와 같은 사실은 액체가 증발할 때 주위에서 증발열을 뺏기 때문이다. 즉, 액체는 동일온도의 증기가 되는데 열이 필요하고 반대로 증기가 액체로 되는데 열을 방산(放散)하게 된다. 이 액체는 주위의 증기압이 그 액체온도에 대한 포화증기압(飽和蒸氣壓)보다 낮을 때는 압력차에 비례하여 증발하고 액체자신을 냉각시킴은 물론 주위의 물체까지도 동시에 냉각시킨다. 그러나 액체를 증발시키는 데는 경비가 많이 들므로 염가(廉價)로 운전하기 위해서는 증발된 증기를 응축시켜 반복 사용할 필요가 있어 다음과 같은 특수액체를 사용하여 냉동 사이클을 반복하게 된다.

이 작동매체를 냉매(冷媒)라고 하며 주로 암모니아(NH_3)가 사용되었으나 최근 냉방용 냉동기에서는 불소(弗素)와 염소(鹽素)등의 화합물인 프레온(Freon)계의 냉매가 사용된다.

그러나 프레온가스는 증발상승하여 대기중의 오존층을 파괴하므로 지구의 환경을 변화시키는 원인 때문에 최근에 세계적으로 사용을 규제하고 있다.

선진국들은 앞다투어 새로운 냉매를 개발하고 있다. 공조설비의 냉동기는 물 펌프에서의 물 대신 열을 이송하는 열펌프(Heat Pump)라고 할 수 있다.

1) 냉매가 갖추어야 할 조건

냉매는 냉각해야 할 물체에서 열을 빼앗아 소요 온도로 강화시키는 화학적 물질이며 냉매가 구비해야 할 사항은 다음과 같다.

(1) 증발열(蒸發熱)이 클 것 : 증발열이 크고 증발할 때 주위에서 많은 열을 뺏으면 냉동 능력이 커지므로 순환시켜야 할 냉매량이 적어도 된다.

(2) 액화가 쉽고 간단히 증발할 것 : 냉매가 쉽사리 액화하지 않으면 탄산가스를 제외하고 압축기에 의한 많은 압축열이 필요하다.

(3) 응고점(凝固點)은 낮고 임계온도(臨界溫度)는 높을 것 : 냉매의 임계점이 낮으면 응축기에서

냉매가스가 애고하하지 않게 되고 냉동기의 기능을 상실하게 된다.

(4) 증기의 비열이 크고 액체의 비열이 작을 것 : 냉매액이 팽창밸브에서 교축되어 습윤증기가 될 때 냉매를 저온도로 하는데 증발열의 일부가 소비되기 때문이다.

(5) 증기의 비용적이 작을 것 : 왕복식 압축기에서 비용적이 작으면 장치를 소형화할 수 있고 압축기의 효율을 높인다.

(6) 인화성, 폭발성 없을 것

(7) 금속에 대한 부식성이 없고 기계장치의 재료를 침식하지 않을 것

(8) 점도가 적당하며 유독저항이 없고 어떤 온도에서는 분해되건 화학변화가 일어나지 않을 것

(9) 인체에 무해하며 악취나 자극성이 없을 것

(10) 기름, 가스, 수분 등과 화합하지 않고 불활성일 것

(11) 냉매가 윤활유에 용해되지 않을 것

(12) 열전도성이 좋고 압축열이 적을 것 : 열전도성이 좋으면 증발과 응축이 양호하면 전열면의 단위면적에 대한 전열량이 증가하고 증발기나 응축기의 규격을 작게 할 수 있다.

(13) 전기전열성이 좋을 것

2) 냉매(冷媒)의 종류

(1) 암모니아 (NH_3)

대형 냉동기의 냉매로 사용되었으며 상온에서 20℃로서 약 8.5기압 정도로 가압해도 쉽게 액화하고 액체암모니아는 1기압하에서 -15℃일 때 313.5cal/g의 발언을 주위에서 뺏는다. 그리고 물에는 매우 잘 용해되므로 가스냉장고 등 흡수식 냉동기에도 사용된다. 암모니아 냉매의 특징은 다음과 같다.

① 철은 부식하지 않으나 아연, 구리 등은 부식하므로 배관에 주의한다.
② 자극성의 악취가 나고 독성이 있다.
③ 응고점(-77.7℃)이 낮고 초저온에는 부적합하다.
④ 암모니아가 용적비로 13~27%의 공기와 혼합하면 폭발할 위험성이 있다.

(2) 탄산가스 (CO_2)

탄산가스 냉매는 증발열이 -15℃에서 65.26cal/g이고 비점(批點)이 -78.5℃이며 암모니아보다 냉동능력이 낮지만 철이나 구리르 부식시키지 않는다. 또한 자극성의 냄새도 없으며 불연성이므로 폭발할 염려가 없으나 다음과 같은 결점 땜누에 최근 그다지 사용되지 않는다.

① 임계온도(臨界溫度)가 31℃로 낮고(임계압력 75.3기압)그 이상의 온도에서 액화할 수 없다.
② 액화압력이 높고 압축기의 내압 및 기밀성이 충분해야 한다.

③ 암모니아에 비해 소요동력이 커진다.
④ 응고점이 -56.6℃로 비교적 낮고 너무 저온에서는 사용할 수 없다.
⑤ 취기가 없으므로 누설의 발견이 곤란하다.

(3) 아황산(亞黃酸)가스 (SO_2)

이 냉매는 불연성으로서 오래전부터 냉매로 사용되어 왔으나 취기와 독성이 심하여 치명적 해독을 주고 수분 0.01% 이상에서 황산(H_2SO_3)이 되어 철, 구리, 아연을 부식시키므로 최근에는 거의 사용되지 않는다.

(4) 메틸클로라이드 (CH_3Cl)

이 냉매는 주로 소형냉동기에 사용한다. 거의 무취이며 난연성(難練性)이지만 공기가 일정한 비율(용적비로 8.2~18.6%)로 혼입되면 폭발한다. 또한 알루미늄, 아연, 마그네슘이나 그 합금과 닿으면 폭발성 물질이 될 염려가 있으므로 기재(機才)에 사용해서는 안된다. 그리고 자극성과 마취성이 있어서 유해하므로 냉동기는 떨어진 곳에 설치하여 사고방지를 고려해야 한다.
기름을 잘 용해하는 성질이 있으므로 윤활에는 글리세린이 사용된다.

(5) 프레온 (Freon)

프레온(Freon)은 일반적으로 CFC(Chloro Fluoro Carbons)이라고 불리워지고 있으나 학술적으로는 디클로로 디플루오로 메탄(Dichloro Difluoro Mehane)이라 하고 탄소(C), 수소(H), 염소(Cl), 불소(F) 등으로 구성된다. 이 냉매는 할로겐화 탄화수소족의 일종이며 종류는 R-11, R-12, R-14, R-21, R-22, R-113, R-124, R-134 등이 있다. 프레온계 냉매중 대표적인 R-12는 화학식이 CCl_2F_2이며 여기서 R은 Refrigerant의 첫문자이다.
이 냉매는 다음과 같은 특징이 있다.
① 증발 상승하여 대기중의 오존층을 파괴시킨다.
② 불연성, 무취이며 용적비 30% 정도까지는 무독・무해하고 프레온계중에서 가장 안전도가 높다.
③ 누설해도 식료품을 해지는 일이 없다.
④ 응고점은 -155℃로 극히 낮다.
⑤ 밀폐형 냉동기에 적합하다.
⑥ 포화압력은 암모니아에 비해 훨씬 낮고 장치의 제작이 매우 쉽다.
⑦ 대기압하에서 증발열이 낮다.(-15℃에서 증발열은 38.6kcal/kg이다.)
⑧ 냉동능력은 암모니아의 약 1/9이므로 냉매의 순환량을 많게 해야하며, 관경의 치수는 커진다.

⑨ 액체비열이 크므로 팽창밸브에서 가스가 많이 발생한다.
⑩ 윤활유에 잘 용해된다.
⑪ 천연 고무를 부식시킨다.
현재 일반적으로 사용되고 있는 냉매는 CFC계의 냉매이며, 왕복동식과 회전식 냉동기에는 R-12, R-22 원심식 냉동기에는 R-11이 주로 사용된다.
그러나, 1974년 CFC계의 가스가 오존층을 파괴하여 인류와 생태계에 심각한 영향을 줄 수 있다는 가능성을 발표한 이래 1985년 국제연합환경보호계획(UNEP) 주관으로 '지구 오존층 보호를 위한 비엔나조약'이 채택되었고, 1987년 '오존층을 파괴하는 물질에 관한 몬트리올 의정서'가 채택되었다. 이로 인하여 우리나라의 경우 1인당 연간소비량 0.3kg의 범위 내에서 CFC계의 냉매의 사용이 2005년까지만 사용이 가능하게 되었다.

<그림 10-1> 대표적인 냉매의 계열

계열	냉매 종류
CFC계	R-11, R-12, R-113, R-114, R-115
HCFC계	R-22, R-123, R-124
HFC계	R-134

이에 따라 대체냉매로의 전환이 불가피하여 대체냉매로는 염소성분이 함유되어 있지 않은 HFC(hydro fluoro carbo)계의 R-134가 주로 사용된다.
① 불꽃반응
- 청색 : 정상
- 녹색 : 소량 누설
- 자색 : 다량 누설
- 꺼진다 : 다량 누설

(6) 브라인 (Brine)

브라인이란 원래 염수(鹽水)로서 냉동에 의해 냉각된 후 2차 냉매로 사용할 수 있는 액체를 말하며 이것은 공기 조화에 사용된다. 그리고 브라인을 사용하는 냉동장치를 간접팽창식이라 한다.
1) 브라인의 구비조건
① 비열이 클 것
② 점도가 작을 것
③ 열전도율이 클 것

④ 응고점이 낮을 것
⑤ 불연속싱며 독성이 없을 것
⑥ 금속에 대한 부식성이 적을 것
⑦ 누설시 냉장물을 손상시키지 않을 것

2) 브라인의 부식방지 처리
① 공기와 접촉을 방지한다 .
② 브라인의 PH는 7.5~8.2 정도로 유지한다.
③ 방청제를 첨가한다. (브라인 1ℓ에 중크롬산 소다 3.2g을 첨가한다.)

3) 브라인의 동파방지
① 동파방지용 온도조절기(T/C)를 설치한다.
② 부동액을 첨가한다.
③ 증발압력 조절밸브(EPR)을 설치한다.
④ 단수 릴레이를 설치한다.
⑤ 브라인의 순환펌프의 모터를 인터 록(Inter Lock)시킨다.

(7) 물

냉매중에서 가장 쉽게 구할 수 있고 가장 공해를 일으키지 않는 냉매이다. 무색, 무미, 무취의 투명한 물성을 지니고 있고 성능은 다소 떨어지나 흡수식 냉동기에 쓰이는 좋은 액체 냉매이다. 프레온 가스가 냉매로서 성능이 으뜸이나 오존층을 파괴하여 지구의 온난화 현상을 부추기는 냉매이므로 대체냉매가 절실히 요구되는 현상황에서 잘 쓰일 수 있는 냉매이다.

10.2 냉동기(冷凍機)

1) 냉동(冷凍)사이클

냉매기의 냉매는 압축기에서 출발하여 순환하고 다시 압축기로 복귀할 때 이 순환을 냉동사이클(Cycle)이라 한다.

팽창밸브 → 증발기 → 압축기 → 응축기

〈그림 10-1〉 압축식 냉동기의 냉동사이클

2) 몰리에르 (Mollier) 선도

냉동기의 냉메에 적용되는 P-i 선도로서 수평축에 엔탈피 i(kcal/kg), 수직축에 냉매의 절대압력 P(kg/cm^2)를 나타내는 그림으로서 선도상의 눈금을 일거 냉동능력, 콤프레서의 일량, 응축기(Condenser)에서 배출하는 열량을 계산한다든지 냉매의 각 상태에서 모든 특성을 알 수 있도록 나타낸 도표를 Moller선도라고 한다.

ⓐ 냉동능력(냉동효과) $q_e = i_2 - i_1$

ⓑ 압축일(Compressor의 일) $AL = i_3 - i_2$

ⓒ 응축의 배출열량 $q = i_3 - i_4$

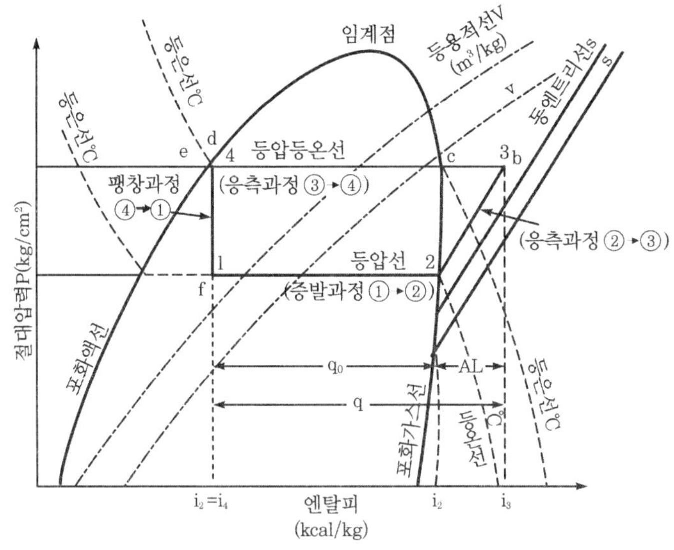

〈그림 10-2〉 몰리에르 선도

(1) ②-③ (압축 과정)

저온 저압의 건조포화증기가 압축기에서 압축되어 고온고압의 과열증기로 토출된다.
이때 압축되는 냉매는 열량을 얻게 되어 엔탈피가 증가하게 되는데 이 증가 엔탈피 $i_b - i_a =$ Aw가 압축일에 상당하는 열량이다.

(2) b-c (가열제거 과정)

압축기에서 토출된 응축압력하의 과열증기가 외부로부터 열을 빼앗기게 되어 응축포화온도에 대응하는 건조포화증기로 되는 과정이다. 이때 냉매의 엔탈피는 감소하고 더불어 온도 역시 저하되지만 압력은 일정하다.

(3) ③-④ (응축 과정)

건조포화 증기가 열을 빼앗기게 되어 포화액으로 응축액화하는 과정으로서 엔탈피는 감소한다. 그러나 잠열과정이므로 온도와 압력은 일정한다.

(4) d-e (과냉각 과정)

응축액화된 포화냉매액이 열을 빼앗기게 되어 포화액이 과냉액으로 되는 과정으로서 엔탈피와 온도는 감소하지만 압력은 응축압력으로 일정하다. 즉, 응축온도(td)-팽창밸브 직전액 온도(te)=과냉각도라 한다. 그러므로 응축온도 및 증발 온도가 일정할 때 과냉각도가 크면 클수록 팽창밸브를 통과할 때 후레쉬 가스(Flash Gas)의 발생량이 감소하므로 냉동능력이 증대된다.
여기서 b-c, ③-④, d-e 과정은 모두 응축기에세의 과정으로 간주된다.

(5) ④-① (팽창 과정)

응축압력에 해당하는 고온고압인 냉매가 팽창밸브에서 교축 및 단열 팽창되므로 온도와 압력 및 증발압력과 증발온도까지 저하하게 된다.
그리고 팽창밸브를 통과한 직후 증발기 입구에서의 냉매상태는 습포화증기가 된다. 이론상 이 과정은 단열팽창으로 간주되므로 엔탈피는 일정하다.

(6) ①-② (증발 과정)

팽창밸브에서 압력과 온도를 내린 저온저압의 냉매(수증기)가 증발기에서 피냉각 물체로부터 열을 흡수하여 증발하므로 엔탈피가 증가하게 되지만 잠열과정이므로 압력과 온도는 일정한다. 이때 증가된 엔탈피 i_2-i_1=qe가 냉동효과이다.

3) 냉동 능력

(1) 냉동론 (RT : Ton of Refrigeration)

냉동기의 냉동 능력을 표기하는 데는 1시간에 제거하는 열량(kcal/h)으로 표시하는데 kcal/h

의 단위는 적은 열량단위이므로 냉동기의 냉동능력인 냉동톤의 단위는 RT가 상용되고 있다. 즉, 1 RT란 1시간에 3,320kcal(미국 RT : 3,024kal)의 열량을 제거할 수 있는 능력을 말한다.

$$Q_e = \frac{q_e}{G} = (i_2 - i_1)G$$

Q_e : 냉동능력(kcal/h)
G : 시간당 냉매 순환량(kg/h)
1) 1RT
0℃의 순수한 물 1ton(1,000kg)을 24시간 동안에 0℃의 얼음으로 만들 때 제거시켜야할 영량으로서 냉동기의 능력을 나타낸다.

$$1RT = \frac{79.68 \times 1,000}{24} = 3,320 kcal/h$$

2) 1USRT(미국 냉동론)
32°F의 순수한 물 1ton(2,000lb)을 24시간 동안에 32°F의 얼음으로 만드는데 필요한 냉동능력으로서 미국냉동톤은 3,024kcal/h이다.

$$1USRT = \frac{144 \times 2,000}{24} = 12,000 BTU/h = 3,024 kcal/h$$

(4) 응축기의 방열량 (Qc : kcal)

응축기에서 물이나 공기로 시간당 방출하는 열량이다.

$$Qc = W \cdot C \cdot \Delta t$$

Δt : 냉각수 입출구의 온도차($tw_2 - tw_1$)
tw_1 : 냉각수 입구 온도(℃)
tw_2 : 냉각수 출구 온도(℃)
W : 냉각 수량(kg/h)
C : 물의 비열(kcal/kg℃)
$Qc = K \cdot F \cdot \Delta tm$
K : 냉각관의 열통과율(kcal/m^{2}h℃)
F : 전열면적(m^2)
Δtm : 응축수와 냉각수의 평균 온도차(℃)

5) 응축기의 소요냉각수량(W : ℓ/min)

$$W = \frac{Q_c}{C \cdot \Delta t \cdot 60}$$

6) 냉각관의 길이 (L : m)

$$L = \frac{F}{\pi D}$$

D : 냉각관의 외경(m)

예제-01 냉동부하가 3RT인 장치에서 압축기의 소요동력이 5Ps일 때 응축기에 소요되는 냉각 수량(ℓ/min)을 구하라. (단, 냉각수 입구 및 출구 온도는 각각 22℃, 27℃이다)

해답-01 $Q_c = Q_e + A_w$

Q_e : 냉동 능력(kcal/h)

A_w : 압축기 소비동력의 열당량(kcal/h)

$Q_c = Q_e + Aw = 3 \times 3{,}320 + 5 \times 632$

$= 13{,}120$kcal/h

$Qc = W \cdot C(tw_2 - tw_1)$에서

$$W = \frac{Q_c}{C(tw_2 - tw_1)} = \frac{13,120}{1 \times (27-22) \times 60} \fallingdotseq 43.73\,\ell/\min$$

예제-02 전열면적이 40m²의 수평형 수냉식 응축기가 있다. 냉각수량이 500ℓ/min, 냉각수 입구 및 출구온도가 각각 30℃, 35℃이고 응축수와 냉각수와의 평균온도차가 5℃일 때 응축기의 열관류율은 몇 kcal/m²h℃인가?

해답-01 $Q_c = W \cdot C \cdot \Delta t = 500 \times 60 \times 1 \times (35-30) = 150{,}000$kcal/h

$Q_c = K \cdot F \cdot \Delta tm$에서

$$K = \frac{Q_c}{F \cdot \Delta tm} = \frac{150,000}{40 \times 5} = 750\text{kcal/m}^2\text{h℃}$$

7) 공냉식 응축기의 소요풍량 (Q : m^3/h)

$$Q = \frac{Q_c}{0.288\times(ta_2 - ta_1)}$$

ta_1 : 냉각공기의 입구온도(℃)　　　　ta_2 : 냉각공기의 출구온도(℃)

8) 냉동기의 구성

냉동기는 냉매를 운반하는 방법에 따라 증발하기 쉬운 특정 냉매를 저온도에서 증발시켜 목적물을 냉각시키고 증발한 냉매를 다시 액체로 환원시키는 기기이다. 냉매가사를 압축가열하고 이것을 냉각액화시키는 압축식, 그리고 또한 흡수재로 냉매가사를 흡수하고 이것을 가열하여 고온 고압의 냉매가스로 만들어 흡수재로 빼내 다시 이것을 냉각시켜 액체로 환원시키는 흡수식(吸收式)이 있다. 최근에 분사식, 태양열식, 빙축열식의 냉동기가 개발되었다. 냉동기의 구성은 다음과 같다.

(1) 압축식 냉동기 (壓縮式 冷凍機)

이 냉동기는 다음과 같이 크게 5개의 부분으로 구성되어 있으며 냉매는 압축기가 있는 좌측(저압측)에서 우측(고압측)으로 순환하여 열을 화살표 방향으로 운반하는 이와 같은 구조의 냉동기를 증기압축식 냉동기 또는 일반적으로 냉동기라고 한다.

① 압축기(Compressor) : 증발기에서 증발된 저온 저압의 기체인 냉매를 흡입압축하여 응축기에서 상온의 물이나 공기로 쉽게 응축액화시킬 수 있도록 온도 및 압력을 높이는 역할을 한다.

② 증발기(Evaporator) : 팽창밸브에서 압력과 온도를 내린 저온저압의 냉매가 피냉각 물질로부터 열을 빼앗아 즐발하여 냉동 목적을 달성한다.

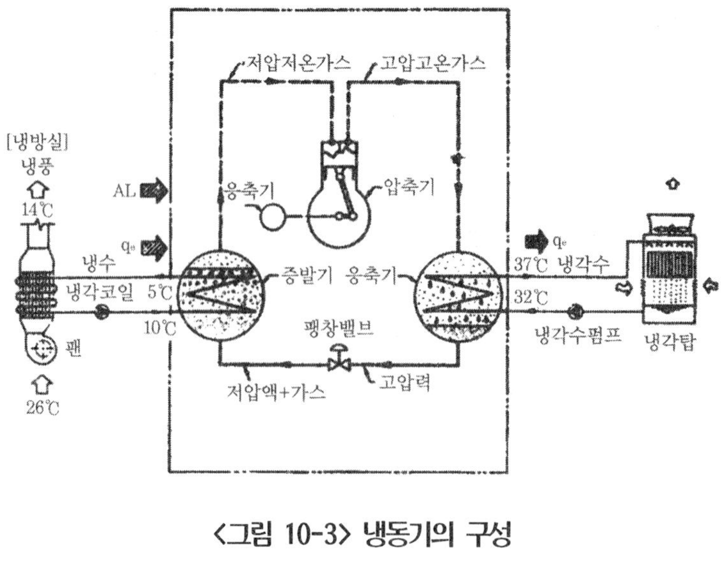

<그림 10-3> 냉동기의 구성

③ 응축기(Condenser) : 압축기에서 넘어온 고온고압의 기체냉매를 상온에서 공기나 물을 접촉시켜 열을 제거하여 응축액화시키는 일을 한다.

④ 팽창밸브(Expansion Valve) : 응축기에서 응축액화하여 넘어온 고온고압의 냉매액이 증발기에서 증발하기 쉽도록 교축작용 즉, 고압냉매액이 흘러갈 때 저항이 큰 곳 통과에 서 진행방향으로 압력이 강하되는 작용에 의하여 온도와 압력을 동시에 강하시켜 증발기에서 증발하기 쉽게 해주며 냉매유량(冷媒流量)을 조절공급한다.

(2) 흡수식 냉동기 (吸收拭 冷凍機)

흡수식 냉동기는 열을 줌으로써 냉동효과를 발생시키며 증발기내에서 열을 빼앗은 물은 증발하여 수증기로 흡수기 내부에서 이 수증기가 리튬 브로마이드(Lithium Bromide : LiBr)의 용액에 흡수된다. 수증기를 흡수한 희석용액은 온도가 상승되고 증발기에서는 물이 흡수기 측으로 유인되어 증발해서 수온이 저하된다. 흡수식 냉동기의 열원은 주로 증기가 사용되며 주요 구성부분은 다음과 같다.

① 증발기(Evaporator)

② 흡수기(Absorber)

③ 재생기(Generator : 가열기, 발생기)

④ 응축기(Condenser)

흡수식 냉동기에는 그림 10-4의 단일효용식과 그림 10-5의 2중 효용식이 있으며, 단일효용식은 열원이 저압증기 또는 80~120℃ 정도의 온수로 가능하므로 태양열에 의한 온수 또는 배열을 이용하는 냉동기로서 이용될 수 있지만 효율이 낮다. 2중 효용식은 고압증기 8kg/cm^2 · G정도 또는 고온수 190℃ 정도가 필요하지만 단일효용에 비해서 효율이 약 1.7배 정도 높아서 고압 보일러를 사용하는 호텔이나 병원 등에서 이용된다.

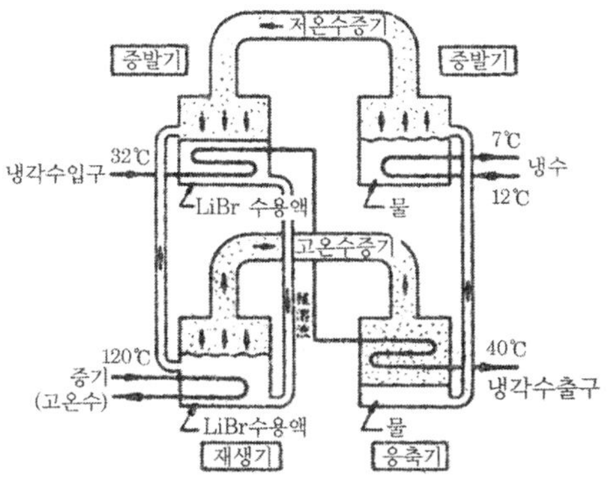

〈그림 10-4〉 단일효용흡수식 냉동기

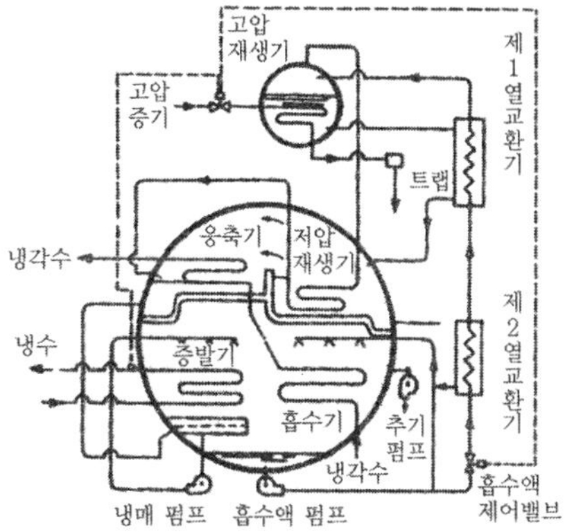

〈그림 10-5〉 2중효용흡수식 냉동기

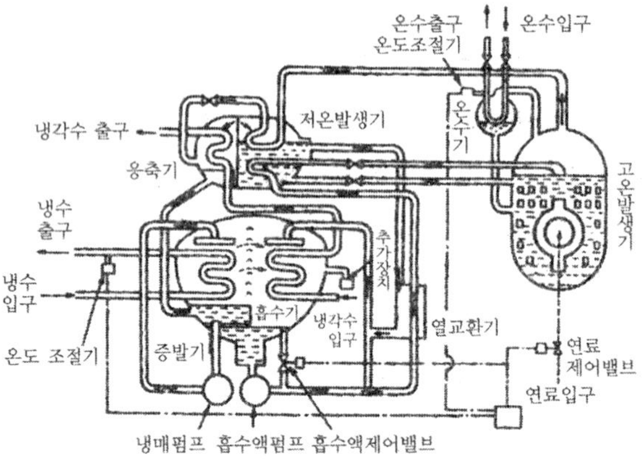

〈그림 10-6〉 2중효용 직화식 냉온수기

〈그림 10-7〉 흡수식 냉동기

〈그림 10-8〉 흡수식 냉온수기

흡수식 냉온수기는 고압 재생기내에서 연료를 연소시켜 흡수액을 가열하는 직화식이며, 일반적으로 그림 10-6과 같은 2중 효용식이 이용되고 있다. 흡수식 냉온수기는 흡수식 냉동기와 같이 냉방운전을 하다가 변화시켜서 온수를 만들어 난방을 하거나, 냉수와 온수를 동시에 만들어서 냉난방운전을 겸할 수 있다.

9) 냉동기의 종류

냉동기는 여러 종류의 형식이 있느나 냉방용으로 사용되는 냉동기는 다음과 같다.

(1) 원심식 (Centrifugal Type) 냉동기

터어보 냉동기라고도 하고 원심력에 의해 냉매가사를 압축하는 것이며 너무 소용량에는 부적합하고 최소 40RT 정도, 보통 100RT 이상 1,000RT의 것이 많이 사용된다.
그리고 용량을 30% 이하로 하거나 응축온도가 지나치게 상승되면 운전이 불안전해지는 "서어징(Surging)현상"을 일으킬 염려가 있다. 그러므로 냉동기의 대수를 분할하여 대수제어로 하거나 또한 냉각수가 지나치게 상승되지 않도록 냉각탑의 용량에 여유를 두는 것이 필요하다. 터어보 냉동기에 사용하는 냉매 R-11은 150 냉동론(RT) 이상에서 사용되고 대형에는 냉매 R-114를 사용한다.
이 냉동기에서 냉매가사를 압축하는 압축기의 실린더 용량은 피스톤의 배출량(Piston Displacement)으로 표시된다.

$$V = 60 \times N \times n \times \frac{\pi}{4} D^2 \times L (m^3/min)$$

V : 피스톤 배출량(m^3/min)
n : 회전수(rpm)
L : 피스톤 행정(m)
N : 실린더 수
D : 실린더 직경(m)

(2) 회전식(Rotary Type) 냉동기

이 냉동기는 로우터리 냉동기라고도 하며 냉동분야의 공기조화용에 사용되는 냉동기로서 왕복식 냉동기보다 진동이 적기 때문에 룸쿠울러용으로 사용되기도 한다. 압축기는 저압의 압축에 적합하여 압축비는 3정도이고, 최대 회전수는 1,500~1,800rpm이다.

(3) 왕복식 (Reciprocation Type) 냉동기

레시프로식 냉동기라고도 하며 이 냉동기의 냉매는 R-12, R-22를 사용한다. 이 냉동기는 피스톤의 상하운동에 따라 냉매가사를 압축하는 것이며 한편 냉동용량은 피스톤을 밀어버리는 양(量)에 비례하므로 고속회전일수록 소형화 또는 경량화가 가능하다. 그러나 냉방용으로는 암모니아 냉매를 사용하지 않는다.

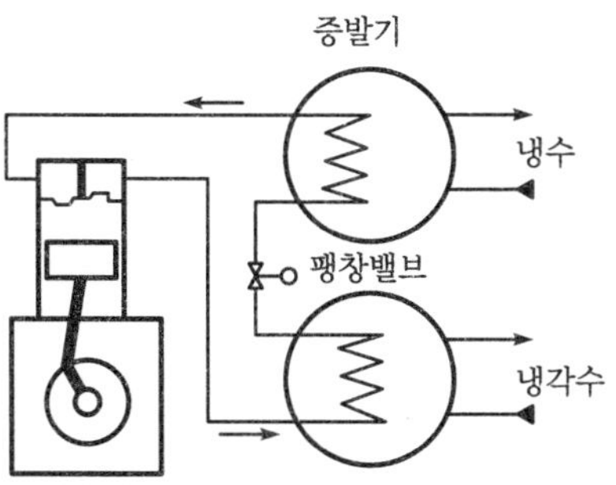

<그림 10-9> 왕복식 냉동기

(4) 스크류식 (Screw Type) 냉동기

이 냉동기는 나사식 회전, 압축 냉동기로서 압축비가 클 때 효율이 좋기 때문에 특히 공기 조화에서는 그 특징을 살려 대형 공기열원의 히이트펌프용으로 채용되고 있으며, 냉동공업분야에서 다방면으로 사용되고 있다.

(5) 흡수식 (Absorbing Type) 냉동기

이 냉동기는 열을 줌으로서 냉동효과가 생기며 용액의 농도차에 의한 흡수와 증발작용을 이용한 것이다.
흡수기는 온도가 상승되지 않도록 외부에서 냉각하고 증발기는 온도가 저하되지 않게 가열하여야만 작용이 계속된다. 그러므로 리튬 브로마이드의 수용액은 점차 연해지므로 시초(始初)의 농용액(濃溶液)으로 되돌릴 필요가 있다.

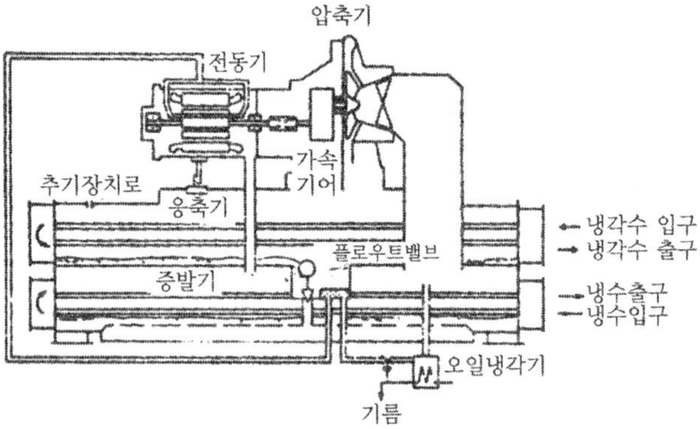

<그림 10-10> 흡수식 냉동기

(6) 이외에도 공기압축식 냉동기, 증기분사식 냉동기, 진공식 냉동기, 열전냉동기, 흡착식 냉동기, 자기 냉동기 등이 있다.

<표 10-1> 냉동기의 분류와 특징

구분	냉동기명칭	압축기상세도	용량범위	특 징	단 점	용 도
기계압축식	왕복식냉동기 (레시프로)		1/4~ 100RT	1. 소, 중형이고 가장 염가이다. 직평코일이 사용되며 설비비가 싸다. 2. 다품종이 생산되므로 용도가 적합한 것이 선정된다. 3. 앤로우더에 따라 용량을 조절할 수 있으므로 단계적 동력 절약이 된다.	1. 고압력이므로 20RT이상에서는 유자격자가 필요하다. 2. 왕복운동이므로 진동이 있다. 3. 마모되기 쉬운 곳이 있어서 보수가 약간 힘들며 터어보식보다 수명이 짧다.	칠링유니트, 페케이지유니트, 직평형냉각코일의 콘덴싱유니트 등의 압축기로서 소, 중 규모건축 혹은 객실용으로서 사용된다.
	원심식 냉동기(터어보)	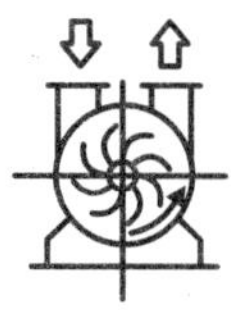	40~ 8,000RT	1. 대용량으로는 압축율이 좋고 동력비가 싸다. 2. 마모 부분이 없으므로 수명이 길다. 3. 저압이므로 유자격자가 필요치 않다. 4. 용량 조정은 비례제어가 가능하여 경제적이다. 5. 대용량의 것이 제작되어 스페이스도 작다. 6. 진동이 적다	1. 대용량으로는 레시프로 보다 효율이 불량하고 냉동기 가격도 높다. 2. 30% 이하의 출력으로는 서어징을 일으켜 운전할 없다. 3. 직접팽창용은 곤란한다.	대, 중규모 건물의 중앙식 냉동기로서 또는 지역냉난방용으로서 보통 사용한다.
	스크류 냉동기 로우터리냉동기 (회전식)	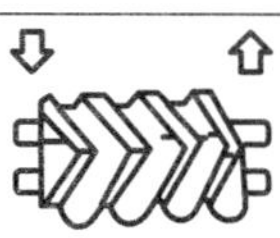 	5~ 500RT $\frac{1}{8}$~1RT	1. 압축비가 높아도 효율이 우수하다. 2. 압축비변동이 강하다. 3. 압축기가 소형이다. 1. 회전운동시 진동이 적다. 2. 압축비가 높을 때 적합하다.	1. 소음이 크다. 2. 압축비가 작을 때는 효율이 낮다. 1. 마모되기 쉬운 곳이 있고, 수명이 짧다.	공기열원히이트 펌프용 냉동기 루우쿠울러용 냉동기, 냉장고
열압축식	흡수식냉동기 (단일효용, 2중효용, 흡수식, 냉온수기)	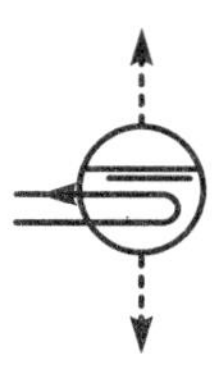	50~ 1,500RT	1. 증기 또는 고온수가 열원이므로 압축용 전력이 필요치 않다. 2. 소음 진동이 적고 옥상에도 설치됨. 3. 진공으로 운전되므로 고압가스 단속법의 작용이 없다. 4. 부하 변동에 안정 5. 단일효용은 이중효용보다 염가	1. 냉수온도를 낮추면 급격히 능율저하됨. 2. 이중효용에 비해 필요열량이 많다. 3. 배열량이 기계압축식에 비해 2배이고 냉각탑이 크다. 4. 규격이나 중량이 크므로 스페이스를 크게 잡는다. 5. 예냉시간이 길다. 6. 폭발위험이 있다. 7. 누수나 부식이 잘된다.	대, 중규모 거물의 중앙식 냉동기 연료가 쌀 때, 사용시간이 짧을 때 적합하다.

제 11 장

공기조화 설비

11.1 공기조화(空氣調和)

공기조화란 어떤 일정한 장소의 공기조건을 그 장소의 사용목적에 가장 적합하도록 온도, 습도, 청정도, 기류속도 등을 조정하여 적합한 공기 상태를 유지하는 기술을 말한다.
공기조화의 구분은 실내에 거주하는 사람을 대상으로 생활환경을 쾌적하게 해주는 보건용 공기조화의 물품을 대상하는 산업용 공기조화로 구분된다. 전자에는 백화점, 극장, 호텔, 병원, 사무소 빌딩 등이 해당되고 후자에는 반도체공장, 제약공장, 인쇄공장, 방적공장, 식품공장, 창고, 연구소 등이 여기에 해당된다.

1) 공기조화의 요소

1) 온도(Temperature) : 공기의 건구온도 분포상태
2) 습도(Humidity) : 공기의 습도 분포상태
3) 청정도(Cleanliness) : 공기의 신선도 및 그 속에 함유되어 있는 물질의 종류와 그 양의 정도
4) 기류 분포도(Cleanliness) : 공기의 유동상태
5) 복사(Radiation) : 벽면, 바닥, 천정 등이 미치는 복사효과

2) 보건용 공기조화의 일반조건

① 실내온도 : 여름 25~27℃, 겨울 20~22℃
② 상대습도 : 여름 50~60%, 겨울 40~50%
③ 실내기류 : 0.1~0.3m/sec
중앙 관리 방식에 의한 공기조화 설비의 실내환경 기준을 표 11-1과 같다.

<표 11-1> 실내환경기준

1. 부유분진량	공기 $1m^3$당 0.15mg 이하
2. CO 함유율(일산화탄소)	10 ppm 이하
3. CO_2 함유율(탄산가스)	1000 ppm 이하
4. 상대습도	40% 이상 70% 이하
5. 기류	0.5m/s 이하

[주] 실내 기온은 18~28℃의 범위에 있어야 한다.

3) 공기조화의 구분

(1) 보건용 공조 (Comfort Airconditioning)

건축물내의 재실자들이 쾌적하게 능률적으로 일할 수 있도록 실내공기의 상태를 조절하는 공기조화로서 사람의 쾌감이나 보건위생을 주목적으로 하며 주택, 사무실, 백화점, 병원, 호텔 등이 대상물이 된다.

(2) 산업용 공조 (Industrail Airconditioning)

생산공정이나 물품의 상태유지를 목적으로 하는 공기조화로서 주로 물품의 생산이나 저장을 목적으로 하며 전자제품, 인쇄, 섬유, 제약, 제빙, 농축산물 등이 대상물이 된다.

4) 공기조화의 효과

1) 직무능력이 향상된다.
2) 작업의 불량률이 감소한다.
3) 개인 비용이 절감된다.
4) 인간의 보건위생이 향상된다.

5) 공조실의 기계배치

일반적으로 공조실은 기계실과 같이 사용하므로 공조기 외에도 급수, 급탕, 소방기계 및 저수조를 포함한다. 공조실의 기계배치는 예를 들어 그림 11-1과 같이 배치한다.

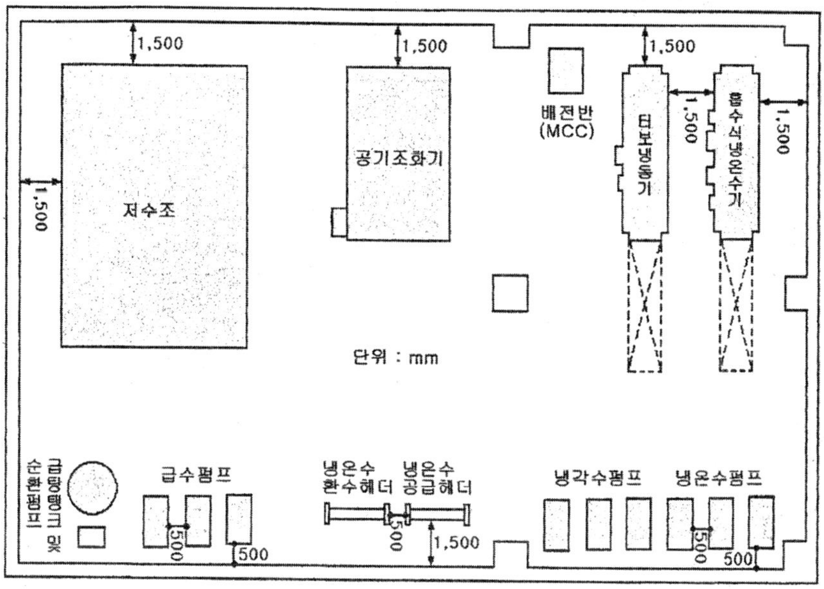

〈그림 11-1〉 공조실 배치계획의 예

냉동기, 공기조화기 및 저수조와 같이 대형 기기의 경우는 기기와 벽체와의 거리 및 기기의 경우는 기기와 벽체와의 거리 및 기기 상호간의 1.5m 이상 확보하여 유지・보수에 지장이 없도록 하는 것이 바람직하다. 마찬가지로 펌프와 같은 소형 기기도 50cm 정도는 확보하는 것이 좋다. 특히 냉동기에 대해서는 유지・보수시 냉동기 속의 튜브를 끌어내야 할 경우가 있으므로 냉동기 길이 정도의 공간을 냉동기 앞 부분에 확보해야 한다. (그림 11-1의 점선 부분)

6) 공기조화 용어

(1) 건구온도[Dry Bulb Temperature : DBT, t(℃)] : 보통온도계가 지시하는 온도이다.

(2) 습구온도[Wet Bulb Temperature : WBT, t′(℃)] : 습구온도계롤 측정한 온도이다.

(3) 노점온도[Dew Bulb Temperature : DBT, t″(℃)] : 습공기의 수증기 분압과 동일한 분압을 갖는 포화습공기의 온도 즉, 습공기중의 수증기가 공기로부터 분리되어 응축하기 시작할 때의 온도이다.

(4) 습도(Humidity) : 기체의 단위체적중에 포함되어 있는 수증기의 질량 또는 어떤 온도에 있어서 포화수증기압을 기준으로 나타낸 수증기의 함유율이다.

(5) 포화절대습도[Specific Humidity : SH, x_s (kg/kg DA)] : 습공기에 함유되어 있는 수증기의 중량을 건조공기의 중량으로 나눈 값 즉, 건조공기 1kg에 대한 수증기의 중량을 말한다.

(6) 상대습도[Relative Humidity : RH, φ(%)] : 수증기의 분압과 동일 온도에서 포화습공기의 수

증기 분압의 비로서 $1m^3$의 습공기중에서 함유된 수분의 중량과 동일온도에서 $1m^3$의 포화습공기중에 함유되어 있는 수분중량과의 일이다. 즉, 어떤 온도에 있어서 실제의 수증기압(h)과 포화수증기압(h_s)과의 RH% 비를 말한다.

$$\phi = \frac{h}{h_s} \times 100[\%]$$

(7) 절대습도(Absoulute Humidity : AH, x (kg/kg DA)] : 건조공기 1kg중에 함유되어 있는 수증기의 중량이다.

(8) 비습(Ratio Humidity) : 1kg의 공기중에 포함되어 있는 수증기의 무게(g/kg)를 말한다.

(9) 습공기(Humid Air) : 대기의 건조공기중에 수증기가 과열증기의 상태로 혼합되어 있는 공기를 말한다.

(10) 포화상태(Saturated Condition) : 공기가 최대로 포함할 수 있는 모든 수증기량을 포함하고 있는 상태이다.

(11) 포화도[Saturation Degree : SD, ψ(%)]

$$\psi = \frac{x}{x_s} \times 100(\%)$$

x : 습공기의 절대습도(kg/kg′)

x_s : 같은 온도의 포화습공기의 절대습도(kg/kg′)

(12) 비용적(Specific Volume : SV, V(m^3/kg′) : 1kg의 무게를 가진 건조공기를 함유하는 습공기가 차지하는 체적을 말한다. 만약 건조공기 1kg에 함유된 수증기량을 $x$kg이라 하면 비용적을 구하는 식은 다음과 같다.

$$V = (0.622 + x) \times 47.06 \times \frac{T}{P}$$

P : 압력(kg/m^2)

T : 절대온도(K°)

7) 냉방계산의 수치·계산식

(1) 건조공기의 정압비열 C_{pa}=0.24kcal/kg℃

(2) 습공기의 정압비열 C_p=0.24kcal/kg℃

(3) 표준공기(20℃의 건조공기)의 비용적 V=$0.83m^3$/kg

(4) 표준공기의 비중량 $r = \frac{1}{V} \fallingdotseq 1.2kg/m^3$

(5) 공기의 체적 Q(m^3/h)

공기의 중량 G=1.2Q(kg/h)

(6) 공기의 현열량(가열 또는 냉각의 경우)

$q_s=0.24\times1.2Q(t_1-t_2)$

$=0.29\times Q(t_1-t_2))$(kcal)

(7) 공기의 잠열량(가습 또는 제습의 경우)

$q_s=597\times1.2Q(x_1-x_2)\fallingdotseq715Q(x_1-x_2)$

(8) 물의 증발잠열(r_w)

물 0℃→수증기의 0℃에서의 증발잠열 r=597.3(kcal/kg)

(9) 공기의 전열량 q_t(kcal/h)

$q_T=1.2Q(i_1-i_2)=G(i_1-i_2)$(kcal/h)

(10) 실내부하 q_s로부터 실내송풍의 공기량 Q(m^3/h)

$$Q=\frac{q_s}{0.288(t_r-t_d)}(m^3/h)$$

> **예제-01** 습공기의 엔탈피[Enthalpy : TH, i(kcal/kg')] : 건조공기가 그 상태에서 보유하고 있는 열량(현열)과 같은 온도에서 수증기가 갖고 있는 열량(잠열)과의 합이다. 즉, 단위 중량의 습공기가 갖는 현열량과 잠열량의 합이다.

해답-01 ① 건조공기의 현열량(i_a) : 0℃의 건조공기를 0으로 한다.

$i_s=0.24t$ (kcal/kg)

$=C_p\cdot t$ C_p : 공기의 정압비열(0.24kcal/kg℃)

② 수증기의 엔탈피(i_w) : 0℃의 물을 0으로 한다.

$i_w=r+C_{pw}\cdot t=597.3+0.441t$(kcal/kg')

C_{pw} : 수증기의 정압비열(0.441kcal/kg℃)

r : 수증기의 0℃에서의 증발잠열(597.3kcal/kg)

③ 습공기의 엔탈피(i)

$i=i_a+i_w$

$=0.24t+(597.3+0.441t)\cdot x$

(11) 현열비(Sensible Heat Factor : SHF) 전열량에 대한 현열량의 비로서 감열비라고도하며, 실내로 취출되는 공기의 상태 변화를 나타낸다.

$$SHF=\frac{q_s}{q_s+q_L}=\frac{q_S}{q_T}$$

q_s : 현열량

q_L : 잠열량

q_T : 전열량

예제-02 어떤 실내의 취득열랴의 현열이 35,000kcal/h이고, 잠열이 9,000kcal/h였다. 실내의 공기조건을 25℃, 50%(고)로 유지하기 위해서 취출온도를 10℃로 송풍하고자 한다. 이때 현열비(SHF)는 얼마인가?

해답-02 $SHF = \frac{q_s}{q_s + q_L} = \frac{35,000}{35,000 + 9,000} = 0.8$

예제-03 대기압이 760mmHg일 때 온도 30℃의 공기에 함유되어 잇는 수증기분압이 42.18mmHg이었다. 이때 건조공기의 분압은 얼마인가?

해답-03 Dalton의 분압법칙에서

$P = P_a + P_w$

$P_a = P - P_w = 760 - 42.18 = 717.82mmHg$

예제-04 DB 20℃, WB 10℃, 엔탈피 7kcal/kg, 절대습도 0.0035kg/kg, 비체적 0.833m³/kg, 공기 25000m³/h에 증기압력 1kg/cm²g, 엔탈피 647kcal/h의 증기를 120kg/h로 가습했다면 이때 취출공기의 절대습도와 엔탈피는 얼마인가?

해답-04 $x_2 = x_1 + \frac{G_s}{G} = 0.0035 + \frac{120}{25,000/0.833} \fallingdotseq 0.0075kg/kg$

$i_2 = i_1 + \frac{h_s \cdot G_s}{G} = 7 + \frac{120 \times 647}{25,000/0.833} \fallingdotseq 9.588kcal/kg'$

예제-05 1kg의 건조공기가 압력 0.8kg/cm³, 체적 1m³에서 압력이 3kg/cm², 온도가 100℃로 변화하였을 때 나중 상태의 체적을 구하시오.(단, R=29.27kg · m/kg° K)

해답-05 $V = \frac{GRT}{P} = \frac{1 \times 29.27 \times (273 + 100)}{3 \times 10^4} = 0.364m^3$

예제-06 실내 냉방부하중에서 현열부하가 2,500kcal/h이고, 잠열부하가 500kcal/h일 때 현열비(SHF)는 얼마인가?

해답-06 $SHF = \frac{2,500}{2,500+500} = 0.833$

11.2 엔탈피(Enthalpy)

모든 물질은 어떤 온도 및 어떤 상태에서 일정한 열을 보유하는데 이 보유열량을 엔탈피(Enthalpy)라 한다. 이것은 증기, 공기, 연소가스 등이 갖는 열에너지의 총량(Total Heat)을 말한다. 엔탈피 표시는 i 또는 h로 한다.
건조공기의 엔탈피(i_a)는 0℃의 건조공기를 0으로 하고 수증기의 엔탈피(i_v)는 0℃의 물을 기준(0)으로 한다.

$i_o(\text{kcal/kg}) = C_{pa} \cdot t = 0.240 \cdot t$
$i_o(\text{kcal/kg}) = r' \cdot C_{pv} \cdot t = 597 + 0.440 \cdot t$

C_{pa} : 공기의 비열=0.240kcal/kg℃
t : 온도(℃)
r′ : 물의 증발 잠열=597kcal/kg℃(0℃일 때)
C_{pv} : 수증기의 비열=0.440kcal/kg℃

그리고 비습이 x인 습한 공기의 엔탈피(i)는 건조공기 1kg의 엔탈피와 수증기 $x$kg의 엔탈피를 합한 양이 된다.
결국 어떤 물질의 엔탈피는 내부에너지와 유동에너지의 합을 말한다. 즉 에너지는 일을 할 수 있는 능력으로서 일의 단위와 같고 다음 식으로 나타낸다.

$E = U + \Delta p_v$

(1) 내부 에너지(U)

외부로부터 열이나 일을 가할 때, 그 기계가 외부와 열의 공급이 없고 외부에 일을 하지 않았다면 이들 에너지는 내부에 축적된다. 이때 내부에 에너지를 내부 에너지라 하며 다음과 같다.
내부에너지=총에너지－기계적 에너지

(2) 기계적 에너지 (역학적 에너지＋외부 에너지)

① 위치 에너지(E_p)

$E_p = GH(kg \cdot m)$

G : 중량(kg)

H : 높이(m)

② 운동에너지(E_k)

$$E_k = \frac{Gv^2}{2g}$$

v : 속도(m/sec)

g : 중력 가속도($9.8m/sec^2$)

③ 유동 에너지($E\ell$)

$E\ell = \Delta PV$

P : 압력(kg/cm^2)

V : 체적(m^3)

총에너지＝내부 에너지＋운동 에너지＋위치 에너지＋유동 에너지

$$dE = dU + (\frac{G \cdot v^2}{2g} + G \cdot H + \Delta PV) \cdot A$$

11.3 서한도(恕限度)

실내환경의 오염(汚染)으로 인한 건강저해, 생활방해, 근로의 능률저하 등은 실내에서 환기가 충분히 이루어지지 않아 오염원에서 발생한 입자상의 먼지(Dust)와 탄산가스의 농도가 허용치 이상일 때 나타나는 현상이며, 서한도란 각 오염물질의 허용한계를 농도롤 나타낸 것이다.
실내공기의 오염을 방지하기 위해서는 환기를 하여 공기를 청정하게 만들 필요가 있다.

1) 오염물지의 서한도

(1) 먼지(부유분진) : $10mg/m^3$

(2) CO_2 : 1,000rpm(0.1%)

(3) CO(일산화탄소) : 10ppm(0.001%)

2) 실내의 먼지 발생원인

(1) 재실자의 보행 및 작업
(2) 청소
(3) 난방기구의 사용
(4) 실내공기의 건조
(5) 흡연

탄산가스(CO_2)의 대기중 농도는 약 320ppm으로서 부피로 0.03%에 해당한다.

Pettenkofer의 설에 의하면 다수인이 계속 같은 방에 있을 때 탄산가스의 서한도는 0.07%이고 일반적인 경우는 0.1%이다.

대기중의 먼지와 수분이 포함된 고형물질의 결합체로 미생물도 함께 하는 입자인 분진(粉塵 : Particulates)의 크기는 직경이 약 0.0002 μm에서 50 μm정도까지이다. 한편 대기중에 존재하는 분진입자의 크기는 약 0.1 μm 내지 10 μm이며 그 영향은 다음과 같다.

① 분진은 시야에 영향을 준다. 특히 0.1 μm에서 1 μm 정도 크기의 분진은 시야에 영향을 준다.
② 분진은 질병을 유발시킨다.

그러므로 실내의 환기량을 측정하고 오염물질을 제거하여 신선한 공기를 공급하는 것이 중요하다. 환기의 목적은 신선한 공기의 공급과 공기의 교체로 이한 열과 습기의 이동으로 정의된다.

(1) 자연 환기량은 풍속에 비례하며 구하는 식은 다음과 같다.

$$Q = EAv$$

Q : 환기량(m^3/sec)
A : 유입구 면적(m^2)
v : 풍속(m/sec)

(2) 도입 외기량을 구하는 식은 다음과 같다.

$$V \geq \frac{x}{C_a - C_o}$$

V : 도입 외기량(m^3/h)
C_a : 오염 물질의 서한도(m^3/m^3)
x : 실내오염물질의 발생량(m^3/h)
C_o : 외기의 CO_2 함유량(m^3/m^3)

예제-07 500명을 수용하는 극장에서 1인당 CO_2 배출량이17 ℓ/h일 때 CO_2가 0.05%인 외기를 도입하여 실내의 CO_2를 0.1%로 유지하는데 필요한 환기량은 얼마인가?

해답-07 $V \geq \frac{x}{C_a - C_o} \geq \frac{0.017 \times 500}{0.1 \times 10^{-2} - 0.05 \times 10^{-2}} \geq 17,000 m^3/h$

예제-08 1인당 25m^3/h의 신선한 외기를 연속적으로 공급하고 있는 실이 있다. 이 외기가 0.03%의 CO_2를 함유하고 있을 때 실내에서 유지되고 있는 CO_2의 %는 얼마인가?
(단, 1인당 CO_2 발생량은 0.01m^3/인 이다.)

해답-08 $V \geq \frac{x}{C_a - C_o}$ $25 \geq \frac{0.01}{C_a - 0.03 \times 10^{-2}}$

$\therefore C_a = 0.07 \times 10^{-2} = 0.07\%$

11.4 습공기 선도(Psychrometric Chart)

습공기 선도는 습한 공기의 각 요소들을 서로 관련시켜 그림으로 나타낸 도표인데 *t-x, i-x, t-i* 선도가 있다.
이 선도는 습윤공기의 여러 가지 상태량 즉, 건구온도, 습구온도, 상대습도, 절대습도, 포화도, 노점온도, 엔탈피중에서 2가지가 정해지면 다른 상태값을 알 수 있다.
이와 같은 관계를 표시한 공기선도에서 한 개의 상태점을 알면 그 상태에서 공기의 여러 가지 요소를 구할 수가 있으며 인체의 쾌적범위를 결정한다거나 공기조화 계산 등에 이용된다.

1) 공기선도의 종류

(1) t-x 선도

건구온도(t)와 절대습도(x)를 직각 좌표로 그리며, 난방설계와 실용적인 각종 계산에 쓰인다. 또한 난방을 중심으로 한 유럽에서 많이 사용한다. 그림 11-3에 t-x에 선도를 나타낸다.

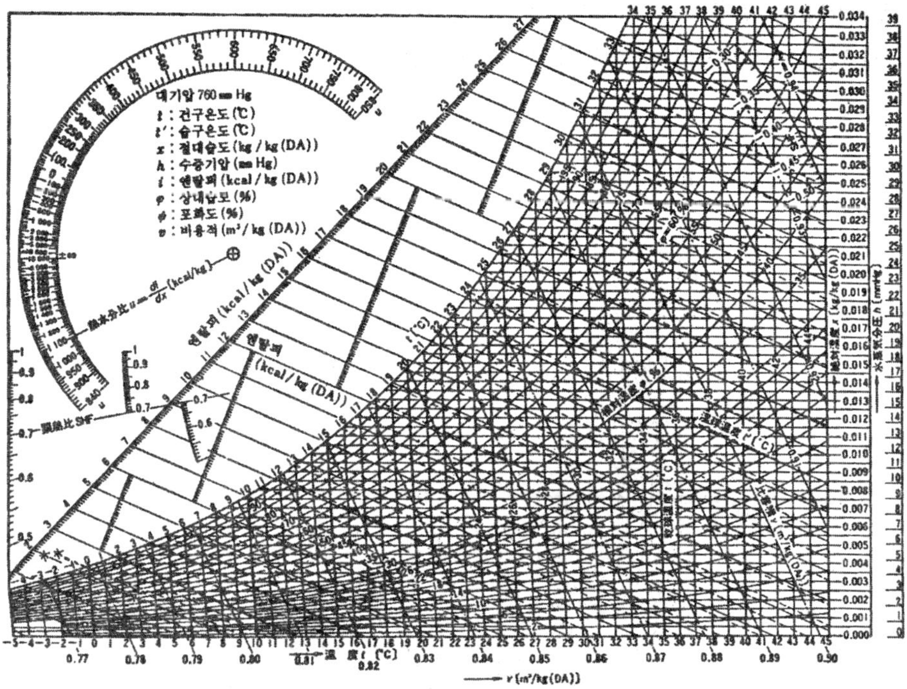

〈그림 11-2〉 i-x 선도

(2) i-x 선 도

엔탈피(i)와 절대습도(x)가 사교된다. HC, LC, NC의 세종류가 있고, 냉방설계와 이론적인 각종 계산에 쓰이며, 냉방에 중점을 두는 동남아시아, 미국 등에서 많이 사용한다. 그림 11-2에 i-x선도를 나타낸다.

(3) t-i 선 도

엔탈피(i)와 건구온도(t)가 직교하는 선도이며 물, 공기의 상태가 잘 나타난다. 공기 세정기나 냉각탑 등의 해석에 이용된다.

2) 공기선도의 구성

그림 11-4는 표준대기압상태에서의 습공기선도를 나타낸다. 습윤공기선도는 대기압하에서 습공기의 성질을 표시하고, 건구온도(DBT), 습구온도(WBT), 노점온도(DPT), 상대습도(RH), 절대습도(x), 포화도(SD), 엔탈피(i), 비체적(v)을 나타내는 식으로 구성되어 있으며, 이 중 2가지 이상의 상태점으로 좌표를 나타낸다.

(1) 건구온도(DBT) : 왼쪽에서 오른쪽으로 증가한다.

(2) 절대습도(AH) : 오른쪽의 수직축에 표시되어 있다.

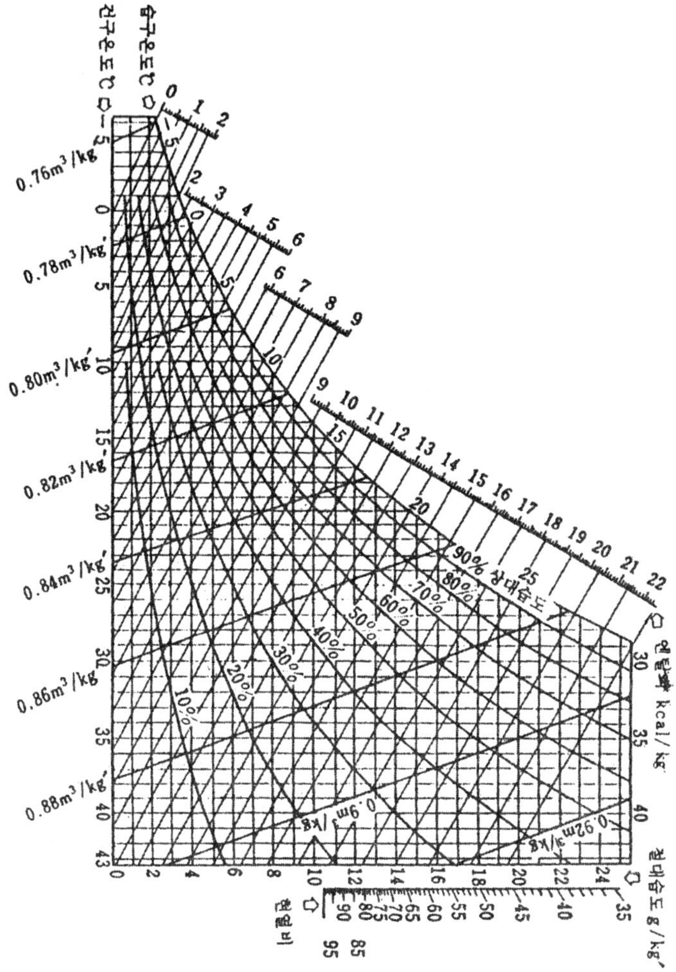

〈그림 11-3〉 *t-x* 선도

(3) 수증기압(VP) : 오른쪽의 수직축에 표시되어 있다.

(4) 상대습도(RG) : 왼쪽에서 오른쪽으로 상승곡선에 표시되며 최상단의 곡선이 포화상태(RH=100%)를 표시한다.

(5) 습구온도(WBT) : 왼쪽에서 오른쪽으로 포화곡선을 따라 증가하며 오른쪽 아래에 대각선으로 표시된다. 그림 11-4는 습공기선도 도해를 나타낸다.

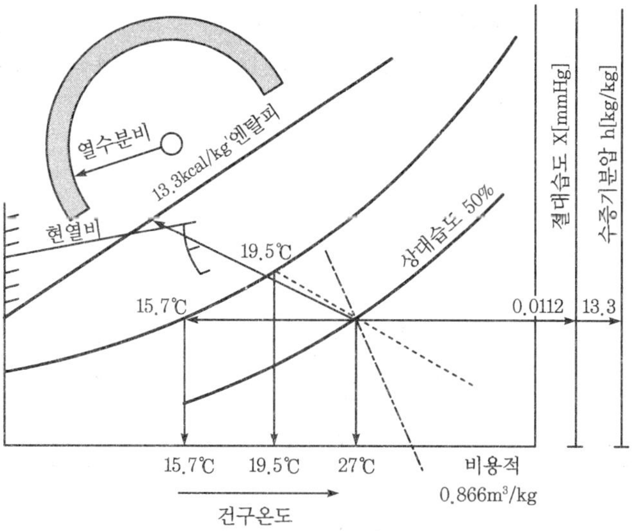

<그림 11-4> 습공기선도(대기압 760mmHg)

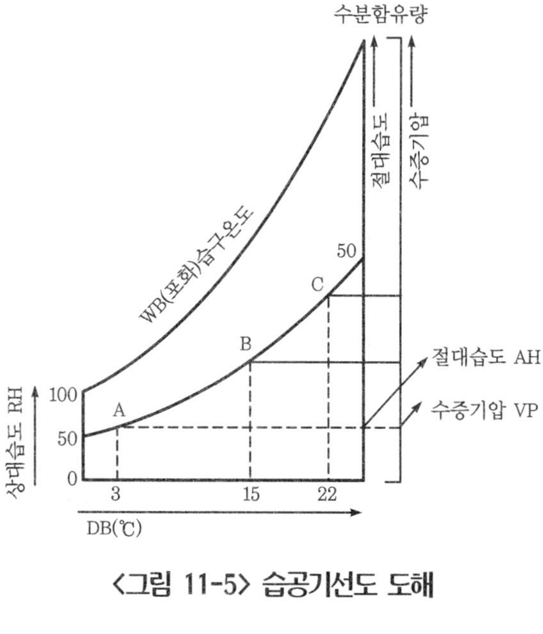

<그림 11-5> 습공기선도 도해

3) 습공기선도를 보는 방법

예를 들어 건구온도 25℃, 상대습도 70%인 점을 알게 되면 그림 11-2에서 수평으로 좌측을 작도하여 포화선과의 교점에서 노점온도 19.0℃가 얻어진다.

그리고 절대습도는 반대로 수평으로 우측을 작도하여 0.014kg/kg'가 얻어지고 다음에 좌경사로 습구선에 평행하게 작도하여 포화선과의 교점에서 습구온도 21℃가 얻어진다. 또한 그 선을 다시 좌측위로 작도하여 엔탈피 14.45kcal/kg을 얻는다. 또한 비용적은 0.87m³/kg과 0.86³/kg 사이에서 약 0.863m³/kg을 읽을 수가 있다.

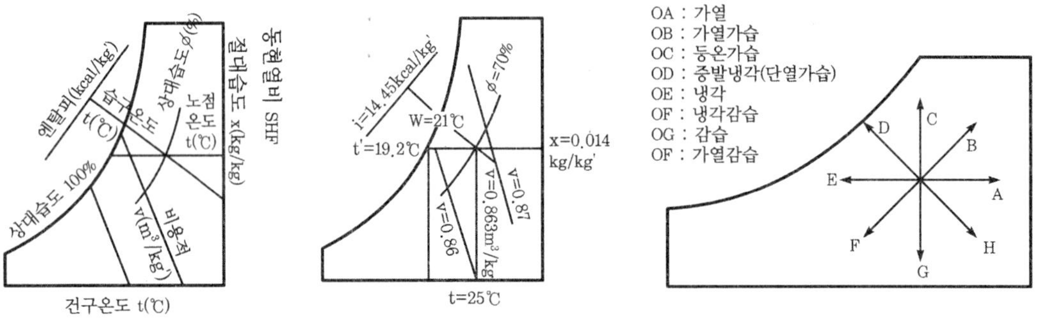

〈그림 11-6〉 공기선도를 보는 방법

4) 공기 선도의 기본변화 및 계산

(1) 가열, 냉각

$q_s = G \cdot (i_2 - i_1) = G \cdot C_p \cdot (t_2 - t_1)$

$$= \frac{Q}{v} \cdot C_p \cdot (t_2 - t_1) = Q \cdot r \cdot C_p \cdot (t_2 - t_1)$$

$\therefore\ q_s = 0.28Q(t_2 - t_1)$

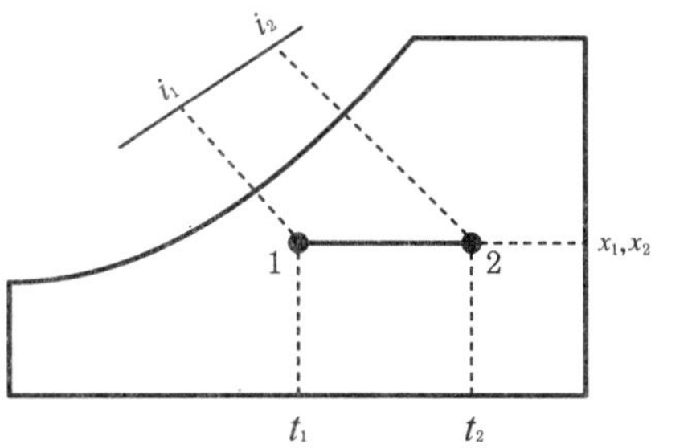

q_s : 현열량(kcal/h)

G : 공기량(kcal/h)

Q : 공기적(m³/h)

r : 표준상태에서의 공기 비중량 (1.2kg′/m³)

Cp : 공기 정압비열(0.24kcal/kg′℃)

v : 비체적(m³/kg′)

t_1, t_2 : 점 1, 2의 건구온도(℃)

주 G=Q/v, G=Q×r

예제-09 DBT 10℃, AH 0.0038kg/kg′의 공기 1,000kg/h를 DBT 30℃로 가열시 소요 열량은?

해답-09 $q_s = G \cdot G_p \cdot (t_2 - t_1)$

$= 1{,}000 \times 0.24 \times (30-10)$

$= 4{,}800 (kcal/h)$

$q_s = G(i_2 - i_1)$

$= 1{,}000 \times (9.6 - 4.8)$

$= 4{,}800 (kcal/h)$

주 냉각시 냉각코일의 표면온도가 통과공기의 노점온도 이상일 때는 절대습도가 일정한 상태에서 냉각되고 냉각코일의 표면온도가 노점온도 이하일 때는 냉각과 동시에 제습이 된다.

가습, 감습

$L = G(x_2 - x_1)$

$q_L = G(i_2 - i_1) = L \cdot r_o$

$\therefore q_L = 715Q(x_2 - x_1)$

L : 가습량(kg/h)

G : 공기량(kg/h)

x_1, x_2 : 점 1, 2의 절대습도(kg/kg′)

r_0 : 잠열(kcal/kg′, 0℃ 기준 597kcal/kg′)

예제-10 DBT 26℃, 공기량 1,000kg/h를 AH 0.0105kg/kg′에서 AH 0.0170kg/kg′로 가습시 필요한 열량 및 가습 수분량은?

해답-10 $L = G(x_2 - x_1) = 1{,}000 \times (0.0170 \times 0.0105) = 0.0065 \times \times 10^3 = 6.5 kg/h$

$q_L = G(i_2 - i_1) = 1{,}000 \times (16.6 - 12.7) = 3{,}900 kcal/h$

(3) 가열 가습

$q_T = G(i_2 - i_1) = q_s + q_L$

$qs = G(i_3 - i_1)$

$q_L = G(x_2 - x_3)$

$$SHF = \frac{q_s}{q_s + q_L}$$

q_T : 전열량(kcal/h)

G : 공기량(kg/h)

q_S : 현열량(kcal/h)

q_L : 잠열량(kcal/h)

x : 절대습도(kg/kg′)

SHF : 현열비　L : 가습량(kg/h)

예제-11 DBT 10℃, AH 0.0038kg/kg'의 공기 1,000kg/h를 DBT 26℃, AH 0.0170kg/kg'로 가열·가습할 때 필요한 열량 및 가습 수량과 SHF를 계산하시오.

해답-11 $q_T = G(i_2 - i_1) = 1,000 \times (16.6 - 4.8)$

$= 11,800\text{kcal/kg}$

$L = G(x_2 - x_1) = 1,000 \times (0.017 - 0.0038)$

$= 13.2\text{kg/h}$

$$SHF = \frac{q_s}{q_s + q_L} = \frac{8.6 - 4.8}{16.6 - 4.8} = 0.332$$

(4) 단열혼합

외기를 2, 외기풍량을 Q_2, 실내환기를 1, 실내풍량을 Q_1이라 하면 혼합 공기 3의 온도, 습도 및 엔탈피는 다음과 같다.

$$t_3 = \frac{t_1 \cdot Q_1 + t_2 \cdot Q_2}{Q_1 + Q_2} \qquad x_3 = \frac{x_1 \cdot Q_1 + x_2 \cdot x_2}{Q_1 + Q_2} \qquad \therefore t_3 = \frac{i_1 \cdot Q_1 + i_2 \cdot Q_2}{Q_1 + Q_2}$$

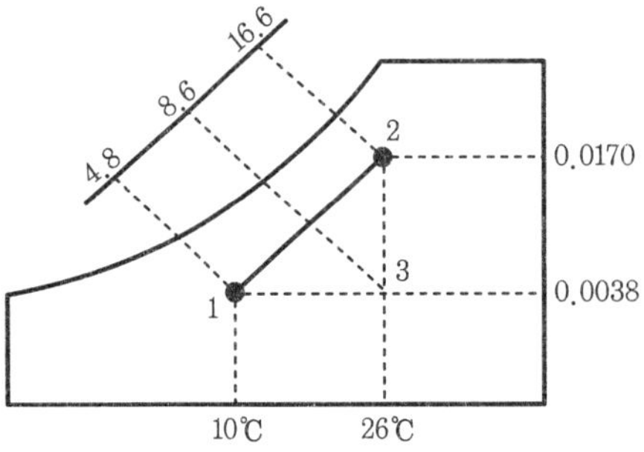

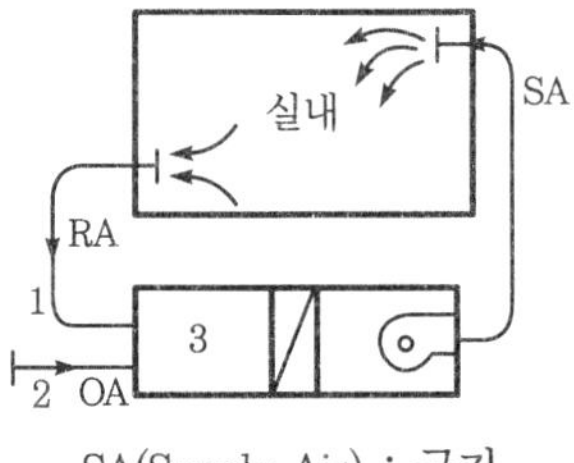

SA(Supply Air) : 급기
RA(Return Air) : 환기
OA(Outdoor Air) : 외기

예제-12 DBT 27℃, AH 0.011kg/kg'의 공기 700kg/h와 DBT 35℃, AH 0.024kg/kg'의 공기 300kg/h의 공기를 혼합할 경우 선도에 표시하고 t_3, x_3, i_3를 구하시오.

해답-12 $t_3 = \dfrac{27 \times 700 + 35 \times 300}{1,000} = 29.4℃$

$x_3 = \dfrac{0.011 \times 700 + 0.024 \times 300}{1,000} = 0.0145\text{kg/kg}'$

$i_3 = \dfrac{13.2 \times 700 + 23.2 \times 300}{1,000} = 16.2\text{kg/kg}'$

(5) 가 습

① 순환수 분무가습(단열가습, 세정) : 순환수를 단열(Adiabatic)하여 공기세정기(Air Washer)에서 분무할 경우 입구공기 '1'은 포화곡선을 향하여 이동한다. 이때 엔탈피는 일정하며 ($i_1=i_2$). 이것을 단열변화(단열가습)라 한다. 공기세정기의 효율이 100%이면 통과공기는 최종적으로 포화공기가 되어 점 '2'의 상태로 되나, 실제로는 효율이 100% 이하이므로 선도에서 '3'과 같은 상태에 그친다.

$$\text{공기세정기의 효율} = \frac{1-3}{1-2} \times 100$$

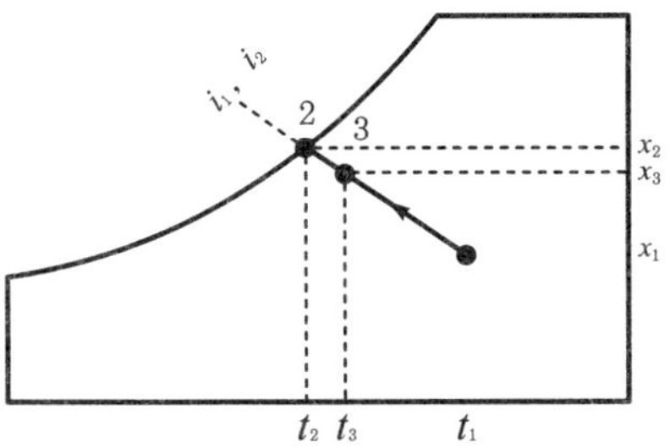

(a)

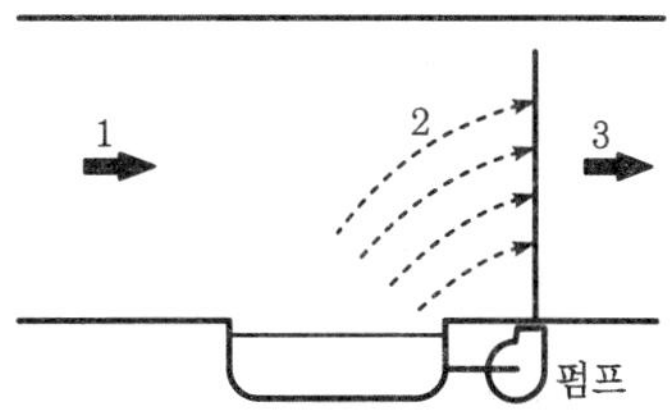

(b)

예제-13 DBT 20℃, WBT 10℃의 공기 1,000m³/min을 효율 80%인 AW의 순환수 분무중 통과시킬 경우 출구공기 상태와 가습 수분량은 얼마인가?

해답-13 출구공기상태 : DBT 12℃, AH : 0.0068kg/kg′
WBT 10℃, RH 80%
SV 0.835m³/kg
가습수분량(L : kg/h)

$$= \frac{1,000}{0.835} \times 60 \times (0.0068 - 0.0036)$$

$$\fallingdotseq 230\text{kg/h}$$

② 온수분무가습 : 순환수를 가열하여 공기중에 분무하면 통과공기는 가습됨과 동시에, 분무하는 물의 온도와 양에 따라 건구온도가 변화한다. 선도에 표시할 때에는 입구공기 '1'과 포화곡선 상에서 온수온도 '2'를 취하고 이를 직선으로 연결하여 AW의 효율점 '3'을 출구상태로 한다.

1-2의 과정 : 순환수 온도가 외기건구 온도보다 높을 때

1-2′의 과정 : 순환수 온도가 외기건구 온도보다 낮을 때

AW : 공기가습기

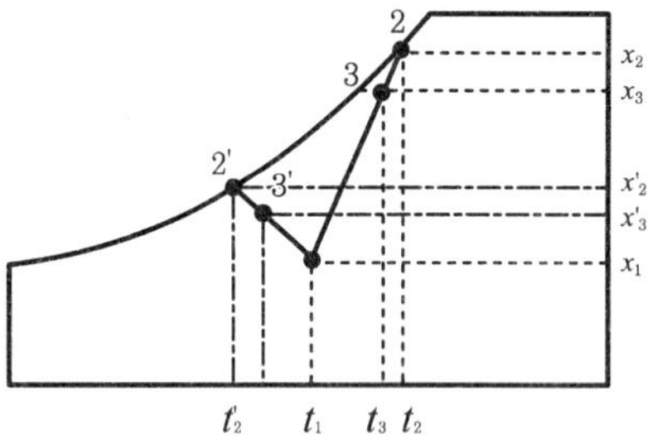

①

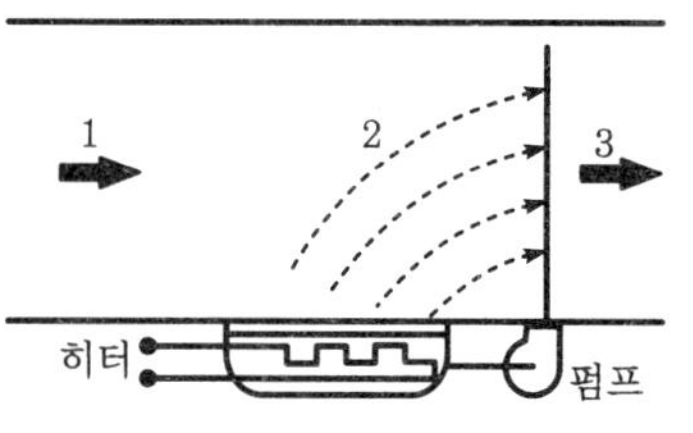

②

> **예제-14** DBT 20℃, WBT 10℃의 공기 1,000kg/h를 25℃의 분무수를 뿜는 AW내를 통과시킨 경우, 출구공기상태 및 AW에서 가해지는 수분량은 얼마인가?
> (단, AW의 효율은 90%, 분무수온은 일정한 것으로 한다.)

해답-14 출구공기온도(t_3)= $\dfrac{t_1\times 10+t_2\times 90}{100}=24.8$℃

AW통과 공기량(G) = $\dfrac{1,000}{0.835}\fallingdotseq 1,200$kg/h

출구공기상태 : t_3 24.8℃, WBT 23.9℃, RH 60% x 0.0186/kg'

가습량(L)=1,200×60×(0.0186 - 0.036)=1,080kg/h

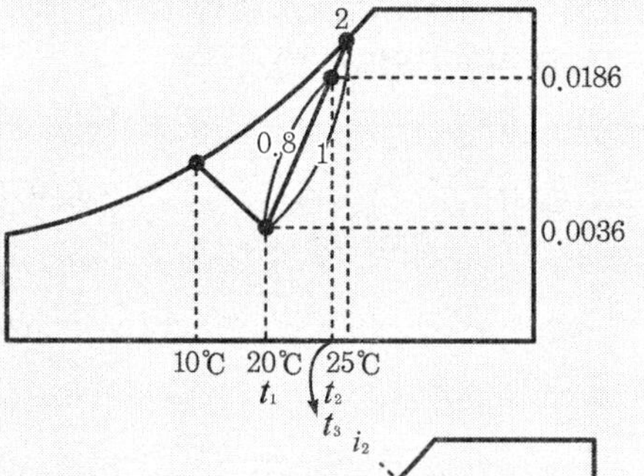

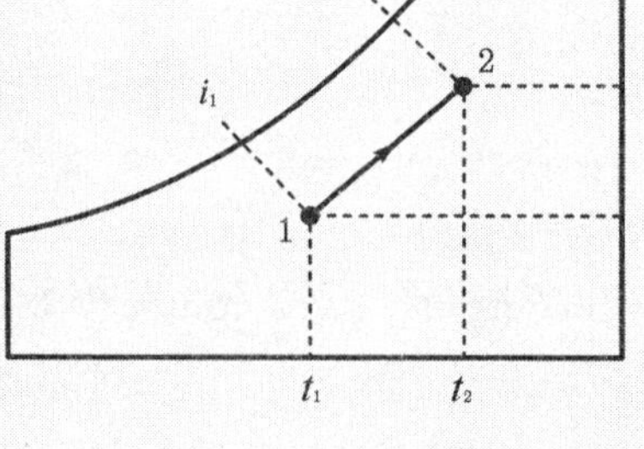

③ 증기가습 : AW에서 가장 많이 사용되는 방법으로, 포화증기를 직접 통과공기중에 분무하면 건구온도와 습도가 모두 상승하는 가열·가습의 상태가 된다.

예제-15 DBT 20℃, WBT 10℃의 증기 100m³/min의 공기에 대해 1kg/cm²의 포화증기(119℃) 12kg/min를 분무한 경우 가습기출구 공기의 상태를 구하라. (단, 1kg/cm² 포화증기의 엔탈피는 646kcal/kg'이다)

해답-15 건조공기중량 (G)$=\dfrac{1,000}{0.835}=1,200$kg/min

건조공기 1kg에 분무되는 증기량

$=\dfrac{12}{1,200}=0.01$kg

가습기 출구공기의 절대습도(x_2)

$=0.0036+0.01=0.0136$kg/kg'

건조공기 1kg에 분무되는 증기엔탈피

$=646\times0.01=6.46$kcal/kg'

가습기 출구공기 엔탈피(i_2)$=7+6.46$

$=13.46$kcal/kg'

(6) 현열비 (SHF)

실내를 DBT t_2℃, $x_2$kg/kg'가 되도록 냉방을 하는 경우 송풍공기온도는 실내보다 낮은 DBT t_1℃, $x_1$kg/kg'의 상태이어야 한다.

$q_s=G\cdot G_p\cdot(t_2-t_1)=0.28Q(t_2-t_1)$

$q_L=r_o\cdot G\cdot(x_2-x_1)=715\cdot Q(x_2-x_1)$

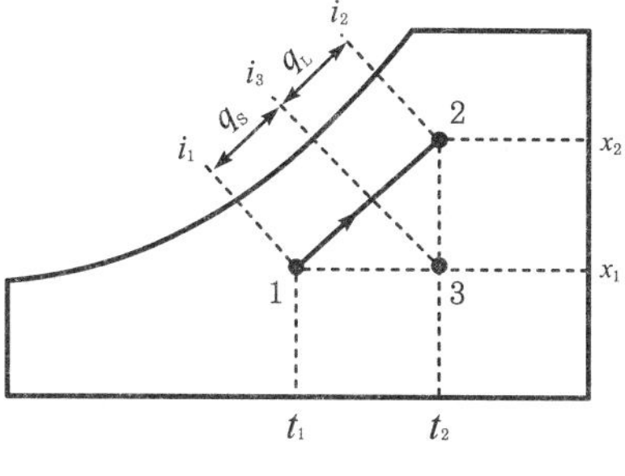

$$SHF=\frac{q_s}{q_s+q_L}$$

$$=\frac{G_p\cdot G\cdot(t_2-t_1)}{C_p\cdot G\cdot(t_2-t_1)+r_0\cdot G(x_2-x_1)}$$

$$=\frac{C_p(t_2-t+1)}{C_p(t_2-t_1)+r_0(x_2-x_1)}$$

상기 식에서 SHF는 송풍량(G)에 관계가 없고 $C_p\cdot r_0$는 상수이므로 만약 현열비(SHF)가 일정하면 (x_2-x_1)은 (t_2-t_1)에 비례한다. 그러므로 현열비가 일정하면 최초의 상태 '1'과 최후의 상태 '2'는 선도상에서 구배가 일정한 직선상에 존재하게 된다. 결국 현열비의 선은 취출공기에서 시작하여 실내공기로 끝난다.

(7) 장치 노점온도 (Apparatus Dew Point : ADP)

SHF가 일정한 경우 B의 상태인 실내공기를 A상태로 냉방을 하는 경우에는 B-A의 연장선상인 B-A=A-B'인 B' 상태로 송풍하면 된다. (SHF)선상에서 벗어나면 'F'와 같은 상태가 된다.) 이 경우 B′의 공기보다 'C', 'C'보다는 D의 공기를 송풍하믄 것이 공기량이 적게 든다. 또 그 극한 점이 E의 상태이며 이 온도를 장치노점온도라 하며 DBT, WBT, DPT가 일치한다. 다음 그림은 냉방시 장치노점온도를 표시한 습공기 선도이다.

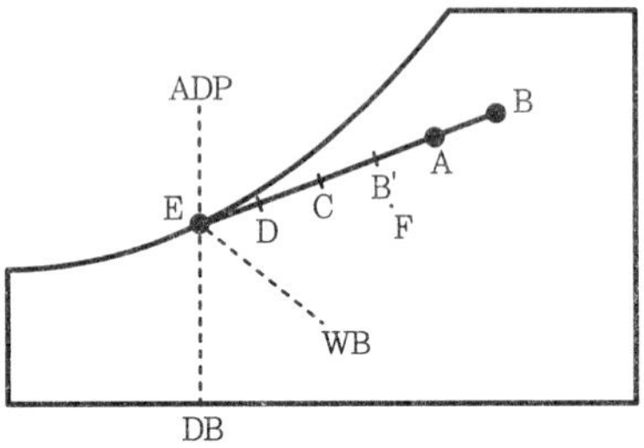

(8) 통과 공기 비율 (By-pass Factor : BF)

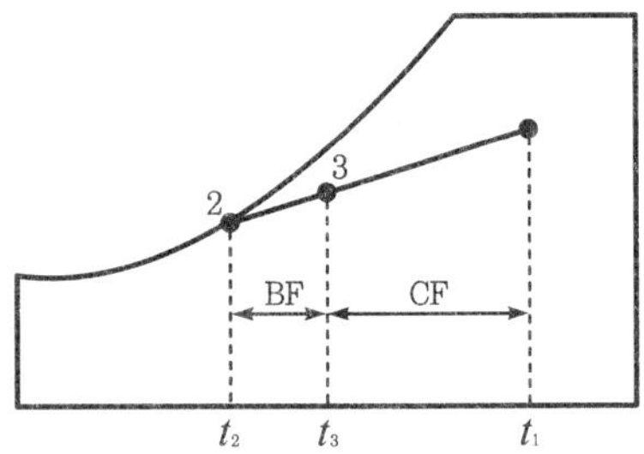

냉각 또는 가열코일과 접촉하지 않고 그대로 통과하는 공기의 비율을 말하며 완전히 접촉하는 공기의 비율을 접촉공기비율(Contact Factor)라고 한다.

BF=1-CF

냉각 또는 가열코일을 통과한 공기는 포화상태로는 되지 않는다. 이상적으로 포화되었을 경우 '2'의 상태로 되나 실제로는 '3'의 상태로 된다.

$$BF = \frac{3-1}{1-2} \qquad CF = \frac{1-3}{1-2}$$

$$\therefore t_3 \fallingdotseq t_1 \times BF + t_2 \times (1 - BF)$$

여기서 Coil의 열수가 증가하면 BF는 감소한다.

2열 ……(BF)2 4열……(BF)(4) 8열……(BF)8

5) 실제 공조설비의 상태변화

(1) 혼합 가열

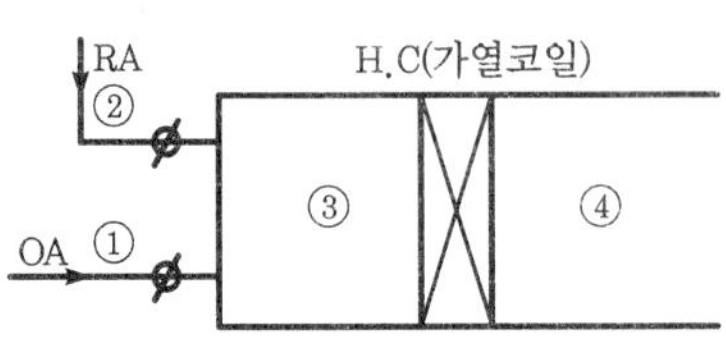

공기조화장치

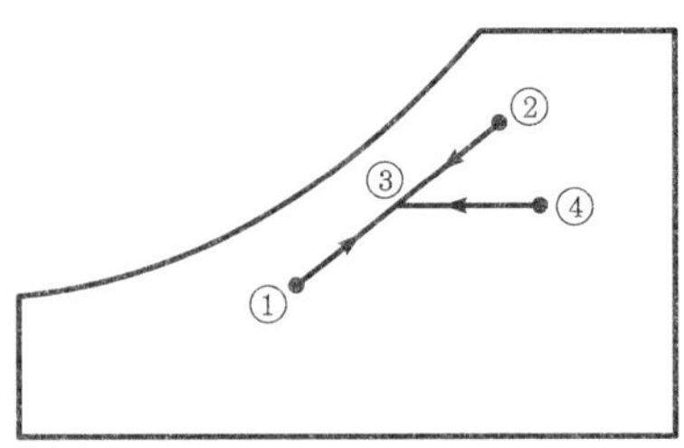

상태변화(습공기 선도)

(2) 혼합냉각

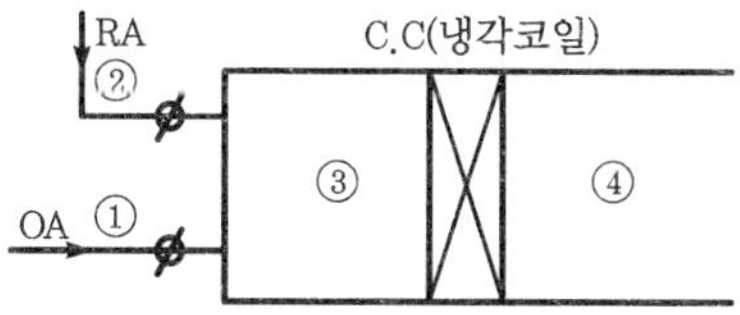

공기조화장치

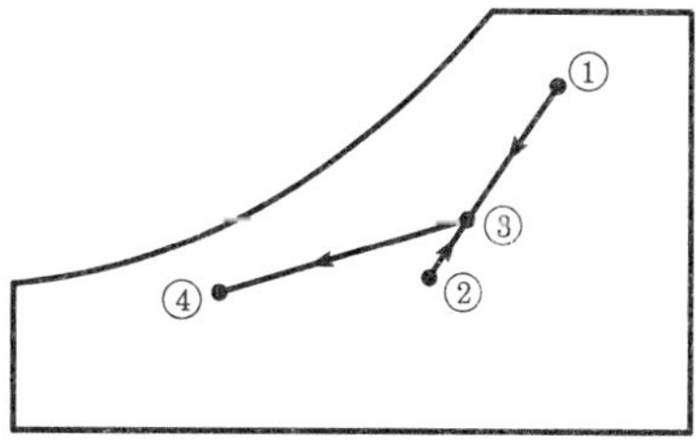

상태변화(습공기 선도)

(3) 혼합→가습(온수분문)→가열(일부 바이패스)

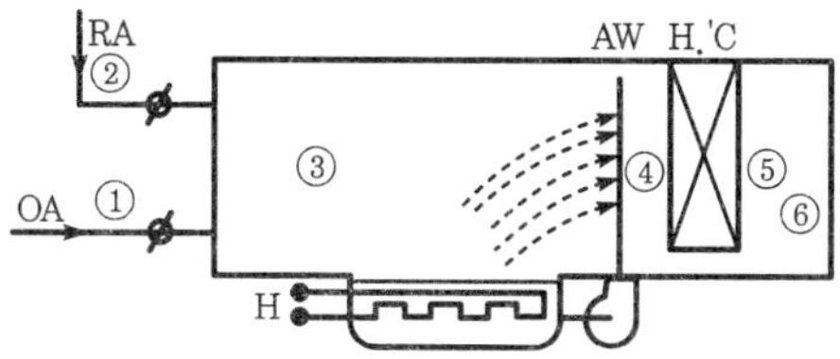

공기조화장치

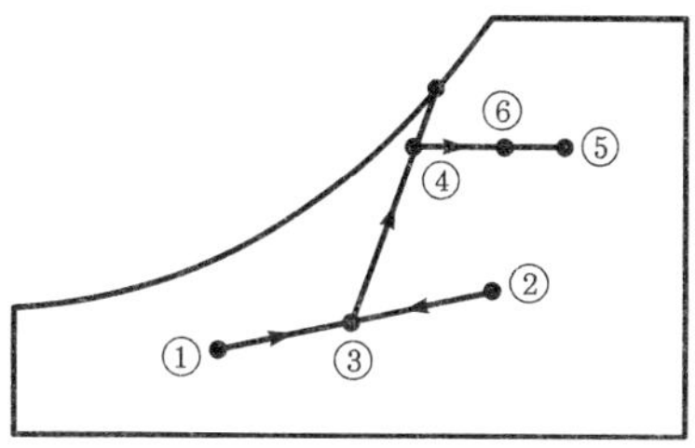

상태변화(습공기 선도)

(4) 혼합→예열→세정(순환수분무)→재열

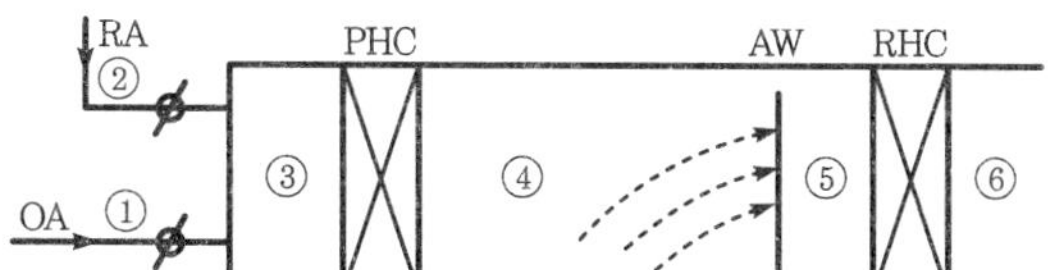

공기조화장치

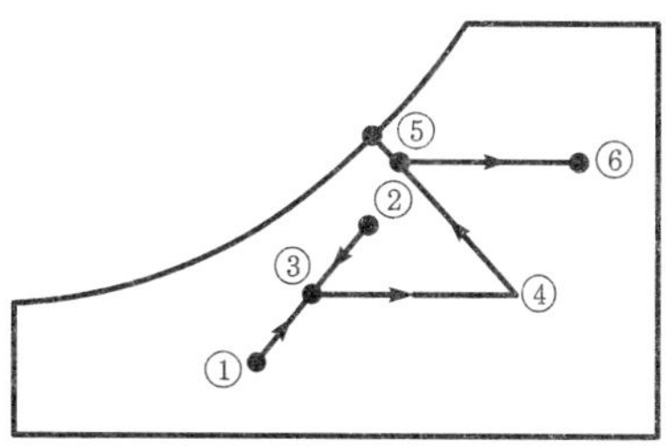

상태변화(습공기 선도)

(5) 외 기 예 열 → 혼 합 → 세 정 → 재 열

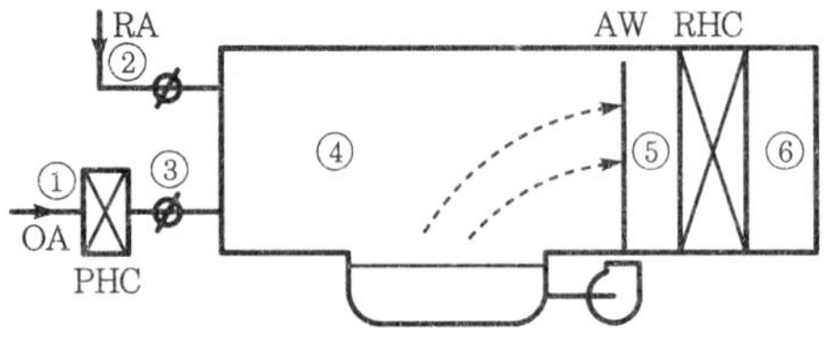

공지조화장치

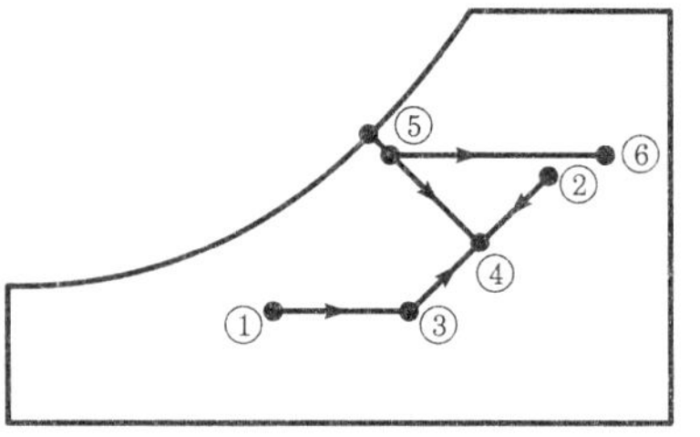

상태변화(습공기 선도)

(6) 외 기 예 냉 → 혼 합 → 냉 각

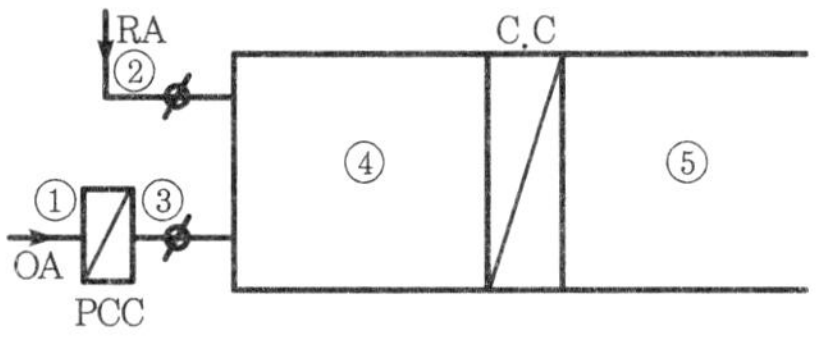

공기조화장치

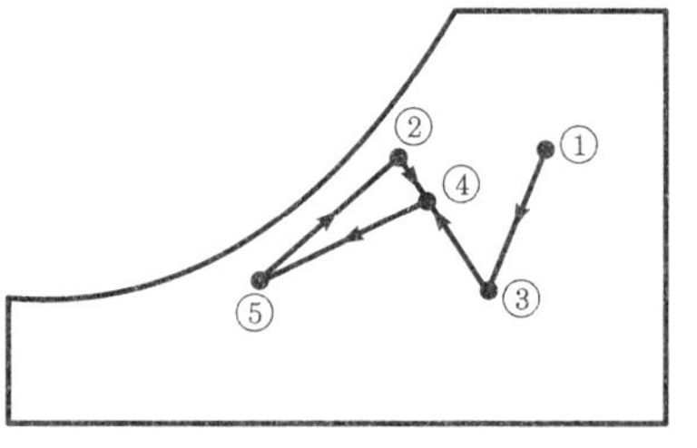

상태변화(습공기 선도)

예제-16 다음 습공기선도의 설명도에서 읽을 수 있는 것은 무엇인가?

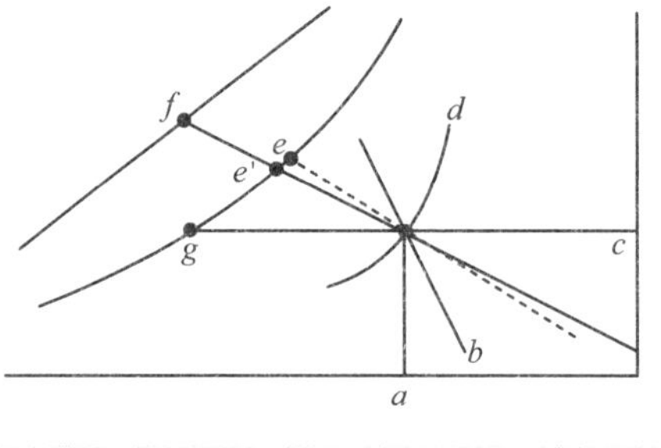

해답-16 a : 건구온도 b : 비체적
c : 절대습도, 수증기분압 d : 상대습도
e : 습구온도 e' : 단열온도
f : 엔탈피 g : 노점온도

예제-17 다음 공기조화장치의 상태변화를 나타내는 습공기 선도는 우리나라에서 겨울에 일반적으로 공기조화하고 있는 경우이다. 도면을 설명하시오.

해답 17 신선한 외기 ①을 50%정도 받아들이고 실내에서 환기 ②를 50% 혼합하여 혼합공기 ③을 만든다. 증기로 물을 가열하여 지나가는 혼합공기 ③에 공기세정기로 스프레이하여 가습공기 ④를 만든 후 그중 일부 공기는 공기가 열기를 통과하여 더운 공기 ⑤가 되고 나머지 공기는 댐퍼를 통과하여 더운 공기 ⑤와 혼합되어 공조공기 ⑥을 만든다.

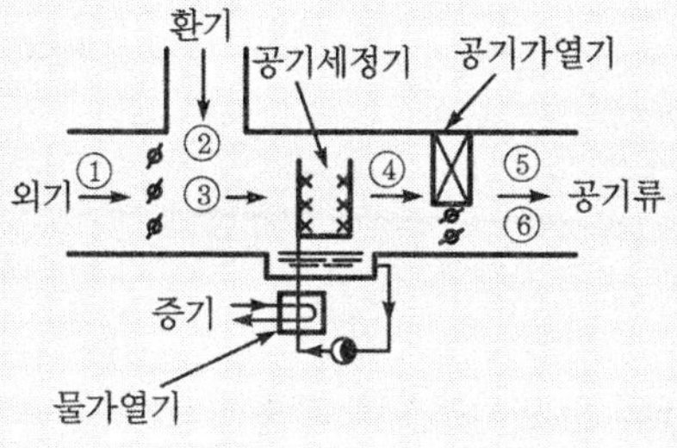

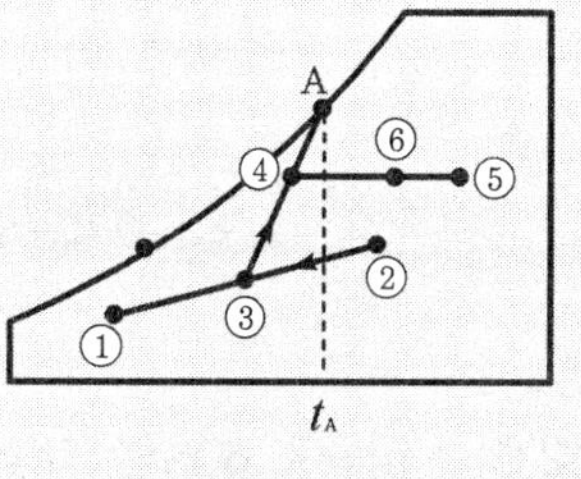

습공기 선도

예제-18 다음 공기조화 장치의 상태변화를 나타내는 습공기 선도를 작도하시오.

해답-17 (1) 공기조화장치

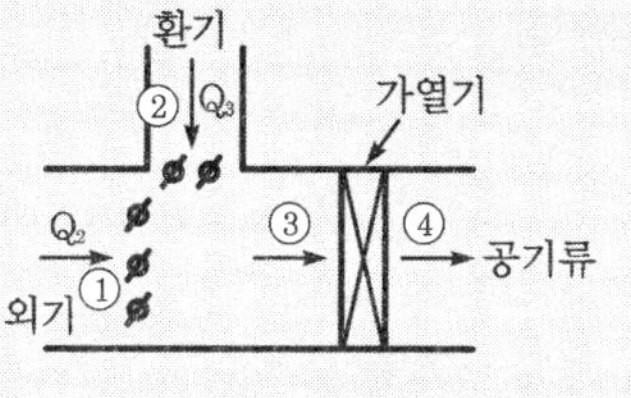

해답-17-1

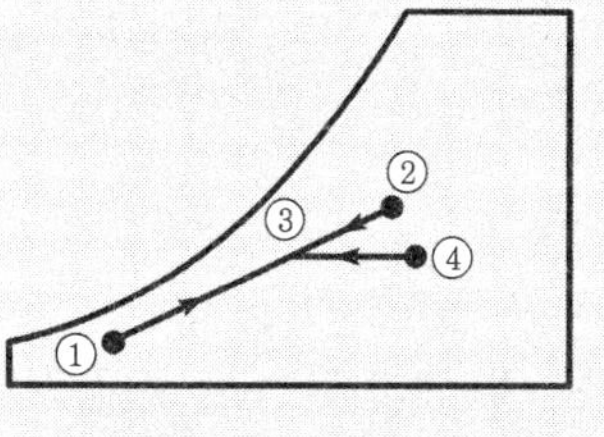

습공기 선도

(2) 공기조화장치

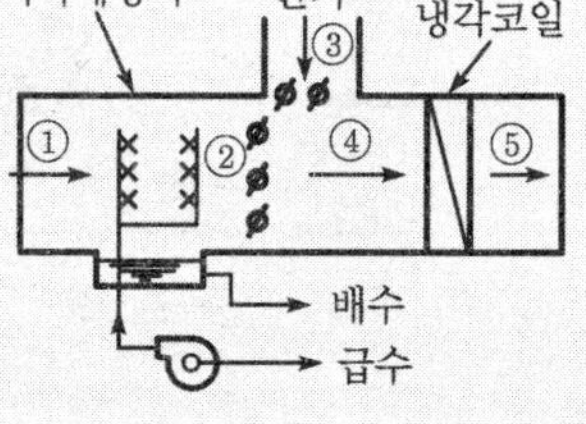

해답-17-2

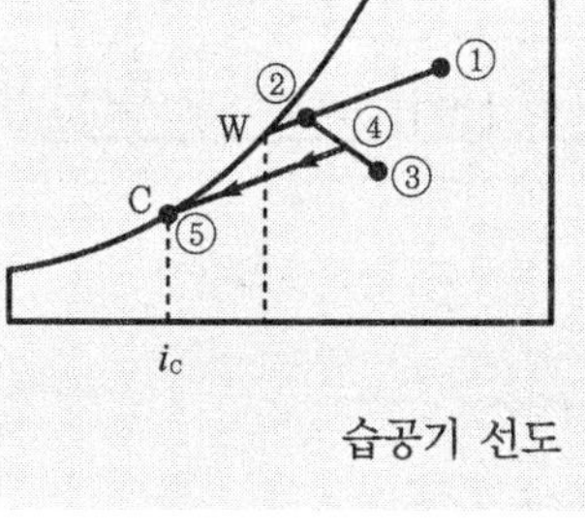

습공기 선도

예제-19 다음 공기조화기에서 열량 표시(q_r)를 나타내는 공식을 적으시오.

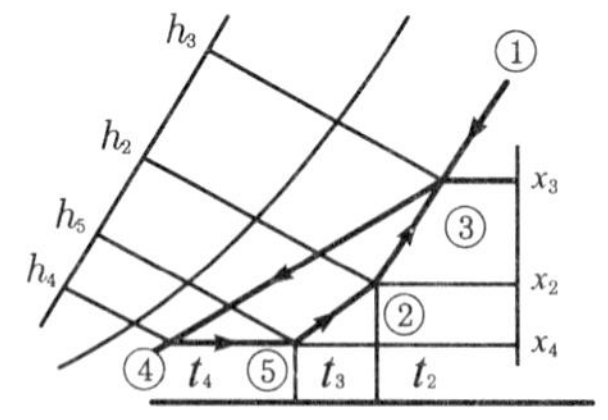

습공기 선도

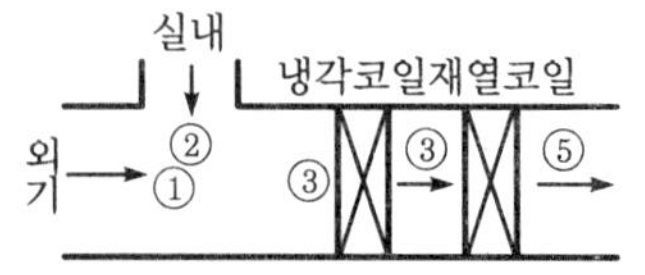

공기조화장치

해답-19 q_r=외기부하+취득열량+재열량

예제-20 온도 32℃, 상대습도 60%인 습공기 150kgf의 온도 15℃, 상대습도 80%인 습공기 50kgf를 혼합했을 때 다음 그림에서 혼합공기의 상태를 나타내시오.

해답-19 • 혼합공기의 온도

$$t_3 = \frac{32\times150 + 15\times50}{150+50} = 27.5℃$$

• 혼합공기의 절대습도

$$x_3 = \frac{0.0182\times150 + 0.0085\times50}{150+50} = 0.015775\text{kg/kg}'$$

예제-21 다음과 같은 공기조화 장치에서 냉각코일의 부하를 표시하시오.
(단, GF는 외기량이며, G는 전풍량이다.)

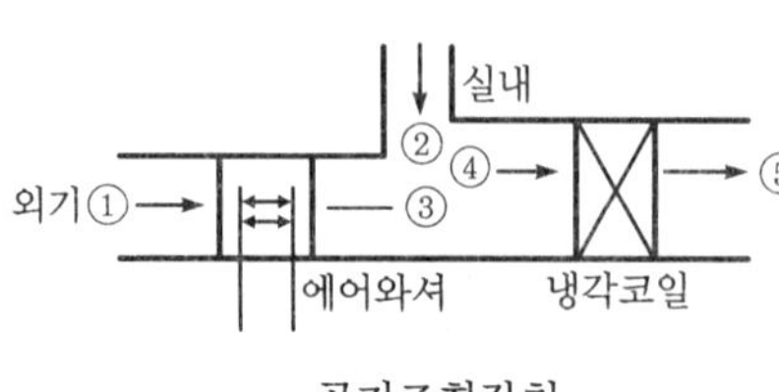

공기조화장치

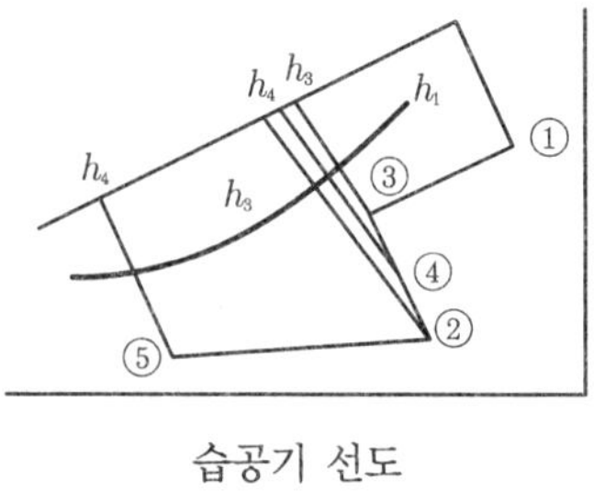

습공기 선도

해답-21 냉각코일부하(q_{cc})

$$q_{cc} = G(h_4 - h_5)$$

$$= G(h_4 - h_2) + G(h_2 - h_5)$$
$$= G_F(h_3 - h_2) - G_F(h_3 - h_4) + G(h_2 - h_5)$$
=외기부하 - 외냉열량+취득열량

예제-22 풍량이 800m^3/h인 공기를 건구온도 33℃, 습구온도 27℃, (h_1=20.3kcal/kg)의 상태에서 건구온도 16℃, 상대습도 90%(h_2=10.0kcal/kg)인 상태까지 냉각할 경우, 필요한 냉각 열량은 얼마 정도인가?(단, 건조공기의 비체적(v)은 0.83m^3/kg이다.)

해답-22

$$q = G(h_1 - h_2)$$
$$= Q/v(h_1 - h_2)$$
$$= 800/0.83 \times (20.3 - 10)$$
$$= 9,930\,\text{kcal/h}$$

G : 풍량(공기량(kg/h)

Q : 풍량(공기적)(m^3/h)

v : 비체적(m^3/kg)

예제-23 아래의 공기조화 설비 및 t-x 선도와 같이 공기를 혼합하여 냉각, 재열한 후 실내로 보낼 경우 공조기부하를 나타내는 식을 적으시오. (단, 혼합공기량은 G kg/h이다.)

해답-23

$$q_o = G(h_3 - h_4)$$
$$= G(h_3 - h_2) + G(h_2 - h_5) + G(h_5 - h_4)$$
= 외기부하+취득열량+재열량

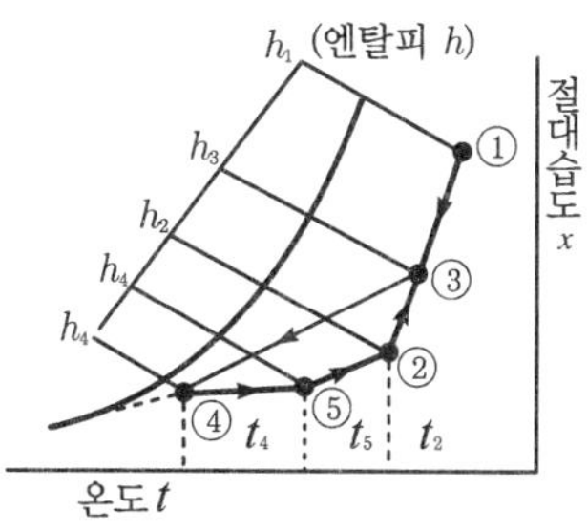

습공기 선도

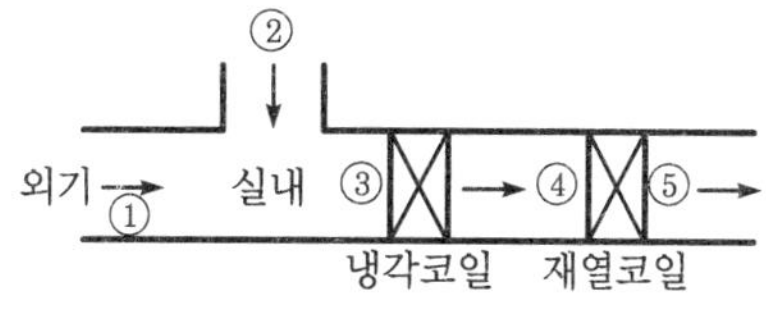

공기조화 장치

예제-24 아래 습공기 선도에 나타난 과정의 공기조화 장치도를 그리시오.

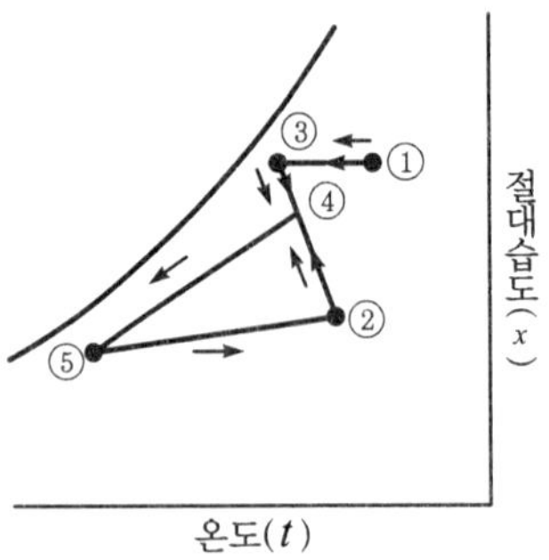

습공기 선도

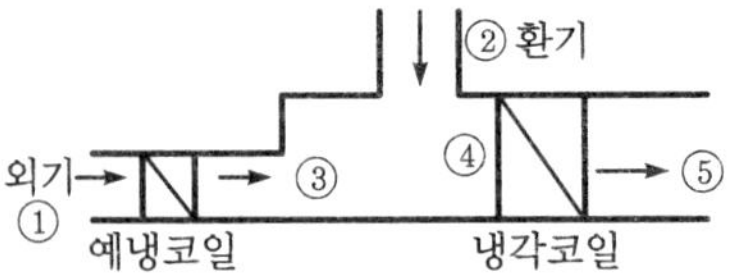

공기조화 장치

예제-25 아래 그림과 같은 공조장치에서 A 및 B의 2실을 냉방할 때 A 및 B 양실의 실온을 구하라. (단, 냉방조건은 다음과 같다.)

해답-25 ① 취출구에서 냉풍온습도 16℃, 90%

② 외기온습도 32℃, 60%

③ 송풍량 A실 : 급기 3,500m³/h, 환기 3,000m³/h

B실 : 급기 2,500m³/h, 환기 2,000m³/h

침입외기량 1,000m³/h

④ 냉방부하 A실 : 현열부하 11,000kcal/h,

잠열부하 1,000kcal/h

B실 : 현열부하 6,000kcal/h,

잠열부하 1,000kcal/h

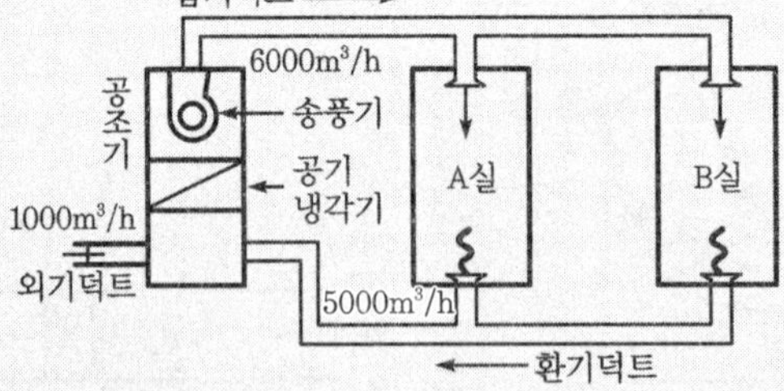

공기조화 설비

⑤ 공기의 정압비열 0.24kcal/kg℃

비중량 1.2kg/m³

A실 송풍량(3,500m³/h) $3,500 = \dfrac{11,000}{0.24 \times 1.2 \times (t_A - 16)}$

$\therefore t_A = 26.91$℃

B실 송풍량($2,500m^3/h$) $2,500 = \dfrac{6,000}{0.24 \times 1.2 \times (t_B - 16)}$

$\therefore t_B = 24.33℃$

예제-26 건구온도 35℃, 습구온도 27℃, x_0=0.01936/kg'의 신선외기 $2,100m^3/h$를 도입하여 건구온도 28℃, 상대습도 60%, x_r=0.01435kg/kg'인 실내공기를 만들려면 외기로부터 제거되는 전 열량은 얼마인가?

해답-26 $q_s = 2,100 \times 1.2 \times 0.24(35-28)$
$= 4,233.6kcal/h$
$q_L = 2,100 \times 1.2 \times 597 \times (0.01936 - 0.01435)$
$= 7,537.24kcal/h$
$\therefore q_s + q_L = 11,770.84kcal/h$

예제-27 다음 그림 (a)~(d)는 습공기 선도상에 나타낸 공기 조화 과정의 기본형이다. 다음 보기를 그림의 상태에 맞게 나열하라.

[보기]
① 가열 ② 가습 ③ 가열가습 ④ 단열변화

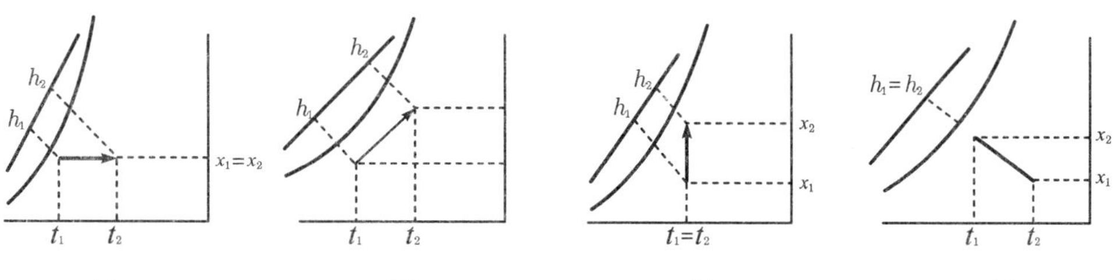

(a) (b) (c) (d)

(a)-①, (b)-③, (c)-②, (d)-④

예제-28 현열만을 가하는 경우에 건구온도 t_1=5℃, 상대습도 ϕ=80%인 습공기를 공기가 열기로 가열하여 건구온도 t_2=43℃인 가열공기 $500m^3/h$를 만드는데 필요한 열량을 구하시오.

해답-28 $q=G(i_2-i_1)=Q/v(i_2-i_1)$

$=500/0.902\times(12.95\times3.83)$

$=5{,}055\text{kcal/h}$

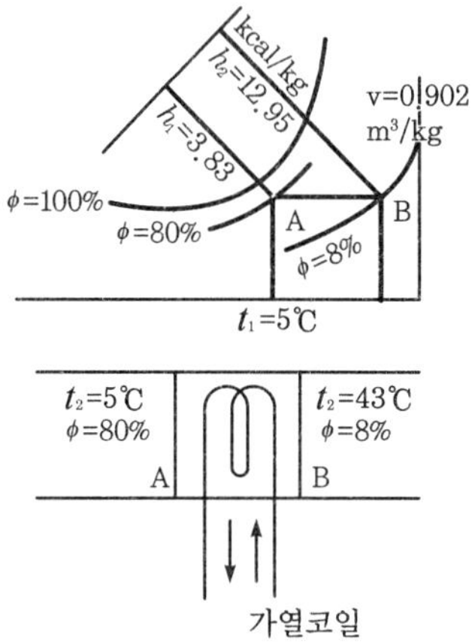

예제-29 전압력 P=760mmHg, 공기유량 V_a=2,000m³/h인 입구공기 I에 t_s=110℃인 포화공기(엔탈피 h_s=642.8kcal/kg)를 가습량 G_s=15kgf/h, 현열부하 q_s=10,320kcal/h(12Kw전열기)만큼 가해서 가열가습할 때 출구공기 II의 절대습도 x_2와 엔탈피 h_2를 구하시오.

해답-29 ① 물질평형식 $x_2-x_1=\dfrac{G_s}{G}$에서

$$x_2=x_1+\frac{G_s}{G}=x_1+\frac{G_s}{V_a/v_1}=0.00565+\frac{15}{2{,}000/0.8225}\fallingdotseq0.01182$$

② 열평형식 $h_2-h_1=\dfrac{q_s}{G}+\dfrac{h_2\cdot G_s}{G}$에서

$$h_2=h_1+\frac{q_s}{G}+\frac{h_1\cdot G_s}{G}$$

$$=7+\frac{10{,}320}{2{,}000/0.8225}+\frac{642.8\times5}{2{,}000/0.8225}\fallingdotseq15.21$$

$x_2=0.01182kg/kg,\quad h_2=15.21\text{kcal/kg}$

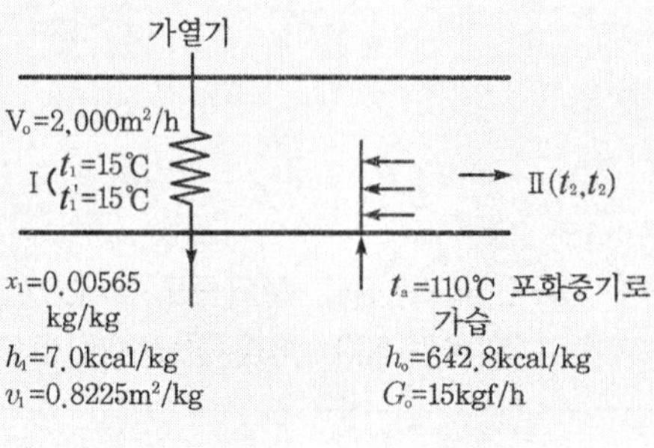

예제-30 32℃의 외기와 26℃의 환기를 1 : 2의 비로 혼합하여 BF(By-pass Factro) 0.2인 코일로 냉각 제습하는 경우 코일의 출구 온도는 몇 도인가?
(단, 코일표면의 온도는 13℃이다)

해답-30 ① 혼합공기온도= $\dfrac{32\times1+26\times2}{3}=28$℃

② BF= $\dfrac{t_2-t_c}{t_1}-t_c$ $\quad\therefore 0.2=\dfrac{t_2-13}{28-13}$ $\quad t_2=16$℃

예제-31 아래의 공기조화 설비 및 t-x 선도는 우리나라의 여름에 일반적으로 공기조화 되고 있는 상태도이다. ①~⑦의 상태점을 설명하시오.

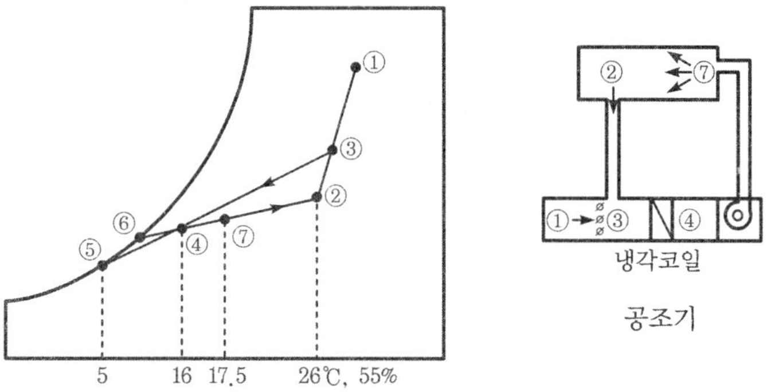

습공기 선도

공조기

해답-31 ① : 외기 상태점
② : 실내상태점
③ : 혼합공기 상태점
④ : 냉각기 출구 상태점
⑤ : 냉각코일의 장치 노점 온도
⑥ : 실내의 장치 노점 온도
⑦ : 취출공기 상태점

11.5 공기 조화 방식

공기조화방식은 일반적으로 다음과 같이 분류할 수 있다.

- 중앙식
  - 전공기방식 (Air-Air Duct System)
    - 단일 덕트방식
    - 2중 덕트방식
    - 멀티 존 유니트 방식
  - 공기-물방식 (Air-Water System)
    - 각층 유니트 방식
    - 유인 유니트 방식
    - 덕트병용 팬코일 유니트 방식
    - 덕트 병용 복사냉난방 방식
- 개별식
  - 전수방식-팬코일 유니트 방식 (All Water System)
  - 냉매방식-패키지 유니트 방식 (Cooling Medium System)

1) 중앙식(中央式)

고층빌딩이나 아파트 같은 건축물내의 실내를 공기 조화할 때에 채용되는 공기 조화 방식으로서 냉동기, 보일러, 공조기 등의 열원 기기를 기계실에 설치하고, 조화공기(調和空氣)를 덕트를 통해 각 실로 유도하는 공조방식이다.

그러나 여러 실과 덕트를 연결해야 하고 또한 같은 건물내에서도 장소·시각·계절 등에 따라서 각각 부하상태가 다르기 때문에 이에 대해서는 조우닝(Zoning)을 하여야 한다. 조우닝이란 대략 같은 조건의 구역(Zone)마다 건물을 구획하고 공기조화를 하는 것을 말하고 부하별, 용도별, 사용시간별로 나눌 수 있다.

(1) 단일 덕트 방식 (Single Duct System)

가장 널리 사용되는 재래의 방식으로 각 실에 보내는 전공기를 한 곳의 공조기로 온·습도를 조정하여 이것을 한 개의 주덕트로 각 실에 분산 송풍하는 방식이다.

순환공기는 각 실내에서 환기덕트를 통하여 기계실에 유도하고 적당량의 외기와 혼합하여 공조실로 유도한다. 이 방식은 영화관, 극장 등의 객석과 같은 큰 공간의 공조에 적합한 방식으로 공조기를 주기계실에 설치하기 때문에 다음과 같은 특징이 있다.

① 운전 관리가 용이하다.
② 효율이 좋은 에어필터(Air Filter)를 설치하기 쉽고 좋은 실내 환경을 조성할 수 있다.
③ 송풍기로부터 진동 소음이 실내에 전달되는 위험이 적다.

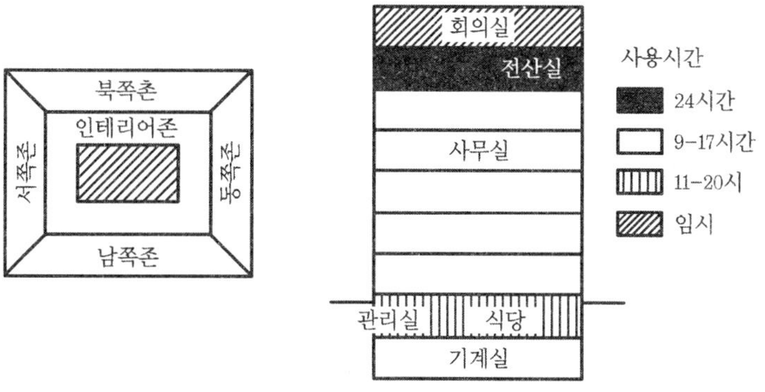

〈그림 11-7〉 사무소건축의 사용시간별 조우닝

④ 전공기식이므로 환기량이 크고 환기용 송풍기(Returen Air Fan)를 설치함으로써 중간기(中間期)에 외기냉방이 가능하다.
⑤ 시간별 부하변동의 형태에 따라 각 실 사이에 온습도의 불균형(Unbalance)이 생기기 쉽다. 그러나 각 실마다 재열기를 설치하면 이런 단점을 보완할 수 있다.
⑥ 일반적으로 설비비가 싸다.
⑦ 덕트 공간을 적게 하기 위해서 고속덕트를 사용하면 소음장치를 별도 설치하여야 한다. 또한 송풍기의 압력이 높아지므로 설비비 및 운전비가 상승한다.

이 방식은 덕트의 공간에 여유가 있고 15,000m^2 이하의 일반 건물에 사용된다. 그리고 공기는 비열이 작으므로 대량의 공기를 필요로 하며 덕트 스페이스가 커야 한다.

- 저속덕트 : 풍속 15m/sec 이하(보통 8~30m/s), 압력 50~75mAq 정도이며 덕트 스페이스의 제한이 크지 않은 공장, 다실 건축물, 영화관 등 단일 대용적의 방에 사용한다.
- 고속덕트 : 풍속 15m/sec 초과(보통 20~30m/s), 압력 150~200mmAq 정도이며 덕트 스페이스의 2배 이상의 풍속이며 덕트 스페이스는 축소되나 송풍장치 구동 전동기의 출력증대에 따른 설비비가 많이 든다. 소음이 크므로 소음상자를 취출구에 설치하며 고층건물, 선박 등에 쓰인다.

1) 정풍량 방식 (CAV : Constan Air Volume System)

정풍량 방식은 가장 일반적인 전공기 공조방식으로 송풍량을 일정하게 하고 실내의 열부하 변동에 따라 송풍온도를 변화시키는 방식이다. 말단 재열기를 설치한 정풍량 재열식도 있다.

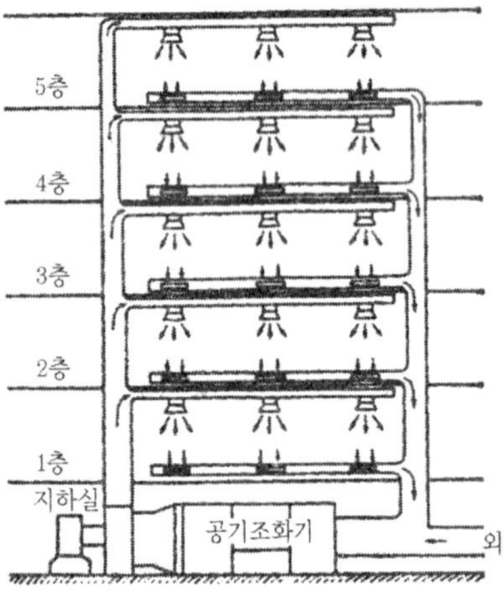

<그림 11-8> 단일 덕트 방식

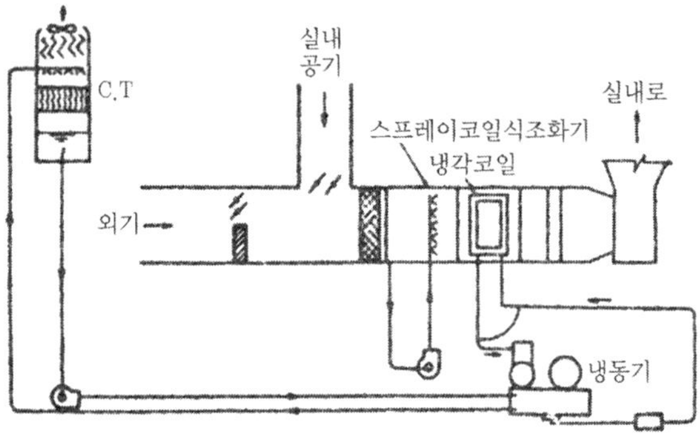

<그림 11-9> 단일 덕트 방식의 공조기

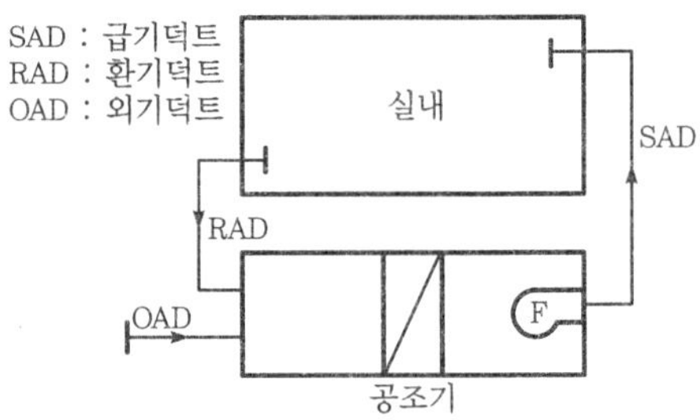

① 연간소비동력 즉, 에너지 소비가 크다.
② 각 실마다의 부하 변동에 대처하지 못하므로 각 실의 온도차가 있다.
③ 존의 수가 적을 때는 타방식에 비해 설비비가 적은 편이다.
④ 연면적 2,000m² 이하의 소규모 건축에 적합하다.
⑤ 연면적 2,000m² 이상의 다층건축의 내부존 공조에 적합하다.

- 정풍량 재열식(말단 재열기 설치)

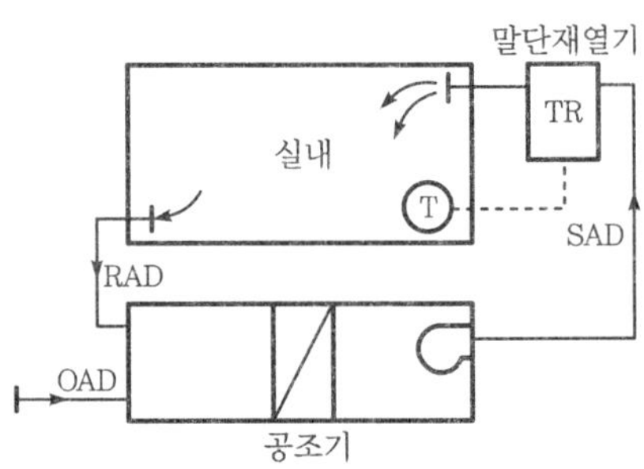

① 설비비는 단일 덕트 방식보다는 크고 2중 덕트 방식보다 적다.
② 운전비는 재열기의 재열손실에 상당하는 분량만큼 단일 덕트 방식보다 크다.
③ 여름에도 보일러 운전을 해야 한다.
④ 보수 관리비가 증가한다.
⑤ 병원연구실, 산업실험실 등에 채용된다.

- 말단 재열기(Terminal Reheater) : CAV(정풍량) 방식에서는 각 존마다의 송풍온도가 일정하기 때문에 존에 속하는 각 실의 부하변동이 있을 때는 실온에 큰 차가 생기므로 이것을 해결하기 위해 말단 재열기를 각 실에 설치하여 취출온도를 변경시켜 희망하는 설정치를 유지한다.

2) 변풍량 방식(VAV : Variable Air Volume System)

이 방식은 송풍온도를 일정하게 하고 실내부하 변동에 따라 취출구 앞에 설치한 VAV Unit에 의해서 송풍량을 변화시켜 제어하는 방식이며 VAV 유니트는 바이패스형, 슬로트형, 인덕션형 등이 있다.

① 바이패스형 : 경부하시에 잉여 공기를 천정 속이나 환기(RA)덕트로 바이패스 시키고 취출풍량을 감소시키는 방법으로서 급기 송풍기는 항상 일정한 풍량으로 운전한다.

② 슬로트형 : 부하 감소에 따라 급기 송풍량을 줄이는 방법으로서 급기 송풍기의 풍량 및 압력이 변환된다.

③ 인덕션형 : 저온의 고압 1차 공기로 고온의 실내공기를 유인하여 부하와 일치하는 혼합비로 변화시켜 공급하며 아래와 같은 3가지 유니트를 사용한다.

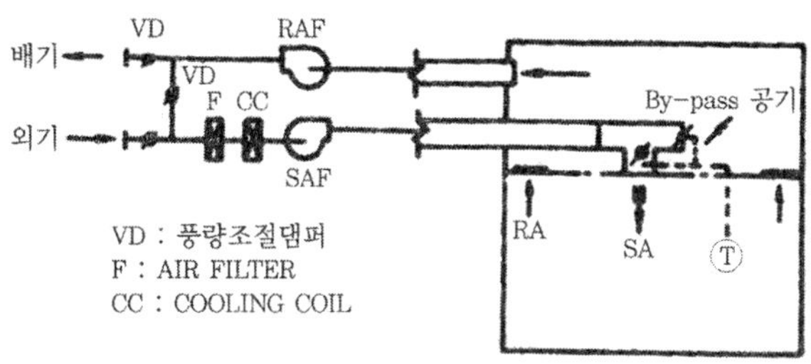

(a) By-pass Type Unit를 사용한 예

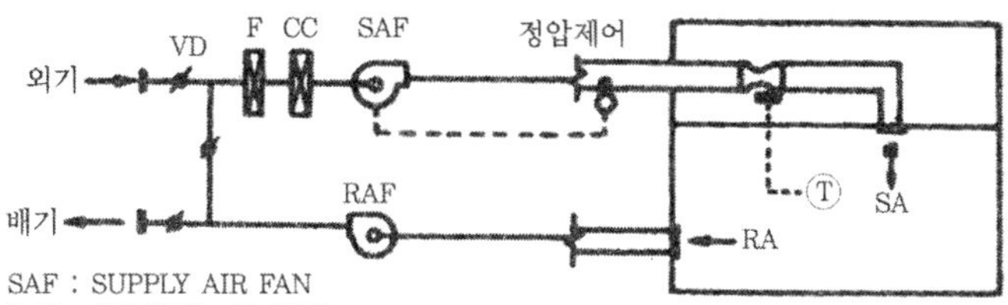

(b) Slot Type Unit를 사용한 예

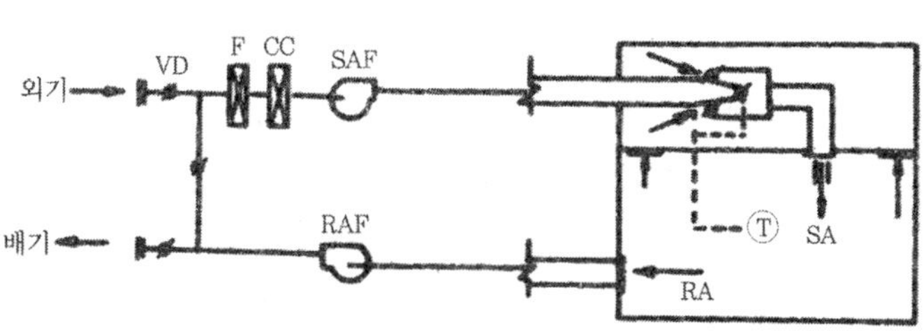

(c) Induction Type Unit를 사용한 예

<그림 11-10> VAV방식의 계통도

VAV Unit는 제어방식에 따라 전기식과 전자식으로 구별하며 실내온도 감지기의 감지온도에 의해 온도조절기가 댐퍼모터를 작동시켜 댐퍼의 개도로 풍량을 조절하여 부하변동에 대처한다.

변풍량방식의 특징은 다음과 같다.

① 운전비가 절감된다.

i) 부하변동을 정확하게 파악하여 실온을 유지시키기 때문에 에너지의 소비가 적다.

ii) 저부하시에는 송풍량을 줄일 수 있기 때문에 송풍기 동력을 절감할 수 있다.

iii) 전개형(全開形) 유니트를 사용하기 때문에 사용하지 않는 방의 송품을 정지시킬 수 수가 있다.

② 각실 또는 스페이스별 개별 제어가 가능하다.

③ 타방식에 비해 에너지 절감효과가 크다.

④ 대규모일 때 덕트와 공조기의 용량은 동시사용률을 고려해서 정풍량방식의 80% 정도로 한다.

⑤ 정풍량방식보다 설비비가 많다.

⑥ 실내공기의 청정화를 요할 때는 부적당하다.

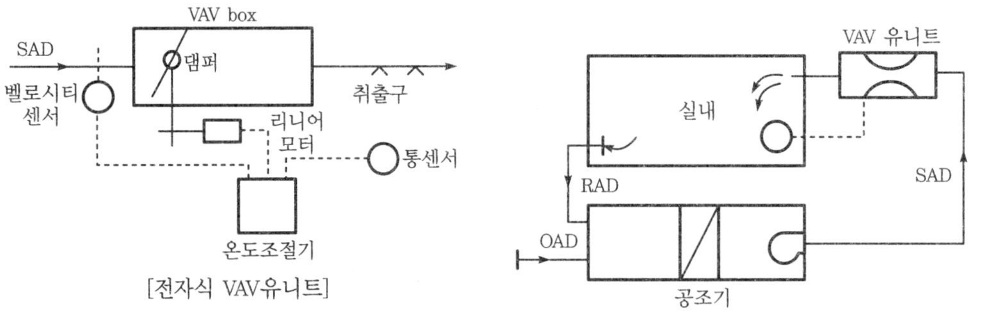

<그림 11-11> VAV Unit

(2) 2중 덕트 방식 (Dual Duct System)

이 방식은 중앙공조기 속에 공기의 냉각장치와 가열장치로서 온도가 다른 2종의 공기를 만들고 냉·온풍 2개의 덕트로서 각 존에 보내어 부하에 따라서 혼합박스(Mixing Box)에서 양자의 혼합비와 풍량을 조절한 공기를 조운마다 적당한 비율로 보내는 전공기 방식이다.

아파트·호텔의 각실에 원하는 온도가 다르거나 사용목적이 다양한 빌딩에서 각츠의 부하성질이 다른 경우에 적합하다. 이 방식의 특징은 다음과 같다.

① 온도의 개별제어가 가능하다.

② 냉·난방이 동시에 가능하므로 계절마다 교체전환(Change Over)이 필요 없다.

③ 전 공기(All-Air Duct)방식이므로 냉·온수관과 전기 배선 등을 실내에 설치할 필요가 없다.
④ 중앙공조기를 사용하므로 운전 및 보수가 용이하다.
⑤ 타 방식에 비해 덕트 스페이스가 커진다.
⑥ 혼합박스(Mixing Box)는 제작, 설치, 조정에 기술을 필요로 하여 비용이 많이 든다.
⑦ 풍량이 크고 고속덕트 사용이 필수적이므로 운전·동력비가 많이 든다.
⑧ 중간기(中間期)에는 혼합손실이 크고 냉동기의 운전동력비가 많이 든다.

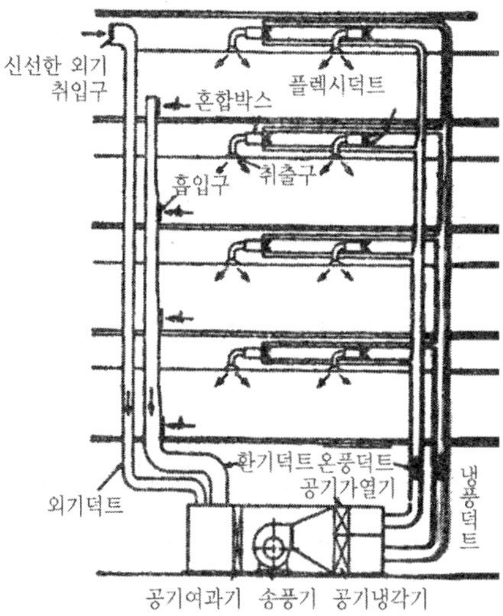

〈그림 11-12〉 2중 덕트 방식

⑨ 습도의 완전하 조절이 어렵다.

이중 덕트 방식은 이와 같은 장점과 단점이 있으나 전공기식, 정풍량식, 이원식(냉·온열원)의 특징이 있으므로 이 방식에 적합한 조건의 건물을 열거하면 다음과 같다.

① 각실의 개별 제어가 필요한 건물
② 형태 및 용도상 냉난방의 부하 분포가 복잡한 건물
③ 회의실, 병원, 연구실, 식당 등 전풍량 환기가 필요한 건물
④ 임대사무실처럼 간막이 벽이나 사용목적이 불분명하고 있으므로 대폭적인 변경 가능성이 많은 건물

- 2중 덕트 정풍량식 (DDCAV : Duct Constant Air Volume System)

① 실내부하에 따라 각실 혼합박스에서 조절하여 정풍량 방식으로 제어나 존 제어가 가능하다.
② 공조기가 중앙에 설치되므로 운전보수관리가 용이하다.
③ 열매가 공기이므로 실온의 응답이 빠르다.

④ 유인 유니트와 같이 실내에 유니트가 노출되지 않는다.
⑤ 단일 덕트 방식에 비해 덕트의 점유면적이 커지므로 고속덕트방식이 쓰인다.
⑥ 실내온도를 일정하게 유지하기 위해 여름에도 보일러를 운전할 필요가 있다.
⑦ 혼합 열손실로 인하여 냉동기의 소비동력이 크다.
⑧ 송풍 동력이 크다.

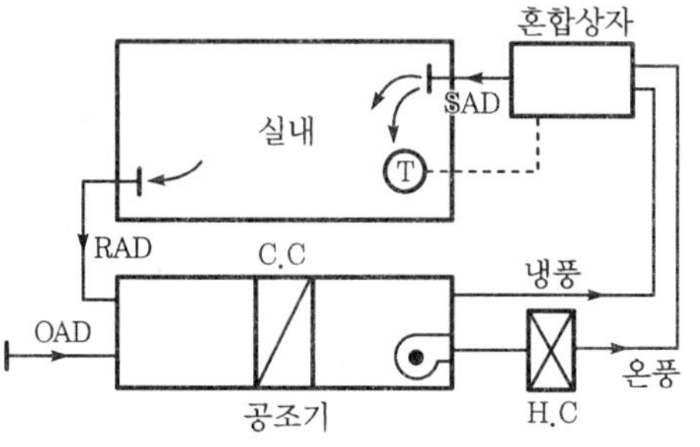

<그림 11-13> 2중 덕트 정풍량식

(3) 멀티 존 유니트방식 (Multi Zone Unit System)

이 방식에 사용되는 공조기는 송풍기의 토출측에 냉각코일과 가열코일이 병렬로 설치되어 냉풍 및 온풍을 만들 수 있기 때문에 1대의 공조기로서 여러 구역을 감당할 수가 있다. 냉·온풍은 각 조운의 부하변동에 따라 기계실의 공조기 위에서 혼합 댐퍼로 혼합하여 각 실내로 송풍하는 간소화된 전공기 이중 덕트 방식이다.

혼합비율은 각 존의 실내에 설치한 온도조절기에 의해 움직이는 모터 댐퍼에 의해 제어된다. 이 방식은 바닥면적 2,000m^2 이하인 비교적 소규모의 건물에 적합하다. 특히 여러 조운으로 세분하였을 때 적합한 방식으로 다음과 같은 특징이 있다.

① 공조기에서 나오는 덕트의 수가 많으므로, 덕트의 공간이 커지는 것을 방지하기 위해 유니트는 건물의 중앙에 두는 것이 좋다.
② 이중 덕트 방식과 같이 혼합손실이 생기기 때문에 가열코일, 냉각코일을 동시에 가동시킬 경우에는 다른 방식에 비해 냉동기 부하가 크게 된다.
③ 멀티존 유니트의 출구댐퍼의 개체로서 각 계통의 풍량이 심하게 변동하는 것을 방지하기 위해서 모든 송풍 덕트의 압력을 15mmAq 이상으로 해야 한다.
④ 비교적 적은 규모(2,000m^2 이하)의 공조면적을 더욱 작은 존으로 나눌 때 편리하다.
⑤ 존 제어가 가능하므로 대규모 건물의 내부존에 사용된다.
⑥ 2중 덕트 방식과 같이 혼합손실이 생기므로 가열기와 냉각기를 동시에 운전할 때는 타방식에 비해 냉동기 부하가 크다.

⑦ 2중 덕트 방식에 비해 정풍량 장치가 없으므로 각 실의 부하변동이 심할 때는 각 실의 송풍량의 불균형이 생길 우려가 있다.

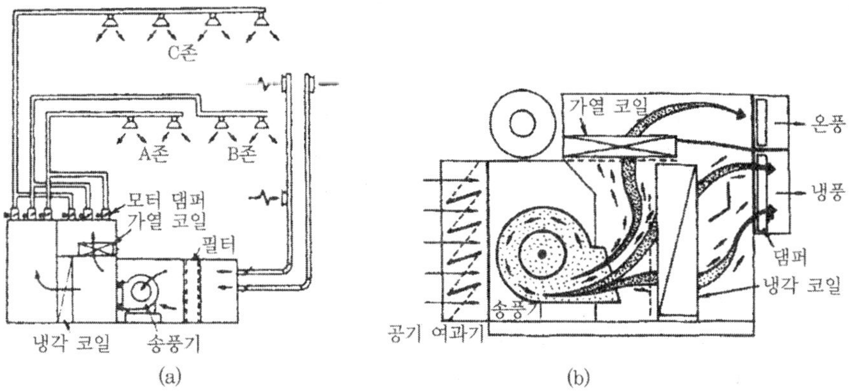

<그림 11-14> 멀티존 유니트 방식

(4) 각층 유니트 방식 (Every Floor Unit System)

이 방식은 대규모 건물의 용도가 다목적으로 되어 중앙 덕트방식으로는 풍량의 증가에 따라 공기조화기가 너무 대형화되어 덕트의 공간에 효용이 없는 곳이 생기고 각 층 각 존 마다의 제어성이 나빠질 때 공조계통을 세분화하여 각 층마다 각각 중·소형 유니트화된 공조기를 배치하고 단독조정이 가능하게 된 공기-물 병용방식이다.

각 층에 1대 혹은 여러 대의 공조기를 배치하는 방법으로 단일 덕트의 정풍량 또는 변풍량 방식, 2중 덕트 방식 등에 응용할 수 있다. 즉, 1, 2차 공고지를 별도로 설치하여 1차공조기(중앙 유니트)를 건물의 옥상 또는 지하 등의 기계실에 설비하고 실내의 소요 신선공기(1차공기)만을 취입시켜 온습도를 조정한 후 고속 또는 저속덕트에 의해 건물의 존마다 설치된 2차공조기(각층 유니트)로 보낸다. 2차 공조기에서는 각 존마다 재순환공기를 흡입하여 여과시킨 후 1차공기와 혼합 분출한다.(그림 11-14의 (a) 참조)

그림 11-14에서와 같이 환기 덕트가 있는 경우와 없는 경우가 있으며 신선한 공기의 공급은 각층마다 공급될 수 있는 그림(a)가 유리하고 공기 여과기의 배치는 1개소에 모을 수 있는 그림 (b)가 유리하다.

이와 같이 각 층 유니트 방식은 각층에 공조기를 설치하고 각 존내에 실내 온도조절기(Thermostat)에 의해 온도제어가 가능하며 환기구가 공조기 근처에 있지 않으므로 송풍기로부터 소음이 적은 장점이 있지만 1차 송풍 및 리턴 공기용 덕트가 커져 큰 공간을 필요로 하는 결점이 있는 반면 다음과 같은 특징이 있다.

① 각 층마다의 부하변동을 쉽게 처리할 수 있다.

② 부분운전이 용이하다.
③ 공조에 필요한 공간이 크게 된다.
④ 중간기(中間期)의 외기에 의한 냉방이 가능하다.
⑤ 신선공기를 1차 공조기에 집중시킬 수 있어 성능이 좋은 필터를 사용하기가 쉽다.(그림 11-14의 (b) 참조)
⑥ 각 층마다 부하 및 운전시간이 다른 경우에 적합하며 층별 존 제어가 가능하다.
⑦ 송풍 덕트가 짧고 환기덕트를 필요로 하지 않으므로 덕트스페이스가 작아진다.
⑧ 각 층의 슬라브 관통 덕트가 없으므로 방재상 유리하다.
⑨ 공조기가 여러대 필요하고 설비비가 크다.
⑩ 각 2차 공조기용의 기계실이 단일덕트용 공간보다 커진다.
⑪ 공조기가 분산배치디므로 보수관리가 복잡하다.
⑫ 2차 공조기가 거실에 가까우므로 진동, 소음에 주의를 요한다.
⑬ 방송국, 신문사, 백화점 등의 대형 건물에 사용된다.

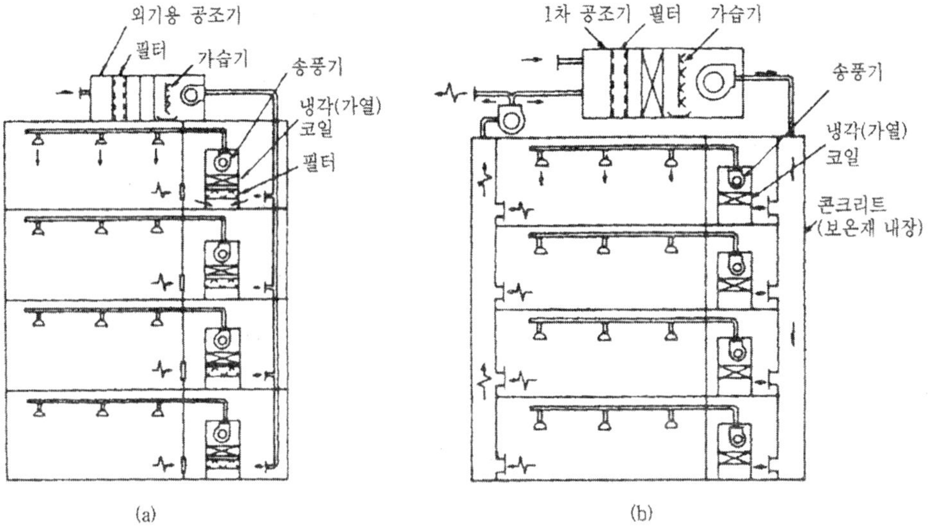

<그림 11-15> 각 층 유니트 방식

(5) 유인 유니트 방식 (IDU : Induction Unit System)

이 방식은 실내에 유인 유니트를 설치하고 1차 공조기로부터 처리한 1차공기를 고속 덕트를 통해 각 유인 유니트에 송풍하면 1차공기가 유니트 내의 노즐을 통과할 때에 유인작용을 일으켜 실내공기를 순환시키는 공기-물 병용 방식이다.
유인된 실내의 2차 공기는 유니트 안의 코일에 의해 냉각 또는 가열된다.

그리고 이 방식은 고층 사무실건물, 호텔, 회관 등의 외부 존에 채용될 수 있다. 또한 연간(年間)을 통해 냉수를 필요로 하기 때문에 경부하에서 냉동기를 운전할 수 있는 열원장치를 설치해야 한다.

여기서 유니트로부터 분출되는 기류에 의하여 실내 공기를 유인할 때 유인비(誘引比)는 1차 공기와 2차 공기의 비를 말하여 유인비는 3~4정도이다.

$$유인비 = \frac{2차공기(유인된\ 공기)}{1차공기(노즐에서\ 분출하는\ 공기0}$$

$$유인비(K) = \frac{TA}{PA}$$

TA : 합계공기

PA : 1차 공기

(보통 3~4, 이중 코일일 때 6~7 정도)

1) 유인 유니트(IDU)와 팬코일 유니트(FCU)의 비교

① FCU는 IDU에 비해 소음이 적고, 동일 능력일 때 가격이 저렴하다.

② IDU는 전용덕트 계통을 필요로 하고, 내부존을 합해서 최소 2계통의 덕트를 필요로 한다.

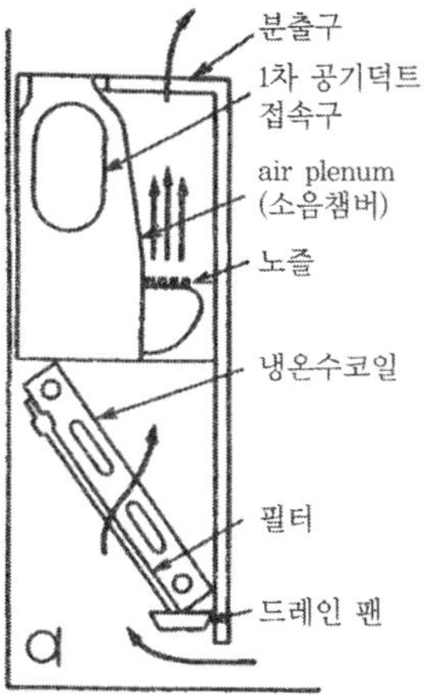

<그림 11-16> 유인 유니트

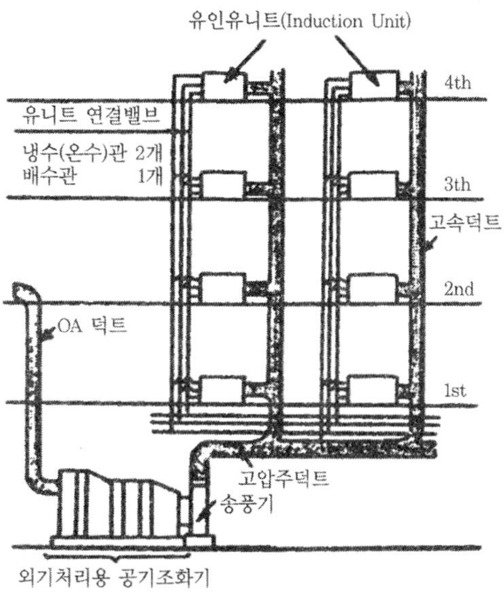

<그림 11-17> 유인 유니트방식

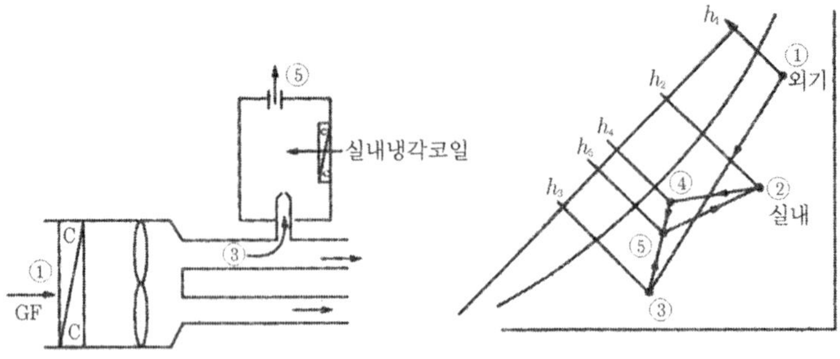

〈그림 11-18〉 유인 유니트방식의 냉방습공기 선도

③ FCU는 내부에 송풍기가 있으므로 보수를 할 필요가 있고 IDU는 수명이 길다.
소음 : IDU > FCU, 가격 : IDU > FCU, 수명 : IDU > FDU

(6) 유니트(Unit) 병용식

덕트방식에 펜코일 유니트(Fan Coil Unit), 복사낸낭방식, VAV방식, 패키지 유니트 중에서 한가지를 병용하는 공기-물 방식이다.

1) 덕트 병용 팬 코일 유니트 방식

① 설치 장소에 따라 벽걸이형가 천장형이 있다.
② 덕트 치수가 작다.
③ 각 유니트를 수동으로 제어할 수 있으며 각 실마다의 부하변동에 제어할 수 있다.
④ 열반송량의 50% 이상을 물에 의존하므로 전공기식에 비해 에너지 절감 효과가 있다.
⑤ 수배관의 누수 및 동파 염려가 있다.
⑥ FCU의 필터(Filter)는 매월 1회 정도 세정, 교체할 필요가 있다.
⑦ 유니트 필터(Unit Filter)의 불완전으로 청정도가 낮다.

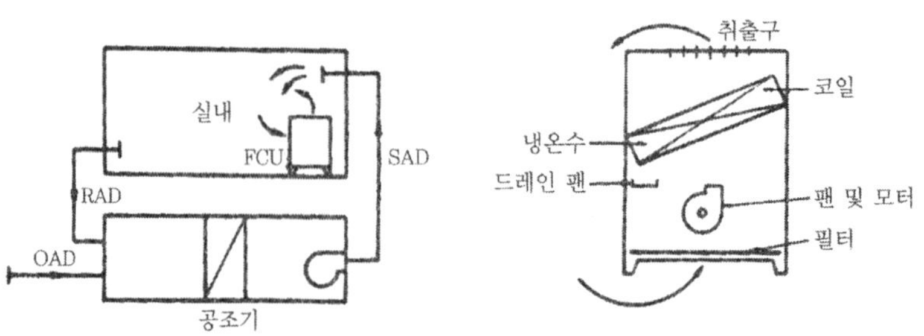

〈그림 11-19〉 덕트 병용 팬 코일 유니트

2) 덕트 병용 복사 냉난방방식

천장, 바닥의 복사면으로 급열하여 복사냉난방함과 동시에 공조기에서 덕트를 통하여 송풍하는 공기·물 방식으로 실내 잠열부하는 송풍에 의하여 제어하고 현열부하는 대부분 패널로 처리한다.

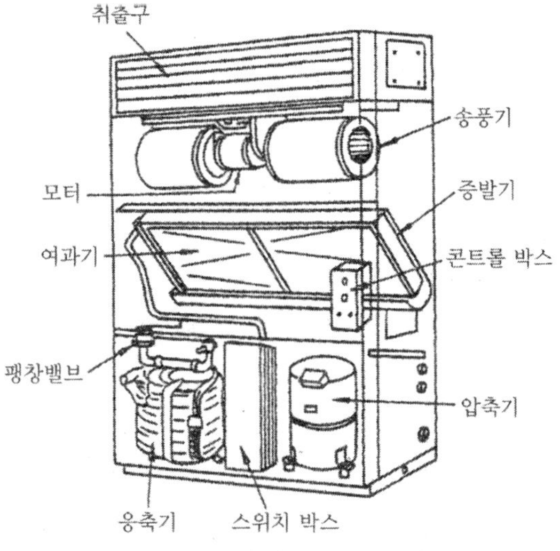

<그림 11-20> 패키지형 공기 조화기

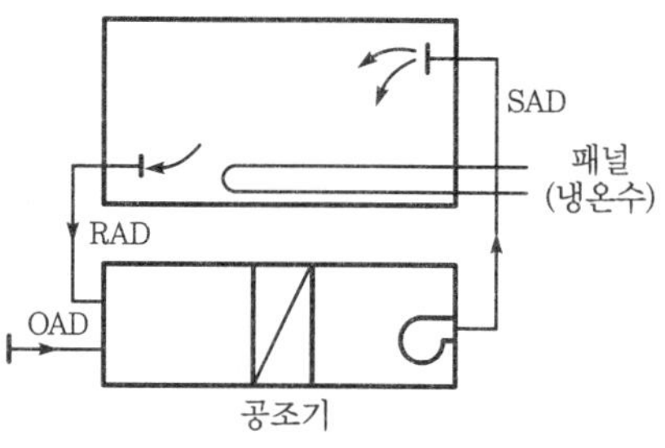

<그림 11-21> 덕트 병용 복사 냉방 방식

① 복사열을 이용하므로 쾌감도가 높다.
② 실내에 유니트가 노출되지 않는다.
③ 천장이 높은 방에서 온도구배(취출온도차)를 적게 할 수 있다.
④ 덕트스페이스가 절약된다.
⑤ 실내 수배관이 필요하다.
⑥ 실내에 결로가 생길 우려가 있다.
⑦ 설비비가 높다.
⑧ 중간기에 냉동기의 운전이 필요하다.
⑨ 바닥패널식의 경우 중량이 커지므로 건축 구조체가 커진다.

⑩ 천장이 높은 방, 일사가 특히 많은 방, 겨울철 윗면이 차가워지는 방에 채택된다.
⑪ 복사냉난방방식은 설비비가 가장 높다.

3) 이중덕트 변풍량 방식(DDVAV : Dual Duct Variable Air Volume)

변풍량 방식은 냉방 부하가 아주 작아지면 실온이 저하하는 결점이 생기므로 이를 방지하기 위하여 이중덕트방식과 VAV 유니트를 조합한 것을 사용하여 최소풍량에 있어서 부하의 감소에 따라 온풍혼합량을 점차 증가시켜 실온을 일정하게 유지하도록 한다.

① 실온의 조절을 정확하게 할 필요가 있을 때 사용한다.
② 같은 기능을 갖는 재열식 변풍량 방식에 비해 에너지 손실은 적다.
③ 단순한 변풍량방식에 비해 에너지 손실이 크다.
④ 유니트가 고가이다.
⑤ 2중덕트가 필요하므로 설비비가 높다.
⑥ 사무소 건축의 중역실, 전자기계실 등에서 채택한다.

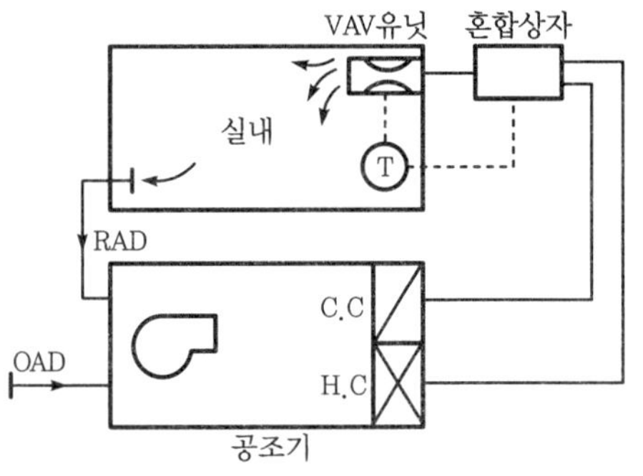

〈그림 11-22〉 이중 덕트 변풍량방식

4) 덕트방을 패키지 유니트 방식

개별식 공조기인 패키지 유니트 방식(Packaged Unit System)을 실외에 설치하여 급기와 환기를 덕트를 통해 냉난방하는 방식으로 작은 규모의 존에 쓰인다.

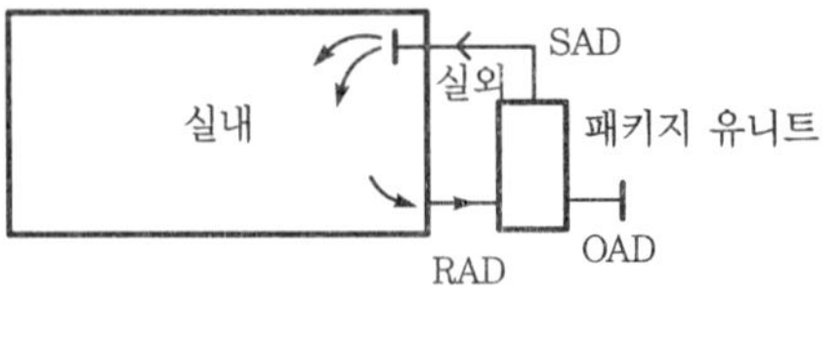

〈그림 11-23〉 덕트병용 패키지 유니트 방식

2) 개별식

(1) 팬 코일 유니트 방식 (FCU : Fan Coil Unit System)

이 방식은 팬 코일 유니트만을 사용하는 전수방식으로서 호켈의 객실, 주택, 아파트, 여관 등 비교적 주거밀도가 적은 소규모 건물에 사용된다. 외기의 공급은 문의 개폐나 극간풍에 의존하는 경우가 많다.

이 방식의 특징은 다음과 같다.

① 각 유티의 조절이 가능하므로 각 실 제어에 적합하다.
② 전 공기식에 비해 덕트 면적이 작다.
③ 부하 증가에 대하여 팬 코일 유니트의 증설이 용이하다
④ 기존건물에 설치하기가 용이하고 각 유니트마다 조절할 수 있으므로 개별제어에 적합하다.
⑤ 덕트 스페이스가 필요 없다.
⑥ 부하증가시 팬코일 유니트의 증설만으로 용이하게 계획될 수 있다.
⑦ 일반적으로 외기공급을 위한 별도의 설비를 병용해야 한다.
⑧ 각 실에 수배관이 필요하며 유니트가 실내에 설치되므로 실내 유효면적이 감소한다.
⑨ 다수 유니트가 분산설치되므로 보수관리가 곤란하다.
⑩ 전공기식에 비해 다량의 외기송풍량을 공급하기 곤란하므로 중간기나 겨울의 외기냉방이 곤란하다.
⑪ 소량의 송풍으로 능력이 적으므로 고성능 필터를 사용하기가 어렵다.
⑫ 실내용 소형 공조기이므로 공기처리를 할 수 없어 시내의 청정도가 불량하다.
⑬ 유니트가 실내에 설치되므로 건축 계획상 지장을 초래한다.

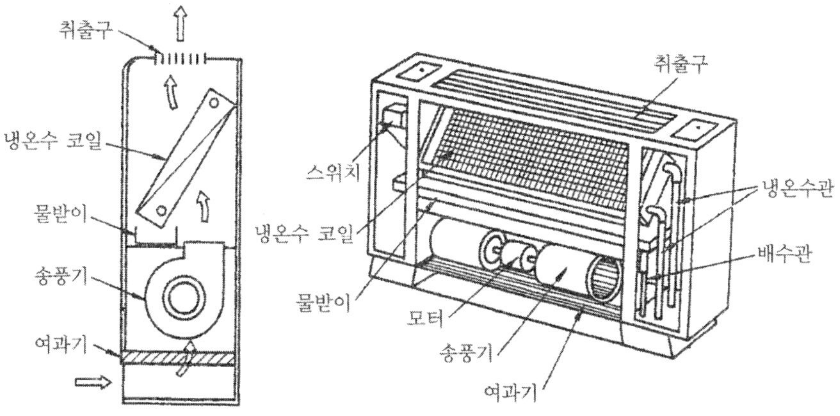

<그림 11-24> 팬코일 유니트 방식

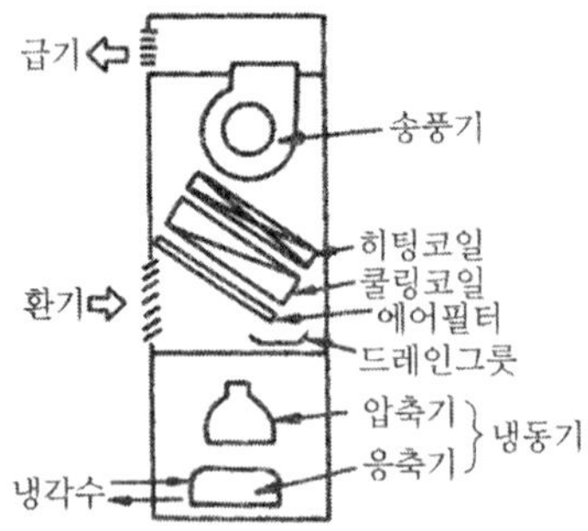

<그림 11-25> 바닥형 패키지 유니트

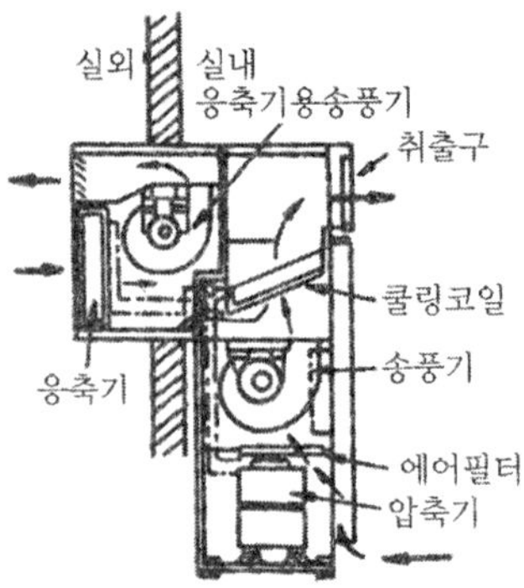

<그림 11-26> 창문형 패키지 유니트

(2) 패키지 유니트 방식 (Package Unit System)

이 공조기는 코일, 송풍기, 필터, 냉동기 등을 1개의 케이싱 안에 내장하여 공기를 직접 냉각시키는 직접팽창식(Direct Expansion System) 공조기로서 주로 냉방에만 이용되지만 보일러의 설치나 열펌프(Heat & Pump)에 의하여 난방도 가능하다. 열펌프란 응축기의 방열을 이용하는 것으로 증발기에서는 외기중 저온의 열을 얻어오고 응축기에서 고온의 열을 방출하게 되므로 이것은 마치 낮은 곳에서 높은 곳으로 물을 펴올리는 펌프와 같다고하여 열펌프라고 부른다. 패키지 유니트는 소규모 건물에 주로 사용되었으나, 최근에는 시공 및 취급이 간편하여 업무용으로서 대용량의 건물에서도 많이 사용되고 있는 냉매방식으로 바닥형 패키지 유니트와 창문형 캐키지 유니트가 있으며 이 방식의 특징은 다음과 같다.

① 냉방만의 경우 다른 기계실이 필요 없다.
② 설치가 용이하고 설비비가 비교적 염가이다.
③ 운전 및 유지 관리가 용이하다.
④ 소규모 혹은 건물의 일부분 냉방에 알맞다.
⑤ 실내에 유니트를 설치할 경우 실내 공간이 필요하고 소음이 크다.
⑥ 직접 가열코일의 On-Off 제어 또는 Unloader 기구에 의한 스텝콘트롤(Step-Control)이므로, 일반적으로 제어정밀도가 낮다.

(3) 에어 커튼 방식 (Air Curtain System)

이 방식은 개별식으로 설치된 공조기에 의하여 공기조화된 토출공기가 20cm 두께로 공기층을 이루어 눈에 보이지 않는 커튼 역할을 하여 공조되므로 에어 커튼 방식이라고 한다.
고속도로 톨게이트의 요금소나 포크레인의 운전석, 은행 현관 입구 등의 출입이 빈번하다거나 문을 열어 놓고 영업을 하는 곳에 설치하며 공기를 강하게 토출시켜 매연, 가스, 냄새, 먼지, 모기, 날파리 등의 유입을 차단하여 냉난방시 열효율을 높이기 위한 공조방식이다. 예를 들어 고속도로 톨게이트에 있는 관리사무소는 일반적인 사무소건물과 동일한 개념으로 공조설비를 구성하면 되지만, 요금 부스(booth)는 소형의 단독공간이며, 또 요금징수를 위해서 항상 개방을 해야 하므로 일반적인 공조방식과는 다른 특수한 형태의 공조방식을 적용하고 있다. 그림 11-27에 요금 부스의 공조설비 예를 보여준다.

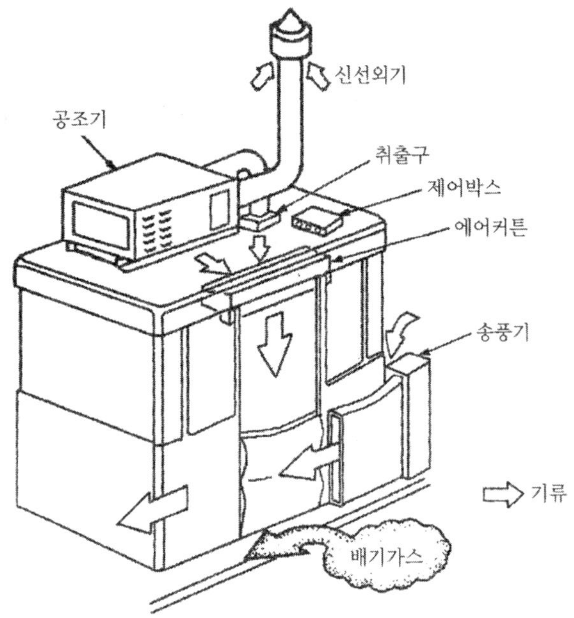

〈그림 11-27〉 고속도로 요금부스의 공조설비 예

11.6 공기 조화용 기기

공기조화기(AHU : Air Hadling Unit)는 일반적으로 공장 조립품이 사용되지만 대형의 것 또는 특수 사양의 것은 현장조립에 의존한다. 공장 생산품도 일반공조용의 것 이외에 컴퓨터실용 또는 클린룸용 등 여러 가지의 것이 제작되고 있다. 공기조화기는 공기를 정화, 냉각제습, 가열, 가습하는 장치이며 공기의 정화에는 에어필터, 냉온열원에는 냉각코일, 가열코일, 가습에는 가습기를 사용한다.

송풍기에 의해 수분이 덕트내에 침입하는 것을 방지하기 위해서는 엘리미네이터(Eliminator)를 사용한다.

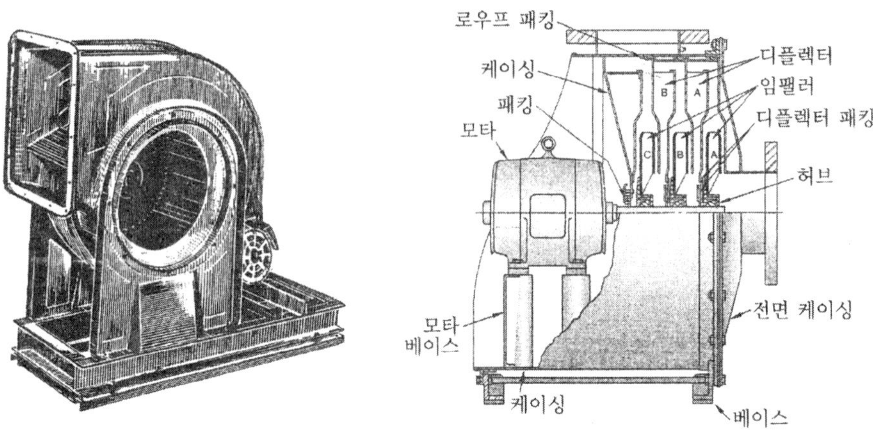

〈그림 11-28〉 원심식 송풍기의 구조도

공기조화기의 구성 기기들은 다음과 같다.

1) 공기조화기의 구성

(1) 열원장치

① 보일러
② 냉동기

(2) 공기조화 장치

① 공기 여과기(Air Filter)
② 공기 세정기(Air Washer)
③ 공기 냉각기(Air Cooler)
④ 공기 가열기(Air Heater)
⑤ 공기 가습기(Air Humidifier)

(3) 송풍장치

① 송풍기
② 덕트
③ 공기분포장치

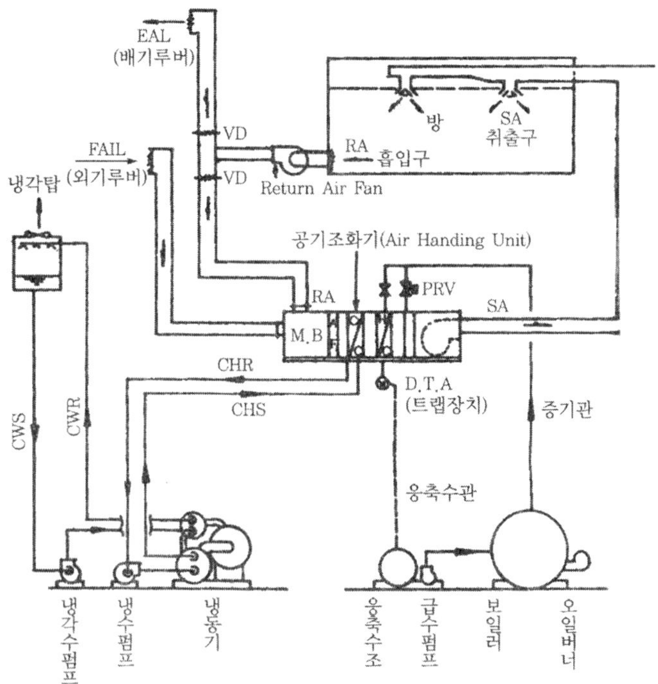

〈그림 11-29〉 공기조화설비의 계통도

④ 취출구
⑤ 흡입구

- HC : Heating Coil
- CC : Cooling Coil
- AF : Air Filter
- PRV : 감압밸브
- MB : Mixing Box
- SA : Supply Air
- RA : Return Air

2) 공기 조화 기기

(1) 공기 세정기(Air Washer)

공기 세정기는 노즐에서 물을 분무하여 공기와 접촉시켜 공기 세정과 가습을 하는 기기이다. 공기 출구쪽에는 엘리미네이터를 설치하여 송풍기에 의해서 물이 덕트내로 비산하는 것을 방지하고 분무실의 공기 출입구쪽에는 루버가 공기의 흐름을 일정하게 해준다.
그리고 분무 노즐(Spray Nozzle)은 물을 분무시키고 또한 엘리미네이터의 상부에 있는 플러싱 노즐(Flushing Nozzle)은 엘리미네이터의 표면에 부착된 먼지를 제거한다. 이 분무 노즐의 압력은 대략 1.4~2.5kg/cm^2 정도이고 통과하는 공기의 표준풍속은 2.5~3.5m/s 정도이다.

(2) 공기 여과기(Air Filter)

건축물의 실내공기중에 포함된 먼지는 스모그(Smog) 상태로 눈에 보이는 것은 10μ 이상이고 ,인체내의 폐로 침입하는 먼지는 5μ이하이다. 일반적으로 공중에 떠 다니는 먼지의 85%는 공기여과의 대상이 된다.
에어 필터의 여과효율(y_f)을 구하는 식은 다음과 같다.

$$y_f = \frac{C_1 - C_2}{C_1} \times 100(\%)$$

C_1 : 필터 입구 공기중의 먼지량
C_2 : 필터 출구 공기중의 먼지량
공기 여과기는 제진원리(除塵原理)에 따라 다음과 같이 분류된다.
① 점착식 공기 여과기
점착식은 기름이 도포(塗布)되어 있는 버플에 공기중의 번지가 부딪어 여과되는 것이다. 장시간 사용하면 효율이 저하되기 때문에 유지성(油脂性)의 먼지를 자주 제거해 주면 효율이 좋아지며, 통과 풍속은 1~2m/sec 정도로 사용된다. 이 여과기는 5μ 이하의 먼지 제거는 곤란하다.

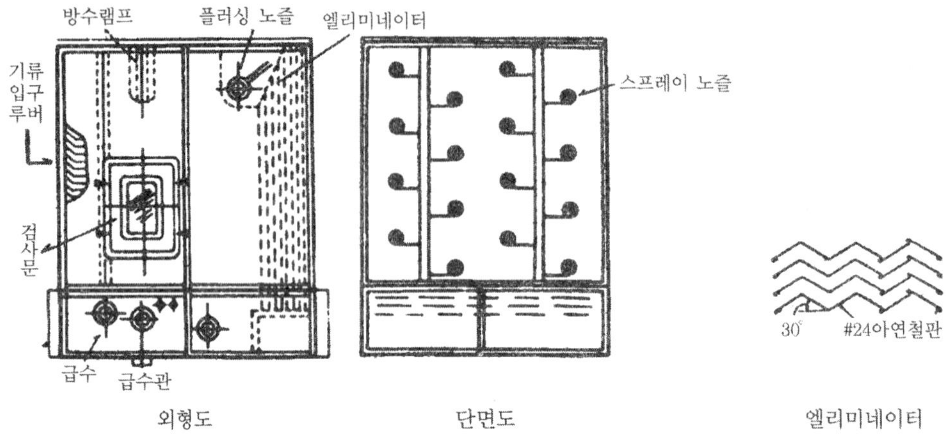

<그림 11-30> 공기 세정기

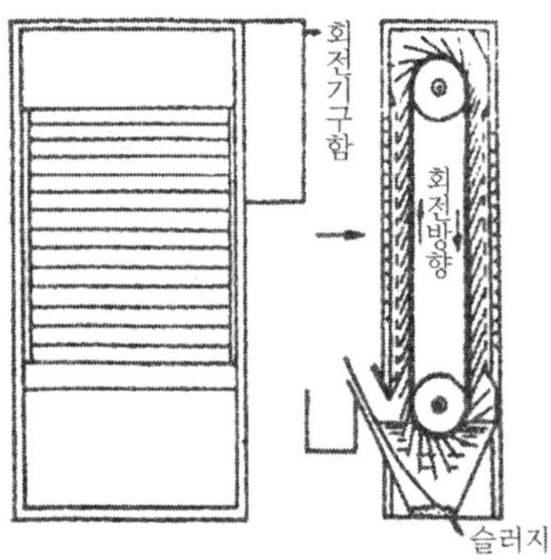

<그림 11-31> 점착식 자동회전 여과기

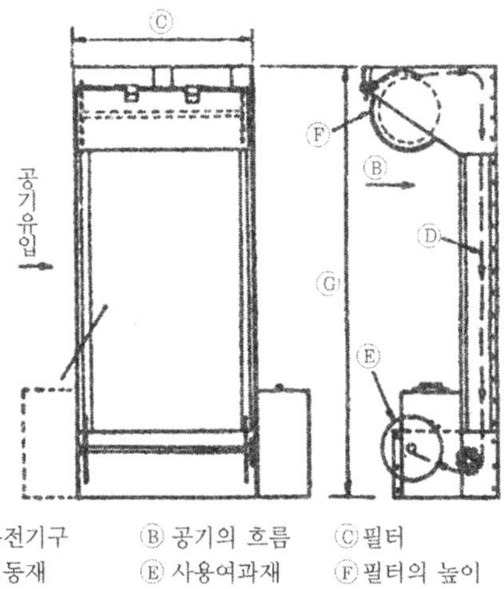

<그림 11-32> 간식공식 여과기

② 건식 공기 여과기

이 공기 여과기는 합성 유지, 섬유 등의 건조 섬유로 된 필터에 각층의 공기가 통과할 때 무수한 작은 구멍에 먼지가 부착되며, 효능은 1μ정도의 먼지까지 제거할 수 있고, 공기의 통과 풍속은 1m/sec 이하이다. 그러나 필터재를 단시간에 교환하여야 한다.

③ 습식 공기 여과기

이 여과기는 철판제의 케이싱내에 물을 분출시켜 그 안에 공기를 통과시켜 먼지를 제거한다.

④ 정전식(帶電式) 공기 여과기

최초 10,000V 정도로 대전(帶電)된 강한 전계(電界)사이로 공기를 통과시켜 하류 집진부의 마이너스전극에 부착시키는 것이다. 효율이 양호하여 미립자까지 집진할 수가 있다. 그리고 오염된 전극은 물로서 세정하면 된다. 이 여과기는 0.01~0.005μ의 미세한 먼지 및 박테리아도 제거할 수 있다.

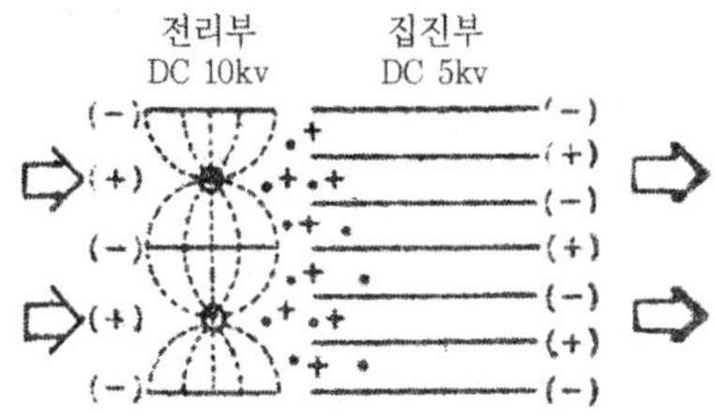

<그림 11-33> 정전식 공기여과기

(3) 열교환기 (Heat Exchanger)

① 공기 가열기, 공기 냉각식

공기 가열기 또는 공기 냉각기에는 일반적으로 핀 코일(Finned Coil)이 사용되는데 이것은 관의 외면에 핀(Fin)을 부착한 것으로 관내에 증기, 온수, 냉수, 냉매 등의 열매를 통과시켜서 핀의 사이를 통하는 공기를 가열 냉각한다. 핀 코일의 형상은 그림 11-34과 같이 관군(管群)에 많은 평판을 끼워 만든 플레이트 핀 코일(Plate Fin Coil) 또는 그림 11-35와 같이 관에 핀을 나선형으로 감아서 붙인 스파일럴 핀(Spiral Fin)과 같은 것이 있다. 관재료로는 동관 또는 강관이 사용되고, 핀 재료로는 알루미늄판, 동판 및 강판 등을 사용한다. 아울러 전열 능력을 증가시키기 위하여 그림 11-36과 같은 각종 슬리트 핀(Slit Fin)의 사용이 증가하고 있다.

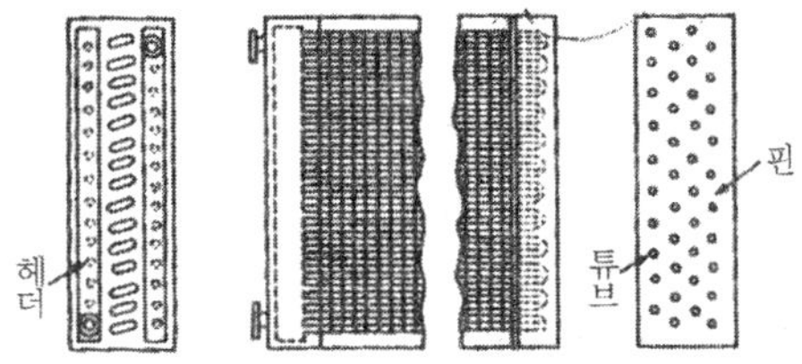

<그림 11-34> 플레이트 핀 코일

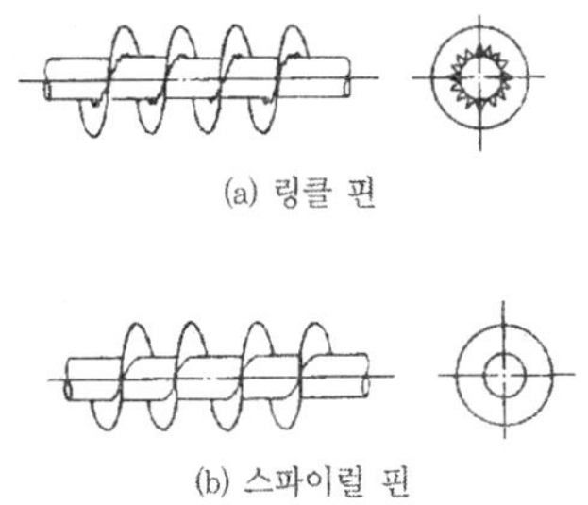

<그림 11-35> 스파이럴 핀

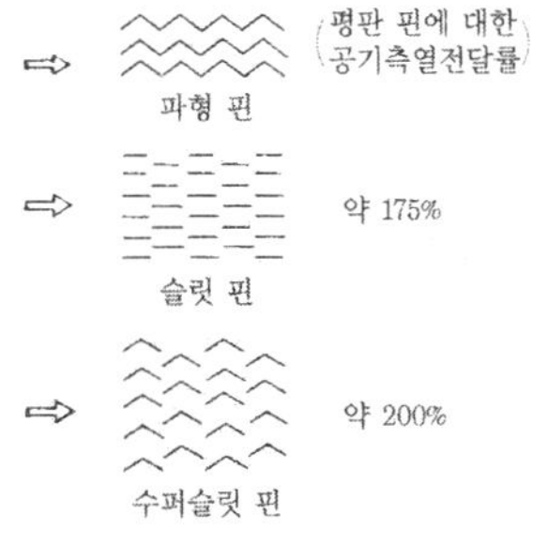

<그림 11-36> 플레이트 핀의 열전달률 향상

일반적으로 공기 가열기에는 열매로서 증기를 사용하는 증기 코일과 온수를 사용하는 온수 코일이 있으며, 관내에서 냉매를 응축시키는 냉매 코일도 열펌프용으로 사용된다. 외기전용 증기 코일로서 응축수가 관에서 동결할 염려가 있는 것에는 관내에 증기분배관을 삽입하여 2중관으로 된 논프리즈(Non-freeze)형을 사용한다. 또한 고압증기용이나 관이 긴 가열 코일에서는 열팽창에 의한 신축이 크기 때문에 관을 구부려서 유연성을 갖도록 해야 한다.
공기 냉각기에는 냉수를 사용하는 냉수 코일과 냉매를 증발시키는 직접팽창코일이 사용되며, 직접팽창코일에서는 냉매를 각관에 균일하게 분배시키기 위하여 분류기(Distributor)를 설치하여 각관에 접속시킨다.

② 온수용·냉수용 열교환기

증기 또는 온수로 난방용이나 급탕용의 온수를 가열하는 온수 가열기에는 일반적으로 쉘튜브형의 열교환기 또는 가열 코일을 설치한 저탕 탱크가 사용된다. 따라서 증기 또는 고온수를 사용하는 열교환기는 용량이나 압력에 따라서 에너지이용 합리화법에서 정한 형식 승인을 받아야 한다.
온수대 온수 또는 냉수대 냉수의 열교환기에는 쉘과 코일형, 플레이트형, 또는 스파이럴형 등 고성능의 열교환기를 사용한다. 특히 축열조의 냉수 또는 지역냉방의 냉수로서 공조기의 냉수를 냉각할 때에는 온도차를 1℃ 정도로 하기 위하여 고성능의 열교환기가 필요하다. 그림 11-37은 플레이트형 열교환기이다.

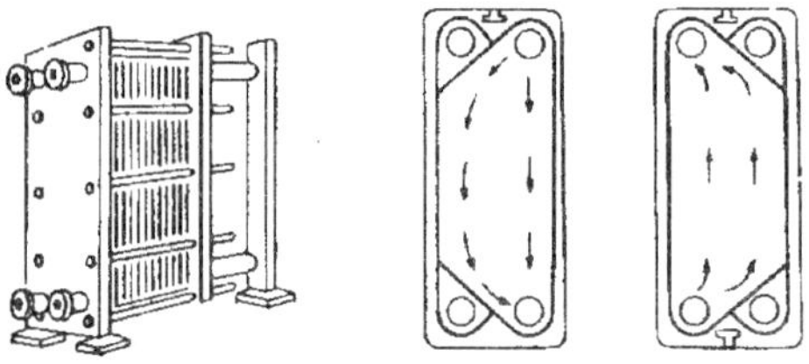

<그림 11-37> 플레이트형 열교환기

③ 공기 대 공기 열교환기(전열 교환기)

전열 교환기는 현열 뿐만이 아니고 공기 중의 수분 즉 잠열의 교환도 하는 것으로 회전형과 고정형이 있다.
회전형은 그림 11-38에서와 같이 흡수형이 있는 허니컴(Honey Comb)형의 로터를 외기의 유로(流路)와 배기의 유로를 교대로 회전시킨다. 로터의 소재로는 알루미늄관, 난연지, 아스베스토스 등이 사용되며, 흡수제로는 실리카계의 것이나 염화리튬 등이 사용된다. 여름철에는 로터의 엘레멘트는 외기의 유로에서 고온고습의 외기에 의하여 가열되고 흡수한다. 그리고 이 부분이 회전하여 실내에서 배기의 유로에 들어가면 배기에 의하여 냉각제습된다. 이와 같은 순환으로 도입외기는 냉각제습되고 배기는 가열가습된다. 겨울에는 외기가 저온저습과 같이 공기선도에 나타낼 수 있다.

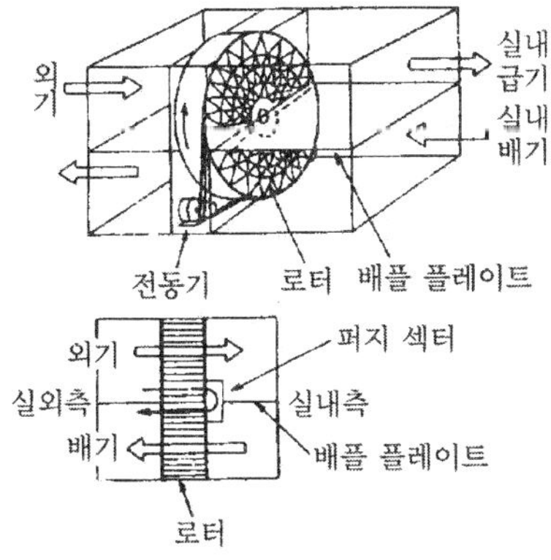

<그림 11-38> 회전형 전열 교환기

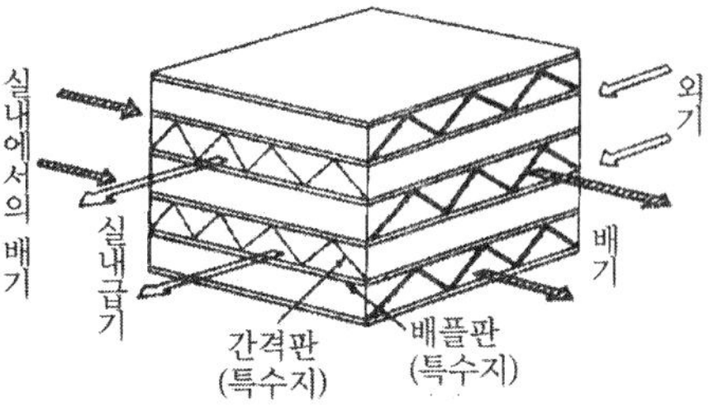

<그림 11-39> 고정형 전열교환기

고저형은 그림 11-39와 같이 외기의 유로와 배기의 유로와의 사이에 특수지 등의 배플판을 통한 열전달과 투습을 이용하는 것이며, 열교환 효율은 풍량에 따라 다르지만 대체로 70% 정도를 얻을 수가 있다.

④ 열 파이프(Heat Pipe)

열 파이프는 배열을 회수하기 위해 개발된 일종의 현열교환기로서 밀봉된 용기와 위크(Wick)구조체 및 증기공간으로 구성되며, 길이방향으로는 증발부, 단열부 및 응축부로 구분된다.

- 증발부 : 용기 밖에 있는 열원에서 열에너지를 용기 안에 있는 작동유체에 전달하여 이것을 증발시키는 부분
- 응축부 : 작동유체인 증기를 응축심켜 열에너지를 용기밖에 있는 흡열원으로 방출시키는 부분
- 단열부 : 열원과 흡열원이 떨어져 있는 경우에 작동유체의 통로를 구성하며, 외부와의 열교환이 없다.

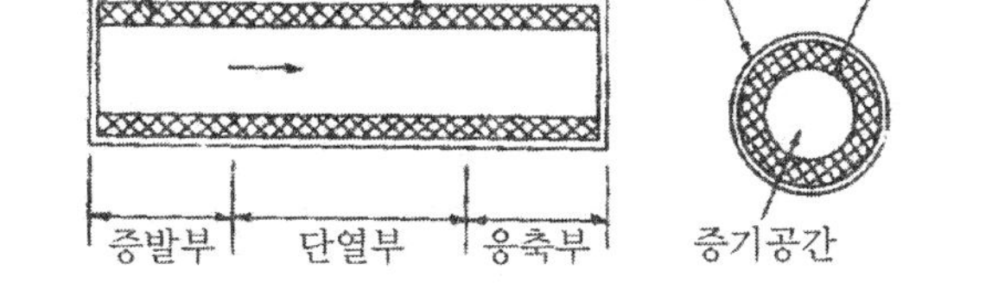

<그림 11-40> 히트 파이프의 구조

열 파이프의 작동원리는 외부열원으로 증발부를 가열하면 관벽, 액을 함유한 위크의 열전도에 의해 액의 온도가 상승한다. 액온이 상승하면 포화압에 도달할 때까지 액면에서의 증발이 촉진되며 이때 잠열이 증기에 주어진다. 액체의 포화증기압은 액온의 상승돠 더불어 높아져서 증기는 증기공간을 거쳐서 보다 낮은 압력, 즉 낮은 온도의 응축부 쪽으로 흐른다. 증기는 응축부에서 응축하며 잠열을 방출한다. 방출된 열은 기·액체면에서 액을 함유한 위크 및 관벽의 열전도에 의하여 관의 표면을 흡열원에 방출된다. 응축된 액은 위크를 통해 모세관 압력으로 증발부에 환류됨으로써 사이클이 완결된다.

(4) 공기 가습기 (Humidifier)

공기 중에 포함되는 수증기량을 증가시키는 장치로 공기를 가습하는 방법에는 증기 및 소량의 물 또는 온수를 스프레이 하는 방법과 가습팬을 사용하는 방법 등이 있다. 노즐에서 저압증기를 스프레이하여 가습하는 방법은 효율이 양호하고 제어성이 좋기 때문에 증기보일러가 있는 경우에 가장 많이 사용된다. 그리고 공기 세정기도 가습하는 역할을 한다.

(a) 증기 스프레이형

(b) 물, 온수스프레이형

<그림 11-41> 공기 가습기

(4) 흡입구 (吸入口 : Air Inlet)

흡입구는 실내공기를 흡입하여 외기 취입구에 의해 취입된 외기와 함께 공조기기로 내보내지므로 실내에 낮게 설치한다.

이 낮은 흡입구의 흡입속도는 2.0~3.0m/sec 정도이다.

1) 흡입구가 갖추어야 할 조건

① 흡입구의 풍속이 크면 소음이 발생하므로 소음이 발생되지 않도록 한다.

② 일반 건물에서 흡입구의 설치위치가 낮은 흡입구의 흡입속도는 2.0~3.0m/sec 정도이다.

③ 주택, 아파트, 호텔 객실 등의 흡입구 풍속은 1.5~2.0m/sec 정도이다.

④ 회의실과 사람이 많은 실내에는 천장면에 전용의 흡입구를 설치한다.

⑤ 복도를 환기용 통로로 사용할 때 문에 갤러리를 설치하거나 또는 문의 하부나 바닥에서 3~5cm 높게 설치하여 떼어서(Under-cut) 배기 한다.

⑥ 실내에 음이 전달되지 않도록 흡입장치가 붙은 환기장치에 흡입구를 접속한다.

(5) 취출구 (吹出口 : Diffuser)

취출구의 역할은 조화공기를 충분히 혼합하고 적당한 기류를 발생시켜 대상 장소에 도달하도록 하는 공기 분포 장치이다. 그러므로 재실자를 대상으로 거주역은 바닥에서 1.5~1.8m 높이까지 적당한 온도, 습도의 분포와 적당한 속도의 기류를 유지해야 한다. 그러나 거주 부부분에 너무 빠른 기류가 발생하면 불쾌하므로 기류속도가 여름에는 0.5m/s, 겨울에는 0.3m/s 정도가 적당하고 최저 0.1m/s 정도가 필요하다.

① 실내의 공기를 유도 확산하여 실내의 온도차를 적게할 것
② 국부적인 온도차와 큰 기류를 만들지 않을 것
③ 적당한 도달거리를 지니게 할 것
④ 공기가 취출구에서 취출될 때에 소음이 발생되지 않을 것

취출구에서 취출 기류의 풍량이 과다하고 취출풍속이 빠를수록 실내공기의 유인비가 적게되며 도달거리는 길어져서 실내기류분포가 나빠진다.

2) 취출구의 취출풍속

① 일반 사무실 : 4~6m/sec
② 주택, 아파트, 호텔의 객실(Room) : 2.5~3.5m/sec 정도이다.
③ 백화점, 상점 : 7.5~10m/sec

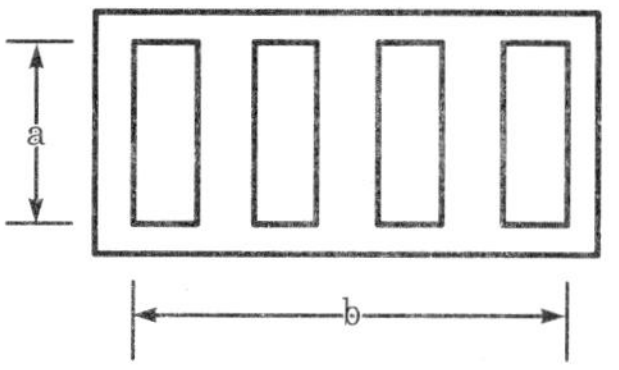

3) 취출구의 설계

① 종횡비(Aspect Ratio)

장변과 담변의 비 $\left(\frac{a}{b}\right)$이다.

② 자유면적(Free Area)

취출구 및 흡입구 구멍면적의 합계이다.

$$\text{자유면적비} = \frac{\text{자유면적}}{\text{전면적}}$$

③ 전면적(Face Area) : 취출구의 장변과 단변의 곱($a \times b$)이다.

④ 도달거리(Throw Length) : 취출구의 분류(噴流)가 재실자에게 느끼지 않게 될 때까지 도달하는 거리로서 일반적으로 취출구에서 0.25m/sec의 풍속이 되는 위치까지의 거리를 도달거리(到達距離) L(m)라 하며 보통 안목거리의 3/4으로 한다.

도달거리(到達距離 : L)를 구하는 식은 다음과 같다.

$$L(m) = 2 \cdot K \cdot v_0 \sqrt{\frac{A}{c \cdot r}} = \sqrt{\frac{v_0 \cdot Q_c}{3,600cr}}$$

v_0 : 취출풍속(m/sec)

K : 취출상수(표 14-3 참조)

r : 취출구 자유면적비

Δt : 취출온도차(℃)

Q : 취출공기량(m^3/h)

c : 취출구 축류계수(약 0.80)

H : 강하도(m)

A : 취출구면적(m^2)

<그림 11-3> 취출상수(K)의 값

	취출구의 종류	K
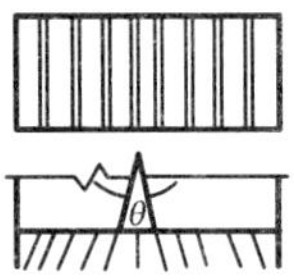	노즐형 취출구(r=1.0)	7.0
	장방형 노출구(r=1.0)	6.6
	슬로트 취출구(애스펙트레이션=20~25)	6.0
	가동날개형 취출구(유니버설형)날개각 Θ=0°	5.5
	Θ=45°	3.5
	Θ=60°	2.5
	Θ=90°	2.0
	타발철판제 취출구 r=0.5~1.0	6.5
	r=0.25~0.5	5.0
	r=0.1~0.25	4.0

여기서 취출구로부터 분류되는 공기의 취출속도(吹出速度)는 건물의 종류 및 취출구의 종류에 따라 다르지만 일반적인 날개형 노즐형에수는 표 11-14의 범위로 한다.

<표 11-4> 취출 속도

사용장소	취출속도(m/s)	사용장소	취출속도(m/s)
방송실	2.5	사무실 · 개실	2.5~5.0
주택	2.5~3.75	영화관	5.0~6.25
아파트	2.5~3.75	일반사무소	6.25~7.5
교회	2.15~3.75	백화점	7.5
호텔객실	2.15~3.75	공장	7.5~10.0
극장	2.5~5.0		

⑤ 강하도(Drop Height) : 취출구로부터 도달거리에 도달할 때까지 발생한 기류의 강하를 말하며 취출구 중심에서 도달거리지점(CP점 : 풍속 0.25m/sec의 위치)까지의 수직 높이를

강하도로 한다. 단 난방일때는 상승도(Rise)라고 한다. 강하도(降下度)는 ASHVE에 의하면 다음 식으로 구할 수가 있다.

$$H(m) = 0.055\frac{\Delta t \cdot L^{1.2}}{v_0}$$

H : 강하도(m)　　L : 도달거리(m)

Δt : 취출 온도차(℃)　　v_0 : 취출 풍속(m/sec)

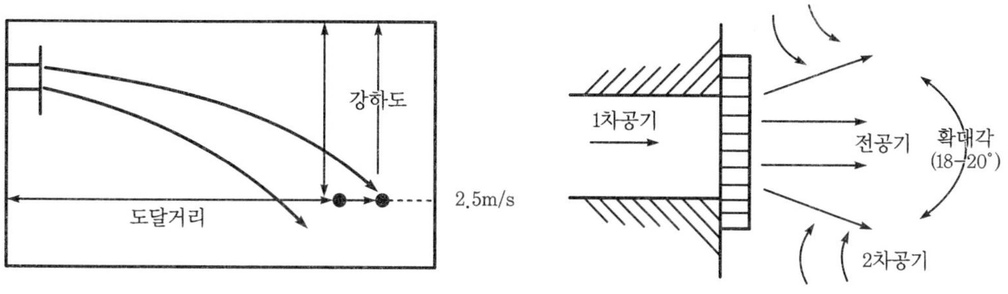

<그림 11-42> 강하도와 취출온도차

⑥ 유인비(Entrainment Ratio) : 취출공기량에 대한 유인공기의 비를 말한다.

⑦ 취출 온도차 : 취출공기의 온도와 실내온도의 차(差)를 취출온도차라 한다.

⑧ 콜드 드래프트(Cold Draft) : 겨울에 창가에 존재하는 냉기가 취출기류에 밀려 바닥면과 거주역으로 흘러 들어가는 현상을 말하며 흡입구 부근의 거주자는 찬바람(Cold Draft)를 느끼게 된다.

4) 취출구와 흡입구의 종류

취출구와 흡입구의 형태는 다양하며 종류는 다음과 같다.

① 타발철판 그릴(Grille)형 취출구

이것은 구주고 간단하며 취출구와 흡입구로 모두 널리 사용되고 있는 반면 풍량을 조절할 수 ㅇ벗고 저항이 크다.

② 날개붙인 그릴(Grille)형 취출구

날개는 고정식과 방향을 바꿀 수 있는 것이 있으며 기류를 적당한 방향으로 바꿀 수 있고 공기흐름의 퍼짐각도 바꿀 수 있기 때무에 취출구 및 흡입구로 사용된다. 특히 베인(Vane)을 가동적으로 만든 것을 유니버셜형이라 한다.

③ 레지스터(Register)형 취출구

그릴에 댐퍼와 셔터와 조정밸브를 붙인 것으로 풍량을 조절할 수 있다.

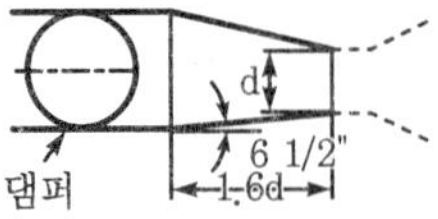

〈그림 11-43〉 노즐형 취출구

④ 노즐(Nozzle)형 취출구

노즐형 취출구는 공장에 사용되며 고속으로 넓은 공간에 취출할 수 있다. 취출속도는 10~15m/s 정도로 사용할 때 소음발생이 적으므로 방송국의 스튜디오용 저풍속 취출구에 사용되고 있다.

⑤ 슬로트(Slot)형 취출구

슬로트는 창문주변과 출입구의 상하에 장착하여 냉풍 및 온풍의 커어튼을 만들어서 드래프트의 방지에 사용한다.

이것은 유도성능(誘導性能)이 우수하고 16℃ 취출온도차에 대해서 취출구로부터 1.5m인 곳에서 온도차가 3℃ 정도된다.

⑥ 팬(Pan)형 취출구

이것은 구조가 간단하여 오래전부터 사용되었으며 유도비(誘導比)가 작고 풍량의 조절도 불가능하므로 최근에 사용되지 않는다.

⑦ 에니모스테트(Anemostat)형 취출구

여러 개의 동심(同心) 원뿔 또는 각뿔형상의 날개로 구성되어 있고 레지스터형에 비해 작아도 된다. 풍속의 조절범위가 넓고 유도비가 높아 취출풍속(吹出風速)이 크게 되며, 현재는 천정취출구로 사용되고 있다.

⑧ 고속덕트(Conduit Duct)형 취출구

고속덕트의 최대 단점이 기류의 고속화와 덕트내에서 소음레벨의 증가 및 실내에 적절한 공기 분포가 복잡한 난점 등을 해결하기 위하여 취출구에 기류확산함(氣類擴散函)을 설치하고 이것에 소음장치를 설치하여 덕트내에 전파되는 높은 레벨의 소으믈 감소시키는 동시에 고속기류를 확산시킨다.

그리고 공기를 균일하게 실내에 송풍하기 위하여 소음상자내에 풍량조절용 댐퍼도 갖추었다.

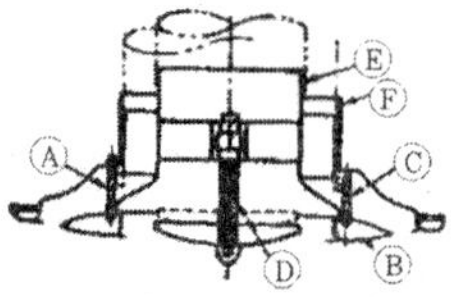

〈그림 11-44〉 디퓨우저의 구조

⑨ 디퓨우저(Diffuser : 취출구)

급기와 환기를 동시에 하며 또한 각각의 풍량을 댐퍼에 의해서 임의로 조절할 수 있는 공기 확산기이다.

이 디퓨우저의 특징은 필요에 따라서 자유롭게 간막이를 바꿀 수 있어 설계의 번잡성이 감소된다.

5) 취출구와 흡입구(吸入口)의 설치위치

취출구와 흡입구의 위치를 정하는 데는 다음 사항을 고려해야 한다.

① 적당한 순환공기를 만들 것

② 인체에 불쾌감이 생기지 않게 할 것

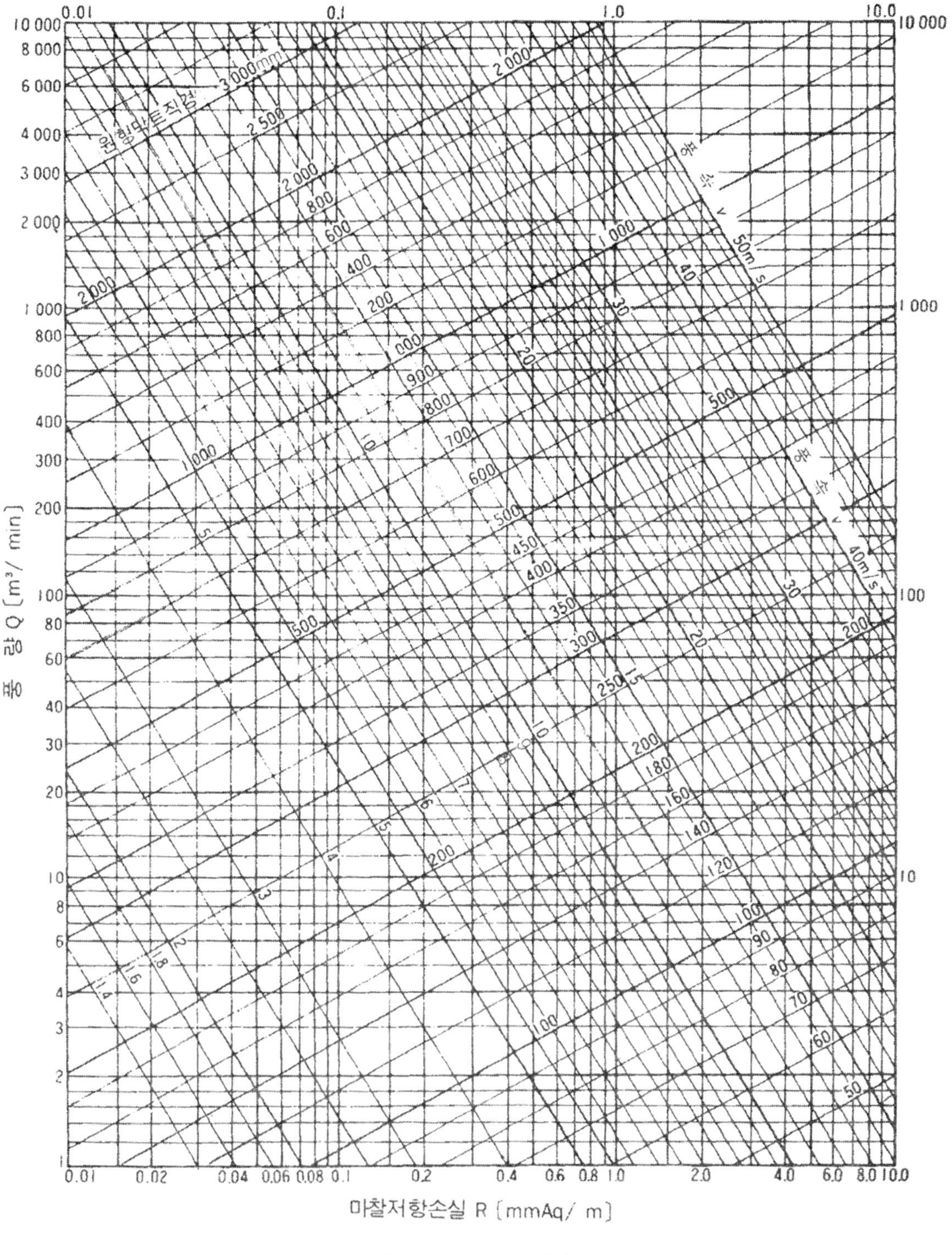

<그림 11-45> 덕트 계산도

(A) 만곡관(직사각형단면)

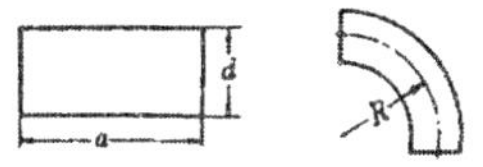

a/b	R/b 0.5	0.75	1.0	1.5	2
1/4	l'/b=24	12	7.1	3.5	2.1
1/2	33	16	8.7	3.9	2.3
1	45	19	11	4.4	2.4
2	65	27	13	5.1	2.5
4	90	35	17	5.9	2.9

(B) 만곡관(원형단면)

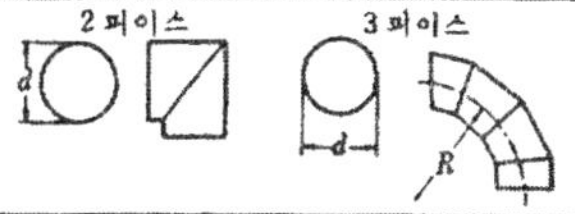

	R/b 0.5	1.0	1.5	2	4
2피이스	l'/b=65	65	65	65	65
3피이스	49	21	17	17	18
4피이스		19	14	12	10.5
5이상의 피이스		17	12	9.7	6

(C) 베인붙이변곡관(각형)

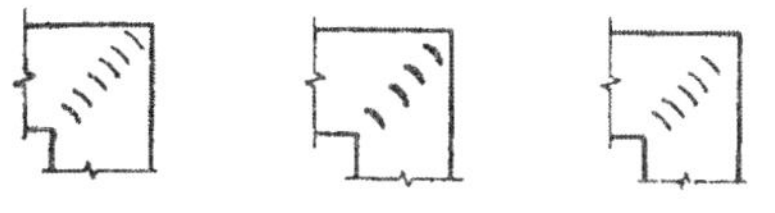

l'/a=20 l'/a=15 l/a=15

(D) 베인붙이만곡관

R/a	R_1/a 0.4	0.6	0.8	1.0
	l/a=13	12	14	21
		l/a=8	8	7.2

(E) 분기관

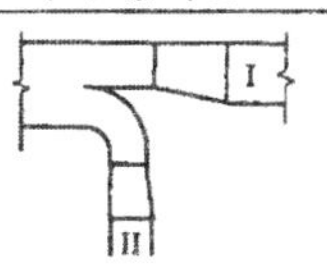

Ⅰ방향=확대손실(G참조)
Ⅱ방향=굽힘손실(A)
+확대손실(G)

(F) 분기관

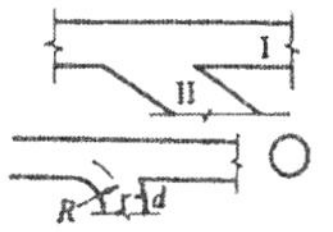

θ=15	30	45	60
ζ_I=0	0	0	0
ζ_{II}=0.1	0.3	0.5	0.7
R/d=0.5	0.75	1	1.5
ζ_{II}=1.3	0.9	0.8	0.6

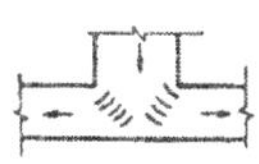

베인붙이	(C)에 의한다
베인무	ζ=1.4

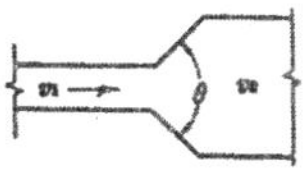

$$\Delta pd=\zeta\left(\frac{v_1-v_2}{4.05}\right)^2$$

θ=5°	10	20	30	40	60
ζ=0.20	0.16	0.35	0.65	0.80	1.0

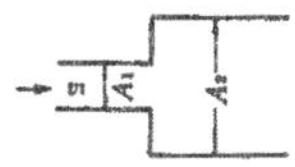

$$\Delta pd=\zeta\left(\frac{v_1}{4.05}\right)^2$$

A_1/A_2=0	0.1	0.2	0.4	0.6	0.8	1.0
ζ=1.0	0.8	0.64	0.36	0.16	0.04	0

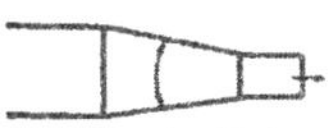

$$\Delta pf=\zeta\left(\frac{v_2}{4.05}\right)^2$$

ζ=0.05

θ≦14° 이면
ζ=0.15

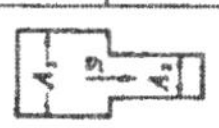

$$\Delta pd=\zeta\left(\frac{v_1}{4.05}\right)^2$$

A_1/A_2=0.01	0.1	0.2	0.4	0.6	0.8
ζ=0.44	0.41	0.39	0.29	0.19	0.09

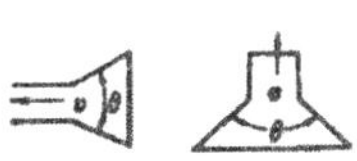

$$\Delta pd=\zeta\left(\frac{v}{4.05}\right)^2$$

θ=10	20	30	60	90	120	150
ζ=0.14	0.07	0.04	0.05	0.11	0.20	0.30
0.25	0.13	0.10	0.12	0.19	0.27	0.37

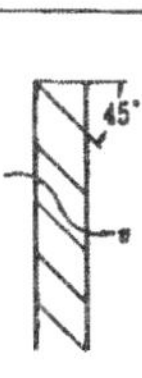

$$\Delta pd=\zeta\left(\frac{v}{4.05}\right)^3$$

v=공면적에 대한 풍속

프리에리어	90%	70%
ζ	0.5	0.75

명 칭	그 림	계 산 식	저 항 계 수
사각형 벤드 (90°)	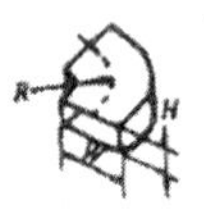	$P_L = f\frac{L'}{D} \times \frac{v^2}{2g}\gamma$	H/W R/W=0.5 0.75 1.0 1.5 0.25 l'/w=25 12 7 3.5 0.5 33 16 9 4 1.0 45 19 11 4.5 4.0 90 35 17 6
사각형 엘보 (90°)		$P_L = f\frac{L'}{D} \times \frac{v^2}{2g}\gamma$	H/W=0.25 L'/W=25 0.5 49 1.0 75 4.0 110
깃을 단 밴드 (소형 깃)	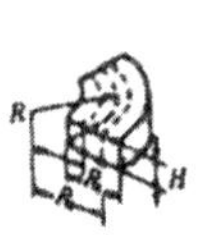	$P_L = K_L\frac{v^2}{2g}\gamma$	R/W | R_1/W | R_2/W | K_2 0.5 | 0.2 | 0.4 | 0.45 0.75 | 0.4 | 0.7 | 0.12 1.0 | 0.7 | 1.0 | 0.10 1.5 | 1.3 | 1.6 | 0.15
깃을 단 사각형 엘보 (소형 깃)		$P_L = K_L\frac{v_3^2}{2g}\gamma$	깃 하나 K_L=0.35 성형한 베인 K_L=0.01
깃을 단 사각형 엘보 (대형 깃)		$P_L = f\frac{L'}{D} \times \frac{v^2}{2g}\gamma$	깃 하나 (R/W=0.5) L'/W=28 깃 둘 (R_1/W=0.3, R_2/W=0.5) L'/W=22
임의 각도 θ인 사각 형 벤드			θ=90° 밴드의 저항에 ($\frac{\theta}{90}$)를 곱함.
원형 덕트의 벤드	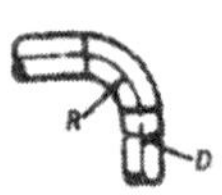	$P_L = f\frac{L'}{D} \times \frac{v^2}{2g}\gamma$	R/D=0.75 L'/D=23 1.00 17 1.5 12 2.0 10
원형 덕트의 벤드(마이 터 벤드)		$P_L = \frac{L'}{D} \times \frac{v^2}{2g}\gamma$	R/D | 0.5 | 1.0 | 1.5 | 2.0 2쪽 | | 65 | 65 | 64 3쪽 | L/D=65 | 21 | 17 | 17 4쪽 | 49 | 19 | 14 | 12 5쪽 | | 17 | 12 | 9.7
연속 벤드 사각형 덕트	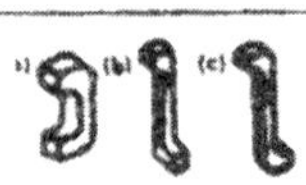		(a) 벤드 하나가 가지는 저항의 1.5배 (b) 벤드 하나가 가지는 저항의 2.0배 (c) 벤드 하나가 가지는 저항의 2.4배
급격한 확대	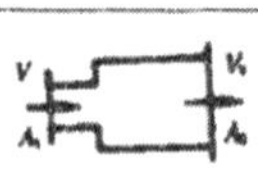	$P_L = K_1\frac{v_1^2}{2g}\gamma$	$\frac{A_1}{A_2}$ | 0 | 0.2 | 0.4 | 0.6 | 0.8 | 0.81 | 0.64 | 0.36 | 0.16 | 0.04
급격한 축소	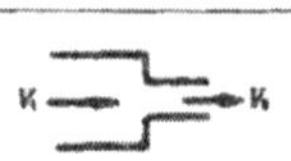	$P_L = K_{L1}\frac{v_2^2}{2g}\gamma$	$\frac{A_1}{A_2}$ | 0.1 | 0.2 | 0.4 | 0.6 | | 0.34 | 0 | 32 | 0.25 | 0.16
점진적인 확대		$P_L = K_L\frac{\gamma}{2g} \times (v_1^2\ v_2^2)$	Q=5° 10 20 30 40 K_L=0.17 0.28 0.45 0.59 0.73
점진적인 축소		$P_L = K_L\frac{v_2^2\gamma}{2g}$	Q=30° 45° 60° θ K_L=0.02 0.04 0.07

모양이 바뀜			θ<14°, K_L=0.15						
원형 덕트의 브랜치	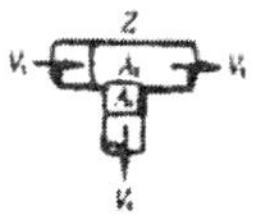	직선관(1→2)	V_2/V_1	0.3	0.3	0.8	0.9		
		$P_L = K_L \frac{v_1{}^2 r^2}{2g} r$	K_{L1}	0.09	0.075	0.03	0		
		브랜치관(1→3)	V_2/V_1	0.2	0.4	0.6	0.8	1.0	1.2
		$P_L = K_{LB} \frac{v_2{}^2 r^2}{2g} r$	K_{LB}	28.0	7.50	3.7	2.4	1.8	1.5

<그림 11-46> 각종 엘보의 국부저항계수(ζ) 및 상당길이(ℓ ')

6) 덕트의 국부저항

① 국부저항(ΔP_d)

ΔP_d(mmAq)로 표시하고 다음 식으로 구할 수가 있다.

$$\Delta P_d = \zeta \frac{v^2}{2g} r = \zeta \frac{v^2}{16.4} \fallingdotseq \zeta \left(\frac{v}{4.05} \right)^2$$

ΔP_d : 국부저항손실(mmAq)

v : 풍속(m/s)

ζ : 국부저항계수

r : 공기의 비중(kg/m^3)

만곡부의 국부저항은 그것과 상등한 저항이 생길 만한 직선덕트의 저항으로 바꿔 놓을 수가 있다. 이 직선덕트의 길이를 국부저항의 상당길이라고 한다. 이것을 ℓ(m)로 나타내고 원형 덕트의 직경을 d, 장방형덕트의 장변의 길이를 a로 하면 ℓ/d 또는 ℓ/a를 상당길이비라고 한다.

$$\zeta = \frac{v^2}{2g} r = \frac{\lambda \ell'}{d} \cdot \frac{v^2}{2g} r \text{ 또는 } \frac{\ell'}{d} = \frac{\zeta}{\lambda}$$

② 국부저항의 상당길이(ℓ ' : m) : 국버저항과 동일한 저항이 생기는 어떤 길이의 직선 덕트의 저항

$$\zeta \frac{v^2}{2g} r = \lambda \frac{\ell' v^2}{2g} r \qquad \ell' : \text{국부저항의 상당길이(m)}$$

$$\therefore \ell' = \frac{\zeta}{\lambda} \cdot d$$

③ 정압재취득(ΔP_s)

정압재취득 ΔP_s는 공기의 흐름방향으로서 단면적이 확대되면 동압은 감소하고 그 감소된 만큼 정압이 증가한다. 즉, 덕트내의 감소하면 반대로 정압이 증가하는데 이것을 정압 재취득이라 한다.

$$\Delta P_s = \left(\frac{V_1}{4.04}\right)^2 - \left(\frac{V_2}{4.04}\right)^2 - \Delta P_s$$

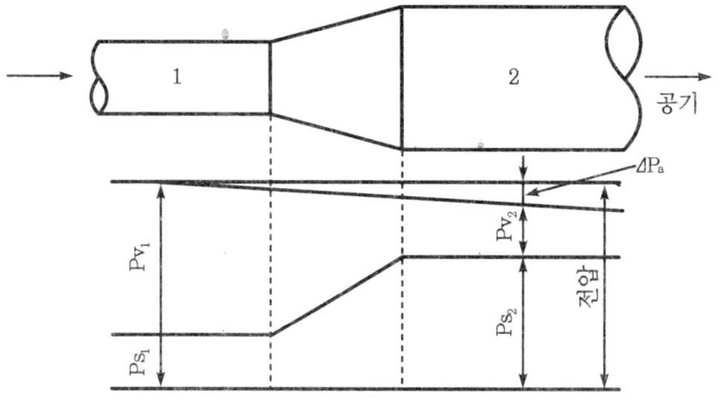

<그림 11-47> 점진적인 확대 덕트

예제-30 덕트의 곡부에서 풍속이 20m/sec이고 국부저항계수가 0.23이다. 국부저항은 얼마인가?

해답-30 $\Delta P_d = \lambda \cdot \frac{v^2}{2g} \cdot r = 0.23 \times \frac{20^2}{2 \times 9.8} \times 1.2 = 5.6\text{mmAq}$

예제-31 공기의 풍량이 7,200m^3/h이고 지름이 30cm, 길이가 150cm인 장방향덕트의 마찰저항을 구하라.(단, 마찰저항계수는 0.03이다.)

해답-31 $\Delta P_f = \lambda \cdot \frac{\ell}{d} \cdot \frac{v^2}{2g} \cdot r$

$$= 0.03 \times \frac{1.5}{0.3} \times \frac{(28.3)^2}{2 \times 9.8} = 1.2 = 7.355\text{mmAq}$$

예제-32 매시 7,000m^{3}의 공기가 직경 50cm의 원형덕트내를 흐를 때 풍속은 얼마인가?

해답-32 $Q = V \times A$ 에서

$$V = \frac{Q}{A} = \frac{7,000}{\frac{\pi}{4} \times (0.5)^2 \times 3,600} = 9.9\text{m/sec}$$

7) 덕트(Duct)의 압력

덕트의 압력을 측정하는 기구는 마노미터(Manometer)이다.

덕트의 철판에 구멍을 뚫고 마노미터를 접속하여 U자형으로 구부린 유리관 속에 물을 넣고 덕트내에 공기를 보내면 마노미터의 한쪽 끝은 덕트내의 공기 압력이 작용하고 반대로 다른 끝에는 대기압이 작용하므로 U자관의 좌, 우에 수주(水主)의 높이차(h)가 생긴다. 이 높이차는 덕트내의 압력을 나타낸다.

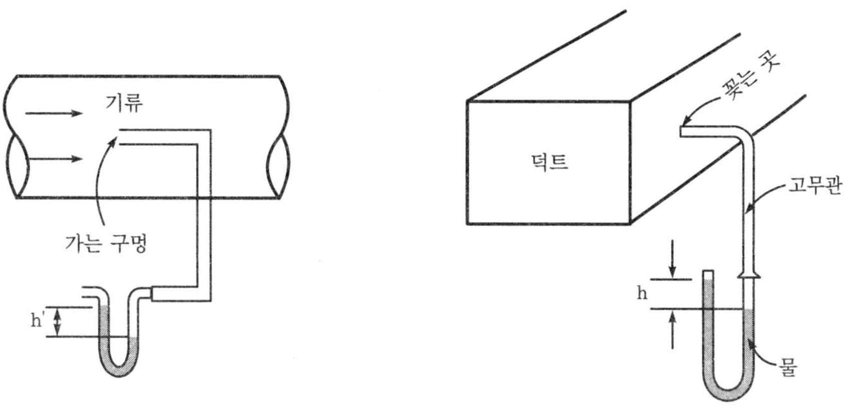

(원형덕트) (장방향덕트)

<그림 11-48> 마노미터

① 정압(Static Pressure)

공기조화기에서 공기가 덕트를 통해서 실내에 송풍할 때에 기류의 속도가 없을 때의 육체매질 안의 압력을 정압(靜壓)이라 한다.

② 동압(Velocity Pressure)

덕트내 공기의 속도에 따라서 생기는 압력을 동압(動壓) 또는 속도압(速度壓)이라 하며 동압(Pv)를 구하는 식은 다음과 같다.

$$P_v = \frac{v^2}{2g} r$$

P_v : 동압(kg/m^2 또는 mmAq)
υ : 풍속(m/s)
g : 중력가속도(9.8m/sec^2)
r : 공기의 비중량(kg/m^3)

③ 전압(Total Pressure)
L자형의 구분된 관끝을 덕트에 구멍을 뚫고 접속시켜 기류를 향하도록 하여 공기를 덕트내로 송풍하면서 압력을 측정한다.
이 압력은 덕트내에 정압에 기류에 의한 동압이 가해진 압력으로서 전압(全壓)이라 한다. 그리고 압력을 측정할 때 마노미터에서 압력차를 나타내는 수주(水柱) h는 정압보다 높다.

전압=정압+동압

$$P_i = P_s + P_v$$
$$= P_s + \frac{v^2}{2g} r$$
$$P_v = P_l - P_s$$

P_l : 정압(mmAq)
P_v : 동압(mmAq)
P_s : 정압(mmAq)
v : 풍속(m/sec)

3) 덕트(Duct)의 설계

공기조화에서 냉·난방과 환기용 덕트는 일정한 정압을 가지고 송풍기로 송풍하므로 덕트내 풍속을 결정하는데는 설비비, 동력소비량, 설치공간의 크기, 소음발생, 누설 등을 고려해야 한다. 만약 덕트가 커지면 마찰손실이 작아져서 송풍기의 정압이 감소하므로 동력이 절약되고 소음도 감소하지만 덕트의 공간은 크게 차지하게 되어 덕트의 재료가 많이 소요된다.
덕트의 설계방법에는 등속법, 정압법, 정압재취득법, 전압법 등이 있는 본서에서는 정압법으로 설계해 본다.

(1) 덕트의 설계 방법

1) 등속법(等速法 : Equal Velocity Method)
덕트 각부에서 풍속이 일정하도록 치수를 정하는 방법을 등속법이라 한다.

이 방법은 간단하지만 저항계산을 덕트 각부에서 해야 하고 그리고 취출구 및 흡입구까지의 저항을 균일하게 하기가 불가능하므로 일반적으로 많이 쓰이지 않는 방법이다.

2) 정압법(定壓法 : Equal Friction Method : 등마찰손실법)

덕트설계에서 가장 많이 쓰는 방법으로 덕트의 단위길이에 대한 마찰저항이나 일정하도록 치수를 정하는 방법이다.

이 방법은 국부저항을 지고간의 마찰저항에 대한 비율로 추정하여 전덕트의 등가(等價)길이를 구하고 이것의 단위길이에 대한 마찰저항을 곱하면 덕트의 전압력손실이 계산된다.

3) 정압 재취득법(SPR법 : Static Pressure Regin Method)

덕트에서 각 구간의 풍량에 따라서 풍속의 단계적 현상에 의한 정압의 증가를 고려하여 각 취출구에 있어서 정압(靜壓)이 일정하게 되는 치수를 정하는 방법을 정압 재취득법이라고 한다.

이 방법은 각 취출구 및 분기부분 직전의 정압이 균일하게 되도록 덕트치수를 결정하는 설계법으로서 각분기 부분에 있어서 풍속의 감소에 의한 정압 재취득(SPR)법은 다음 구간의 덕트 저항손실에 이용하는 방법이다.

① 취출구 직전의 정압이 일정하다.

② 취출구 댐퍼의 조절 없이 예정된 취출풍량을 얻을 수 있다.

③ 저속 덕트의 이용할 수 있는 압력이 적기 때문에 등마찰손실보다 덕트치수가 커진다.

④ 송풍기의 소요정압은 송풍기에서 취출 분기부까지 정압손실+취출구의 저항손실 뿐이므로 정압법보다 송풍기(Fan) 동력이 절약되며 풍량의 밸런싱(Balancing)이 쉽다.

(2) 덕트(Duct)설계 순서

① 취출구, 흡입구, 외기취입구, 배기구 등의 위치를 결정한다.

② 각 실의 풍량을 결정한다.

③ 덕트의 계통을 결정한다.

④ 덕트의 크기를 결정한다.

⑤ 덕트계의 압력손실을 구하고 송풍압력을 결정한다.

덕트 치수도에 ABCD … 기호를 기입하고 이 기로를 주덕트 계산표의 구간란에 기입한다. 덕트가 굴곡된 부분은 구간에 그 부분의 기호만을 기입한다. 단, 분기덕트는 기입하지 않고 주덕트의 구간만 기입한다.

1) 냉방송풍온도 결정

① 현열비(SHF)를 그림 10-3 습공기선도에서 구한다.

$$\text{SHF} = \frac{\text{현열량}}{\text{현열량} + \text{잠열량}}$$

② 기준층 각실의 SHF를 구하고 평균한다.

③ 습공기선도에 SHF 0.6과 건구온도 27℃, 상대습도 50%를 나타내는 각 점을 이어주면 공조기준점이 된다.

④ 실내 설정온도(26℃)와 습도(50%)를 나타내는 선이 서로 만나는 점에서 공조기준점에 대해서 평행선을 긋는다.

⑤ 그림 10-37과 P-S간의 임의 점에서 내려 그은 선이 횡측과 교차하는 부분이 송풍온도를 나타낸다. 그러나 일반적으로 상대습도 90% 부근의 R점을 선정하여 여기서 건구온도를 나타내는 횡선과 내려 그은 수직선과 마나는 점의 온도가 송풍온도를 나타낸다.

⑥ 송풍온도(℃)가 13℃이면 송풍온도를 송풍량 구하는 식에 대입한다.

$$Q = \frac{q_s}{C_p \cdot r \cdot \Delta t}$$

$$Q = \frac{q_s}{0.24 \times 1.2 \times \Delta t} = \frac{q_s}{0.28 \times \Delta t}$$

Q : 송풍량(m^3/h)

q_s : 실내 현열부하(kcal/h)

C_p : 공기의 정압비열(kcal/kg · ℃)≒0.24

r : 비중량(kg/m^3) : 공기의 비중량≒1.2

Δt : 취출온도차(℃) : 송풍온도 - 실내온도

3) 덕트의 방식을 결정한다.

덕트의 풍속에 의하여 저속(8~15m/sec)과 고속(20~25m/s)식의 종류와 배치를 결정한다.

4) 각 취출구 및 흡입구의 필요한 풍량, 종류, 크기, 배치 등을 결정한다. 그리고 각 존(Zone)의 부하에 따라 필요한 취출구 및 흡입구의 수와 풍량을 결정한다. 특히 불쾌한 기류나 실내 온습도의 불균형 및 소음발생이 도지 않도록 종류, 크기, 배치 등을 결정한다.

5) 덕트의 경로를 결정한다.

건물의 구조, 공기의 분배, 공조방식 등에 따라 경제적이고 합리적인 경로를 결정하여 설계도(Flow Sheet)를 그린다.

6) 덕트의 치수를 결정한다.

덕트치수의 결정방법은 등속법, 정압법(등마찰손실법), 정압 재취득법 등이 있으며 일반공기조화에는 정압법이 가장 널리 이용되고 있다.

7) 덕트계의 정압손실을 계산하고 송풍기를 선정한다.

덕트계통중 가장 정압손실이 큰 경로를 선정하여 이것을 송풍기의 소요정압으로 하고 또한 앞에서 구한 송풍량을 고려하여 송풍기를 선정한다.

정압손실→취출구 손실+최원류 취출구까지의 급기 덕트계의 정압손실+외기 출입구(환기구), 외기 덕트(환기덕트), 공기 뺀 코일(Fan Coil)의 손실+안전률(10%)

(3) 덕트 설계의 주의사항

1) 덕트의 치수는 가능한한 작게 할 것
2) 건물의 구조에 잘 맞을 것
3) 덕트내의 정압손실은 가능한한 적게하여 송풍기의 소요동력을 줄일 것
4) 각 취출구 및 흡입구에서의 풍량이 설계치수를 충족시킬 것
5) 소음 및 진동 발생이 적을 것

(4) 덕트(Duct) 방식

1) 트렁크식(Trunk Type)
다수의 수직주덕트에서 각층으로 지관을 분기하는 방법으로 비교적 대규모 빌딩의 고속덕트에 쓰인다. 그리고 일반건물의 환기용 덕트로 널리 사용되기도 한다.
2) 멀티라이저식(Multi-riser Type)
지하층 또는 옥상에 수평주덕트를 배치하고 여기에서 다수의 지관을 입상 또는 입하시키는 방식이며 소규모 빌딩의 저속방식에 사용되고 트렁크식과 병용하면 더욱 실용적이다.
3) 스팬드럴(Spandrel)내 설치식
건물의 외주에 스팬드럴이 설치되는 경우 수평주덕트를 그 속에 설치하는 방식이다.

(5) 덕트의 치수 결정

1) 등속법
덕트 각 부분의 풍속을 결정하고 그 부분의 풍량을 나누어 단면적을 구한다. 단위 길이당 마찰손실의 값이 달라지게 되며 정압손실 번거롭기 때문에 일반공조에는 사용되지 않으며 일정 이상의 풍속을 요구하는 분체배기(粉體排氣)에 쓰인다.

$$A = \frac{Q}{3,600v}$$

A : 덕트의 단면적(m^2)
Q : 풍량(m^3/h)
v : 풍속(m/sec)
2) 정압법(등마찰손실법)
덕트의 단위길이당 마찰손실을 일정하는 하는 방법으로서 다음과 같은 특징이 있다.
① 덕트계의 전저항을 간단하게 구할 수 있다.

전저항(mmAq)=R×($\ell + \ell'$)

R : 단위 길이당 마찰손실(mmAq/m)

ℓ : 직선 덕트의 길이(m)

ℓ' : 곡관 및 부속품의 직고나 상당 길이(m)

② 덕트의 말단으로 갈수록 풍속이 느려지므로 소음처리가 쉽다.

③ 각 취출구의 압력이 다르므로 정확한 풍량을 얻기가 어렵다. 그러나 저속식의 경우는 댐퍼 조절로 소요정압의 확보가 가능하다.

(6) 덕트의 치수결정 순서

① 풍량을 결정한다.

② 송풍기에서 가장 가까운 부분의 풍속을 결정한다.

③ 마찰손실을 결정한다.
(급기덕트 : 0.1~0.12mmAq/m, 환기덕트 : 0.08~0.1mmAq/m)

④ 풍량과 마찰손실에 의해 원형 덕트의 지름을 그림 10-45에서 결정한다.

⑤ 장방형 덕트의 단변과 장변을 알 때, 다음 식을 이용하여 원형 덕트로 지름을 구할 수 있다.

$$d = 1.3\left[\frac{(ab)^5}{(a+b)^2}\right]^{\frac{1}{8}}$$

d : 원형 덕트의 지름(cm)

a : 장방향 덕트의 단변(cm)

b : 장방형 덕트의 장변(cm)

⑥, ⑤식을 환산표로 나타내면 표 10-6과 같다.

<표 10-6> 원형과 구형 덕트의 환산표

(단위 : cm)

단변 b / 장변 a	5	10	15	20	25	30	35	40	45	50	60	70	80	90	100	110	120	130	140	150
5	5.5																			
10	7.6	10.0																		
15	9.1	13.3	16.4																	
20	10.3	15.2	18.9	21.9																
25	11.4	16.9	21.0	24.4	27.3															
30	12.2	18.3	22.9	26.6	29.9	32.8														
35	13.0	19.5	24.5	28.6	32.2	35.4	38.3													
40	13.8	20.7	26.0	30.5	34.3	37.8	40.9	43.7												
45	14.4	21.7	27.4	32.1	36.3	40.0	43.3	46.4	49.2											
50	15.0	22.7	28.7	33.7	38.1	42.0	45.6	48.8	51.8	54.7										
55	15.6	23.6	29.9	35.1	39.8	43.9	47.7	51.1	54.3	57.3	26.8									
60	16.2	24.5	31.0	36.5	41.4	45.7	49.6	53.3	56.7	59.8	65.6	73.7								
65	16.7	25.3	32.1	37.8	42.9	47.4	51.5	55.3	58.9	62.2	68.3	76.5	84.7							
70	17.2	26.1	33.1	39.1	44.3	49.0	53.3	57.3	61.0	64.4	70.8	79.2	87.5	95.6						
75	17.7	26.8	34.1	40.2	45.7	50.6	55.0	59.2	63.0	66.6	73.2	81.8	90.0	98.4	106.5					
80	18.1	27.5	35.0	41.4	47.0	52.0	56.7	60.9	64.9	68.7	75.5	84.2	92.7	101.1	109.3	120.3				
85	18.5	28.2	35.9	42.4	48.2	53.4	58.2	62.6	66.8	70.6	77.8	86.6	95.2	103.7	114.6	125.6	131.2			
90	19.0	29.9	36.7	43.5	49.4	54.8	59.7	64.2	68.6	72.6	79.9	88.9	97.6	108.6	119.6	130.6	136.5	142.1		
95	19.4	29.5	37.5	44.5	50.6	56.1	61.1	65.9	70.3	74.4	82.0	91.1	102.2	113.3	124.4	135.4	141.6	147.5	153.0	
100	19.7	30.1	38.4	45.4	51.7	57.4	62.6	67.4	71.9	76.2	84.0	95.3	106.6	117.7	128.9	140.0	146.4	152.6	158.4	164.0
110	20.5	31.3	39.9	47.3	53.8	59.8	65.2	70.3	75.1	79.6	87.8	99.3	110.7	122.0	133.2	144.4	151.1	157.5	163.5	169.3
120	21.2	32.4	41.3	49.0	55.8	62.0	67.7	73.1	78.0	82.7	91.4	103.1	114.6	126.0	137.3	148.6	155.6	162.2	168.5	174.5
130	21.9	33.4	42.6	50.6	57.7	64.2	70.1	75.7	80.8	85.7	94.8	106.6	118.3	129.8	141.3	152.7	159.8	166.7	173.2	179.4
140	22.5	34.4	43.9	52.2	59.5	66.2	72.4	78.1	83.5	88.6	98.0	110.0	121.9	133.5	145.1	156.6	164.0	171.0	177.8	184.2
150	23.1	35.3	45.2	53.6	61.2	68.1	74.5	80.5	86.1	91.3	101.1	113.3	125.3	137.1	148.8	160.4	168.0	175.3	182.2	188.9
160	23.7	36.2	46.3	55.1	62.9	70.6	76.6	82.7	88.5	93.9	104.1	116.4	128.6	140.5	152.3	164.0	171.9	179.3	186.5	193.3
170	24.2	37.1	47.5	56.4	64.4	71.8	78.5	64.9	80.8	96.4	106.9	119.5	131.8	143.8	155.8	167.6	175.6	183.3	190.6	197.7
180	24.7	37.9	48.5	57.7	66.0	73.5	80.4	86.9	83.0	98.8	109.6	122.4	134.8	147.0	159.1					
190	25.3	38.7	49.6	59.0	67.4	75.1	82.2	88.9	95.2	101.2	112.2	125.2	137.8	150.2						
200	25.8	39.5	50.6	60.2	68.8	76.7	84.0	90.8	97.3	103.4	114.7	127.9	140.6							
210	26.3	40.3	51.6	61.4	70.2	78.3	85.7	92.7	99.3	105.6	117.2	130.5								
220	26.7	41.0	52.5	62.5	71.5	79.7	87.4	94.5	101.3	107.6	119.5									

(가운데 수치 : 원형 덕트의 지름)

예제-33 다음과 같은 덕트계에 정압법으로 각부 구형 덕트의 치수를 결정하라.(단, 마찰손실 수두는 0.1mmAq/m이고, 장방향 덕트의 한변은 20cm로 한다.

해답-33

구간	풍량(m^3/min)	원형덕트(cm)	구형덕트(cm)
A~B	8+15+10=33	35	55×20
B~C	15+10=25	32	45×20
C~D	10	22.5	25×20

예제-34 난방의 현열부하가 30,052kcal/h이고, 실내온도와 송풍온도와의 차를 약 14℃로 할 때 실의 난방 송풍량(Q_W)를 구하시오.

해답-33 $$Q_W = \frac{\text{난방부하 현열량} \times 1.05}{0.24 \times 1.2 \times (\text{송풍온도} - \text{실내온도})} (m^3/h)$$

$$= \frac{30,052 \times 1.05}{0.24 \times 1.2 \times 1.5} \fallingdotseq 7,800 (m^3/h)$$

예제-35 냉방의 현열부하가 31,350kcal/h이고, 송풍온도의 실내온도와의 차를 약 15℃로 할 때 실의 냉방 송풍량(Qs)을 구하시오.

해답-35 $$Q_S = \frac{\text{난방부하 현열량} \times 1.05}{0.24 \times 1.2 \times (\text{송풍온도} - \text{실내온도})} (m^3/h)$$

$$= \frac{31,350 \times 1.05}{0.24 \times 1.2 \times 1.5} \fallingdotseq 7,700 (m^3/h)$$

예제-36 구형의 덕트에서 단변과 장변의 길이가 15cm, 20cm 일 때 원형 덕트의 지름은 얼마인가?

해답-35 $$d = 1.3\left[\frac{(ab)^5}{(a+b)^{2)}}\right]^{\frac{1}{8}} = 1.3\left[\frac{(15\times 20)^5}{(15+20)^2}\right]^{\frac{1}{8}} = 18.885 \fallingdotseq 19(cm)$$

예제-37 다음 사무실 건축의 Duct 설계를 정압법(등마찰손실법)으로 하시오.

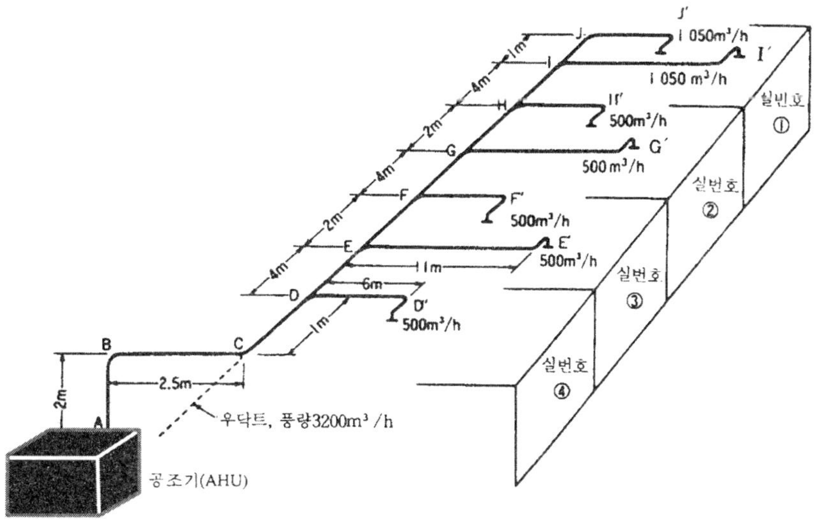

<그림 11-49> 덕트 계통도

(1) 각 실의 풍량 계산

① 냉방 송풍량 $Q_s = \dfrac{\text{냉방부하 현열량} \times 1.05}{0.24 \times 1.2 \times (\text{실내온도} - \text{송풍온도})} (m^3/h)$

② 난방 송풍량 $Q_w = \dfrac{\text{냉방부하 현열량} \times 1.05}{0.24 \times 1.2 \times (\text{실내온도} - \text{송풍온도})} (m^3/h)$

실번호(1) 2,100m³/h
실번호(2) 1,000m³/h ―― 좌측 주덕트가 담당하는 풍량 4,600m³/h
실번호(3) 1,000m³/h
실번호(4) 500m³/h

실번호(5) 3,200m³/h : 우측 주덕트가 담당하는 풍량 3,200m³/h

1) A~B, B~C는 주덕트이므로 주덕트의 풍량은 기준층의 각실 필요풍량의 합계인 7,800m³/h이다.

2,100+1,000+1,000+500+3,200=7,800m³/h

2) C~D 구간은 C점에서, 좌, 우 주덕트로 나누어져 풍량 3,200m³/h가 감소하기 때문에 4,600m³/h가 된다.

7,800-3,200=4,600m³/h

3) D~E 구간은 ④호실에 500m³/h로 나눠지므로 4,100m³/h가 된다.
4,600-500=4,100m³/h
4) E~F 구간은 ③호실에 500m³/h로 나눠지므로 3,600m³/h가 된다.
4,100-500=3,600m³/h
5) F~G 구간은 ②호실에 500m³/h로 나눠지므로 3,100m³/h가 된다.
3,600-500=2,600m³/h
6) G~H 구간은 ②호실에 500m³/h로 나눠지므로 2,600m³/h가 된다.
3,100-500=2,600m³/h
7) H~I 구간은 ②호실에 500m³/h로 나눠지므로 2,100m³/h가 된다.
2,600-500=2,100m³/h
8) I~J 구간은 ①호실에 1,050m³/h로 나눠지므로 1,050m³/h가 된다.
2,100-1,050=1,050m³/h
이와 같은 방법으로 각실마다의 풍량을 줄이면서 그 수치를 주덕트 계산표에 기입한다.

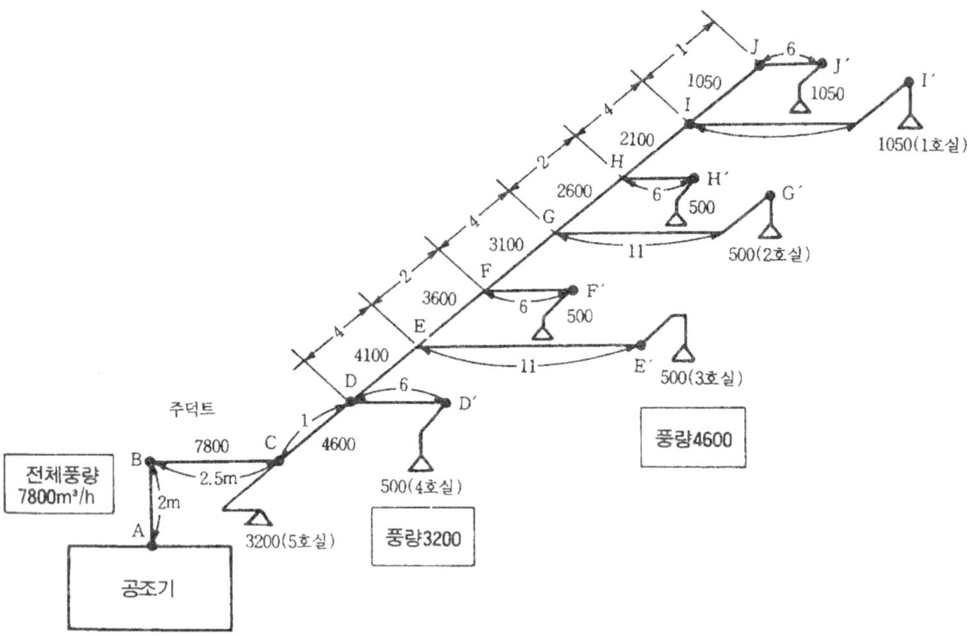

〈그림 11-50〉 공기조화 덕트 계통도

(2) 덕트의 크기 결정방법

① 등속법

② 정압법(등마찰손실법)

③ 정압재취득법

④ 덕트내 풍속이 12m/sec 이하의 수치로 하여 마찰손실 R(mmAq/m)을 정하고 이 값을 전 덕트계에 채용하여 설계한다. 보통 R의 0.1mmAq/m가 널리 쓰이며 그리고 덕트의 단면은 구형(직사각형)으로 하는 것이 통례이다. 정압 설계법은 저항 계산이 간단하여 또한 덕트 말단일수록 풍속이 감소하므로 소음처리가 용이하다.

(3) 덕트의 형상

① 주덕트의 형상은 구형으로 한다.

② B, C, J부와 같이 직사각형의 형상 그대로 엘보우(90°)로 하는 부분은 그 모양을 그려서 곡관으로 구분한다.

③ 덕트의 직경과 풍속 및 풍량의 관계를 나타낸 덕트계산도에서 원형덕트의 크기를 구한다.
예를 들면 A~B구간의 풍량은 $7,800m^3/h \div 60 = 130m^3/min$이다. 그리고 덕트 설계법에서 주덕트의 풍속을 대략 10m/sec 이하로 하여 마찰손실을 정하지만 일반적으로 덕트의 전계통에 R의 값은 0.1mmAq/m를 쓰므로 덕트계산도(그림 11-52, 15-45)에서 풍량 $Q = 130m^3/min$인 수평선분과 마찰저항손실 R=0.1mmAq/m인 수직선분이 서로 만나는 점에 해당하는 원형덕트의 직경을 600mm로 읽는다.
이때 덕트내 풍속을 나타내는 선분에서 7.5m/sec를 읽는다. 이 풍속은 보통 허용 풍속인 8~10m/sec 이하에 해당하므로 허용된다.

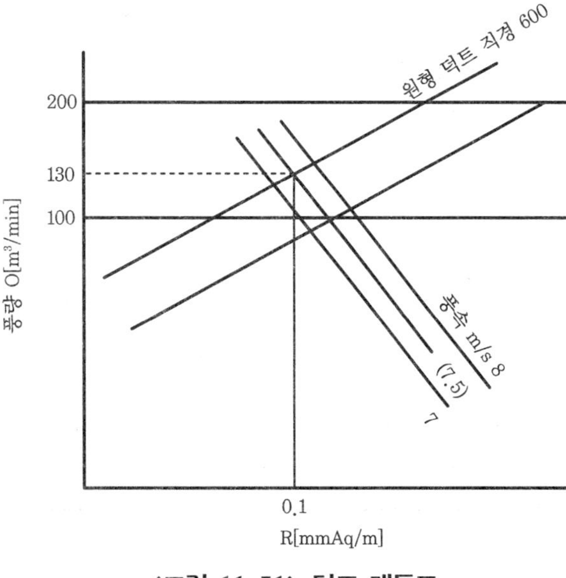

〈그림 11-51〉 덕트 계통도

(4) 장방향 덕트의 환산

덕트 계통도에서 구한 원형덕트의 직경 600mm를 장방향 덕트 환산표에서 원형 덕트의 직경에 해당하는 장변과 단변을 읽어 덕트의 단면치수로 한다.
예를 들면 원형덕트의 직경이 600mm인 경우, 구간 A~B의 덕트 직경은 600mm=60cm이므로 표 11-7에서 장변×단변의 수치를 찾는다.

〈표 11-7〉 장변×단변의 수치

원형덕트의 직경(m)	장면ⓐ×단변ⓑ(cm×cm)
60.9	80×40
59.2	75×40

〈표 11-8〉 기준층 주덕트 계산표

구간	풍량		형상	덕트지름 [cm]	너비×높이 W×H [cm]	풍속 [m/s]	미찰저항손실 R [mmAq/m]	길이 ℓ [m]	압력손실 R×ℓ [mmAq]
	m²/h	m²/min							
A~B	7,800	130	구형	60	75×40	7.5	0.1	2	0.2
B	7,800	130	만곡관	60	75×40	7.5	0.1	2.4	0.24
B~C	7,800	130	구형	60	75×40	7.5	0.1	2.5	0.2
C	4,600	76.7	만곡관	49	85×25	6.5	0.1	2.4	0.24
C~D	4,600	76.7	구형	49	85×25	6.5	0.1	1	0.1
D~E	4,100	68.3	구형	46	75×25	6.3	0.1	4	0.4
E~F	3,600	60.0	구형	45	70×25	6.2	0.1	2	0.2
F~G	3,100	51.7	구형	42	65×25	6.0	0.1	4	0.4
G~H	2,600	43.3	구형	40	55×25	5.8	0.1	2	0.2
H~I	2,100	35.0	구형	37	50×25	5.4	0.1	4	0.4
I~J	1,050	17.5	구형	28	35×20	4.6	0.1	1	0.1
J	1,050	17.5	만곡관	28	35×20	4.6	0.1	1.2	0.12
J~J′	1,050	17.5	구형	28	-	4.6	0.1	6	0.6
J′취출구	1,050	17.5	-	-	-	-	-	-	3.0
계									6.45mmAq

11.7 공기조화용 축열시스템

에너지 형태를 열에너지로 저장하여 필요시 공조설비로 사용하는 방식으로서 열원기기와 공조기기를 이원화하여 운전함에 따라 열의 생산과 소비를 임의로 조절할 수 있으므로 에너지를 효율적으로 이용할 수 있는 열원방식 중의 하나이다. 공조용 축열시스템을 심야전력과 연계하여 사용하면 열원기기의 고효율 운전 및 부분부하운전 설비용량의 축소, 열회수에 의한 에너지 절약 등을 기할 수 있다. 축열방식의 종류는 수축열 방식과 빙축열 방식으로 구분된다.

1) 수축열방식

물의 현열을 이용하는 방식으로서 축열매체가 어떠한 상변하(phase change)도 일으키지 않고, 단순한 온도차를 이용하여 열을 저장하는 방식이다.
축열조는 보통 지하층 이중 슬래브를 이용하여 각 스페이스는 연통관 또는 통기관으로 접속하고 순환경로는 물의 정체를 방지하여 전수량이 유효하게 이용되도록 계획한다. 지중에서의 열손실 및 상하온도차가 발생하기 때문에 축열효율 에너지지율은 50~60% 안팎이다. 과거에는 냉수축열조가 많았으나 최근에는 공기열원 또는 배열이용 히트펌프의 온수축열조도 많이 쓰이고 있다.

2) 빙축열방식

여름철에 주간의 건물냉방용 전력수요의 증가로 여름철에는 주·야간의 전력부하의 불균형이 심각하다. 이러한 불균형 문제를 해소하기 위하여 심야의 값싼 심야전력을 이용하여 전기에너지를 얼음형태의 열에너지로 저장하였다가 주간에 냉방용으로 사용하는 방식이다. 빙축열시스템은 전력부하의 불균형 해소와 심야전력을 이용함으로써 값싼 에너지를 공급할 수 있다.
공조용 빙축열 시스템의 공급 열원기기는 2차측 공조기와 사용시간대를 다르게 할 수 있는 특성, 즉 열의 생산과 소비시간을 임의로 조절할 수 있다.

(1) 제빙방식에 따른 분류 (Ice-on-Coil Type)

① 관외 착빙형(Ice-on-Coil Type) : 빙축조 내 열교환 코일을 설치하여 주위에 얼음을 생성하는 방법으로 축열조 내 물을 채우고 코일 내부에 브라인(brine) 또는 냉매를 순환시켜 코일 주위에 착빙시킨다.

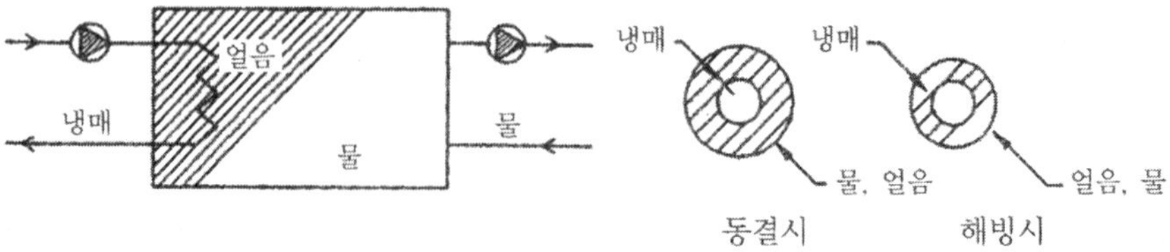

<그림 11-52> 관외 착빙형

② 관내 착빙형(Ice-in-Coil Type) : 빙축조 내 열교환기를 설치하고 관외에 브라인이 통과할 수 있게 된 구조이다. 제빙시 관 내측에 얼음이 착빙하게 되므로 열전달 표면적이 감소한다.

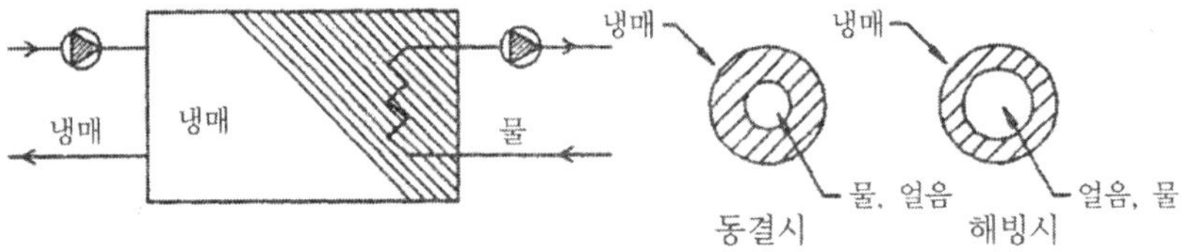

<그림 11-53> 관내 착빙형

③ 완전 동결형 : 빙축조 내 열교환기를 설치하고 제빙측 브라인이 부하측 브라인 회로를 밀폐시킨다. 방축조 내의 저장된 물을 완전히 동결시킬 수 있다.

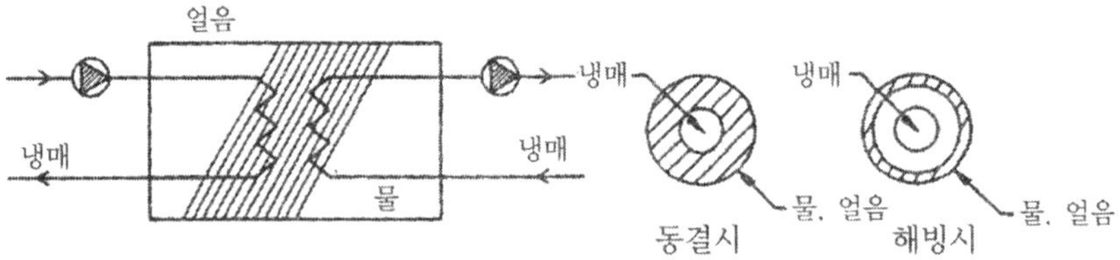

<그림 11-54> 완전 동결형

④ 캡술형(Ice Ball Type) : 조내 캡슐을 설치하고 그 내부에 물을 채우고 얼림으로써 열을 저장하는 방법이다. 조내에는 브라인을 채우고 완전동결형과 같이 냉동기 및 부하측 순환매체를 브라인으로 한다.

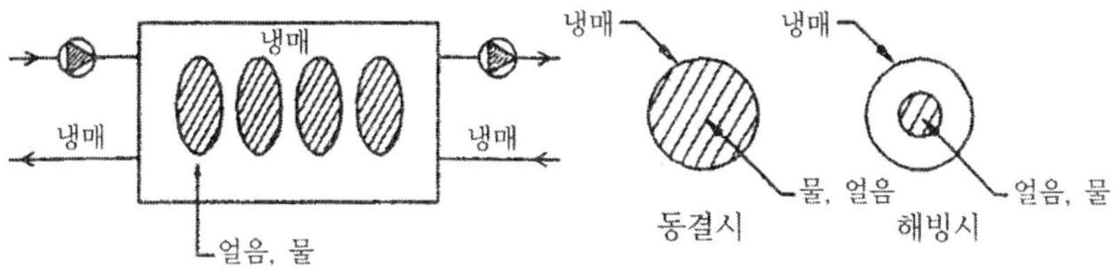

<그림 11-55> 캡슐형

⑤ 빙 박리형(다이내믹형) : harvest type이라고도 하며 제빙 코일주위에 생성된 얼음을 박리시켜 별도의 탱크에 얼음만을 저장하는 구조이다. 제빙코일 주위에 두께 5mm 정도의 얼음이 형성되면 냉동기를 역순환시킴으로써 코일온도를 높여 얼음을 박리한다.

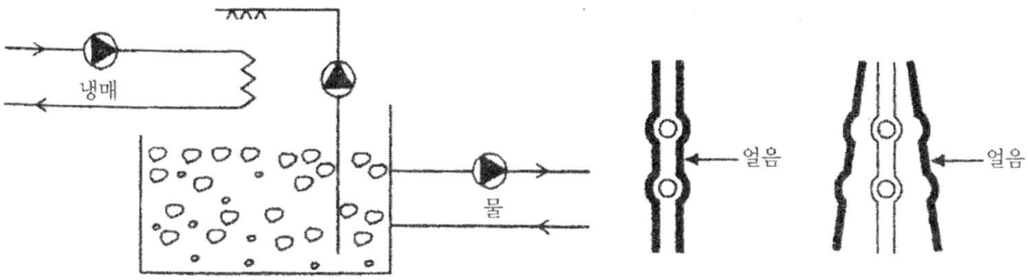

<그림 11-56> 빙 박리형

⑥ 액체식 빙생성형 : 에틸렌 글리콜 수용액을 이용하여 알갱이 형태의 얼음을 생성하는 직접식과 열교환기를 통해 냉매와 글리콜 수용액을 간접적으로 접촉시켜 얼음을 만드는 간접식 두 종류가 있다. 열교환효율이 높고 IPF를 50% 이상으로 높일 수 있다.

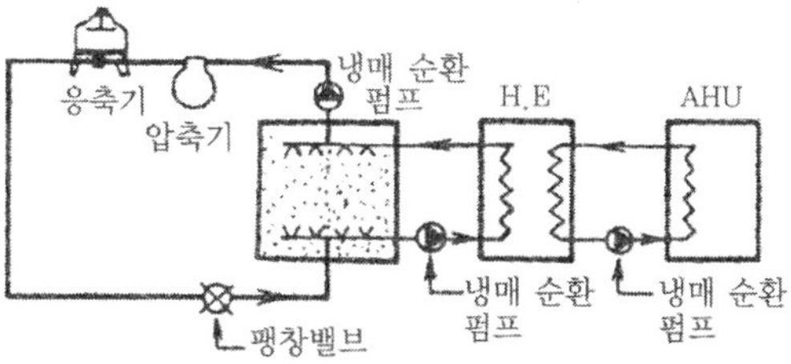

<그램 11-57> 액체식 어름생성형

제12장

산업용 공기조화

12.1 산업용 공기조화

공기조화는 인간을 대상으로 하여 인체의 보건, 생활환경을 쾌적하게 유지하는 것을 목적으로 하는 보건용 공기조화와 제품 또는 생산과정을 대상으로 하여 생산능률의 증진, 제품의 품질 향상 및 균일화, 저장 등을 목적으로 하는 산업용 공기조화가 있다. 이 단원에서는 제품의 생산, 관리, 유지 등을 효율적으로 높이기 위한 산업용 공기조화로써 클린 룸(Clean Room)을 다룬다.

1) 클린 룸 (Clean Room)

클린 룸이란 공기 속에 있는 입자상 물질을 규정된 수준으로 유지하는 청정곤간으로 온도, 습도, 기류, 조도, 소음, 압력 등의 환경 조건까지 어떤 범위내로 제어하는 특수공간을 말하며 화이트 클린 룸과 바이오 클린 룸으로 대별한다. 화이트 클린 룸은 트랜지스터, IC, Mega 386DM 등의 반도체 소자, TV용 칼라 브라운관, 제어기, 초미니 베어링 등의 제조공정에 이용되며 바이오 클린 룸은 식품가공, 의약품 제조, 의료시설, 실험동물사육, 무균실험 등에 이용하여 많은 성과를 거두고 있다.

클린 룸은 표 11-1에서와 같이 등급을 나누며 Class급별 조건은 다음과 같다.

- Class 100

① 고성능(HEPA : High Efficiency Particulate Air) 필터를 사용한다.
② 실온은 23℃ ±1℃를 유지한다.
③ 습도는 55% ±5%를 유지한다.
④ 조도는 200Lux 이상 유지한다.
⑤ 소음은 50dB 이하로 유지한다.
⑥ 환기 회수는 조건에 따라 조정한다.

- Class 100,000

① 고성능(HEPA) 필터를 사용한다.
② 실온은 24℃ ±1℃를 유지한다.
③ 습도는 55% ±5%를 유지한다.
④ 소음은 50dB 이하로 유지한다.
⑤ 환기 회수는 시간당 300회이다.

〈표 12-1〉 Clean Room의 등급별 규격(미국연방규격)

Clean Room급별	입자		압력 mmAq
	입경(μm)	입자수(개/ft³)	
Class 100	≦ 0.5	≦ 100	1.25
Class 10,000	≦ 0.5	≦ 10,000	1.25이상
	≧ 0.5	≧ 65	
Class 100,000	≧ 0.5	≦ 10,000	
	≦ 0.5	≧ 700	

표 12-2는 작업장별로 필요한 청정도를 나타낸다.

〈표 12-2〉 작업장별 필요 청정도

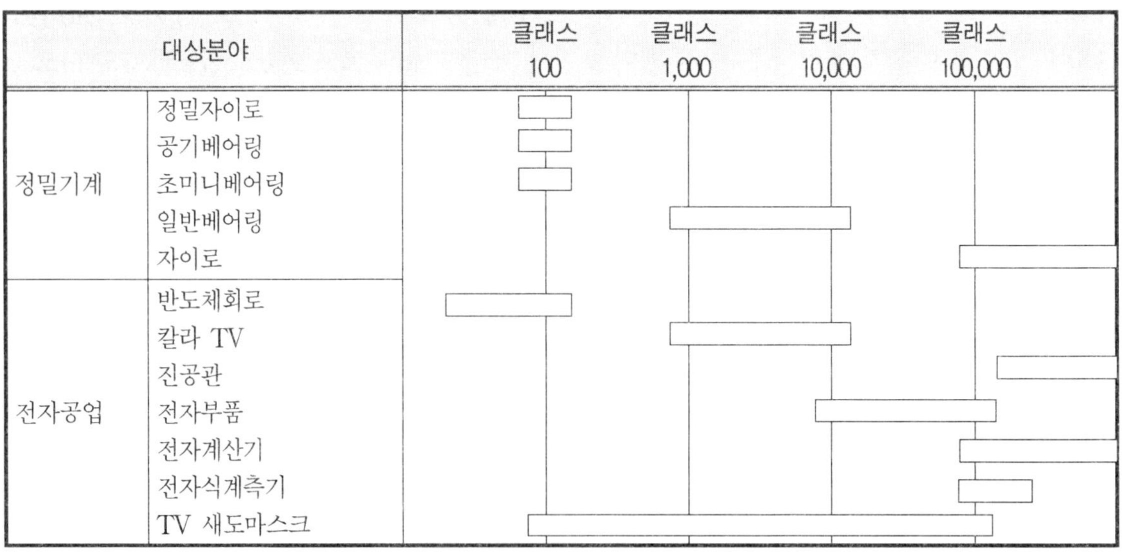

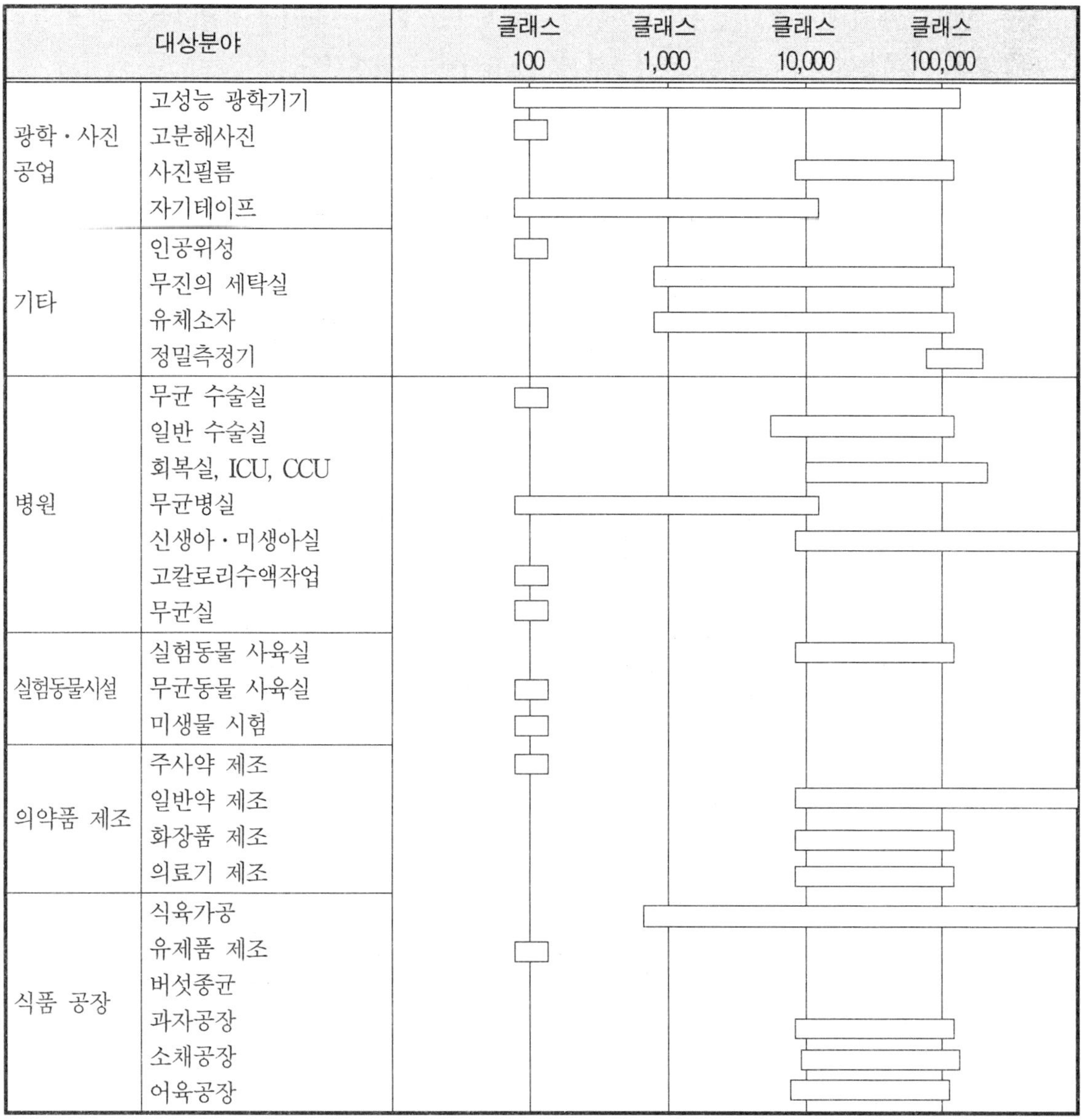

(1) 화이트 클린 룸(White Clean Room)

클린 룸의 공기가 흐르는 상태에 따라서 수직층류(Down Flow)방식, 수평층류(Cross Flow)방식과 비층류(Conventional)방식으로 구분한다. 클린 룸의 공조방식과 기류방식은 그림 12-1과 같다. 그림 (a)는 비층류 방식의 계통도를 나타내며, 외기처리 필터, 중성능 필터, 고성능 필터는 각각 여과하는 먼지 입자의 크기에 따라서 선정한다. 중성능 필터는 거친 먼지를 포집하여 고성능 필터를 보조하고 그 내용연수를 연장시킨다. 층류방식에서도 (a)와 같이 전풍량을 공조기에서 송풍하는 방식과, (b), (c)와 같이 공조기는 필요냉각 공기만을 송풍하는 청정도 유지에 필요한 송풍은 팬 필터 유니트(Fan Filter Unit)에서 공급하는 방식 등이 있으므로 기계실의 위치, 진동, 냉각능력 등을 고려하여 선정한다.

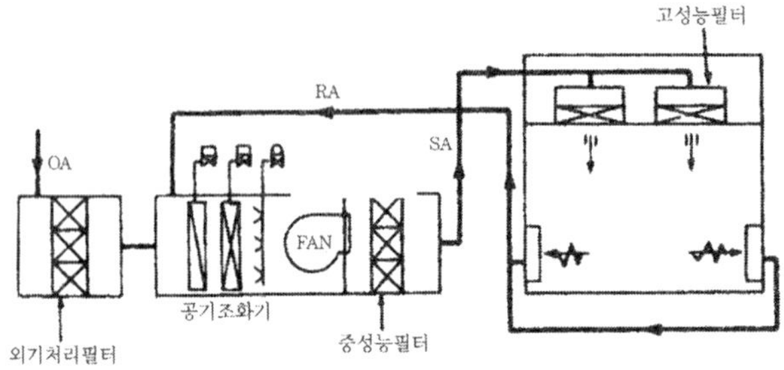

(a) 비층류방식

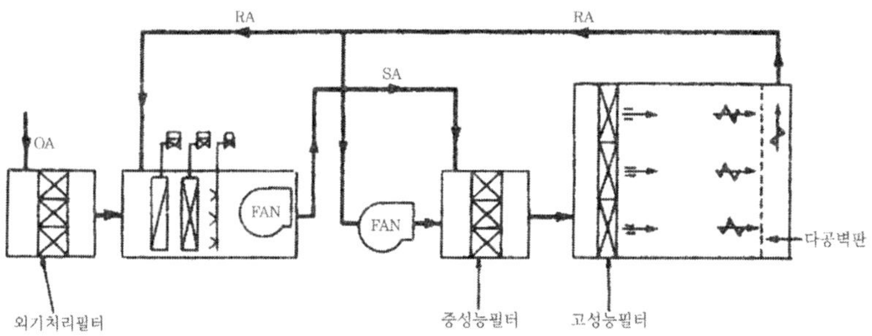

(b) 수평층류방식

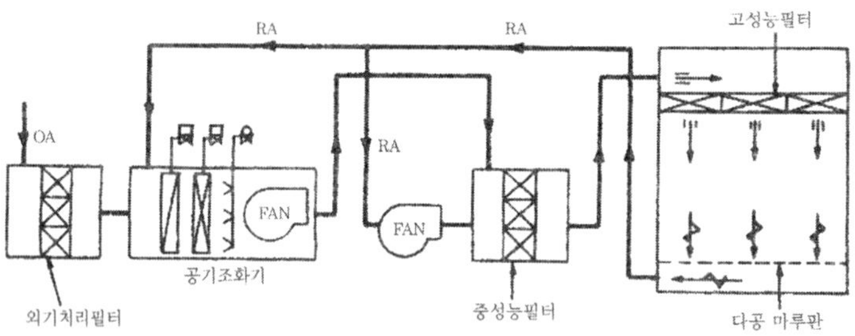

(c) 수직층류방식

<그림 12-1> 클린 룸의 공조방식과 기류방식

프리필터(Pre-Filter)는 일반적으로 공조기의 외이 취입부에 사용되어 분경 10 μm 이상을 포집하는 필터로서 여재는 화학섬유, 유리섬유 등을 사용하고 포집율은 70~90% 정도이다. 판넬, 롤형의 세척타입(Washable Type)을 많이 사용한다. 중성능 필터는 HEPA 필터의 수명을 연장하기 위해 그 전반에 설치되는 필터로서 포집율은 80~90% 정도의 것이 사용된다. 고성능(HEPA : High Efficiency Pariculate Air) 필터는 0.3 μm의 입자에 대하여 99.97% 이상의 포집율을 보증하는데 최근 제조공장에서는 0.1 μm의 부유 미립자를 제거할 수 있는 초청정(ULPA : Ultra Low Penetration Air) 필터가 개발되어 Class 10 이하의 초청정 클린 룸(Super Clean Room)이 운전되고 있다.

표 12-3은 공기의 기류방식에 따른 적용 청정도, 환기, 횟수, 특징, 가격비 등을 제시한다.

<표 12-3> 클린 룸의 실내기류방식 비교

기류 방식	청정도	풍속 [m/s]	환기횟수 [회/시]	단면도	토출구 · 출입구
수직층류방식 (Down Flow)	클래스 100	0.25~0.30	200~600	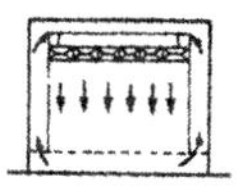	토출구 : 천장의 80% 이상 흡입구 : 바닥의 40% 이상 (바닥구석판의 이용도 가능)
수평층류방식 (Cross Flow)	클래스 100	0.45~0.50	200~600	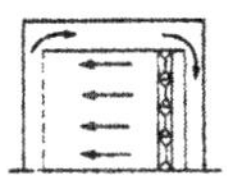	토출구 : 벽의 80% 이상 흡입구 : 벽의 40% 이상 (천장에서도 가능)
	클래스 10,000		100~200		
비충류방식 (Conventional)	클래스 10,000		30~60		토출구 : 필터토출구가 좋다. 흡입구 : 바닥 가까이에서 흡입
	클래스 100,000		20~30		

기류 방식	장 점	단점	가격비
수직층류방식 (Down Flow)	• 효과가 완전하다. • 작업인원, 작업상태에 좌우되지 않는다. • 운전개시후 즉시 정상 상태가 된다. • 먼지의 퇴적, 재부유가 극소화 한다. • 관리가 용이하다.	• 천장부, 조명설치부 등에 주의(난기류)을 요한다. • 필터교환이 복잡하다. • 설비비가 높다. • 실의 확장이 어렵다.	100
수평층류방식 (Croos Flow)	• 운전개시 후 즉시 정상상태가 된다. • 구조가 간단하다.	• 상류의 영향이 하류에 미친다. • 기기배치, 관리에 주의를 요한다. • 설비비가 비교적 고가이다. • 실의 확장이 어렵다.	50~80 30~50
비충류방식 (Conventional)	• 구조가 간단하다. • 설비비가 저렴하다. • 실의 확장이 용이하다. • 클린벤치를 이용하면 고청정도 유지가 가능하다.	• 난기류에 의한 오염입자의 재순환 가능성이 있다. • 정상상태가 되는데 시간이 소요된다. • 기기의 배치, 관리에 주의를 요한다.	10~40

1) 반도체 제조 클린 룸

반도체 제조를 위한 클린룸은 산업용 클린룸중에서 가장 높은 청정도를 요구한다. 클린룸의 종류는 난류형(Turbulence)방식 클린룸, AHU(Air Handling Unit) 방식 클린룸, CTM(Clean Tunnel Module)방식 클린룸, CTM(Clean Tunnel Module)방식 클린룸, FFU(Fan Filter Unit) 방식 클린룸과 축류팬(Axial Fan)형 방식 클린룸이 있는데 그중에서 최근에 개발되고 성능이 우수한 축류팬형 방식 클린룸을 소개한다.

(1) 축류팬형 방식 클린룸

대규모 반도체용 클린룸의 보편적인 적용방식으로 그림 4-31과 같이 순환공조용 시설을 대형의 축류팬 직결형 공조(vertical, horizontal axial fan)를 적용하여 확장성 및 가동율, 압력손실, 유지용이 측면의 유연성을 살린 것으로 최근 신설 클린룸에서도 계속적 적용하는 방식이다. 단점으로 핵심 시설의 국외 의존도가 높으며 건축적인 측면에서 시공시 천정, 지하의 층고를 높게 시공해야만 편기류의 문제를 해결할 수가 있다. 국외 수급 부품의 기간 소요와 별도의 제반부가 시설(소음, 진동 감쇠시설, 역류방지 댐퍼)이 필요하며, 층고가 타방식 보다 높게 요구되어 전체적인 건축고 증가가 필수적이다.

청정도는 클래스 1~100가 일반적이며 이때의 기준 입자는 0.1μm 이상의 입자 크기를 기준으로 하고 있다. 최근 이슈화 되고 있는 공정상 이온 오염문제(NH_3, SO_x, NO_2, O_3)등의 오염물질을 제거하기 위한 공조 계통상 화학 필터의 증설 적용 등에서 타 방식의 공조 시설보다 비교적 용이하며, 클린룸 내부의 레이아웃 변동 대응에 용이하고 가동율이 우수한 장점이 있다.

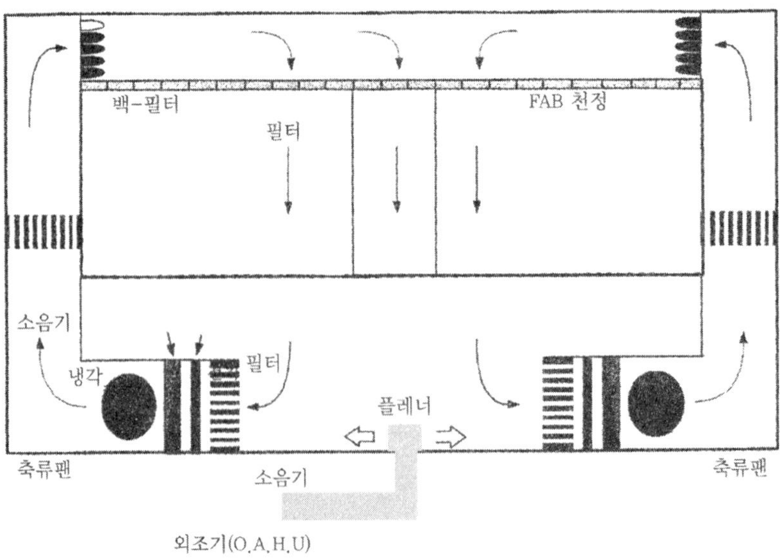

<그림 12-2> 축류팬(axial fan)방식 클린룸

2) 바이오 클린 룸 (Bio Clean Room)

바이오 클린 룸은 진애와 세균, 곰팡이 등이 없는 청정공간을 말하고 공중에 있는 미생물 중에서 바이러스(Virus)는 0.01 μm보다 더 적은 것이 있으며, 이것들은 단일체로 부유하지 않고 먼지 등에 부착되어 0.2~2 μm 정도의 크기가 되므로 이러한 부유분진을 포집하려면 클린 룸 설비와 같은 장치를 설치해야 한다.

바이오 클린 룸에서 미생물을 제거하는 목적은 인간의 감염방지, 의약품 등의 품질유지 등에 있으며 그 대상이 되는 미생물은 위험성이 적은 일반 잡균 및 존재 가능성이 희박한 병원 미생물 등이다.

또한 미생물 오염(Bio Hazard) 방지의 목적은 인간의 감염방지를 위하여 병원미생물의 존재를 확인하거나 DNA 실험에서와 같이 돌연변이에 의하여 병원성이 생길 수 있는 미생물을 제거하는 데 있으며, 그림 12-3은 DNA 실험실에 대한 공조설비 계통도의 한 예이다.

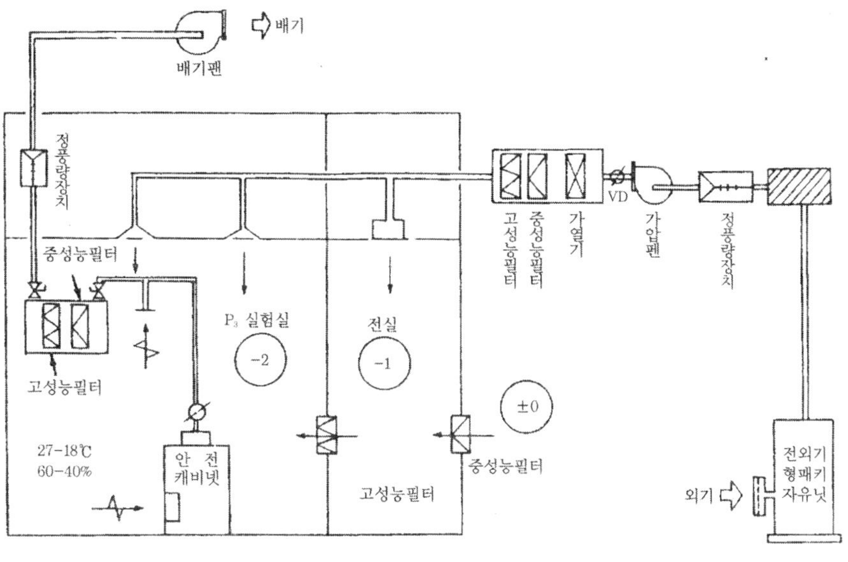

〈그림 12-3〉 DNA 실험실의 공조설비 계통도

제13장

소방 설비

13.1 소방 설비

소방 설비는 화재로부터 소방대상물의 보호는 물론 화재를 사전에 예방하기 위한 설비이다. 이러한 목적으로 건축물에 시설하는 소방 설비는 소화설비, 경보설비, 피난설비, 소화용수 설비, 소화활동상 필요한 설비 등 크게 5가지로 분류된다.

1) 소화 설비

물 또는 소화재를 사용하여 소화작업을 하는 소화설비는 다음과 같은 종류가 있다.

(1) 옥내 소화전 설비
(2) 옥외 소화전 설비
(3) 스프링클러 설비
(4) 드랜처 설비
(5) 연결 송수관 설비
(6) 동력 소방펌프 설비
(7) 소화기

2) 경보 설비

화재가 발생하였을 때에 화재발생을 통보해 주는 경보설비는 다음과 같은 종류가 있다.

(1) 자동화재 탐지 설비
(2) 누전화재 경보기
(3) 자동화재 속보설비
(4) 비상 경보설비(비상벨, 자동식 싸이렌, 방송설비)

3) 피난 설비

화재가 발생하였을 때 편리하게 사람이 피난하도록 설치하는 피난 설비는 다음과 같다.

(1) 피난기구
(2) 유도등, 유도표지
(3) 비상 조명등
(4) 인명구조설비

4) 소화활동상 필요한 설비

소화활동이 곤란한 장소에 소화활동을 용이하게 하기 위한 설비로서 다음과 같다.
(1) 배연 설비
(2) 연결 살수 설비
(3) 연결 송수관 설비
(4) 비상 콘센트 설비
각종 소방시설의 종류와 설치기준은 소방법에 의한다.

13.2 옥내 소화전 설비

1) 옥내 소화전의 개요

화재 초기에 소화전 함내에 비치되어 있는 호스 및 노즐을 이용하여 소화작업을 하는 설비이다. 옥내 소화전 설비는 일반적으로 수원(水原), 가압송수장치(加壓送水裝置), 배관(配管)과 개폐밸브, 호스와 노즐 등을 수납하는 상자로 구성되어 있으나 일반적으로 옥내 소화전은 소화전, 호스, 노즐, 수납상자를 포함하여 말하는 경우가 많다. 그림 13-1은 옥내 소화전 설비 계통도를 나타낸다.

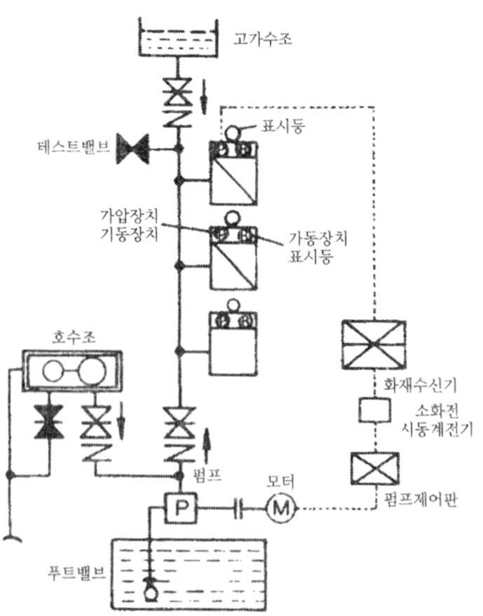

〈그림 13-1〉 옥내 소화전 설비 계통도

소화펌프 기동방식(起動方式)은 개폐밸브를 작동함으로써 자동적으로 기동하는 방식과 펌프의 기동스위치를 눌러 줌으로써 P형 1급 수신기를 작동시켜 기동하는 방식이 있다. 소화펌프를 기동하면 표시등이 점멸(點滅)되고 경보가 울린다. 또한 소화펌프는 다른 스프링쿨러 설비, 포 소화설비 등과 겸용(兼用)하는 경우도 있다.

2) 옥내 소화전의 배치

옥내 소화전은 소방대상물의 설치하되 층의 각 부분으로서 1개의 호스 접결구(接結口)까지의 수평거리가 25m를 초과할 수 없다.

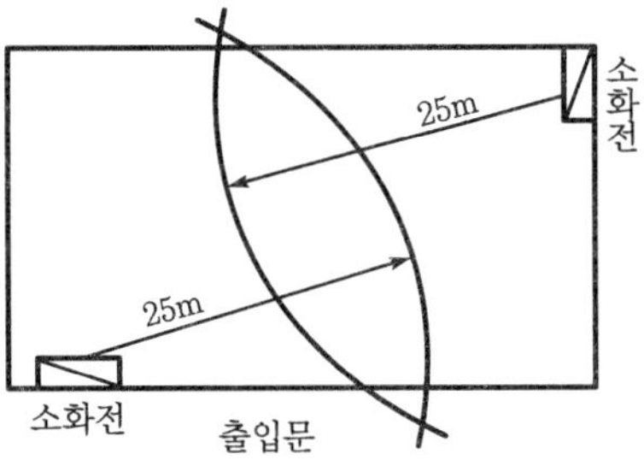

<그림 13-2> 옥내 소화전의 유효 반경

3) 옥내 소화전의 설치 위치

옥내 소화전이 개폐밸브(앵글밸브)는 그림 13-3과 같이 바닥으로부터 높이 1.5m 이하의 위치에 설치하여야 한다.

4) 수원의 수량

수원의 수량은 옥내 소화전의 설치개수(설치개수가 5층을 초과하는 경우에는 5개로 함.)에 $2.6m^3$을 곱하여 얻은 양 이상이 되도록 하여야 한다.
즉, 설치개수(5개 이상일 때는 5개)×$2.6m^3$ 또는 설치개수×130ℓ/min×20분 중에서 많은 값으로 하고 최대 $13.0m^3$로 한다.

5) 방수압력 및 방수량

옥내 소화전 설비는 어느 층에 있어서나 층의 당해 모든 옥내 소화전을 동시에 사용하는 경우에는 각 노즐 선단의 방수 압력이 $1.7kg/cm^2$ 이상이고, 각 노즐마다 방수량이 130ℓ/min 이상이어야 한다.

6) 옥내 소화전의 표시

옥내 소화전 설비의 설치 표시는 다음과 같이 하고 그림 13-4에 나타낸다.

(1) 옥내 소화전함에는 그 표면에 "소화전"이라고 표시한다.

(2) 옥내 소화전함의 상부에 적색의 등화를 설치한다.

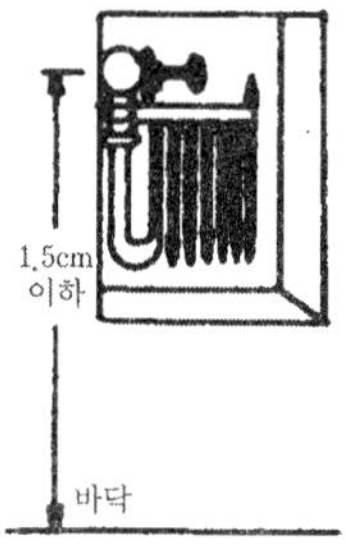

〈그림 13-3〉 개폐밸브의 설치위치

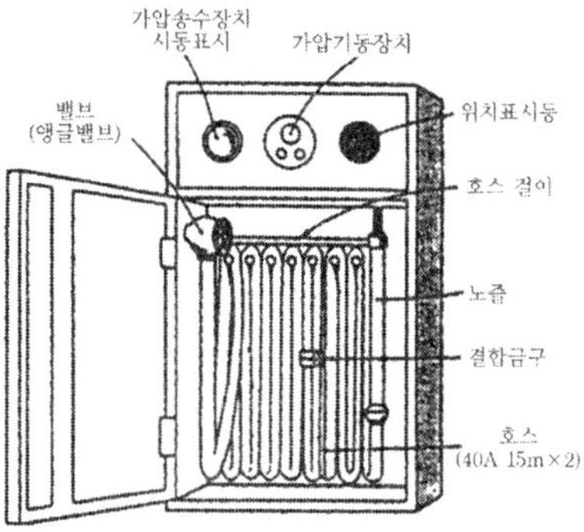

〈그림 13-4〉 옥내 소화전의 표시

7) 옥내 소화전의 배관

옥내 소화전의 배관은 다음과 같이 한다.

(1) 배관은 옥내 소화전의 전용으로 한다.

(2) 가압송수장치의 분출면에 가장 가까운 부분의 배관에는 체크밸브(역지밸브) 및 글로브밸브를 설치한다.

(3) 펌프를 사용하는 가압송수장치의 흡수관에는 여과장치를 설치하고 수원의 수위가 펌프보다 낮은 위치에 있는 것은 푸트밸브를 기타의 것에는 글로브밸브를 설치한다.

(4) 주배관(主配管)중 수직관은 50mm 이상의 것으로 한다.

8) 소화 펌프

소화 펌프는 접근이 용이하고, 화재에 의한 피해를 받지 않는 장소에 설치하며 일반적으로 다단 터빈 펌프를 사용한다. 펌프의 양수량은 소화전의 동기개구수를 정하여 소화 펌프의 양수량을 정한다.

$$Q_p = N \times 150$$

Q_p : 펌프의 양수량(ℓ/min)　　N : 소화전의 동기개구수(최대 5개)

소화 펌프의 원동기 출력은 다음 식으로 구한다.

$$원동기\ 출력(kw) = \frac{0.163 \times Q_p \times H}{E} \times K$$

Q_p : 양수량(펌프의 용량 m^3/min)　　H : 펌프의 전양정(m)

K : 전달계수(표 13-1 참조)　　E : 펌프의 효율

<표 13-1> 펌프 효율(E)과 전달계수(K)

펌프의 구경(m)	E의 값	동력의 형식	K의 값
40	0.4~0.45	전동기 직결	1.1
50~65	0.45~0.55	전동기 이외의 전동기	1.15~1.2
80	0.55~0.6		

13.3 옥외 소화전 설비

1) 옥외 소화전 설비의 개요

건축물의 화재를 진압하기 위하여 건축물의 외부에 옥외 소화전을 설치하고 자체 진화(鎭火) 또는 인근 건물의 연소방지를 목적으로 설치하는 것이다. 그림 13-5는 옥외 소화전의 계통도를 나타낸다.

2) 옥외 소화전 설치대상

소방법에 해당되는 소방대상물로서 지하층을 제외한 층수가 1층인 경우에는 1층의 바닥 면적이 9,000m^2 이상이고, 지하층을 제외한 층수가 2층 이상인 경우에는 1층 및 2층 이상의 바닥 면적의 합계가 9,000m^2 이상인 건축물에는 옥외 소화전을 설치하여야 한다.

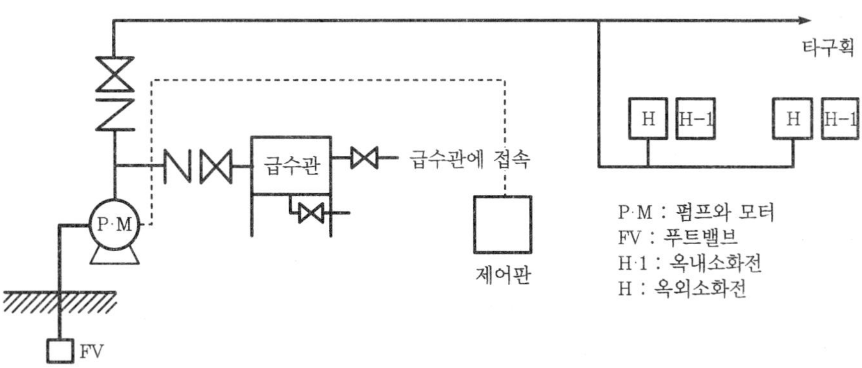

<그림 13-5> 옥외 소화전의 계통도

소방법에 해당되는 소방대상물로서 내화건축물 및 방화구조 건축물이 동일 대지 안에 2개 이상의 건축물이 연소 우려가 있는 거리에 있을 때에는 1개의 건축물로 보고 옥외 소화전 설치 대상 규정을 적용받는다. 그림 13-6에 연소 우려가 잇는 건축물을 나타낸다.

3) 옥외 소화전의 배치

옥외 소좌헌은 각 부분으로부터 1개의 호스 접속구까지의 수평거리가 40m 이하가 되도록 설치하여야 하며, 그림 13-7과 같이 나타낸다.

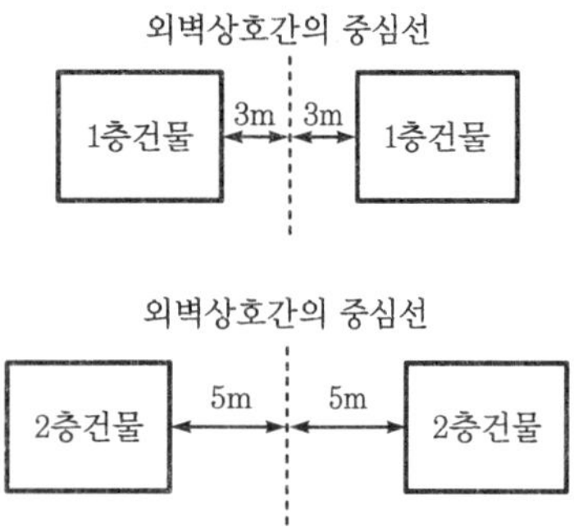

<그림 13-6> 연소 우려가 있는 건축물

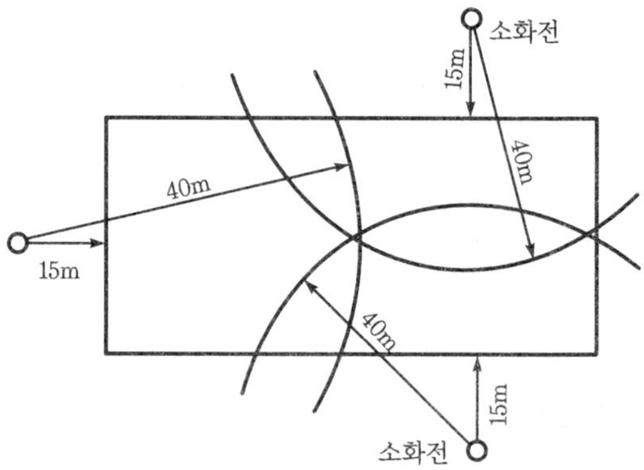

<그림 13-7> 옥외 소화전의 유효반경

4) 수원(水源)의 수량

수원의 수량은 옥외 소화전의 설치개수(2개 이상일 때에는 최대 2개)에 7.0m^{3}을 곱한 양 또는 설치개수(2개 이상일 때는 최대 2개)에 350ℓ/min와 20min를 곱한 양 중에서 큰 값 이상이 되어야 한다. 수원의 최대수량은 14.0m^{3}이다.

5) 방수압력 및 방수량

옥외 소화전 설비는 2개의 옥외 소화전을 동시에 사용하는 경우에 각 노즐 선단의 방수압력이 2.5kg/cm^2 이상이고, 노즐마다의 방수량이 350ℓ/min 이상의 성능이 있는 것으로 하여야 한다.

6) 옥외 소화전의 설치 위치

옥외 소화전의 설비의 방수용 기구를 수납하는 옥외 소화전으로부터 보행거리 5m 이내에 설치해야 한다. 그림 13-8에 옥외 소화전의 설비계통을 나타낸다.

7) 옥외 소화전의 표시

옥외 소화전에는 가장 가까운 곳의 보기 쉬운 곳에 “소화전”, 옥외 소화전함에는 “호스함”이라고 표시하여야 한다. 그림에 옥외소화전 설비계통을 나타낸다.

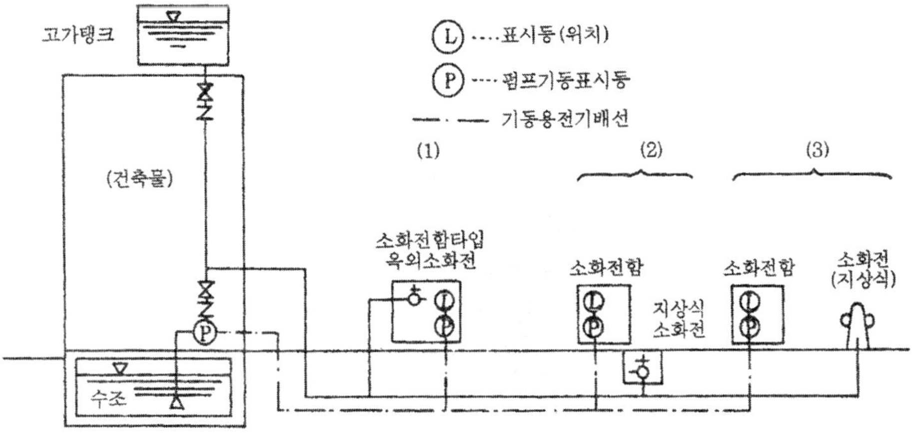

〈그림 13-8〉 옥외소화전설비 계통도

8) 옥외 소화전의 배관

옥외 소화전의 배관은 다음에 준하여 설치한다.

(1) 배관은 전용을 한다.
(2) 가압 송수 장치의 분출면에 가장 가까운 부분의 배관에는 체크밸브 및 글로브밸브를 설치한다.
(3) 펌프를 사용하는 가압 송수 장치의 흡수관에는 여과 장치를 설치하고 수원의 수위가 펌프보다 낮은 위치에 있는 것은 푸트 밸브를 설치한다.
(4) 관이음쇠는 한국공업 규격에 적합한 것으로 한다.

9) 옥외 소화전의 종류

옥외 소화전은 벽결이식, 독립식(獨立式)이 있으며, 독립식에는 지상식과 지하식의 두 종류가 있다. 또한 호스의 접속구가 하나인 것은 단구형, 접속구가 둘인 것은 쌍구형이라고 한다. 한랭지에서는 지하식이 동경발지에 좋다.

(1) 벽걸이식 옥외 소화전

① 호스의 구경 : 65mm
② 65mm×15m 호스 2개 이상
③ 1.6mm 두께의 철판으로 된 150mm×55mm 크기로 함
④ 각종 소화전용 기구 비치
⑤ 노즐 19mm

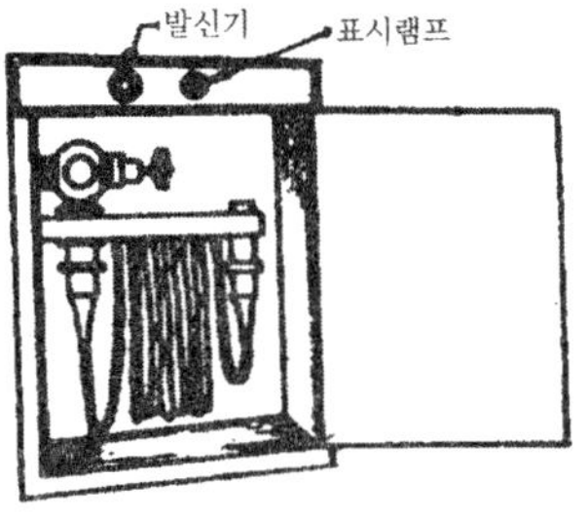

〈그림 13-9〉 벽걸이식 옥외 소화전

(2) 독립식 옥외 소화전

① 65mm 앵글밸브
② 65mm×15m 호스 2개 이상
③ 노즐 19mm

13.4 스프링클러 설비

1) 스프링클러의 개요

스프링클러(Sprinkler) 설비는 1850년 영국에서 개발하여 그 후 미국 사람인 Frederich Crinne에 의하여 공업화되어 널리 보급되었고, 미국에서의 설치 의무화는 1930년에는 뉴욕의 대화재 이후라 볼 수 있다.
스프링쿨러 설비는 기준에 따라 건축물의 상부(천정, 벽) 부분에 장치하여 하재시 실내 온도의 상승으로 가용 합급편이 용융됨으로써 자동적으로 물을 분사하는 자동 소화 설비이다.

또 가용편의 용융과 화재 경보 장치가 작동하여 화재 발생을 알림으로써 화재를 초기에 진화할 수 있다.
이 설비는 주로 고층 건축물 · 지하층 · 무장층 등 소방차의 진입이 곤란한 곳에 설치한다.

2) 스프링클러의 종류

스프링클러 헤드는 소방법 시행령에 규정한 소방대상물의 극장 무대부에는 개방형의 것으로 설치하고, 기타의 소방대상물에는 폐쇄형의 것으로 설치하여야 한다.

(1) 개 방 형

헤드에 감열분해부분(感熱分解部分)이 없고, 화재구역별로 설치한 개방밸브나 화재탐지기에 의해 화재시 화재구역의 헤드가 일제히 분사하여 소화하는 것으로 천정의 높이가 높은 장소와 화재가 급격히 확대할 우려가 있는 장소에 설치하는 방식이다. 그리고 개방밸브나 자동화재 탐지설비의 감지기를 부착하여 이것에 의하여 자동이나 수동으로 기동하고 흥행장, 공연장, 관람장 무대에만 설치한다. <그림 13-10>은 개방형 계통도를 나타낸다.

(2) 폐 쇄 형

헤드마다 감열분해부분이 있어 이 부분의 감열(感熱)에 의하여 화재시 퓨우즈가 끊어져 디플렉터(Deflector)에서 살수되어 소화활동을 하는 것이다. 상시 배관내에 압력수를 충만시켜 높은 습식(濕式)과 한냉지나 동결의 염려가 있는 곳에는 관내에 압축공기(壓縮空氣)를 충만시켜 먼저 공기가 방출되고 다음에 물이 나오는 건식(乾式)의 2종류가 있다.
그림 13-11은 폐쇄형 계통도를 나타낸다.

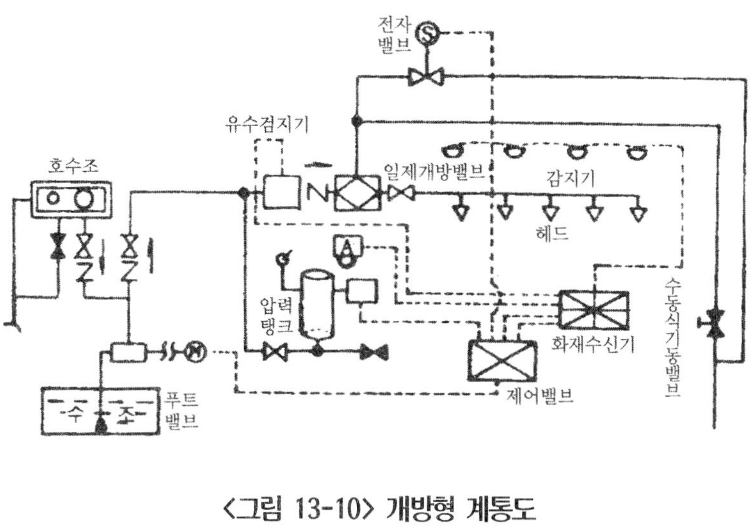

<그림 13-10> 개방형 계통도

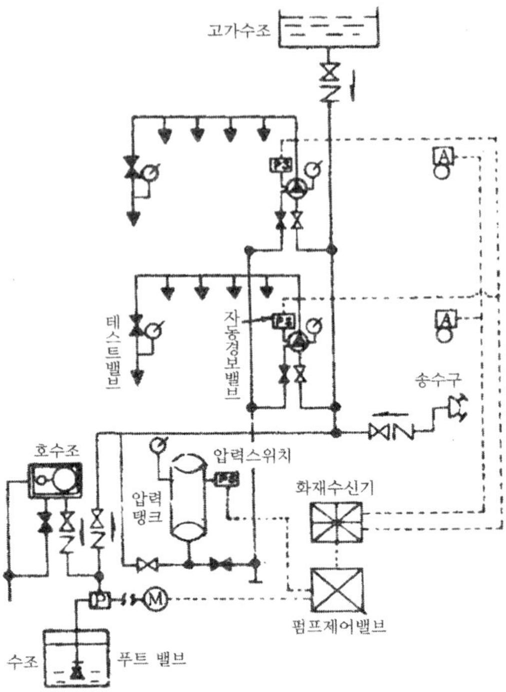

<그림 13-11> 폐쇄형 계통도

3) 스프링쿨러 헤드의 종류

(1) 작동식 분류
- 폐쇄형
  - 인장식 메탈 퓨즈
  - 압축식 케미컬 퓨즈
- 개방형 - 감열기구가 없고 감지기에 의하여 방수구가 개방

(2) 부착상 분류
- 상부식~천정면에 부착한다(살수의 방향이 하향)
- 하부식~바닥면에 부착한다.(살수의 방향이 상향)
- 상하부식~천정면이나 바닥면 어느 쪽에도 부착가능
- 측벽식~측면에 대하여 디플렉터가 열려 있는 쪽을 방호하는 방향으로 부착한다(살수의 방향이 수평방향).

그림 13-12에 스프링쿨러 헤드의 종류를 나타낸다.

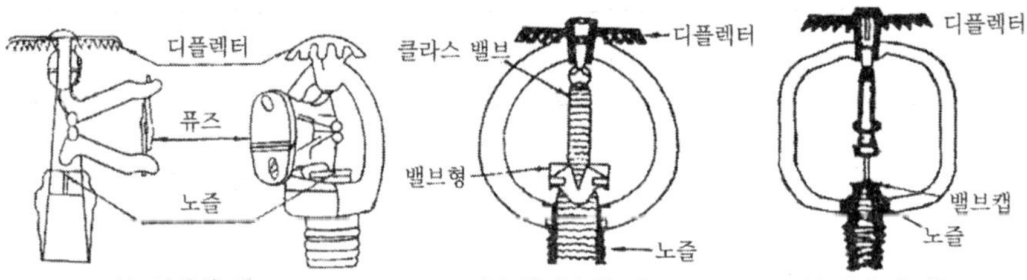

(a) 인장식 헤드 (b) 클라스형 헤드 (c) 압축식 헤드

〈그림 13-12〉 스프링쿨러 헤드의 종류

4) 스프링쿨러 헤드의 설치

건물 내의 낯선 불특정 다수의 사람들이 출입하는 건물(백화점, 공연장, 관람장, 극장, 연극관 등), 환자나 노인·어린이·신체장애자 등 자력으로 피난이 곤란한 사람들을 수용하는 건물의 실내 천정 또는 반자와 덕트, 선반 기타 이와 유사한 부분에 설치한다.

스프링쿨러 설비에 해당하는 소방대상 선축물로서 내하구조인 경우, 무대부에 있어서는 1.7m 이내, 내화구조 이외의 건축물은 2.1m 이내, 건축물에 있어서는 2.3m 이내의 간격으로 각각 설치하고 연소할 우려가 있는 부분의 개구부에는 그 윗인방에 2.5m의 간격으로 스프링쿨러 헤드를 설치해야 한다. 헤드 1개의 방호면적은 무대부가 5.76m^2, 일반 건축물은 8.86m^2(개략적으로는 10m^2) 정도로 설치한다.

5) 방수압력 및 방수량

스프링쿨러 설비는 스프링쿨러 헤드의 종류별로 내무부령으로 정하는 산출방법에 따라 선출된 개수의 스프링쿨러 헤드를 동시에 사용할 경우에 각 헤드 선단의 방수입력이 1kg/cm^2 이상이, 방수량이 80ℓ/min 이상의 성능이어야 한다.

6) 수원의 수량

수원의 수량은 스프링쿨러 헤드 설치개수(폐쇄형 헤드는 표 13-2 참조)에 1.6m^{3}을 곱한 양 또는 설치개수에 80ℓ/min와 20min를 곱한 양 중에서는 큰 값 이상이 되어야 한다.

<표 13-2> 폐쇄형 헤드 사용

<table>
<tr><th colspan="3">소방대상물</th><th>헤드의
기준개수</th></tr>
<tr><td rowspan="6">10층(지하층 제외)
이하인 소방대상물</td><td rowspan="2">락크식 창고</td><td>준위험물 또는 특수 가연물을 저장, 취급하는 것</td><td>30</td></tr>
<tr><td>기타의 것</td><td>20</td></tr>
<tr><td rowspan="2">시장·백화점·복합 건축물로서 판매의 용도로 사용되는 부분</td><td>시장·백화점·슈퍼마켓</td><td>30</td></tr>
<tr><td>기타의 것</td><td></td></tr>
<tr><td rowspan="2">기타의 것</td><td>헤드의 부착높이가
8m 이상의 것</td><td>20</td></tr>
<tr><td>헤드의 부착높이가
8m 미만의 것</td><td>10</td></tr>
<tr><td colspan="3">11층(지하층을 제외) 이상인 소방대상물 및 지하상가</td><td>30</td></tr>
</table>

7) 스프링쿨러 헤드의 배관

스프링쿨러 설비는 배관의 연결부분에 따라 다음과 같이 배관의 명칭을 분류한다.

(1) 급수본관

펌프와 경보밸브, 제어밸브를 연결하는 관

(2) 급수주관

제어밸브에서 급수관의 분기점까지의 관

(3) 급수관

급수본관 또는 급수주관에서 분기되어 그 관에 직접 헤드를 부착하는 관

8) 자동경보장치

자동경보장치는 다음과 같이 설치한다. 자동화재 탐지설비에 의하여 경보가 울릴 수 있는 경우에는 음향경보장치를 설치하지 않아도 된다.

(1) 스프링쿨러 헤드의 작동과 동시에 경보가 울리도록 한다.

(2) 발신부는 각 층 또는 방수구역마다 설치하고 그 발신부에는 유수점검장치(流水點檢裝置) 또는 압력점검장치를 설치한다.

(3) 수신부는 수위실 등 항상 사람이 있는 장소에 설치하고 그 수신부에는 스프링쿨러헤드 또는

화재감지용 헤드가 개방된 층이나 방수구역을 알 수 있는 표시장치를 설치한다. 그림 13-13은 자동 경보장치를 나타낸다.

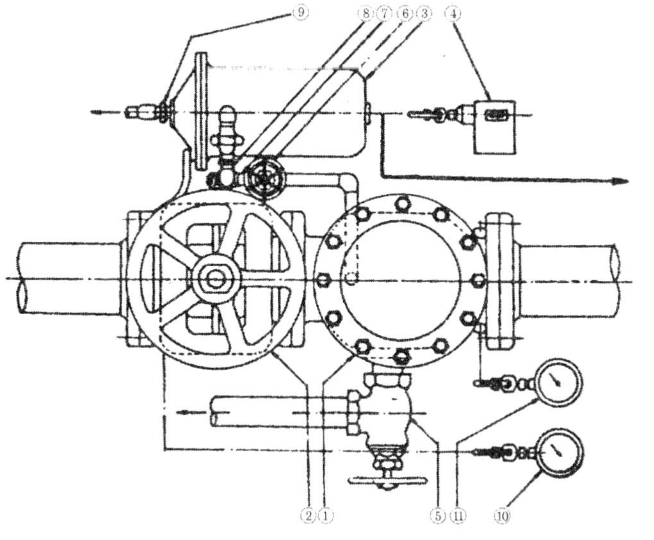

①알람체크밸브 ②게이트밸브 ③리타딩 챔버 ④유수점검장치
⑤배수밸브 ⑥게이트밸브(15A 또는 20A) ⑦스트레이너(15A 또는 20A)
⑧ ⑨부싱 ⑩,⑪압력계

〈그림 13-13〉 자동 경보장치

9) 폐쇄형 헤드의 작동표준온도

폐쇄형 스프링클러 헤드는 그 부착되는 장소의 평상시 최고주위온도나 다음 표 13-3에 따라 작동 표준온도를 정해야 한다. 스프링클러 헤드 가용편의 용융 온도는 설치 대상 건물과 가용편의 종류에 따라 각각 다르지만 표준 용융 온도(방수온도)는 67~75℃ 정도이다.

〈표 13-3〉 스프링클러 헤드의 작동 표준 온도

작동 표준 온도	설치실의 최고온도	해당실의 종류	헤드의 색채표시
보통온도 79℃ 미만	39℃ 미만	보통실	흑색
중간온도 70℃~121℃	39℃~71℃	보일러실 등 불을 많이 취급하는 실	백색
고온도 121℃~162℃	71℃~106℃	건조실	청색
최고온도 162℃~204℃	106℃~148℃	특수건조실	적색
초최고온도 204℃	148℃ 이상	고온도 건조실	녹색

13.5 드렌처 설비

1) 드렌처 설비

드렌처(Drencher) 설비는 건축물의 외벽 · 창 · 지붕 등에 설치하여 인접 건물에 화재가 발생하였을 때 옥외로부터 화재로 인하여 연소(撚燒)되기 쉽고 또 유리창과 같이 열에 의하여 파괴되기 쉬운 부분에 드렌처 헤드로부터 살수(撒水)하여 유수막(流水膜)이 형섬됨으로써 건물을 화재의 연소(延燒)로부터 보호하는 방화 설비이다.

2) 드렌처 설비 설치대상

연소의 우려가 외벽과 지붕 및 개구부에는 드렌처 설비를 설치한다. 연소의 우려가 잇는 부분이란 둘 이상의 건축물이 인전합여 있는 경우, 단층 건물에서는 두 건축물의 외벽 상호간의 중심선으로부터 외벽까지의 거리가 각각 3m 이내에 있는 경우이고, 2층 이상의 건물은 각각 5m 이내에 있는 경우를 말한다.

3) 드렌처 헤드의 종류

드렌처 헤드는 사용 목적에 따라서 외벽용, 창틀용, 추녀용, 지붕용으로 구분하며 설치 간격은 수평거리 2.5m 이내, 수직 4m 이내마다 1개씩 설치한다. 그림 13-15는 드렌처 헤드를 나타내고, 그림 13-16은 설치 간격을 나타낸다.

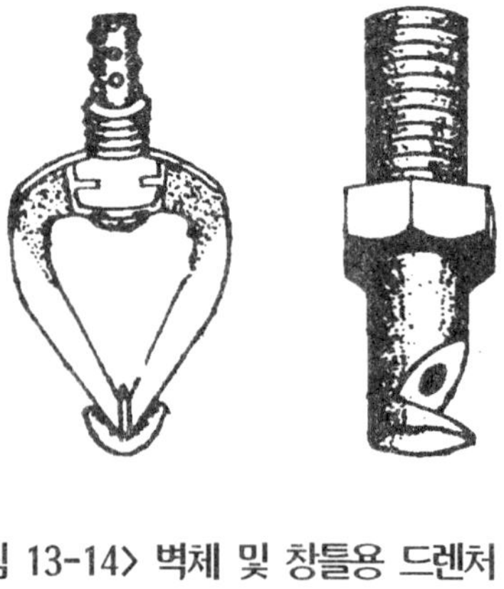

<그림 13-14> 벽체 및 창틀용 드렌처 헤드

4) 헤드의 방수량 및 압력

드렌처 설비는 드렌처 헤드를 동시에 사용할 경우 각 헤드 선단의 방수압력이 $1kg/cm^2$ 이상이고 방수량이 $20\ell/min$ 이상의 성능이 있는 것으로 하여야 한다.

5) 수원의 수량

수원의 수량은 드렌처 헤드의 설치개수(5개 이상일 때는 최대 5개)에 $0.4m^3$을 곱하여 얻는 양 또는 설치개수(최대 5개)에 $20\ell/min$와 20min를 곱한 양 중에서 큰 값 이상의 수량을 확보하여야 한다. 최대 수량은 $2.0m^3$이다.

6) 가압송수장치 및 제어밸브

제어밸브는 소방대상물의 층마다 그 층의 바닥으로부터 높이 0.8m 이상, 1.5m 이하의 위치에 설치한다. 또한 수원에 연결하는 가압 송수장치는 점검에 편리하고 화재 등의 피해를 입을 우려가 적은 곳에 설치하여야 한다.

13.6 연결송수관 설비

1) 연결송수관 설비의 개요

연결송수관은 소방대 전용의 송수관으로 송수구, 송수관 및 방수구로 구성한다. 송수구는 그림 13-15과 같이 소방 펌프차로부터 소화에 필요한 물을 공급받는 접속구로서 일반적으로 쌍구형이고 구경은 65mm이며, 소방차가 접근하기 쉬운 건물의 외벽에 0.5~1m의 높이로 설치한다.

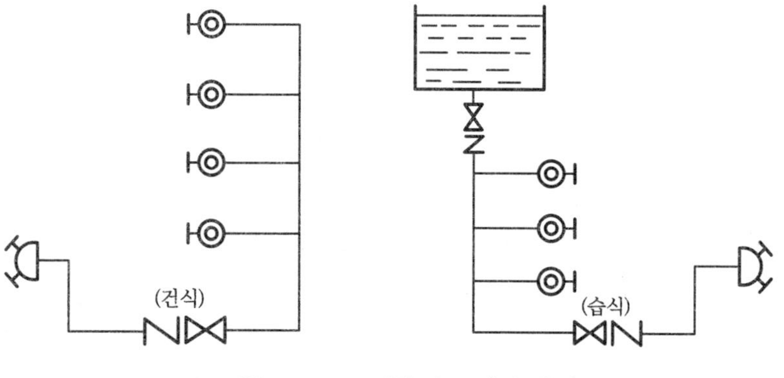

〈그림 13-15〉 연결 송수관의 배관

송수관은 송수구로 급수한 물이 소화에 쓰일 수 있도록 방수구로 분사되기까지의 배관으로 11층 이상에 스프링쿨러 설비를 한 경우에는 전용의 송수관 설비를 하여야 한다. 방수구는 송수구를 통하여 공급 받은 물을 소화작업에 사용할 수 있도록 설치한 호스 접속구로서 옥내 소화전에 병치한다. 연결송수관 전체를 사이어미즈 커넥션(Siamese Connection) 또는 소방대 전용전이라고 한다.

2) 연결송수관 설비의 설치 대상물

(1) 지하층을 제외한 층수가 7층 이상의 건물(단, 10층 이하의 건출물로서 바닥면적이 150m^2 이하이고, 옥내 소화전이 설치되어 있을 경우는 제외한다.)
(2) 지하층을 제외한 층수가 5층 이상의 것으로서 연면적이 6,000m^2 이상의 건물

3) 연결송수관의 설비기준

(1) 송수구의 설치 높이

지면으로부터 높이 0.5m 이상 1m 이하의 위치

(2) 방수의 설치 높이

바닥으로부터 높이 0.5m 이상 1m 이하의 위치

(3) 11층 이상의 건축물

비상 전원 부설

(4) 방수용 기구함

길이 15m의 호오스 5개 이상을 수납할 수 있을 것

(5) 옥상층에 시험방수구를 설치할 것

(6) 송수구 및 방수구의 지름은 65mm로 할 것

(7) 비상 콘센트까지의 수평 거리는 50m 이내가 되도록 설치해야 하며, 비상전원을 부설해야 한다.

(8) 방수구간의 수평거리는 50m 이내이어야 한다.

13.7 소화기(消火器)

1) 소화기의 개요

소형소화기는 화재 발생 초기진화 및 소규모의 화재를 대상으로 소화재를 강한 가스압으로 화면(火面)에 방사하여 열분해에 의한 화학 반응을 일으켜, 질식 작용, 냉각 작용, 연소 억제 등의 제 작용에 의하여 화재를 소화시키는 소화설비이다. 소방법에 의한 설치대상 건축물에는 소화기의 설치가 의무화되어 있다. 그리고 소화기의 구조 및 기능은 소방용 기계 기구의 규격 및 검정규칙의 규정에 합격한 것이어야 한다. 소화기의 종류와 사용대상 화재는 다음과 같다.

(1) A급 화재

목제, 종이류, 섬유 등 일반화재(보통화재 또는 일반가연물 화재)를 말한다.

(2) B급 화재

휘발유, 석유, 유지(油脂) 등의 화재를 말한다.

(3) C급 화재

전기 시설 등의 전기기기, 전선, 변압기, 모터, 누전 등의 전기화재를 말한다
적용화재의 구분으로 소화기 용기에 표시하는 원형표지의 색으로서 A급 화재는 백색, B급 화재는 황색, C급 화재는 청색으로 표시한다 .

〈표 13-4〉 소화기의 종류와 사용 대상 화재

소화기의 종류	적용하는 화재 종류		
	A	B	C
물 소화기	○	×	×
산·알칼리소화기	○	○	×
포말 소화기	○	○	×
탄산가스 소화기	○	○	○
할로겐 화물소화기	×	○	○
분말 소화기	○	○	○
수조 부착 펌프	○	×	×
건조 모래	×	○	×

2) 소화기의 설치방법

소화기는 다음과 같은 방법으로 설치하고 유지하여야 한다.

(1) 소화기는 바닥으로부터 1.5m 이하의 높이에 설치한다.

(2) 소화기는 동결하거나 변질 또는 분출할 우려가 없는 장소에 설치하여야 한다.

(3) 설치장소의 잘 보이는 위치의 길이 24cm 이상, 폭 8cm 이상, 바탕은 적색, 문자는 백색인 "소화기"표지판을 설치한다.

(4) 소화기의 설치 장소는 각 소방대상물의 어느 부분에서나 소화기까지의 보행거리가 20m이내가 되도록 설치하여야 한다.

3) 소화기의 점검관리

(1) 소화기의 파손, 변형의 유무, 즉 외관상의 점검은 다음 항목에 한하여 3개월에 1회 이상 실시한다.

① 재빌 부품의 변형, 부식 등에 관한 사항

② 중량, 용량의 감소 등에 관한 사항

③ 노즐이나 연결호스의 변질 등에 관한 사항

④ 가동 상황 등에 관한 사항

(2) 작동시험, 성능시험 등의 기능적 점검은 6개월에 1회 이상 실시한다.

(3) 소화기의 정밀점검은 1년에 1회 이상 실시한다.

(4) 소방용 설비 등의 정밀 검사는 5년에 1회 이상 실시한다.

(5) 연기 감지기 설비에 있어서는 6개월에 1회 이상 작동 시험을 하고 1년에 1회 이상 청소를 해야 한다.

이외에 관리자는 위의 점검 결과를 기록한 점검표와 유지대장에 의하여 3년에 1회 이상 소방 감독 기관에 점검 결과를 보고해야 하며 또 관리 기술자에 대해서는 소방용 설비의 자격 면허 취득이 의무화되어 있다.

4) 소화기의 종류

(1) 물 소화기

물 소화기는 금속성의 수조에 수동식 펌프를 부착하여 이 펌프의 운동에 의하염 물을 방사하는 것으로서, 수동 펌프로 물을 연속 방사하는 수동 펌프식과, 수조내의 물을 탄산가스의 압력으로 방사하는 가스 가압식이 있으며 그림 13-16에 나타낸다.

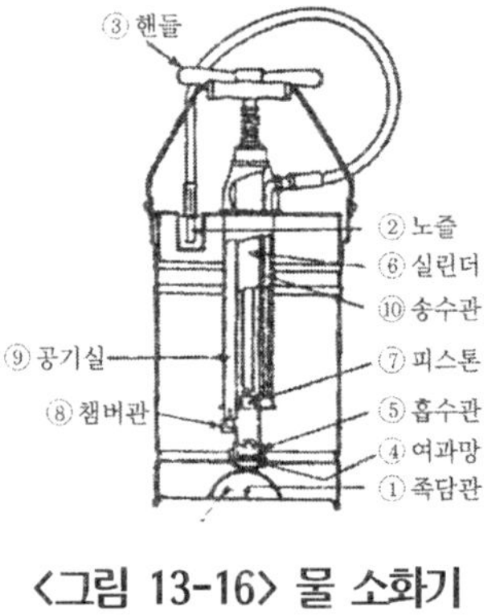

〈그림 13-16〉 물 소화기

<특징>

적용화재	주된 소화효과	소화제의 주성분	방사거리 (m)	방사시간 (sec)	용량 (ℓ)	총중량 (kg)
A	냉각	물 (H_2O)	9~13	60~90	17	21~22

(2) 산 알카리 소화기

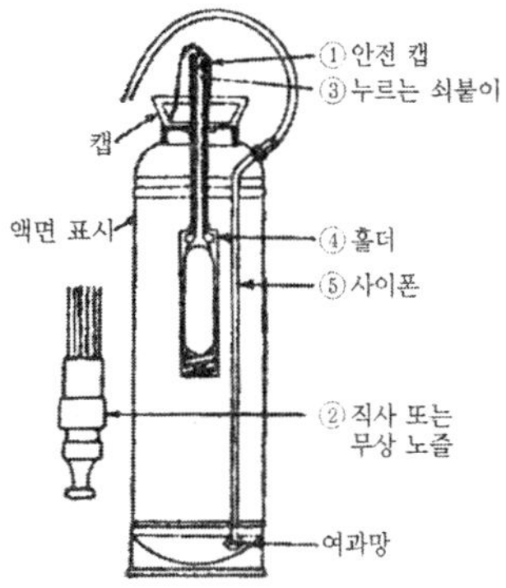

<그림 13-17> 산 알칼리 소화기

산 알카리 소화기에는 전도식(顚倒式)과 파병식(派兵式)의 2가지 형식이 있다. 어느 것이니 황산과 중조의 화학반으의 결과로 발생하는 탄산가스의 압력에 의하여 소화제가 방사되는 것이다.

① 전도식 : 외통에 중조수, 내통에 황산을 채워 소화시에 이를 전도시켜 혼합반응을 시키는 방법이다.
② 파병식 : 금속용기에 물을 넣고 용기 내부의 목 부분에 이중병(하나나는 황산, 다른 하나는 중조)을 장치하여 소화시에 이중병을 파괴, 혼합반응을 시키는 방법이며 그림 13-20에 나타낸다.

<특징>

적용화재	주된 소화효과	소화제의 주성분	방사거리 (m)	방사시간 (sec)	용량 (ℓ)	총중량 (kg)
A	냉각	물 (황산, 중조)	8~13	50~60	9~11	21~22

(3) 강화액 소화기

강화액 소화기는 용기 안에 2중 가압용기(탄산가스 등)가 있어 그 용기내의 가스압에 의하여 알칼리 금속염의 수용액이 방사되는 것이다. 또한 이 소화기는 소화 약액이 정량 충전된 것에 공기를 축압해 놓은 축압식과 본체 용기내에 가압용 가스 용기를 장착하여 이 가스압에 의하여 내액을 방사하여 소화효과를 강사시키는 가스 가압식 그리고 알칼리 금속염의 수용애과 유산을 화합시켜서 그 반응식의 발생 가스 압력으로 내역을 방사하는 반응식(파병식)등이 있다.

그러나 강화액 소화기는 사용할 때 노즐의 전환으로 소화제를 무상(霧狀)으로 방사하면, A,

B급 화재에는 적용되지만 통전성(通電性)이 있기 때문에 C급 화재는 사용을 삼가야 한다.

<특징>

적용화재	주된 소화효과	소화제의 주성분	방사거리 (m)	방사시간 (sec)	용량 (ℓ)	총중량 (kg)
A, B	냉각	물 (칼리염)	8~13	50~60	8~9	16~20

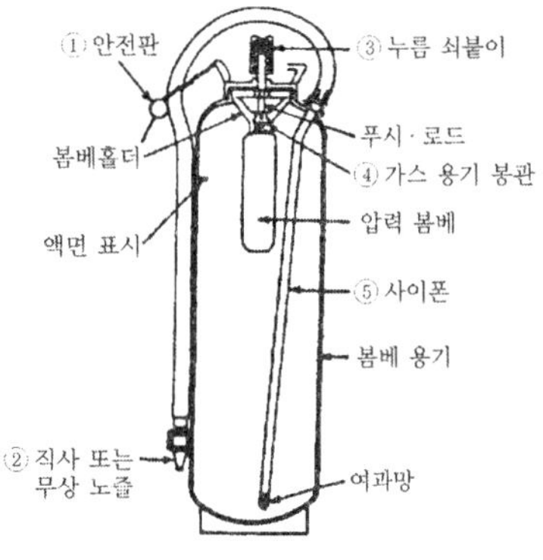

<그림 13-18> 축압식 강화액 소화기

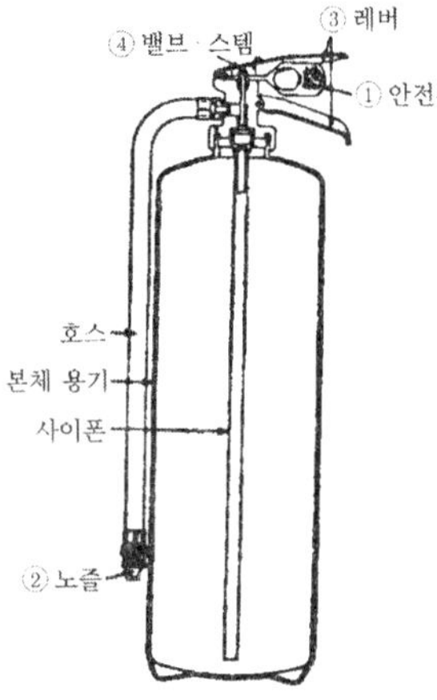

<그림 13-19> 가스 가압식 강화액 소화기

(4) 포말 소화기

포말 소화기는 외통에 중탄산나트륨 수용액(A액이라 함)을 넣고 내통에 황산알미늄 수용액(B액이라 함)을 넣어 전도(顚倒) 혼합하면 화학반응에 의하여 탄산가스와 탄산가스를 내포한 수산화알미늄 포말이 발생하여 그 탄산가스의 압력에 의하여 소화제가 방사되는 전도식의 소화기이며 그림 13-20에 나타낸다.

이 소화기는 특히 저온시에 화학반응이 원만하므로 방사압이 약하고 방사거리가 짧으므로 보온에 유의하여야 한다.

<특징>

적용화재	주된 소화효과	소화제의 주성분	방사거리 (m)	방사시간 (sec)	용량 (ℓ)	총중량 (kg)
A, B	질식 냉각	황산알미늄 $Al_2(SO_4)_2$ 중 조 (N_aHCO_3)	6~10	55~60	8~10	12~15

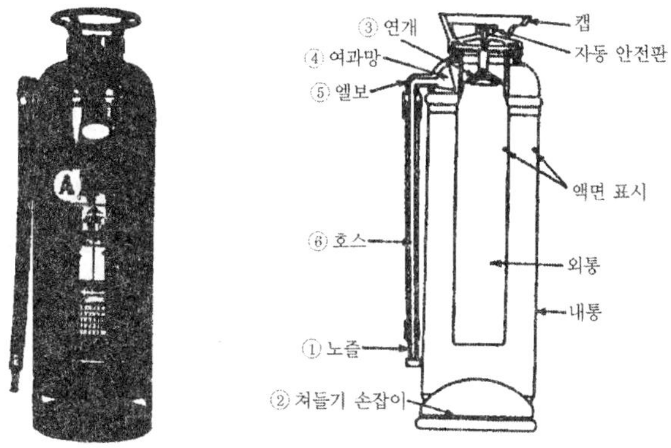

<그림 13-20> 포말 소화기

(5) 이산화탄소(탄산가스) 소화기

이산화탄소 소화기는 액화탄산가스를 봄베용기에 충진하여 놓았다가 필요시에 방사시키며 또 이 소화기는 고온, 직사 일광이 있는 장소는 피하여 설치한다. 재충진시에는 「용기 증명서」를 필요로 함으로 분실하는 일이 없도록 주의한다.

이산화탄소 소화기를 사용할 때에는 공기중에 있는 0.03%의 이산화탄소와 함께 이산화탄소의 농도는 3%이하가 되도록 환기를 시켜야 한다.

<특징>

적용화재	주된 소화효과	소화제의 주성분	방사거리 (m)	방사시간 (sec)	용량 (ℓ)	총중량 (kg)
B, C	질식 냉각	이산화탄소 (CO_2)	2~3	18~28	2.3~6.8	10~28

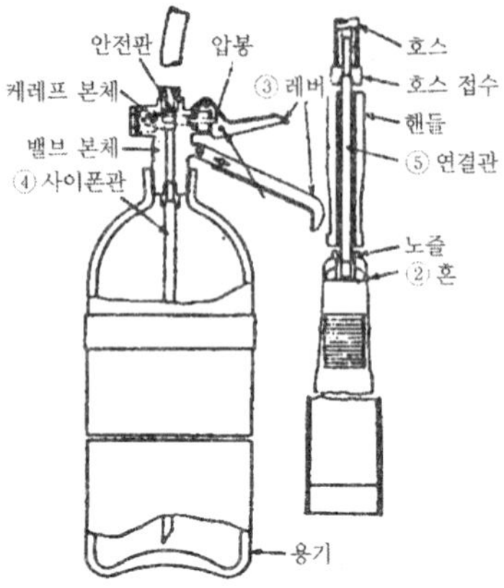

〈그림 13-21〉 이산화탄소 소화기

(6) 할로겐화물 소화기

할로겐화물 소화기는 약액을 탄화수소의 할로겐화물을 사용하는 것으로 약액에 따라 "사염화탄소 소화기" "일염화일취화메탄소화기" "이취화사불에탄소화기"의 3종류가 있다. 구조는 축압식(畜壓式), 수동식과 수동축압식이 있다. 할로겐화물 소화기는 구조가 간단하고 소형으로 되어 있으며 사용 후 약액에 의한 오손이 없는 것이 특징인 반면 소화의 고정에서 유독한 포스겐 가스가 발생하므로 좁은 실내에서는 사용을 피하여야 한다.

화재진압시의 충격, 손상을 방지하고, 청결한 소화가 요구되는 곳에 가장 이상적인 소화설비이며 소화능력이 이산화탄소의 3배에 준하고, 공기보다 비중이 5배 이상이기 때문에 방호대상물의 심층부까지 침투 확산하여 소화를 할 수 있다.

자동차용 소화기기 알맞다.

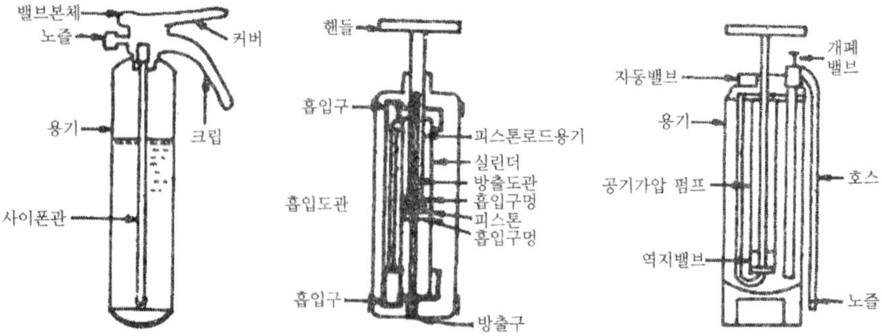

〈그림 13-22〉 할로겐화물 소화기

〈특징〉

적용화재	주된 소화효과	소화제의 주성분	방사거리 (m)	방사시간 (sec)	용량 (ℓ)	총중량 (kg)
B, C	질식 부촉매	사염화탄소 (CCL_4)	6~7	25~40	1~3	3~7
B, C	질식 부촉매	일염화일취화베탄 (CH_2ClBr)	5~9	15~25	0.3~2.0	0.7~3.9
B, C	질식 부촉매	이취화사불화에탄 ($C_2Br_2F_4$)	4~7	8~18	0.2~1.0	

(7) 분말 소화기

분말 소화기에는 축압식과 가스 가압식이 있고 소화체의 주성분은 중조와 인산암모늄이다.

① 축압식의 구조 : 전술한 강화액 소화기 축압식의 구조와 동일하며 이 소화기의 소화 약제는 미세한 분말상인 것이 특징이다. 방사의 압력원으로는 주로 질소 가스를 사용한다.

② 가스 가압식의 구조 : 본체 용기는 철제이고, 내면에는 내식 가공이 되어 있다. 방사 압력원으로는 탄산가스를 사용하고, 본체 용기 내부에 가압 가스·봄베를 붙여 놓는다.
노즐은 목표에 집중 방사할 수 있도록 흔히 붙어 있고, 분말 소화제의 흡습 고화로 말미암아 방사 불능을 방지하기 위하여, 사이폰 또는 노즐부 등에 특수한 체크 밸브(봉관 또는 캡 등)가 마련되어 있다. 분말소화기가 갖는 유류화재의 소화력은 전기화재의 소화력보다 약 30% 높다. 이 소화기의 소화제인 중조를 인산암모늄으로 바꾸어 소화효과를 강화시켜 모든 화재에 이용할 수 있게한 소화기가 개발된 분말소화기에 축압식과 가압식이 있다. 그림 13-23은 분말 소화기중 가압식을 나타낸다.

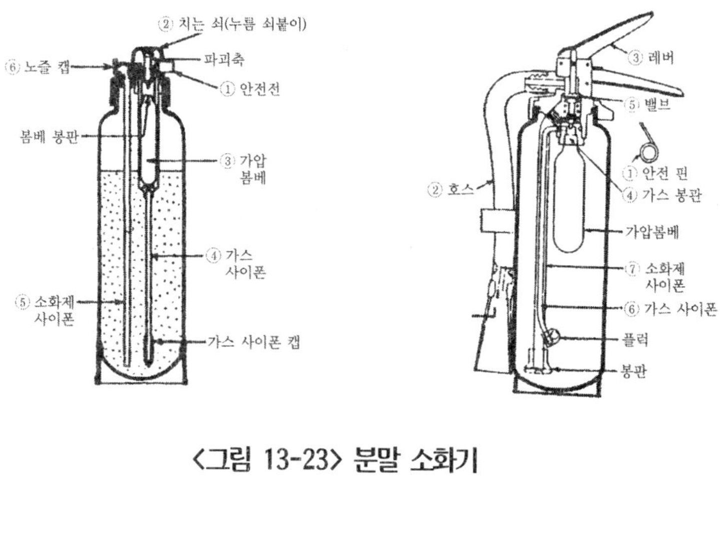

〈그림 13-23〉 분말 소화기

<특징>

적용화재	주된 소화효과	소화제의 주성분	방사거리 (m)	방사시간 (sec)	용량 (ℓ)	총중량 (kg)
B, C	질식 부촉매	중조 (N_aHCO_3)	4~8	7~15	1.8~8	3.2~14
A, B, C	질식 부촉매	인산암모늄 (NHH_2PO_4)	2~8	9~20	0.1~6.5	1.3~1.3

13.8 화재 경보 설비(火災 警報 設備)

1) 화재 경보 설비의 개요

화재 경보 설비는 화재 발생시 화재 발생을 신속하게 알리기 위한 설비로서 이 경보 설비에는 자동 화재 속보 설비, 누전 화재 경보기, 화재 속보 설비 등이 있으며 이밖에 비상경보기구 등도 여기에 속한다.

- 경보 설비
  - 자동 화재 속보 설비
    - 감지기
    - 수신기
    - 발신기
  - 누전 화재 경보기
  - 화재 속보 설비
    - 공설 화재 속보기
      - 발신
      - 수신기
    - 비상용 통보기
      - 버튼
      - 비상 통보기
      - 가입 전화 설비
    - 콜 사인기
  - 비상 경보 기구 : 경종, 비상벨, 사이렌 등

2) 경보설비의 구성과 종류

(1) 자동 화재 속보 설비

건물 내에 화재가 발생했을 경우에 감지기의 감지신호를 자동 화재 속보 설비 기기가 수신하면 오보를 방지하기 위하여 이 신호를 약 5~7초간 제어한 후 5초 이상 계속되는 감자기 접속 신호에 의한 주계전기의 동작으로 상용 전화선로를 차단하고 속보기에 의하여 사람의 힘을 빌리지 않고 자동적으로 119화재 신고를 기계적으로 소방관서에 통보하는 설비이다.
신고용 녹음테이프는 3회를 반복하여 발화장소를 알리며 3회가 끝나면 일반전화 선로로 자동 복귀되면서 "신고 끝"이란 램프가 점등되어 속보기의 동작이 완료된다.

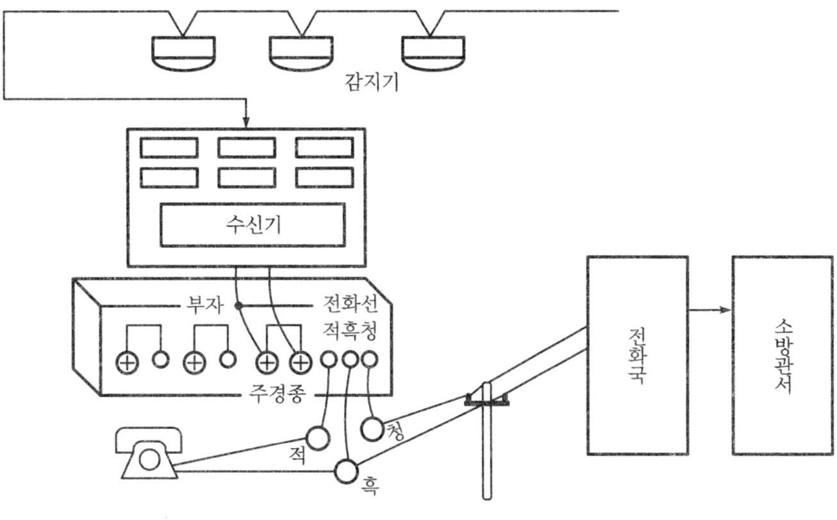

<그림 13-24> 자동 화재 속보설비 계통도

(2) 누전 화재 경보기

이 경보기는 전기배선이나 전기기기의 부하측 등에 절연이 잘못되어 전기가 세어나면 누전화재경보기(전기화재경보기)가 자동적으로 경보 작동을 하는 것은 물론 자동적으로 그 회로를 차단하기도 한다 .

- 용도 : 배전반 또는 분전반에 10회로의 누전탐지 셀렉터 장치
- 검출방법 : 100mA에서 1A까지 검출조정
- 전원전압 : 100V/220V
- 주파수 : 60Hz
- 소비전력 5W 경보시 : 20W

- 회전수 : 3RPM
- 취부구조 : 배전반 또는 분전반 매입형
- 부속품 : 부저, CT 10개, 예비품, 휴즈램프

ZCT 1차전류	A	B	C	D
1,000A	110	175	195	70
800A	85	110	130	50
600A	65	110	130	50
400A	50	95	115	50
200A	40	75	95	40

1) 누전화재 경보기의 작동은 다음과 같다.

① 누전검출은 검출기(변류기)에 관통된 감시전선로의 불평형전류에 의하여 검출된다.
② 경보신호는 검출기에서 증폭기 CT선에 연결하여 증폭전류로 계전기를 작동시킨다.
③ CT, 배선로가 단선유무를 확인할 수 있다.
④ 작동된 계전기는 경보등(적색)점화의 경보단자에 연결된 부저(AC 100V)로 경보된다.
⑤ 감도조정은 부하의 다과에 따라 조정한다.
⑥ 경보시 복구버턴을 눌러도 환원되지 않을 시는 배선로의 누전된 개소가 보수될 때까지 계속 경보된다.
⑦ 기기의 작동여부의 점검은 베스트 보턴으로 수시확인된다.
⑧ 전선로가 불량일 시는 어느 회로지점이 불량인 지를 확인할 수 있다.
⑨ 누전의 검출은 위험하기 이전인 전류최하 100mA에서부터 경보가 된다.
⑩ 24시간 계속 기계로 감지하므로서 안전하게 전기를 사용할 수 있다.

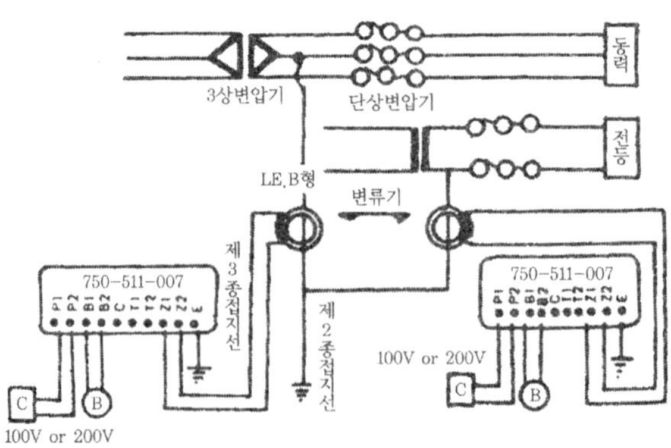

〈그림 13-25〉 누전 검출 회로도

(3) 자동화재 탐지설비(감지기)

자동화재 탐지설비의 감지기는 어느 때라도 자동적으로 화재를 감지하는 것으로서 그 감도가 예민하여 화재시 신속하게 작동된다.

감지기는 화재발생시에 발생하는 온도상승을 이용하는 열감지기기와 연기를 이용하는 연기감지기로 분류되며 열감지기에는 국소적으로 감지되는 스포트형과 일정 간격으로 연속한 관 또는 선을 둘러친 분포형이 있다. 또 작동방식에 의하여 일정 온도 이상으로 되면 동작하는 정온식, 급격히 온도가 상승하면 벨이 울리는 차동식, 양기능을 갖춘 보상식이 있다.

1) 열감지기

① 차동식 감지기

차동식 감지기는 화재발생시 발생하는 열을 이용한 감지기로서 차동식 분포형과 차동식 스포트형이 있으며 동작은 온도가 급격히 상승할 때에만 작동한다.

차동식 분포형은 공장, 창고, 체육관 등에 사용되고 있으며, 차동식 스포트형은 빌딩 내의 주차장, 맨션의 거실, 사무실, 응접실, 서고 등 비교적 온도 변화가 적은 장소에 적합하다.

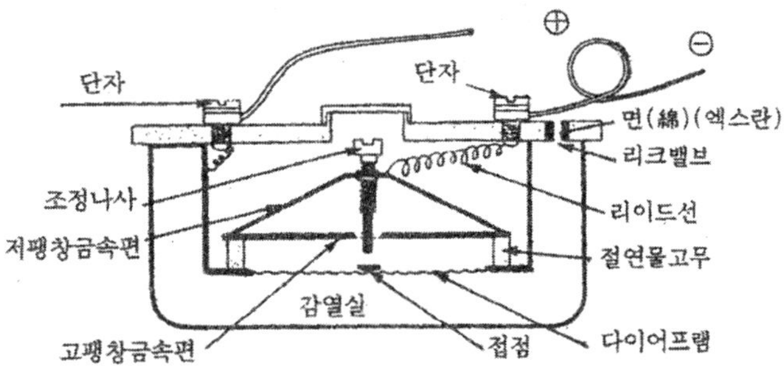

<그림 13-26> 차동식 스포트형 감지기

② 보상식(補償式) 감지기

보상식 감지기는 국소부분의 온도변화에도 감하는 감지기로서 차동식의 성능과 정온식의 성능을 함께 갖춘 것이다. 이 감지기는 주위의 온도가 급격히 상승한 경우는 차동식 원리에 따라 일정한 온도상승률 이상으로 되었을 때 접점을 폐쇄하여 발신하고 완만 상승에 대하여는 리크밸브가 움직여 작동하지 않는다. 또한 일정온도에 달하면 정온식의 원리에 따라 팽창률이 큰 금속편이 완곡 또는 반전하여 접점이 접촉하여 발신한다. 감도에 따라 1

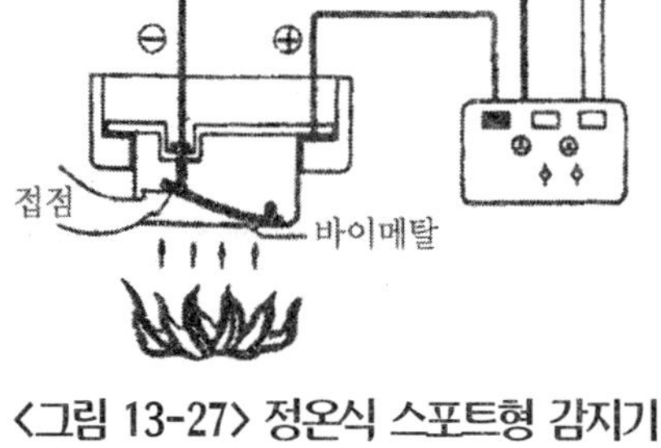

<그림 13-27> 정온식 스포트형 감지기

종 및 2종으로 구분된다.

③ 정온식 감지기

정온식 감지기는 온도상승에 의한 바이메탈의 완곡을 이용하는 감지기로서 특히 불을 많이 사용하는 보일러실과 주방 등에 가장 적합한 감지기이다. 종류는 정온식 스포트형과 정온식 감지선형의 2종류가 있다. 대부분 정온식 스포트형을 사용하며, 정온식 감지선형은 설치조건이 까다롭기 때문에 별로 사용되지 않는다.

2) 연기감지기(Smoke Detector)

연기감지기는 화재 발생시에 생기는 연기를 이용하여 자동적으로 화재의 발생을 감지기로 감지하고 이것을 수신기에 발신하며 그림과 같이 이온화식과 광전식(光電式)의 2종류가 있다.

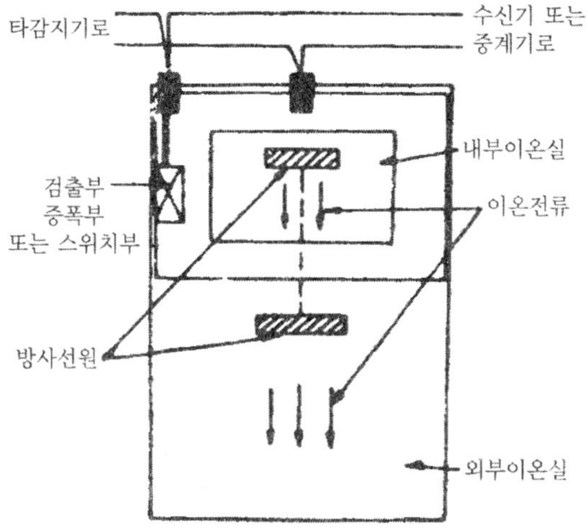

<그림 13-28> 이온화식 연기 감지기

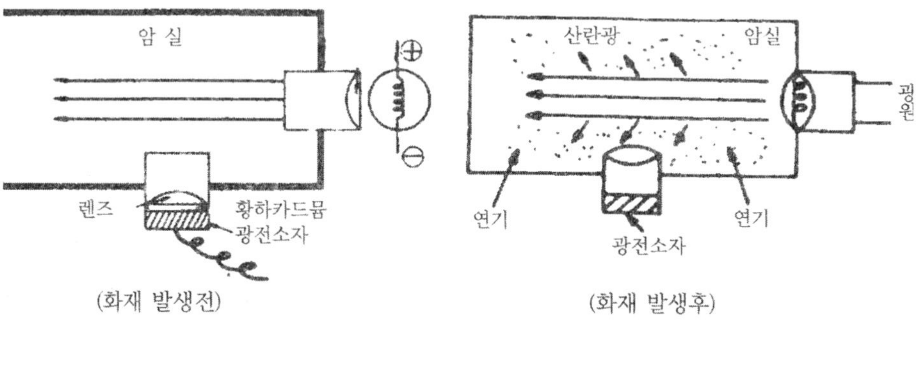

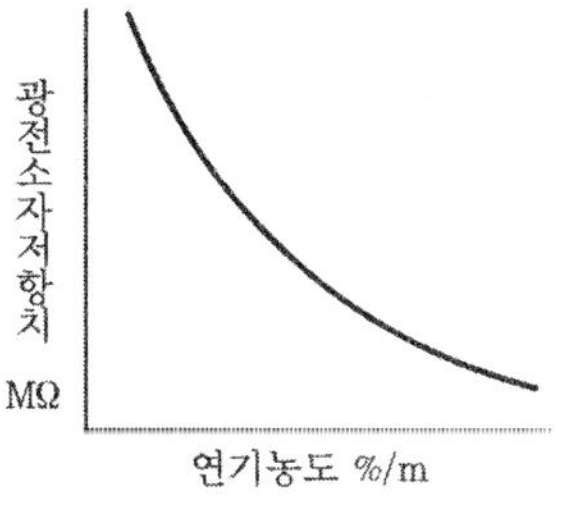

종 별 : 광전식 연기식 2종
접저정격용량 : DC 24V 100mA
중 량 : 400g

<그림 13-29> 광전식 연기감지기

(4) 자동화재탐지설비(수신기)

감지기와 발신기가 전선으로 직접 또는 중계기를 통하여 접속되고 감지기가 작동하면 화재난 장소를 표시하여 주는 장치이다. 수신기에는 전원부(예비전원 포함)와 작동표시, 음향장치, 각종 시험장치를 비치하고 있고 형식에 따라 P형, R형, M형으로 구분한다. 또 기능면으로 분류한다면 1급과 2급으로 나눈다.

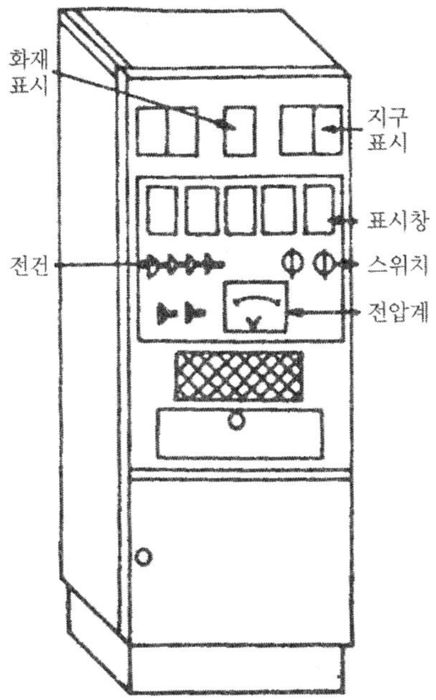

<그림 13-30> R형 수신기

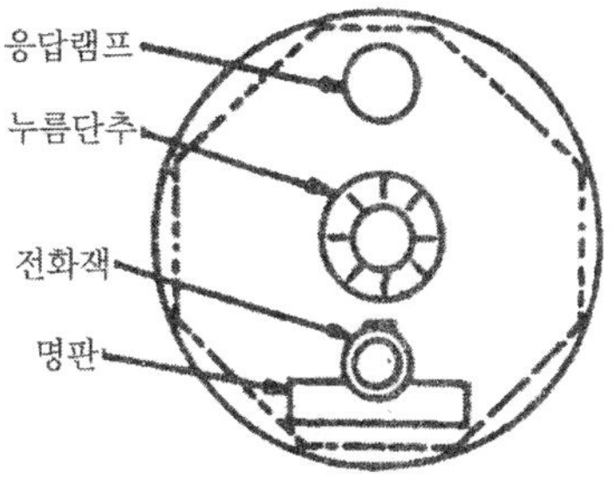

<그림 13-31> 발신기

1급 수신기에는 평상시 정류전원을 사용하고 정전시에는 예비전원(축전지)으로 자동 변환이 되도록 되어 있다. 2급 수신기는 정류전원 또는 교류전원을 사용하는 것으로 회로가 간단하다.

(5) 발 신 기

발신기는 감지기의 동작 이전에 화재의 발생을 발견한 자가 가장 가까운 곳에 설치되어 있는 화재 발신기의 유리 또는 합성수지(플라스틱)을 깨뜨리고 단추를 눌러서 화재발생을 수신기에 전달하는 동시에 그 건축물 관계자에게 통보하는 것으로서 통산 P형 1급 발신기는 P형 1급 수신기용에, P형 2급 발신기는 P형 2급 수신기에 쓰인다.

제14장

오수 처리 설비

14.1 오수 처리 설비 개요

오수 처리 설비는 수질오염방지, 수자원의 확보, 환경 및 경관의 보건이나 제이용 등을 목적으로 생활과 산업계에서 만들어지는 오수, 폐수, 특수배수, 하수 등의 모든 배수를 정화처리하는 설비를 말한다.

오수라 함은 오수 · 분뇨 처리에 관한 법률에서 정의하듯이 화장실에서 나오는 분뇨와 욕실, 주방에서 나오는 잡배수를 합하여 오수라고 한다.

우리나라에서는 오수처리과정에서 하수처리구역과 비하수처리구역으로 나누는데, 비하수처리구역에서는 오수를 정화조, 부패식 정화조, 오수처리시설 등을 통하여 정화시켜 하천으로 방류하고 하수처리구역에서는 합류식과 분리식 지역이 있는데 합류식 지역에서는 정화조를 거쳐나온 오수가 우수와 합류되어 하수관과 차집관로를 통하여 하수종말처리장에서 처리되어 하천으로 방류되고 분리식 지역에서는 오수와 우수를 분리하여 오수는 정화조를 거치지 않고 직접 오수관으로 유출되어 차집관로를 통하여 하수종말처리장으로 들어가 정화처리후에 하천으로 방류되나 합류식 지역에서는 정화조에서 나온 오수와 우수가 합류되어 하수관으로 유입되어 차집관로를 통하여 하수종말처리장에서 정화되어 하천으로 방류한다.

오수 처리 설비의 종류엔 주로 주택을 중심으로 분뇨만을 단독처리하여 정화시키는 분뇨정화조, 아파트, 사무소, 학교 등을 중심으로 분뇨와 잡배수를 합병처리하여 정화시키는 오수처리시설, 주택단지를 대상으로 한 비교적 규모가 큰 하수처리설비인 커뮤니티 플랜트(Community Plant), 공공하수도에 의해 도시에서 배수되는 하수를 처리하는 하수종말처리장치인 도시하수처리장, 공장, 사업소 등에서 배출되는 오수를 처리하는 공장배수처리설비, 소, 말 돼지 등의 축사에서 배출되는 오수를 처리하는 축사오수처리설비, 방사능 등의 특수한 배수를 처리하는 특수배수처리설비 등이 있다.

본 단원에서는 분뇨정화조와 커뮤니티 플랜트를 포함시킨 오수처리시설만을 중심으로 그 원리와 프로세서를 기술한다.

14.2 오염의 지표

오수의 오염상태를 나타내는 지표는 다음 표와 같다.

<표 14-1> 오염의 지표

지표	내용
PH	Potential Hydrogen Index
	수소이온농도지수
	pH가 7이면 중성, 7을 초과할 때에는 알카리성, 7미만은 중성
BOD (ppm)	Biochemical Oxygen Demand
	생물화학적 산소요구량을 뜻하며, 수중유기물이 분해되어 안정한 산화물이 되기까지 얼마나 산소를 소비했는가를 표시한다.(20℃에서 소비된 산소량)
BOD제거율 (%)	$\frac{\text{유입수 BOD} - \text{유출수 BOD} \times 100}{\text{유입수 BOD}} \times 100\%$에 가까울수록 정화 효율이 높다.
BOD부하 (kg/BOD/m^3d)	$\text{BOD 용적부하} = \frac{\text{오수 BOD(ppm)} - \text{유입수량}(m^3/d)}{\text{폭기조의 용적}(m^3) \times 1{,}000} \times 100$
CCD (ppm)	Chenical Oxygen Demand
	화학적 산소 요구량을 뜻하며, 오수중의 산화되기 쉬운 유기물이 산화제($KMnO_4$)에 의해 산화될 때에 소비되는 산화제의 양에 상당하는 산소량
SS (ppm)	Suspended Solids
	부유물질을 뜻하며, 오수중에 함유되어 있는 고형물질의 양
DO (ppm)	Dissolved Oxygen
	용존산소량, DO가 클수록 정화능력이 큰 수질인 것을 표시한다.
MLSS (mg/ℓ)	Mixed Liguor Suspended Solids
	폭기조내의 혼합액의 부유물질의 농도
ABS	Alkyl Benzene Sulfonate
	경성세제의 주성분, 주성세제를 뜻하며, 하드인 것은 활성오니법으로는 분해되기 어렵다.

[주] BOD는 5일이상의 측정시간이 소요되며, 강과 호수의 수질측정에 사용되며, COD는 2시간 이내에 측정으로 가능하며, 공장폐수의 수질 측정에 사용된다.

14.3 오수 정화처리 방식

1) 물리적 처리방식

(1) 스크리닝(Screening)

스크리닝은 일종의 여과장치로서 거칠고 큰 부유물질을 제거하는 정화전 처리 방법이며, 구멍이 큰 스크린과 구멍이 작은 스크린이 있다.

(2) 침전

침전은 오수 중의 부유성 고형물을 가라앉혀 부패시키는 방법이며, 최초 침전지와 최종 침전지가 있고, 본 처리 전에 침전시키는 침전지가 최초 침전지이며, 나중에 처리하는 침전지가 최종 침전지이다.

(3) 교반

교반은 폭기조 등에서 오수 중에 공기(산소)를 혼입시키기 위하여 기계적으로 휘저어 섞어 산화시키는 방식이다.

(4) 여과

여과는 스크린 외에 살수여상 등이 있고 ,오수를 모래 또는 쇄석의 여제에 살수하여 정화하는 방법이다. 이 외에 희석 등도 있다.

2) 화학적 처리방식

화학적 처리방식으로는 중화나 소독하는 방식이 있다. 중화는 오수 중의 수질이 산성, 또는 알카칼리성에 특히 강할 때 산성제나 알칼리제를 혼입하여 중화하는 방식이다. 소독은 처리수의 방류전에 최정적인 처리방식으로서 차아염소산 소오도나 차이염소산 칼슘 및 액체염소 등을 처리수에 주입하여 소독하는 방식이다.

3) 생물화학적 처리방식

분뇨 및 오수의 처리 과정 중에서 가장 중요한 작용을 하는 것이 생물화학적 처리방식이며, 그 중 미생물이 중요한 작용을 한다. 생물화학적 처리방식은 여러 종류의 미생물활동을 이용하여 처리하는 정화방식이다.

(1) 미생물의 작용

분뇨 및 오수의 정화 처리 가정에서 중요한 작용을 하는 미생물은 그림 14-1과 같이 미생물의 영양원인 오수 중의 유기성 오물을 섭취하고, 산소를 분해하여 미생물 자신의 성장, 중식 등의 에너지원을 얻고 있다. 그리고 미생물에 있어서 무용한 초산염, 탄산염, 암모니아 등의 무기성 물질 및 물, 탄산가스, 유화수소가스, 메탄가스 등을 방출하고 있다. 이때에 암모니아나 유화수소가스 등에서 악취가 난다.

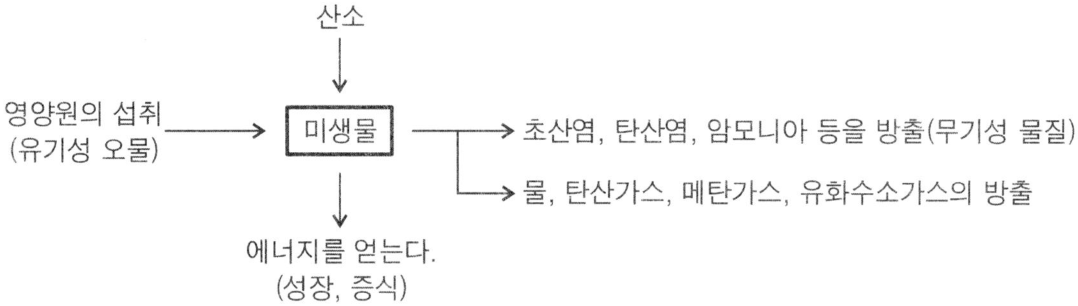

<그림 14-1> 미생물의 작용

(2) 호기성 처리방식

산소가 있는 장소에서 생존하고, 생존에 필요한 산소를 오수 중 혹은 공기 중에서 받아 증식하는 미생물을 호기성 미생물이라고 하고, 이 미생물을 이용하여 정화하는 방식을 호기성 처리방식이라고도 한다. 호기성 처리 방식에는 살수여상, 폭기조, 평면산화 등이 있고, 자연 또는 인공적으로 공기(산소)를 공급하여 호기성 분해를 촉진시키는 방식이다. 호기성 분해의 산물로서 초산성 질소, 초산염, 탄산가스 등이 방출된다.

(3) 혐기성 처리방식

호기성 미생물과는 반대로 산소가 없는 장소에서 증식하는 미생물이며, 오수 중의 유기성 오물의 주성분인 탄소, 수소, 질소, 산소 등의 산소를 분해 섭취하여 생존하는 미생물을 혐기성 미생물이라 하고, 이 미생물을 이용하여 정화하는 방식을 혐기성 처리방식이라고 한다.
혐기성 처리방식에는 소화조, 부패조, 2층조 등의 밀폐된 탱크 내에서 산소의 공급을 차단하여 혐기성 분해를 촉진시키는 방식이다. 혐기성 분해의 산물로서 암모니아, 질소, 탄산가스, 메탄가스, 유화수소가스 등의 유화물이 방출된다.

14.4 분뇨 정화조

위생적이고 쾌적한 문화생활을 영위하기 위하여 위생설비의 완비는 매우 중요하다. 대도시에서는 하천의 수질오염 문제가 중요시 되고 있으며, 다음과 같이 건축법으로 지역 및 건축물의 용도에 따라 변소(便所)에 제한을 두고 있다.

<표 14-2> 건축물 용도에 의한 변소의 제한

변소	변소·변조의 종류 제한
① 하수도법에 의한 종말 처리장의 처리 구역안의 변소	
② 조례로 지정하는 구역 안의 변소	조례로 정하는 바에 따라 개량변소 또는 수세식 변소
③ 도시 계획 구역 내에 있는 교육 및 연구시설 의료시설 관람 집회 시설 판매 시설 숙박 시설 공동 주택 기타 조례로 지정하는 용도에 쓰이는 건축물의 변소	
④ 오물을 ①의 하수도 이외에 방류하는 변소	위생에 지장이 없는 구조의 오물 정화조 설치(오물 청소법이 정하는 구조)
⑤ 기타의 변소	제거식 변소도 무방

그리고 오물청소법 시행규칙 제14조에 의하면「하수도법에 의한 종말처리장으로 통하는 하수관로에 연결되지 않는 건물」에는 액상폐기물 정화조(이하 정화조)를 설치해야 하는 것으로 되어 있으며, 동법 제16조설치, 유지관리기준에 의하면 처리인원이 50인~1000인 경우에는 BOD 1일 평균 90ppm 이하, 처리인원이 1,000인 이상인 경우에는 BOD 1일평균 60ppm 이하로 규정되어 있고 부패조의 깊이는 1.2이상이면 처리 대상인원이 15인 이하일 때는 부패조 용적은 $0.75m^3$ 이상이고, 15인 초과시는 1인당 $0.1m^3$를 가산하며, 통기관은 100mm이상으로 지상 3m이상 배관하는 것으로 규정되어 있다.

<표 14-3> 지역지정과 처리대상인원

오물정화조를 설치해야할 지역	처리대상인원 (인)	성능	
		BOD 제거율(%)	방류수의 BOD(ppm)
특정 행정청이 위생상 특히 지장이 있다고 인정하여 규정으로 지정한 지역	100이하 101이상 500이하 501이상	65이상 70이상 85이상	90이하 60이하 30이하
특정 행정청이 위생상 특히 지장이 없다고 인정하여 규정으로 지정치 않은 구역		55이상	120이하
기타의 지역 (일반지역)	500이하 501이상 2,000이하 2,000이상	65이상 70이상 85이상	90이하 60이하 30이하

[주] 1) 이 표에서 처리대상인의 산정은 건설부장관이 정한 방법에 의한다.

1) 부패탱크식 분뇨정화조

수세식 변소의 오물정화조는 미생물에 의한 소화작용과 산화작용을 이용하여 오수를 정화하는 장치로서 분뇨오수를 위생상 지장이 없을 정도로 정화하여 방류할 수 있는 구조이어야 한다. 그림 14-2와 14-3은 부패탱크식 정화조를 나타낸다. FRP정화조는 5인용에서부터 30인용까지 제작되고 부패탱크식 정화조는 15인용에서부터 450인용까지의 규모로 제작되고 있다. 정화처리의 성능은 BOD제거율 65%이상, 방류수의 BOD 90ppm 이하로서 고도의 처리 효율은 기대하지 않는다.

(1) 부패탱크식 분뇨정화조의 구조

(1) 오물 정화조는 부패조, 여과조, 산화조, 소독조의 순서로 조합한 구조일 것

(2) 오물 정화조의 천정 바닥 주벽(周壁)과 격벽(隔壁)은 내수 재료로 만들고, 방수 모르타르를 바르거나 이와 유사한 방수 재료로 시공하여 누수가 없도록 할 것

(3) 부패조, 여과조, 산화조 및 소독조에는 각각 내경 40cm 이상의 맨홀(Man hole)을 설치하고 밀폐 가능한 내수 재료 또는 주철제 뚜껑으로 덮을 것

(2) 부패탱크식 분뇨정화조의 구조 및 기능

(1) 부패조(腐敗槽)

부패조에서는 제1부패조의 유입관 끝에 있는 T자관에 의해 유입된 오수를 혐기성균에 의하여 소화 작용으로 분리침전이 이루어지도록 한다.

① T자관의 상단은 수면상에서 개구하고 하단은 수면에서 오수저유 깊이의 1/3위치까지 수직으로 세워 개구한다.

② 부패조내에는 오수중에 공기가 혼입하는 것을 가능한 한 방지하여 혐기성균의 활동을 촉진시킨다.

③ 각 조의 유효 수심은 1~3m 이내로 한다.

④ 제1, 제2부 패조와 여과조의 용적비는 4 : 2 : 1이다.

⑤ 격관의 하단은 수심의 1/2로 한다 .

⑥ 부패조의 오수저유 깊이는 1.2m 이상으로 하고 사용 인원수가 증가함에 따라 깊이도 증가시킨다.

1) 부패조의 유효 용량

부패조의 유효 용량 V는 처리 대상 인원이 5명 이하의 경우에는 1.5m^3 이상으로 하고 5명을 초과하는 경우 1명 증가마다 0.1m^3를 가산한다.

① 처리대상 인원이 5명에서 500명이하인 경우 부패조의 유효 용량을 구하는 식은 다음과 같다.

$V \geqq 1.5+0.1(n-5)$ V : 부패조의 요효 용량(m^3)

n : 처리 대상 인원(표 14-3 참조)

② 처리대상 인원이 500명 이상인 경우에 부패조의 유효 용량을 구하는 식은 다음과 같다.

$V \geqq 51+0.075(n-500)$

<표 14-4> 건물 용도별 처리 대상 인원 산정 기준(KS F 1507

<table>
<tr><th rowspan="2">유사 용도별 번호</th><th rowspan="2" colspan="2">건축용도</th><th colspan="2">처리대상인원</th></tr>
<tr><th>단위면적당 산정인원</th><th>산정바닥면적</th></tr>
<tr><td rowspan="3">1</td><td rowspan="3">집회장 시설관계</td><td>공화당, 집회장</td><td colspan="2">동시에 수용할 수 있는 인원(정원)의 1/2</td></tr>
<tr><td>극장, 영화관 연예장</td><td colspan="2">동시에 수용할 수 있는 인원(정원)의 3/4</td></tr>
<tr><td>관람장, 경기장, 체육관</td><td colspan="2">$n = \frac{20c+120u}{8} \times t \quad t = 0.5 \sim 3.0$
여기에서 n : 처리 대상 인원(인)
c : 대변기 수(개)
u : 소변기 수 및 양용 변기 수(개)
t : 단위 변기당 1일 평균 사용 시간(시간)</td></tr>
<tr><td rowspan="4">2</td><td rowspan="4">주택시설 관계</td><td>주택</td><td colspan="2">연면적 100m^2 이하일 때는 5인, 100m^{2}이상 부분의 면적에 대하여는 30m^2 이내마다 1인을 가산함. 다만, 연면적 220m^{2}를 넘을 때는 전부 10인으로 한다.</td></tr>
<tr><td>공동주택</td><td colspan="2">1호에 대해서 3.5인으로 하고, 거실수가 2이상일 때는 1거실을 더할 때마다 0.5인을 가산한다. 다만, 1호가 1거실만으로 구성되어 있을 때에는 2인으로 할 수 있다.</td></tr>
<tr><td>하숙, 기숙사</td><td>1m^{2}당 0.2인</td><td>거실바닥, 면적, 다만, 고정 침대 등으로 정원이 명확한 것은 유사 용도별 2의 학교 기숙사에 따른다.</td></tr>
<tr><td>학교기숙사, 양로원, 양호시설</td><td colspan="2">동시에 수용할 수 있는 인원(정원)</td></tr>
<tr><td rowspan="3">3</td><td rowspan="3">숙박시설 관계</td><td>여관, 호텔, 모텔</td><td>1m^{2}당 0.1인</td><td rowspan="2">거실의 바닥 면적</td></tr>
<tr><td>간이숙박소, 합숙소</td><td>1m^{2}당 0.3인</td></tr>
<tr><td>유스호스텔</td><td colspan="2">동시에 수용할 수 있는 인원(정원)</td></tr>
<tr><td rowspan="2">4</td><td rowspan="2">의료시설 관계</td><td>병원, 용야소, 전염병원</td><td>1병상당당 1.5인</td><td>다만, 외래인 부분은 진료소를 적용함</td></tr>
<tr><td>진료소, 의원</td><td>1m^{2}당 0.3인</td><td>거실의 바닥 면적</td></tr>
<tr><td rowspan="5">5</td><td rowspan="5">점포관계</td><td>점포, 마케트</td><td>1m^{2}당 0.1인</td><td>영업의 용도에 쓰이는 부분의 바닥 면적</td></tr>
<tr><td>요정, 연회장</td><td>1m^{2}당 0.2인</td><td>거실의 바닥 면적</td></tr>
<tr><td>백화점</td><td>1m^{2}당 0.2인</td><td rowspan="2">영업의 용도에 쓰이는 부분의 바닥 면적</td></tr>
<tr><td>음식점, 레스토랑, 다방, 카바레, 비어홀</td><td>1m^{2}당 0.3인</td></tr>
<tr><td>시장</td><td colspan="2">$n = \frac{20c+120u}{8} \times t \quad t = 0.5 \sim 3.0$</td></tr>
</table>

유사 용도별 번호	건축용도		처리대상인원	
			단위면적당 산정인원	산정바닥면적
6	오락시설 관계	당구장, 탁구장, 댄스홀	$1m^2$당 0.3인	영업의 용도에 쓰이는 부분의 바닥 면적
		슬롯머신점, 기원	$1m^2$당 0.6인	
		골프연습장, 유원지, 볼링장, 해수욕장, 수영장, 스케이트장, 드라이브인	$n = \frac{20c + 120u}{8} \times t \quad t = 0.4 \sim 2.0$	
		골프장, 클럽하우스	18홀까지는 50인, 36홀은 100인	
7	자동차 차고관계	자동차, 차고, 주차장	$n = \frac{20c + 120u}{8} \times t \quad t = 0.4 \sim 2.0$ 주차장 : 0.1인/m^2	
		주유소	1영업소당 20인	
8	학교시설 관계	보육원 유치원, 초등학교	동시에 수용할 수 있는 인원(정원)의 1/4	
		중, 고등학교, 전문학교	동시에 수용할 수 있는 인원(정원)의 1/3, 또는 고등학교 및 전문학교 등으로 야간과정을 병설할 경우 야간 정원의 1/4을 가산함	
		도서관	동시에 수용할 수 있는 인원(정원)의 1/2	
		대학부속도서관	동시에 수용할 수 있는 인원(정원)의 1/4	
		대학부속체육관	$n = \frac{20c + 120u}{8} \times t \quad t = 0.5 \sim 1.0$	
9	사무소	사무소	$1m^2$당 0.1인	사무실의 바닥 면적
		행정관청, 외래자가 많은 사무소	$1m^2$당 0.2인	
10	직업소 관계	공장, 작업소, 관리실	작업 인원의 1/2	
		연구소, 시험소	동시에 수용할 수 있는 인원(정원)의 1/3	
11	1~10의 용도 이외의 시설	역, 버스터미널, 공중변소	$n = \frac{20c + 120u}{8} \times t \quad t = 1 \sim 10$	
		공중욕탕(방에 붙은 욕탕은 제외함)	$1m^2$당 0.5인	탈윗앙의 바닥 면적
		방에 붙은 욕탕(터키탕, 사우나탕)	$1m^2$당 0.3인	영업의 용도에 쓰이는 부분의 바닥 면적

[주] 1) 여자 전용 변소에 있어서는 변기수의 약 1/2을 소변기로 간주한다.
2) 거실이란, 건축법에 따른 용어의 정의로 말하는 거실이며, 거주, 집무, 작업, 집회 및 오락 기타 이와 유사한 목적을 위해서 사용하는 방을 말함. 다만, 공동주택에 있는 부엌 및 식당은 제외한다.
3) 골프장의 클럽하우스의 처리대상 인원에는 종업운 수를 별도 가산한다.
4) 사무실이란, 사장실, 비서실, 중역실, 회의실 및 응접실을 포함한다.
5) 탈의장에는 카운터 및 벽에 붙은 로커부분은 포함하지 않는다.

(2) 여 과 조(濾 過 措)

부패조와 산화조 사이에 설치하는 예비 여과조에 오수를 하부에서 위로 유입시켜 오수 중의 부유물을 쇄석층에서 제거한다.

① 쇄석층의 윗면은 오수면보다 10cm 정도 아래에 둔다.

② 여과층은 수심의 1/3로 하고 쇄석의 크기는 5~7.5cm 정도가 적당하다.

(3) 산 화 조(酸 化 槽)

산화조의 살수(撒水) 홈통에 의해 균일하게 분산된 유입 오수가 쇄석층(碎石層)을 흘러내리면 이때 쇄석층에서 신선한 공기가 오수와 접촉하여 호기성균의 활동으로 산화 작용이 촉진된다.

산화조의 크기는 약 1일분의 오수량과 같은 용량으로 하고, 쇄석층의 용적 V2는 부패조 용량의 1/2이상으로 한다. 또 유효용적은 5인까지 0.75m^3이상, 5인 이상일 때는 1인증가에 따라 0.05m^3를 증가시키며 식은 다음과 같다.

$$V_2 \geqq \frac{1}{2} V = 0.75 + 0.05(n-5)(m^3)$$

① 쇄석층의 용적은 부패조의 1/2 이상으로 한다.

② 쇄석층의 깊이는 0.9m 이상 2m 이내로 한다.

③ 살수 홈통의 밑면과 쇄석층과의 간격은 10cm 이상으로 하고, 살수 홈통은 V자형이나 U자형 홈을 만든 콘크리트, 석면, 시멘트, 플라스틱 제품을 사용한다.

④ 쇄석층의 쇄석받이와 산화조의 밑면은 10cm이상의 공간을 둔다.

⑤ 쇄석(碎石)은 지름이 5~7.5cm인 경질의 것으로 요철이 많은 것이 좋다.

⑥ 산화조에서는 호기성균(好氣性菌)이 잘 증식하도록 산소의 공급을 풍부하게 한다.

⑦ 배기관의 높이는 3m이상으로 하고, 그 끝은 인접 건물의 지붕에서 3m이상 이격시키고 건물 개구부 윗끝보다 1m이상 높게 한다.

⑧ 산화조의 밑면은 오수가 소독조로 향해 잘 흘러가도록 1/100정도의 내림구배로 한다.

〈표 14-5〉 배기관의 관경

산화조의 체적	배기관의 관경
0.85m^3	10cm 이상
1.4m^3	12cm 이상
2.0m^3	15cm 이상
3.0m^3	18cm 이상

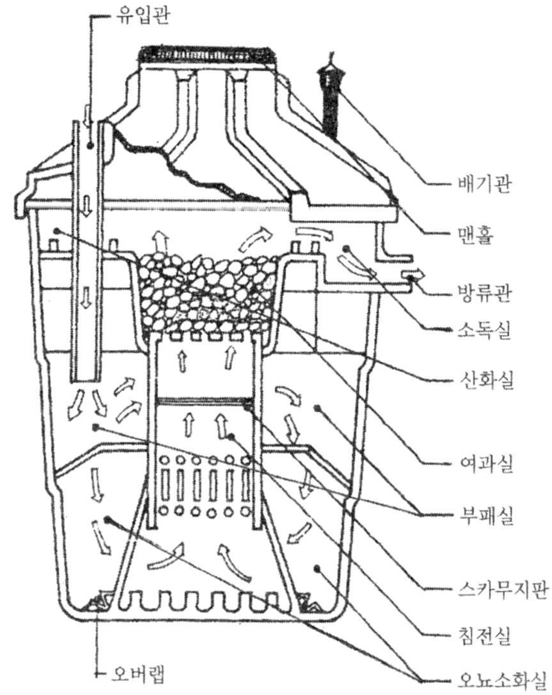

〈그림 14-2〉 분뇨정화조 단면상세도

(4) 소독조(消毒槽)

산화조에서 정화된 오수는 각종 세균을 포함하고 있으므로 소독조에서 멸균 소독을 한후 방류시킨다. 소독조 상부에 있는 약액조(藥液槽)에서 염소 계통의 약액인 차아 염소산 소다(NaClO)등을 침적 침하시키거나 또는 소독제인 차아 염소산 칼슘[$Ca(ClO)_2$]을 방류수에 접촉시켜 소독한다.

약액조(藥液槽)의 유효 용량은 필요 약액량의 10일분 이상의 저유(貯油)할 수 있는 용량으로 하고 최소한 25ℓ로 하며 소독약의 1일 소요량 Q는 다음 식으로 산출한다.

$$Q = n \cdot m \frac{p}{1,000,000} \div \frac{q}{100} = n \cdot m \cdot \frac{p}{10,000q} (\ell)$$

n : 처리 대상 인원　　　m : 1인 1일 오수량(50ℓ/명)

p : 소요 ppm　　　q : 소독약의 유효 염소(%)

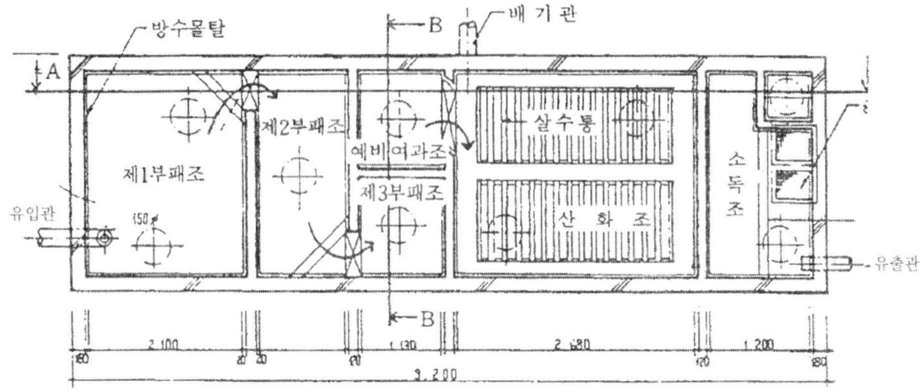

평면도

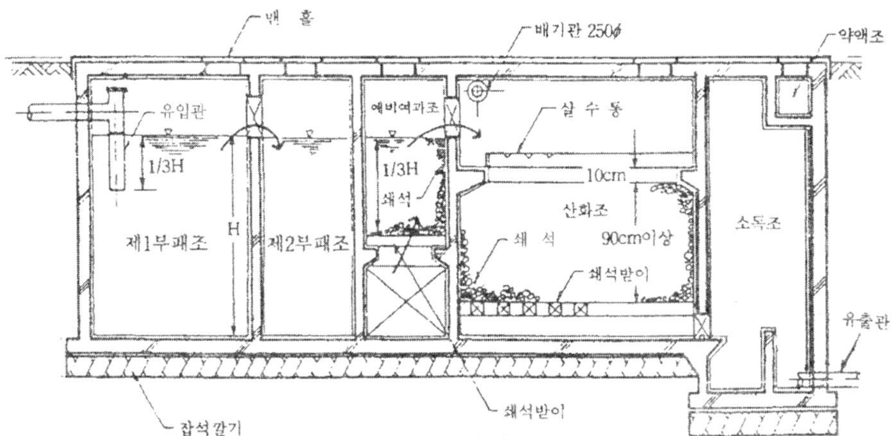

A-A 단면도

<그림 14-3> 부패 탱크식 분뇨정화조의 구조

2) 임호프 탱크식(Imhoff Tank Style) 분뇨정화조

수심이 약간 깊은 부패탱크의 일종으로 상부에 침전조와 배기조, 하부에 소하조의 3부분으로 되어 있다. 그림 14-4에 그 단면도를 나타낸다.

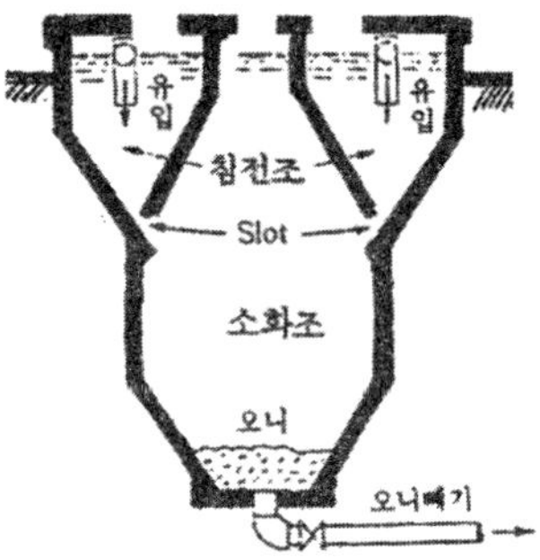

〈그림 14-4〉 임호프 탱크식 분뇨정화조

(1) 침전 및 소화조

(1) 침전조의 하단에 소화조를 설치하고 오수가 침전조를 경유하여 소화조로 유입하는 구조로 되어 있고, 유입관 개구부의 위치는 수면으로부터 유효수심의 1/3의 깊이로 하여야 한다.
(2) 유효유량은 1.5m^3 이상으로 하고 처리대상 인원이 5인을 초과하면 매 5인당 0.5m^{3}를 가산하여야 한다.
(3) 침전조의 유효용량은 0.1m^3 이상으로 하고, 처리대상인원이 5인을 초과할 때에는 초과한 처리대상인원 5인당 0.05m^{3}를 가산하여야 한다.
(4) 침전조는 부유물의 유입을 방지하는 구주로 하여야 한다.
(5) 침전조의 홉퍼(Hopper : 깔대기)는 수평면에 대하여 50° 이상의 기울기로 하고 오우버랩(Overlap) 부분은 수평거리에서 구멍의 폭 이상으로 하여 소화조 내의 부유물이 침전조로 유입하지 않도록 해야 한다 .
(6) 침전조 홉퍼의 하단부터 10cm 이하 부분의 용량은 0.3m^3 이상이어야 하며, 처리대상 인원 5인을 초과할 때에는 초과하는 처리대상 인원 매 5인당 0.3m^3 이상을 가산하여야 한다.
(7) 침전실 홉퍼 구멍의 폭은 8cm~12cm로 하고 그 구멍이 막히지 않게 잘 흐르는 구조로 하여야 한다.

(2) 스캄(Scum)실

스캄실은 부유물을 모으는 실로서 표면적이 전체면적의 25%~30%가 되도록 한다.

(3) 기타 방법

부패탱크식이나 임호프 탱크식 분뇨정화조 외에도 폭기방식, 접촉폭기방식, 살수영상방식 등이 있다.

14.5 오수 처리 시설

오수 처리 시설은 처리 방식에 따라 다음과 같이 분류할 수 있다.

생물화학적 처리방식 ─┬─ 활성오니법 : 장기폭기 방식, 표준활성오니 방식, 접촉 안정 방식
　　　　　　　　　　└─ 고정미생물막법 : 살수여상 방식, 접촉 산화 방식, 회전원판 접촉 방식

물리적 처리방식 : 임호프 탱크 방식

1) 장기폭기 방식

장기폭기 방식은 오수 속에 압축공기를 넣어 산기장치로 환기시켜 폭기(曝氣 : Aeration)함으로써 유기물질이 제거되도록 고안한 방식으로 처리대상인은 500~5,000명이고 폭기산화시간은 24시간 정도로 다른 방식에 비해 장기가 된다.

특징은 다음과 같다.

(1) 잉여 오니의 처리가 용이하다.
(2) 소음 · 진동이 많고, 운전 동력비가 고가이며 건설비가 많이 든다.
(3) 일반적으로 소규모 처리장인 업무용 건물이나 아파트 단지에 이용한다.
(4) 수요가 점차 줄어 든다.
(5) BOD 제거율은 75~95%이다.

2) 표준활성오니 방식

이 방식은 유입 오수와 활성오니(Active Sludge : 살아 있는 미생물로 이루어진 오니)를 폭기조에서 혼합하여 8시간 정도 폭기시킨 후 침전지에서 처리수와 오니를 분리시켜 오니를 폭기조로 반송하는 것으로 다음과 같은 특징이 있다.

(1) 장기폭기 방식에 비하여 건설비가 적게 든다.
(2) 우리 나라 대부분의 하수 종말처리장에서 사용한다.
(3) 유지 관리비가 보다 고가이다.
(4) 전문기술자를 상주시켜 관리하여야 한다 .
(5) 비교적 큰 규모의 오수정화 시설에 적합하다
(6) 처리대상인원이 5,000명 이상일 때에 이용한다.
(7) BOD 제거율은 85~95% 이다.

표준활성오니 방식의 처리과정(Flow Sheet)는 그림 14-5과 같이 나타낸다.

3) 접촉 안정 방식

유입 폐수와 반송오니(안정화 오니)를 혼합 접촉시키는 폭기조와 반송되는 앞의 오니를 안정화하기 위한 재폭기조가 설치되고, 전자의 폭기조에서는 접촉시키는 것에 의하여 단시간(30~60분)에 주로 생물흡착작용이 이루어지고, 후자의 재폭기조에서는 오니를 자기 산화 작용이 완전히 이루어지기까지 시간이 걸려 폭기를 함으로써 안정화된 오니로 된다. 특징은 다음과 같다.

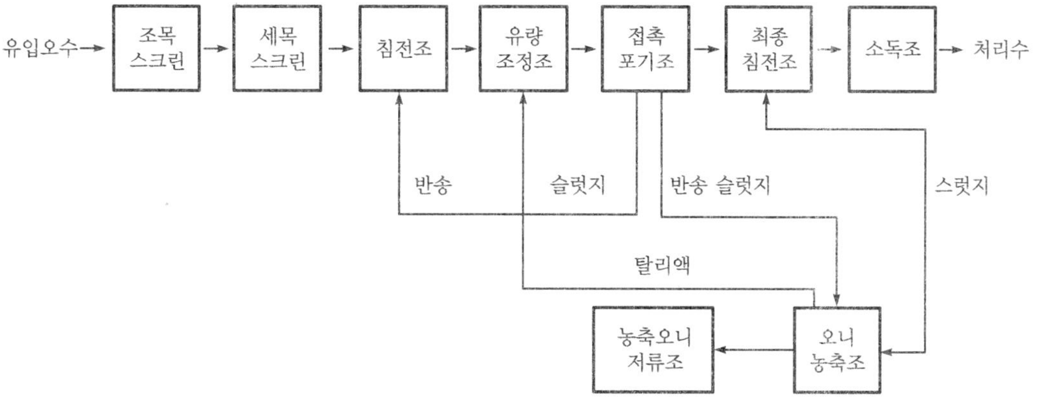

<그림 14-5> 표준활성오니 방식의 처리과정(Flow Sheet)

(1) 폭기조의 용적이 50%까지 감소된다.
(2) 자동제어장치가 복잡하다.
(3) 5,000명 이상의 대규모 처리시설이다.
(4) BOD 제거율은 80~90%이다.

4) 살수여상 방식

살수여상 방식은 여상에 살포된 오수가 여재 사이를 빠져 내려가는 동안 여재 표면에 부착하여 성장한 호기성 미생물군의 생물화학적 작용에 의하여 오수 중의 유기물을 제거하는 생물화학적 처리방식의 일종이다. 표준살수여상방식과 고속 살수여상 방식이 있다. 그림 14-6은 살수여상 방식을 보여주며 특징은 다음과 같다.
(1) 도시하수의 2차 처리용으로 이용된다.
(2) 운전관리가 용이하고, 유지 관리비가 저렴하다.
(3) 시설 소요면적이 과대하고, 악취 및 파리, 모기발생이 쉽다.
(4) BOD 제거율은 80~85% 이다.

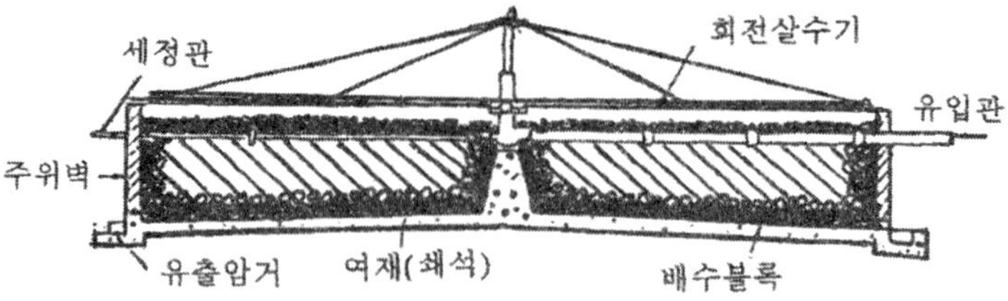

〈그림 14-6〉 살수여상 방식

5) 접촉 산화 방식

장기폭기 방식이나 표준활성오니 방식의 폭기조에서는 활성오니가 폐수와 함께 유동 혼합하며 흡착 산화 동화작용을 하는 데 반하여, 접촉 산화 방식은 폭기조 내에 활성오니가 부착 고정할 수 있는 접촉재를 충진하여 활성오니를 여기에 고정시키고 오수만 유동 순환하여 정화처리하는 방식이다.

따라서 전자를 유동식이라고 하는데 반하여 후자를 고정식이라고 하고, 이는 최종 침전지에 오니 부하를 적게 걸어주고 폭기조에 활성오니가 매질에 고정되어 있고, 다음과 같은 특징이 있다.

(1) 주변 환경에 대한 대응력이 강하다.

(2) 미생물 양의 조절 어렵다.

(3) 고도의 운전 기술이 요구된다.

(4) 널리 보급되지 못하고 있다.

(5) BOD 제거율은 80% 이내이다.

6) 회전원판 접촉 방식

1954년 서독 Stuttgart 공과대학에서 실험 연구가 시작되어 1960년에 개발된 처리방식으로 오수 정화 시설 중 가장 최근의 형태이다.

처리방식은 원형 플라스틱을 조밀하게 짜서 회전축에 취부시키고, 원형판 직경의 40% 정도가 오수에 잠기도록 설치하여 18m/min의 원주 속도로 천천히 축을 회전시키면, 플라스틱 표면에 두께 1~4mm 정도의 미생물막이 형성(MLSS농도 25,000~100,000mg/ℓ에 상응)되면서 오수중에 잇는 유기물을 정화한다. 한편 플라스틱 원판이 회전하면서 전단력에 의하여 탈리된 미생물막을 침전시킨다.

일반적으로 4단으로 설치하여 0.042m^3/m^2 · day의 오수를 처리하게 되면 처리수의 BOD는 10mg/ℓ 이하를 유지할 수 있다.

특징은 다음과 같다.

(1) 미생물이 많고 단시간 접촉에도 높은 정화율을 얻으며 부하변동에도 강하므로 겨울철에도 사용 가능하다.
(2) 운전경비가 적게 든다.
(3) 운전관리가 용이하다.
(4) 슬러지 발생량이 비교적 적다.
(5) 악취, 탱크내 곤충, 소음이 적다
(6) 시설용량이 다른 처리방식보다 적다.
(7) 회전운동지지 부분에 철저한 관리가 요구된다.
(8) BOD 제거율이 90~95%로 가장 높다.

우리 나라에서는 설치한 장소가 많지 않으나, 표준활성오니 방식의 취약점이 겨울철 정화효율이 떨어짐을 보완할 수 있다.

회전원판 접촉 방식의 처리과정은 그림 14-7과 같이 나타낸다.

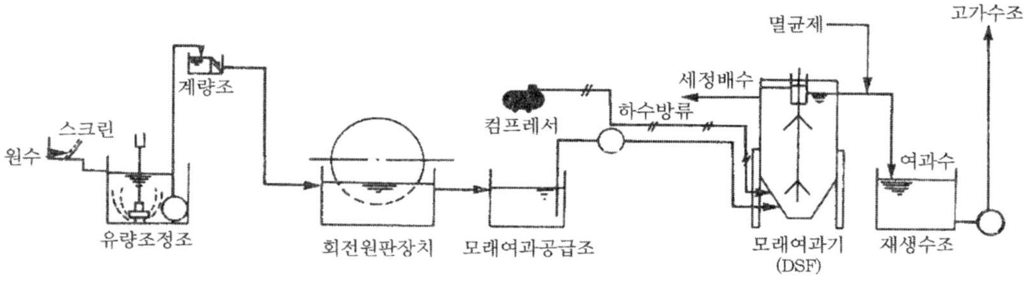

<그림 14-7> 회전원판 접촉 방식의 처리과정(Flow Sheet)

7) 임호프 탱크 방식

임호프 탱크 방식은 독일의 임호프박사가 개발하여 많이 사용되고 있는 방식으로 분뇨정화조의 임호프 탱크 방식보다 규모가 큰 방식으로 하나의 탱크를 2개층으로 나누어, 상부는 오수 중의 부유물을 침전시키는 침전지로서 호기성 분해가 이루어 지고, 하루는 분리한 고형물의 혐기성 분해를 위하여 소화조를 거친다. 즉, 보통침전과 오니소화가 동시에 이루어지는 방식이다.
그림 14-8과 같이 나타내고 특징은 다음과 같다.

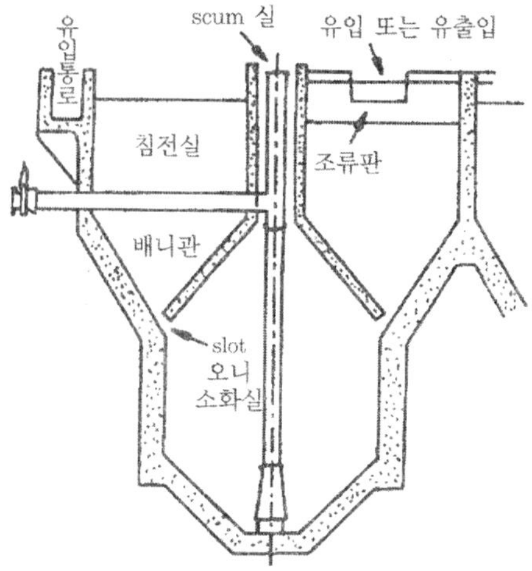

〈그림 14-8〉 임호프 탱크(Imhoff Tank)

(1) 구조가 복잡하고, 오수는 침전처리에 의존한다.
(2) 연립주택 등에 이용된다.
(3) BOD 제거율은 30~40%이다.

제 15 장

방진설비

15.1 방진 이론

건축설비용 기계(펌프, 전동기, 비상발전기, 송풍기, 냉동기 보일러, 공조기, 시험기 등)의 운전중에 발생하는 진동과 소음 또는 도로교통이나 철도 등 교통수단에 의한 외부 진동이 건물 구조체와 설비기기 등에 전달되어 건물구조체내에서 먼 거리까지 전파될 뿐만 아니라 실내 장식벽이나 유리창 장식용 등을 진동시켜 2차 소음까지 발생하게도 한다.
기계가 운전될 때에 발생한 진동이 기계의 기초에 전달되는 것을 방지하기 위하여 방진제를 사용한다.

1) 진동발생 원인

1) 유체가 곡관부를 지날 때 운동량의 변화에 의한다.
2) 회전의 불균형에 따른 기계적 진동에 의한다.
3) 옥외 배관은 풍압에 의한다.
4) 워터 해머에 의한다.
5) 완전 고정으로 열응력, 반력이 문제시된다.

2) 방진재료

① 목재
② 생 코르크(2″~3″ 두께)
③ 고무
④ 펠트
⑤ 스프링
방진재의 형상은 여러 가지가 있으며, 표 15-1과 같이 나타낸다.

3) 스프링식 방진기

금속 스프링은 700rpm 이하의 저속회전 기계에 적합하며, 배관의 이동을 도피시키는 방향으로 부착하여 트레벨 0~120mm 정도 진동을 흡수한다.
스프링의 처짐여유는 15~20mm이다.

〈표 15-1〉 방진재의 종류와 용도

방진재의 종류	용도
TK Type Series	목공기계, Pump, Motor, 통풍기 장치
YU Type Series	고주파 진동, 저주파 진동
YW Type Series	경중량기계기초, 냉동기, 송풍기, Pump, 원심분리기
YL Type Series (Level 조정가능)	발전기, 각종 시험기, 냉동기, 공조기
YS Mount Series (Level 조정가능)	300RPM 이상의 기기

15.2 방진 설계

1) 진동전달률

기초에 전달된 진동력을 P라고 하면, 기계의 강제외력과 기초의 진동력의 관계는 다음 식과 같다.

$$\tau = \frac{P}{P_0} = \frac{a}{a_0} = \left|\frac{1}{1-u^2}\right|$$

u=f/fn

τ : 전달률(%)
P_0 : 기계의 강제외력
a : 기계의 진폭
P : 기초의 진동력

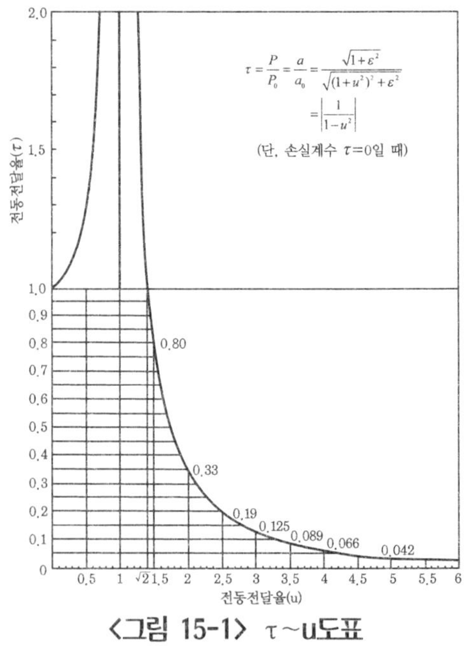

〈그림 15-1〉 τ~u도표

a_0 : 기초의 강제진폭
fn : 고유진동수
u : 진동수 비
f : 강제외력의 강제 진동수(Hz)
식에 대한 그림은 15-1로 나타낸다.
그림 15-2은 방진효과를 나타내며, 표 15-2는 강제외력의 강제진동수를 나타낸다.

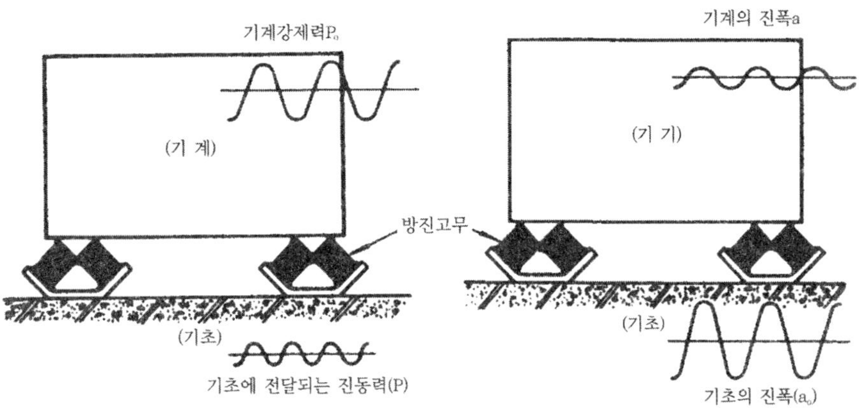

〈그림 15-2〉 방진효과

〈표 15-2〉 강제외력의 강제진동수

기기의 종류	강제진동수
Turbo 냉동기	압축기의 회전수
왕복동 압축기	압축기의 회전수
Pump	펌프의 회전수
송풍기	송풍기의 회전수
공조기	송풍기의 회전수
냉각기	Fan회전수×날개매수
Package형 공조기	송풍기의 회전수
변압기	주파수×2

2) 진동

방진효과는 진동수비에 의해서 결정되며, 이 진동수비는 기계의 강제 진동수와 고유진동수에 의해 결정된다. 그리고 기계진동수는

$$fn = \frac{1}{2}\pi\sqrt{\frac{k}{w \cdot g}}$$

fn : 고유 진동수(c・p・s)
g : 중력의 가속도($0.8m/sec^2$)
k : 스프링(spring)정수(kg/cm)
w : 기계의 중량(kg)

방진효과를 얻기 위해서는 $\tau < 1$로 하여야 하는데 이와 함께 $u > \sqrt{2}$로 하여야 한다. 일반적으로 u의 값을 2~3으로 하면 방진의 목적을 달성할 수 있다. 방진재를 설계할 때에는 먼저 방진효과를 설정한 후 진동수비를 결정하고 다음은 기계의 진동수에서 필요한 고유진동수를 산출하여 기계중량과의 관계에서 방진에 필요한 스프링정수를 결정한다.
여기서 τ : 진동전달률 u : 진동수 비이다.

3) 스프링정수(定數)

방진재의 스프링 정수를 구하기 위한 전중량(W_T)을 구하는 식은 다음과 같다.

(1) 전 중 량 (W_T)

$W_T = W_A + W_B + W_C + W_E$
만약 플렉시블 조인트(Flexible Joint)를 사용한 펌프 방진재의 허용하중을 구할 때 전중량(W_T)은 다음식과 같다.

① $W_f = W_T + W_D$

W_A : 기계의 중량(kg)
W_B : 기계의 보유수(水) 중량(kg)
W_C : 기타 기기에 가해지는 하중(kg)
W_D : 배관 수압에 의한 하중(kg)
W_E : 부과 하중(kg)

② $W_D = P_1a_1 + P_2a_2 + \cdots P_na_n$

P : 기기에 접속되는 배관내 압력(kg/cm^2)

a : 기기에 접속되는 배관 내부단면적(kg/cm^2)

방진재의 스프링(스프링)정수는 방진재 1개당의 하중(ω)을 계산하여 스프링정수를 계산 표 15 3에서 구한다.

$$\omega = \frac{W_T}{n}$$

$$\omega = \frac{W_f}{n}$$

n : 방진재 개수

이와 같이 방진재의 스프링정수가 결정되면 방진지지를 할 때 기계전체의 밸런스 및 방진의 안전성 등을 고려하여 형상도 함께 결정한다.

대체로 700rpm 이하의 저속 회전인 기계는 방진 고무로서 방진이 불가능하므로 금속 스프링(Spring)이 적합하다.

$$K_a = K_d \times \frac{1}{(K_d/K_a)}$$

K_a=정적 스프링정수(g/mm)

K_d=정적 스프링정수(g/mm)

〈표 15-3〉 스프링(Spring)정수 계산표

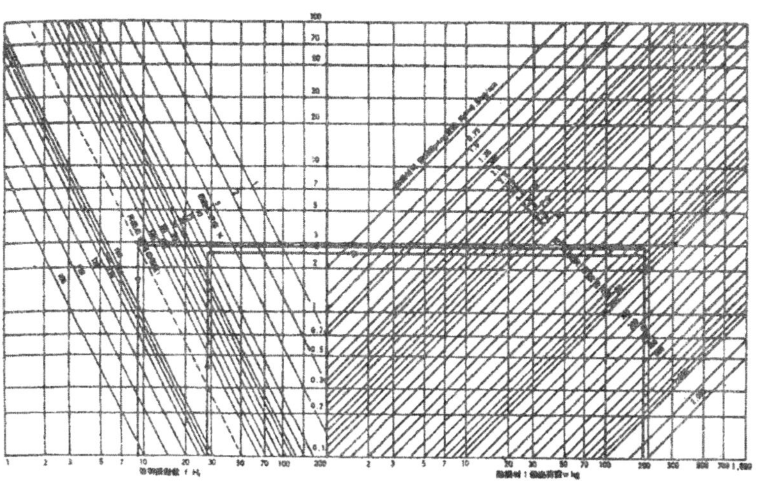

15.3 방진 설비

1) 기계의 방진 기초

지지대의 중량을 기계 중량의 2~3배 이상되도록 고유 진동수가 3Hz 이하가 되게 한다. 방진고무는 상하진동을 억제하고, 콘크리트 베드는 수평진동을 억제한다.
설비기계를 지면에 두든지 보위에 오르도록 한다.
기계의 rpm이 700이하일 때는 그림 15-4와 같이 스프링을 넣어서 설치하고 그 이상일 때는 그림 15-5와 같이 방진고무를 넣어 설치한다.

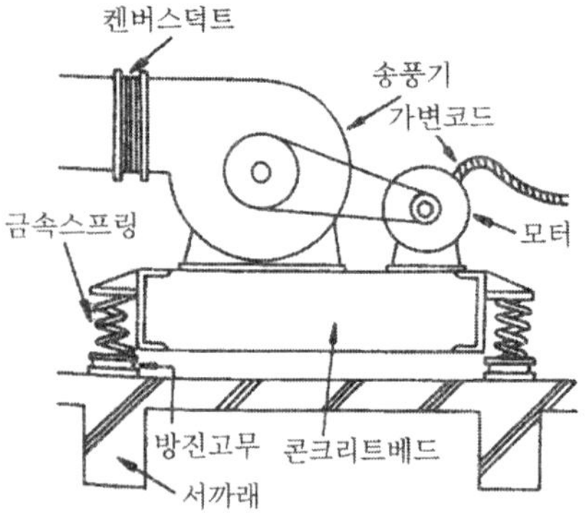

<그림 15-4> 금속 스프링과 방진고무를 직렬로 연결한 방진구

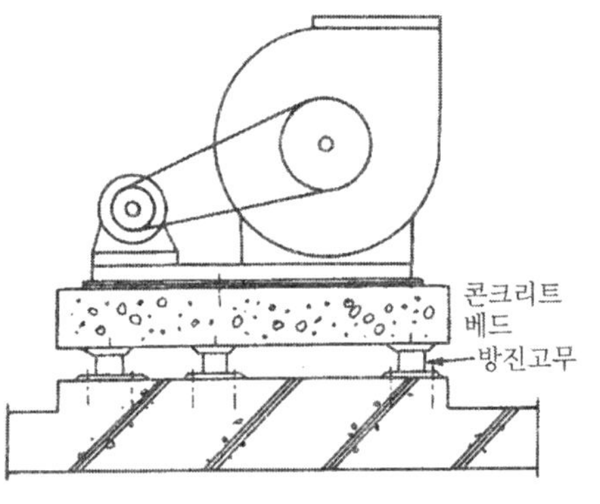

<그림 15-5> 방진고무를 이용한 방진구조

2) 배관류의 방진

배관류가 구조체와 접속될 때 고무, 펠트, 유리섬유, 암면 등의 방진재료를 쓴다. 그림 15-6은 배관류의 방진구조 예를 나타낸다.

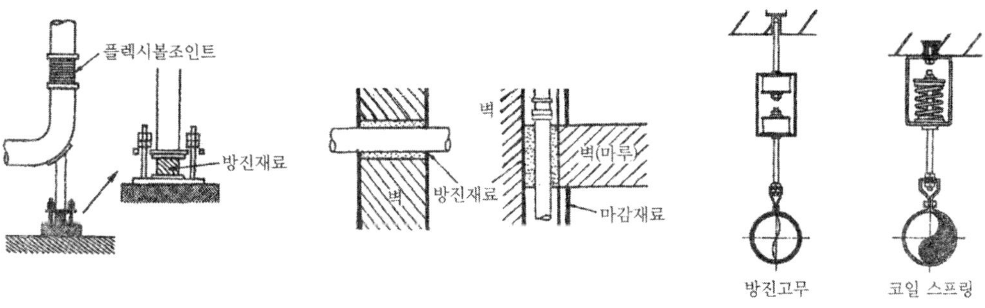

〈그림 15-6〉 배관류의 방진구조 예

3) 바닥 충격음 방진

바닥 디딜 때, 문개폐시, 물체를 떨어 뜨릴 때에 바닥 충격음이 발생하므로 바닥이 카페트 등의 탄성바닥재를 깐다거나 2중 바닥구조로 한다.

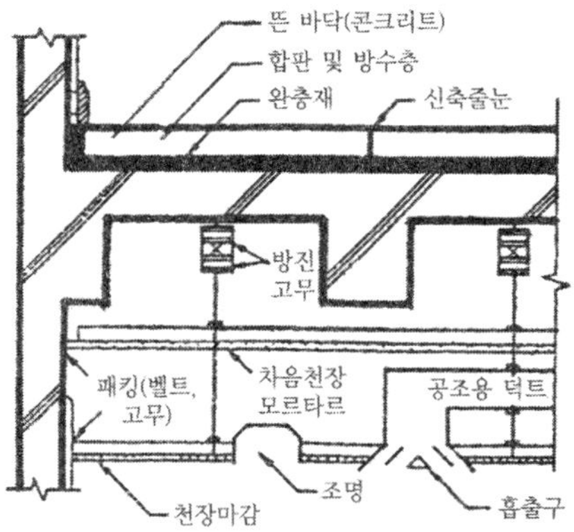

〈그림 15-7〉 바닥 충격음의 방진구조

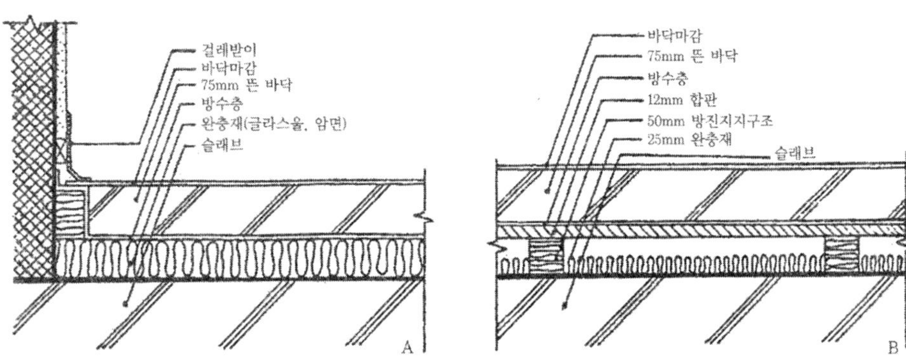

〈그림 15-8〉 습식 2중바닥 구조

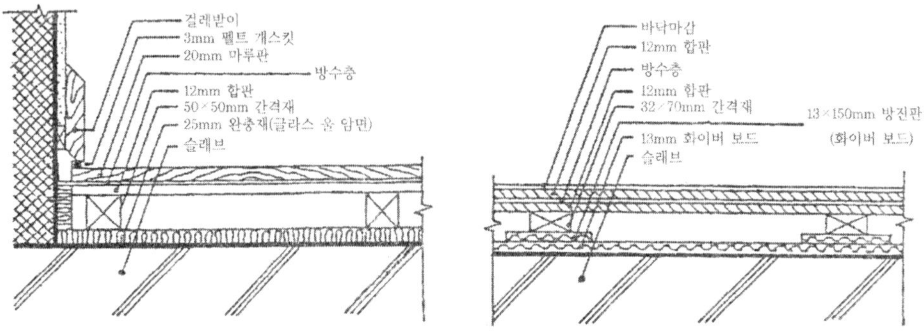

〈그림 15-9〉 건식 2중바닥 구조

제16장

가스설비

사람이 생활하기 위하여 건설하는 건축물에는 조리, 급탕, 난방 등을 위하여 에너지의 공급이 필요하다. 현재 우리 나라의 도시에서는 이러한 에너지의 공급을 가스체 에너지에 의존하는 경향이 높아지고 있다.
가스에너지는 도시가스와 액화가스로 대별된다. 도시가스는 도시를 중심으로 하여 가스사업자가 정제(精製)된 가사를 가스 수송관을 통하여 일반 수요자에게 공급하는 가스의 총칭으로 제조가스와 공급가스로 나눈다. 액화가스로는 액화석유가스(LPG)와 액화천연가스(LNG)가 있다.

16.1 도시 가스

1) 도시가스의 성분

도시가스는 석탄, 코우크스, 나프타, 원유, 중유, 천연가스, 액화석유가스 등을 원료로 한 제조가스를 정제, 혼합하여 소정의 발열량을 조정한 것이다.
일부에서는 천연가스나 액화석유가스를 그대로 보내는 곳도 있고, 전국 각 도시에서는 공급가스의 조성, 발열량도 다르지만 표 16-1과 같이 14종으로 분류되고 공급자는 가스의 종류를 표시하여 공급하도록 하고 있다.
도시가스의 공급시스템은 그림 16-1과 같이 나타난다.

2) 도시가스의 성질

도시가스는 다음과 같은 성질을 가지고 있다.
1) 공기보다 가볍다(공기의 0.55~0.875배, 예외 LPG 공급가스)
2) 아황산 가스, 매연 등의 대기오염이 없다.
3) 발열량은 7,000~11,000kcal/Nm^{3}이다.

4) 연소범위가 크다.

3) 도시가스용 가스미터실

1) 고온, 저온, 다습, 진동, 부식성 가스에 영향을 받지 않는 장소를 택한다.
2) 가스미터의 검침, 검사, 교체 등의 작업이나 미터 콕의 조작이 편리한 장소를 택한다.
3) 전기용 개폐기로부터 60cm 이상 떨어진 장소를 택한다.
4) 통풍이 잘 되는 장소가 바람직하다.

<표 16-1> 각종 가스의 조성

구분	제조 가스							공급 가스		
원료	석탄	납 사								
공정 조정[%]	석탄 가스	사이클릭식 분해 가스	고온 수증기 개질 가스	저온 수증기 개질 가스	수첨 분해 가스	대체 천연 가스	부분 연소 가스	6A	6C	13A
CO(일산화탄소)	9	21.0	3.0	0.7	3.3	-	2.8	-	3.0	-
H_2(수소)	48	66.3	62.7	17.6	44.6	2.0	38.7	-	45.0	-
N_2(질소)	5	0.8	-	-	0.5	-	35.2	61.6	7.0	-
CH_4(메탄)	31	1.3	12.7	63.1	32.6	95.5	4.4	-	26.0	88
CO_2(이산화탄소)	2	10.5	21.6	18.6	0.4	2.5	17.3	-	15.0	-
O_2(산소)	1	-	-	-	-	-	0.4	16.4	1.0	-
CmHn 중탄화 산소	4	0.1	-	-	18.6	-	1.2	22.0	3.0	12
비중 (공기=1)	0.45	0.42	0.47	0.65	0.45	0.57	0.71	1.23	0.55	0.66
발열량 $kcal/Nm^3$	5,500	2,800	3,210	6,580	7,560	9,150	1,880	7,000	4,500	11,000

[주] 1) 6A는 LPG를 열량조절하여 7,000kcal/Nm3로 한 공급가스
2) 6C는 제조가스를 열량조정하여 4,500kcal/Nm3로 한 공급가스
3) 13A는 주로 액화천연가스를 열량조정하여 11,000kcal/Nm3로 한 공급가스
4) CmHn에는 C2H4, C2H6, C3H8, C4H10를 포함

4) 가스미터실의 소요 공간

가스미터는 형식 및 가스의 유량에 따라 소요공간이 달라진다. 그리고 중압용 루스식 미터의 경우는 다음과 같이 배관용 공간이 필요하다.

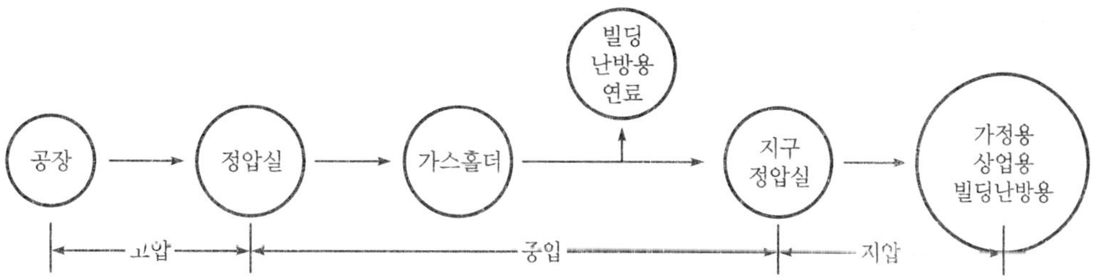

<그림 16-1> 가스미터실의 소요공간

16.2 액화석유가스(LGP : Liquefied Petroleum Gas)

1) 액화석유가스(LPG)의 성분

LPG의 성분은 프로판(C_3H_8), 프로필렌(C_3H_6), 부탄(C_4H_{10}), 및 부틸렌(C_4H_8) 기타 약간의 에탄(C_2H_6), 에틸렌(C_2H_2)을 포함하고 있으며 액화하면 체적이 약 1/250로 된다. 가스의 발열량은 표 16-2와 같이 나타낸다.

<표 16-2> 가스의 발열량

가스명	분자식	비중		비점 (℃)	총발열량 (kcal/m²) (0℃, 1atm)
		가스 (공기=1, 15.6℃)	액체 (물=1, 15.6℃)		
수소	H_2	0.060	-	-252.8	3.050
일산화탄소	CO	0.966	-	-192.0	3.018
메탄	CH_4	0.553	0.300	-161.0	9.535
에탄	C_2H_6	1.037	0.374	-88.6	16.789
에틸렌	C_2H_4	0.968	0.351	-103.7	15.150
프로판	C_3H_8	1.521	0.508	-42.1	24.320
프로필렌	C_3H_6	1.453	0.522	-47.7	22.350
n-부탄	C_4H_{10}	2.004	0.584	-0.5	32.010
I-부탄	C_4H_{10}	2.004	0.563	-11.7	32.000
n-부틸렌	C_4H_8	2.004	0.601	-6.8	29.810
i-부틸렌	C_4H_8	2.004	0.600	-6.9	29.600

(일본 공기조화 위생공학편장, 개정 제9판)

2) 액화석유가스(LPG)의 성질

(1) 공기보다 무겁다.

프로판은 공기의 약 1.5배, 부탄은 공기의 약 2배 정도 무거우므로 누설되면 대기중으로 확산되지 않고 지면에 체류한다.

(2) 액화 및 기화가 용이하다.

LPG는 상온상압하에서 기체이지만 가압이나 냉각을 하면 쉽게 액화한다. 대기압하에서 비점은 프로판 -42.07℃, 부탄 -0.5℃이다.

(3) 무색・무미・무취이다.

LPG의 누출시 감지를 위하여 향료를 혼합시키는데 그 냄새가 계란 썩는 냄새와 같다.

(4) 연소범위가 좁다.

가연성 가스와 공기를 일정한 범위에서 혼합하고, 이것에 정화하면 급격히 연소하는데 이 혼합범위를 연소범위라 하며, LPG는 다른 가스에 비하여 연소범위가 좁다.

(5) 중독성이 있다.

LPG는 인체에 유해한 일산화탄소 등이 함유되어 있지 않으나, 많은 양을 흡입하면 중추신경 마비현상을 일으킨다.

(6) 발열량이 높다.

LPG의 발열량은 1kg당 프로판이 약 12,000kcal, 부탄이 약 11,800kcal로서 다른 석유재품보다 높으며 기체 $1m^3$당의 발열량은 프로판이 약 24,000kcal, 부탄이 약 32,000kcal로서 도시가스의 7,000~11,000kcal에 비하여 월등히 높다.

(7) 연소시 다량의 공기가 필요하다.

① 프로판 $1m^3$ 연소시 : 산소 $5m^3$, 공기 $24m^3$ 필요
② 부탄 $1m^3$ 연소시 : 산소 $6.5m^3$, 공기 $31m^3$ 필요

(8) 제조는 원류를 정제하는 과정에서 부산물을 발생한다.

LPG의 연소 방정식

$C_3H_8-5O_2 \rightarrow 3CO_2+4H_2O$
$C_4H_{10}-5.6O_2 \rightarrow 4CO_2+5H_2O$

3) 종류

LPG는 가정용, 영업용, 자동차용 연료 및 공업용 원료 등으로 사용되고 있으며 KS규격에는 1종과 2종으로 구분된다.
1) 1종 : 가정용, 영업용
2) 2종 : 공업용 원료 및 연료, 자동차용 연료

4) 공급방식

LPG의 공급은 봄베(Bombe)에 의하여 각 가정에 공급하는 방법과 소수 수용가를 일괄하여 충진용기, 집합장치, 압력조정기, 혹은 필요에 따라 기화장치 등의 가스발생장치에서 발생하는 가스를 도관으로 유도하여 공급하는 방법으로 분류된다.
1) 봄베(Bombe)에 의한 수송
5, 10, 20, 50, 500kg 등 비교적 소량의 수용가에 사용한다.
2) 콘테이너(Container)에 의한 수송
2ton 정도의 용량에 사용한다.
3) 탱크로리(Tank lorry)에 의한 수송
4.5~7.4ton 정도 비교적 대량의 수요처에 사용된다.
4) 특정 공급 설비에 의한 수송
10ton 이상의 용량에 사용한다.
5) 도관에 의한 수송
LPG를 대형 봄베에 저정하고, 이것을 가스 발생장치(기화장치)에서 기화시켜 일반의 수용에 따라 도관에 의해 가스를 공급한다.

5) LPG의 저장설비

LPG의 저장설비는 고압가스 안전관리법에 따라 전용실에 설치하되 저장설비의 외면으로부터 다음과 같은 보안거리를 유지하도록 한다.

<표 16-3> 보안거리

구분	해당 건물	1일 저장 능력	
		10,000kg 이하	20,000kg 이하
제1종 보안시설	연면적 1,000m^2 이상의 학교, 병원, 백화점, 시장, 호텔, 기타 건물	17m	21m
제2종 보안시설	연면적 100~1,000m^{2}의 주택, 아파트, 인화성 물질, 폭발성 물질의 저장소	12m	12m

(1) 배관 방법

LPG의 배관시 주의할 사항은 다음과 같다.

1) 봄베의 설치 장소

① 가능한 한 한 사용개소에 가까운 곳

② 직사일광이 닿지 않는 곳(40℃ 이하)

③ 통풍이 좋은 곳

④ 진동이 없는 곳

2) 법에 정한 보안거리를 확보하고 화기를 취급하는 장소를 피한다.

3) 조정기(Regulator)는 가능한 한 봄페의 가까이에 부착하고 고압부를 길게 하지 않는다.

4) 밸브는 프로판 가스용의 것을 이용한다.

(2) 소요공간

봄베식 저장의 경우 그림 16-2와 같이 소요공간은 장차 수요량의 증가를 고려하여 30~50% 정도 여유를 두는 것이 좋다.

(3) 용기실의 구조

1) 직사광선을 피하고 우수가 침입하지 않는 구조로 한다.

2) 바닥면은 지반으로부터 10cm 이상 높게 하고, 구배를 잡아서 물이 고이지 않게 한다.

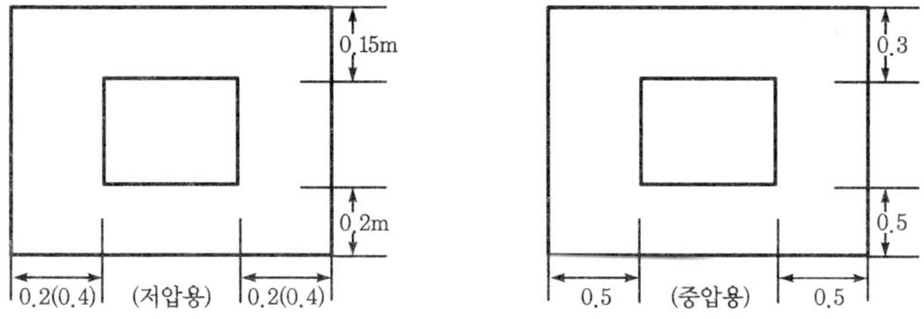

<그림 16-2> LPG가스 용기실의 소요 공간

3) 실내는 불연재료로 하고 지붕은 내식성 및 단열성의 경량 불연재로 한다.
4) 누출된 가스가 실내에 체류하지 않도록 바닥면적 $1m^2$당 $300cm^2$ 이상의 직사각형 환기구를 바닥면에 접하도록 설치하고 또한 상부에도 같은 크기의 급기구를 설치한다.
5) 환기구 밖의 전면에는 500mm 이상의 공간을 확보한다.
6) 출입문은 갑종방화문으로 하고 안쪽으로 열릴 수 있게 한다.

16.3 액화천연가스(LNG : Liquefied Natural Gas)

1) 액화천연가스(LNG)성분

LNG는 천연적으로 산출하는 천연가스를 -162℃까지 냉각 액화한 것으로, 액화할 때에 탄산가스, 유화가스, 유화수소, 중탄화수소 등을 정제, 제거하므로 기화된 LNG는 전혀 불순물을 함유하지 않는 청정 연료(Clean Energy)이다.
천연가스의 주성분인 메탄은 $1.4m^3/kg$(0℃, 1기압) 정도이지만, 1기압하에서 -162℃까지 냉각하면 그 체적은 약 1/580 정도로 되므로 특수 탱크에 저장해야 한다.
LNG의 열량은 $10,800kcal/Nm^3$으로 도시가스의 $7,00kcal/Nm^3$보다 훨씬 높다.

2) 액화천연가스(LNG)의 성질

(1) 안전성이 높다.

일반가스연료는 공기 중에 2%만 포함되어도 폭발하지만, LNG는 5% 이상되어야 폭발한다.

(2) 청결하다.

기화된 LNG는 전혀 불순물을 함유하지 않는다.

(3) 편의적이다.

(4) 안전하다.

(5) 미래의 대체에너지이다.

3) 전망

매장량이 다른 에너지원에 비해 대단히 많은 편(전세계 매장량 약 204조m^3, Oil & Jounal 자료)으로 청정에너지로 이용 가능성이 한층 밝다.
전세계적으로 4대 LNG 매장장소로 알래스카, 브루네이, 아부다비, 인도네시아 LNG를 들 수 있다. 이외에도 우리 나라의 여러 회사가 세계 굴지의 회사와 합자하여 개발하고 있다. LNG는 인수기지 등의 건설에 소요되는 초기 시설투자가 많아 미국, 영국, 프랑스, 이탈리아, 독일, 일본 등이 먼저 사용하였고, 세계 8번째 LNG 소비국이 되었다.
우리 나라는 브루네이 LNG에서 1986년부터 2006년까지 매년 200만톤, 콰타르 LNG에서 1997년부터 2012년까지 매년 250만톤의 LNG가 도입되고 있다. 1997년 8월에 LNG 수송관이 전국적으로 개통되어 더욱 많은 연료로 사용될 것이며, 취사용 뿐만 아니라 난방용 연료로도 에너지원 중에서 높은 비율을 차지하고 있다. LNG의 에너지원 비율은 2000년경에 5.9%, 2010년에 7.5%에 이를 전망이다.

16.4 가스공급과 배관

1) 공급방식

가스의 공급방식은 수용가에 대하여 만족하도록 가스를 받아 사용하는 데에 적절한 공급압력을 유지한다.
가스압력은 가스업법과 가스공급규정과 따라 표 16-4와 같이 나타난다.

<표 16-4> 가스압력

압력 / 종류	저압	중압	고압
가스사업법	$1kg/cm^2$ 이하	-	$1kg/cm^2$ 미만
도시가스 사업자	$1kg/cm^2$ 미만	$1 \sim 10kg/cm^2$ 미만	$10kg/cm^2$ 이상
프로판가스 사업자	230~330mmAq	$0.1 \sim 2kg/cm^2$ 미만	$2kg/cm^2$ 이상

(1) 저압 공급

일반적으로 바로 사용할 수 있는 50~250mmAq 정도의 압력으로 공급하는 방식이며, 가스공장에서 어느 정도 떨어져 있지 않은 지역이나, 가스의 수용량이 적은 지구에서 사용되며 그림 16-3에 나타낸다.

이 방식은 가스홀더(Holder)의 압력에 의하여 공급하는데, 홀더의 상태에 따라 압력이 변동하고, 그사의 분출량에 영향을 주므로 공급압력을 일정하게 하기 위하여 홀더 출구에 정압기(Governor)가 부착된다. 또 공급가스량이 많은 때에는 큰 구경이 저압본관이 필요하게 되고 경제적으로 되지 않는다.

(2) 중앙 공급

중앙 공급은 공장에서 제조된 가스를 압축기에서 중압($3kg/cm^2$)으로 압축하고, 중압 본관에 의하여 보내는 지구정압기(Distric Governor)에 의하여 저압($1kg/cm^2$ 미만)으로 조정하여 저압도관에 의하여 수용가에게 공급되는 방식이다.

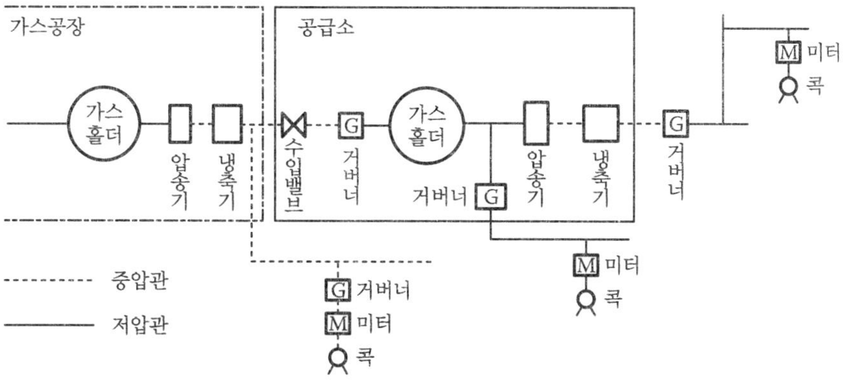

<그림 16-3> 가스의 저압, 중압공급의 일례

이 방식은 고층 건물을 냉난방용, 지역냉난방용, 공업용 등 가스의 공급량이 많고, 또는 공급지역이 넓어 저압공급으로는 배관비가 더 드는 경우에 사용된다.

(3) 고압 공급

다량의 가스를 원거리에 수송하는 경우에는 압축기에 의하여 압송능력을 높이는 데에 따라 도관 매설비의 경감을 도모할 수 있다. 공장에서 고압으로 송출된 가사는 다른 공장이나 공급소에 수송된다든지, 지구 정압기에 의하여 중앙으로 되고, 또 저압으로 되어 각 수용가에게 공급된다.

(4) 중압 또는 고압에 의한 직접 공급

구미에서는 수용가에서 직접 중압 또는 고압의 공급관으로 공급되고 있으며 그림 16-4와 같이 나타낸다. 저압 본관 대신에 중압, 고압 본관을 이용하므로 작은 구경의 배관으로 되기 때문에 각 수용기는 전용 정압기를 부착하여야 하고, 또 이상한 압력상승에 대하여 안전장치를 설치하여야 한다.

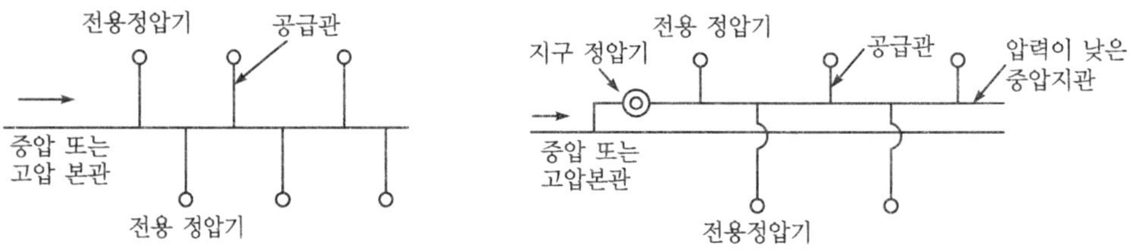

<그림 16-4> 중압 또는 고압에 의한 직접공급

2) 공급시설

가스공급 설비는 가스를 저장하는 가스 홀더, 가스를 압축하는 압축기, 가스압력을 조정하는 정압기, 가스를 수송하는 도관, 가스 사용량을 적산하는 가스미터로 구성되어 있다. 그림 16-5에 나타낸다.

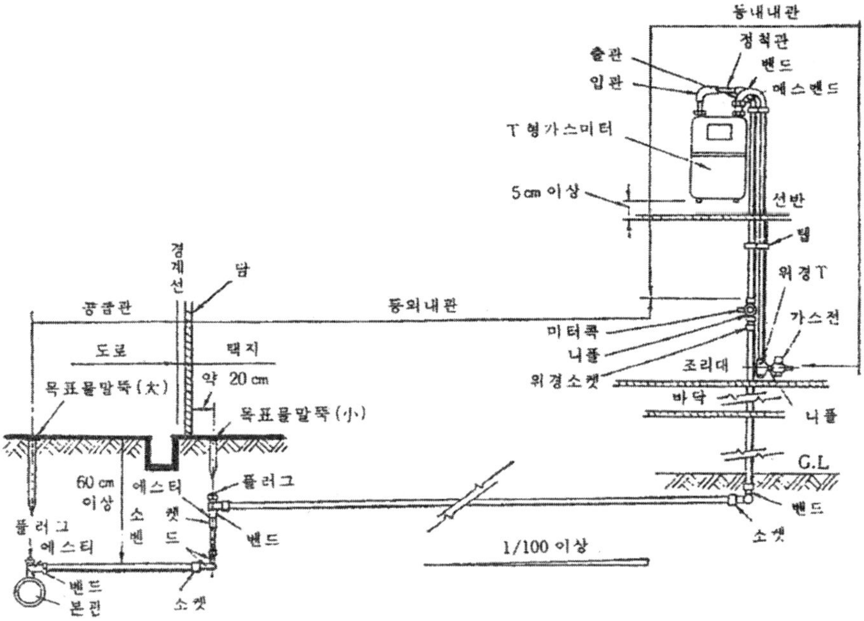

〈그림 16-5〉 가스공급의 일례

3) 가스의 수송공식

실제의 가스의 배관 설계에는 다음의 식이 흔히 사용되고 있다.

(1) 저압가스의 공식(Pole의 공식)

$$Q = K\sqrt{\frac{D^5H}{SL}} \rightarrow Q = \sqrt[5]{\frac{Q^2SL}{K^2H}}$$

여기서, Q : 수송량(m^3/h)

D : 관의 내경(cm)

H : 구간에서의 압력차(mmAq)

S : 가스의 비중(공기를 1로 한다)

L : 관의 길이(m)

K : 유량계수(0.7055)

(2) 고압가스의 수송공식(Cox의 공식)

$$Q = \frac{\sqrt{(p_1^2 - p_2^2)D^5}}{SL}$$

여기서 P_1 : 초압(kg/cm^2, 절대압력)

P_2 : 종압(kg/cm^2, 절대압력)

K : 유량계수(0.05233)

(Q, S, D는 Pole의 공식과 같다)

4) 배관 방법

가스 공급관의 설계 및 시공은 각 가스 공급회사에서 한다. 먼저 인출공사를 하고 차례로 미터 장착위치로 향해서 배관하는 것이 원칙이고 공급관의 매설깊이는 60cm 이상으로 매설하며 적당한 구배를 주어서 가스 본관에 대해 내림 구배로 한다.

부득이 역구배로 할 때에는 그 최저부에 배수기를 장치해야 한다.

또한 공급관의 인출은 300mm 이하의 저압본관에서 하며 공급관의 직경은 모두 20mm 이상의 강관을 사용한다. 그러나 콘크리트 평판이 아닌 강질포장 부분에서는 최소 25mm으로 할 수 있다. 배관재료는 도시사업법에서 주철관, 강관, 석면시멘트관, 연관, 동관, 경질염화비닐관, 폴리에틸렌관이 규정되어 있으며 이 중에서 주로 사용되고 있는 관재료는 주철관과 강관이다. 공급관경이 2B 이하는 백가스관을 사용하며, 3B 이상은 주철관을 사용하고 공급관의 배관공사에는 다음과 같은 사항에 주의한다.

1) 공급관은 본관에서 직각방향이 되도록 인출한다.
2) 공급관의 인출은 본관의 접합부에서 50cm 이내에 반드시 물빼기를 한다.
3) 배관의 부설공사가 끝나면 압력시험전에 반드시 물빼기 한다.
4) 매설 가스 도관(導管)에는 저압관의 경우 1/300 이상, 중압관 및 고압관의 경우 1/500 이상 구배를 주고 그 최저부에는 반드시 배수기를 설치한다.
5) 가스관과 전선은 30cm 이상, 전기 개폐기(나이프 스위치)는 60cm 이상, 피뢰도선과는 100cm 이상을 각각 이격시킨다.

제17장

승강·운송설비

17.1 승강·운송설비

승강 및 운송설비는 건물내의 일정한 장소에 사람이나 화물을 수송하기 위한 설비로서 여러 종류가 있으나 대표적인 수송 설비로는 엘리베이터(Elevator), 에스컬레이터(Escalator), 덤웨이터(Dumbwaiter : Lift) 설비가 있으며, 이외 이동보도(Moving Footpath), 컨베이어(Conveyer), 기송관 설비(Pneumatic Tube Instatllation), 턴테이블(Turntable)등이 있다.
엘리베이터는 수송 속도가 주이고, 에스컬레이터는 수송능력이 주이며 포함 덤 웨이터는 건물내 물품을 운반하는 설비이다.
최근 건축물의 최고층화에 따라 빌딩의 수직수송문제가 중요시되고 있다.

17.2 엘리베이터 (Elevator)

엘리베이터는 승강로(昇降路)내에 수직으로 설치된 가이드 레일을 따라 승강차(Cage)를 전동기에 의해 승강시키는 장치로서 사람을 운반하는 승강용 및 화물을 운반하는 화물용으로 구분된다.
특히 사람을 운반하는 안정성에 주의하여야 함을 물론 건물의 관리비 절약과 수송효율향상을 목적으로 자동화가 요구되고 있다.

1) 엘리베이터의 구조

장거리 고속수송설비인 엘리베이터는 권상기, 제어장치, 안전장치, 신호장치, 승강장, 승강차, 승강로, 운전반 등으로 이루어지면 제어공학의 발달로 주제어기기의 정확도가 높아지고 있다.
엘리베이터의 세부 구조도는 그림 17-1과 같다.

2) 엘리베이터의 종류

엘리베이터는 종류도 다양하고 분류방법도 여러가지가 있다. 일반적으로 전동기의 종류에 의해 구분되거나, 사용목적에 의해서 구분되기도 하지만 주로 케이지의 운행속도에 의해 구분되고 있다. 엘리베이터의 표준속도를 고려한 구분은 표 17-1과 같다.

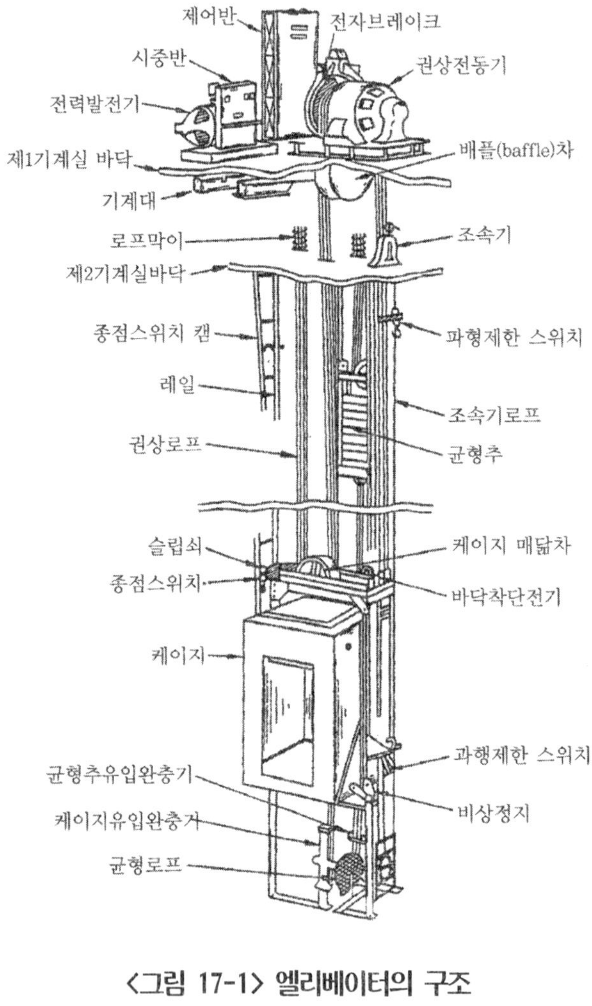

<그림 17-1> 엘리베이터의 구조

<표 17-1> 엘리베이터의 속도

속도(m/min)		전동기	권상기	속도제어	로우핑	용도
저속	30	교류	Geared (기어드)	2단속도	2 : 1	소규모 빌딩
중속	60				1 : 1	4~6층 아파트
고속	90	직류	Gearless (기어레스)	(SV)		중규모 빌딩
	105					5~10층 아파트
	120				2 : 1	고층 호텔
	150					오피스 빌딩
	10					10~20층 아파트
초고속	210			(AS)	1 : 1	20층이상 건물
	240					
	300					
	360					
	450					
	540					
	699					

(1) 엘리베이터의 분류

① 용도별 분류

ⓐ 승객용 엘리베이터(Passenger Elevator)

ⓑ 화물용 엘리베이터(Freight Elevator)

ⓒ 자동차용 엘리베이터(Motorcar Elevatror)

ⓓ 전동식 덤웨이터(Electric Dumbwaiter)

② 속도별 분류

ⓐ 저속도 엘리베이터 : 45m/mm이하(교류 1단, 2단)

ⓑ 중속도 엘리베이터 : 45~120m/mm이하(교류 2단, 직류 Geared)

ⓒ 고속도 엘리베이터 : 120~240m/min(직류, Gearless)

ⓓ 초고속 엘리베이터 : 300m/min이상(직류, Gearless)

③ 권상 전동기의 전원별 분류

ⓐ 교류 엘리베이터 : 속도 60m/min 이하

ⓑ 직류 엘리베이터 : 2단 속도 유도전동기를 사용하여 90m/min, 105m/min의 중속 엘리베이터에 사용된다.

ⓒ 직류 기어레스 엘리베이터 : 120m/min이상의 고속용으로 사용되고 특히 300m/min 이상

의 기어레스 엘리베이터는 초고층빌딩에 사용된다.

3) 엘리베이터용 전동기

엘리베이터용(권상용) 전동기의 용량은 고빈도(高賓道) 및 고기동(高起動) 토오크용으로 설계되며 정격속도에 의한 주행(走行)을 구하는 계산 식은 다음과 같다.

$$P = \frac{L \cdot V \cdot \beta}{6{,}000\eta}$$

L : 정격 적재 하중(kg)
V : 승강기의 정격속도(m/min)
η : 권상기 효율
β : 균형추의 계수(승용엘리베이터 0.6, 화물용 엘리베이터 0.5)
여기서 권상기의 효율(η)은 다음과 같다.

기어드 권상기	1 : 1 로우핑 : 0.50~0.60
	2 : 1 로우핑 : 0.45~0.55
기어레스 권상기	1 : 1 로우핑 : 0.85
	2 : 1 로우핑 : 0.8

이 전동기는 운전 및 정지의 반복으로 운전되므로 전동기의 선정에는 한시간 정격이 채용되고 있다.
그리고 직류가변 전압식 엘리베이터는 권상전동기의 직류전원을 공급해야 하므로 이것을 구동(驅動)하는 전동기가 필요하다.
여기서 직류 발전기의 용량 및 교류 전동기의 용량은 연속정격을 채용하는 것으로 산출한다.

$$P_2 = \frac{P_1}{y_2} \times C \fallingdotseq 0.7P_i \text{ (kw)}$$

P_1 : 권상용 전동기의 용량(kw)
P_2 : 직류 발전기의 용량(kw)
y_2 : 권상용 전동기의 효율(0.8)
C : 한시간 정격(연속정격의 55~60%)

$$P_3 = \frac{P_2 + \text{여자기 용량}(3\sim4.5\text{kw})}{y_3} \text{[kW]}$$

P_3 : 교류 전동기의 용량(kw)
y_3 : 발전기 및 여자기(勵磁機)의 효율(0.9)

4) 전동기의 종류

권상기(Traction Machine)는 전동기, 제동기, 감속기, 승강치(Cage), 로프(Rope), 평형추 등으로 구성된다. 그리고 전동기는 전류에 의해 교류 전동기와 직류 전동기로 구분된다.

(1) 교류 전동기

속도 75m/min 이하의 저속도 또는 중속도의 엘리베이터에는 권선형이나 3상 유도전동기가 쓰인다.

(2) 직류 전동기

90m/min 이상속도의 엘리베이터에 사용된다. 속도 105m/min까지는 기어드형(Geared Type)도 좋으나, 속도 180m/min 이상의 고속이 되면 직결 운전하는 전동기를 갖춘 기어레스형(Gearless Type)으로 한다.

5) 엘리베이터의 주요기기

(1) 전자 브레이크

전자석에 의해 브레이크 슈에 힘이 가해지면 마찰력에 의하여 제동력이 작동된다.

$$\text{제동 토오크} = \frac{720 \times HP \times K}{N} (kg \cdot m)$$

N : 전부하에 의한 전동기의 회전수(rpm)
HP : 전동기의 동력(마력수)
K : 브레이크 정수(DC : 1, AC : 1.5)

(2) 트랙션 머신 (Traction Machine)

전동기축의 동력을 로프차에 전달하는 권상기를 트랙션머신이라 한다.
전동기축에는 웜엄기어가 직결되어 있으며 다음과 같이 구분된다.

① 기어드형 트랙션 머신 : 웜엄기어로서 로프차에 직접 연결하여 기어를 회전 시킨다.
② 기어레스형 트랙션 머신 : 기어를 사용하지 않고 전동기축에 직접 로프차를 연결시켜 회전 시킨다.

(3) 문닫침 장치

승강차(Gage)가 목적층에 정지하면 제어반의 신호에 의해 리타이어링 캠으로 이것에 직결된 도어 머신이 승강차의 문과 승강장의 문을 연동(連動)시켜 문이 열린 후 몇초가 지나면 타이머에 의해 문이 자동적을 닫힌다.

(4) 자동착상 장치 (自動着床裝置)

각층 승강로내의 유도판(誘導板)이라는 전자석에 의해 목적층에 정지할 때, 기계실로부터 유도판에 전류가 보내지고 승강차에 있는 유도계전기가 이것과 대향(對向)하였을 때 제어회로가 작동하여 자동적으로 목적층에 도달하게 된다.

(5) 가이드 레일 (Guid Rail)

승강로내부의 양측면에 승강차용 및 균형추용으로 각 1개씩의 레일이 설치되어 이것에 의해 수직으로 움직인다.

(6) 균형추

일정한 무게의 균형추가 로프에 매달려 균형을 유지하면서 수직으로 하강 및 상승한다.

균형추의 무게＝전중량＋최대적재량×(0.4～0.6)

(7) 로프 (Rope)

로프는 강도와 유연성이 요구되며 안전성이 매우 중요하다.
이 로프는 19개 선을 8조 또는 6조로 꼬은 것이 사용되고 있다. 로프의 교체시기의 판정은 단선, 마모, 사용년수, 부식 등에 의하지만 일반적으로 3~5년 경과하면 교체하는 것이 안전하다.

6) 엘리베이터의 표시기구

(1) 인디케이터 (Indicator)

인디케이터는 출입구 상부와 출입구 벽에 설치되어 있으며 하나의 카바플레이트에 신호와 위치표시등 및 방향표시등이 각각 조립되어 있다.

① 방향표시등 : 엘리베이터의 운행 방향을 표시한다.

② 위치표시등 : 엘리베이터가 통과하고 있는 층의 램프가 켜지며 엘리베이터의 위치를 표시한다.

(2) 호출버튼

버튼을 눌러 호출이 등록되면 램프카 켜진다.

(3) 운전상태 표시등

엘리베이디 운진 싱태에 따른 신호문자는 램프에 의해 불이 켜저 표시된다.

(4) 운전반 (Operating Board)

운전반은 운전방식에 따라 그 구성이 조금씩 달라진다. 그 그성은 인터폰부, 플로우 버튼부, 스위치 박스부로 되어 있다.

① 인터폰 : 비상식 "CALL" 버튼을 누르면 관리실과 통화를 할 수 있다.
② 플로어 버튼 : 이 버튼을 누르면 목적층이 등록되어 램프가 켜지고 승강차가 운전된다.
③ 스위치 박스 : 관리상 필요한 각종 스위치가 내장(內臟)되어 있다.

(5) 승강장 호출버튼 (Hall Button)

호출버튼은 인디케이터와 함께 쓰이며 버튼은 방향성을 표시하고 버튼을 눌러 호출이 등록되면 램프가 켜지며 터치 버튼식과 누름 버튼식이 있다.

(6) 감속기

기어식의 감속기에는 전동기의 빠른 회전속도 (1,000~1,500rpm)를 저속도(10~100rpm)로 바꾸기 위하여 큰 감속비(1/20~1/60)를 필요로 하므로 워엄기어(Worm Gear)가 사용된다. 워엄기어는 100m/min 이하의 경우에 유효하고, 그 이상의 속도에는 직류 직결식(Gearless)이 쓰인다.

(7) 기계적 안전 장치

① 도어 인터록 장치 : 승강장의 스위치와 동시에 작동하여 밖에서 문이 열리지 않도록 하는 장치이다.
② 조속기(調速機) 케이지가 과속을 할 때 속도를 조절하는 방식이다.
③ 비상 정지 : 조속기의 작동에 따라 레일을 잡아 승강차의 운행을 일시 정지시키는 장치이다.
④ 완충기 : 비상 정지 장치가 작동하지 않거나 승강차의 초과부하로 브레이크가 작동하지 않아 승강차가 미끄러 떨어져서 승강로 밑바닥에 충돌하는 것을 방지하는 장치이다.
⑤ 구출구 : 승강차가 층계중간에 정지했을 대 승객을 승강차 천정으로부터 탈출시키는 곳이다. 구출구를 열면 엘리베이터가 정지하는 전기적(電氣的) 인터록 장치가 되어 있어야 한다.
⑥ 수동 핸들 : 전동기 축 끝에 들어 있으며 브레이크를 늦추어 인력으로 승강차를 바닥면까

지 움직일 때 사용한다.

⑦ 자동착상장치(自動着床裝置) : 정전시에 승강차 정치의 위치를 자동적으로 한정하는 장치이다.

⑧ 제어반(Control Panel) : 신호반과 수전반으로 구성되어 있으며 전동기에소 오는 신호를 종합처리하여 엘리베이터의 속도, 방향 가감속 등을 명령하는 두뇌 장치이다.

7) 엘리베이터의 운전방식

(1) 운전원 방식

① 키 스위치 방식

운전원이 조작반의 스타트 핸들을 조작하여 시동 및 정지시킨다. 정지에는 운전원의 판단에 의하여 수동착상방식과 정지층의 핸들을 조작하여 자동적으로 착상하는 자동착상방식이 있다.

② 레코드 콘트롤 방식

운전원이 목적층과 승강장의 호출신호를 보고 조작반의 목적층 버튼을 누르면 순서에 의해서 자동적으로 목적층에 정지하는 방식이다.

출발은 운전원의 스타트용 핸들로부터 또한 반전(反轉)은 마지막 층에서 자동적으로 이루어진다.

③ 시그널 콘트롤 방식

운전원의 조작반 핸들조작으로 출발하고 정지는 조작반의 목적층 버튼을 누르는 방식과 승강장의 호출신호에 의해 층의 순서대로 자동정지한다.

반전은 어느 층에서나 가능한 최고호출용 자동반전장치가 붙어 있다.

여러 대를 1뱅크(Bank)로 운전하는 경우 엘리베이터 상호간을 효율적으로 운전시키기 위해서 운전간격이 자동조정된다.

(2) 무운전원 방식

① 단식자동 방식

승강장의 목적층 호출신호에 의해 자동적으로 출발하고 정지하는 승객자신의 운전조작 방식이다. 이 방식은 운전중 다른 호출신호가 있어도 운전종료까지 응답하지 않는다.

② 승합전자동 방식

이 방식은 목적층의 버튼과 승강장의 호출신호에 의해 출발 및 정지하는 조직방식이며 승객자신이 운전하는 전자동 엘리베이터로서 누른 순서에 관계없이 각 호출에 따른다.

(3) 사용목적에 의한 운전방식

① 시그널 콜렉티브 콘추럴 시스템 : 이 방식은 승객용과 병원용 엘리베이터에 적합하여 홀에는 업, 다운의 호출버튼이 있어 승객은 가고자 하는 방향의 버튼을 누르기만 하면 된다. 이 때 엘리베이터가 상행일 때는 자동차의 운전반에 등록된 층과 호출버튼이 업상태인 층만을 자동적으로 선택하여 서어비스하고, 하행중일 때는 승강차의 운전반에 등록된 층과 홀의 호출버튼이 다운인 층만을 자동적으로 선택하여 서어비스하는 방식이다. 이외에 전용운전 스위치를 선택함으로써 출발층에서 목적층까지 호출버튼에 대해서는 서어비스하지 않고 승강차의 운전반에 등록된 홀층만 서어비스 하는 방식도 사용하고 있다.

② 버턴 스위치 콘추럴 시스템 : 이 시스템은 화물용 엘리베이터, 승강차용 엘리베이터에 적합하여 홀에는 호출버튼의 업, 다운 구별이 없고, 한 사람이 엘리베이터를 사용한 후 출입문을 닫아야만 다른 사람이 사용할 수 있다. 따라서 한사람이 승강차에 타고 사용중이면 자동적으로 다른 층에 사용중임을 표시해야 한다.

(4) 병렬 운전방식

① 단독 운전방식 : 일명 시그널 오퍼레이션 또는 SK 오퍼레이션이라고 하고 한 대 단독 설시에 사용하면 서비스 호출층이 없으면 자동적으로 사람의 출입이 제일 빈번한 기준층에 대기한다.

② 2대 병렬운전 : 일명 듀플렉스 오퍼레이션 또는 DSK 오퍼레이션이라고도 하며 2대가 그때 그때의 홀의 부름 상태에 따라 서비스 구역을 자동적으로 결정하기 때문에 승객의 대기 시간이 훨씬 단축 된다. 홀의 서비스가 완료되면 1대는 승객이 가장 많이 이용하는 기준층에 대기하고 다른 한 대는 다음으로 승객이 많이 이용하는 분산 대기층에 대기한다. 따라서 단독으로 2대를 설치하는 것보다 수송능력이 높아지고, 승객의 대기 시간도 단축되며, 교류 기어드형, 직류 기어드형, 직류 기어레스형 등 모든 기종에 이용할 수 있다.

③ 3대 병렬 운전 : 일명 트리플렉스 오퍼레이션 또는 TSK 오퍼레이션이라고 하며 2대 병렬 운전과 마찬가지로 3대가 그때 그때의 홀 부름 상태에 따라 서비스 구역을 자동적으로 결정할 뿐만 아니라 서비스구역이 더욱 세분(細分)되어 승객의 대기시간이 더욱 단축된다. 서비스가 끝나면 2대는 승객이 가장 많이 이용하는 기준층으로 복귀하고 다른 한 대는 분산 대기층에 대기하게 된다.

따라서 자동적으로 교통 수요에 의해 출발명령이 처리되므로 엘리베이터 이용 승객이 가장 많을 때 최대한 운전되고 교통량이 한산할 때는 인원 수송에 필요한 최소한의 엘리베이터만 움직이고 나머지 엘리베이터는 자동적으로 전원을 끄고 쉬게 되므로 보다 경제적이다.

④ 전자동 군관리방식 : 3~8대에 적용되는 CTP-Ⅱ(Computomatic Traffic Programming

Control-Ⅱ)방식으로 중소빌딩에서부터 초고층 빌딩에 이르기까지 광범위하게 사용된다. 빌딩내 엘리베이터의 이용상황은 건물의 규모나 용도에 따라 다르고, 1일중 이용상태도 출근시간, 퇴근시간, 중식시간, 근무시간, 야간 등과 같이 시간에 따라 시시각각 이용상태에 변하게 된다. 이와 같이 연속적으로 변화하는 건물 전체의 교통 정보를 엘리베이터 전용 컴퓨터가 종합 분석하여 적절한 교통상태를 판단하고, 판단된 교통상태에 대응할 수 있는 적절한 운전 상태를 선택하여 각 엘리베이터에 운전 명령을 내림으로써, 교통이 혼잡할 때에는 교통수요를 신속하게 처리하고, 교통이 한산할 때에는 대기 시간을 단축시켜 주는 편리한 방식이다.

8) 정원 설비 대수, 평균일주시간을 구하는 방법

(1) 정원 산출 방식

엘리베이터 케이지의 바닥면적과 적재 하중 및 정원과의 관계는 표 17-2와 같다. 여기서 승용엘리베이터의 경우 1인당 하중은 65kg으로 하여 최대 정원을 구한다. 그리고 1인당 바닥면적은 약 0.2~0.23m^2 정도이다.

<표 17-2> 승강차 바닥 면적과 적재하중

<table>
<tr><th colspan="2">승강차의 종류</th><th>적재량(kg)</th></tr>
<tr><td rowspan="3">승용엘리베이터</td><td>승강차 바닥 면적 1.5m^2 이하의 경우</td><td>승강차 바닥 면적 1m^{2}에 비해 370kg으로 한다.
370×A(kg) A : 케이지 면적</td></tr>
<tr><td>승강차 바닥 면적 1.5m^{2}를 초과하고 3.0m^2 이항의 경우</td><td>승강차 바닥 면적 1.5m^{2}를 초과하는 면적에 대해 1m^2 당 500kg으로 계산한 수치에 550kg을 가산한다.
500(A-1.5)+550(kg)</td></tr>
<tr><td>승강차 바닥 면적 3.0m2를 초과할 경우</td><td>승강차 바닥 면적 3.0m^{2}를 초과하는 면적에 대해 1m^2 당 600kg으로 계산한 수차에 1.,300kg을 가산한다.
600(A-3.0)+1,300(kg)</td></tr>
<tr><td colspan="2">승용 이외의 엘리베이터</td><td>승강차 바닥 면적 1.2m^{2}를 대해 250kg으로 계산할 수치, 자동차용인 경우 150kg으로 계산한 수치
i) 250×A(kg) ii) 150×A(kg)</td></tr>
</table>

(2) 설비대수

이용자가 많다고 생각되는 시간대(時間帶) 5분간의 이용 인원수와 엘리베이터가 5분간에 운반하는 인원수로서 설비 대수가 결정된다.

① 5분간에 운반하는 수송 인원수(P)는 승강차 정원과 평일 일주시간에 의하여 계산된다. (1 대당 5분간의 수송능력)

$$P = \frac{60 \times 5 \times 0.8 \times \text{승강차 정원}}{\text{평균 일주 시간}} = \frac{60 \times 5 \times 0.8 \times C}{T}$$

② 아침 · 저녁의 러시 아워 5분간에 이용하는 인원수 M은 건물인구와 건물의 이용목적에 의해 정해진다.

러시 아워 5분간에 이용하는 인원수

M=건물 인구(A)×5분간 이용하는 인원수의 비율(φ)

건물의 이용 목적에 의한 5분간 이용하는 인원수의 비율 φ는 표 17-3과 같다.

〈표 17-3〉 5분간 이용하는 인원수의 비율(φ)

사무실의 종류	비 율
전용 사무실이나 동시 출근이 많은 임대 사무실	1/2 ~ 1/4
블럭 임대나 플로어 임대 등 임대주의 수가 적은 임대 사무실	1/7 ~ 1/8
임대주, 회사주가 많은 임대 사무실	1/9 ~ 1/10

③ 설비 대수(N)

$$N = \frac{\text{5분간의 이용 인원수}(M)}{\text{5분간에 운반하는1대의수송 인원수}} = \frac{M}{P}$$

ⓐ 평균 일주 시간 산출

평균 일주 시간=승객 출입 시간+문의 개폐 시간+주행 시간(sec)

ⓑ 운전 간격과 평균 대기 시간

운전 간격은 뱅크(Bank) 운전 중의 엘리베이터 군(群)에서 각 케이스가 기준층을 출발하는 간격을 말한다. 엘리베이터의 서비스 기준에서 운전 간격이 30초까지면 양(良), 40초까지면 가(可), 50초를 초과하면 불가(不可)이다. 승객의 평균 대기 시간은 이 운전 간격의 1/2로 본다.

$$\text{운전 간격} = \frac{\text{평균 일주 시간}}{\text{1뱅크 운전 중의 대수}}$$

9) 건축법상 승강 설비 규정

(1) 승강기 설치(시행령 제129조)

학교 · 병원 · 집회장 · 백화점 · 여관 · 호텔 · 공동주택 · 기숙사 · 사무실 기타 이와 유사한 용도에 쓰이는 6층 이상의 건축물에는 승용 승강기를 설치하여야 한다.

(2) 비상용 승강기의 설치(법 제22조 제2항, 시행령 제130조)

높이 31가 넘는 건축물에는 비상용 승강기를 설치하여야 한다.
비상용 승강기를 2대 이상 설치할 때는 소화상 유효한 간격을 두고 배치하여야 한다.

10) 엘리베이터의 배치

엘리베이터는 이용자가 이용하가 쉽도록 주출입구 근처에 설치하고, 분산 배치보다는 1개소에 8대 한도 집중배치함이 운전 능률, 대기, 시간단축 및 시공비 등에 유리한 장점이 있다. 엘리베이터의 배열은 다음과 같은 점을 고려하여 배치한다.

(1) 주형(柱形)은 되도록 출입구 쪽에 되도록 계획하는 것이 바람직하고 이 경우는 엘리베이터의 승강장 주위의 설계가 효율적으로 된다.
(2) 병렬 배치는 4대를 한도로 하고 5~6대는 엘코우브 및 대면 배치로 한다.
(3) 8대를 초과하는 경우에는 2개 그룹으로 나눈다.
(4) 대면 배치에서는 홀이 간통 통로가 안되도록 고려한다 .

11) 건축시 고려해야 할 사항

300m/min이상의 초고속 엘리베이터를 설치할 경우 건축계획시엔느 다음 사항을 고려하여야 한다.

(1) 고속 엘리베이터를 단독 승강로내에 설치할 경우 소음, 풍압 등의 문제점이 발생하기 때문에 사전에 제작회사에 문의한다.

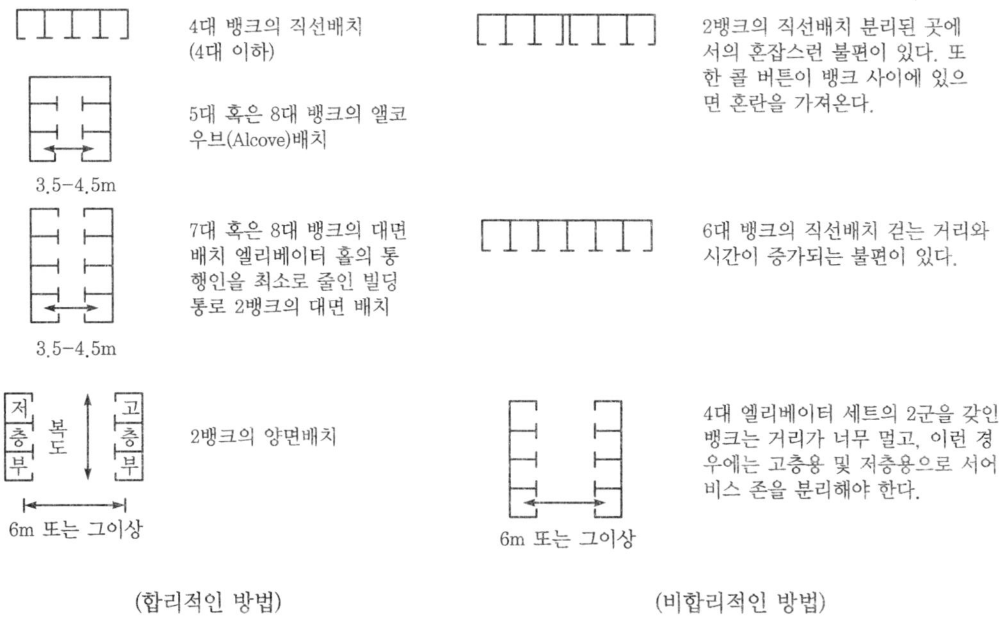

<그림 17-2> 뱅크 배치의 예

(2) 엘리베이터를 설치하는 승강로나 기계실은 건축구조상 제약을 받기 때문에 효율적인 운전을 필요로 하는 초고층빌딩에서는 로비층(기준층)에서 이용하는 편의를 고려하여 기둥, 벽 위치를 고려할 것
(3) 승강로의 피트 및 오버 헤드(Over Head : 최상층높이)는 표 17-5와 같이 안전에 매우 중요하므로 규정크기 이상을 필요 확보하도록 할 것.
(4) 엘리베이터 병열대수와 운행횟수에 따라서 기계실 내부의 온도가 올라가므로 적절한 환기장치와 공조 시설을 계획하고, 이 실내온도를 집중 관리할 수 있도록 할 것.
(5) 제2기계실을 두는 경우에는 M-G실과 제2기계실의 규정 이상이 되도록 계획할 것.
(6) 기계실 전체 바닥두께는 $15m^2$ 이하가 되도록 보를 설치한다.
(7) 높이(Dept : 춤) 100mm이상의 돌출기둥을 설치하고 접합부는 방진관을 사용하여 진동방지를 하고 그 위에 기계받침대를 설치한다 .
(8) 엘리베이터 샤프트의 벽은 소음방지를 위해 두께 180mm 이상으로 한다.

12) 엘리베이터의 기계실

(1) 기계실의 크기

엘리베이터의 기계실은 승강로의 직상에 만들며 기계실내에 권상기와 배전반 기타 각종 기기가 높이므로 수리점검에 지장이 없는 넓이로 하여야 한다. 기계실의 높이는 승강로의 수평투영 면적에 2배 이상으로 하는 것이 보통이며 교류 엘리베이터의 경우 2.0~2.5배, 직류 엘리베이터의 경우 2.5~3.0배, 군관리 운전 방식의 직류 엘리베이터의 경우 3.0~3.5배로 한다. 그리고 기계와 기계실 벽과의 간격은 0.5m이상, 또 기계실의 천정 높이는 표 17-5와 같이 2m 이상으로 한다. 그러나 최근 권상기 구동형의 발전으로 기계실 없는 엘리베이트가 등장하여 간소화되고 있다.

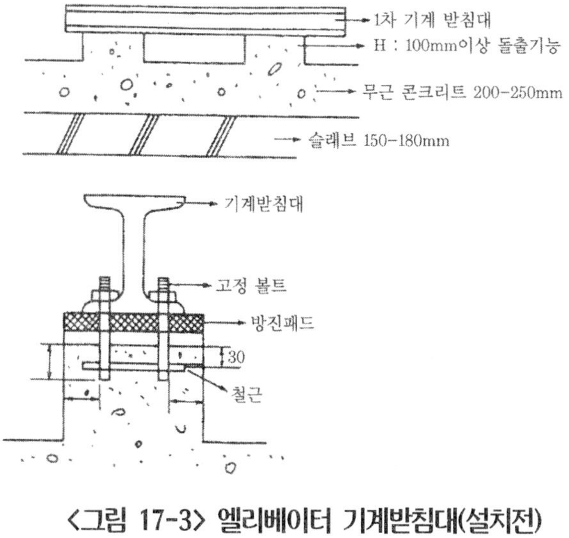

<그림 17-3> 엘리베이터 기계받침대(설치전)

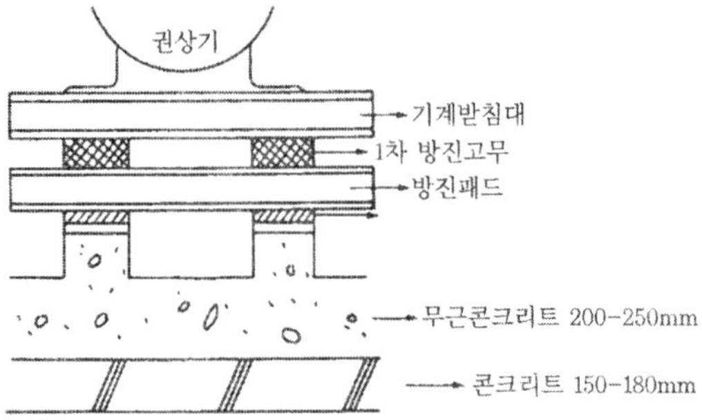

<그림 17-4> 엘리베이터 기계받침대(설치후)

(2) 기계실의 구조

기계실의 벽과 바닥을 방음구조, 진동방지구조로 하여야 하며 바닥에는 기계의 중량, 승강차, 적재하중, 평형추, 로프 자중의 합계 하중이 걸리므로 I 형 또는 H 형강보를 기둥에 전달되도록 한다.

(3) 기계실의 높이

엘리베이터 기계실의 높이는 승강차의 정격속도 60m/min이하일 때는 2.1m, 90~120m/min일 때에는 2.4m, 150m/min~180m/min일 때는 2.6m, 180m/min 이상인 경우는 3m로 하고 있다.

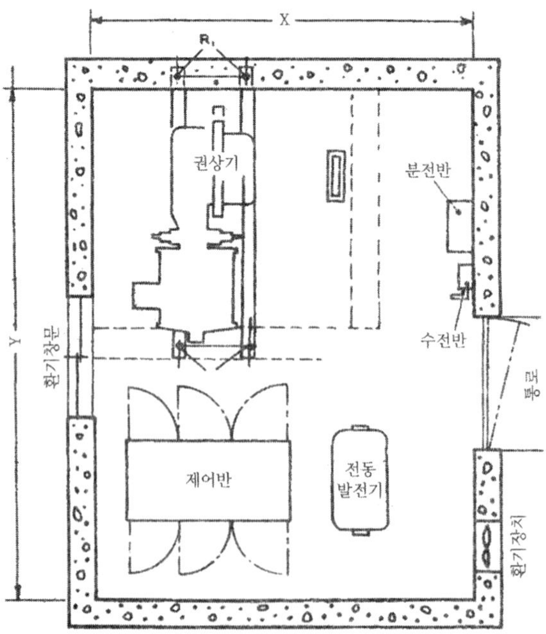

<그림 17-5> 엘리베이터 기계실 평면도

<표 17-4> 승강로의 크기

적재량		속도(m/min)		승강로의 크기(양쪽 도아 개폐)		
정원	kg	직류	교류	출입구폭 (W)	승강차	
					내법(A×B)	외법(a×b)
17	1,150	-	60	1,100	1,550×1,740	1,650×2,000
		90	-			
		150	-			
24	1,600	-	60	1,200	1,750×2,000	1,850×2,260
		90	-			
		150	-			

승강로 크기(mm)							기계실 반력하중 (kg)	
승강로					기계실			
X	Y	p	OH	TC	x	y	R_1	R_2
		1,550	4,750	1,450	2,600	4,470	8,600	6,700
2,050	2,540	1,850	4,950	1,650	3,050	4,470	8,800	7,000
2,150		2,450	5,550	2,050	3,050	4,470	10,300	6,700

(4) 승강로의 크기와 구조

승강로의 크기는 승강차의 치수에 따라 정해지며 승강차의 나비와 길이의 비는 10 : 7 정도가 이상적이고 승강차의 치수는 보통 폭과 안길이는 안목 치수이며, 높이는 이 출입문의 유효 높이로 나타낸다.

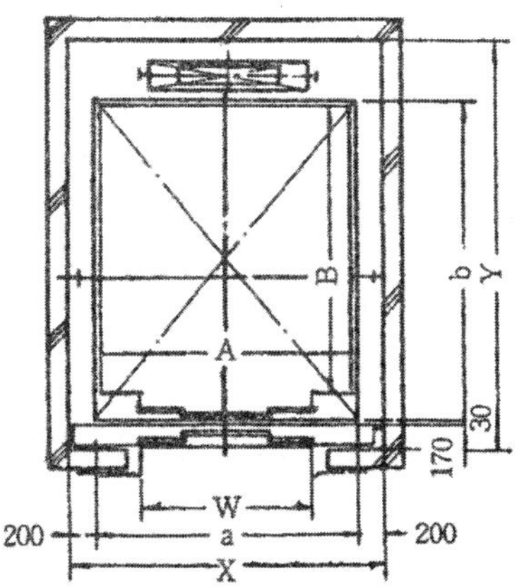

<그림 17-6> 승강로 평면도

그리고 승강차의 치수가 결정되면 승강차의 벽체와의 간격이 규정에 의해 정해지므로 승강로의 크기는 스스로 결정된다. 원칙적으로는 동체상호간격은 50mm 이상, 정체(整體)와 동체(動體)의 간격은 25mm 이상이다. 또한 승강로의 구조는 화재시 화염의 유도구와 연돌이 될 우려가 있으므로 방화구조로 하고, 출입문은 방화문으로 한다.

(5) 기계실의 환기

엘리베이터 기계실에는 기기로부터 발열이 있으므로 환기 설비를 갖추어야 하며 기계실 발열량(H) 계산식은 다음과 같다.

〈표 17-5〉 기계실의 규모

승강차 정격속도 (m/min)	오버 헤드 (mm)	피트 깊이 (mm)	기계실 높이 (mm)
30	4,500	1,200	2,100
60	4,700	1,500	2,100
90	4,900	1,800	2,400
105	5,100	2,100	2,400
120	5,500	2,200	2,400
150	5,800	2,500	2,600
180	6,000	3,000	3,000
210	6,600	3,400	3,000
240	7,500	3,800	3,000

$H = SLF$

S : 정격속도(m/min)　　　　L : 정격하중(kg)

F : 계수

$\frac{1}{15}$: 교류 기어드형(승객, 병원용)

$\frac{1}{20}$: 교류 기어드형(화물용, 자동차용)

$\frac{1}{25}$: 기류 기어드형

$\frac{1}{30}$: 직류 기어레스형

13) 권상기 설치시 고려 사항

1) 권상기는 방진고무를 이용하여 방진을 억제하고 엘리베이터의 1차 고유 진동수는 20Hz 이하로 한다.
2) 1차 방진처리를 하고 그 위에 2차로 설치한다.
3) 2차 방진패드의 두께는 10mm 이하로 하고, 방진고무의 두께도 30mm 이하로 한다.
(그 이상은 구조체에 진동전달량이 과다할 염려가 있다.)
4) 권상기 설치용 기계받침대(Machine Beam)는 벽면에 매립하지 않고 강도가 큰 보의 상부에 지지한다.
5) 방진재의 지지점은 엘리베이터 주행시 편심이 발생하지 않도록 하고, 각 방진재는 등분 포하중이 작용하도록 위치를 결정한다.
6) 가이드 레일 이음부의 단차는 전면방향의 경우 0.05mm 이하로 한다.
7) 엘리베이터 샤프트의 벽은 소음을 감소시키기 위해 수직시공오차를 최소화한다.
8) 엘리베이터의 정지시 소음은 60dB 이하로 한다.
9) 제어반은 마그네트 스위치의 진동을 방진처리하면 공진주파수로 20Hz정도로 한다. 그러나 설계기준치는 35dB 이하이다.
10) 고속 엘리베이터(90m/min 이상)의 샤프트벽은 이중벽 구조로 한다.

17.3 에스컬레이터(Escalator)

1) 에스컬레이터

에스컬레이터는 난간, 안전장치, 전동기(10~15HP, 7.5~10.5kw), 계단(디딤판, 챌판) 바닥판 등으로 구성된 30° 이하의 경사를 갖는 계단식으로된 일종의 콘베이어로서 엘리베이터에 비해 10배 이상의 수송능력이 있다.

정격속도는 하강방향의 안전을 고려하여 30m/min 이하로 하고 난간의 높이는 85cm, 계단폭은 0.6~1.2m, 챌판은 20cm, 디딤판은 35cm 정도이다.

엘리베이터에 비해 에스컬레이터는 짧은 거리의 다량수송에 적합하며 수송능력을 비교해 보면 에스컬레이터는 5,000~8,000명/hr, 엘리베이터는 400~500명/hr 정도이다.

에스컬레이터 설치시에는 구조상 각 계단마다 별개의 기계설비를 갖추어야 하므로 상승용, 하강용이 각각 전용으로 설치되어야 하고, 사람이 많이 모이는 백화점인 경우에는 내려가면서 주위를 볼 수 있도록 홀의 중앙부에 설비하고 엘리베이터와 마주 보는 쪽으로 배치하여 설치하면 능률적이다. 에스컬레이터의 표준 규격은 표 17-6과 같다.

<표 17-6> 에스컬레이터의 표준 규격

<table>
<tr><th>형식</th><th>유효폭</th><th>스텝폭</th><th>수송능력</th><th>정격속도</th><th>경사각도</th><th>운전방식</th><th>전동기</th></tr>
<tr><td>1,200 EC-NM
C-NM</td><td>1,200mm</td><td>1,004mm</td><td>9,000(명/h)</td><td rowspan="2">30m/min</td><td rowspan="2">30°</td><td rowspan="2">키이
스위치
운전방식</td><td rowspan="2">교류 3상
유도전동기</td></tr>
<tr><td>800 EC-NM
C-NM</td><td>800mm</td><td>604mm</td><td>6,000(명/h)</td></tr>
</table>

2) 안전장치

에스컬레이터에는 비상정지용 누름 버튼, 과속제한기, 단쇄 안전장치, 손스침 안전장치, 운전개시와 정지시 신호장치 등의 안전장치가 있다.

<표 17-7> 에스컬레이터의 안전장치

명 칭	내 용
구동체인 안전장치	구동체인이 늘어나든지, 절단된 경우에 전동기를 정지시키며 동시에 스텝의 움직임을 정지시킨다.
스텝체인 안전장치	스텝 체인이 과도하게 늘어나든지 절단된 경우에는 즉시 에스컬레이터를 정지시킨다.
과전류 계전기	전동기에 공급되는 전류가 과대해지면 자동적으로 에스컬레이터를 정지시킨다.
스텝이상주행 검출스위치	스텝과 스텝의 사이에 이물질을 끼었거나 스텝이 이상주행할 경우에 에스컬레이터를 즉시 정지시킨다.
스키트 가드(Skirt Guard) 안전스위치	스텝과 스키트 갸드사이에 이물질이 끼었을 때 에스컬레이터를 정지시킨다.
디마케이션 클리트 (Demarcation Cleat)	스텝의 안은 오렌지색의 빗모양으로 되어 있어 승객에게 주의표시를 전달하여 스텝사이나 스키트 가드에 구두 등 이물질이 끼이는 것을 방지한다.
비상정지 버튼조작 스위치	에스컬레이터를 바로 정지시키고자할 때 버튼을 눌러 정지시킨다.

3) 에스컬레이터 배열

4) 에스컬레이터의 배열시 고려해야 할 사항

에스컬레이터 설치시 배치와 배열을 할 때 고려할 사항은 다음과 같다.

(1) 에스컬레이터의 하중은 지지보다 기둥에 균등하게 하중이 지지되어 작용하도록 위치 시킨다.
(2) 건물 현관과 엘리베이터의 중간, 즉 사람들 흐름의 중심에 배치한다.
(3) 에스컬레이터의 바닥면적으로 적게 한다.
(4) 승객의 시야가 넓게 되도록 한다.
(5) 주행거리가 짧도록 한다.
(6) 동선이 연속되도록 한다.

<표 17-8> 에스컬레이터의 배열 방식

종별	장점	단점
중복형	1. 에스컬레이터의 위치를 알 수 있다. 2. 시야를 막지 않는다. 3. 점유면적이 좁다.	1. 동선이 연속되지 않는다. 2. 승객이 한쪽만 바라보므로 시야가 좁다. 3. 승각객이 혼잡하다.
복열형	1. 동선이 연속된다. 2. 타고 내리는 교통이 명백히 분리된다. 3. 승객의 시야가 넓다. 4. 에스컬레이터의 위치를 알 수 있다. 5. 전매장을 한 눈에 볼 수 있다.	1. 점유 면적이 넓다.
교차형	1. 동선이 연속된다. 2. 혼잡하지 않다. 3. 에스컬레이터 아래 장소의 이용도가 높다.	1. 승객의 시야가 좁다. 2. 에스컬레이터의 위치를 표시하기 힘들다. 3. 양측의 단부에서 시야가 마주친다.

5) 에스컬레이터의 대수 산정

에스컬레이터의 대수를 산정할 경우에는 사람의 흐름이나 집중도에 따라 대수가 산정되지만, 밀도율(Density Ratio)로 간단히 수송 설비를 판정하며, 판정에 필요한 밀도율 R을 구하는 식은 다음과 같다.

$$R = \frac{2\text{층 이상의 바닥 면적의 합계}(\text{ft}^2)}{1\text{시간의 수동 능력}}$$

$$R = \frac{11 \times 2\text{층 이상의 바닥 면적의 합계}(\text{m}^2)}{1\text{시간의 수동 능력}}$$

위 식에서 계산한 결과 R의 값이 20~25이면 수송 설비가 양호하고, 25 이상이면 수송 설비가 나쁘다고 판단한다.

17.4 덤웨이터 (Dumwaiter)

덤웨이터는 사람이 타지 않는 소형 화물을 엘리베이터로서 식당, 여관, 호텔, 사무실, 도서관, 병원 등에서 요리, 서류, 책, 약품, 집기 등을 층과 층 사이에 운반하는 수단으로 케이지 바닥면적이 $1m^2$ 이하, 천정 높이가 1.2m 이하로 중량 300kg 이하의 화물 운반에 사용된다. 리프트(Lift), 소화물용 승강기라고도 한다.
속도는 15m/min, 20m/min, 30m/min이고, 전동기 용량은 최대가 3HP이며, 조작 방식은 복귀 제어식과 상호층 제어식의 2종류가 있다.

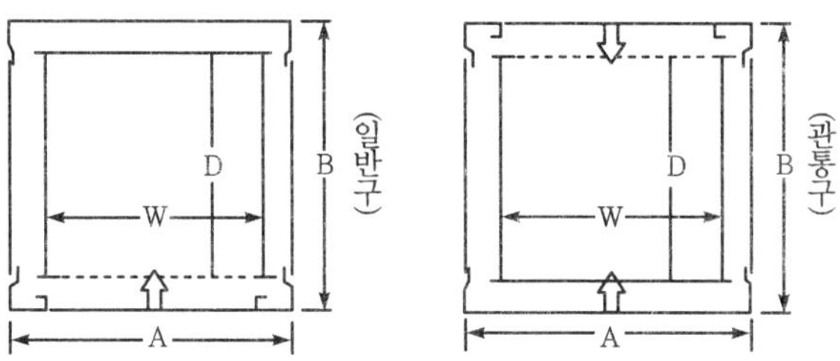

<그림 17-20> 덤웨이터의 규격

<표 17-9> 덤웨이터의 규격

형식	적재량	속도	전동기	출입문	승강차 규격 W×D×H(mm)	승강로 규격 A×B
W-40	40kg	20m/min	200W	상하개방형	500×500×550	650×650

1) **안전장치**(安全裝置)

(1) 도어 스위치 (Door Switch)

모든 층에 문을 닫은 것을 검지하는 도어 스위치를 설치한 것으로 완전히 문을 닫지 않으면 작동되지 않는 스위치이다.

(2) 도어 락 스위치 (Door Lock Switch)

승강차의 문이 정지중 이외에서는 열리지 않는 기계식 도어 락 스위치(Door Lock Switch)로서 각출입구에 설치한다.

(3) 리미트 스위치 (Limit Switch)

최상, 하단 정지위치에 승강차를 완전히 정지시키는 제어 스위치이다.

17.5 이동 보도 (Moving Footpath)

이동 보드란 공항이나 전시장 등에서 수평에 대하여 경사 10~15°의 범위 내에서 승객을 수평 방향으로 수송하는 장치이다.

1) 이동 보드에는 파레식 체인 구동형, 벨트식 롤러 베드형이 많이 사용되고 있다.
2) 에스컬레이터와 달리 속도 30, 35, 40m/min 기타가 있다.
3) 구동 방식으로서 에스컬레이터와 마찬가지로 교류 1단 속도이다.
4) 수송 능력은 난간 800mm 폭에서 약 4,800명/h, 900mm 폭에서 약 6,000명/h, 1,200mm 폭에서 900~10,800명/h 정도이다.

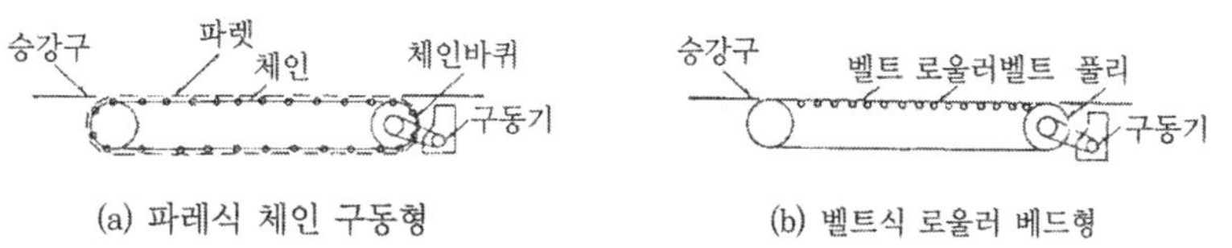

<그림 17-8> 이동보도의 종류

17.6 컨베이어 (Conveyer)

컨베이이어는 물건을 수평으로 운반하는 연속작업의 이송기계로서 목적에 따라 종류가 매우 다양하다. 일반적으로 다음과 같이 분류한다.

1) 벨트 컨베이어 : 분체(粉體), 입상(粒狀)의 물체를 운반
2) 체인 컨베이어 : 양측 체인에 넣은 물건을 걸어 운반
3) 버킷 컨베이어 : 입상물(粒狀物)을 버킷으로 떠올려 운반
4) 롤러 컨베이어 : 기물(器物)을 롤러로 굴리어 운반

17.7 기송관 장치 (Pneumatic Tube Installaition)

기송관 설비는 은행, 사무실, 병원 호텔 등에서 전표, 통장, 수표, 약속어음, 서류, 의약품, 우편물 등을 반송하는 설비로서 공기의 압력차에 의하여 수송한다. 기송관로, 송수신 스테이션, 공기원 장치, 제어장치로 구성되며 반송속도는 평균 5~8m/s이다. 기송관 설비의 분류는 다음과 같다.

(1) 용도에 의한 분류 : ① 일반 서류용 ② 특수용
(2) 기송관로 형상에 의한 분류 : ① 원형 ② 평형
(3) 공기원에 의한 분류 : ① 흡입식 ② 압송식 ③ 압송흡수식
(4) 배관방식에 의한 분류 : ① 단관왕복식 ② 복관식 ③ 루프식 ④ 집중분배식 ⑤ 중앙교환식
(5) 제어방식에 의한 분류 : ① 타임 릴레이 방식 ② 관로접점방식 ③ 선택방식

17.8 턴테이블 (Turntable)

턴테이블은 둥근 테이블 위에 자동차를 싣고 회전하는 장치로서 주차장 등에서 자동차의 방향전환에 이용된다.

제18장

조명설비

18.1 조명 (Lighting)

실내는 사용목적에 따라 조명을 필요로 하고 있다. 단순히 조명은 명시 목적을 위한 설비일뿐만 아니라 근래 사용자는 수준 높은 조명설비를 요구하고 있기 때문에 건축실내 공간의 의장(意匠)에 부합되는 미적 감각과 심리적인 영향도 중요시되어야 할 것이다.

또한 조명설비의 보수유지에 관한 경제성 및 취급의 편리성도 고려되어야 한다.

(1) 조명설비는 건물의 종류, 실의 사용목적, 작업내용 등에 의해 결정되며 전동설비에 콘선트 설비를 포함한 설비로서 조명계획과 조명설계에 의해서 전등, 스위치, 콘센트 등에 의한 아우트렛의 위치결정과 배치를 한다.

(2) 조명은 빛의 발생, 빛의 제어, 빛과 조명의 특성 등 3단계로 구분되며 다음과 같은 역학을 한다.

① 물체에 빛을 비추어 보이게 한다.
② 자신을 보이게 한다.(장식조명, 신호, 사인, 표지 등)
③ 야간에 사용된다.
④ 일의 능률을 향상시킨다.
⑤ 건강을 증진시킨다.
⑥ 물체의 보임에 큰 영향을 준다.

(3) 조명의 4가지 요소

① 밝기　② 물체의 크기　③ 대비　④ 시간

(4) 전등 회로의 전기방식

① 단상 2선식(110V, 220V)
② 단상 3선식(110/220V)
③ 3상 3선식(220V)

④ 3상 4선식(120/280V, 220/380V, 254V/440V)

(5) 조명의 분야

① 명시조명 : 장시간 시작업을 위한 조명
② 분위기 조명 : 분위기(Mood)를 위한 조명
③ 명시 및 분위기 조명 : 시작업과 분위기를 겸하는 조명

(6) 조명의 원칙

① 실내에 적당한 조도 분포일 것 : 조도가 부족하거나 과다하면 눈이 피로해진다.
② 적당한 휘도일 것 : 휘도의 최대치와 최저치의 비가 1 : 4 이하일 것
③ 적당한 광질일 것
a) 주광(晝光)에 가까운 것이 이상적이다.
b) 작업내용의 색판별은 주광색이 적합하다.
c) 정밀작업에는 단광색이 알맞다.
④ 적도(適度)의 음영일 것
a) 실내 음영의 비는 3 : 1이 좋다.
⑤ 관리 및 보수가 편리할 것
a) 정기적인 청소
b) 점검
c) 램프 교환

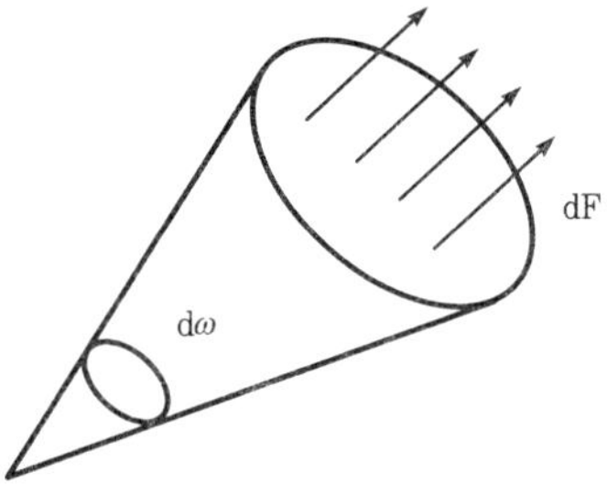

〈그림 18-1〉 광도

1) 조명의 단위

(1) 광속 (Luminous Flux)

광속(光束)은 광원에서 나오는 빛의 양을 말하며 단위는 루우멘(Lumen : lm)이고, 기호는 F이다. 즉 1 lm은 1m^{2}의 평면 위에 평균 1룩스(lux)의 조도를 주는 광량이다.

(2) 광도 (Luminous Intensity)

광도(光度)는 광원의 세기를 의미하며 단위는 칸델라(Candela : cd)이고, 기호는 I이다. 즉 1 입체각당 1루우멘(lm)의 광속이 나올 때의 광도를 1칸델라(cd)라 한다. 그림 18-1은 광도를 나타낸다.

$$광도(I) = \frac{광속(F)}{입체각(\omega)}$$

(3) 조 도 (Illumination)

조도(照度)는 비치고 있는 면의 밝기를 의미하며 단위는 룩스(Lux), 기호는 E이다. 즉 1칸델라(cd)의 광원에서 1m 떨어진 수직면 위의 조도를 1lux라 한다. 그림 18-2에서 a면의 조도는 1lux이고, b면의 조도는

$$E = \frac{1}{d^2} = \frac{광도}{(거리)^2} = \frac{1}{2^2} = \frac{1}{4}lux \text{ 이다.}$$

조도는 사람의 시력에 영향을 주므로 너무 밝거나, 어둡거나 하면 시력에 좋지 않으므로 건물의 실내 소요조도는 국제조명원원회(CIE)에서 다음과 같이 추장하고 있다.

- 일반 사무실 500~750 lux
- 학교 교실 200~500 lux
- 주택 거실 70~150 lux
- 화로나 정밀기계 조립 : 3,000 lux
- 극미전자부품 조립 : 5,000 lux
- 외과수술 : 10,000 lux

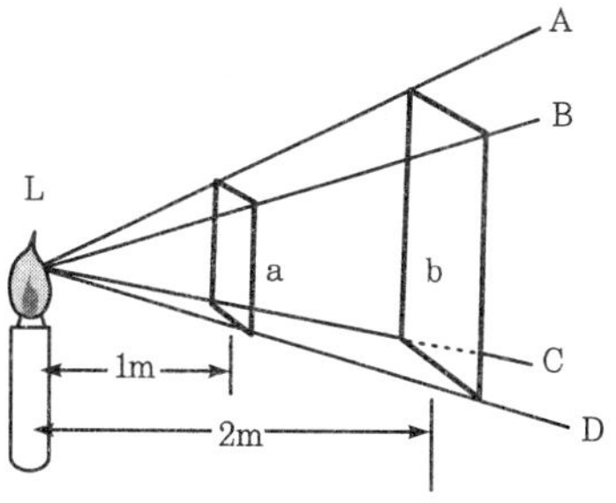

<그림 18-2> 조도

조명설계에서 필요한 소요조도는 경제성과 조명비를 비교 결정한 조도의 단계표에 의해서 결정된다. 그리고 물체가 실체대로 보일려면 밝고 어두운 부분의 음영비는 2 : 1~7 : 1 정도가 좋으며 일반적으로 3 : 1이 가장 좋다.

(4) 휘 도 (Brightness)

시야(視野)내에 휘도(輝度)로 인하여 시력의 일시적인 감퇴현상을 초래하는 것이 눈부심이며 이 눈부심을 일으키는 휘도는 광원을 보면 그 면이 빛나보이거나 반투명의 것을 반대측에서 보아도 밝게 보이는데 이와 같은 밝기를 휘도라 한다. 단위는 cd/m^2로 통일되어 있는데 sb(stilb), nt(nit)등의 단위도 사용한다. 기호는 B이다.

$$B = \frac{I}{S}$$

B : 휘도(cd/m^2, sb, nt)

I : 광원의 어느 방향의 광도(cd)

S : 광원의 어느 방향의 보임면적(m^2)

$1sb = 1cd/cm^2 = 10^4 cd/m^2$
$1nt = 1cd/m^2$

그리고 눈부심을 일으키는 휘도의 한계는 0.5sb이며 광원의 휘도는 100W 백열전구가 600sb이고, 형광등이 약 0.4이다.
또한 작업을 위한 조명일 경우에는 눈부심을 없애기 위하여 시선을 중심으로 30° 내의 범위, 즉 글레어 존(Glear Zone)에는 광원을 설치하지 않는 것이 좋다.

(5) 광속 발산도 (Luminous Emittance)

광속발산도는 빛을 발하는 어느 면의 단위 면적으로부터 발산하는 광속이며 발산광속의 밀도를 말한다. 기호는 M이다.

$$M = \frac{df(\text{발산광속})}{dA(\text{미소면적})}(rlx)$$

$$M = \frac{F}{A}(rlx)$$

M : 평균 광속 발산도
A : 면적(m^2)
F : 광속(lm)

여기서 $1rlx = \frac{lm}{m^2}$

$$1rph = \frac{lm}{cm^2}$$

광속 발산도의 단위는 조도와 같은 $\frac{lm}{m^2}$ 이나, rlx, rph로도 나타내며 광원으로부터 발광면은 물론 다른 광원으로부터 빛을 반사 또는 투과하고 있는 면에 대해서도 취급된다.

(6) 조명률 (U)

조명율은 광원의 전광속과 빛을 받는 면이 받는 광속과의 비율이다.

$$U = \frac{F_s}{F}(\%)$$

F : 광원의 전광속(lm)
Fs : 빛을 받는 면의 광속(lm)

(7) 시력

시력은 물체의 형상을 식별하는 눈의 능력을 말하며 5m 거리에서 랜돌트(Landolt)환을 식별하면 1.0이다. 이는 1909년 이탈리아 나폴리에서 개최된 제11회 국제안과학회에서 결정하였다. 표준조도 200lx에서 정상적인 한국인의 시력은 1.2~1.5이다.

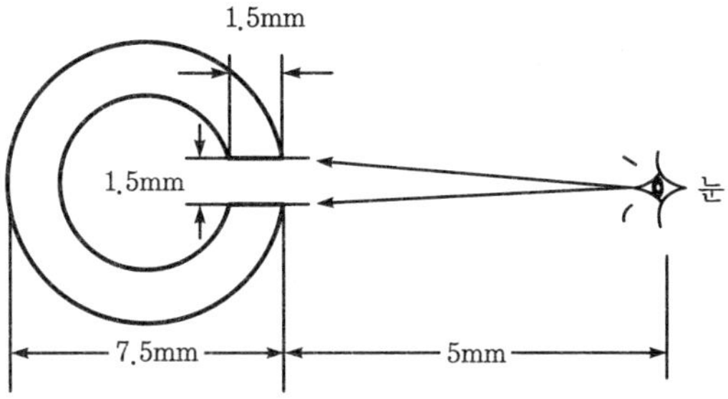

〈그림 18-3〉 랜돌트 한

(8) 감광 보상률 (D)

감광 보상률은 실내에서 발생하는 먼지에 의한 반사율의 감소와 조명등 기능의 효율 저하로 발생하는 조도의 감소를 고려하여 조명설계에서 소요 전광속에 여유를 두는 율이다.

$$D = \frac{1}{M}$$

M : 보수율(%)
D : 감광보상률

① 청정한 공간 : 보수율 30%, 감광보상률 1.3
② 먼지가 많은 공간 : 보수율 100%, 감광보상률 2.0
③ 형광등 : 감광보상률 1.3~2.4
④ 조도가 초기의 49%로 저하한 곳은 칠을 다시 한다.
⑤ 조도가 초기의 61%로 저하한 곳은 조명기구를 청소한다.
⑥ 조도가 초기의 81%로 저하한 곳은 광원을 교환한다.

(9) 실지수 (K, RI : Room Index)

실지수는 빛의 이용에 대한 방크기의 치수에 의해 다음 공식으로 구하며 방의 크기 및 형태에 따라 빛의 이용에 영향을 주어 조명율이 달라진다.

$$RI = \frac{XY}{(H-h)(X+Y)}$$

X : 실의 가로길이(m)
Y : 실의 세로길이(m)
H : 천정고(m)
h : 작업면의 높이(m)

(10) 연색생 (演色性, Color Rendition)

물체의 색은 그 물체 자체가 색채를 지니고 있는 것이 아니고 그 물체가 어떠한 분광 특성의 빛을 받아서 어느 분광을 반사시키느냐에 따라 물체의 색채가 나타나기 때무에 동일한 물체가 광원의 분광특성에 따라 시간과 장소에 따라 다른 색으로 보일 수도 있다.
예를 들면, 전구는 푸른 계통의 빛이 부족하고, 수은 램프나 보통 형광램프는 붉은 계통이 부족하므로 빛을 비추는 램프의 종류에 따라 동일한 물체의 색채가 바뀌어 보인다. 이와 같이 색의 보임에 영향을 주는 광원의 성질을 연색성이라고 한다.
연색성은 물리적 현상과 감각적 현상에 의한다. 물리적으로는 광원의 분광분포가 다르면, 거기에 따라서 조명된 물체의 색도와 시간 반사율이 다르고, 감각적으로는 광원의 빛이 변하면 눈이 바르지 못하여 일정한 색자극에 의하여 색의 감각이 변화한다.
양광(陽光)램프는 인공 광원 중에서 가장 연색성이 좋으나 수은등은 연색성이 나쁘다.

(11) 배광곡선

배광곡선은 광원의 중심을 지나는 평면상의 광도분포를 표시한 것이다.
배광곡선에는 두 가지가 있으며 하나는 백열등과 수은등의 점광안에 대한 것이고, 또 하나는 형광등과 같은 발광면적이 큰 것에 대한 것이다.
① 수평 배광곡선 : 수평면상의 각 방향의 광도 분포를 표시한 것이다.
② 연직 배광곡선 : 연직면상의 각 방향의 광도 분포를 표시한 것이다 .
표 18-1은 조명기구의 배광을 나타낸다.

<표 18-1> 조명기구의 배광

조명방식	하방광속 비율(%)	비 고
직접조명	100~90	고효율, 눈부심, 그림자 발생
반직접조명	90~60	직접조명과 간접조명의 중간
전반확산조명	60~40	
반간접조명	40~10	
간접조명	10~0	보수비가 고가이다. 그림자가 없다. 조도가 균일하다.

2) 광원의 효율

어떤 광원에서 그 광원이 발생하는 전광속 F(lm)와 광원의 소비전력 P(W)과의 비를 말한다.

$$y = \frac{F}{P}(lm/W)$$

3) 조명 기구의 효율

광원에서 발산하는 전광속 F와 조명 기구에서 외부로 나오는 광속 F′와의 비를 퍼센트(%)로 표시한 것을 말한다.

$$\text{조명기구의 효율} = \frac{F'}{F} \times 100(\%)$$

18.2 광원(光源)

조명계획과 설계에서 광원의 선정, 광원과 기구와의 조합은 매우 중요하다. 그러므로 광원의 크기, 밝기, 광질, 연색성, 효율, 수명 등은 광원의 결정에서 검토되어야 한다.

1) 광원의 종류

조명용으로 사용되는 전등을 발광원리에 따라 구분하면 온도방사를 이용한 백열전구와 루미네센스(Luminescence : 열이 나지 않는 발광현상)를 이용한 형광등, 네온등, 수은등 및 나트륨등이 있다. 그리고 형광램프는 글로우(Glow)방전의 상태에서 직렬의 안전저항을 작게 하거나 전원의 전압을 높혀 주면 전류가 급격히 증가하여 거의 양광주만이 강하게 빛나며 전극은 적열(赤熱)된다. 이와 같은 아크 방전(Arc Discharge)을 응용한다.
한편 저압가스체내의 방전에는 글로우 방전과 아크 방전이 있으며 첫째, 글로우 방전을 응용한 것은 네온관, 네온전구, 형광등의 점등관 등이 있다. 둘째, 아크 방전을 응용한 것은 형광등, 수은등, 나트륨등이 있다.

(1) 백열전구 (Incondescent Lamp)

백열전구는 필라멘트의 증발 단선을 방지하기 위하여 유리구 속에 질소, 아르곤 등을 봉입한 가스봉입 전구로서 다음과 같은 특징이 있다.

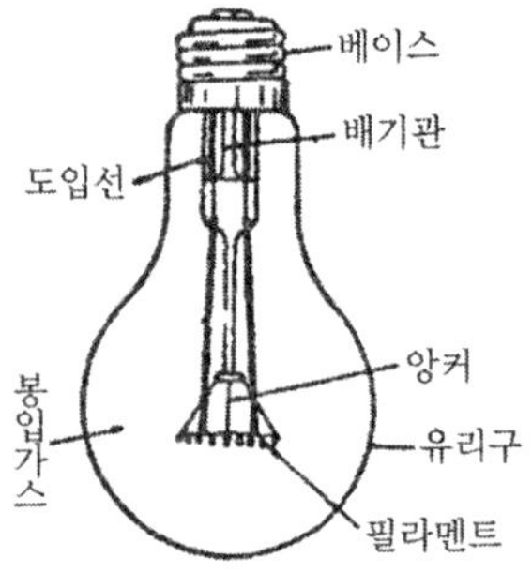

<그림 18-4> 전구 각부의 명칭

① 전원전압이 변화하면 광속과 효율 및 수명 등이 변화한다.
② 주위온도가 20℃일 때 효율이 제일 높다.
③ 점멸횟수가 증가하면 수명이 짧아진다.
④ 눈부심이 심하다.
⑤ 배광제어가 용이하다.
⑥ 용량 : 2~1,000W
⑦ 기구 : 조광조절기
⑧ 효율 : 7~22lm/W
⑨ 수명 : 1,000~1,500시간
⑩ 용도 : 좁은 장소의 전반조명, 액센트 조명에 이용된다.

(1) 할로겐 전구

옥소전구라 불리우며 유리구 속에 봉입하여 필라멘트에서 증발한 텅스텐을 다시 필라멘트에 보내어 수명을 연장하고 관벽을 투명하게 유지한 것이다.
① 투광조명, 야구경기장, 주차장, 도로, 광고판, 스튜디오 등에 사용된다.
② 관벽의 온도가 260℃이므로 화상의 염려가 있다.
③ 관표면의 먼지로 광속이 감소된다.
④ 수명은 2,000 시간이다.
⑤ 효율을 20~22(lm/W)이다.

(2) 형광등 (Fluorescent Lamp)

형광등은 형광램프의 내부에 수은증기와 아르곤가스를 0.01mmHg의 압력으로 봉입하여 점등하면 방전전자의 충돌로 수은 분자가 2,337Å의 자외선을 발생시켜 램프내부에 도포한 형광물질에 닿아 가시광선이 방사된다.
점등은 글로우 스타트 램프인 점등관에 의한다.
형광등의 특징은 다음과 같다.
① 효율이 높다.(전구의 약 3배이다.)
② 형광체를 바꾸면 희망하는 광색을 얻을 수 있다.
③ 램프의 휘도가 낮다.

④ 수명이 길다.(7,000시간)
⑤ 열을 거의 수반하지 않는다.
⑥ 전원전압의 변동에 대한 광속의 변동이 적다.
⑦ 기동에 시간이 걸린다.
⑧ 역률이 0.9PF 이다.
　ⓐ 적정전압이 필요하다.(80V 이하에서는 점등이 안된다.)
　ⓑ 저온에 부적당하다.(0℃ 이하에서는 점등이 곤란하다.)
⑨ 빛의 어른거림이 있다.(2본 형광램프를 사용하면 된다.)
⑩ 라디오 수신 장해를 받는다.(점등시 방해전파가 발생한다.)
⑪ 용량 : 6~110W
⑫ 부속장치 : 안정기, 점등관
⑬ 효율 : 48~80lm/W
⑭ 용도 : 옥내외의 전반조명 및 국부조명(명시조명)에 이용된다.

1) 방전등식 점등회로
① 방전을 안정시켜야 한다.
② 기동시 고전압이 필요하다.
③ 형광램프는 전극을 예열한다.
2) 스타트식 점등회로
① 안정기가 필요하다.
② 기동에 신간이 걸린다.
③ 글로우 스타트(점등관)의 보수가 빈번하며 수명은 약 5,000회이다.

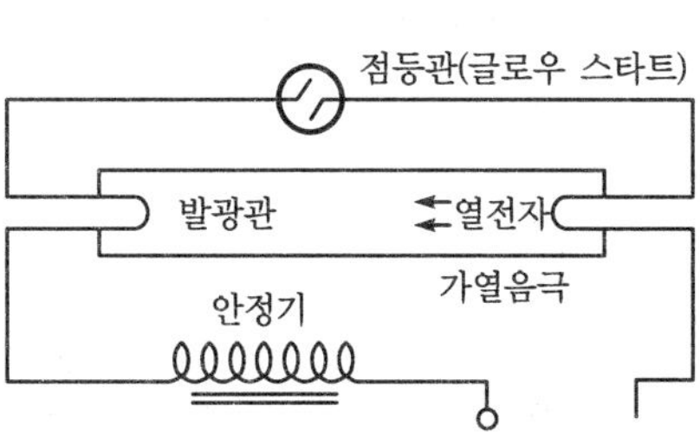

〈그림 18-5〉 글로우 스타트식 점등회로

3) 래피트 스타트식 점등회로

① 안정기가 글로 스타트식보다 크다.

② 가동이 빠르다.

4) 프리커레스식(Flickerless Type) 점등회로

형광등은 빛의 흔들림이 있는데 주파수의 영향과 램프의 주파수가 2배로 밝고 어두웠단. 하기 때문에 발생한다.

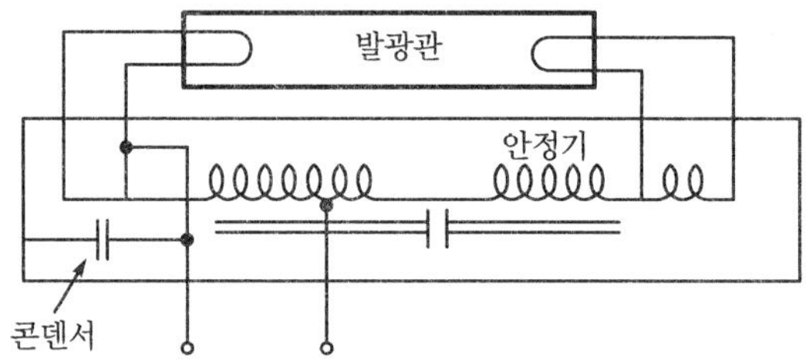

〈그림 18-6〉 래피드 스타트식 점등회로

이러한 빛의 흔들림을 방지하기 위해서 형광램프 2개를 1조로 하여 위상(位相)이 어긋나도록 프리커레스의 안정기를 사용한다.

① 역률이 0.95PF 이상이다.

② 장시간 램프 1개의 점등은 불가능하다.

〈표 18-2〉 형광등의 광속과 광색

구분	크기(W)	전광속(lm)	광색
직선형	6	260	백색
	10	460	주광색
	10	520	백색
	15	780	주광색
	15	900	백색
	20	1,100	주광색
	20	1,330	백색
	30	1,680	주광색
	30	1,950	백색
	40	2,900	주광색
	40	2,200	호화로운 주광색
	40	3,300	백색
	40	2,200	호화로운 백색

구분	크기(W)	전광속(lm)	광색
원형	20	960	주광색
	20	1,100	백색
	30	1,530	주광색
	30	1,700	백색
	32	2,150	백색
	40	2,850	백색

(3) 슬림 라인(Slim Line) 형광등

이 형광등은 보통 것보다 관의 굵기 가늘기 때문에 슬림 라인(Slim Line)이라 불리우며 용도는 쇼우윈도와 싸인 등에 많이 사용되고 있다. 이것은 보통 형광등과는 달리 보통 전국으로 냉음극 기동형이다. 기동에는 높은 전압을 필요로 하기 때문에 자기 누설 변압기로 450~750V 정도의 높은 전압으로 점등된다.

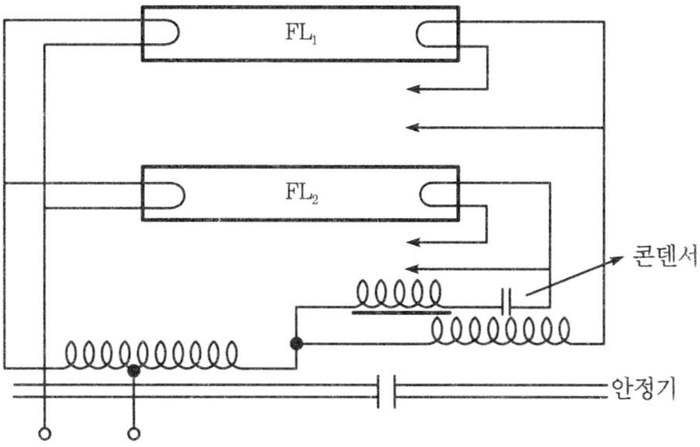

<그림 18-7> 프리커레스식 점등회로

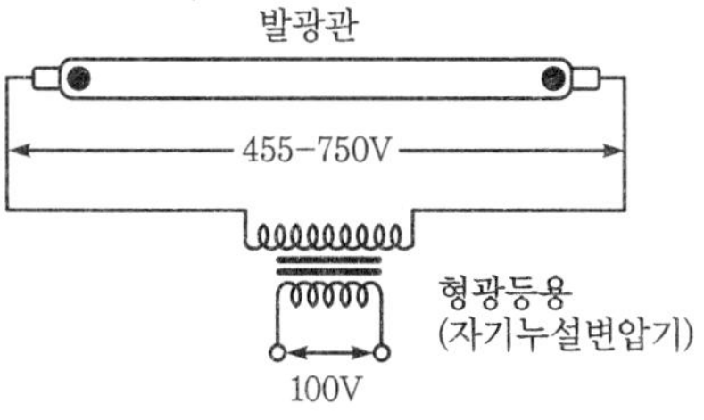

<그림 18-8> 슬림 라인 형광등

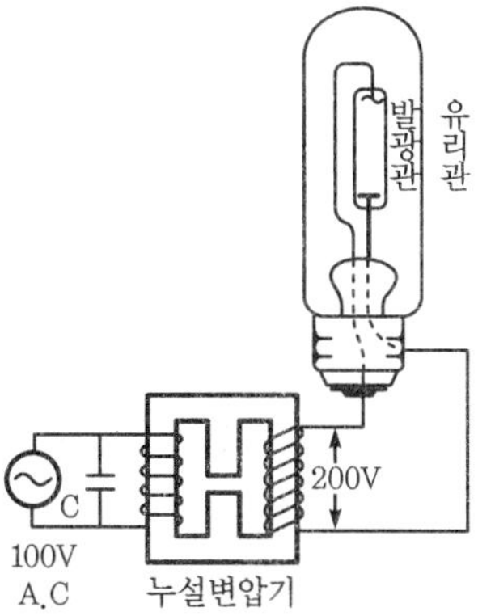

<그림 18-9> 고압 수은등

(4) 수은등 (Mercury Lamp)

유리관 속에 수은증기(10^{-3}~10^{-1}mmHg)를 봉입하고 수은증기의 아크방전광을 이용한 것이며, 이 수은등은 유리관속에 봉입하는 수은증기 압력의 종류에 따라 저압, 고압, 초고압 수은등의 3종류로 분류된다. 수은등 중에서 저압 수은등은 살균에 이용되고, 초고압 수은등은 영화촬영과 점광원으로 사용된다. 조명에 가장 많이 사용되는 것은 고압 수은등으로서 관을 2중으로 하여 그 중간을 진공으로 하고 자기누설 변압기로 200V로 올려 점등한다. 그림 18-11에서 C는 역률개선용 콘덴서이다. 고압 수은등은 특히 효율이 백열전등보다 3~4배나 좋지만, 점등을 개시하고 나서 정해진 점등의 빛이 되기까지 약 10분이 소요된다. 또한 완전 청백색이기 때문에 옥내조명에는 적합하지 못하다. 그러므로 도로조명 및 높은 천장의 공장조명 등 보수가 곤란한 높은 곳의 조명에 사용되며 일반적으로 빈번한 점멸에는 부적당하다.

① 용량 40~1,000W
② 부속장치 : Self-ballsat형을 제외하고 안정기가 필요하다.
③ 효율 : 30~55lm/W
④ 수명 : 10,000시간
⑤ 용도 : 높은 천정, 투광조명, 도로조명 등에 이용된다.
⑥ 휘도 : 100~10,000sb

1) 수은등의 점등회로

① 110V 램프는 누설변압기를 사용한다.
② 220V 램프는 초크 코일을 사용한다.
③ 콘덴서로 역률을 개선한다.
④ 기동시 전류는 안정시의 2배이다.
⑤ 재점등은 가스압이 저하할 때까지 시간이 걸린다.

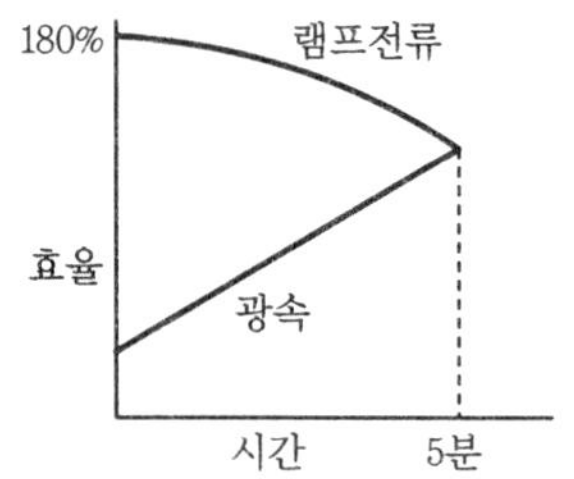

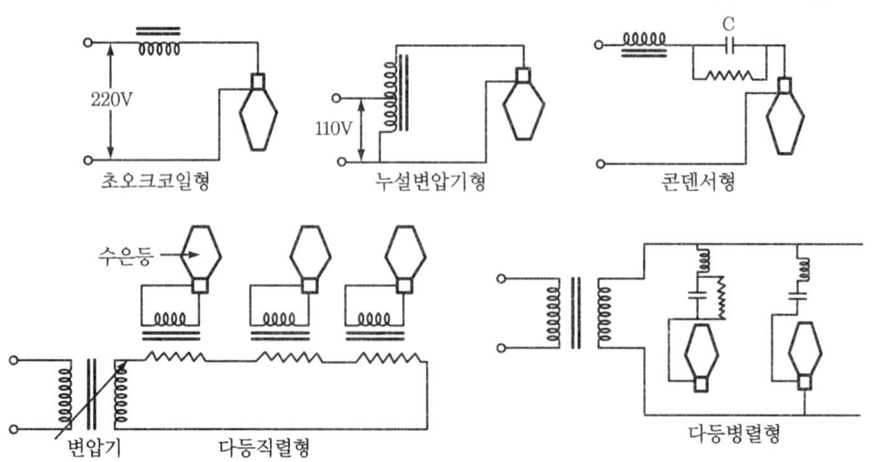

<그림 18-10> 수은등의 점등회로

(5) 메탈 핼라이드 램프 (Metal Halide Lamp)

수은증기와 나트륨, 토륨, 인듐가스 등을 봉입한 방전등으로서 발광부가 적은 석영의 유리관에서 백색광을 발산한다.
① 수은증기압은 100~5,000mmHg(고압)이다.
② 효율은 1등당 약 40lm/W이다.
③ 광범위한 조명에 적합하다.
④ 연색성이 좋다.

(6) 네온관 (Neon Tube)

네온관(네온싸인)은 글로우 방전시 양광주의 광을 이용한 것이며 봉입가스의 종류에 따라 여러가지 색이 된다. 또한 색유리를 사용하여 각종 색채를 얻을 수 있다. 이와 같은 관을 총칭해서 네온관이라 하며 네온싸인에 이용된다.
네온싸인의 방전관은 1m당, 1,000V 정도의 높은 전압을 필요로 하므로 안전하게 방전할 수 있도록 네온 변압기는 자기누설변압기라는 특수변압기를 사용한다. 그리고 네온싸인의 점멸기구는 동핑거식이 많이 사용되고 있다. 이것은 회전드럼을 회전시키면 접촉자와의 접촉에 의하여 점멸되는 장치이다. 여기에 사용하는 모우터는 1/10~1/14HP 정도이고 워엄기어(Worm Gear)로 감속하여 로울러를 20~25초에 10회전 시킨다.
네온 싸인(Neon Sing)의 특징은 다음과 같다.
① 각종의 광색을 얻을 수 있다.
② 연속된 선이 표시된다.
③ 색채가 선명하여 유효가시거리가 크다.
④ 수명이 길다(3,000~10,000시간)
⑤ 전력비가 적게 소요된다(15~20W/m)

<그림 18-11> 네온싸인

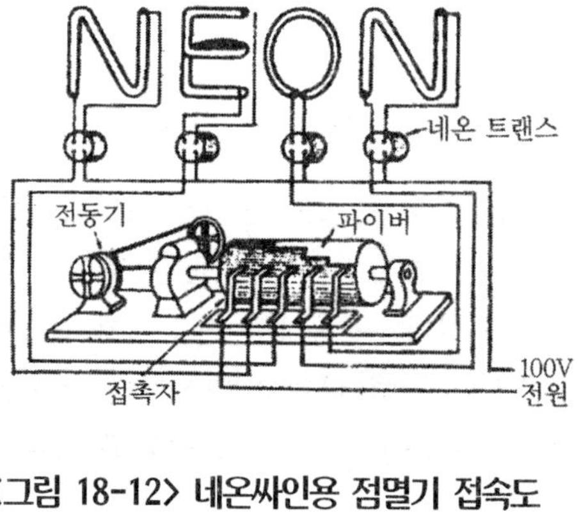

<그림 18-12> 네온싸인용 점멸기 접속도

네온싸인의 문자크기는 다음 식에 의해서 구한다.

① 네온싸인을 보는 최대 유효거리와 문자크기의 관계는 다음 식과 같다.

H=Lm/500

H : 네온싸인을 이해할 수 있는 최소 문자의 높이(m)

Lm : 네온싸인을 보는 최대거리(m)

H=Lm/250

H : 이상적인 문자의 높이(m)

② 전기식 네온싸인의 문자가 연속된 선으로 보이는 최소거리(ℓ)와 전구간 간격(S)과의 관계는 다음 식과 같다.

S=ℓ/1,000

(7) 네온 전구 (Neon Lamp)

네온전구는 글로우 방전시 글로우의 빛을 이용한 것인데 유리관 속에 2~3mm 떨어진 곳에 판 또는 나선형 전극을 대립시키고 아르곤가스는 네온가스를 봉입한 것이다. 이 전구는 110V에서는 1~2Watt 정도의 적은 전력을 소비할 뿐이므로 표시등(파일럿 램프)이나 특수한 용도에 사용되며 적은 전류로도 점등되므로 만년필형 휴대용 검전기에도 사용된다.

<그림 18-13> 네온 전구

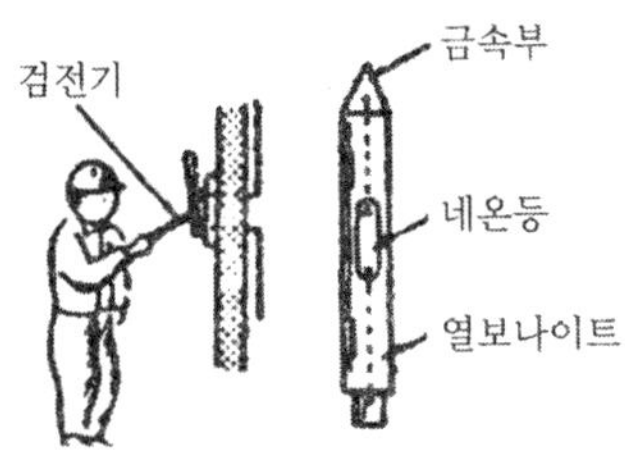

<그림 18-14> 휴대용 검전기

(8) 나트륨 램프 (Natrium Lamp Sodium)

유리관 속에 나트륨 증기와 미량의 네온가스, 아르곤 가스 등을 봉입한 아크 방전등이며 나트륨 증기압이 0.004mmHg 정도의 저압 나트륨 램프와 100~200mmHg 정도의 고압 나트륨 램프가 있다. 점등에는 안정기가 필요하다. 저압 나트륨 램프는 효율도 높고, 수명도 길지만 연색성이 극히 나쁘고 피조물의 색구별이 거의 불가능하여 도로 조명에만 쓰인다. 이러한 단점을 보완한 것이 고압 나트륨 램프이다. 이 램프는 고효율과 장수명의 특징이 있으며 피조물 색체를 대강 식별할 수 있다. 도로나 광장의 조명 외에 옥내 고천장 조명에도 사용한다.

① 용량 : 20~40W
② 안정기와 부속장치가 필요하다.
③ 효율 : 80~175lm/W
④ 수명 : 12,000시간
⑤ 용도 : 도로조명, 터널조명, 공장조명, 표지 등에 이용된다.
⑥ 연기 및 안개에 대한 투과력이 강하다.
⑦ 시감도(視感度)가 좋다.
⑧ 연색성이 나쁘다.
⑨ 고압나트륨 등(NH 250, 400, NH400F : 확산형)은 기동시간이 3분이며 정격전압은 240V이다.
⑩ 소등후 재점등이 곤란하다.

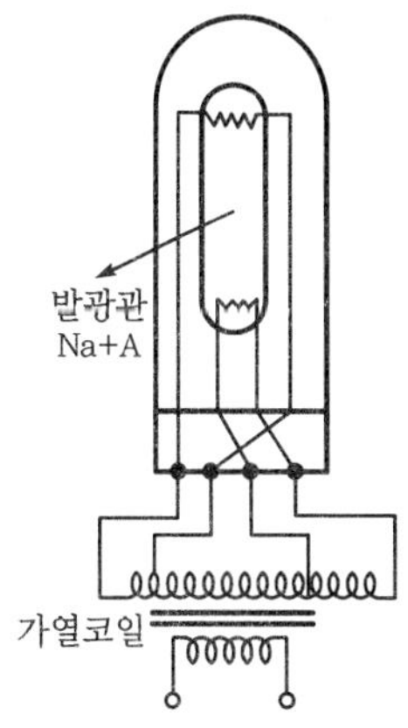

〈그림 18-5〉 나트륨 등

18.3 조명 설계(照明 設計)

조명은 명시(明視)를 중요시하는 시작업적인 분야와 심리적인 영향을 중요시하는 분위기적인 분야로 나눌 수 있다.

명시조명은 시작업에서 능률적이어야 하는 사무실, 공장, 학교, 병원 교통 등의 조명에 적용된다. 또한 분위기 조명은 심리적인 면이 강조되는 상점, 백화점, 음식점, 호텔, 오락장 등에 적용되고 이 조명(Illumination)은 빛을 이용하여 실내의 분위기를 조성하는데 목적이 있다. 여기서는 인공조명으로서 전등조명만을 취급하기로 한다.

오늘날 건물은 점차 대규모화하고, 야간에도 사용률이 높아져 옥내조명 설비의 필요성은 점차 높아가고 있다. 그러므로 좋은 실내조명의 요건을 갖추어 일의 능률과 건강은 물론 보다 경제적인 조명설비가 되도록 조명설계를 해야 한다.

1) 명시조명의 조건

명시조명은 물체가 명확히 잘 보이고 장시간의 시작업에도 눈의 피로를 느끼지 않게 하는 것이 주목적이다.

명시조명은 조건은 다음과 같다.

(1) 적당한 조도

시작업에 필요한 조도는 높을수록 좋지만 경제성 때문에 한계가 있다. 일반적으로 독서에는 500lx 이상이 필요하고 또한 정밀시작업에는 1,000~2,000lx가 적당하다.

(2) 시야내의 조도차

시야내에서 밝기의 차가 너무 심하면 물체의 식별이 어렵고 눈의 피로도 빨라지므로 다음과 같은 기준을 지키는 것이 바람직하다.

① 조명방식 : 전반조명으로 설계한다.
② 광원의 선정 : 백색형광등으로 한다.
③ 광원이 배치 기준은 다음과 같다.

a) 조명기구의 배치간격(S) : 조명기구의 중심에서 다른 조명기구의 중심까지의 거리

$S \leqq 1.5(H-h)$

H : 천장고(m)
h : 작업면의 높이(m)

b) 벽측의 조명등과 벽과의 거리(Sw)

$S_W \leqq (H-h)/2$

c) 벽측을 사용하는 경우

$S_{WZ} \leqq (H-h)/3$

(3) 국부조명

국부조명은 전반조명과의 조도차를 적게 한다. 즉, 전반조명의 조도는 국부조명 조도의 1/10 이상으로 한다.

(4) 균등한 조도

수평면의 조도와 연직면의 조도는 그 차이를 없도록 하기 위하여 천정면에 확산성이 있고 부드러운 느낌을 주는 광원을 사용하거나 측면의 조명을 병용한다.

(5) 색채

천정이나 벽면을 밝은 색으로 마감하고 실내 색채의 조절에 유의한다.

(6) 경제성

경제성을 확보한다. 즉, 조명기구의 정기적인 청소, 점검, 램프의 교환 등이 용이하여야 한다.

그러므로 광원, 기구, 배선비 및 광원의 유지비, 전력사용 요금의 합계가 최소가 되도록 하여 경제적이어야 한다.

2) 분위기(Mood) 조명의 조건

심리적인 면에서 중요시하는 조명의 조건은 다음과 같다.

(1) 적당한 조도

경제성과 조명률을 고려하여 알맞는 조도를 결정하고 또한 기구의 디자인, 배치관계, 조광, 점멸 방법 등으로 조도를 조절한다.

(2) 시야내의 조도

조명계획에 따라 명암의 조도배분을 한다.

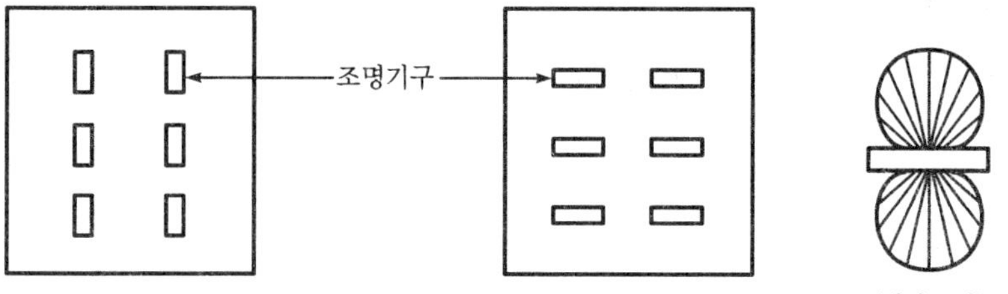

(a) 조도분포의 균일도가 저하한다. (b) 조도분포가 균일하다

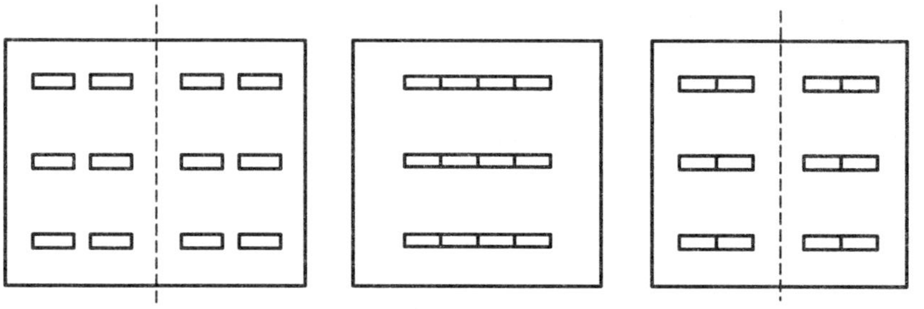

(c) 조도분포가 우수하다.
등수가 많아 미관이 저해된다.
배선이 복잡하다.
2개의 실로 분할이 가능하다.

(d) 조도분포가 저하한다.
배관배선이 간단하다.
경제적이다.

(e) 2개의 실로 분할이 가능하다.

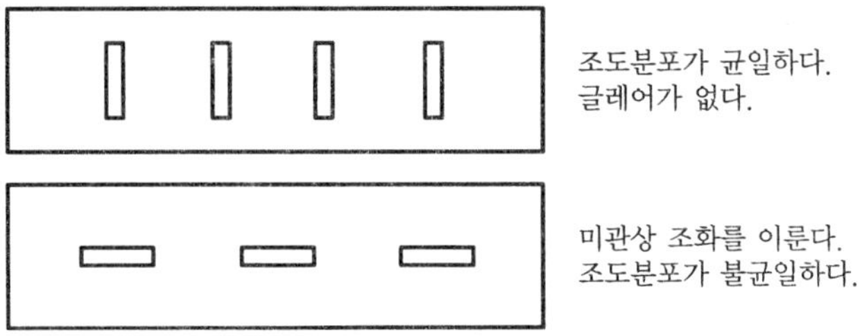

<그림 18-7> 폭이 좁고 긴 방의 조명기구 배치

(3) 눈부심

시선을 유인하기 위해서 글레어가 필요하기도 하다. 그러나 불쾌감을 주지 않는 범위에서 조도를 배분하여야 한다.

(4) 그림자

실내 분위기를 조성하고 입체감이나 원근감을 위해서 명암의 비를 2 : 1이나 7 : 1 또는 그 이상으로 조절한다.

(5) 분광분포

광원의 색을 고려하여 광원을 선택하면 장소나 시기에 알맞는 심리적인 효과를 얻을 수 있다.

(6) 조명 기구의 배치

실의 모양을 달리 느끼게 하기 위해서는 조명기구의 배치와 디자인이 종합적으로 고려되어야 하며 기구의 디자인은 건축과 잘 조화가 이루어져야 한다.

3) 조명 설계

전반조명에서 좋은 조명의 조건으로 밝기가 가장 중요하다. 이 밝기를 나타내는 조도를 결정하는 방법으로 광속법, 전력법, 축점법의 3가지가 있다.

(1) 광속법

전반조명의 명시조명은 다음과 같은 순서에 따라서 조명 설계를 진행한다.

① 실의 용도

② 작업면에서 본 실내의 평균조도

③ 광원과 등기구의 선정
④ 광속법에 의한 등기구 수의 결정
⑤ 등기구 배치의 순서로 진행된다.
⑥ 계산해야 할 내용은 다음과 같다.

1) 실지수(K) : 실의 형태, 크기, 광원의 위치에 의하여 결정된다. 다음 공식에 의하여 실지수를 얻은 다음 실지수 기호표에서 실지수 기호를 구한다.

$$K = \frac{XY}{(H-h)(X+Y)}$$

다만, 간접, 반간접 조명일 때는

$$K = \frac{3}{2}\frac{XY}{(H-h)(X+Y)}$$

여기서 X : 가로(m) Y : 세로(m), H : 천정고(m), h : 작업면의 높이(m)

2) 실내의 반사율 : 실내의 천정, 벽의 반사율은 그 마감에 의하여 결정된다. 특히 주의할 것은 창이 있는 반사율은 그 마감에 의하여 결정된다. 특히 주의할 것은 창이 있는 벽면의 반사율을 결정하는 방법이다. 실의 상태, 색채, 질감 등에 의해 반사율이 크게 변하기 때문이다. 따라서 벽면 전체의 반사율로서는 창의 상태 및 점유 면적을 고려하여 평균치로서 구하는 것이 필요하다. 또 바닥면의 반사율은 14% 이하의 경우에는 고려할 필요가 없다.

3) 조명률(U) : 조명률은 광원의 전광속과 작업면에 생기는 유효 광속과의 비율이며 실지수 및 실의 반사율, 기구의 배광, 효율에서 구한다. 따라서 조명률이란 조명 시설 전체로서의 종합적인 조명 효율이라는 것이다. 조명률은 조명률표에서 구한다.

4) 유지율(M) : 보수율이라고도 하며 시설후의 실, 기구 등의 더러워짐, 램프의 광속 저하등에 의해서 평균조도가 저하하므로 소요의 평균 조도를 유지하기 위한 보수율을 유지율이라고 하고 조명률표에서 구하며 감광보상률의 역수로도 구할 수 있다.

5) 소요램프 수(N) : 조명률이 결정되면 다음 식에서 램프 본수를 구할 수 있다.

$$N = \frac{AED}{FU} = \frac{AE}{FUM}$$

여기서, A : 실면적(m^2) E : 소요평균조도(lx)

M : 유지율 U : 조명률

F : 사용 램프의 전광속(lm) D : 감광보상률

상기의 N은 램프수이므로 예를 들면 2등용 기구에서는 N/2가 기구 조수로 된다.

예제-01 사무실의 크기 8m×18m=144m², 천정의 높이가 3m이고, 다음과 같은 조건일 때 조명설계를 광속법으로 하시오. 조건 ① 소요조도 : 600lx

② 사용 램프 : FL−40W×2, 개방매입형, FL-40W의 광속 : 3,300lm

③ 천정고 H=3m, 작업면의 높이 h=0.85m

해답-01 1) 실지수 $K = \dfrac{XY}{(H-h)(X+Y)} = \dfrac{8 \times 18}{(3-0.85)(8+18)} \doteqdot 2.58$

2) 조명률 : ① 실지수 K=2.58=D

② 천정반사율(백색 흡읍 텍스) : 70%

③ 벽면 반사율(담색 페인트칠) : 50%로 가정한다.

④ 조명률 U=0.68

3) 유지율이 보통이면 M=0.7이다.

4) 소요 램프수

$$N = \frac{E \times A}{F \times U \times M} \frac{600 \times (8 \times 18)}{3,300 \times 0.68 \times 0.7} = 55분$$

2등을 1조로 매입하므로 조명기구의 조수는 $\dfrac{55}{2} = 27.5$조이다. 그러나 균등배치를 하려면 28조 이상이 되어야 한다.

5) 조명기구의 간격과 배치

조명기구의 간격은 표 18-6 No 2에서 최대한 S=1.4(H-h)이므로 S=1.4(3-0.85)≑3m, Sw=(H-h)/2=(3-0.85)/2≑1m이다.

∴ 도면과 같이 배치한다.

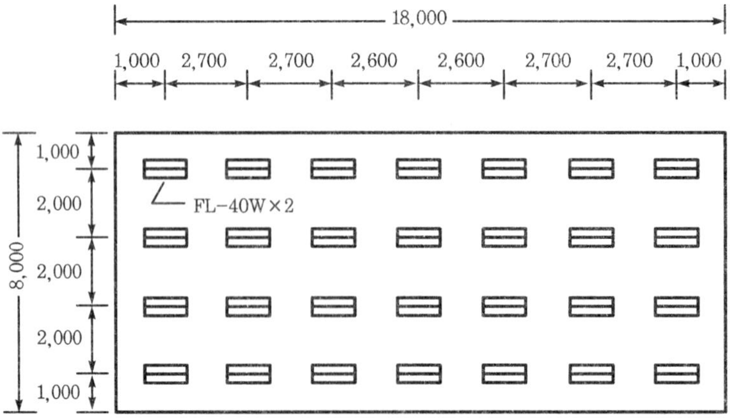

<그림 18-18> 조명설계도

해답-01 6) 검토

① 조명기구의 간격 : 조명기구 간격 최대치 2.7m<3m, 벽과의 간격 1m=1m ∴OK

② 설계 조명기구수 : Nd=7×4×2×=56분 > 55분

③ 작업면의 조도 : $E = \dfrac{N \cdot F \cdot U \cdot M}{M} = \dfrac{56 \times 3,300 \times 0.68 \times 0.7}{8 \times 18} \fallingdotseq 610lx$

예제-02 실면적 15m×2m, H=8m, h=0.85m, 천정의 반사율 30%, 벽면의 반사율 30%, 벽면의 반사울 30%인 공장 실내를 형광 수은등을 사용하여 100lx가 되도록 조명 설계를 하시오.

조건 ① 광원 : 300W 수은등

② 조명기구 : 반삿갓형(확산조명)

해답-02 1) 조명계산

실지수 $K = \dfrac{XY}{(H-h)(X+Y)} = \dfrac{15 \times 20}{(8-0.85)(15+20)} = 1.2 \rightarrow G$

조명률 : 표 18-7에서 U=0.60

램프의 강속 HF-300W : 12,000lm

유지율 : 불량으로 보면 M=0.65

2) 수은등의 수

$N = \dfrac{E \times A}{F \times U \times M} = \dfrac{100 \times (15 \times 20)}{12,000 \times 0.60 \times 0.65} = 6.4$본 ∴ 8본으로 설계

3) 조명기구의 간격

S=1.4(H-h)=1.4×(8-0.85)=10.01(m)

S_w=(H-h)/2=(8-0.85)/2=3.575(m)

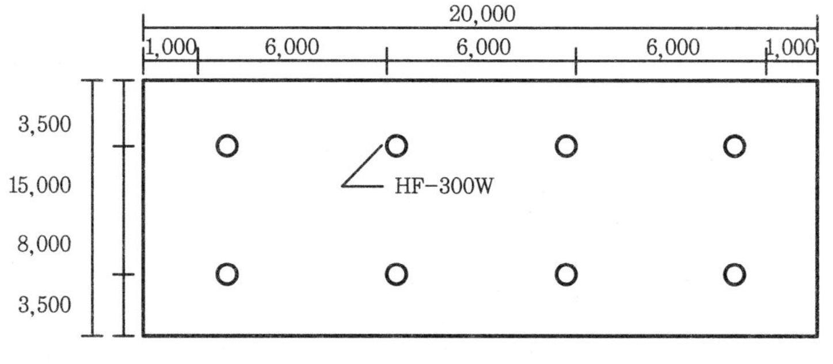

<그림 18-19> 조명기구의 배치도

해답-02 4) 검토

① 조명기구의 간격 : 조명기구 간격 최대치 6m<10.01m, 벽과의 간격 3.5m<3.575m ∴OK

② 설계 조명기구수 : Nd=2×4=8본 > 6.4본 ∴OK

③ 작업면의 조도 :

$$E = \frac{N \cdot F \cdot U \cdot M}{A} = \frac{8 \times 12,000 \times 0.6 \times 0.65}{15 \times 20} = 124.8lx = 125lx$$

〈표 18-7〉 조명률표

No	조명기구	배광곡선 (램프광속 1,000lm)	유지율 조명등간격	반사율 천정	80%			70%			50%			30%		0%
				벽	50	30	10	50	30	10	50	30	10	20	10	0
				실지수	조명률											
				0.6(J)	.38	.33	.29	.37	.33	.29	.37	.32	.29	.32	.29	.27
				0.8(I)	.47	.42	.38	.46	.42	.38	.45	.41	.38	.41	.38	.36
			유지율	1.0(H)	.52	.47	.44	.51	.47	.43	.50	.46	.43	.45	.43	.41
	매입개방형	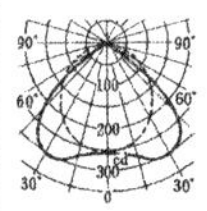	양호0.75	1.25(G)	.57	.53	.50	.56	.53	.49	.55	.52	.49	.51	.49	.47
1	(반사거울부착)		보통 0.70	1.5(F)	.60	.56	.53	.59	.55	.53	.58	.55	.53	.54	.52	.50
	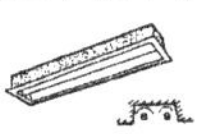		불량 0.65	2.0(E)	.63	.60	.58	.62	.60	.57	.61	.59	.57	.58	.56	.54
			최대조명등간격	2.5(D)	.66	.63	.61	.65	.62	.60	.64	.62	.60	.61	.59	.57
			S=1.6(H-h)	3.0(C)	.68	.65	.63	.67	.65	.62	.66	.64	.62	.63	.61	.59
				4.0(B)	.70	.68	.67	.70	.67	.65	.68	.67	.65	.65	.64	.62
				5.0(A)	.72	.70	.68	.71	.69	.67	.70	.68	.67	.67	.66	.63
				0.6(J)	.32	.26	.22	.31	.25	.21	.30	.25	.21	.25	.21	.20
				0.8(I)	.41	.34	.30	.40	.34	.29	.39	.34	.29	.33	.29	.28
			유지율	1.0(H)	.48	.41	.36	.47	.41	.36	.46	.40	.36	.39	.36	.34
	매입개방형	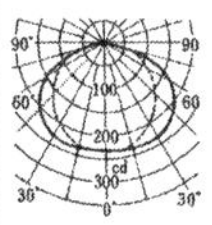	양호0.75	1.25(G)	.54	.48	.43	.53	.47	.43	.52	.46	.42	.46	.42	.40
2	(下面 개방)		보통 0.70	1.5(F)	.59	.53	.48	.58	.52	.48	.56	.51	.47	.51	.47	.45
	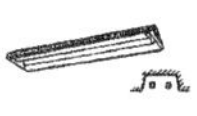		불량 0.65	2.0(E)	.65	.59	.55	.64	.59	.55	.62	.58	.54	.57	.53	.52
			최대조명등간격	2.5(D)	.69	.64	.60	.68	.64	.60	.66	.63	.59	.61	.59	.57
			S=1.4(H-h)	3.0(C)	.73	.68	.64	.71	.67	.64	.69	.66	.63	.65	.62	.60
				4.0(B)	.76	.72	.69	.75	.71	.68	.73	.70	.67	.69	.67	.65
				5.0(A)	.79	.75	.73	.78	.75	.72	.75	.73	.71	.72	.70	.68
				0.6(J)	0.30	.29	.26	.32	.29	.26	.32	.28	.26	.28	.26	.25
				0.8(I)	.39	.35	.32	.38	.35	.32	.38	.34	.32	.34	.32	.31
			유지율	1.0(H)	.42	.39	.36	.42	.38	.36	.41	.38	.35	.38	.35	.34
	매입형	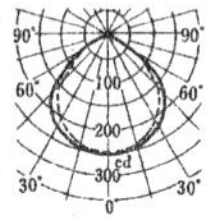	양호0.70	1.25(G)	.46	.42	.39	.46	.42	.40	.45	.41	.39	.41	.39	.38
3	(프리즘 패널)		보통 0.65	1.5(F)	.48	.45	.42	.48	.45	.42	.47	.44	.42	.43	.41	.40
	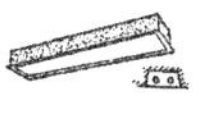		불량 0.55	2.0(E)	.52	.49	.47	.52	.49	.47	.50	.48	.46	.47	.46	.44
			최대조명등간격	2.5(D)	.55	.52	.50	.55	.52	.50	.53	.51	.49	.50	.49	.47
			S=1.25(H-h)	3.0(C)	.56	.54	.52	.56	.54	.52	.55	.53	.52	.52	.51	.49
				4.0(B)	.58	.56	.55	.58	.56	.55	.56	.55	.54	.54	.53	.52
				5.0(A)	.59	.58	.56	.59	.58	.56	.58	.56	.55	.55	.55	.53

No	조명기구	배광곡선 (램프광속 1,000lm)	유지율 조명등간격	반사율 천정	80%			70%			50%			30%		0%
				벽	50	30	10	50	30	10	50	30	10	20	10	0
				실지수	조 명 률											
4	천정 현수형 (유백 커버) 	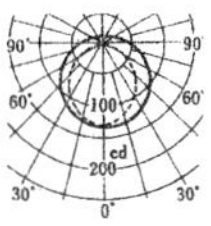	유지율 양효0.70 보통 0.65 불량 0.55 최대조명등간격 S=1.3(H-h)	0.6(J)	.22	.18	.16	.21	.18	.16	.21	.18	.15	.17	.15	.13
				0.8(I)	.26	.22	.20	.26	.22	.19	.25	.21	.19	.21	.19	.17
				1.0(H)	.29	.26	.23	.29	.25	.22	.28	.24	.22	.24	.21	.19
				1.25(G)	.32	.29	.26	.32	.28	.25	.30	.27	.25	.26	.24	.21
				1.5(F)	.34	.31	.28	.34	.30	.28	.32	.29	2.7	.28	.26	.23
				2.0(E)	.38	.35	.32	.37	.34	.32	.35	.33	.31	.32	.30	.26
				2.5(D)	.40	.37	.35	.39	.37	.35	.37	.35	.33	.34	.32	.29
				3.0(C)	.42	.39	.37	.41	.39	.37	.39	.37	.35	.36	.34	.30
				4.0(B)	.44	.41	.39	.43	.41	.39	.41	.39	.37	.37	.36	.32
				5.0(A)	.45	.43	.42	.44	.42	.41	.42	.41	.39	.39	.38	.34
5	천정 현수형 (노즐) 	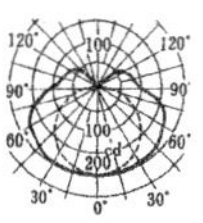	유지율 양효0.80 보통 0.75 불량 0.70 최대조명등간격 S=1.4(H-h)	0.6(J)	.35	.28	.23	.34	.27	.22	.32	.26	.21	.25	.21	.18
				0.8(I)	.34	.36	.30	.42	.35	.29	.39	.33	.28	.31	.27	.24
				1.0(H)	.50	.42	.36	.48	.41	.35	.45	.39	.34	.37	.32	.29
				1.25(G)	.55	.48	.42	.54	.47	.41	.50	.44	.39	.41	.37	.33
				1.5(F)	.59	.52	.46	.57	.51	.45	.53	.48	.43	.45	.41	.36
				2.0(E)	.65	.59	.53	.63	.57	.52	.59	.53	.49	.50	.46	.41
				2.5(D)	.69	.63	.58	.67	.61	.56	.62	.58	.53	.54	.51	.45
				3.0(C)	.73	.67	.62	.70	.65	.60	.65	.61	.57	.57	.54	.48
				4.0(B)	.76	.72	.67	.74	.69	.65	.69	.65	.62	.61	.58	.52
				5.0(A)	.79	.75	.71	.76	.72	.69	.71	.68	.65	.64	.61	.55
6	천정현수형 (노출형) 	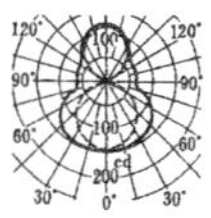	유지율 양효0.80 보통 0.75 불량 0.70 최대조명등간격 S=1.4(H-h)	0.6(J)	.30	.24	.18	.29	.22	.18	.25	.20	.16	.19	.15	.14
				0.8(I)	.39	.32	.28	.37	.31	.26	.33	.28	.24	.24	.21	.19
				1.0(H)	.46	.39	.34	.44	.37	.32	.39	.33	.29	.29	.26	.23
				1.25(G)	.52	.44	.39	.49	.42	.37	.43	.38	.33	.33	.29	.27
				1.5(F)	.59	.51	.46	.55	.49	.43	.49	.43	.39	.38	.34	.29
				2.0(E)	.65	.59	.53	.61	.56	.51	.54	.49	.45	.42	.39	.33
				2.5(D)	.70	.64	.59	.66	.60	.56	.58	.53	.50	.46	.43	.36
				3.0(C)	.73	.68	.63	.69	.64	.60	.60	.56	.53	.48	.46	.38
				4.0(B)	.77	.73	.68	.72	.69	.65	.63	.60	.58	.51	.49	.41
				5.0(A)	.80	.76	.72	.75	.72	.68	.66	.63	.61	.54	.52	.43
7	코퍼 (하면유백패널)	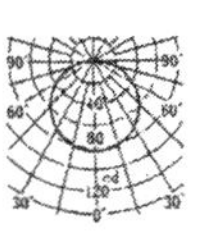	유지율 양효0.70 보통 0.65 불량 0.55 최대조명등간격 S=1.25(H-h)	0.6(J)	.12	.10	.08	.12	.10	.08	.11	.10	.08	.10	.08	.08
				0.8(I)	.14	.12	.11	.14	.12	.11	.14	.12	.11	.12	.11	.10
				1.0(H)	.16	.14	.13	.16	.14	.13	.16	.14	.13	.14	.13	.12
				1.25(G)	.18	.16	.15	.18	.16	.15	.17	.16	.15	.16	.14	.14
				1.5(F)	.19	.17	.16	.19	.17	.16	.18	.17	.16	.17	.16	.15
				2.0(E)	.21	.19	.18	.20	.19	.18	.20	.19	.17	.18	.17	.17
				2.5(D)	.22	.20	.19	.21	.20	.19	.21	.20	.19	.19	.19	.18
				3.0(C)	.23	.21	.20	.22	.21	.20	.22	.21	.20	.20	.20	.19
				4.0(B)	.24	.23	.22	.23	.22	.21	.23	.22	.21	.21	.21	.20
				5.0(A)	.24	.23	.22	.24	.23	.22	.23	.23	.22	.22	.22	.21

No	조명기구	배광곡선 (램프광속 1,000lm)	유지율 조명등간격	반사율 천정	80%			70%			50%			30%		0%
				벽	50	30	10	50	30	10	50	30	10	20	10	0
				실지수	조 명 률											
				0.6(J)	.35	.32	.30	.34	.32	.30	.34	.32	.30	.31	.30	.29
				0.8(I)	.42	.40	.38	.41	.39	.37	.41	.38	.37	.38	.37	.36
			유지율	1.0(H)	.44	.42	.41	.44	.42	.40	.43	.41	.40	.41	.40	.39
			양효0.75	1.25(G)	.47	.45	.44	.46	.44	.43	.46	.44	.43	.44	.43	.42
8	다운라이트 (알루미늄 반사판 부착)	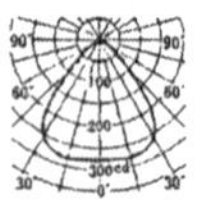	보통 0.70	1.5(F)	.48	.46	.45	.48	.46	.45	.47	.46	.44	.45	.44	.43
			불량 0.65	2.0(E)	.50	.49	.47	.50	.48	.47	.49	.48	.47	.47	.46	.45
			최대조명등간격	2.5(D)	.51	.50	.49	.50	.49	.48	.50	.48	.48	.48	.47	.46
			S=1.3(H-h)	3.0(C)	.52	.51	.50	.51	.50	.49	.51	.50	.49	.49	.48	.47
				4.0(B)	.53	.52	.51	.53	.52	.51	.51	.51	.50	.50	.49	.48
				5.0(A)	.54	.53	.52	.53	.53	.52	.52	.51	.51	.50	.50	.49
				0.6(J)	.48	.43	.40	.47	.43	.40	.47	.43	.40	.42	.40	.39
				0.8(I)	.55	.51	.47	.55	.50	.47	.54	.50	.47	.50	.47	.46
			유지율	1.0(H)	.60	.56	.53	.59	.55	.52	.58	.55	.52	.54	.52	.51
			양효0.75	1.25(G)	.64	.60	.57	.63	.60	.57	.62	.59	.57	.59	.56	.55
9	반삿갓 (집중조명형)	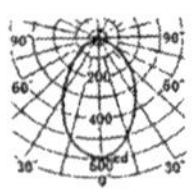	보통 0.70	1.5(F)	.67	.63	.61	.66	.63	.60	.65	.62	.60	.62	.60	.58
			불량 0.65	2.0(E)	.71	.68	.65	.70	.67	.65	.69	.66	.64	.66	.64	.652
			최대조명등간격	2.5(D)	.73	.71	.69	.73	.70	.69	.71	.69	.67	.68	.67	.65
			S=0.9(H-h)	3.0(C)	.75	.72	.70	.74	.72	.71	.72	.71	.69	.70	.68	.67
				4.0(B)	.77	.75	.73	.76	.74	.73	.74	.73	.72	.72	.71	.69
				5.0(A)	.78	.76	.75	.77	.75	.74	.75	.74	.73	.73	.72	.70
				0.6(J)	.45	.39	.36	.44	.39	.36	.44	.39	.36	.43	.39	.36
				0.8(I)	.53	.48	.45	.53	.48	.45	.52	.48	.44	.51	.47	.44
			유지율	1.0(H)	.58	.53	.50	.57	.53	.49	.56	.52	.49	.55	.52	.49
			양효0.75	1.25(G)	.63	.58	.55	.62	.58	.55	.61	.57	.54	.60	.57	.54
10	반삿갓 (확산조명형)	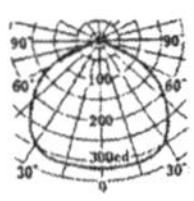	보통 0.70	1.5(F)	.66	.62	.58	.65	.61	.58	.64	.61	.58	.63	.60	.57
			불량 0.65	2.0(E)	.71	.67	.64	.70	.67	.64	.66	.66	.64	.67	.65	.63
			최대조명등간격	2.5(D)	.74	.71	.68	.73	.70	.68	.69	.69	.67	.70	.68	.66
			S=1.4(H-h)	3.0(C)	.75	.73	.71	.75	.72	.70	.71	.71	.69	.72	.70	.68
				4.0(B)	.78	.76	.74	.77	.75	.73	.74	.74	.72	.74	.72	.71
				5.0(A)	.79	.77	.76	.78	.75	.75	.75	.75	.74	.75	.74	.73

b) 나란히 배치한다.

c) 각 방마다 적당히 배치한다.

⑤ 복도는 조도분포보다 미관을 고려하여 배치한다.

5) 점멸 방법

1) 실면적이 큰 방의 점멸

① 블록단위로 점멸하는 방법

a) 전기 설비비는 감소한다.

b) 전력요금의 절약이 불가능하다.

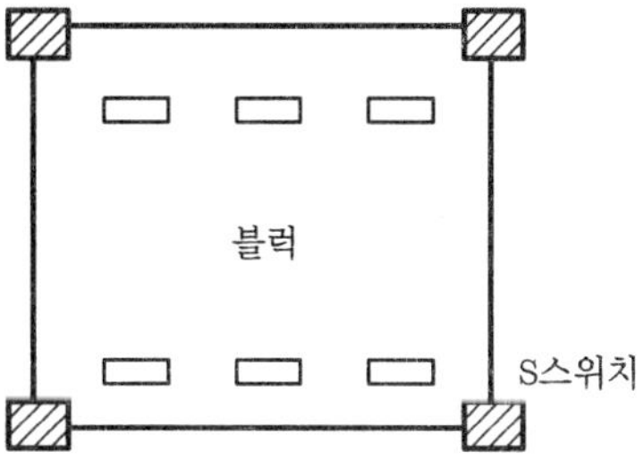

② 한 블록을 2회로로 구성하여 점멸하는 방법

a) 전기 설비비는 증가한다.

b) 전력요금이 절약된다.

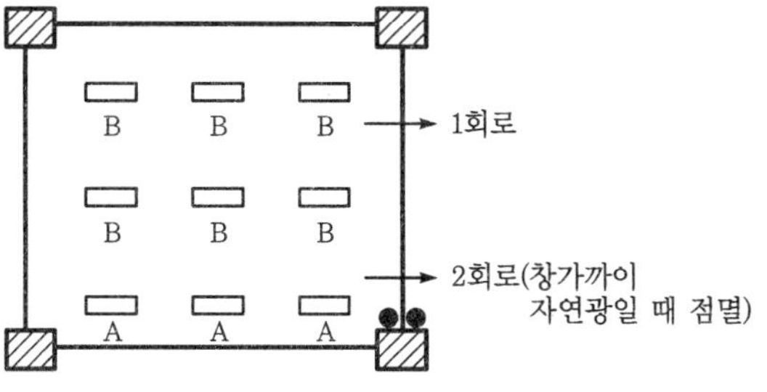

③ 일반전등과 비상전원의 회로로 구성하여 점멸하는 방법

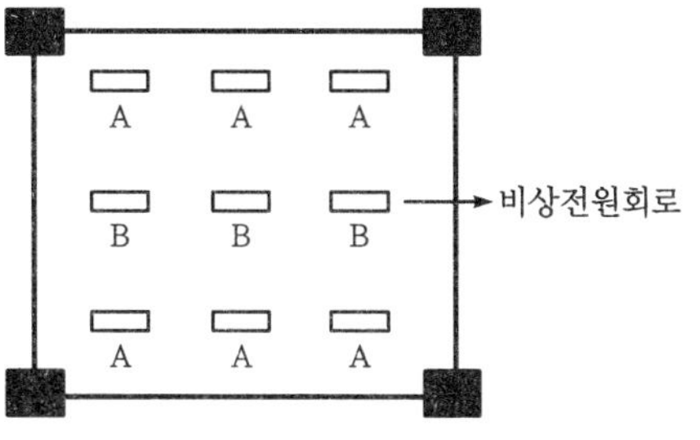

2) 실면적이 작은 방

① 전반조명은 개별로 점멸한다.

a) 시설비가 증가한다.

제19장

전기설비

19.1 전동기

전동기는 전기적인 에너지를 기계적 에너지로 변화시키는 장치이다. 이 동력용 전동기는 건축설비에서 공조, 급매수, 엘리베이터, 에스컬레이터 등 동력설비로 널리 사용되고 있으며 직류전동기와 교류전동기로 구분된다.

1) 전동기의 원리

철심에 코일을 감아 전류를 통하여 전자석을 만들고 여기에 전류의 방향을 바꾸어 줌으로써 전자석이 만드는 자계를 움직이게 한다.
직류전동기는 정류자로 전류의 방향을 바꾸고 그리고, 3상유도 전동기는 고정자의 코일분포와 그 접속을 적당히 해주면 고정자의 간극에 흐르는 전류가 일정한 주기로 변화한다. 이때 각 전자석의 극 사이에 자계가 차례로 이동해가는 회전자계에 의해서 회전하다.
1) 자력선은 N극에서 나와 S극으로 들어간다.
2) 자극의 세기와 자력선의 수는 비례한다.
3) 자력선이 모여 있는 곳일수록 자력이 강하다.

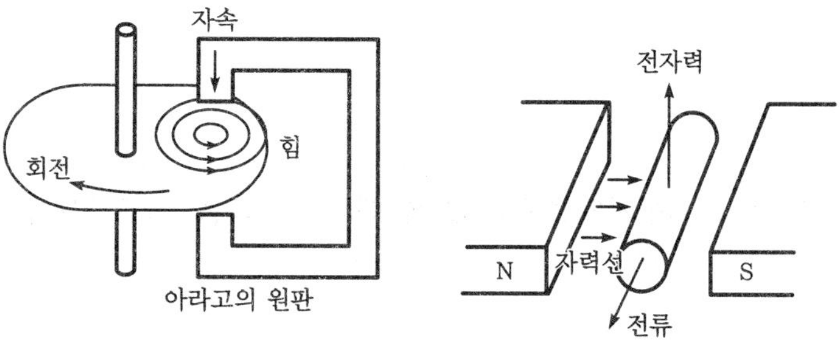

〈그림 19-1〉 전동기의 원리

(1) 동기속도(Ns : rpm)

회전자계가 돌아가는 속도는 전류의 변화 정도 즉, 주파수와 전자석(고정자)의 N.S극수에 의해 결정된다.

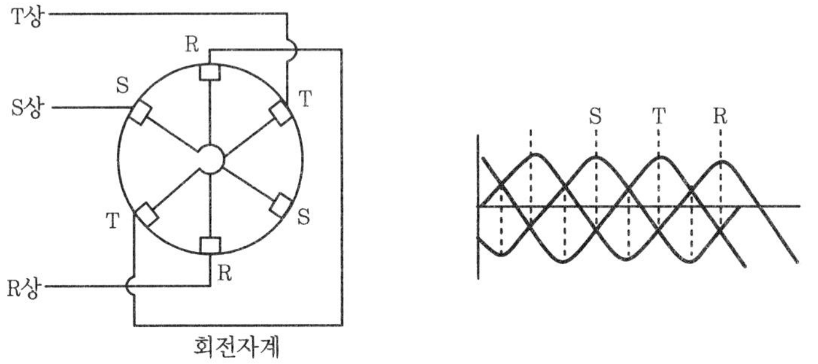

<그림 19-2> 전동기의 회전자계

$$Ns = \frac{주파수}{\frac{극수}{2}} \times 60 = \frac{120 \times 주파수(f)}{극수(P)}$$

$$Ns = \frac{120f}{Ns}$$

(2) 슬립(Slip)

실제로 전동기의 회전속도가 동기속도보다 약간 늦으며 그 늦은 비율을 슬립이라 한다.

$$N = Ns(1 - S)$$

$$S = \frac{Ns - N}{Ns}$$

N : 전동기의 실제 속도

Ns : 동기 슬립

S : 슬립

예제-01 60Hz, 6극의 3상유도 전동기의 슬립이 5%일 때 이 전동기의 회전수는 얼마인가?

해답-01 $Ns(동기속도) = \frac{120 \times 60}{4} = 1,200rpm$

$N = 1,200(1 - 0.05) = 1,140rpm$

(3) 기동토크

펌프를 전동기로 구동할 때 최초 기도에는 정지상태의 임펠러를 회전시켜야하므로 매우 큰 토크(100~300%)가 필요하다.

1) 토크(Torque) : 회전체를 돌리려는 힘이다.

$T = F \cdot R$

T : 토크(kg · m)

F : 접선방향의 힘(kg)

R : 반경(m)

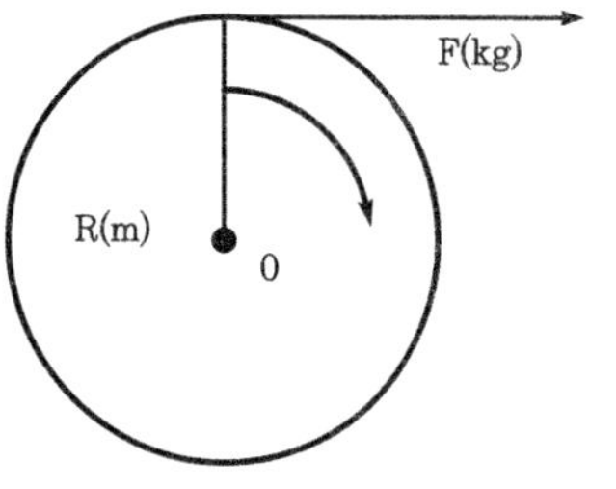

<그림 19-3> 토오크

2) 토크와 일

$W = F \cdot R_W = T_W$

$w = \frac{2\pi N}{60}$

W : 각속도

W : 일

N : rpm

$$T = \frac{\frac{60}{W}}{w} = \frac{HP \times 75 \times 60}{2\pi N} = \frac{4,500}{2\pi N}$$

$$T = \frac{716}{N}(PS)$$

$$T = \frac{974}{N}(KW)$$

(4) 기동전류(LRA : Locked Rotor Ampere)

전동기를 기동할 때는 정격전류보다 상당히 큰 전류가 흐른다. 이것을 기동전류라 한다. 3상유도 전동기의 기동전류는 500~600%이다. 그러므로 기동시 흐르는 기동전류는 작게하고 기동토크는 크게 할 필요가 있다.

2) 전동기의 구분

(1) 직류 전동기

이 전동기는 회전을 시작하는 힘 즉, 시동(始動) 토오크가 크고 속도제어가 간단하므로 고속 엘리베이터의 동력에 사용된다.

그러나 가격이 비싸고, 직류를 필요로 하므로 정류장치가 필요하다.

1) 구조와 원리

브러시를 통해서 전류가 공급되면 플레밍의 왼손법칙에 따라 전자력이 생겨 전기자가 회전한다.

직류 전동기에는 타려(他勵) 전동기, 분권 전동기, 직권 전동기, 복권 전동기 등이 있다. 이 중에서 직권 전동기는 회전을 시작하는 힘(시동 토오크)이 대단히 크므로 정지가 빈번한 엘리베이터의 동력에 사용되고 있다.

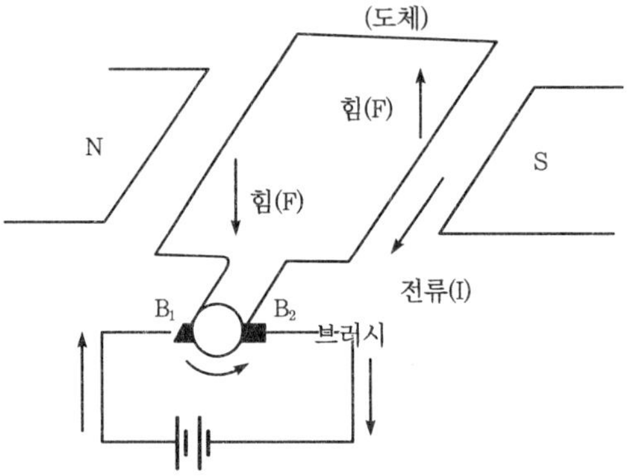

<그림 19-4> 직류 전동기의 원리

또한 분권 전동기와 복권 전동기는 부하의 변동에도 불구하고 회전수의 변동이 별로 없는 것이 특징이다. 이들 직류 전동기의 회전수 N는 가해지는 전압 V에 비례하고 여자(勵磁)전류에 반비례한다.

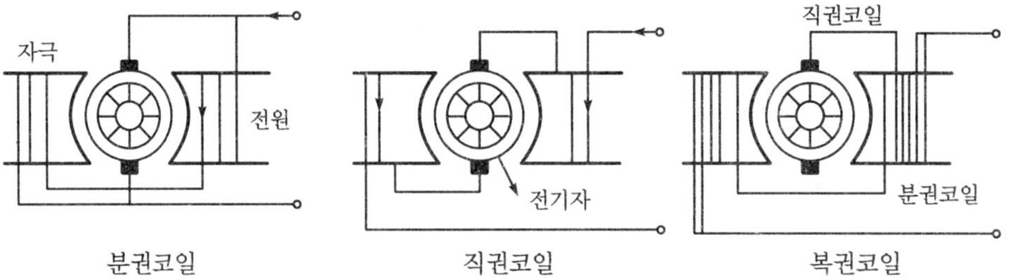

<그림 19-5> 직류 전동기 코일의 접속

2) 직류 전동기의 특징

① 회전수의 변경이 필요한 곳에 사용된다.

② 정류자, 브러시 등 구조가 복잡하다.

③ 가격이 고가이다.

④ 고장이 생기기 쉽다.

3) 직류 전동기의 종류

① 분권, 복권 전동기 : 부하의 크기는 변하지만 회전수가 변하지 않는다.

② 직권 전동기 : 회전을 시작하는 힘 즉, 기동토오크가 크기 때문에 기동과 정지가 빈번한 엘리베이터에 사용된다.

4) 직류전동기의 운전

정지하고 있는 전동기에 큰 전압을 가하면 대전류가 흘러 코일이 소손되므로 기동저항기를 넣어서 기동시의 전류를 제한해야 하므로 최초운전을 할 때 콘트롤러의 핸들로 저항기를 조작하여 저항을 작게 하다가 최후에는 영으로 한다.

(2) 교류 전동기

교류 전동기에는 3상유도 전동기, 단상유도 전동기, 동기 전동기, 정류자 전동기 등이 있다. 이 중에서 유도전동기(誘導電動機)가 가장 널리 사용된다.

유도 전동기의 고정자는 교류발전기와 동일하고 회전자에는 농형(籠形)과 권선형(捲線形)의 2종류가 있으며 농형 전동기는 회전자에 바구니형의 도체를 사용하고 또한 권선형은 회전자에 3상권선을 실시한 것이다.

① 구조가 간단하며 튼튼하다.

② 고장이 적다.

③ 가격이 저렴하다.

④ 취급이 용이하다.

1) 구조와 원리

회전자계(回轉磁界)를 만드는 고정자 권선(固定子 捲線)과 도체에 유도전류가 흘러서 회전토오크가 생기는 회전자로 구성되어 있다.

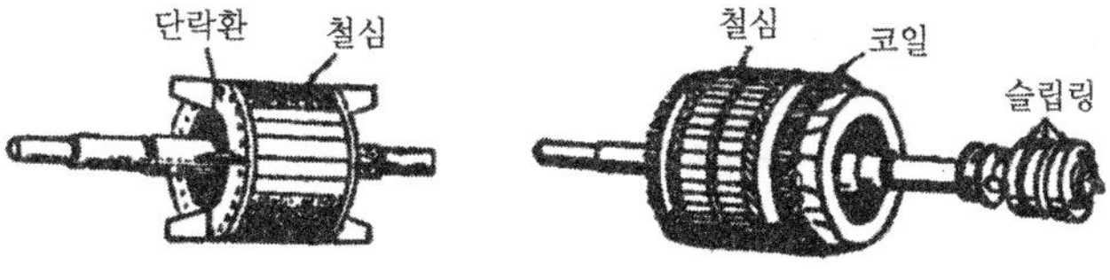

(a) 농형 (b) 권선형

〈그림 19-6〉 회전자의 구조

3) 동력 설비의 종류

전동기는 부하의 성질과 사용 장소에 적합하여야 하며 동력설비를 사용하는 종별에 따라 분류하면 다음과 같다.

(1) 승강기용 동력

① 교류식 : 3상유도전동기(농형, 권선형)
② 직류식 : 워어드 레어너드 방식(직류 타려전동기)

(2) 에스컬레이터용 동력 : 농형 유도 전동기

(3) 공기조화용 동력

① 냉동기(소형, 중형) : 3상농형 유도 전동기
② 냉동기(대형) : 권선형 유도 전동기

(4) 공기조화용 동력

① 송풍기 : 농형 전동기, 권선형 전동기

(5) 급 배수 위생용 동력

① 양수펌프 : 3상농형 유도 전동기
② 배수펌프 : 3상농형 전동기

4) 전동기 용량 산정

(1) 펌프용 전동기의 용량

$$P = \frac{9.8QHK}{E}(kw)$$

P : 전동기의 용량(kw)
Q : 양수량(m^3/sec)
H : 전양정(m)
E : 펌프의 효율(%)
K : 동력전달계수(1.1~1.2)

(2) 송풍기 및 압축기용 전동기 용량

$$P = \frac{9.8WHK}{E} \times 10^{-3}(kw)$$

Q : 풍량(m^3/sec)
H : 풍압(mmhg)
W : 기체의 밀도(kg/m^3)
E : 송풍기, 압축기의 효율(%)
K : 동력전달계수(1.1~1.5)

(3) 권상기용 전동기의 용량

$$P = \frac{9.8WV}{E}(kw)$$

W : 권상 하중(ton)
V : 권상 속도(m/sec)

5) 전동기용 분기회로의 전선굵기

전동기의 분기회로는 원칙적으로 전동기 1대에 1분기회로를 취하여야 한다.
그러나 15(A) 분기회로 또는 20(A)배선용 차단기의 분기회로에 사용할 때는 1분기회로에 여러대를 접속할 수 있다.
이 분기회로에서 전선굵기의 선정은 전동기에 기동전류(정격전류의 5~7배)가 수초내지 수십초동안에 흐르므로 전동기의 정격전류에 대한 것보다는 전선경이 굵어야 한다.
이 분기회로의 허용전류는 과전류차단기에 대한 정격전류의 1/2.5(40%) 이상이어야 하며 또한 다음 각 항에 적합한 것이어야 한다.

(1) 일반 전동기의 배선

분기회로용 배선의 허용전류는 다음값 이상으로 한다.
① 전동기의 정격전류가 50(A) 이하 : 정격전류 × 1.25배
② 전동기의 정격전류가 50(A) 이상 : 정격전류 × 1.1배

예를 들면 출력이 7.5KW인 전동기의 정격전류(전부하 전류)는 34A이므로 이때는 42.5A (34×1.25) 이상의 허용전류를 가지는 전선을 선정하고 출력이 15KW인 전동기는 그 정격전류(전부하 전류)가 65A이므로 이때는 71.5(65×1.1) 이상의 허용전류의 것을 선정하여야 한다.

여기서 전선의 굵기를 선정할 때는 전선관에 인입할 때의 전류감소계수와 주위 온도의 영향 등을 고려해야 한다.

〈표 19-1〉 200V 3상유도전동기 1대의 경우

정격출력 [kW]	전부하 전류[A]	배선의 종류에 의한 전선의 굵기: 애자이용 배선		금속관(전봉) 합성수지관 플로어덕트 금속덕트 및 케이블배선		경질비닐 관배선		이동전선으로사용하는 경우의코드 또는 캡타이어케이블의 최고굵기	접지선의 최고 굵기	개폐기용량[A]: 직접시동		시동기사용		과전류보호기[A]: 직접시동		시동기사용		초과 눈금 전류계[A]	콘덴서회로: 설비 용량 [㎌]	본선에서 분기하는 전선의 최소굵기	설치 용량 [㎌]
		최소 전선	최대 길이	최소 전선	최대 길이	최소 전선	최대 길이			수원	분기	수원	분기	수원	분기	수원	분기		50Hz		60Hz
		㎜	m	㎜	m	㎜	m	㎟	㎜											㎜	
0.2	1.5	1.6	255	1.6	255	1.6	255	0.75	1.6	15	15	–	–	15	15	–	–	5	15	1.6	10
0.4	2.5	1.6	128	1.6	128	1.6	128	0.75	1.6	15	15	–	–	15	15	–	–	5	20	1.6	15
0.75	4	1.6	67	1.6	67	1.6	67	0.75	1.6	15	15	–	–	15	15	–	–	5	30	1.6	20
1.5	7	1.6	36	1.6	36	1.6	36	1.25	14.6	15	30	–	–	15	20	–	–	10	40	1.6	30
2.2	10	1.6	26	1.6	26	1.6	26	2	1.6	30	30	–	–	20	30	–	–	10	50	1.6	40
3.7	15	1.6	16	1.6	16	2.0	26	3.5	2.0	30	60	–	–	30	50	–	–	15	75	1.6	50
5.5	23	2.0	17	2.6	31	3.2	47	5.5	2.6	60	60	30	60	50	60	30	50	30	100	2.6	75
7.5	30	2.6	22	3.2	36	14㎟	61	8	2.6	100	100	60	100	75	100	50	75	30	150	2.6	100
11	45	3.2	24	14㎟	44	22	67	22	14㎟	100	200	100	100	100	150	75	100	60	200	14㎟	150
15	60	14㎟	30	22	49	22	49	22	14	100	200	100	100	100	150	100	100	60	250	14	200
18.5	75	14	24	30	52	30	52	30	22	200	200	100	200	150	200	100	150	100	300	22	250
22	85	22	32	30	45	38	55	38	22	200	200	100	200	150	200	100	150	100	400	22	300
30	115	30	32	50	56	60	66	60	22	200	400	200	200	200	300	150	200	150	500	22	400
37	140	38	33	80	75	100	93	60	22	200	400	200	200	200	300	150	200	150	600	22	500

[주] 1. 최대길이는 말단까지의 전압강하를 2%로 한다.
2. 전선굵기는 동선사용의 경우에 대해 나타내었다.
3. 이 표는 B종 휴즈를 사용하는 경우에 대하여 나타내었다.
4. 콘덴서회로는 한국전력관내의 예를 나타내었다.

<표 19-2> 공장 전동기 수요유

부하의 성질	전동기의 수	수요율(%)
각개운전 (공작기계 등)	6~10	75
	10~15	70
	15~20	65
	20~33	60
	30~50	55
	50~75	50
	75~100	45
	100초과	40
집합운전	6~10	85
	10초과	70~45
송풍기 공기압축기 등	–	100~85

(2) 특수용 전동기의 배선

교류용 엘리베이터, 공기조화기, 냉동기 등의 특수한 용도로 쓰이는 전동기배선은 전동기과기기의 명판에 표시된 정격전류외에 그의 특성과 사용방법을 기준으로 해서 선정하도록 한다.

1) 엘리베이터 : 엘리베이터의 동력용 전동기는 직류용과 교류용이 있으며 이때 전선이 굵기는 다음 두가지를 동시에 만족할 수 있도록 선정한다.

① 전선의 허용전류가 전동기에 대한 정격전류의 1.25배 이상인 전선을 선정하고 만약 정격전류가 50A 이상이면 1.1배로 한다.
단, M-G장치가 있는 직류용 엘리베이터에서는 전부하로 상승할 때의 M-G 유도 전동기의 선전류 이상에 해당하는 허용전류를 가지는 전선을 선정한다.

② 전부하 : 가속전류에 의해서 전서로내의 전압강하가 2.5%(교류용 엘리베이터에서는 5%) 이하에 해당하는 굵이의 것을 선정한다.

2) 패키지형 공기조화기 : 공조기의 명판에 표시된 운전전류를 1.2배한 것을 기준으로 한다. 그 이유는 보통사용의 상태하에서 압축기용 전동기는 언제나 냉각된 상태로 사용되고 전동기의 허용온도상승 한도내에서 정격출력 이상의 운전을 하기 때문이다.

3) 냉동기 냉동기는 사용조건의 변화와 운전초기에는 항상 운전전류보다도 큰 전류가 흐르므로 각 제작회사의 기술자료를 참고로 하는 것이 바람직하다.

(3) Y-Δ 기동장치의 전동기

Y-Δ 기동장치와 전동기와의 배선은 그 전동기에 연결하는 분기회로용 배선의 60% 이상을 허용전류로 갖는 전선을 사용하면 좋다. 즉, Δ측의 전류값으로 결정하면 바람직하다.

① Y 결선은 $IY = \frac{1}{3} I_0(A)$

② Δ 결선은 $I_\Delta = \frac{1}{\sqrt{3}} I_0 = 0.577 I_0 \fallingdotseq 0.61 I_0(A)$

6) 전동기용 간선

간선은 전선에 흐르는 최대의 전류가 흐를 수 있는 굵기로 한다. 이때 전류는 그 간선에서 공급받는 전체부하의 전류를 산술적인 합산보다는 수용률(최대수용전력/전설비 전력×100%)이나 역률(力率) 등을 고려한 실제에 흐르는 전류로 하면 된다. 그러나 전선의 굵기 결정에는 다음 사항도 만족하여야 한다.

(1) 전동기만의 간선은 다음 값보다 더 큰 허용전류를 가지는 전선을 사용한다.

① 간선에 접속되는 전동기의 정격전류 합계가 50(A) 이하인 경우에 그 정격전류 합계의 1.25배를 허용전류로 한다.
② 50A 이상인 경우에 그 정격전류 합계의 1.1배를 허용전류로 한다.

(2) 전등 및 전력장치의 병용 간선

이 간선에 접속되는 부하중에 기동전류가 큰 전동기가 있다. 이 전동기의 정격전류 합계가 다른 전기사용기계기구의 정격전류 합계보다 큰 경우에는 다음의 굵기 이상으로 한다.
① 전동기의 정격전류 합계가 50(A) 이하인 경우에는 (1.25×전동기의 정격전류 합계)+다른 기구의 정격전류 합계를 허용전류로 한다.
② 50A 이상인 경우에는 (1.1×전동기의 정격전류 합계)+다른 기구의 정격전류 합계를 허용전류로 한다.

7) 전동기의 간선 및 분기회로 설계 예

(1) 전동기의 대수

① 3상 300V 7.5kW : 농형 유도 전동기
② 3상 200V 15kW : 농형 유도 전동기

③ 3상 200V 0.75kW : 농형 유도 전동기

④ 3상 200V 3.7kW : 농형 유도 전동기

(2) 3상유도 전동기의 규약 전류치로부터 각 전동기의 전류치는 다음 표와 같다.

<표 19-3> 전동기의 전류치

전동기의 용량(kW)	7.5	15	0.75	3.7
규약전류(A)	34	65	4.8	17.4

위에서 전기법규 제186조에 따라 3상유도 전동기의 규약전류치로부터 각 전동기의 최대용량이 전동기의 정격전류인 50A를 넘고 다른 전동기의 정격전류 합계보다 큰 경우에 해당하므로

1) 간선의 굵기는 최대용량인 전동기 정격전류의 1.1배에 다른 전동기의 정격전류의 합계를 가한 값 이상의 허용전류를 가지는 간선을 사용하여야 한다.

$65 \times 1.1 + 34 + 4.8 + 17.4 = 127.7(A)$

① 127.7A 이상의 허용 전류를 가지는 전선은 금속관 배선의 전선 허용 전류표로부터 $500mm^2$ 이어야 한다.

② 전동기 배선에서 간선의 굵기 및 개폐기의 용량은 127.7A에 가장 가까운 125A줄에서 전압강하 2%, 최대긍장 50m일 때 $50mm^2$를 얻는다.

2) 간선용 개폐기의 정격용량은 200A이고, 또한 과전류 보호기는 f150을 얻는다.

3) 간선의 배선 공사를 위한 금속관은 후강으로 볼 때 42㎜(42C)관을 사용한다.

4) 분기회로의 배선은 전동기용 분기회로의 전선굵기, 개폐기의 용량, 과전류 보호기의 용량은 다음 표와 같다.

<표 19-4> 분기회로의 용량

정격출력	전선굵기	길이	개폐기의 용량(A)		과전류보호기의 용량(A)		금속관 크기	접지선 굵기
			(조작)	(분기)	(조작)	(분기)		
7.5kW	3.2mm	36m	100	100	100	100	22	2.6mm
15	22□	49m	100	100	100	100	36	14□
0.75	1.6mm	67m	15	15	15	15	16	1.6mm
3.7	1.6mm	16m	30	60	30	30	16	2.0mm

5) 위의 설비내용을 도면으로 표시하면 다음과 같다.

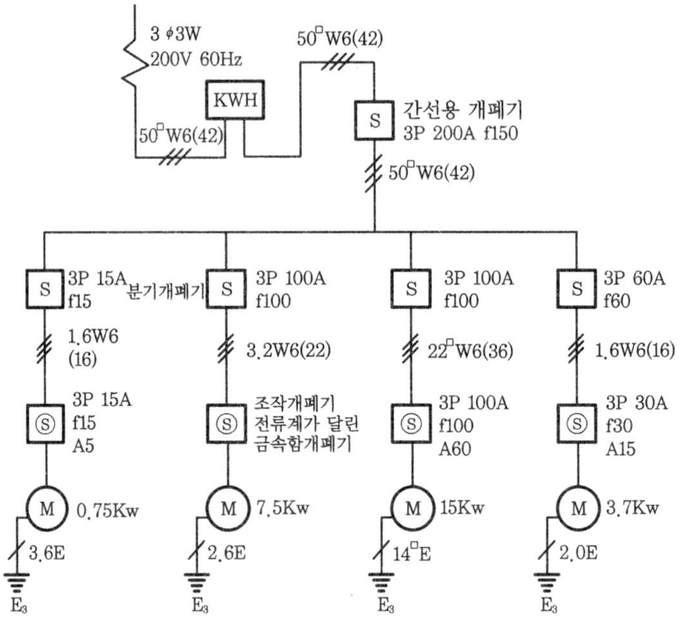

〈그림 19-7〉 전동기 배선 예

19.2 전기설비

건축에 과한 전기설비는 강전(强電)설비와 약전(弱電)설비로 구분되며 이 두가지 설비는 다음과 같다.

1) 강전설비

(1) 조명 설비
(2) 동력 설비
(3) 간선 설비
(4) 구내(構內)배전선 시설
(5) 축전지 설비(일반용, 비상용)
(6) 자가발전 설비
(7) 피뢰침 설비
(8) 접지 공사
(9) 기타 특수공사

2) 약전 설비

(1) 인터폰 설비
(2) 전화 설비
(3) 구내 교환 설비
(4) TV 공동시청 설비
(5) 신호(信號), 표시기(表示器)설비
(6) 비상 통보 설비
(7) 배연(排煙) 설비
(8) 자동화재 탐지 설비
(9) 방송 설비
(10) 전기시계 설비

19.3 교류 회로 이론

1) 전기 용어

(1) 자력선 (Line of Magnetic Force)

N극과 S극을 잇는 자기력에 의한 선을 자력선이라 한다.

(2) 자속 (Magnetic Flux)

자력선을 묶은 단위 1wb=7,958 × 105개의 자력선이 1m 떨어진 거리에서 두 자극사이에 작용하는 힘이 6.33×10^4N일 때 자극의 세기를 자속이라 한다.

(3) 전하 (Electric Charge)

외부 에너지에 의해 대전된 전기를 말한다.

(4) 전기량 (Guantity of Electricity)

전하가 가지고 있는 전기량이며 전기량의 단위(C : Columb)는 다음과 같다.

$1C = 0.624 \times 10^{19}$개의 전자가 가지는 전기량

$= 0.624 \times 10^{19} \times 1.60219 \times 10^{-19}$

(5) 전원 (Power Source)

전류를 계속해서 흘러 보낼 수 있는 원동력이다.

(6) 부하 (Load)

전원에서 전기를 받아 전류가 흐르면서 일을 하고 열 또는 에너지를 소비하는 것이다.

(7) 전기회로 (Electric Circuit)

전류가 흐를 수 있도록 구성된 길이다.

2) 교류 이론

자계내의 자력선을 코일이 회전하면서 절단하면 교류발전기는 도체에 각 자극이 통과할 때마다 그 방향이 반전(反戰)되는 교류 기전력이 발생한다.
이때 파형은 교변파형이 생긴다. 그러므로 교류는 전압과 전류의 방향 및 크기가 일정한 주기로 변화하고 그 특징은 다음과 같다.

① 전압의 승강을 변압기로 자유로히 바꿀 수 있다.
② 대전력을 송전하는 데 편리하다.
③ 전선의 양이 적게 소요된다.
④ 교류는 간단히 직류로 변환시킬 수 있다.

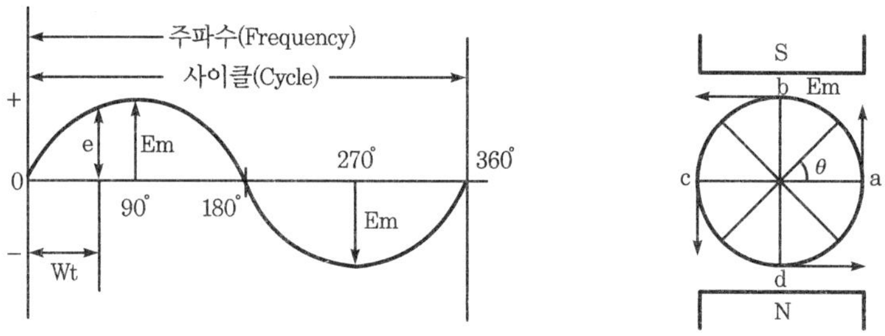

<그림 19-8> 단상교류파형

(1) 주파수 (Frequency : f)

1초 동안의 싸이클수(Hz)를 주파수라 한다.

① $f = \frac{1}{T}$ f : 주파수 T : 주기

② $f = \frac{NP}{120}$ N : 발전기의 1분간 회전수 P : 발전기의 극수

③ 주파수 = 1초간의 회전수 × $\frac{극수}{2}$

(2) 교류의 크기 및 최대값 (Maximum Value)

교류의 순서값 중에서 Em이 가장 큰 값이다.

(3) 순시값 (Instantaneous Value : e, i)

시시각각으로 변하는 교류의 임의순간(t)의 값이다.

$$e = \sqrt{2}E\sin wt = EM\sin wt(V)$$

$$e = \sqrt{2}\sin 2\pi\frac{1}{T}\left(f = \frac{1}{t}\right)$$

(4) 실효값(순시값 제곱합의 평균)

교류는 전압 및 전류가 시시각각으로 변화하므로 전압과 전류의 측정에서 그 크기는 파형의 최대값을 $\sqrt{2}$로 나눈 값으로 표시한다.

$$E = \sqrt{\frac{1}{T}\int_T^0 e^2 dt} = \sqrt{\frac{1}{T}Em^{2}\cdot\sin^2 Wt} = \frac{Em}{\sqrt{2}}$$

$$실효값 = \frac{최대값}{\sqrt{2}}$$

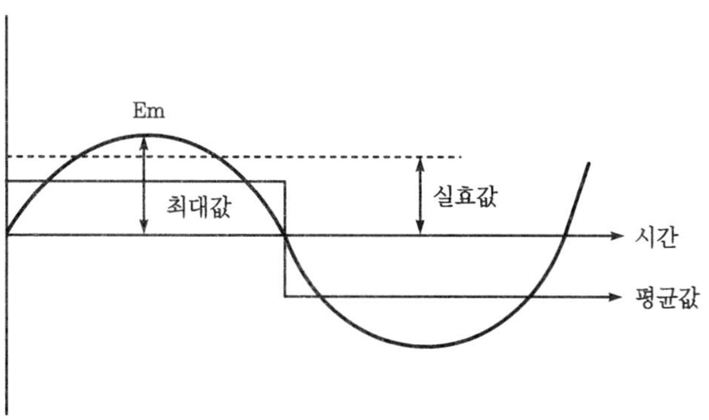

<그림 19-9> 교류의 크기

(5) 임피던스 (Impedance)

교류에서는 저항이 전류의 흐름을 방해한다. 그밖에 리액턴스(Reactance : 감응저항)도 전류의 흐름을 방해하게 되며 리액턴스는 코일에 전자유도의 작용에 의해서 전류의 변화를 방해하는 기전력이다. 또한 이 리액턴스와 저항이 합성된 임피던스도 전류의 흐름을 방해하게 된다.
리액턴스는 코일에 전류가 흐를 때 일어나는 인덕턴스(Inductance : 유도계수)와 콘덴서에 전류를 통할 때 일어나는 케패시턴스(Capacitance : 용량계수)가 있다.

① 인덕턴스(유도계수) : 교류 전동기와 같이 코일을 흐르는 전류가 시간과 함께 변화하면 자계도 같이 변화한다. 이로 인해 전자유도작용에 의해 코일 자신의 내부에 전류가 발생하게 되고 이 전류가 전원으로부터의 전류를 방해하는 방향으로 작용하게 된다.
이 때문에 교류파에 있어서는 항상 전류파가 뒤로 당겨져서 전압의 파형보다 늦어지게 된다. 이것을 지전류라 하며 한편, 이 전압파와 전류파가 서로 차이가 나는 정도, 즉 위상차를 역률이라 한다.
역률이 증가하면 어떤 양의 전류가 흐르고 있어도 실제로 일을 하는 전류량은 그보다 적어져 손실이 증가하게 된다.

② 케패시턴스(용량계수) : 인덕턴스의 경우와는 반대로 전류파가 전압파보다 앞서게 된다.

(6) 진상 콘덴서

인덕턴스를 갖는 전동기 회로에 케피시턴스를 갖는 콘덴서를 병렬로 접속시켜 주면 전동기의 역률을 향상시키고 전력의 낭비를 방지할 수 있다.
이러한 콘덴서를 진상 콘덴서라 한다.

$$Z=\sqrt{R^2+X^2}$$

Z : 임피던스
R : 저항
X : 리액턴스

3) 단상과 3상

(1) 단상교류

교류발전기에 의한 1상의 도체에서 얻어진 교류를 단상교류라 한다. 이것은 어느 순간에서 대수합과 백터의 합이 모두 0이다. 그러므로 하나의 전기회로에 하나의 정현파가 흐른다.

배전 방식은 다음과 같은 방식이 있다.

① 단상 2선식 110V : 보통 주택, 사무실 등의 소부하의 배전으로 사용되는 방법이다.

② 단상 3선식 110V, 220V : 단상 2선식보다 큰 부하를 필요로 하는 백화점, 학교, 빌딩, 공장 등에 사용되는 방식이다. 이 방법은 단상 2선식에 비하여 220V를 TMf 때는 전류가 적게 흘러 2선식보다 전선의 단면이 줄어들어 설비비가 절감되고 소비전력이 적어져서 경제적인 동시에 전압도 110V 및 220V의 두 종류를 얻을 수 있으므로 220V의 조명 및 진열회로 등에 사용할 수 있다.

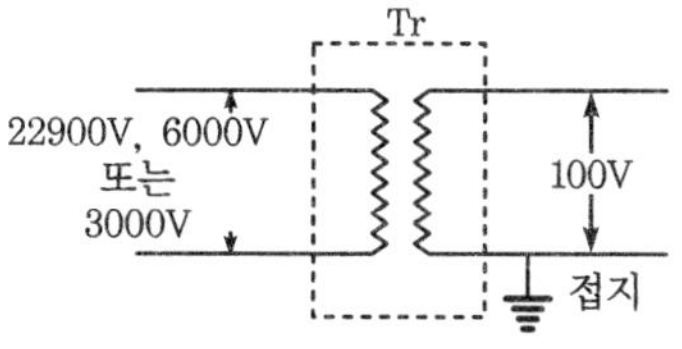

〈그림 19-10〉 단상 2선식

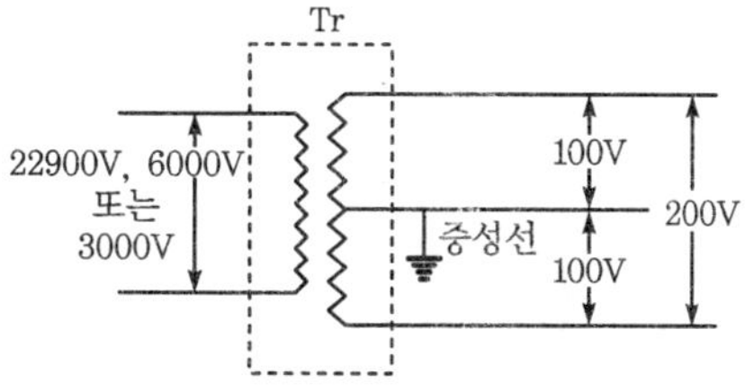

〈그림 19-11〉 단상 3선식

(2) 3상 교류

각속도 W(rad/sec)로 회전하는 자극둘레에 원주(圓周)를 3등분하는 간격 2π/3(rad)마다 3개의 동등한 도체를 놓으면 각 도체에는 크기와 주파수가 같고 위상(位相)이 2π/3(rad)씩 다른 3상의 교류 기전력이 발생된다.

이때 각각의 기전력 e_1, e_2, e_3(V)를 적당한 방법으로 짜맞춘 것을 3상교류라 한다. 한편 각상을 상(相)이라 하고, 각상은 단상의 정현파와 같다. 결국 3상교류는 위상이 다른 3종의 교류를 합한 것이다.

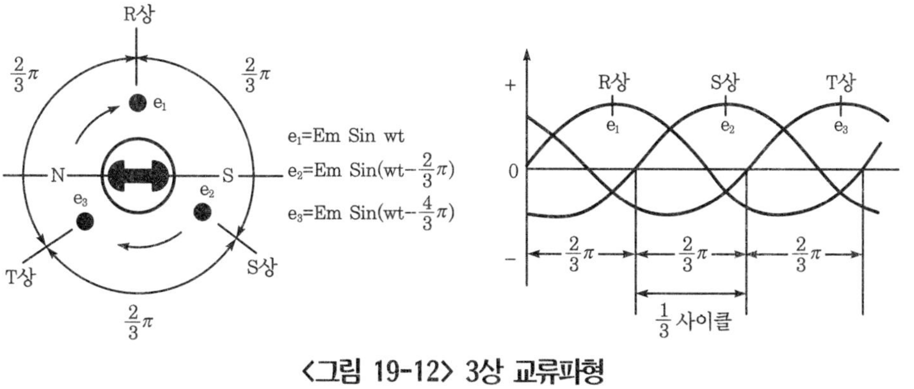

〈그림 19-12〉 3상 교류파형

배전방식은 다음과 같은 방식이 있다.

① 3상 3선식 220V : 주로 동력용 부하, 즉 3상 부하 220(V)에 사용되는 배전방식으로 변압기의 결선은 그림 19-6과 같이 성형(星形) 결선, 3각 결선, V결선 등이 있는데 보통 3각결선이 사용된다.

② 3상 4선식(120/208V, 220/380V, 254/440V) : 전등부하는 220V, 동력부하는 380V의 배전방식이 권장되고 있는데 이 방식에 의하면 배전 설비비의 대폭 절감과 효율이 좋은 전력이 이용되는 유리한 점이 있다.

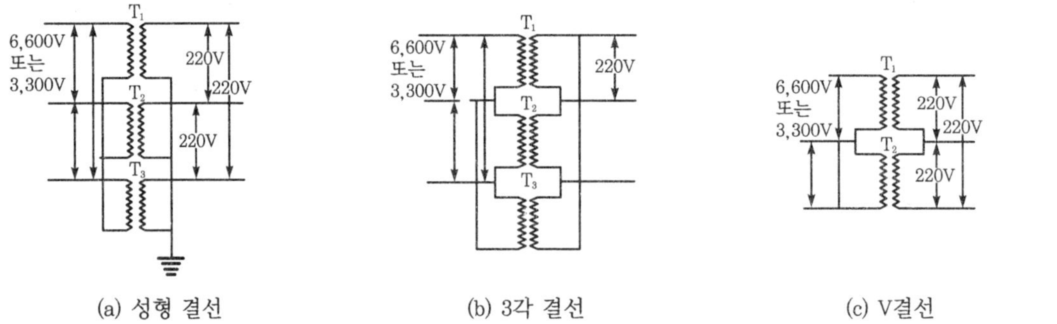

<그림 19-13> 3상 3선식

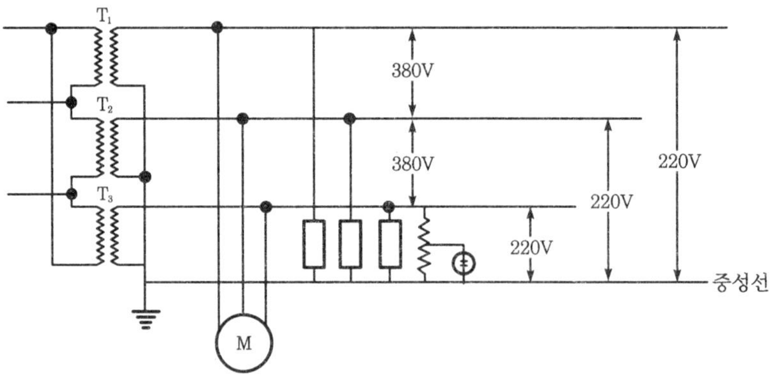

<그림 19-14> 3상 4선식(380V 배전)

19.4 전기 기초 이론

1) 전기 기초 용어

(1) 전류 (I : Ampere)

전류는 단위 시간에 이동한 전기량으로서 즉, 도체의 단면을 1초 동안에 흐르는 전기량을 전류(電流)라 한다.

$$I = \frac{Q}{t}$$

I : 전류(A)
Q : 전기량(C)
t : 시간(sec)

1) 1A의 전류
매초 1쿨롱(C)씩의 전기량이 흐를 때 전류의 세기를 1A라 한다. 그리고 전류의 크고 작음을 표시하는 것이 암페어(Ampere)이다. 이 전류가 흐르는 길을 전기회로라 한다.

$$\text{전류(Ampere)} = \frac{\text{전압(Volt)}}{\sqrt{(\text{저항Ohm})^2 + (\text{ReactanceOhm})^2}}$$

(2) 전압 (V : Voltage)

물질의 전기적인 고저를 전위라 하고 또한 전류는 높은 곳에서 낮은 곳으로 흐르며 그 차를 전위차라 한다. 그러므로 전압은 전기회로에서 두 점 사이에 생기는 전기적인 고저차를 전위차(電位差) 또는 전압이라 한다. 결국 전압은 전기적인 압력이고 전압을 만드는 힘은 기전력인 것이다.

<표 19-5> 전압의 구분

구분	저압	고압	특고압
직류	750V	750~7,000	7,000V 이상
교류	600V	600~7,000	7,000V 이상

1) 1A의 전압 : 1쿨론(C)의 전기량이 2점 사이를 이동해서 1주울(J)의 일을 할 때 2점간의 전위차를 1V라 한다.

2) 1V의 전위차로 1C의 전기량을 이동시켜 1J의 일을 할 수 있다.

$$E = \frac{W}{Q}$$

E : 전압(V)

W : 일의 양(J)

Q : 전기량(J)

3) 동일 전력을 송전하는데 전압을 높게 하여 적은 전류를 송전하면 송전선의 동량이 절약되므로 송배전선로의 공칭전압은 다음과 같다.

① 특고압 : 22,900V

② 고압 : 3,000V, 6,600V

③ 저압 : 110V, 220V, 110/220V, 120/208V, 220/380V, 254/440V

(3) 저항 (R : Electric Resistance)

도체 내에서 전자의 흐름을 방해하는 성질을 말한다.
도체의 저항은 전선의 길이에 비례하고 단면적에 반비례한다.

$$R = \rho \frac{\ell}{S}$$

R : 저항(Ω)

ρ : 고유 저항(Ωm)

ℓ : 전선의 길이(m)

S : 전선의 단면적(㎡)

1) 1 Ohm(Ω)

도체의 2점간의 1A의 전류가 흐르기 위해 1V의 전압을 요할 때 저항값을 1Ω이라 한다.

2) 고유저항(ρ : Ωm)

어떤물질의 고유저항은 단면적이 $1cm^2$이고 길이가 1cm인 도체의 저항을 고유저항이라 한다.

(4) 도전율 (Conductivity : λ Ω/m, Ω^{-1}/m)

어떤 물질의 고유저항을 역수로 한 것이다.

$$\lambda = \frac{1}{\rho} = \frac{\ell}{RA}$$

1) 국제 표준 연종의 도전율은 $\frac{1}{1.724 \times 10^{8}}$ (Ω^{-1}/m)이다.

2) 도전율 $\left(\frac{1}{\rho}\right)$: 연동선 99%, 경동선 97%, 니크롬선 1.6%

(5) 저항온도계수(α)

물질의 저항은 온도에 따라 달라진다. 이때 온도에 의해서 변화하는 계수를 저항 온도 계수라 한다.

$R' = R + R\alpha \cdot \Delta t$

$R' = R(1 + \alpha \cdot \Delta t)$

R′ : t℃일 때의 저항(Ω)

R : 처음의 저항(Ω)

α : t℃일 때의 저항온도계수

Δt : 온도차(℃)

> **예제-01** 20℃에서 4Ω의 동선이 80℃로 온도가 상승하였을 때 저항은 몇 Ω인가?
> (단, 동선의 저항온도계수는 0.00393이다)
> $R' = 4(1 + 0.00393 \times 60) \fallingdotseq 4.94\Omega$

2) 오옴의 법칙 (Ohm's Law)

전류는 전압에 비례하고 저항에 반비례하는 법칙이다.
예를 들면 2점간의 전압을 V(V), 전류를I(A), 저항을 R(Ω)로 하면 V=IR이 성립된다.
이것을 오옴의 법칙이라 한다.

$$V = IR \quad I = \frac{V}{R} \quad R = \frac{V}{I}$$

3) 전류의 발열작용

전기저항 R(Ohm)인 전기 회로 속을 I(Ampere)의 전류가 흐르면 열이 발생한다. 즉, 저항내에서 소비되는 전력은 전부 열로 변한다. 이를 주울의 법칙이라 하며, Joule로 표시한 열량 Q는 t초간 사용했을 때 다음 식으로 나타낸다.

$$Q = VIt(J) = I^2Rt(J) = \frac{V^2}{R}t(J)$$

그리고 윗 식에서 구한 열량 Q를 칼로리(cal)의 단위로 계산하면 1Joule은 약 0.24kcal이다.

$Q = 0.24I^2Rt(cal)$

$1kWH \fallingdotseq 860kcal/h$

4) 주울의 법칙 (Joule's Law)

저항이 있는 도선에 전류가 흐르면 반드시 열이 발생한다. 이때 도선에 발생하는 열량은 전류세기의 제곱과 저항 및 전류가 흐르는 시간에 비례한다.
그러므로 저항이 R(Ω)인 도체에 전류 I(A)가 흐르면 소비하는 전력량은 모두 열로 바뀐다. 이와 같이 전류의 세기와 도서에서 발생하는 열량과의 관계를 규명하는 것이 주울의 법칙이며 1J은 0.24cal이다.
이 소비되는 전력량(W)을 열량(cal)으로 환산하면 다음과 같다.

$$H = VIt = I^2Rt(J)$$

$$H = \frac{1}{J} I^2Rt = \frac{1}{4.186} I^2Rt = 0.24I^2Rt(cal)$$

여기서 H는 도체에서 발생하는 열량(Jcal)이다.

5) 제백효과 (See Beck Effect)

열전기의 현상으로서 도체에 전류가 흐르면 열이 발생하고 반대로 여기에 열을 가하면 전류가 흐른다.
이와 같은 기전력을 열기전력이라 한다. 이때 전류를 열전류라 하고 이 장치를 열전상이라 하며 이런 효과를 제백효과라 한다.

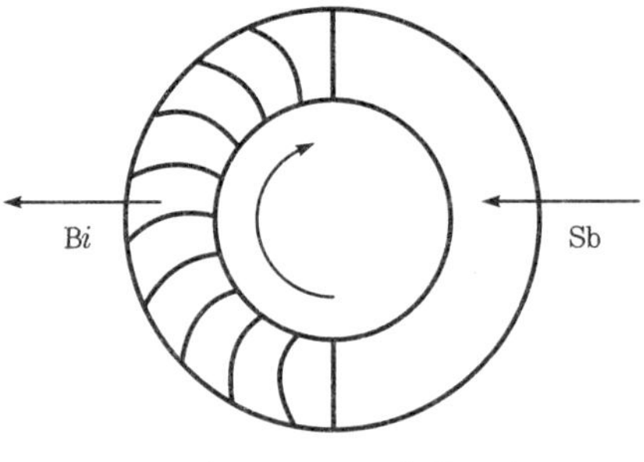

<그림 19-15> 제백효과

6) 전력과 전력량

전기는 에너지로 변화시킬 수 있다. 예를 들면 전압을 가해서 전류를 통하면 전등이 점등되고, 전열기가 가열되며, 또한 전동기를 돌리는 등 여러 가지 일을 한다. 즉 전기가 한 일의 양을 전력량(電力量)이라 한다. 그리고 1초 동안에 전기가 하는 일을 전력이라 하며, 전력량의 단위는 Wh 혹은 kWh로 표시한다.

1 HP≒0.75kW 1kW≒860kcal/h

그리고 전력과 전류 및 전압의 관계는 다음과 같다.
직류 W=IV
단상교류 W=IV×PF(역률)
3상교류 W= $\sqrt{3}$IV×PF
또한 교류에서는 전력=전압×전류×역률로 표시된다.

(1) 전력 (P : Watt)

단위시간에 전류가 하는 일량으로서 즉, 전기에너지를 말하며 1와트(Watt)로 표시한다.

$$P=\frac{W}{t}=\frac{EQ}{t}=EI=I^2R=\frac{E^2}{R}$$

전력 = 전압 × 전류

1W = 1A × 1V

P : 전력(Watt)

Q : 전기량(c)

t : 시간(sec)

I : 전류(A)

W : 일(J)

E : 전압(V)

R : 저항(Ω)

(2) 전력량 (W : kWh)

단위시간에 전류가 하는 일량을 전력 P라 하고 여기에 시간을 곱하면 전력량 W가 되며 와트시(Wh) 또는 킬로와트시 lWh로 표시한다.
예를 들면 1V의 전압 아래서 1A의 전류가 흐르면 이때 이 전류는 매초 1J의 일을 하게 된다.
전력량=전력×시간

W=Pt=EIt(J)

$$1kWh=\frac{3,600\times10^3 J}{4,186\times10^3}=860(kcal)$$

1kW=860kcal/h

1kWh=860kcal

1cal=4,186J

(3) 효율 (y)

$$효율=\frac{출력}{입력}=\frac{입력-손실}{입력}=\frac{출력}{출력+손실}$$

7) 전압강하 (Voltage Drop)

주상변압기에서 가까운 집의 전등은 밝지만 멀리 떨어진 집의 전등은 어두워진다. 이런 현상은 전압강하 때문에 나타난다. 지금 저항이 R(Phm)인 두 점 AB간에 전압 V(Volt)를 가하면 V = IR로 구하여지는 I(Ampere)의 전류가 통한다. 여기서 저항과 전류의 적(績) IR을 전압 강하라 하며 항상 가한 전압과 같다.

일반적으로 전압강하를 적게 하기 위해서는 저항이 적고 반면 관경이 굵은 전선을 사용해야 된다. 그러나 전압강하가 발생하면 여러 가지 현상이 나타나므로 경제성을 고려한 전압강하는 보통 인입선에서 1%, 간선(幹線)에서 1%, 분기회로에서 2%이하로 한다. 한편 간선 및 분기회로의 전선 긍장(亘長)이 60m를 초과하면 실제사용부하에서 전압강하를 계산한다.

만약 공급전압이 정격전압에 대해서 1% 강하하면 다음과 같은 현상이 발생한다.

① 백열전구의 광속은 3% 감소한다.
② 형광등의 광속은 1~2% 감소한다.
③ 유도 전동기의 토오크는 2% 감소한다.
④ 전열기는 발열량이 2% 감소한다.

<표 19-6> 전선의 긍장과 전압강하율

전선의 긍장(m)	전압강하(%)
120 이하	3 이하
200 이하	4 이하
200 이상	5 이하

(1) 전로상분(電路相分)의 전압강하

전로의 1상분에 대한 등가회로에서 전압강하를 구할 때 선로의 긍장(亘長)은 길지 않고 선로 정수는 집중 인피던스로 간주하며, 반면 리액턴스는 무시하고, 역률을 1로 간주해서 근사값으로 전압강하를 구하는 식은 다음과 같다.

① 전압강하 구하는 식

ⓐ 단상 2선식인 경우

$$e = Es - Er = (RI) \times 2$$

$$= \frac{1}{58} \times \frac{100}{97} \frac{\times L}{A} \times I \times 2 = \frac{35.6 \times L \times I}{1,000} \times A$$

여기서 연동의 고유저항(20℃)은 $\frac{1}{58}$ (Ω/m-㎟)이다.

ⓑ 3상 3선식인 경우

$$e = Es - Er = (RI) \times \sqrt{3} = \frac{1}{58} \times \frac{100}{97} \times \frac{L}{A} \times I \times \sqrt{3}$$

$$= \frac{30.8 \times L \times I}{1,000 \times A}$$

ⓒ 단상 3선식, 3상 4선식인 경우

부하가 평형되어 중성선에는 전류가 흐르지 않는 것으로 간주하고 계산한다. 만약 중성선과 외선 또는 각상의 1선과의 사이에서 발생하는 전압강하(e′)는 다음과 같다.

$$e' = Es - Er = (RI) = \frac{17.8 \times L \times I}{1,000 \times A}$$

Es : 송전단 전압

I : 전류

Er : 수전단 전압

R : 전선 1줄의 전저항

X : 전선 1줄의 전리액턴스

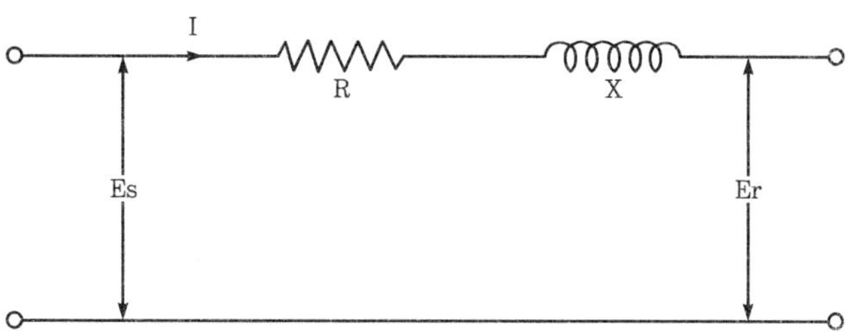

〈그림 19-16〉 1상분(相分)의 등가회로

② 전압강하율(%) : 전압강하와 수전전압의 비를 백분율로 표시한 것을 전압강하율이라하며 구하는 식은 다음과 같다.

$$전압강하율 = \frac{Es - Er}{Er} \times 100$$

(2) 전원의 단자전압과 전압강하

전체전압(Rt)=r+R+R_L(Ω)

$$I = \frac{E}{r + R + R_L}(A)$$

$$E = E(r + R + R_L) = Ir + I(R + R_L)(V)$$

$$Vab = I(R + R_L)$$

$$E = Ir + Vab$$

$$Vab = E - Ir$$

여기서 ① Vab(Terminal Voltage)는 단자전압이다.

② Ir(Internal Drop)은 전원의 내부 전압강하이다.

$Vab=I(R+R_L)=IR+IR_L=IR+Vcd$

$\therefore Vcd=Vab-IR$

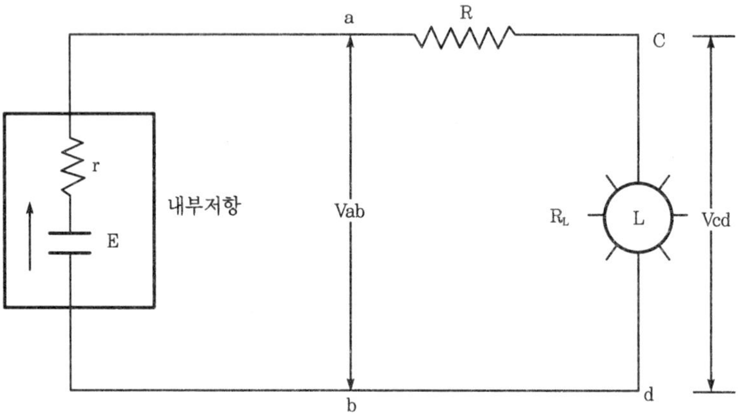

<그림 19-17> 전원의 단자전압과 전압강하

여기서

① Vcd(Load Terminal Voltage)는 부하단자전압이다.

② IR(Line Voltage Drop)은 선로전압강하이다.

r : 내부저항(Ω)

E : 전원의 기전력(V)

R : 도선의 저항(Ω)

E_L : 부하의 저항(Ω)

8) 전력과 역률

(1) 유효전력(Iw : W)

$P'=EI_W=EI\cos\Theta°$(W)

$I_W=I\cos\Theta$

3상 유효 전력 $P'=\sqrt{3}EI\cos\Theta°$

(2) 무효전력 (I_L : Var)

$P'' = EI_L = EI\sin\theta°(Var)$

$I_L = I\sin\Theta°$

(3) 피상전력 (P : VA)

$P = EI(VA)$

발전기와 변압기에는 직류식으로 단순히 전압과 전류의 곱(kVA)으로 전력을 표시해서 부른다. 그러므로 변압기의 용량은 정격 전압과 정격전류의 곱 kVA의 단위로 표시한다.

$(\text{피상전력 VA})^2 = (\text{유효전력 W})^2 + (\text{무효전력 Var})^2$

$(EI)^2 = (EI\cos\theta°)^2 + (EI\sin\theta°)^2$

그러나 전기회로에 전압 V를 가하면 위상(位相)이 Θ°만큼 뒤진 전류가 흐르게 되므로 전류의 관계는 그림 19-11과 같다.

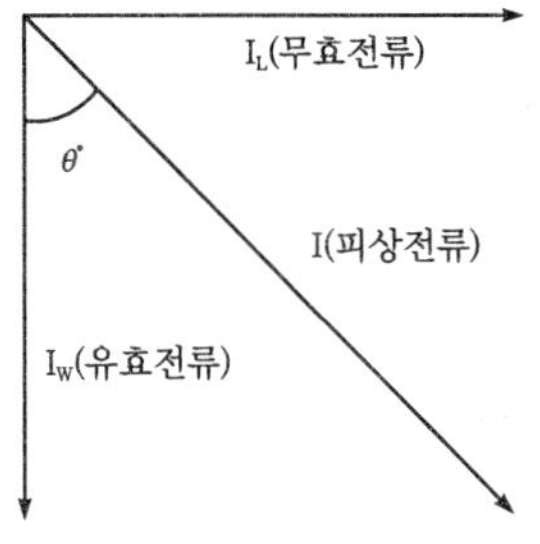

<그림 19-18> 전기 회로에 흐르는 전류

(4) 전부하 전류 (F.L.A : Full Load Ampere)

① $\text{단상} = \dfrac{\text{용량(W)}}{\text{전압(V)} \times \text{효율(\%)} \times \text{역률(\%)}}$

② $3\text{상} = \dfrac{\text{용량(W)}}{\sqrt{3} \times \text{전압(V)} \times \text{효율(\%)} \times \text{역률(\%)}}$

예제-02 3상유도 전동기의 출력이 1kW, 전압 110V, 역률 85%, 효율 80%일 때 전동기에 유입되는 전류는 몇 A인가?

해답-02 $I = \frac{용량}{\sqrt{3} \times 전압 \times 효율 \times 역률} = \frac{1,000}{\sqrt{3} \times 110 \times 0.85 \times 0.8} = 7.72(A)$

예제-03 역률이 80%인 부하에 교류단상 220V를 가해서 10A의 전류가 흘렀다. 이때 부하전력은 몇 kW인가?

해답-03 $P = EI\cos\theta° = 220 \times 10 \times 0.8$
$= 1,760W = 1.76kW$

예제-04 3상 유도 전동기의 출력이 0.75kW, 전압 220V, 역률 87%, 효율 81%일 때 이 전동기에 유입되는 전류는 몇 A인가?

해답-04 $F.L.A = \frac{용량(W)}{\sqrt{3} \times 전압(V) \times 효율(\%) \times 역률(\%)} = \frac{0.75 \times 10^3}{\sqrt{3} \times 220 \times 0.87 \times 0.81} = 2.79A$

예제-05 3상 교류 회로에서 부하한상의 임피던스가 60(Ω)인 Δ결선회로에 110V의 전압을 가할 때 선전류는 몇 A인가?

해답-05 상전류 $I_P = \frac{E}{Z} = \frac{110}{\sqrt{60^2 + 80^2}} ≒ 1A$
선전류 $Ie = \sqrt{3} \times Ip = \sqrt{3}A$

9) 역률(Power Factor)

역률(PF)은 전압과 전류 사이의 위상차(位相差)를 나타내는 계수로서 실효전력(實效電力)과 피상전력(皮相電力 : VI)의 비를 말한다.

$$역률 = \cos\theta° = \left(\frac{실효전력}{피상전력}\right) \times 100(\%) = \frac{P'}{P} \times 100(\%)$$

여기서 피상전력의 단위는 kVA이다. 백열전등은 인덕턴스나 케패시턴스가 없으므로 역률이 1이고 전동기는 인덕턴스에 의한 위상차가 있으므로 약 0.8이다.

그리고 같은 전력이라도 역률이 적으면 많은 전류가 흐르기 때문에 옥내배선은 굵은 선으로 배선해야 하고 또한 전기 기구 등은 용량이 큰 것을 사용해야 한다. 만약 많은 전류가 흐르면 기기나 전선에 나쁜 영향을 미치므로 역률을 개선하기 위해서 콘덴서를 사용하면 역률을 개선할 수 있다.

<표 19-7> 역률

종별	역률	종별	역률
백열전등	1.0	전열기	1.0
형광등	0.70	소형모터(1/8~1/2 HP)	0.60~0.70
		모터(1~10 HP)	0.8~0.85

예제-06 단자전압 220V, 전류 60V, 18kW를 소비하는 3상유도 전동기의 역률(%)은 얼마인가?

해답-06 $\cos\Theta° = \frac{P'}{\sqrt{3}\times VI} = \frac{18\times10^3}{\sqrt{3}\times220\times60} = 0.793 = 79.3\%$

10) 부하율

전원 및 수용가에 있어서 어느 기간 동안의 평균수용전력과 최대수용 전력과의 비를 부하율이라 한다.

1) 평균 수용 전력 : 전체의 전력량을 사용할 시간으로 나눈 값이다.

2) 부하율 $= \frac{\text{평균수용전력(kW)}}{\text{최대수용전력(kW)}} \times 100\%$

이 부하율은 그 기간에 따라 일(日)부하율, 월(月)부하율, 년(年)부하율 등이 있다.

19.5 분전반

전기부하는 부수의 편의성과 사고예방을 위해서 모두 분기회로를 취해야 한다. 이러한 분기회로의 분기점에는 전선과 기구를 과전류로부터 보호할 목적으로 분기개폐기(컷아우트 스위치, 나이프 스위치, 노퓨우즈 브레이크 등)와 과전류 보호 장치를 설계해야 한다.

1) 분전반 설치

분전반을 설치할 때는 다음과 같은 사항을 고려한다.

① 분전반을 부하의 중심에 가까운 곳에 설치하면 배선비가 적게 소요되어 경제적이다.
② 분전반 1개의 공급 범위는 1,000㎡이다.
③ 보수 점검이 용이하고 가구가 놓이지 않는 장소를 선정한다.
④ 분전반의 케이스는 전기설비 기준에 따른 접지 공사를 해야 한다.
⑤ 설비용량이 50kW를 초과할 때는 목재 분전반을 사용하여서는 안된다.
⑥ 간선의 인입과 분기회로의 수직, 수평 연결에 지장이 없는 곳에 설치한다.
⑦ 분전반은 수직 파이프 샤프트 가까이에 설치한다.
⑧ 분전반의 설치높이는 바닥에서 분전반 상단까지 1.8m, 분전반의 중심까지 1.4m, 분전반 하단까지 1m로 각각 설치한다.
⑨ 가능한한 각 층마다 설치한다.
⑩ 1개의 분전반에 넣을 수 있는 분기 개폐기의 수는 예비 회로를 포함해서 40회로 하고, 예비회로는 사용 회로의 30% 정도로 한다.
⑪ 분전반 1개로 공급하는 범위의 반지름은 전압강하를 고려하여 20~30m 이내로 한다.
⑫ 저압분전반의 케이스는 전기설비기준에 의해 적합한 제 3종 접지공사를 한다.
⑬ 간선의 인입과 분기회로의 수직, 수평 연결에 지장이 없는 곳을 택한다.

2) 분전반의 결선도 (Panel Diagram)

분전반의 결선도에 기입해야 할 사항은 다음과 같다.

① 분전반의 기호
② 간선 및 분기회로의 전기방식
③ 주개폐기 및 분기개폐기의 극수, 종류, 용량, 개수
④ 퓨우즈 및 NFB의 용량
⑤ 분기회로의 부하용량
⑥ 예비회로의 수
⑦ 접지회로
⑧ 간선의 전선수와 굵기
⑨ 보통회로는 단선결선도로 한다.

⑩ 복잡한 회로는 3선결선도로 한다.

3) 분기회로의 종류

저압옥내 배선의 전기회로에 접속되는 전기기구회로에서 발생하는 전기적인 사고 방지와 점검 및 보수를 위해 옥내 전로를 분할한다.
이 분할된 전로(電路)를 분기회로(分岐回路 : Circuit Branch)라 한다.
분기회로에 사용하는 과전류차단기는 주로 배선용 차단기(No Fuse Breaker)를 사용한다. 그 용량은 가장 가는 전선의 허용전류 이하를 정격전류로 사용함이 원칙이다. 또한 이 차단기는 전로가 번번히 차단됨을 방지하기 위해서 일반적으로 정격용량의 120%에서 작동해서 회로를 차단시킨다. 분기회로의 종류는 다음과 같다.

(1) 15A분기회로

이 분기회로에서 전선의 굵기는 회로길이에 따라서 허용전압강하의 범위내에서 굵기를 정한다. 그러나 일반적으로 1.6mm 전선 이상의 것을 사용한다.
일반주택에는 대부분 15A 분기회로를 사용하며 전등과 콘센트를 함께 접속시키는 것이 가능하다. 특히 이 분기회로의 합계용량이 15A이내라면 어떠한 부하의 접속도 가능하다.
① 전선의 긍장
a) 20m 이하 : 1.6mm 전선 사용
b) 20~30m : 2.0mm 전선 사용
② 접속 콘센트의 정격용량 : 10A 이하
③ 과전류 보호기의 정격전류 : 15A 이하
④ 전기기구의 합계 용량 : 12A 이하
⑤ 부하 전류의 최대치 : 15A 이하

(2) 20A 분기회로

이 분기회로에 직접 접속하는 모든 전기기구의 합계 용량은 15A부터 20A 이내이어야 하고 또한 부하는 20A의 콘센트에 접속해서 사용한다.

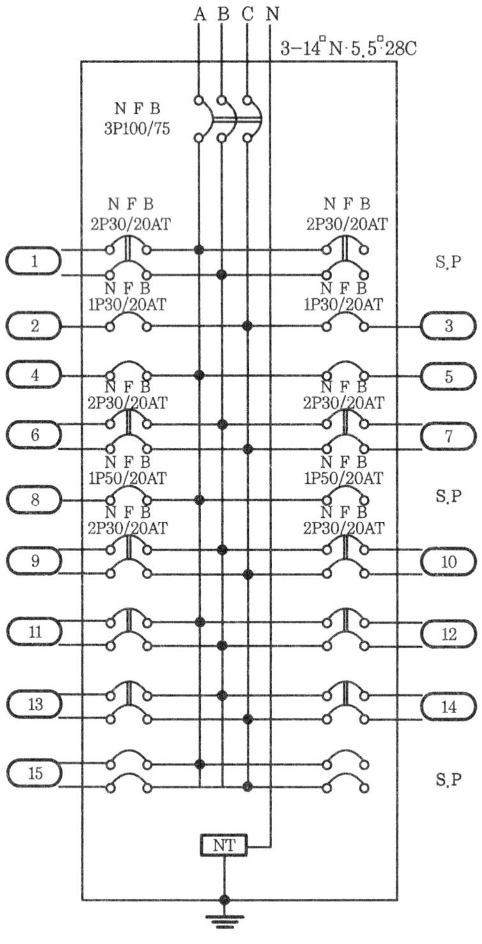

<그림 19-19> 분전반의 결선

그리고 배선은 관경 2㎜ 이상이 사용되고 분기회로에 사용하는 과전류 차단기의 정격전류는 20A이다.

① 전선의 긍장

a) 10m 이하 : 2.0mm 이상의 전선 사용

b) 10m 초과 : 2.6mm 이상의 전선 사용

② 과전류 보호기의 정격 : 20A
③ 부하 전류의 최대치 : 20A 이하

(3) 30A 분기 회로

이 분기 회로에 접속할 수 있는 전기기구의 부하용량은 20A 이상 30A 이하이다. 한편 분기 회로용 과전류 차단기의 정격전류는 30A이다.
그리고 배선용 전선의 관경은 2.6mm 이상을 사용한다. 또한 이 회로에 접속할 수 있는 전등 수구(受口)는 대형 베이스를 사용한다.
① 전선의 긍장
a) 10m 이하 : 2.6mm 이상의 전선 사용
b) 10m 초과 : 3.2mm 이상의 전선 사용
② 부하 전류의 최대치 : 30A

(4) 50A 분기회로

이 분기회로에 접속할 수 있는 부하전류의 최대치는 50A 이하이고 접속할 수 있는 콘센트의 정격전류는 50A이다. 또한 배선은 14m^2 이상의 것을 사용한다.
그리고 접속할 전등 수구(受口)는 대형이다
① 과전류 보호기의 정격 : 50A 이하
② 부하전류의 최대치 : 50A 이하

(5) 50A를 초과한 분기 회로

50A를 초과하는 회로는 수구의 종류가 한정되기 때문에 전용회로가 필요하다. 그러므로 기구 1개의 용량이 50A를 초과하는 부하는 모두 전용회로로 하고 각각에 보호장치를 부착한다. 이 분기 회로의 전선굵기는 최대사용 전류 이상의 허용전류를 가지는 전선을 사용한다.

(6) 아웃레트 (OutLet)

각 출구 아웃 레트로 분기 회로를 만들 때 고려할 사항은 다음과 같다.
① 같은 스위치로 점멸되는 전등은 같은 회로로 한다.
② 같은 방 같은 방향의 출구는 같은 회로로 한다.
③ 복도, 계단 등은 같은 회로로 한다.
④ 습기가 찬 장소의 출구는 별도 회로로 한다.

4) 전선의 굵기

옥내 배선에 사용하는 전선의 굵기를 결정하는 요소는 다음과 같다.

(1) 전선의 기계적 강도

전선관내에 인입한 전선의 단선을 방지하기 위해서 충분한 기계적 강도가 있는 전선이 사용되어야 한다. 따라서 전등배선에 사용하는 전선은 1.6mm 이상의 600V 비닐전선을 사용한다.

(2) 전선의 허용전류

전선에 전류가 흐를 때 발생하는 열에 의한 절연물의 손상이 없도록 안전전류의 크기를 규정하고, 이에 따른 안전온도는 60~65℃로 규정한다.
그래서 전선은 동력배선의 수요율을 고려하는 경우를 제외하고 저부하의 최대 전류보다도 큰 허용전류를 가지는 전선을 사용해야 한다.

(3) 전압강하

분기회로를 설계할 때 전압강하는 2% 이내로 하며 전압강하를 고려한 분기회로의 전선긍장은 약 30m 이내로 한다.

〈표 19-8〉 분기회로의 수구수

분기회로의 종별	15A 2선식 분기회로의 최대수구수
일반 분기회로	16
상점매장, 쇼우윈도의 천정에 설치한 각종 전등 (건축화조명 샨데리아는 제외)의 전용분기회로	8
사무실, 교실의 천정에 설치한 글로우브를 사용한 전등 전용 분기회로	8
대형 베이스전용 분기회로	3
콘센트전용 분기회로	10
110V 전기시계전용 분기회로	30
전구사인, 전식, 가공전식 및 임시전등의 분기회로	50
건축화 조명 전용 분기회로	25

(4) 전선의 굵기 구하는 식

1) 전선의 관경 구하는 식

전기방식	전압강하	전선의 단면적	
		연등선	경등선
단상 2선식	$e=\frac{35.6IL}{1,000A}$	$A=\frac{35.6IL}{1,000e}$	$A=\frac{2IL}{ke}$
3상 3선식	$e=\frac{30.8IL}{1,000A}$	$A=\frac{30.8IL}{1,000e}$	$A=\sqrt{3}\frac{IL}{ke}$
단상 3선식 3상 4선식	$e=\frac{17.8IL}{1,000A}$	$A=\frac{17.8IL}{1,000e}$	$A=\frac{\sqrt{3}IL}{ke}$

e : 각 선간 전압강하(V)

e′ : 각 상의 1선과 중성선 사이의 전압강하(V)

A : 전선의 단면적(㎡)

L : 전선 1본의 길이(m)

K : 도전도 경동선 : 55.6% 경동선 : 96%

연동선 : 56.2% 연동성 : 97%

2) 전선의 최대긍장으로 전선의 굵기 구하는 식

$$전선의최대긍장=\frac{배선설계긍장(m)\times\frac{부하의최대사용전류(A)}{표의전류(A)}}{\frac{배선설계의전압강화(V)}{표의전압강화(V)}}$$

예제-01 단상 2선식 회로의 전선 굵기를 구하라.
단, 배선 설계의 긍장은 40m, 부하의 최대사용 전류는 150A, 배선 설계의 전압강하는 4V, 표의 15A 전류를 사용할 것.

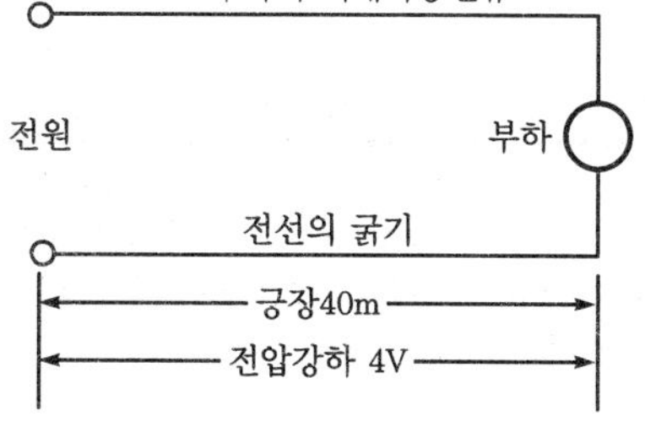

해답-01 표의긍장 $= \dfrac{40(\text{m}) \times \dfrac{150(\text{A})}{15(\text{A})}}{\dfrac{4(\text{V})}{1(\text{V})}} = 100\text{m}$

상기 식에서 표의 긍장이 100m이므로 100은 110에 해당하므로 결국 전선의 단면적은 연선

(단상 2선식 전압강하 1V)

전류 (A)	단선(mm)				연선(mm²)								
	1.6	2	2.6	3.2	14	22	30	38	50	60	80	100	125
15										110 (긍장)			

<표 19-9> (a) 전선 최대 긍장표 단상 2선식, 전압강하 1V

전류 A	단선[mm]				연선[mm²]														
	16	2	26	32	14	22	30	38	50	60	80	100	125	150	200	250	325	400	500
	전선최대긍장[m]																		
1	56	88	149	226	384	606	802	1,020	1,320	1,650	2,180	2,780	3,460	4,240	5,420	6,990	8,930	11,100	13,500
2	28	44	75	113	192	303	401	512	660	823	1,090	1,390	1,730	2,120	2,710	3,490	4,460	5,500	6,760
3	19	29	50	75	128	202	267	342	440	548	725	927	1,150	1,410	1,810	2,330	2,980	3,700	4,510
4	14	22	37	57	96	152	200	256	330	411	544	696	865	1,060	1,350	1,750	2,230	2,780	3,380
5	11	18	30	45	77	121	160	205	264	329	435	556	692	848	1,800	1,400	1,780	2,220	2,710
6	9.3	15	25	38	64	101	134	171	220	274	363	464	576	707	903	1,160	1,490	1,850	2,260
7	8.0	13	21	32	55	87	115	146	189	235	311	397	494	606	774	998	1,280	1,590	1,930
8	7.0	11	19	28	48	76	100	128	165	206	272	348	432	530	677	873	1,120	1,390	1,690
9	6.2	9.8	17	25	43	67	89	114	147	183	242	309	384	471	602	776	992	1,230	1,500
12	4.7	7.4	12	19	32	51	67	85	110	137	181	232	288	353	451	582	744	926	1,130
14	4.0	6.3	11	16	27	43	57	73	94	118	155	199	247	303	386	499	637	793	966
15	3.7	5.9	10	15	26	40	53	68	88	110	145	185	230	282	361	466	595	740	902
16	3.5	5.5	9.3	14	24	38	50	64	82	103	136	174	216	265	338	436	558	694	845
18	3.1	4.9	8.3	13	21	34	45	57	73	91	121	155	192	236	301	388	496	617	751
25	2.2	3.5	6.0	9.0	15	24	32	41	53	66	87	111	138	170	217	279	357	444	541
35	1.6	2.5	4.3	6.5	11	17	23	29	38	47	62	79	99	121	155	200	255	317	386
45	1.2	2.0	3.3	5.6	8.5	13	18	23	29	37	48	62	77	94	120	155	198	247	301

[주] 1. 전압강하가 2V 또는 3V의 경우 전선긍장은 각각 본 표의 2배 및 3배가 된다. 다른 것도 이 예에 따른다.

2. 전류가 20A 또는 200A의 경우 전선긍장은 각각 본 표의 2A의 경우는 1/10 또는 1/100이 된다. 다른 것도 이 예에 따른다.

3. 연선 5.5mm² 및 8mm²의 경우 각각 단선 2.6mm 또는 3.2mm에 대한 전선 최대긍장의 수를 택해도 된다.

4. 본 표는 그림이었으나 이를 표로 바꾸어 놓았음.

<표 19-10> (b) 전선 최대 긍장표 3상 3선식, 전압강하 2V

전류 A	단선[mm]				연선[mm²]														
	16	2	26	32	14	22	30	38	50	60	80	100	125	150	200	250	325	400	500
	전선최대긍장[m]																		
1	129	204	342	522	888	1,400	1,850	2,370	3,050	3,800	5,080	6,430	8,000	9,800	12,50	16,10	20,60	25,70	31,20
2	65	102	172	261	444	701	926	1,180	1,520	1,900	2,510	3,210	4,000	4,900	0	0	0	0	0
3	43	68	115	174	296	467	617	788	1,020	1,270	1,670	2,140	2,660	3,270	6,260	8,070	10,30	12,80	15,60
4	32	51	86	131	222	351	463	592	762	951	1,260	1,610	2,000	2,450	4,170	5,380	0	0	0
5	26	41	69	104	178	280	370	473	609	760	1,000	1,290	1,600	1,960	3,130	4,030	6,870	8,550	10,40
6	22	34	57	87	148	234	309	394	508	634	837	1,070	1,330	1,630	2,500	3,230	5,150	6,410	0
7	18	29	49	75	127	200	264	338	436	543	718	918	1,140	1,400	2,080	2,690	4,120	5,130	7,810
8	16	26	43	65	111	175	231	296	381	475	628	803	1,000	1,230	1,790	2,310	3,440	4,280	6,250
9	14	23	38	58	99	156	206	263	339	422	558	714	888	1,090	1,560	2,020	2,950	3,660	5,210
12	11	17	29	44	74	117	154	197	254	317	419	535	666	816	1,330	1,790	2,580	3,210	4,460
14	9.2	15	25	37	63	100	132	169	218	272	359	459	570	700	1,040	1,340	2,290	2,850	3,900
15	8.6	14	23	35	59	93	123	158	203	253	335	428	533	653	894	1,150	1,720	2,140	3,470
16	8.1	13	22	33	55	88	116	148	190	238	314	401	500	612	834	1,080	1,470	8,301	2,600
18	7.2	11	19	29	49	78	103	131	169	211	279	357	444	544	782	1,010	1,370	1,710	2,230
25	5.2	8.2	14	21	36	56	74	95	122	152	201	257	320	392	695	896	1,290	1,600	2,080
35	3.7	5.8	9.9	15	25	40	53	68	87	109	144	184	228	280	500	645	1,150	1,430	1,950
45	2.9	4.5	7.7	12	20	31	41	53	68	84	112	143	178	218	357	461	825	1,030	1,740
															278	359	539	733	1,250
																	458	570	893
																			694

[주] 1. 전압강하가 4V 또는 6V의 경우 전선긍장은 각각 본 표의 2배 및 3배가 된다. 다른 것도 이 예에 따른다.

2. 전류가 20A 또는 200A의 경우 전선긍장은 각각 본 표의 2A의 경우는 1/10 또는 1/100이 된다. 다른 것도 이 예에 따른다.

3. 연선 5.5mm² 및 8mm²의 경우 각각 단선 2.6mm² 또는 3.2mm²에 대한 전선 최대긍장의 수를 택해도 된다.

4. 본 표는 평형부하의 경우에 대한 것이다.

3) 15A 분기 회로의 전선 굵기

NFB에서 최종단 수구가지의 전선긍장	회로도	전선의 굵기(mm)	
		(a)	(b)
20m 이하	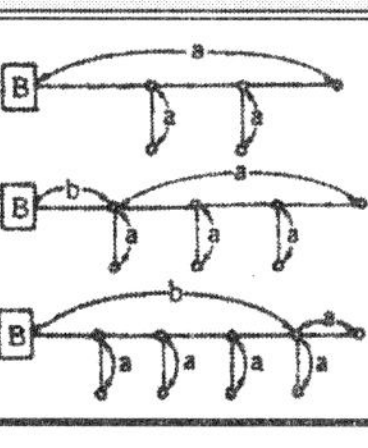	1.6	1.6
20~30m		1.6	2.0
30m 이상		1.6	2.0

제20장

전기설비

20.1 옥내 전기 배선공사

전기공작물 규정(電氣工作物 規程)에 규정된 저압옥내배선의 공사방법은 다음과 같다. 여기에서 전개된 장소란 항상 사람 눈에 뜨이는 장소로서 가구 등으로 가리워지지 않은 장소를 가르키고, 은폐장소는 벽의 내부나 천정 속처럼 항시 눈에 뜨이지 않는 장소를 말한다.

옥내배선공사의 책임한계는 건축주이므로 전기공사를 실행함에 있어 관계전기법규의 이행에 철저를 기해야 한다.

1) 시설 장소에 따른 옥내 전기 배선공사

(1) 애자(碍子)사용 노출공사

600V 비닐절연전선 이상의 절연효력이 있는 절연전선을 애자로 지지(지지점간의 거리는 2m 이하)하여 천장표면, 벽면, 보 위 등에 그대로 노출 배선하는 공사로서 다음과 같은 특징이 있다. 그림 20-1에 나타낸다.

① 건물이 완성되고 난뒤에도 배선이 가능하다.

② 보수가 용이하다. ③ 고장 발생의 발견이 쉽다.

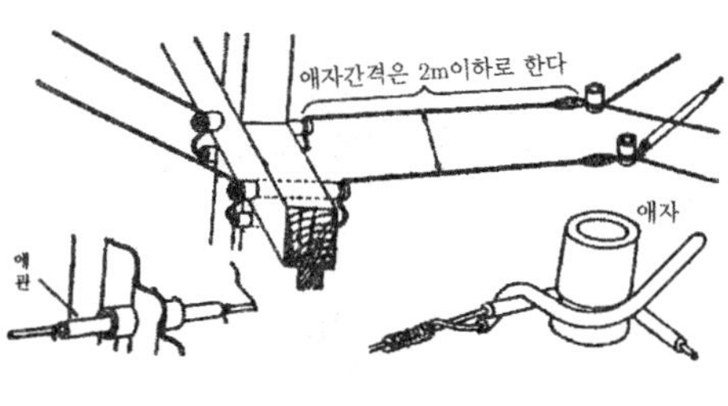

<그림 20-1> 애자사용 노출배선(220V)

(2) 애자(碍子)사용 은폐공사

600V 비닐절연전선 이상의 절연효력이 있는 절연전선을 놉, 애자핀, 애관을 써서 건조물의 천장 속과 같은 은폐된 곳에 시공하는 공사이다. 그림 20-2에 나타낸다.

(3) 목제(木製) 모울드 공사

600V 비닐절연전선 이상의 절연효력이 있는 전선을 목제대에 홈에 배선하고 뚜껑을 덮어 기둥의 표면에 부착하는 공사이다. 목제 모울드 공사라고도 한다. 그리고 층상 층하의 연락배선과 콘센트 스위치류의 하향, 상향 등에서 배선의 보호를 목적으로 사용되는 경우도 있다.

(4) 경질(硬質)비닐관 공사

이 공사는 절연성과 내식성이 우수하고 압력과 충격을 받을 여며도 없으므로 부식성가스가 발생하는 곳의 배선에 적합하다. 그러나 열에 약하고 기계적 강도가 작은 것이 단점이다. 이 공사는 사용가능한 전선은 600V 고무절연, 600V 비닐절연, 600V 비닐 전선 이상의 절연효력이 있는 연선을 사용하다.

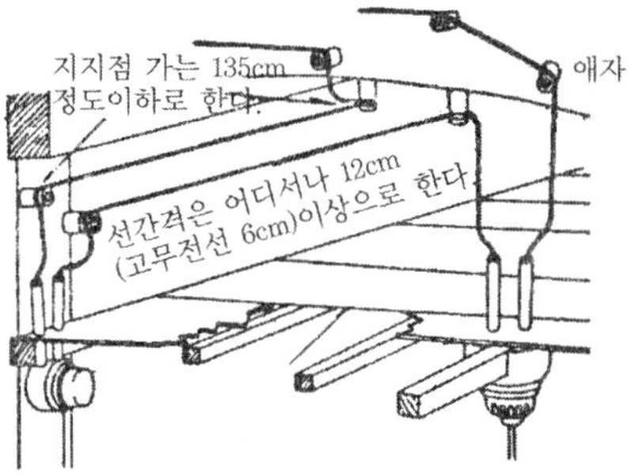

<그림 20-2> 애자사용 은폐배선(300V 이하)

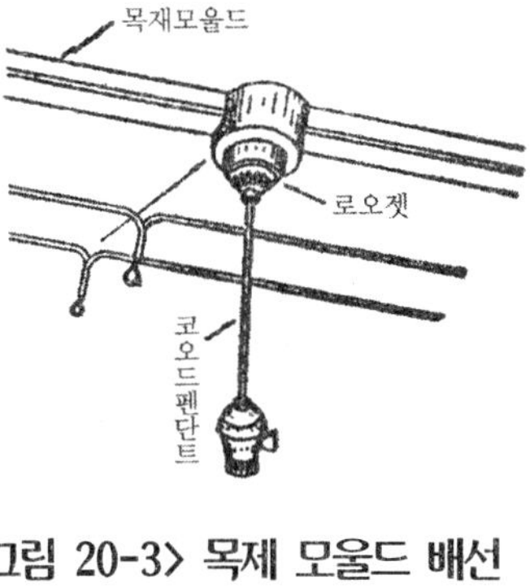

<그림 20-3> 목제 모울드 배선

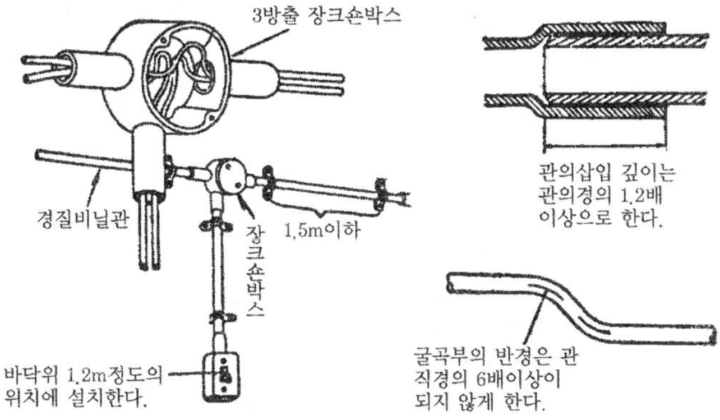

<그림 20-4> 경질 비닐관 공사

(5) 금속관(金屬管)공사

600V 고무절연전선, 또는 600V 비닐절연전선 이상의 절연효력을 갖는 연선을 금속관 속에 넣는 가장 완전한 공사법으로서 금속관내에 비닐절연전선 또는 고무절연전선을 넣는다. 인입선공사와 매입공사에 가장 많이 사용된다. 그러나 증설이 어려운 것이 단점이다.

1) 금속관 공사의 장점

① 금속관이 불연성(不燃性)이므로 전선의 과열에도 화재의 우려가 적다.
② 기계적 외력에 대해서 전선이 보호된다.
③ 전선의 인입, 교체가 용이하다.
④ 공사가 내수적이다.

2) 금속관공사 시공상의 주의사항

가장 널리 사용되는 금속과 공사는 많은 장점을 지니고 있으므로 장점을 잃지 않도록 다음과 같은 사항을 시공할 때 주의한다.

① 전선의 인입을 용이하게 하기 위하여 배관의 굴곡개소를 적게 한다.
② 아웃렛(Outlet)간에 직각 굴곡은 4개소 이하로 한다.
③ 관의 외경이 1 1/4인치 이상인 경우에는 신더 콘크리트(Cinder Concrete)내에 넣는다.
④ 관과 거푸집과의 간격을 적당히 띄운다.
⑤ 관로는 제3종 접지공사를 한다.
⑥ 금속관내 전선의 본수는 전선의 단면적(피복포함)이 금속관의 내부 단면적의 40% 이하가 되도록 한다.

⑦ 금속관 속에서의 접속은 피하고 반드시 박스 내부에서 접속한다.
⑧ 금속관을 굽힐 때 관이 찌그러지지 않도록 주의한다.
⑨ 슬라브의 철근에 주의하고 거푸집과의 간격을 적당히 띄운다.

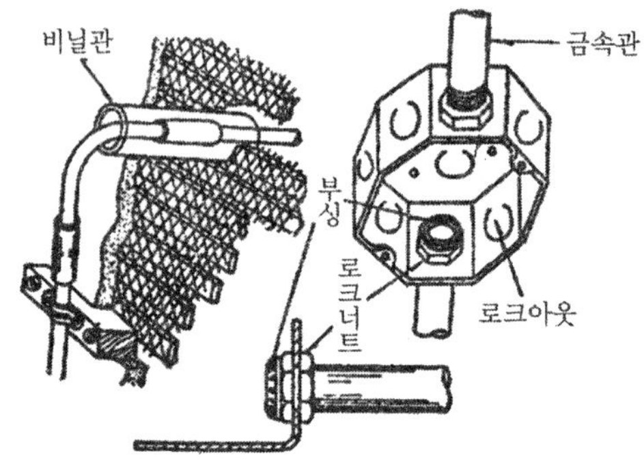

〈그림 20-5〉 금속관 공사

3) 전기용 파이프 샤프트(Pipe Shaft)

금속관을 수직 배관할 때 사용하는 배선 전용(專用) 파이프 샤프트의 위치 선정시 고려할 사항은 다음과 같다.

① 지층에서 옥상까지 관통할 수 있는 장소를 택할 것
② 파이프 샤프트로 인하여 건축의 유효면적을 좁게 하지 않을 것
③ 분전반의 설치와 보수에 용이한 장소를 택할 것
④ 되도록 부하의 중심에 가까운 곳을 택할 것
⑤ 냉난방, 급배수 등의 입상 배관과 서로 지장이 없는 곳을 택할 것

〈표 20-1〉 금속관의 종류에 따른 굵기의 종별

명칭	길이(m)	굵기에 따른 전선관의 종류(○으로 표시) (단위:인치)											
		3/8	1/2	5/8	3/4	1	1 1/4	1 1/2	2	2 1/2	3	3 1/2	4
특후강 전선관	3.048	–	○	–	○	○	○	○	○	○	○	○	○
후강 전선관		–	○	–	○	○	○	○	○	○	○	–	–
박강 정선관	3.658	–	–	○	○	○	○	○	○	○	○	–	–
E. M. T		○	○	–	○	○	○	○	○	○	–	–	–

[주] E.M.T는 Electrical Metallic Tubing의 머리글자, 이 관은 미국에서 많이 보급되고 있다.

4) 금속관의 굵기

사용전선의 굵기와 본수가 결정되면 금속관의 굵기는 표 20-2에 의해서 정해진다.

〈표 20-2〉 박강 전선관의 굵기 선정표 (600V 고무절연전선, 600V 비닐절연진신의 경우)

전선의 굵기		전선수									
단선(mm)	연선(mm^2)	1	2	3	4	5	6	7	8	9	10
		전선관 최소굵기(mm)									
1.6		15	15	15	25	25	25	25	31	31	31
2.0		15	19	19	25	25	25	31	31	31	31
2.6	5.5	15	25	25	25	31	31	31	31	39	39
3.2	8.0	15	25	25	31	31	39	39	39	51	51
	14	15	25	31	31	39	51	51	51	51	51
	22	19	3139	31	39	51	51	51	51	63	63
	30	19	39	39	51	51	63	63	63	63	63
	38	25	51	39	51	51	63	63	63	75	75
	50	25	51	51	51	63	75	75	75	75	75
	60	31	51	51	63	63	75	75	75		
	80	31	63	51	63	75		75			
	100	39	63	63	75						
	125	39	63	63	75						
	150	51	75	75	75						
	200	51	75	75							
	250	51									
	325	63									
	400										
	500										

(6) 금속(金屬) 모울드 공사

600V 고무절연전선 또는 600V 비닐절연전선 이상의 절연효력이 있는 전선을 금속 모울드(두께 0.5mm 이상) 속에 전선을 수용해서 시설하는 공사 방법으로 사용전압은 300V 이하이다.
주로 기설의 금속관 공사로부터 증설배관에 사용되고 콘크리트 건물의 노출배관에 사용된다.
그리고 금속모울드는 철과 황동 및 아연도금의 철제 또는 에너멜칠을 한 것을 사용한다.

(7) 금속덕트 공사

600V 고무절연전선 또는 600V 비닐절연전선 이상의 절연효력이 있는 전선을 금속덕트 속에 넣고 굵은 전선이 집중되는 시설 장소, 즉 수전용 배전실 부근의 간선, 변전소에서 분전반까지의 간선이나 천정, 벽면에 노출시켜서 설치한다.

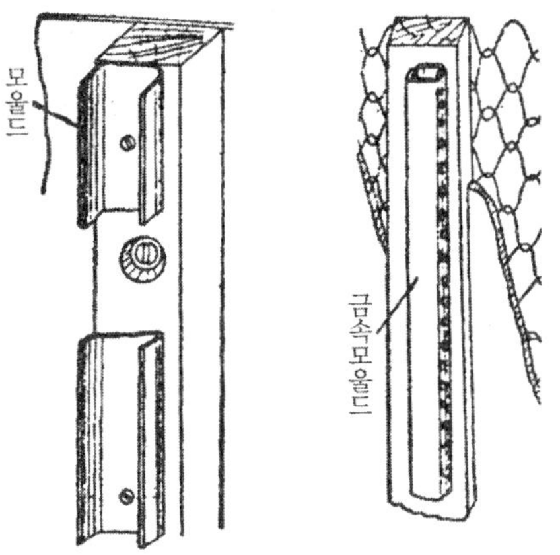

<그림 20-6> 금속 모울드 공사(300V 이하)

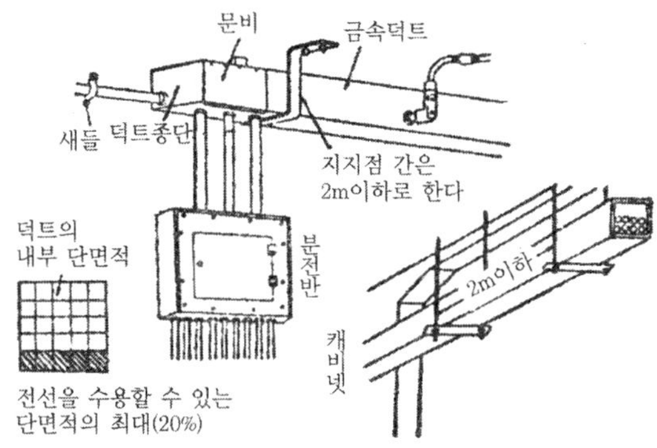

<그림 20-7> 금속 덕트 공사

(8) 버스 덕트(Bus Duct) 공사

버스덕트 공사는 공장, 빌딩 등에서 비교적 큰 전류의 저압 배전반 부근의 간선에 이용된다. 철판이나 알루미늄판으로 제작한 산화방지 피복의 금속덕트에 나동대(裸銅帶)를 절연물로 지지하여 대전류의 저압배전반 부근 및 간선으로 사용된다. 특히 나동대에 정격전류를 통한 경우에 전선의 온도 상승이 30℃ 이하가 되도록 하여야 한다.

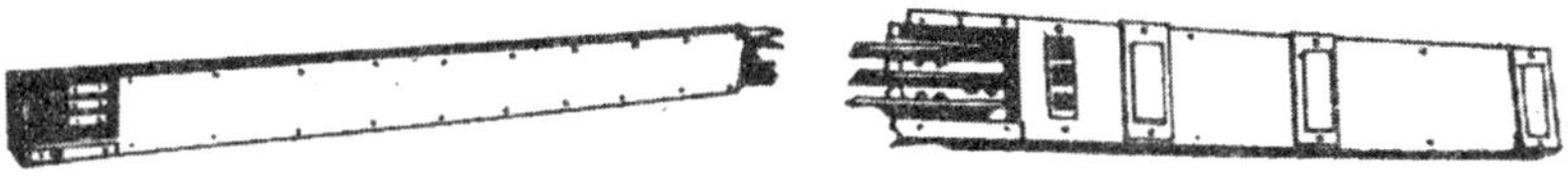

피이더 버스 덕트 플러그인 버스 덕트

<그림 20-8> 버스덕트공사

(9) 플렉시블 콘듀이트(Flexible Conduit)공사

전선을 플렉시블 콘듀이트 속에 넣어서 시공하는 공사법으로서 자유롭게 굽힐 수 있어 승강

기 배선이나 공장 등의 전동기에 이르는 짧은 배선에 사용된다. 가요(可搖)전선관(Flexible Conduit)은 세장(細長)한 아연도금 대강(帶鋼)을 나선형으로 감은 파이프다.
그러나 이 콘듀이트 자체의 전기저항 값은 항상 주의를 요한다. 한편 금속관에 비해 매우 가볍고 또한 긴 관이 제작되고 굴곡이 용이하지만 벽에 매입할 수 없다.

① 부싱(Bushing) : 플렉시블 콘듀이트를 절단한 관 끝은 매우 예리하므로 전선의 피복을 손상할 우려하 있으므로 전선의 피복을 보호하기 위해서 관의 끝부분에 부싱을 사용한다.
② 커플링(Coupling) : 플렉시블 콘듀이트 상호의 접속에 사용하며 이것은 2편으로 되어있어 나사로 조인다.
③ 컴비네이숀 커플링(Combination Coupling) : 플렉시블 콘듀이트 배선에서 다른 금속관 배선으로 옮길 경우에 사용된다.

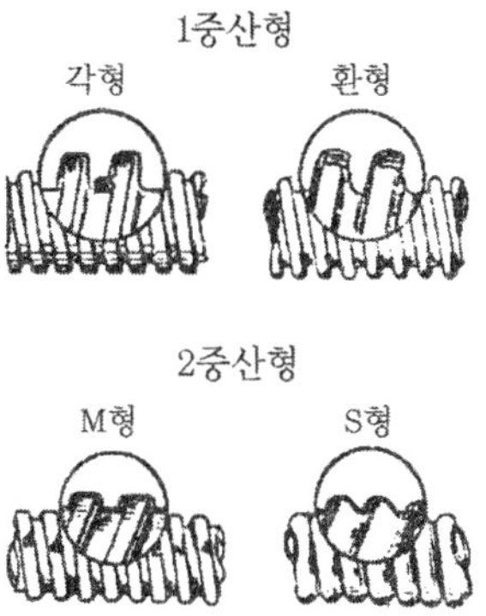

<그림 20-9> 플렉시블 콘듀이트

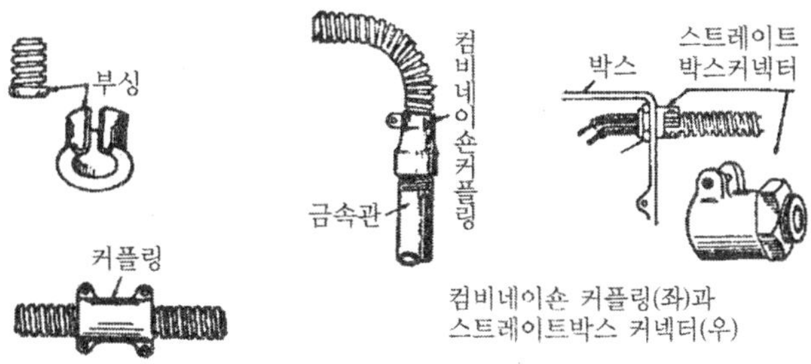

<그림 20-10> 플렉시블 콘듀이트의 부속품

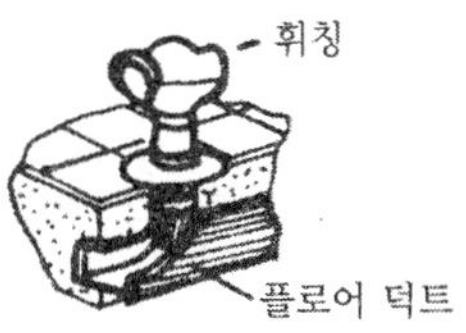

<그림 20-11> 플로어 덕트공사

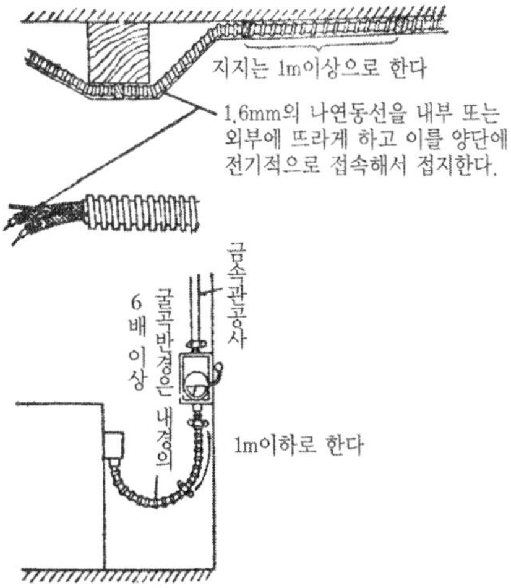

<그림 20-12> 플렉시블 콘듀이트 공사

(10) 플로어 덕트 공사

600V 고무절연전선 또는 600V 비닐절연전선 이상의 절연 효력이 있는 전선을 콘크리트 바닥 속에 설치한 플로어덕트내에 시설하고 종단부는 덕트 엔드를 사용하여 폐쇄시킨다. 그리고 약 60㎝ 간격으로 아웃레트 휘칭을 설치하여 사무실, 백화점 등에서 콘센트와 함께 사용한다.

(11) 캡타이어 케이블(Cabtyre Cable) 공사

전선의 이동목적으로 만들어진 것으로서 일반케이블에 비해서 가요성이 풍부하다. 캡 타이어 케이블의 접속은 접속부에 대한 기계적 강도를 얻기 어렵기 때문에 접속기 및 접속함 등의 기구를 사용하며 접속부는 충분히 땜하고 아울러 절연도 충분히 하여야 한다.

<표 20-3> 시설 장소에 따른 공사방법

공사종별	시설장소의 구분					비고
	전개장소	은폐장소		건조장소	습윤장소	
		점검가능	점검불가능			
애자사용노출공사	○		○	○	○	사람이 쉽게 접촉하는 장소는 안된다.
애자사용은폐공사		○	○	○	○	사람이 쉽게 접촉하는 곳이나 습기가 많고 점검불가능한 장소는 공사불가
목재모울드공사	○	○		○	○	300V 이하에서 건조한 장소에 함
경질비닐관공사	○	○	○	○	○	
금속관공사	○	○	○	○		
금속모울드공사	○	○		○		
가요전선관공사	○	○	○	○	○	직접중량물의 압력이나 심한 기계적 충격을 받을 우려가 없도록 시설할 것
금속덕트공사	○	○		○		
버스덕트공사	○	○	○	○	○	은폐장소일 때는 건조한 장소에 한함
플로어덕트공사			○	○		300V 이하에서 건조한 장소의 콘리이트 등의 바닥에 한한다.
캡타이어케이블공사	○	○		○	○	직접 중량물의 압력이나 심한 기계적 충격을 받는 장소에는 사용 못한다. (방호장치를 하면 가능) (300V 이하일 경우에 한한다.)
케에블공사	○	○	○	○	○	

2) 전선의 접속

전기공작물 규정 제27조에 의하면 전선을 접속할 때는 다음의 규정을 따라야 한다.

① 전선의 전기저항이 증가되지 않도록 한다.
② 나선선 끼리 또는 나선선과 절연선을 접속할 때는 첫째, 인장하중으로 표시한 전선의 세기를 2할 이상 감소시켜서는 안된다. 단 점퍼(Jumper)선을 접속할 경우는 제외한다. 둘째, 접속부분을 납땜을 한다. 그러나 저압가공(架空)선 상호 접속이나 접속관(Sleeve), 접속기(Connector)등을 사용하여 접속할 때는 예외로 한다.
③ 절연전선끼리, 절연전선과 코오드, 캡 타이어 케이블과 케이블 등을 접속할 때는 접속부분이 절연물과 동등 이상의 절연 효력이 있도록 절연테이프를 감는다.
④ 박스 내에서 절연전선끼리 절연성이 있는 접속기(Wire Connector)를 사용하여 접속할 때는 제외된다.
⑤ 코오드끼리, 캡타이어 케이블끼리, 케이블끼리 또는 이들 상호를 접속할 때는 코오드 접속기와 케이블 접속함을 사용해야 한다.

20.2 전기 배선 재료

1) 전기배선재료의 종류

(1) 절연전선

절연전선은 절연물(면, 고무, 합성수지 등)로 나(裸)전선의 표면을 피복한 것이다.
이 절연물이 갖추어야 할 특성은 강도가 커야 하고 유연해야 하며 절연저항 및 내열성이 커야 한다.

1) 600V 고무절연전선
이 전선은 동선에 고무 혼합물을 피복한 위에다 고무칠한 면테이프를 겹쳐 감은 것을 가황(加黃 : 고무의 전기적, 기계적 성질을 좋게 하기 위해 유황을 가하는 것)하고 다시 그 위를 연사로 감아 내수성 콤파운드를 충분히 침투시킨 것이다.
600V 고무절연전선은 피복의 절연저항 및 절연내력이 크고 또한 내수성이 있기 때문에 전기

공사에 널리 사용되며, 600V 이하의 전기 회로에 사용한다.

2) 600V 비닐절연전선

이 전선은 동선의 한 공정으로 염화비닐을 고르게 피복한 것이다. 비닐피복은 70℃ 이상이 되면 연화되는 결점이 있으나 내전압, 절연저항, 내수, 내유, 내화학성 등에 우수하므로 최근에 600V 고무절연전선보다 더 많이 사용되고 있다.

3) 인입용 비닐절연전선

이 전선은 Drop Wire와 Vinyl-insulation에서 D와 V를 취해 DV전선이라 하며, 경동선에 비닐을 피복한 비닐절연전선을 2본 비틀어 합친 것과 2본 또는 3본 배열한 평행도 있다.
이것은 전력회사가 전력사용 장소에 배선하는 전선인 동시에 전주(電柱)에서 인입구까지의 배선에 널리 사용된다.

4) 옥외용 비닐절연전선

이 전선은 Out-door와 Weather Proof에서 O와 W를 취해 OW전선이라 하며, 경동 심선 위에 다소 두께가 얇은 비닐을 피복한 것이다.

5) 형광등 전선(1,000V 형광 방전등 전선)

이 전선은 지름 0.18mm의 연동선을 소선으로 하여 30본 꼬아 합쳐서 공칭단면적을 0.75mm^2 이상으로 해서 그 위에 염화비닐이 주체인 콤파운드를 피복한 전선이다. 종래의 고무절연에 비해서 안정성이 크므로 1,000V 이하의 형광 방전등의 고압측이나 혹은 그 외 방전등회로에 사용된다.

6) 네온전선

이 전선은 모두 지름이 0.35㎜인 주석도금의 연동선 19본을 동심연으로 하여 공칭단면적이 2mm^{2}인 것으로 7,500V용과 15,000V용의 2종류가 있다. 그리고 심선의 절연은 내부에 고무, 폴리에틸렌, 외부에 염화비닐, 크로르플렌계 합성고무 혼합물을 피복하고 있으며 KS규격에는 절연층의 두께가 규제되고 있어 절연재료의 종류에 따라 그 호칭은 다음과 같다.

① 7,500V, 15,000V 고무비닐 네온전선(7.5KV-N-RV, 15KV-N-RV) : 고무로 내부절연하고 그 위를 염화비닐로 피복한 것이다.
② 7,500V, 15,000V 고무크로로프렌 비닐 네온전선(7.5KV-N-RC, 15KV-N-RC) : 고무로 내부절연하고 그 위를 크로로프렌으로 피복한 것이다.
③ 7,500V, 15,000V 포리에틸렌 비닐 네온전선(7.5KV-N-EV, 15KV-N-EV) : 포리에틸렌으

로 내부를 절연하고 그 위에 염화비닐로 피복한 것이다.

7) 석면피복 전선

이 전선은 석면사(石綿絲)로 도체를 2층 이상 피복한 것이며 내열성이 있기 때문에 제판기, 영사기 등의 아아크열이 발생하는 배선에 사용한다. 한편 석면은 흡습성(吸濕性)이 있으므로 습기가 많은 곳의 배선에는 사용을 금해야 한다.

8) 고무절연 연피전선

이 전선은 주석도금을 할 연동선에 고무혼합물(混合物)을 씌우고 그 위에 고무를 칠한 면테이프를 감아서 완전 가황(加黃)하여 다시 두께 1mm 정도로 연(鉛)을 피복한 것이다. 용도는 교량의 배선, 가로등, 정원등, 온내인입구 배선 등에 사용된다.

(2) 코오드 (Cord)

코오드는 지름 0.18mm~0.32mm의 연동선을 심선으로 사용하여 휘고 접어도 지장이 없도록 만든 것이다. 주로 옥내의 전구선, 탁상등, 소형전기 기구 등에 사용한다.

1) 단심 비닐 코오드 : 심선에 염화비닐을 고르게 피복한 것.
2) 2개연 비닐 코오드 : 단심 비닐 코오드를 2본 좌로 꼬아 합친 것
3) 평행 비닐 코오드 : 단심 비닐 코오드를 일정한 간격으로 2본 배열한 것과 같은 구조로 된 것으로 전열기에 사용해서는 안된다.
4) 원형 비닐 코오드 : 단심 비닐 코오드를 2본 또는 3본 좌로 비틀어 합하고 그 위에 염화비닐을 피복하여 원형으로 만든 것이다.

이상은 비닐 코오드이며 고무와 면사의 편조를 사용한 코오드는 다음과 같다.

1) 단심 비닐 코오드 : 심선을 종이테이프로 감고 그 위에 고무혼합물을 피복해서 면사로 조밀하게 짠 것이며 전기기기(電氣器機)의 배선 등에 사용된다.
2) 2개연 비닐 코오드 : 단심 코오드 2본을 비틀어 만든 코오드이다.
3) 대편(袋篇) 비닐 코오드 : 심선의 고무피복 위에 면사로 피복하고 2본을 비틀어서 다시 면사, 견사 등으로 조밀하게 짜서 만든 코오드이다.
4) 원형 비닐 코오드 : 제작 과정은 대편 코오드와 같지만, 면사를 개재시켜서 비틀어 합하고 단면을 둥글게 한 것이다.
5) 방습 2개연 코오드 : 고무피복을 한 심선을 면사로 조밀하게 짜서 재피복하고, 그 위에 왁스계 방습콤파운드를 침투시켜 2본으로 꼬은 것이다.

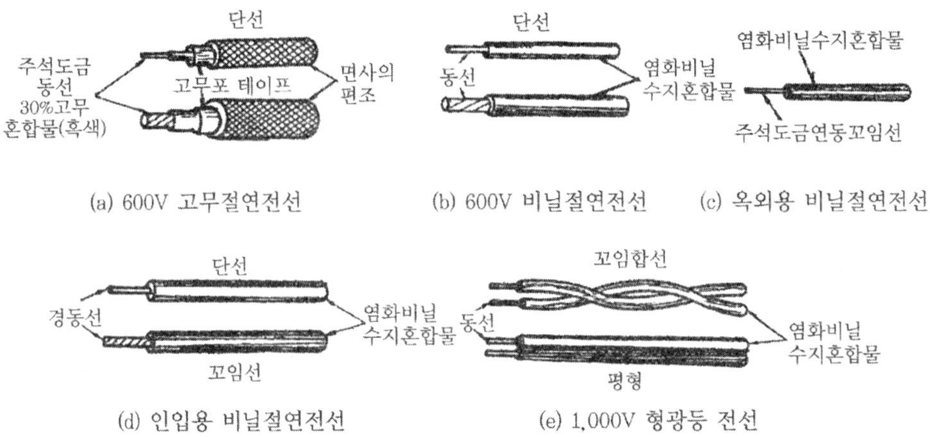

<그림 20-13> 배선 재료의 종류

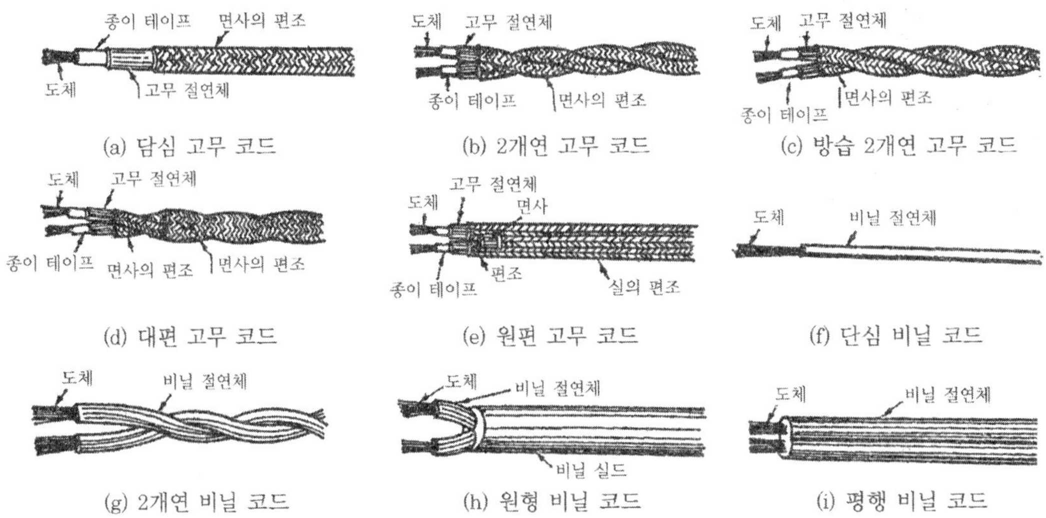

<그림 20-14> 코오드의 종류

(3) 케이블 (Cable)

케이블은 절연전선의 피복을 전기적 또는 기계적으로 가화시킨 것으로 물, 가스, 용액 등에 견디며, 사용목적과 장소에 따라 여러 가지 종류로 구분된다.

1) 연피(鉛皮) 케이블

① 연피 케이블 : 전선을 납으로 피복한 케이블을 말하며 PVC관이나 금속관에 넣어 지중 배선하는 경우를 제외하고 구조체에 부착할 때는 연피의 손상을 주의해야 한다.

② 주우트 권 연피 케이블 : 전선을 주우트로 감은 후 납으로 피복한 케이블로서 연피 케이블보다는 방식성이 우수하고 외상에 강하기 때문에 직접 매설 배선에도 사용된다.

③ 강대지장 연피 케이블 : 이 케이블은 옥내의 고압선 또는 수전실에서 구내 각 건물로 연결되는 고압 또는 저압 지중 전선로 등에 널리 사용된다.

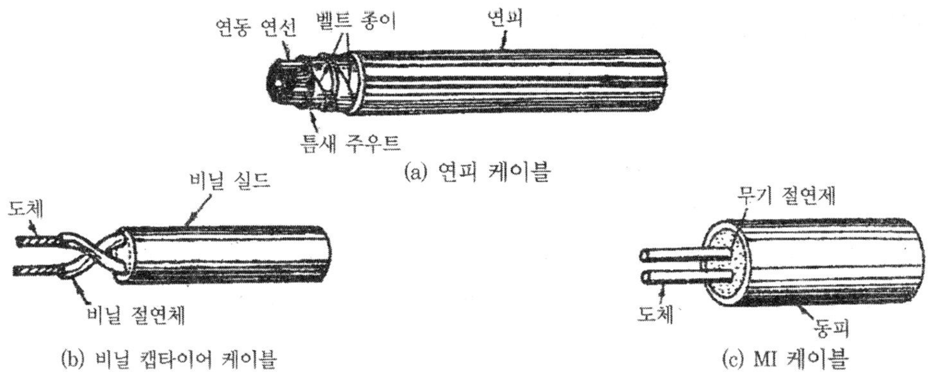

〈그림 20-15〉 케이블의 종류

2) 무연피 케이블

① 캡타이어 케이블(Cabtyre Cable) : 이 케이블은 마모, 충격, 굴곡에 대한 저항력이 강하기 때문에 광산 등이나 이동용 전기기구와 습기가 있는 곳 등에 널리 사용된다.

② 비닐 캡타이어 케이블 : 용도는 캡타이어 케이블과 동일하다.

③ MI 케이블 : 이 케이블은 Mineral Insulation의 MI를 취하여 호칭하며, 구조는 동관 속에 먼저 도체의 동선과 분말상의 절연성이 있는 무기물을 충진하고 이를 압연하여 무른 쇠로 만든 것으로 특징은 다음과 같다.

i) 연소되지 않는 내염성(耐炎性)이다.

ii) 내열성이 우수하다.

iii) 기계적 강도가 크고 충격과 변형에 강하다.

iv) 내수, 내유, 내노후화(耐老朽化)성이 매우 우수하다.

④ F케이블 : 외형이 평형(Flat)으로 마무리 되어 있어, 종래의 애자사용 공사 대신 스텝플이나 새들(Saddle)로 지지하는 경우에만 배선할 수 있다.

⑤ SV케이블 : 구조에 따라 평형과 환현의 두 종류가 있으며 주로 저압인입구 배선에 사용된다.

⑥ X선용 케이블 : 심선은 주석도금과 아연도금한 강선 및 아연 도금한 강선 또는 석연(錫鉛)합금으로 도금한 연동선을 비틀어 합치고 그 위에 고무혼합물로서 동심원으로 피복하고 연합한 3개의 심선 사이를 메꾸어 반도전선의 고무 혼화물을 원형으로 피복한다. 다시 고압부 절연체로서 동심원으로 피복한 것이다.

이 케이블은 전격(電擊) 방지용에 사용되는데 전격은 X선 발생 장치의 변압기 2차측 전압, 특 40kV~150kV의 특별 고압을 취급할 때 발생한다.

20.3 전기 배선기구(配線器具)

배선기구에는 점멸기(點滅器), 개폐기(開閉器), 과전류 보호기, 접속기구, 전선관의 무속품 등이 있으며 전기공사에서 스위치(Switch)수가 증가하면 전력사용의 합리화는 기대되지만 한편 점멸조작이 번잡스럽고 또한 전기 시설비가 증가한다.
따라서 스위치의 적정수는 건물 종류 및 실의 사용목적을 고려하여 결정한다. 이때 점멸방법과 위치선정을 고려한다.
점멸기는 전등을 껐다 켰다하는 소형 스위치를 말하고 개폐기는 배전반 등에서 전기회로를 잇고 끊고 하는 스위치를 말한다.

1) 점멸기

(1) 점멸기의 설치위치

① 스위치의 설치높이는 바닥에서 1.2m로 한다.
② 평상시 사람이 거주하지 않는 곳(창고, 변소)은 들어갈 때 점등하고 나와서 소등하기 쉽도록 실외에 설치한다.
③ 평상시 사람이 재실하면 점멸이 편리하도록 실내에 설치한다.
④ 스위치의 위치는 입구측 문의 개폐로 가려지는 곳은 피한다.
⑤ 사무실은 간막이의 변경에 의해 천장 등의 점멸이 달라지므로 이에 대처할 수 있는 곳에 배치한다.
⑥ 기계실 및 창고는 벽시공의 경계선에 설치하지 않도록 위치를 높게 한다.
⑦ 실면적이 협소한 방에서 전반조명과 국부조명을 동시에 점멸하는 것이 편리하다.
⑧ 실면적이 넓은 방은 사용목적이 다른 경우에 개별점멸이 가능하도록 설치한다.
⑨ 계단은 올라갈 때와 내려올 때 어느 곳에서도 점멸이 가능하도록 3로(三路) 스위치나 4로 스위치를 조합한 스위치를 설치한다.

(2) 점멸기의 종류

① 플로트 스위치(Float Swich)

이것은 빌딩의 급수용 물탱크내의 수위(水位)에 따라 수면에 설치한 플로트의 상·하운동에 의해 액위의 예정위치에서 동작하는 검출 스위치로서 양수펌프용 전동기를 자동적으로 기동 또는 정지의 목적으로 사용된다.

② 옥내용 소형 스위치

소형 스위치는 옥내의 가전기기(家電器機)의 회로 개폐용 점멸기를 말하며 이것도 개폐기와 마찬가지로 단극, 2극, 3로, 4로의 다극, 다접점형이 있다.

텀블러스위치는 벽매입형 스위치로서 설치 높이는 바닥위 1.2m 높이에서 문의 손잡이가 있는 바른쪽에 위치시킨다. 또한 방의 출입구에 설치하는 점멸기는 출입구에 가깝고 무을 열면 가려지지 않는 위치를 선택해야 한다.

그리고 점멸기를 설치할 벽이 없을 경우에는 당김 스위치(Pull Switch), 펜턴트 스위치(Pendant Switch)를 사용하지만 되도록 벽에 스위치를 설치하는 것이 바람직하다. 일반적으로 계단의 위와 아래의 didWHr, 긴 복도나 계단실의 양단에서는 자유로이 전등을 점멸(點滅)할 수 있도록 로(路)스위치를 설치하면 편리하다.

복도, 계단, 출입구가 두 개소 이상 있는 장소에서는 2개소 이상을 편리하게 점멸할 수 있도록 한다. 즉 2개소 점멸에는 3로 스위치를 사용하고, 3개소 점멸에는 4로 스위치를 사용한다.

a) 로타리 스위치(Rotary Switch)

손잡이를 시계방향으로 회전시켜 점멸하는 것으로 노출형 뿐이다.

b) 텀블러 스위치(Tumbler Switch)

스냅액션의 조작부를 가진 스위치로서 손잡이를 상하로 움직여서 점멸시키는 것이며 노출형과 매입형이 있다. 또한 단극, 2극, 3로, 4로 스위치가 있다.

c) 누름 버튼형 점멸기(Push Button Switch)

2개의 버튼중에서 하나의 누름버튼을 누르면 개로(開路)되고, 반대로 다른 하나의 누름 버튼을 누르면 폐로(閉路)되는 접촉부를 가진 제어용 조작 스위치이다.

d) 당김 스위치(Pull Switch)

천정이나 높은 곳에서 내려 뜨려진 줄을 잡아당겨 점멸하는 스위치로서, 실링 스위치라고도 한다.

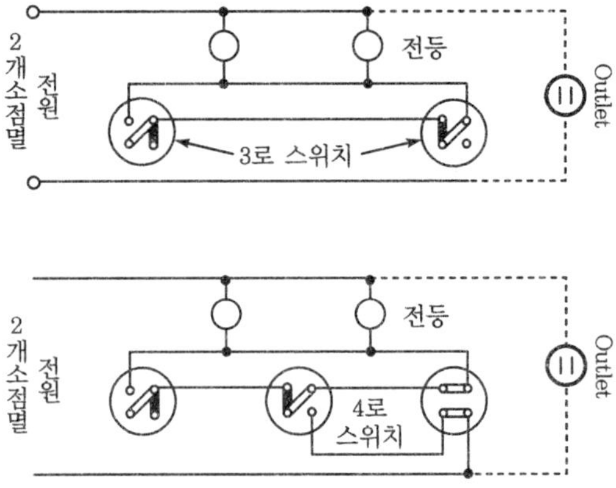

<그림 20-16> 로 스위치 배선도

이것은 줄이 방해가 되지만 배선이 짧아 경제적이기 때문에 많이 사용된다. 이 외에 전등기구의 후렌지(캐너피) 내부에 설치해서 끈으로 점멸시킬 수 있는 캐너피 스위치(Canopy Switch)도 있다.

e) 코오드 스위치(Cord Switch)

가정용 소형전기 기구와 형광등의 코오드 중간에 접속해서 사용하며 그리고 코오드의 종단에 달아서 사용하는 누름 버튼형의 펜단트 스위치(Pendant Switch)가 있다.

③ 도어 스위치(Door Switch)

도어의 개폐로 전등을 점멸하는 스위치로서 전화실, 화장실 등에 사용된다.

④ 자동 점멸기

여러 종류가 있으나, 바이메탈과 벨로우즈의 역할로 개폐되는 것으로 시계장치나 전동기로 원통을 회전시켜 그 원주에 설치한 접촉자에 의하며, 장식이나, 광고 및 네온싸인 등의 점멸에 사용된다.

⑤ 제어 스위치(Control Switch)

제어회로 및 조작회로의 제어 및 인터록 표시 등에 사용되는 스위치이다.

⑥ 제어 조작용 스위치(Manual Control Switch)

인력에 의해서 조작되는 제어용 스위치이다.

⑦ 주 스위치(Master Switch)

개폐기, 릴레이 및 다른 원격조작용 기기의 주요 조작을 하는 제어조작용 스위치이다.

⑧ 비상 스위치(Emergency Switch)

비상시에 기기를 정지시키기 위한 제어 조작용 스위치이다.

⑨ 선택 스위치(Selector Switch)

2개 이상의 회로를 선택하는 제어 스위치이다.

⑩ 온도 스위치(Temperature Switch)

온도가 예정치에 달했을 때 동작하는 검출 스위치이다.

⑪ 리밋 스위치(Limit Switch)

기기의 운동행정중에 정해진 위치에서 동작하는 검출 스위치이다.

⑫ 검출 스위치(Pilot Switch)

예정의 동작조건에 달했을 때 동작하는 제어 스위치이다.

⑬ 근접 스위치(Proximity Switch)

물체가 접근하는 것을 무접촉으로 검출하는 스위치로서 자동문이나 주차용 승강기 등에 사용된다.

⑭ 광전 스위치(Photo Switch)

투광기로부터 나오는 빛이 물체에 의해서 차단되었을 때 동작하는 검출 스위치이다.

⑮ 플로 스위치(Flow Switch)

기체 및 액체의 유량이 예정치에 달하면 동작하는 검출 스위치이다.

⑯ 압력 스위치(Pressure Switch)

기체 및 액체의 압력이 예정치에 달하면 동작하는 검출 스위치이다.

⑰ 레벨 스위치(Level Switch)

대상물의 정해진 위치를 검출하는 스위치로서 급수제어에 사용된다.

⑱ 토글 스위치(Toggle Switch)

손가락 끝으로 막대모양의 레버를 직선으로 왕복시켜 전로의 개폐를 조작하는 스위치이다.

(3) 스위치의 회로

① 1개의 스위치로 2등을 동시에 점멸하는 회로

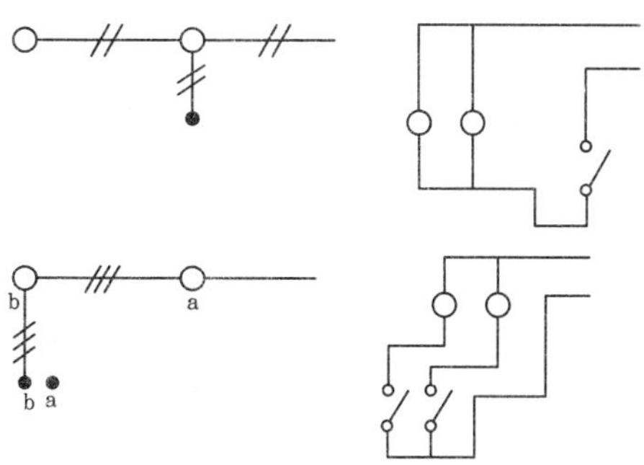

② 2등을 별개의 스위치로 점멸하는 회로

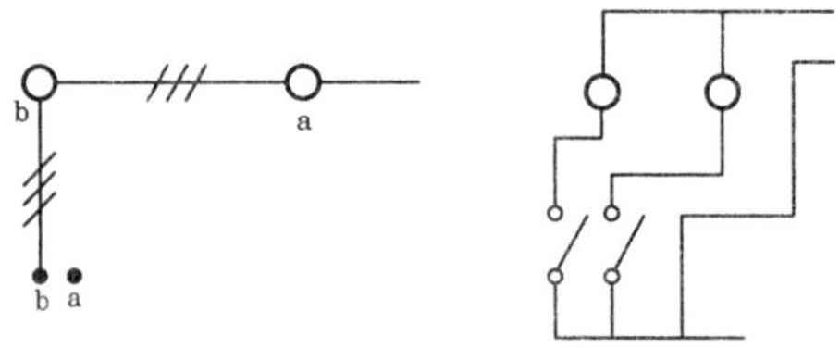

③ 2등을 동시에 2개소에서 점멸하는 회로

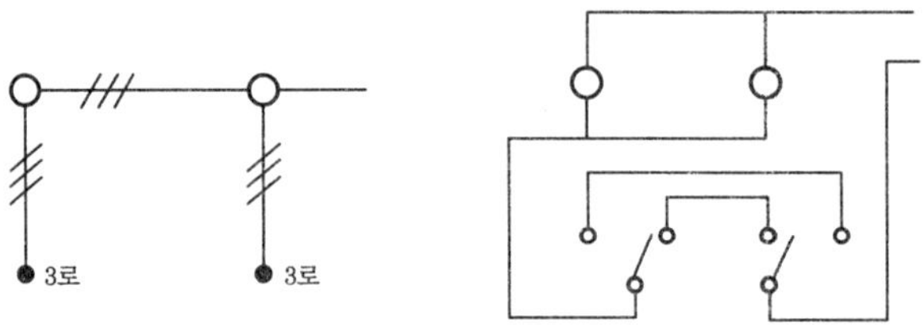

④ 1등을 2개소에서 점멸하는 회로

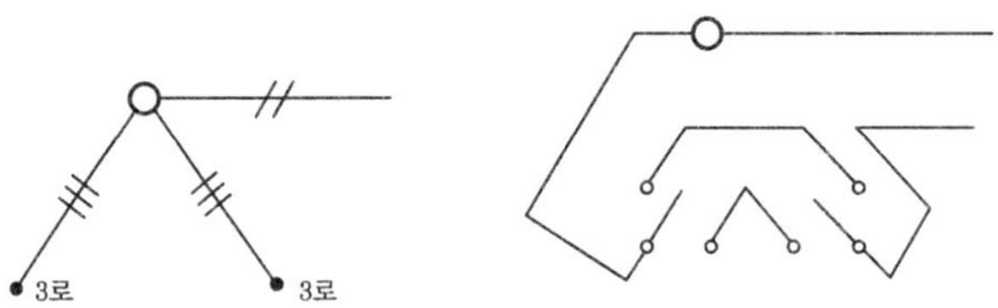

⑤ 1등을 3개소에서 점멸하는 회로

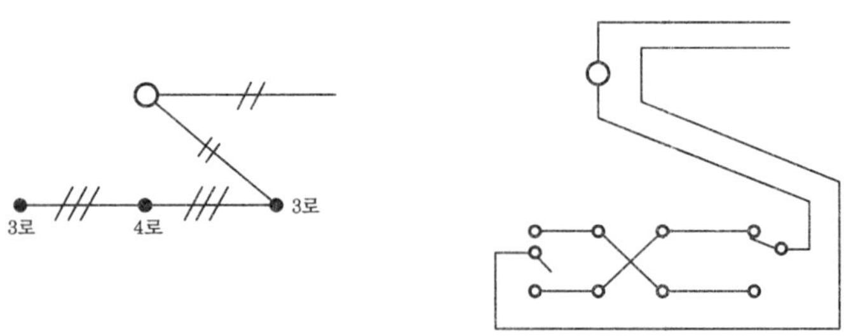

2) 개폐기

(1) 개폐기의 종류

개폐기는 전기회로의 개폐와 접속을 변경하여 보수하기에 편히하도록 설치한 스위치로서 전기회로만을 개폐하기 위한 것과 퓨스(Fuse) 호울더를 부착해서 보안(保安) 장치를 겸비한 것이 있다.

① 나이프 스위치(Knife Switch)
도기의 절연대 위에 칼받이와 칼로 구성되고 이 칼의 수에 따라 단극, 2극, 3극. 또는 개방형과 충전부를 커버로 음폐한 박스형 그리고 칼받이가 아래 위에 마련된 쌍투형(雙投形)과 칼받이가 한쪽에만 있는 단투형으로 분류된다.
이 개폐기는 회로의 개폐에 주로 쓰이며 표준용량은 30A, 60A, 100A, 200A, 400A, 600A, 800A, 1,000A의 8종류가 있다.

② 컷 아우트 스위치(Cut-out Switch)
스위치와 보안장치를 겸한 소용량 보안개폐기로서 안전기 또는 뚜꺼비집이라 통칭하며 상시개폐를 목적으로 할 경우에는 사용을 피해야 한다. 베이비 스위치(Baby Switch)라고도 한다.

③ 애자형 스위치(Insulator Switch)
이것은 변압기의 1차측에 사용되는 배전용 변압기의 보안장치로서 자기제의 수전(受栓)과 삽입전으로 구성되고 20A 이하의 용량에 사용된다. 근래에는 프라이머리 컷아루트(Primary Cut-out)가 대용으로 사용되고 있다.

④ 전자 개폐기(Magnet Switch)
다른 조작회로에 의해서 전자석을 동작시켜서 전동기의 자동조작, 대전류회로의 개폐, 원방조작용 등에 널리 사용된다.

3) 과전류보호기

자동차단기라고도 하는데 과전류가 흐르면 자동적으로 전로를 차단하는 장치로 퓨즈 브레이커(Fuse Breaker), 열동 계전기(Relay) 등이 있다. 특히 서키트 브레이커(Circuit Breaker)는 과전류가 흐를 때 자동적으로 회로를 끊어서 보호하는 우수한 자동차단기로서 퓨즈와는 달리 그 자체에 아무런 손상을 입지 않고 다시 쓸수 있으므로 노 퓨즈 브레이커(No Fuse Breaker)라고도 한다.

4) 접속기구

옥내전기 배선공사에는 여러 가지 접속 기구가 사용되며 종류는 다음과 같다.

(1) 로우젯(Rostte)

천정에서 코오드를 달아내리기 위해 사용되는 것으로서 코오드와 조명기구의 총중량을 최대 3kg까지 감당할 수가 있다. 즉 옥내배선과 전등의 코오드 접속에 사용된다.

(2) 클러스터(Cluster)

코오드를 2본 이상 다수 내리기 위해서는 도기제 받침대에 전선 및 코오드를 다수 접속할 수 있도록 로우젯을 다등식으로 한 것이다.

(3) 코오드 접속기(Cord Connector)

코오드와 코오드를 접속하는 것이며, 접속할 때는 반드시 코오드 커넷터 보디를 전원측으로 사용해야 한다.

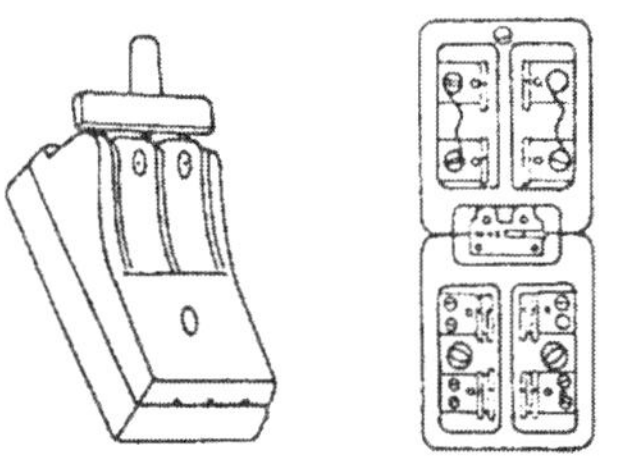

나이프 스위치 컷아우트 스위치

<그림 20-17> 스위치

<그림 20-18> 로우젯

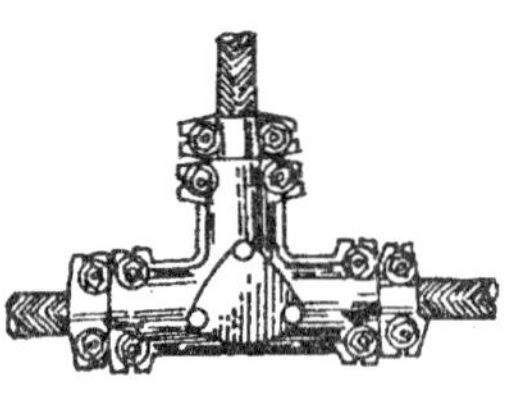

<그림 20-19> 케이블 접속기

<그림 20-20> 크오드 접속기

(4) 소켓(Socket)

이것은 전구를 돌려 넣어 코오드와 접속하며 점멸장치의 유무에 따라 분류하면 다음과 같다.
① 키이레스 소켓 ② 키이 소켓 ③ 당김 소켓 ④ 누름 버튼 소켓
습기가 있는 장소에서는 선이 달린 방수소켓이 사용된다.

<그림 20-21> 전기 접속기구

(5) 분기소켓(Branch Socket)

이 소켓은 전등 외에 다른 소형 전기 기구를 동시에 사용할 경우에 사용한다.

(6) 리셉터클(Receptacle)

이것은 건물의 구조체에 고정시키기 위한 전구용 수구로서 베이스는 나사식이 일반적이다.

(7) 콘센트(Consent : Outlet)

콘센트는 구조체의 표면에 돌출하여 부착하는 노출형과 콘크리트 박스 속에 부착하고 그 위에 베크라이트로 만든 후라슈 플레이트를 씌워 충전부분의 노출을 방지한 매입형의 2가지가 있다. 사무실에는 벽길이 2m 이하마다 2구용 콘센트 1개씩을 바닥에서 30cm의 높이에 설치해야 한다.

(8) 테이블 탭(Table Tap)

기설 콘센트나 소켓에서 임의 장소에 연장시켜 동시에 여러 소용량 전기기구를 사용할 경우

에 사용되나 과부하가 걸리면 위험하다.

5) 전선관의 부속품

배선공사를 위한 전선관의 부속품은 다음과 같다.

(1) 금속관의 부속품

관의 접속과 분기 및 기구를 부착하기 위한 것으로 각종의 부속품이 있다.

① 커플링(Coupling) : 관과 관의 접속에 사용되는 부속이다.
② 유니언 커플링(Union Coupling) : 양쪽 배관을 최후에 중간에서 관을 접속하는 경우에 사용한다. 또한 3개의 부분으로 구성된 것으로 관을 돌리지 않고 접속할 수 있는 구조로 된 것도 있다.
③ 부싱(Bushing) : 배선 공사를 할 때 관끝에서 나온 전선이 장시간 관끝과 닿게 되면 전선의 피복이 손상된다. 이것을 보호하기 위해 관의 끝부분에 사용한다.
④ 록 너트(Lock Nut) : 케비넷과 Box 및 금속관을 연결할 때 나사를 이용해서 조이는 너트의 일종이다.
⑤ 링 레듀서(Ring Reducer) : 와셔와 동일한 링으로서 록 너트의 작용을 보조하는 것이다.
⑥ 노오말 벤드(Normal Bend) : 강관과 동일한 재질이며 관경의 6배 이사의 곡율 반경으로 구부린 파이프를 말한다.
⑦ 새들(Saddle) : 노출 배관을 건물구조체에 고정시키는 스트랩이다. 그러나 케이블 배선의 경우에는 비닐 제품을 사용한다.
⑧ 서어비스 캡(Service Cap) : 인입구와 금속관 배선이 애자사용 배선으로 옮겨질 때 전선의 인입구에 사용된다.
⑨ 와셔 캡(Washer Cap) : 풍우(風雨)에 노출되는 인입구와 옥외로 향하는 인입구 등에 사용되는 방수목적의 서어비스 캡 일종이다.
⑩ 두껑있는 엘보 : 노출 배관시에 관을 직각 굴곡하는 개소에 사용되는 접속관이며, 전선의 인입과 교체의 편리를 위해 뚜껑이 달려 있다. 또 뚜껑의 위치에 따라 겉뚜껑(엑스터어널), 안뚜껑(인터어널), 옆뚜껑(후랏트), 엘보 등으로 호칭한다.

(2) 노출 배관용 박스류

노출배관에만 사용되는 박스로서 박스에는 암나사의 관구가 있다.

① 스위치 박스 : 이 박스는 파이프에 접속하는 입구가 한쪽인 것과 상하양쪽에 달린 두 종류

가 있으며 용도는 매입형의 점멸기 혹은 콘센트를 사용하는 것이다.

② 조인트 박스(Junction Box) : 배관을 분기하거나 또는 도중에서 전선의 접속을 필요로할 때 사용하는 뚜껑이 달린 박스이다. 이 박스에는 파이프의 접속구 수에 따라 1방출 또는 2방출 죠인트 박스라 호칭하며, 1방출에서 4방출까지 4종이 있다.

③ 풀 박스(Pull Box) : 다수의 배관을 집합적으로 굴곡하거나 분기할 때 사용하는 박스로서 뚜껑이 붙어 있다.

④ 매입용 박스 : 얇은 철판 박스로서 적당한 개소에 노크 아우트(Knock-out)가 마련되어 있고, 필요한 경우 그것을 떼내어 그 구멍에 관을 접속한다. 그리고 사용하지 않는 노크 아우트는 콘크리트의 유입을 방지하는 구조로 되어 있다.

⑤ 스위치 박스(Switch Box) : 이 박스는 노출용 스위치 박스와 동일하며 노크 아우트는 각 면에 1개씩 모두 5개가 있다.

⑥ 갱박스 : 스위치 박스의 일종이며 노크 아우트를 2개, 또는 3개씩 병용할 구조로 되어있다. 그리고 노크 아우트의 수에 따라 점멸기와 콘센트를 접속할 수 있다.

⑦ 아우트렛 박스(Outlet Box) : 배관의 분기 또는 전등기구의 취부에 사용되는 Box로서 형태는 정방형, 8각형, 환형 등이 있다. 그리고 노출배관에도 겸용할 수 있다.

⑧ 콘크리트 박스(Concrete Box) : 콘크리트 매입용 박스로서 측벽에도 사용할 수 있도록 취부점이 귀처럼 나와있다.

⑨ 플로어 박스(Floor Box) : 아우트 렛 박스의 일종이며, 배관을 바닥 밑으로 배관할 때 바닥 콘크리트에 매입해서 사용한다.

⑩ 픽스쳐 스타트 및 핫키(Fixture Start, and Fixture Hickys) : 박스커버에 무거운 기구의 지지가 곤란할 때 박스 바닥에 픽스쳐 스타트(Fixture Start)를 부착하여 기구를 지지시킨다. 또한 픽스쳐 핫키(Fixture Hickys)는 기구용 전선의 인입구에서 픽스쳐 스타트와 기구의 중계용 철물이다.

⑪ 어댑터(Adapter) : 접속관구에 암나사가 있는 박스의 배관에서 그 박스의 접속관구 직경이 굵어 파이프의 치수가 맞지 않는 경우 접관구에 어댑터를 틀어 넣고 거기에 과을 연결한다.

⑫ EMT접속관 : EMT 전선관의 내경은 특후강과 외공과 거의 같은 것으로 나사를 깎지 않은 용접관으로서 관의 접속은 나사접속이 아니고 접속용 부품인 커넥터를 사용한다.

⑬ 니플(Nipple) : 니플의 외부에는 숫나사가 있으므로 커플링을 병용해서 금속관의 움직임이 없이 박스에 접속하는 경우에 사용한다.

⑭ 메탈(Metal) : 메탈의 외부에 숫나사가 있으므로 금속관의 최종단을 밀폐시킬 때 사용된다.

<그림 20-22> 전선관의 부속품

20.4 전기 배선도

조명계획에 따라 조명설계가 이루어지면 조명기구의 위치, 등수(燈數), 기구 등을 결정하고 편리한 장소에 스위치 및 콘센트 등의 위치를 선정하여, 전기공작물 규정, 전력회사의 내선요령, 소방법, 건축설비에 관련된 전기관계법규 등에 위배되지 않도록 한다.
그리고 안전성과 경제성을 고려하여 제도상의 규칙, 전기 기호 등을 사용하여 설계자의 의도가 충분히 시공자에게 전달될 수 있는 배선도를 작성하여야 한다.

1) 배선도의 종류

옥내 전기 설비의 배선도는 다음 세가지로 구분된다.

(1) 평 면 배 선 도

선축 평면도에 전등, 스위치, 콘센트, 분선반 등 기기의 위치, 종류, 정격 및 전기 공사 방법을 도면 기호(심벌)로 표시한 도면을 말한다.

(2) 결 선 도

평면 배선도 만으로는 그 접속 관계를 이해하기 어려운 것은 결선도를 작성한다.
이 도면은 배선 계통을 명백히 하기 위한 것이 목적이다.

(3) 기 기 상 세 도

이 도면은 사용기기의 사양(仕樣), 구조, 내용 등에 관해서 기기의 구조약도 및 결선도 등의 내용을 설명하기 위한 기기 상세도를 말한다.

2) 배선 기호(심벌)

배선 기호는 전기배선 도면을 작성할 때 제정된 도면상의 표시하는 기호이며 KS로서 옥내배선용 기호가 제정되어 있다. 이 기호를 사용하여 옥내용 전기 배선도를 작성한다.

3) 도면의 크기와 축적

도면의 축적은 1/100이 가장 많이 사용되고 만약 배선이 복잡할 경우와 주택의 배선은 1/50로 작성한다. 또한 큰 건물에 배선을 할 경우는 1/200 및 1/300로 할 때도 있다.
그리고 기기 상세도는 일반적으로 1/10, 또는 1/20로 작성한다.

4) 옥내 배선도

옥내 전기배선도는 다음과 같은 순서에 따라서 작성한다.

1) 건축설계의 평면도를 트레싱한다.
2) 전등의 위치를 기입한다.
① 형광등 기호의 사각형내에 있는 원은 아우트렛 박스의 위치를 표시하는 것이다.
② 전등의 용량표시는 기구기호 옆에 FL-40W×2와 같이 40와트, 백색 : W, 램프의 개수를 기입한다.

③ 형광등 : FL 와트 수, 광색의 종류

3) 점멸기와 콘센트를 기입한다.

① 점멸기의 위치는 편리한 곳을 택하며 가구 및 문짝 등에 의해서 가리워지지 않는 장소를 택한다.

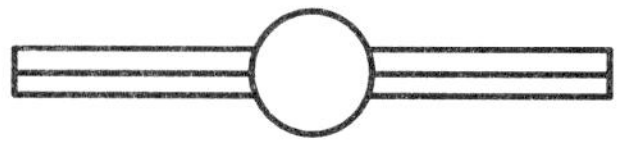

〈그림 20-23〉 형광등의 도시

② 스위치의 기호는 S대문자를 제도체로 기입한다.

③ 콘센트의 용량은 10A, 15A로 기입하며 20A 이상은 ◉(▲), 3극용이면 ⊜ 3P로 기입한다.

④ 3로 스위치는 S_3, 4로 스위치는 S_4로 기입한다.

⑤ 스위치와 콘센트의 용량은 보통 많이 사용하는 것은 범례표에 용량을 표시하고 배선도에는 기입하지 않는다.

⑥ 스위치와 전등과의 관계를 기입한다.

⑦ 스위치 하나로 수개의 전등을 점멸할 때, 선은 전원에 가장 가까운 전등 위치에 연결함이 일반적인 방법이다.

⑧ 환기용 팬, 냉난방용의 콘센트 등 전등 회로에 접속되는 기기를 기입한다.

⑨ 특수기기(KS 기호가 지정 안됨)의 기호는 그리기 쉬울 것으로 그리고 범례에 기입한다.

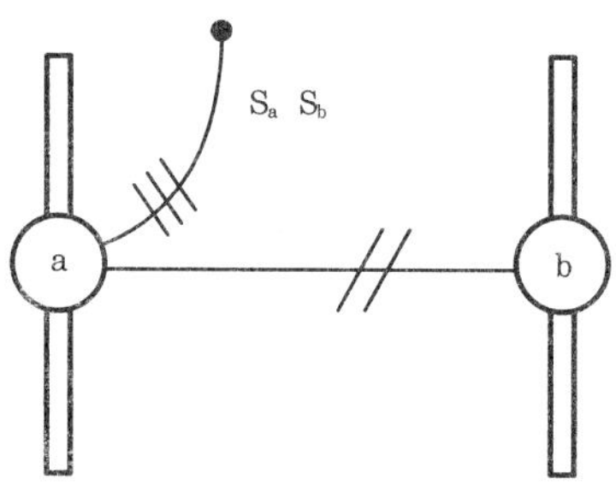

〈그림 20-24〉 전등과 스위치의 관계

4) 분전반을 기입한다.

① 분전반의 위치를 기입한다.

② 분전반의 번호를 기입한다.

ⓐ 분전반이 같은 층에 2면 있을 때는 1AL, 1BL과 같이 기입한다.
ⓑ 각 층마다 1면씩 있으면, 1층은 1L, 2층은 2L과 같이 표시한다.
ⓒ 인입반은 ML로 기입한다.
5) 인입구를 정하고 적산 전력계(KWH)의 위치를 결정한다.
6) 회로를 결정한다.
① 부하에 대한 입력을 계산하고 분기회로마다 15A 이하가 되도록 하고, 보수와 사용이 편리하도록 회로를 구성한다.
7) 배선을 기입한다.
① 전등 스위치, 콘센트, 기기 등을 최단코스로 배선을 연결하면서 배선도에 기입한다.
ⓐ 천장은폐 배선
ⓑ 바닥은폐 배선 
ⓒ 노출 배선 
ⓓ 지중 매설선 
ⓔ 분기 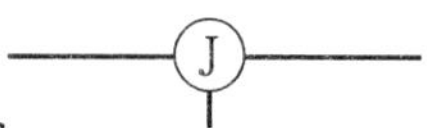

8) 전선수를 기입한다.
전선수는 2본에서 4본까지는 심복과 같이 표시하고, 5본 이상일 때에는 읽기가 어렵다. 예를 들어 1.6mm가 5본, 2.0mm가 1본이면 1.6×5, 2.0×1과 같이 표시한다.
① 2본 : 
② 5본 : 
③ 1.6mm 전선 5본 : 1.6×5
④ 2.0mm 전선 1본 : 2.0×1
9) 전선의 굵기를 기입한다.
① 전선의 굵기는 배선 위에 기입한다.
(전등배선에서 가장 많이 사용하는 1.6mm는 범례에 기입하고 배선도에는 생략한다.)
② 사용하는 전선의 종류는 약호로 기입한다. (천장은폐 배선에 고무절연전선 8㎟를 사용하면 $8_{\square}W_4$로 기입한다.)
③ 단위 mm^2은 mm와 혼돈하기 쉬우므로 mm^2의 표시는 □로 표시한다.

(절연전선)
ⓐ IV : 옥내 배선용
ⓑ SV : 옥내 인입용
ⓒ DV : 옥외 인입용
ⓓ GV : 접지용
ⓔ OW : 옥외 배선용

ⓕ HIV : 내열전선(105℃)

(통신 케이블)
ⓐ TVV : 옥내 전화선
ⓑ TOV : 옥외 전화선
ⓒ ECX : 공청 안테나용(고주파 동축케이블)
ⓓ CPEV : 옥내 선로용 통신케이블
ⓔ SH : 옥내 선로용 통신케이블
ⓕ TOV : 옥내 전화선(단자함에서 옥내인입용)

10) 전선관의 굵기를 기입한다.
① 금속관 공사에서 파이프 굵기는 (　　　)속에 표시한다.
② 1.6mm 전선 2본을 19mm 파이프에 배선할 때 1.6×2(19)로 기입한다.
③ 예비로 전선관을 배관할 때 $\dfrac{\text{EMPTY}}{(19)}$로 기입한다.

11) 회로의 번호를 기입한다.
① 분기회로의 회로 번호는 배선의 분전반 가까운 곳에 표시한다.
② 회로 수가 많을 경우에는 알기 쉽도록 일반 전등 회로 중에서 220V 회로는 ①②…, 110V 회로는 ㉮㉯…, 발전기회로는 ⒶⒷ…, 예비회로는 ⓐⓑ… 등으로 기입한다.

12) 분전반의 결선도를 만든다.
분전반에는 다음 사항을 기입한다.
① 분전반의 기호
② 간선 및 분기회로의 전기 방식
③ 주개폐기, 분기개폐기의 종류, 극수, 용량, 개수 등
④ 퓨우즈의 용량
⑤ 분기회로의 부하 용량

13) 조명기구의 의장도를 그린다.
의장도에 기입해야 할 사항은 다음과 같다.
① 기구의 약호
② 사용 램프 및 와트수
③ 기구 사용 및 마무리

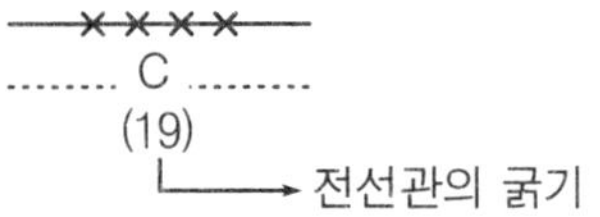

천정은폐 배선

④ 부착 개소 및 수량

14) 범례를 기입한다.

① 전선의 굵기 기입 예

경질관의 경우 VE를 붙인다.

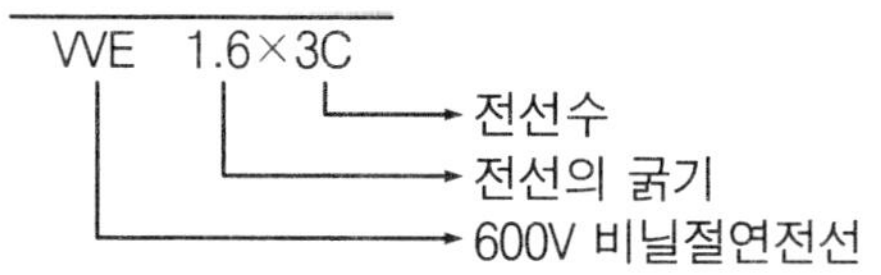

바닥은폐 배선

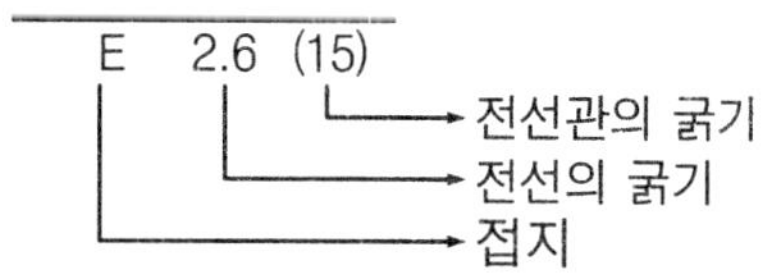

케이블 배선

5) 사무실 배선

사무실은 실의 간막이 변동 및 가구의 위치 변동 등을 고려하여 전기시설을 해야 한다. 그리고 사무실 배선의 유의사항은 다음과 같다.

1) 사무실의 배선은 플로어 덕트공사 방법으로 한다.
2) 경비의 절약을 위해서 금속관 공사가 널리 사용된다.
3) 금속관 공사에서 콘센트는 벽, 기둥에 시설하되, 사무실의 벽길이 2m 이하마다 2구용 콘센트 1개를 설치하며 그 높이는 바닥에서 30㎝ 높게 한다.
4) 전반조명의 천정등은 소구분(2~3등) 마다 점멸할 수 있게 한다. 그리고 창문쪽과 복도쪽의 전등은 별개로 점멸할 수 있도록 한다.
5) 전등 및 콘센트의 회로는 6개마다 분기하여 15A 분기 회로를 만든다.
6) 전열 및 동력 부하는 15A, 20A, 30A, 50A 개별분기로 하여 각 층별로 분전반을 설치한다.
7) 분기회로가 20회로를 초과하면 분전반을 증설한다.

6) 대형빌딩의 전기배선도에 필요한 도면

1) 전화 및 신호장치의 배선도
2) 교환실 및 전화용 단자판의 구조도
3) 배전반 및 분전반의 구조도
4) 전기실의 기계 배치도, 결선도, 정면도, 측면도
5) 조명기구의 설계도
6) 피뢰침 시설도

7) 옥내 배선 설RP의 순서

1) 부하결정
2) 전기방식 선정
3) 전기공사 방법 선정
4) 분기회로 설계
5) 간선 설계
6) 기구 재료 선정
7) 인입구 결정
8) 배선도 작성

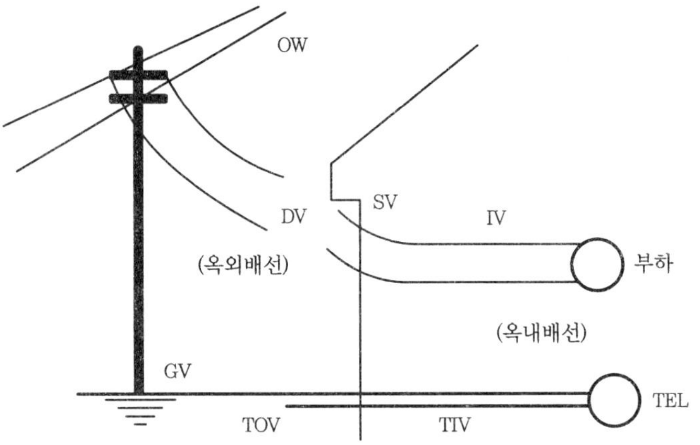

<그림 20-25> 배선 재료

8) 전선의 종류

VI(비닐절연전선) : Vinyl Insulated Wire
SV(인입용 케이블) : Service Entrance PVC Cable
DV(인입용 비닐절연전선) : Drop Vinyl Insulated Wire
GV(접지용 비닐절연전선) : Grounded Vinyl Insulated Wire
OW(옥외용 비닐절연전선) : Out-door Weathed-proof Wire
HIV(내열전선) : Heat Resistant Indoor Vinyl Insulated Wire
TVI(옥내전화선) : Indoor Use Telephone Vinyl Insulated Wire
TOV(옥외전화선) : Outdoor Use Telephone Vinyl Insulated Wire

예제-01 다음 그림은 단상 3선식(110/220V)로 수전하는 주택의 옥내전기 배선도이다. 도면을 읽고 물음에 답하시도. (단, 분기 회로의 보호는 배선용 차단기를, 간선은 누전차단기를 사용한다.)

해답-01 (1) 도면에서 실선의 배선표시는 무슨 공사를 표시하는가?
천장은폐 배선공사

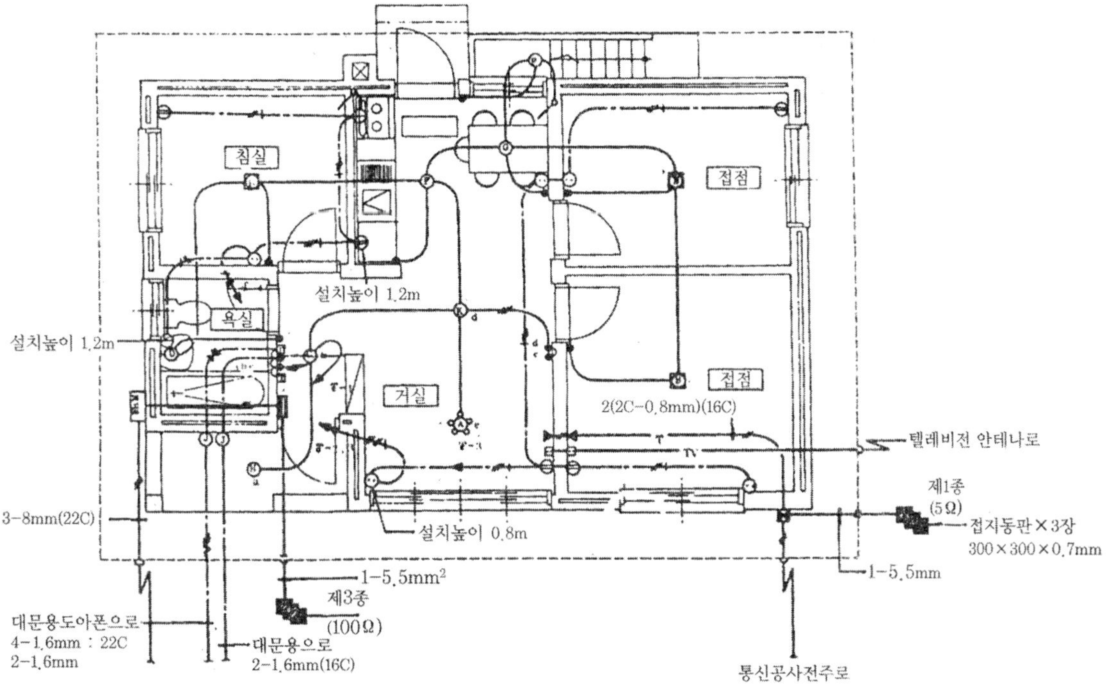

<그림 20-26> 옥내 전기배선도

20.5 피뢰침 설비

피뢰침의 설치 목적은 순식간에 흐르는 높은 전압의 낙뢰 전류를 지전류로 흐르게 하여 건물과 설비 및 사람 등을 뇌재(雷災)로부터 보호하기 위한 것이다.
건축법에는 건축물로서 높이가 지반면상 20m 이상인 경우 피뢰침을 설치하도록 규정하고 있다. 또한 위험물을 저장하는 건물이나 천연기념물 등은 높이가 20m 이하인 경우도 설치해야 한다.

1) 피뢰침의 구조

피뢰침은 돌침부, 피뢰도선, 접지전극으로 구성된다.

(1) 돌침부(突針部)

공중에 돌출시킨 봉상(棒狀)금속체는 첨단 지름이 16㎜(대), 14㎜(중), 12㎜(소)로 나뉘고 재료는 동(銅)막대로서 피보호물로부터 25㎝ 높은 곳에 설치한다.

(2) 피뢰 도선(避雷 導線)

뇌전류를 지중에 흘러 보내는 역할을 하는 돌침부에서 접지전극까지 수직도체의 부분을 말하며 유의 사항은 다음과 같다.

① 피보호물의 수평 투영면적이 $50m^2$ 이하의 것은 1조로 하고 그의 인하 도선은 2조 이상으로 한다.
② 인하도선의 간격은 50m 이하로 한다.
③ 피뢰도선의 단면적은 동의 경우 $30mm^2$ 이상, 알루미늄의 경우는 $50mm^2$ 이상으로 한다.
④ 단면적은 $300mm^2$ 이상이고, 또 두께가 2.0mm 이상인 철골이나 금속판을 이용하면 이것은 돌침 및 피뢰도선이 된다.

(3) 접지 전극(接址 電極)

뇌전류(雷電流)를 지중으로 흐르게 하기 위해서 땅 속에 매설하는 도체를 접지 전극이라고 한다. 낙뢰를 충분히 방출할 수 있도록 한면의 면적이 $0.35m^2$ 이상이고 두께가 1.4mm 이상인 동판을 사용해야 한다. 그리고 접지 전극은 깊이 3m 이상 지중에 매설해야 하고, 접지 저항은 단독인 경우 20Ω 이하, 2개 이상을 설치할 경우는 그 종합 저항이 1Ω 이하이어야 한다. 철골 구조물 기초의 접지 저항이 5Ω 이하이면 접지 전극은 생략해도 된다.

2) 피뢰침의 보호각과 보호범위

낙뢰(落雷)의 피해로부터 보호를 받기 위한 돌침 및 수평 도체의 보호각은 일반 건축물의 경우에는 60°, 위험물 저장 건축물의 경우에는 45°로 하여야 한다.
그리고 보호범위에 들어가지 않는 부분은 보호되지 않는 부분에서 가장 가까운 점에 이르는 수평도체까지의 수평 거리가 10m 이하가 되도록 새 수평 도체를 설치하면 보호되는 것으로 간주한다.
평면도에 표시한 보호범위는 일반건축물은 피뢰돌침에서 보호면까지의 높이 L의 $\sqrt{3}$배, 또한 위험물의 저장이나 제조용 건축물에서는 건물 높이(L_1)에 피뢰돌침부 높이(L1)를 가산한 높이를 반지름으로 한 원의 면적이다.

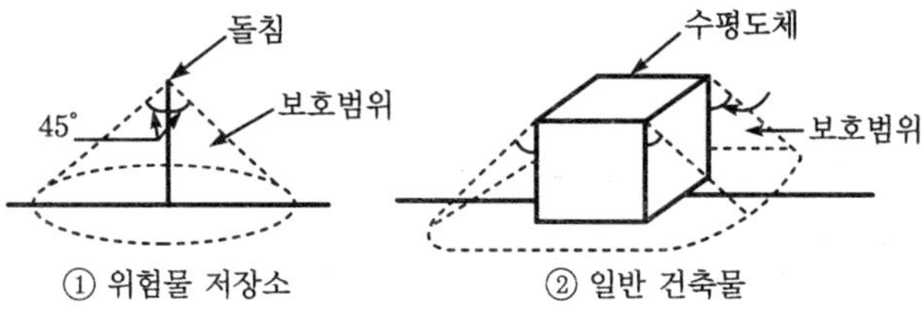

<그림 20-27> 피뢰침 평면 보호 범위

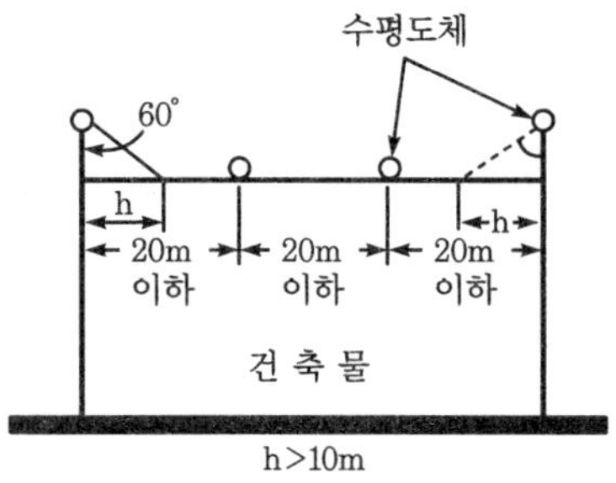

<그린 20-28> 옥상의 수평 도체

3) 피뢰침 설비의 시공

피뢰침 각 부분의 시공에 관한 사항은 다음과 같다.

(1) 돌 침 부

① 돌침지지 파이프 및 피뢰 도선은 전용지지 철물로 2m 이내의 간격으로 건물에 고정한다.
② 돌침과 피뢰 도선의 접속은 전기적으로 완전히 접속시킨다.
③ 돌침과 지지 철물은 완전히 부착시킨다.

(2) 피 뢰 도 선

① 피뢰도선은 동선일 경우에는 30mm^2 이상, 또한 알루미늄선의 경우에는 50mm^2 이상의 것을 사용하지만 지중매설은 할 수 없다.
② 피로도선의 굽힘 곡률 반경은 20cm 이상으로 한다.
③ 피로도선은 도중에서 접속하는 것을 피한다.
④ 피뢰도선은 전등선, 전화선, 가스관 등으로부터 1m 이상 띄워야 한다.

(3) 접지극

① 피뢰침의 종합 접지 저항은 10 이하로 한다.
② 접지극은 가스관과 1m 이상 띄운다.
③ 접지극은 각 이하 도선마다 1개 이상씩 접속한다.
④ 다른 접지극과는 2m 이상 띄운다.
⑤ 접지전극과 피뢰 도선과는 전기적으로 완전히 접속하고 접속부에는 방식제를 칠한다.

20.6 접지 공사

고압에서 저압으로 변성하는 변압기의 경우, 변압기 내부 또는 외부에 있어서 고압 회로와 저압 회로가 접촉하게 되거나 건물내에서 과전류가 흐른다거나 이상고압이 걸리게 되면 저압 옥내 회로에 고압이 침입하여 감전이 된다. 이와 같은 감전 사고를 완전히는 막을 수 없으나 한개의 단자를 접지하여 접지공사를 하면 사고시 위험의 정도를 감소시킬 수 있다.
접지 공사는 4가지 종류로 구분되며 표 2-18은 접지 종류에 따른 접지 저항값 및 접지선의 굵기를 나타낸 것이다.
접지는 항상 1접지 저항값을 유지해야 하며, 접지극으로부터 두께 0.7mm 이상으로 크기 90cm^2 이상의 동판이나, 직경 8mm 이상으로 길이 90cm의 이상의 동봉(銅棒)을 이용한다. 철골조건물에서는 철골 구조체에 한 단자를 연결하며 접지하는데 이것을 구조물 접지라 한다.

<표 20-4> 접지 공사의 접지 저항 및 접지선의 굵기

접지종별	접지 저항값	접지선의 굵기	공사별
E_1	10[Ω] 이하	2.6[mm]이상	제1종접지공사
E_2	전압기의 고압측 또는 특별 고압측 전로의 1선 지락 전류의 암페어 수(최소 2[A] 이상)로 150(2초 이내에 자동적으로 고압 전로를 차단하는 장치를 설치한 때에는 300)을 나눈 값과 같은 음수, 단 특별 고압 300[V] 이하의 저압의 경우는 10[Ω]이하, 특별 고압 300[V]를 넘는 고압의 경우는 5[Ω]이하	고압→저압의 경우 2.6[mm] 이상 특별 고압→저압의 경우 4.0[mm] 이상	제2종접지공사

접지종별	접지 저항값	접지선의 굵기	공사별
E_3	100[Ω](저압 전로에서 당해 전로에 접지가 생긴 경우 0.5초 이내에 자동적으로 전로를 차단하는 장치를 시설하는 때에는 500[Ω]이하)	1.6[mm] 이상	제3종접지공사
E_4	10[Ω](저압 전로에서 당해 전로에 접지가 생긴 경우 0.5초 이내에 자동적으로 전로를 차단하는 장치를 시설하는 때에는 500[Ω] 이하)	1.6[mm] 이상	특별 제3종 접지공사

제21장

변전설비(變轉設備)

21.1 변전설비

건물에서 사용되는 조명, 동력, 전열 등의 부하설비에 전력을 공급하려면 송전선의 154, 000V나 전주의 22,900V에서 저압으로 변압시켜 공급해야 한다. 이러한 변전설비를 수변전설비 또는 수전설비라고 한다. 우리나라에서는 계약전력이 100kW가 되면 변전설비를 낮추어야 한다.
근래에 건물의 대형화로 자가용 변전설비(變電設備)의 용량이 급격히 증갛고 있으며 부하에 대하여 정전(停電)없는 전력공급이 요구되고 있다. 변전소는 발전소에서 발전한 전력을 부하에까지 수송하는 과정에서 보내온 전력을 구내에 시설된 변압기, 변류기, 정류기 등에 의해서 구내에 배전할 때 필요한 전압으로 승압, 강압시키고 또한 변성하는 곳이며 그 역할은 다음과 같다.
1) 용량 증가
2) 부하에 대한 전력의 승압, 강압
3) 발전하 전력의 승압, 강압
한편 건축물에서 필요한 자가용 변전설비의 구비조건은 다음과 같다.
1) 건물의 사용목적에 부합할 것
2) 화재 및 감전사고에 대해 안전한 설비일 것
3) 운전, 보수가 간단할 것
그리고 옥내 변전소는 주변압기, 개폐장치, 고전압설비 등의 제어기기를 옥내에 설치하는 변전소이며 빌딩 및 공장 등에 채택되고 다음과 같이 구분한다.
1) 특고 변전 설비 : 수전 전압이 7~66KV인 특고전압을 수전하는 변전소
2) 고압 변전 설비 : 3.3~7KV인 보통고압을 수전하는 변전소

1) 변압기(變壓機)의 원리

2권선변압기에서 2차단수를 개방하고 1차권선(N_1)에 정현파 교류전압(실효치 V_1), 주파수를 가하면 여자전류(I_0)가 1차 권선에 흐르게 된다.

따라서 1차권선의 저항 R_1에 의한 전압강하 I_0R_1과 자기유도작용에 의한 기전력과의 합이 가해진 전압 V_1과 평형을 이룬다.

이 교번자속에 의하여 유기되는 기전력을 유기전압이라 한다. 일반적으로 I_0R_1는 유기전압에 비하여 현저하게 적기 때문에 이것을 무시하면 인가한 전압 V_1과 평형을 이루는 유기전압의 철중심을 통하는 교번자속(최대치를 ϕ[Wb]라 하면)에 의하여 유기되고 이것을 E_1이라 하면

$E_1 = -V_1$(역기전력)$=4.44N_1\phi(V)$

이 된다.

1차 권선의 여자전류에 의하여 생긴 자속이 전부 2차권선(N_2)과 쇄교한다면 2차권선에도 마찬가지로 $E_2=4.44N_1\phi(V)$의 2차 유기전압이 발생한다.

$$\frac{E_1}{E_2} = \frac{N_1}{N_2} = a$$

양권선의 유기전압의 비는 권선비 a와 같다. 다음에 2차권선의 단자에 임피던스 Z인 부하를 걸면 2차권선에는 부하전류 I_2가 흐른다. 그러면 이 2차 부하전류 I_2에 의한 I_2N_2의 기자력이 새로 생기고 여자전류 I_0에 의한 기자력에 벡터적으로 가하여져 식의 ϕ와는 다른 자속이 1차권선과 쇄교하게 된다.

1차권선중의 저항강하를 무시하면 1차권선에는 여자전류이외에 2차 기자력 I_2N_2를 완전히 상쇄할 수 있는 새로운 1차 기자력을 발생시킬 보상전류 I_1가 흐르게 된다.

이 보상전류 I_1'를 1차부하전류라 하며 I_1'와 I_2와는 방향이 반대이고 같은 크기의 기자력이 되므로 $I_1'N_1=-I_2N_2$

따라서 $$\frac{I_1'}{-I_1} = \frac{N_2}{N_1} = \frac{1}{a}$$

결국은 1차와 2차의 부하전류는 권수비에 반비례하고 실제로 2차권선에는 위의 부하전류 I_1'와 여자전류 I_0의 벡터합이 $I_1=I_1'+I_0$가 흐르게 된다.

여기서 I_0은 I_1'에 비하여 극히 적으므로

$I_1 \fallingdotseq I_1'$로 가정하면

$V_1I_1 \fallingdotseq V_1I_1' = -E_1I_1' = aE_2\frac{I_2}{a} = E_2I_2$로 되어 여자전류를 무시하면 1차 입력은 2차 출력과 같다. 만약 권수비가 a인 변압기의 2차측에 임피던스 Z를 연결하였다고 하면 2차전류 I_2는

$I_2 = \frac{E_2}{Z} = \frac{-V_1}{aZ}$로 되고 따라서 이것을 1차전류로 환산하면 1차전류

$I_1 = \frac{-I_2}{a} = \frac{V_1}{a^2Z}$으로 된다.

다시 말하면 권수비 a인 변압기를 통하여 임피던스 Z를 연결하였다고 하는 것은 1차에 흐르는

전류측에서 볼 때 a^2Z의 임피던스를 직접 연결한 것과 같다.
이와같이 변압기 내부에서는 자속과 전압 및 각 권선의 전류간에 평형을 유지하면서 고효율로 에너지 변환을 한다.
그러므로 변압기는 두께 0.35mm의 규소강판의 엷은 철판을 성층한 철심위에 1차 권선과 2차 권선이 있고 전원에는 1차 궈선을 접속하고, 또한 2차 권선은 부하에 접속한다.
그리고 1차 코일에 교류 전압을 가하면 교류전류의 여자전류(勵磁電流)가 흐르고 이 여자전류에 의해 철심속에 자속이 생겨서 전자 유도작용이 발생하고 양코일에는 크기와 방향이 변하는 교번기 전력이 발생한다.

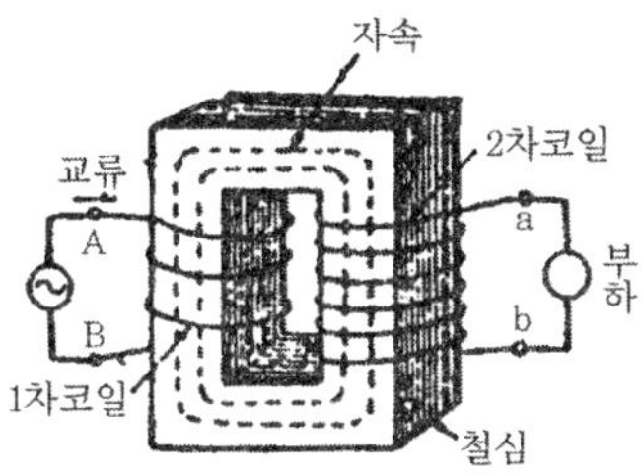

<그림 21-1> 변압기의 원리

이때 2차코일에 발생하는 기전력은 그 권수에 비례한다.
(1차변압 V_1)×(1차전류 I_1)=(2차전압 V_2)×(2차전류 I_2)

$$\text{변압기} = \frac{\text{1차전압}(V_1)}{\text{2차전압}(V_2)} = \frac{\text{2차전류}(I_2)}{\text{1차전류}(I_1)} = \frac{\text{1차권수}(n_1)}{\text{2차권수}(n_2)} = \text{권수비}$$

2) 변압기의 특징

1) 1차 전압과 2차 전압은 권수비에 의하여 임이로 변경할 수 있다.
2) 2차측 선로를 전원측 회로로부터 완전히 분리시킬 수 있다.
3) 한개의 변압기로 수개의 2차권선을 동일 철심에 감아 각각 다른 전압을 얻을 수 있다.
4) 승압용이나 강압용 또는 위상조정이나 조류제어용으로 광범위하게 사용된다.

3) 변압기의 용어

(1) 고압권선(HV), 중앙권선(MV), 저압권선(LV) : 정격전압이 높은쪽으로부터 고압권선, 중앙권선, 저압권선이라 한다. 이것은 정격전압에 의한 구별이다.
(2) 1차 권선, 2차 권선, 3차 권선 : 전위측 회로에 접속된 권선을 1차 권선, 부하측 회로에 접속된

권선을 2차 권선이라 하고 특히 3권 변압기에서는 최소용량의 권선을 3차 권선이라 한다.

(3) 정격용량 : 변압기의 명판에 기재된 피상전력으로 정격 2차전압, 정격 주파수, 정격 역률에 있어서 지정된 온도상승의 한도를 넘지 않고 2차 단자선에서 얻을 수 있는 값이다.

(4) 정격전압 : 변압기에 명판에 기재되 권선의 단자전압을 말하며, 그 전압 앞에 R을 붙여 탭전압과 구별한다.

(5) 정격 2차전압 : 정격용량을 얻을 수 있는 전압으로 전부하에서도 유지할 수 있는 단자전압이다.

(6) 정격 1차전압 : 정격 2차전압에 변압비를 곱한 값이다.

(7) 정격전류 : 정격용량과 정격전압으로부터 산출된 선로 전류의 실효치를 말한다.

(8) 탭전압 : 변압기의 명판에 기재되 그 권선에서 단자전압의 실효치인정격전압 이외의 것을 말한다.

(9) 스탭전압 : 두개의 인근 탭전압의 차를 말한다.

(10) 전압변동율 : 변압기에 부하 전류가 흐르면 변압기의 내부 임피던스로 전압강하가 생긴다. 그 정도를 나타내는 것이 전압변동율이다. 이는 부하의 크기와 역률에 의하여 변한다. 2차 단자 전압의 전압변동을 정격 2차 전압에 대한 비로 나타낸 것이다.

$$\text{전압변동율}(\varepsilon) = \frac{V_{20} - V_{2N}}{V_{2N}} \times 100\%$$

V_{2N} : 정격 2차 전압

V_{20} : 2차 단자전압(1차 전압을 고정하고 2차측을 무부하인 경우 2차 단자전압)

(11) 변압기의 효율 : 출력과 입력의 비를 말하며 다음 식에서 산출된 효율은 규약 효율이라 한다.

$$y = \frac{P_2}{P_2 + W} \times 100$$

P_2 = 2차 출력(Kw) W : 전손실(Kw)

W = W_1(무부하손 Kw) + WC(부하손 Kw)

〈표 21-1〉 각종 권선의 허용 최고온도

절연의 종류	허용 최고 온도(℃)
Y	90
A	105
E	120
B	130
F	155
H	180
C	180초과

(12) 온도상승 : 변압기의 철심내부에 발생하는 손실이나 권선내부에서 발생하는 부하손실은 모두 열로 되어 철심과 권선의 온도를 상승시킨다. 그러므로 변압기의 열화를 방지하여 장기간 안전하게 운전하기 위해서는 냉각방식을 채택해야 한다.
A종 절연물에서 95℃이면 경험적으로 약 30년간 연속적으로 사용이 가능하다.

4) 변압기의 용량

변압기에는 정격전압, 정격출력, 정격전류 등이 규정되어 있으며 전압이 높거나 고전류가 흐르면 소손(燒損)될 염려가 있다.
그러므로 변압기는 용량한도내에서 사용해야 하며 용량은 2차측의 정격전압과 정격전류차의 곱으로 나타내며 볼트 암페어(VA), 킬로 볼트 암페어(KVA), 메가 볼트 암페어(MVA)로 표시한다.

5) 변압기의 시험

변압기의 시험은 공장시험, 현장시험, 보수시험의 3가지로 분류된다.
모든 변압기에 공통적으로 현장에서 가장 많이 하는 시험방법은 다음과 같다.

(1) 절연저항 측정

절연물의 절연저항은 흡습 또는 열화에 의하여 내려가기 때문에 절연저항을 측정하면 절연물의 상태를 어느 정도 알 수 있다.
측정이 간편하고 취급이 용이하므로 많이 사용된다.

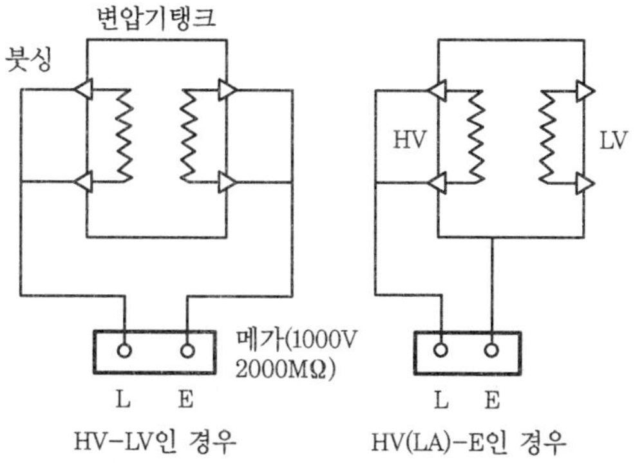

<그림 21-2> 절연 저항 측정 회로도

각 권선간 권선과 대지간의 절연저항을 측정하기 전에 붓싱의 애자를 잘 청소하고 또 메가지시치가 리드선만으로 단락하고 개방되어 무한대가 되는가를 확인한 후 측정하여야 한다.

이 측정치는 측정당시의 주위온도, 변압기의 온도와 날씨 등을 함께 기록유지하여야 하며 이것은 과거의 측정치와 비교함으로서 변압기의 상태를 파악하기에 용이하다.

(2) 절연유 시험

절연유는 산소와의 반응 및 흡습에 의하여 절연내력이 저하하고 내부에 슬러지가 생성되어 냉각능력이 저하한다. 이와 같은 정도를 판단하기 위한 시험으로 절연파괴 전압 및 산가 측정을 하게된다.

1) 절연파괴 전압의 측정 : 유기시험 용기에 약 15cc를 넣고 직경 12.5mm의 두전극간의 캡을 2.5mm로 하여 상용주파 전압을 가하여 측정한다.

산가는 현지에서 간이 산가 측정기를 이용한다. 한편 시료를 채집할 때는 수분과 먼지 등이 섞이지 않도록 하고 채집병을 잘 닦아 충분히 건조시키지 않으면 실제와 현저하게 다른 값이 되므로 주의를 요한다.

(3) 권선 저항 측정

이 시험은 측정치를 설계치 또는 구측정치와 비교하여 권선동내의 규격 및 도전율의 양부나 접속상태의 양부를 확인하기 위하여 측정한다. 이것은 부하손의 온도 확산 및 온도상승 계산에 필요하다.

1) 권선 저항 측정 : 브리지법과 직류전류에 의한 전압강하법이 있다.

권선의 인덕턴스로 지시치가 안정될 때까지의 시간단축을 위하여 타권선은 개방하고 가능한한 전원전압을 높게 하여 직력로 저항기를 넣어서 측정하면 좋다.

그리고 전압강하법에서는 측정후 전원을 분리할 때 인덕턴스 때무에 높은 전압에 발생하므로 전압계를 소손시키지 않도록 S_2를 개방한 후 S_1을 개방한다. 접속저항을 적게 하도록 하고 측정용 리드의 저항은 감한다.

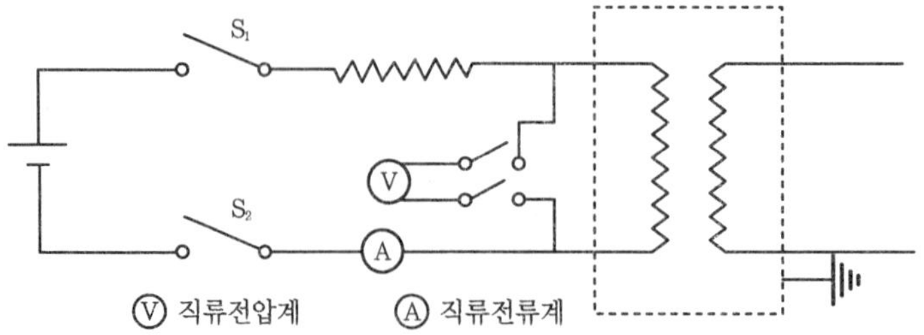

〈그림 21-3〉 권선저항 측정(전압강하법) 회로도

권선저항은 온도에 의하여 변하므로 유입변압기는 권선과 절연유의 온도가 같도록 하여 측정하고 기름의 온도를 권선의 온도로하여 저항치와 함께 기록한다. 전압강하법에서는 측정 중에 온도가 상승하지 않도록 통전 전류를 정격전류의 15% 이하로 하여야 한다.

(4) 변압비 시험

변압비는 변압기를 사용하는데 가장 기본이 되므로 시험은 간단하지만 매우 중요한 시험이다. 이 시험은 층간 단락사고의 검출시에도 사용된다.
측정회로는 전압계법에 의하며 계기와 변압기 PT 그리고 스위치(S)를 절환할 때 전압계의 지시가 거의 같도록 한다. 이때 가하는 전압은 공장에서 정격전압이 10% 이상으로 하나 현지에서는 측정기구 관계로 200V정도로 하기도 한다.
전원 전압은 일정하게 하고 스위치를 절환하여 양측의 전압을 측정한다. 그런데 1차, 2차 전압을 각각 개별 전압계로 읽으면 오차가 생기기 쉬운 단점이 있다.

(5) 극성 시험(단상 변압기)

극성은 병렬운전시나 3상결선을 하는 경우 매우 중요하다. 이 시험은 직류전압계에 의한 유도법, 교류전압계에 의한 가감법이 있다.
어느 경우에도 필히 고압측에 전압을 걸어야 한다. 유도법에서는 스위치를 S를 넣을 때 직류전압계의 진동을 보고 스위치 S를 닫았을 때 전압계의 진동이 정방향이면 감극성, 역방향이면 가극성이다. 가감법에서 V_1와 V_2를 보아 $V_1 > V_2$이면 감극성 그렇지 않으면 가극성이 된다.

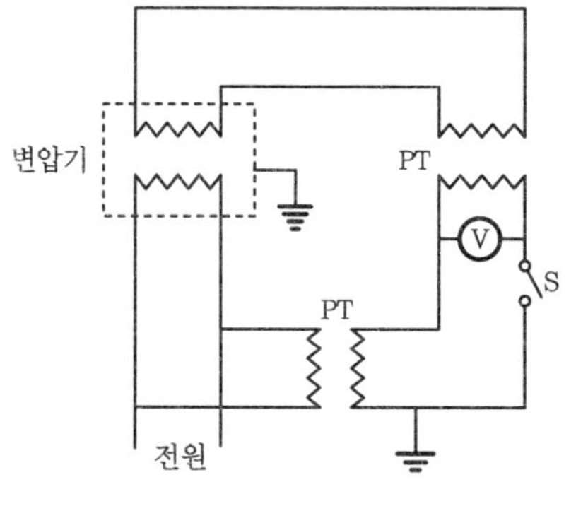

<그림 21-4> 변압비 시험 회로도

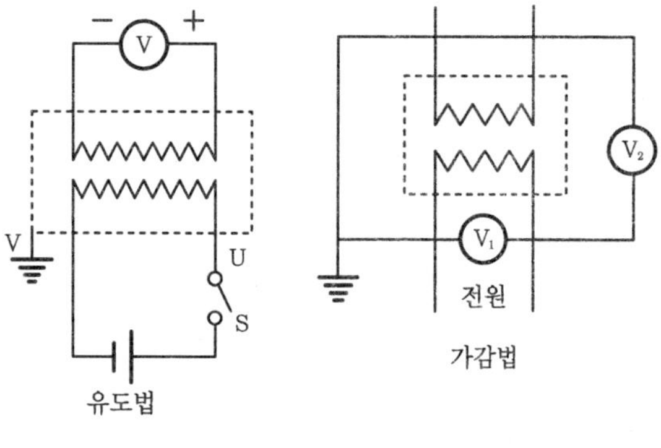

<그림 21-5> 극성시험 회로도

6) 변압기의 결선

(1) 병렬 접속 : 1대의 변압기로 용량이 부족하면 2대의 동일한 변압기를 같은 극성(極性)끼리 병

렬로 접속한다. 이때 결선을 단상(單相)변압기의 병렬접속이라 한다.

(2) 3상 결선 : 3상결선은 1차 및 2차의 조합으로 Δ−Δ, Y−Y, Δ−Y, Y−Δ, V−V결선 등이 있으며 3상의 출력 P(KVA)는 다음과 같다.

① 변압기 3대를 사용할 경우 P(KVA)=1의 출력×3

② 변압기 2대를 사용할 경우 P(KVA)=1대의 출력×$\sqrt{3}/2$

(3) Δ−Δ 결선 : 델타 결선이라 하며 변압기 3대중에서 1대가 소손되어도 나머지 2대로서 Vruftjs 하여 부하를 $1/\sqrt{3}$로 줄여서 3상부하에 대처할 수 있다.

(4) Y−Y 결선 : 스타아 결선이라 하며 변압기의 전압은 1차와 2차가 선간(線間) 전압의 $1/\sqrt{3}$로 된다. 또한 중성점을 접지하면 제3고주파의 지(地)전류가 흘러 통신선에 유도 장해를 준다.

(5) Δ−Y 결선 : 델타스타아 결선이라 하며 2차 권선의 전압은 선간 전압의 $1/\sqrt{3}$로서 승압용에 적합하다.

(6) Y−Δ 결선 : 스타아 델타결선이라 하며 1차권선의 전압은 선간 전압의 $1/\sqrt{3}$로서 강압(降壓)용에 적합하다.

(7) V−V 결선 : Δ−Δ 결선에서 2대의 변압기로 3상변성(三相變性)이 가능하고 변압기의 이용률이 $\sqrt{3}/2$으로 떨어진다.

21.2 예비 전원 설비

전력 회사로부터 건축물에 공급받고 있는 상용전원(常用電源)이 정전되었을 때와 예기치 않았던 갑작스런 정전사고를 사전에 방지하고 건축물 자체의 보안전력(保安電力)을 확보하며, 또한 방재목적(防災目的)으로 빌딩에서 예비 전원 설비는 대단히 중요하다.

일반적으로 비상발전기의 용량은 전기설비 용량이 20~30% 정도로 한다. 그리고 비상용 예비 전원이 필요한 장소는 다음과 같다.

1) 예비 전원이 필요한 장소

① 은행, 사무실, 빌딩 : 전산실, 대기실, 금고 둘레, 엘리베이터, 텔레타이프, 온 라인 시스템, 예식장, 야간학교 등

② 백화점, 사무실, 빌딩 : 매장 조명, 금전 출납기, 냉동설비

③ 병원 : 수술실, 병실, 복도, 주방

④ 대극장 : 복도, 객실, 스피커 회로

⑤ 통신시설 : 무선 수신소, 주계소, 방송국, 신문사
⑥ 피크 타임의 보조전원
⑦ 산업용 전력을 쓰지 않는 관광업소
⑧ 조명용 : 상시등 정전의 경우 운전조작에 필요한 장소의 전원
⑨ 공기조화용 : 중앙감시실, 중앙 관리실, 환기용 전원
⑩ 위생설비 : 배수펌프용 전원
⑪ 보안 및 방재용 : 항공장해등, 셔터
⑫ 기타 : 소화설비, 소방법에 의한 설비용 전원

2) 예비 전원의 종류

1) 충전기를 갖춘 축전기
2) 자가용 발전장치(10초 절환의 것)
3) 충전기를 갖춘 축전지와 자가용 발전장치의 병용

3) 예비 전원이 갖추어야 할 특성

축전지와 자가용 발전설비는 완전히 그 기능을 발휘할 수 있도록 다음과 같은 특성을 갖추어야 한다.

(1) 예비 전원용 축전지는 정전 후 충전함이 없이 30분 이상의 방전에 견딜 수 있어야 한다.
(2) 자가용 발전설비는 비상사태 발생후 10초 이내에 전압을 확립하여 30분 이상 안정되게 전원을 공급할 수 있어야 한다. 그리고 비상용 엘리베이터 및 배연설비에는 1시간 이상의 전원 공급이 필요하다.
(3) 충전기를 갖춘 축전지와 자가용 발전장치의 병용 방식은 자가용 발전설비의 비상사태 발생후 45초 이내에 시동해서 30분 이상 안정된 전원 공급이 가능하여야 하며, 축전지 설비는 정전후 충전없이 30분 이상의 방전에 견딜 수 있는 용량이 필요하다.

4) 자가 발전설비 용량의 산정

자가발전 설비의 부하선정에 필요한 사항은 다음과 같다.

(1) 건물내 시설의 성격, 부하의 용도, 성질 등을 고려한다.
(2) 사용빈도가 적은 것을 고려하여 극력부하를 제한한다.
(3) 경제성을 검토한다.
(4) 디젤엔진에 의한 예비전원은 수십초간의 정전을 피할 수 없음을 고려한다.
(5) 유도전동기는 시동전류가 큰 부하이므로 시동방법을 고려한다.

(6) 수전전력과 자가발전용량과의 관계는 다음과 같다.
① 상·하수도 시설 : 약 80%
② 전신전화 시설 : 약 65%
③ 병원 : 약 30%
④ 빌딩 : 약 20%
(7) 전부하 운전입력을 충분히 공급할 수 있는 출력일 것
전부하 운전입력=총정격 kW×수용률
(8) 유도전동기를 기동할 때 일어나는 돌입부하에 견딜 수 있을 것

$$\text{유도 전동기이 시동부하(kVA)} = \sqrt{3} \times \text{정격전압} \times \text{시동전류} \times \frac{1}{1,000}$$

21.3 축전지 설비

축전지는 직류전기를 충전지에 의하여 충전시켜 저장한 후 다시 사용할 수 있는 2차전지(Secondary Cell)로서 연축전지(산축전지)와 알카리 축전지가 있다.
일반적으로 전기를 끌어내는 것을 방전(妨電 : Discharge)이라 하며 새로 외부로부터 전기를 가하는 것을 충전(充電 : Charge)이라고 한다. 이 방전과 충전을 되풀이 할 수 있는 전지를 축전지라 한다. 축전지의 특징은 표 21-2와 같다.

〈표 21-2〉 축전지의 특징

구분	연축전지(산축전지)	알카리 축전지
기전력	1개당 2V	1개당 1.2V
최대방전전류(C=it)	1.5C	포켓 2C, 소결 10C
전기적 강도	과충방전에 약하다.	과충방전에 강하다.
기계적 강도	약하다.	강하다.
충전시간	길다.	짧다.
온도특성	열등하다.	우수하다.
수명	10~20년	30년 이상
가격	싸다.	비싸다.

1) 연축전지와 알카리 축전지

(1) 연축전지(산축전지)

묽은 황산 속에 과산화연과 해면상연을 침적하면 이온화 경향이 큰 금속인 연은 음극이 되고, 이온화 경향이 적은 과산화연은 양극이 되어 기전력이 발생한다.
연축전지는 약 20V 정도의 기전력이 발생되며 이때 공칭 전압은 Cell당 2V이다.

$$\underset{\text{(과산화연)}}{\overset{\text{(+극)}}{PbO_2}} + \underset{\text{(황산)}}{\overset{\text{(전해액)}}{2H_2SO_4}} + \underset{\text{(허면상연)}}{\overset{\text{(-극)}}{pb}} \underset{\text{충전}}{\overset{\text{방전}}{\rightleftarrows}} \underset{\text{(유산연)}}{\overset{\text{(+극)}}{PbSO_4}} \quad \underset{\text{(물)}}{\overset{\text{(전해액)}}{2H_2O}} \quad \underset{\text{(유산연)}}{\overset{\text{(-극)}}{PbSO_4}}$$

(2) 알카리 축전지

알카리성인 가성카리의 수용액중에 양극판(NiooH)과 음극판(cd)를 서로 격리해서 침적시킨 것으로 약 1.3V의 기전력을 발생하며 공칭전압은 Cell당 1.2V이다.

$$\underset{\text{(수산화제2니켈)}}{\overset{\text{(+극)}}{2NiooH}} + \underset{\text{(카드뮴)}}{\overset{\text{(-극)}}{cd}} + 2H_2O \underset{\text{충전}}{\overset{\text{방전}}{\rightleftarrows}} \underset{\text{(수산화제2니켈)}}{\overset{\text{(+극)}}{2Ni(OH)_2}} + \underset{\text{(수산화카드뮴)}}{\overset{\text{(-극)}}{cd(OH)_2}}$$

2) 연축전지(산축전지)

(1) 충전

음극과 양극의 황산연($PbSO_4$)은 충전기에 의해서 점차적으로 전기에너지를 가역시키면 양극판은 과산화염(PbO_2), 음극판은 해면상연(Pb)으로 변하고 전해액은 극판의 활물질과 반응하여 규정비중까지 올라간다.

(2) 방전

화학에너지를 전기에너지로 변환하여 사용하는 것을 말하며 음극판의 해면상연(Pb)과 양극판의 과산화연(PbO_2)은 황산연 극판의 활물질과 반응하여 무로 변하여 비중이 떨어진다.

(3) 기전력

① 기전력과 비중 : 전해액의 비중과 기전력의 관계는 Cell당 다음과 같은 식으로 계산한다.
기전력 E(V)=전해액 비중+0.85

② 기전력과 온도 : 기전력은 전지온도가 상승하면 높게 되고 이의 변화는 1℃에 대하여 Cell당 0.2~0.3mV 정도이다.

3) 축전지의 용량

축전지의 용량은 전기량을 단위로 하여 다음과 같이 나타낸다.
암페어시 용량(AH)=방전전류(A)×방전시간(H)
예를 들면 200AH는 20A로 1시간 방전할 수 있다는 것이며 200(AH)=20(A)×10(H)와 같다. 또한 축전지의 용량을 에너지 단위로 표시한 경우는 다음과 같다.
와트시 용량(WH)=암페어시 용량(AH)×방전평균전압(V)
즉 와트시 요양은 암페어시 용량에 방전 평균전압을 곱하면 된다. 만약 연축전지면 400(WH)=200(AH)×2(V)가 축전지 1개의 보유 전기에너지가 된다.

4) 축전지의 수면

축전지는 몇 회라도 되풀이 사용할 수 있지만 그 횟수는 한도가 있다. 수명은 축전지의 용량이 정격용량(定格容量)의 80% 이하까지 열화되었을 때를 수명으로 한다.

5) 축전지의 효율

① 암페어시(AH)효율 $= \dfrac{\text{방전전류} \times \text{방전시간}}{\text{충전전류} \times \text{충전시간}} \times 100\%$

② 와트시(WH)효율 $= \dfrac{\text{방전전류} \times \text{방전시간} \times \text{편균방전전압}}{\text{충전전류} \times \text{충전시간} \times \text{평균충전전압}} \times 100\%$

③ 중량효율$= \dfrac{WH}{kg} = \dfrac{AH}{kg}$ (kg당 출력)

④ 용적효율$= \dfrac{WH}{\ell} = \dfrac{AH}{\ell}$ (ℓ당 출력)

제22장

정보 통신 설비

22.1 인터폰(Interphone) 설비

인터폰은 국선(局線)과 접속하지 않는 구내 및 옥내 전용 전화로서 통화 연락 목적으로 설치하여 전화기에 부속하는 푸시버튼 스위치를 조작하여 전화기 상호간의 통화를 자유롭게 할 수 있다. 건축물내 인터폰 설비에서 전화기의 수는 10개 정도일 때 가장 실용적이다. 만약 그 이상인 경우는 배선이 복잡하여 비실용적이다.

1) 인터폰의 통화방식

(1) 상호식(相互式)

이 방식은 인터폰의 상호간에 상대를 호출 통화할 수 있는 방식이다.
통화방식은 동시 통화식과 편통화식이 있다.

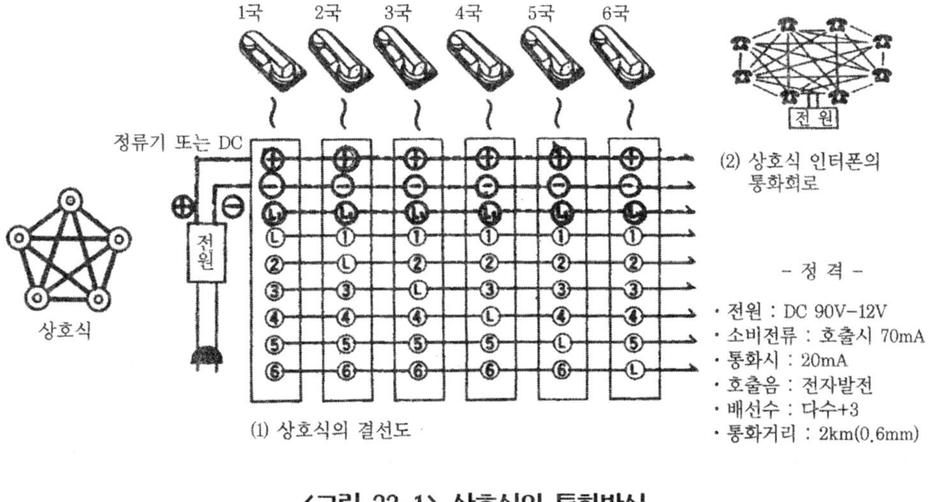

<그림 22-1> 상호식의 통화방식

(2) 모자식(母子式)

모기(母機)에서는 어느 자기(子機)나 호출 통화할 수 있으나 자기(子機) 상호간은 모기의 중계에 의해서 통화가 가능한 방식이다.

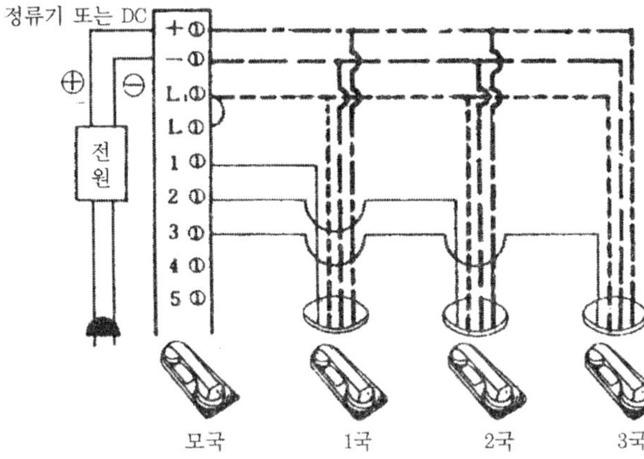

(1) 모자식 인터폰 결선도

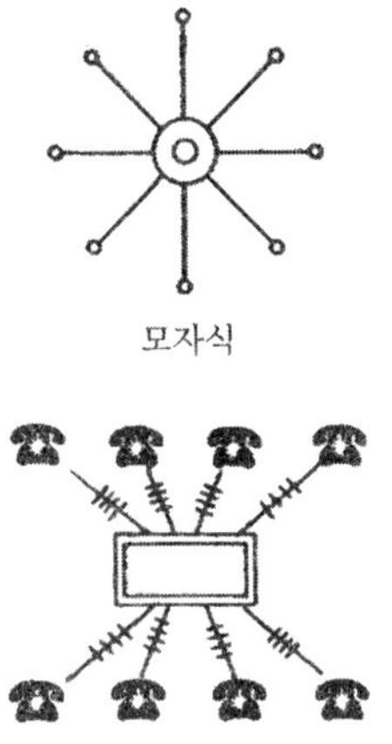

(2) 모자식 인터폰 통화회로

〈그림 22-2〉 모자식의 통화방식

(3) 복합식(複合式)

상호식과 모자식을 복합한 방식이다.

① 개별통화 및 전체통화가 가능하다.

② 결선방법이 간단하다.

③ 사무실, 호텔, 병원, 여관, 학교, 기타 공공건물에 사용 가능하다.

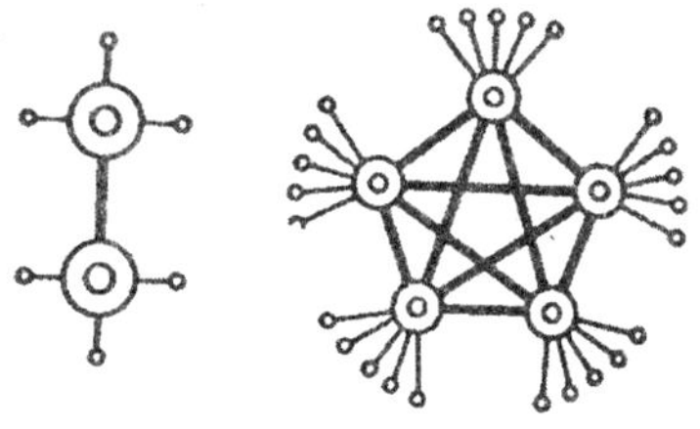

〈그림 22-3〉 복합식 인터폰의 통화방식

(4) 전자 연립식

①국과 ②국이 통화중일 때 복수통화가 가능한 방식이다. 전자연립식 인터폰의 특징은 다음과 같다.

1) 전자 연립식의 특징

① 대기신호기능 : 전화음과 동일한 대기신호("윙"-)가 송출되므로 각국간 통화 또는 고장 유무를 확인할 수 있다.

② 통화와 통화중 기능 : 통화하고자 하는 버턴을 누르면 전화음과 동일한 통화 신호(톤닝)가 송출되며, 통화중일 때는 통화중 신호("뚜"-)가 송출된다.

③ 톤닝(Toing)방식 : 단순발진음이 아니며 귀에 부담을 주지 않는 경쾌한 톤닝 방식을 채택하고 있다.

④ 표지판 부착 : 재래식과 달리 호실을 기입할 수 있는 표지판이 부착되어 있다.

2) 전자 연립식의 기능

① 전자터치방식 : 스위치가 기계식이 아닌 전자터치식이다.

② 상호식(다수)기능 : ①국과 ②국이 통화중일 때 ③국 ④국 등 여러국이 동시에 통화할 수 있는 다수통화가 가능하다.

③ 복수(연립) 통화기능 : ①국과 ②국이 통화중일 때 ③국 ④국 또는 ⑤국 ⑥국… 복수통화가 가능하다.

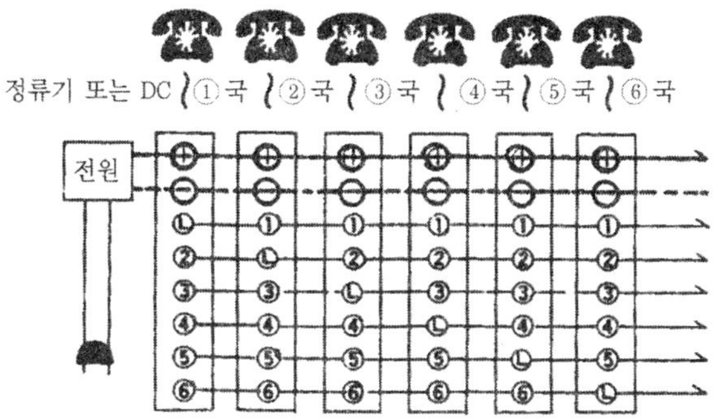

(1) 전자 연립식 인터폰의 통화 회로

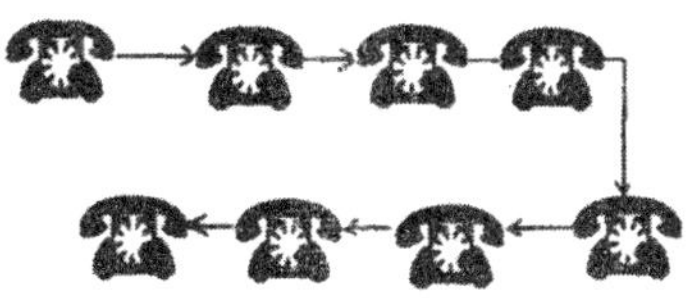

(2) 전자 연립식 인터폰의 결선도

<그림 22-4> 전자 연립식의 통화방식

2) 인터폰 기기의 설치

① 벽매입형 및 벽걸이형 인터폰의 설치 높이는 1.5m로 한다.

② 전원 장치는 보수가 용이하고 안전한 장소에 시설한다.

③ 전화 배선과는 별도 회로로 한다.

3) 인터폰 설비의 설계

(1) 통화 연락 목적에 의한 구분

① 현관, 거실, 주방 연결용 도어폰(Door Phone)

② 일반 업무용 인터폰

③ 엘리베이터용 인터폰

(2) 기기에 의한 구분

① 모기(母機) : 통화에서 우선 기능을 갖추고 있는 것
② 주기(子機) : 모기에 접속하지 않으면 통화가 되지 않는 것

(3) 통화식에 의한 구분

① 교대통화식 : 통화자 사이에서 교대로 통화가 가능한 것
② 동시통화식 : 통화자 사이에서 동시에 통화가 가능한 것

(4) 선국수

개개의 모기 및 자기의 호출을 선택할 수 있는 상대방 수를 선국수라 한다.

(5) 기종선정

사용목적, 사용자의 의도 등을 고려한 방식 및 기종을 선정한다.

(6) 배선

① 0.8mm 이상의 600V 비닐절연전선을 사용한다.
② 선국수나 모기 대수가 많으면 0.6mm의 통신케이블을 사용한다.

(7) 전원방식

① 교류 100V식 : 배선거리 300m(0.6mm배선)
② 건전지식 : 배선거리 80m

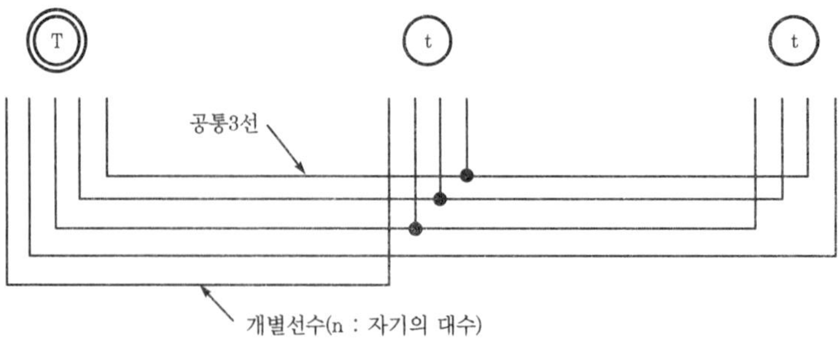

〈그림 22-5〉 인터폰용 배선도(전화형 동시통화 모자식)

22.2 전화설비

전화기와 전화용 배관 배선 및 전화 교환기를 총칭하여 전화설비라 한다.

1) 전화기의 종류

① 국선전화기(단독가입, 공동전화기, 집단전화기)
② 내선전화기
③ 버튼전화기
④ 부속전화기

2) 전화용 배관 배선 공사

건물내의 전화선은 미관상 매립공사로 하며 전화용 아웃렛 박스(Outlet Box)를 요소에 배치하여 장래의 증설을 고려하여야 한다.
대규모 건물은 케이블(Cable)전용의 전기용 파이프 샤프트(Pipe Shaft)를 설치함이 바람직하다. 그리고 각층의 단자반(端子盤)은 각층에서 상・하를 관통하는 벽면에 설치하고 또한 각층의 주 단자반에서 말단의 단자반까지 콘크리트 바닥 내에 매립배관하는 것보다 신더 콘크리트(Cinder Concrete)속에 배관을 한다.
말단의 단자반에서 각 전화기에 이르는 배관은 전화용 아우트렛(Outlet)를 3~4개마다 따로 배관하고 한편 넓은 사무실내에는 플로어 덕트(Floor Duck)를 바닥면에 종・횡으로 배관하여 아우트렛에서 분기한 피칭을 통하여 전선을 배선한다. 이와 같은 전화용 배관 및 배선 공사의 주의 사항은 다음과 같다.

(1) 전화배관 및 배선공사의 주의사항

1) 전화용 배관은 도중에서 분기할 수 없고 항상 말단까지 한쌍의 전선이 필요하다.
2) 전선수가 10쌍 이상일 때 전화용 케이블을 사용하며 배관의 굴곡은 완만하게 한다.
3) 매설관일 때는 항상 두께 2㎜ 이상의 것을 사용한다.
4) 전선관의 포설방법(佈說方法)은 강전설비(强電設備)에 준한다.
5) 전선관내는 침수되지 않도록 하고 접속개소에 커플링(Coupling)을 잘 조인다.
6) 인입구의 배관을 건물 외부에서 약 10cm 내놓는다.

(2) 전화용 배관, 배선공사의 종류

① 바닥 배선
② 플로어 덕트 배선
③ 레이스 웨이(Race Way) : 금속제의 배선용 덕트이다.
④ 옥내배선
⑤ 단자판 : 케이블 및 옥내선의 상호간의 접속하는 것이다.
⑥ 단자함 : 단자판을 수용하기 위해서 벽면에 설치하는 금속상자이다.
⑦ 집합보안기
⑧ 접지공사

(3) 인입구의 설계

1) 인입용 관로의 부설위치에서 흙두께는 GL에서 0.6~1.2m가 되도록 한다.
2) 핸드 홀내에 고인물이 인입구의 관로로 세어 누수되지 않도록 방수 및 배수를 고려한다.
3) 실내 단자반은 전화선까지 옥내선의 긍장(亘長)이 20~30m 되는 위치에 설치하고 단자수는 10쌍~30쌍이 되도록 한다.

3) 국선 및 내선 전화기수 선정

국선 및 내선 전화기수는 트래픽(Traffic) 조서(調書) 등에 의해서 통화량을 결정한 후 선정하여야 한다. 또한 교환기를 설치하는 사업소의 장차 예상되는 증설을 고려해서 기종을 선정하여야 한다. 국선수(국으로부터의 인입회선수)와 내선수(실내회선수)의 표준은 표 22-1이 주로 이용되고 있다.

〈표 22-1〉 업무별 소요 전화 회선수

업종	$10m^2$당 표준 전화 회선수	
	국선수	내선수
주식회사	0.3	1.2
은행	0.2	0.5
일반사무실	0.15	0.6
아파트	0.1	0.2
관공서	0.2	0.5
신문사	0.2	0.7
병원(병실)	0.03	0.03
병원(사무실)	0.15	0.15
증권회사	0.4	1.5

(1) 국선

소속 전화를 취급하는 국의 교환설비와 구내교환 설비의 주배선반 사이의 전화회선을 말한다.

(2) 내선

구내 교환기의 내선회로로부터 내선 전화기까지 사이의 전화회선과 내선 전화기를 말한다.

예제-01 사무소 건물의 연면적이 3,500m^{2}일 때 이상적인 내선수의 국선수는 몇회선인가?

해답-01 내선수 $\frac{3,500}{10}\times 0.6 = 210$회선≒200회선

회선수 $\frac{3,500}{10}\times 0.15 = 43$회선≒40회선

22.3 교환기 설비(交換機 設備)

1) 교환기의 종류

(1) 자석식 교환기

이 교환기는 가입자로부터 교환기를 호출하기 위한 호출 신호는 자석발전기의 10~20Hz의 신호용 교류전류를 사용하고, 통화용 전류는 매 가입자마다 건전지(D.C 3V)를 구비하여 공급하며 특징은 다음과 같다.

① 교환기 중에서 가장 간단하다.
② 취급방법에서 불편한 점이 많다.
③ 1인당 교환능력이 저하한다.
④ 회선이 적을 때 사용한다.

또한 자석식 사설 교환기에는 벽걸이형과 거치형이 있는데 벽걸이형은 단식으로서 국선이 2이고 구내선이 12회선용과 20회선용 등이 있다. 또한 거치형에는 국선 5회선에 구내선 30회

선과 50회선용 등이 있으며 1좌석 2패널로 되어 있다.
이 교환기의 작동은 구내선이나 국선으로부터 호출신호가 오면 구내표시기(200Ω), 국선표시기(500Ω)가 작동해서 표시기(Drop)가 떨어진다. 그러면 취급자가 응답프러그를 구내선 짹이나 국선 짹에 삽입시키고 전건(T.Key)을 제진후 응답한다.

(2) 공전식 교환기

이 교환기는 P.B.X(Private Branch Exchange)교환기라고 하며 통화용 전원은 건물내 일정한 장소에 설비된 축전지에 의하고 표시방법은 Lamp식이다.
이 교환기는 교환기, 축전기(24V 2조), 신호기, 정류기(충전기), 전화기 등으로 구성되어 있다. 한편, 국으로부터 들어오는 국선과 구내선이 가입되어 있으며 특징은 다음과 같다.

① 가입자의 설비비가 저렴하다.
② 송화용 전원은 전가입자에게 공통으로 대용량의 축전지가 사용된다.
③ 가입자의 서비스가 개선된다.

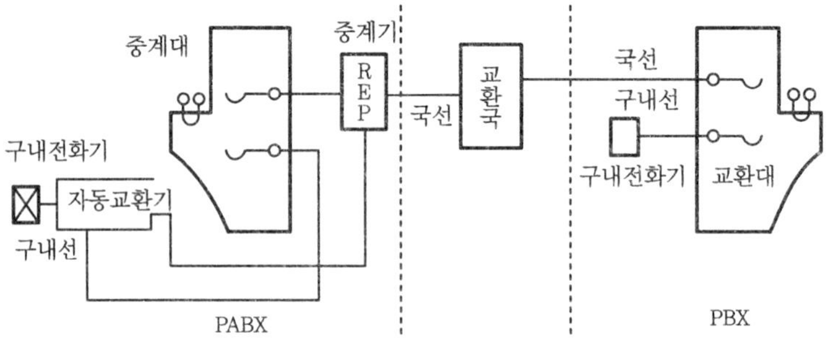

<그림 22-6> 사설 교환기의 연결

④ 대용량의 교환기에 적당하다.
공전식 교환기의 구성은 수용기계의 형식, 방식, 기능 등에 의하여 소형, 중형, 대형이 있고 좌석에는 1좌석, 2좌석, 2좌석 등이 있으며 수용별로 구분하면 단식과 복식이 있다.

(3) 자동식 교환기

자동식 교환기는 동작원리면에서 분류하면 단단식(Step by Step System)에는 미국의 스트로저식이 있고, 개폐식에는 스웨덴의 크로스바식(Crossbar)이 있으며, 또한 동력구동식(Power Driven System)에는 벨지움의 로타리식(Rotary) 등이 있다.

최근에 전자부품은 주로 다이얼(Dialing)이며, 이 다이얼 방식에는 자동교환기 상호간의 전자동식과 수동교환기에서 발신하는 반자동식이 있다. 스트로져식은 10진법에 의한 중계방식의 대표적인 교환기로 중계방식에는 100회선 방식, 1,000회선방식, 100만회선방식, 1,000만회선방식, 국간중계방식 등이 있다.

① 100회선 방식
이 방식은 1열마다 10회선씩 10개의 열(Lavel)에 나누어서 배치한 것으로 뱅크접점(Bank Contact)에 접속한 반원통형의 내면에 배치한 것이다.
이 반원통형의 중심에 상승 및 회전 운동을 할 수 있는 축을 설치하여 이것에 가동접촉편인 와이퍼(Wiper)를 장치한다.
이와 같은 접속장치를 각 회선마다 설치하여 뱅크(Bank)측에 피호출전화기를 수용하고 반대로 와이퍼측에 발신전화기를 접속하여 두면 와이퍼축을 상승회전 시켜서 필요한 가입자와 접속할 수 있다.
여기서 이 접속장치를 콘넥터(Connector)라고 한다.

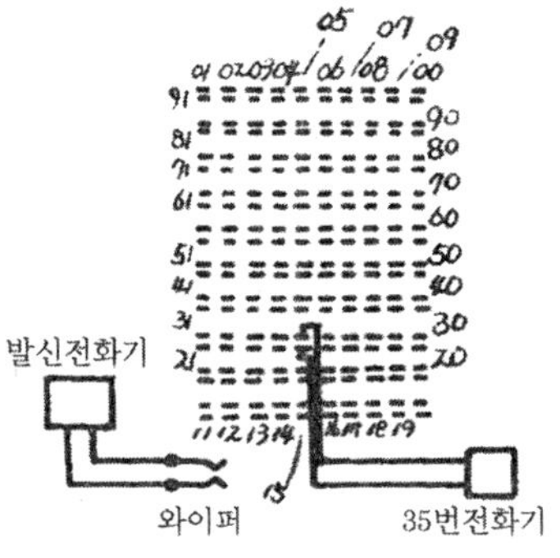

<그림 22-7> 뱅크 단자와 번호배열

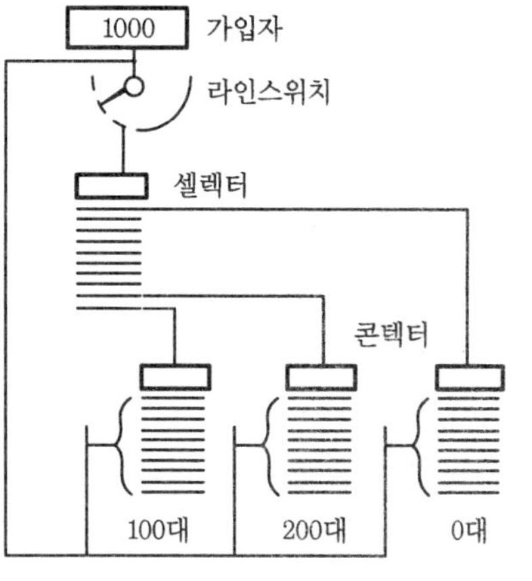

<그림 22-8> 1,000회선 중계방식

② 1,000회선 방식
가입자의 회선수가 100회선을 넘으면 콘넥터만으로는 접속을 할 수 없으므로 가입자선의 어느 콘넥터에도 접속할 수 있는 라인 스위치(Line Switch)와 콘넥터 사이에 셀렉터(Selector)를 설치하여 100회선당 1개의 중군으로 나눈다.
그리고 실제장치에서는 통화의 소통을 위해 적당한 수의 스위치를 설치해서 복식으로 접속시키고 있다. 또 1,000회선 방식은 가입자 번호가 000번~999번까지로서 3숫자 방식이라고 한다.

③ 100만회선 방식

이 방식은 6숫자 방식이라고 하는데 라인 스위치와 콘넥터 사이에 4개의 셀렉터를 설치하여 교환국의 번호를 십단위로 하고 가입자의 번호는 천단위로 한다.

4개의 셀렉터 중에서 1st셀렉터는 국번호의 십위 숫자를 선택하고, 2nd셀렉터는 단단위 숫자를 선택한다. 그 외에 4th셀렉터는 백단위숫자를 각각 선택함은 물론 콘넥터는 십단위와 단단위를 선택한다.

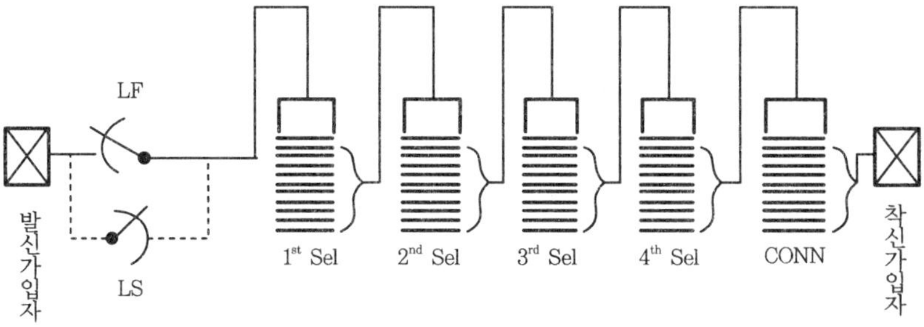

<그림 22-9> 스트로져 중계방식

④ 1,000만 회선 방식

이 방식은 7단위 숫자 방식으로서 특별히 대도시에서 사용되며 국번호가 100단위이고 셀렉터를 하나 더 추가한 것이다.

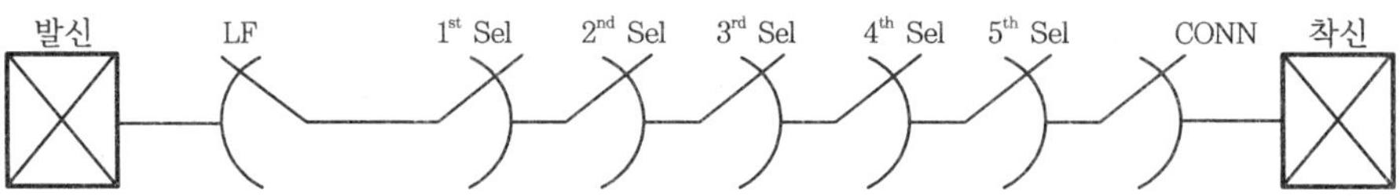

<그림 22-10> 단위 숫자 선택방식

2) 전화교환기실의 설비

(1) 전화 교환기실 선정시 고려사항

① 소요면적을 확보할 것

② 채광과 환기를 좋게 할 것

③ 먼지, 습기, 진동 등을 적게 할 것

④ 위치는 부하의 중심에 가까울 것

(2) 교환기실의 면적과 기기의 배치

수동 교환기실은 전용의 별실(別室)로 하고 바닥은 리놀륨 등을 깔아 먼지나 습기가 없도록 하여야 한다. 그리고 기기의 배치는 교환방식에 의한 교환기의 형식에 따라 달라진다.

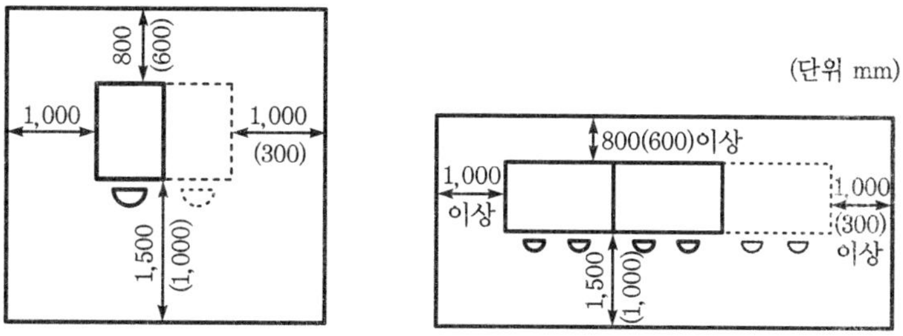

(a) 자석식(단식)　　(b) 공전식(복식)

<그림 22-11> 교환기의 배치

① 자석식 : 자석식(磁石式) 교환기 중 벽걸이형은 배면판을 벽에 붙여서 기기를 배치하는 것이 좋고, 일반 사무실의 경우는 간막이를 사용한다. 그리고 거치형(据置型)은 보통의 실로하며 교환기실의 넓이는 표 22-2와 같다.

<표 22-2> 수동교환실의 표준면적

연면적(m^2)	국선	내선	좌석수	수동교환식, 거치형[m, ( )내는 m^2	
				1열 배치	2열 배치
500	8	30	1	3.5 × 3.0(10.5)	
1,000	15	60	2	3.5 × 3.7(13.0)	
1,500	23	90	3	3.5 × 4.7(16.5)	
2,000	30	120	4	3.5 × 6.2(21.7)	
2,500	38	150	5	3.5 × 6.5(22.8)	
3,000	45	180	6	3.5 × 7.8(27.3)	
4,000	60	240	8	3.5 × 9.0(31.5)	5.8 × 6.4(37.1)
5,000	75	300	10	3.5 × 10.6(37.1)	5.8 × 7.8(45.2)

[주] 이 표는 사무소 건축에 대한 표준을 나타낸 것이다.

② 공전식 : 공전식의 교환기실은 전용의 실로 하는 것이 좋고 기계실과의 간막이는 간단한 스크린(Screen) 등으로 구획한다.

이 교환기의 통화용 전원은 축전지에 의하므로 약 3m^{2}의 축전지실이 필요하고 휴게실의 넓이는 최소 7m^{2}가 필요하다.
공전식중에서 교환기가 3대 이상이 되면 좌석의 교환수는 자기 담당 교환대의 옆까지 손이 미치는 범위로 한정하며 그 외의 교환대의 잭(Jack)을 손에 미치는 위치에 수용한 것을 복식이라 하고 이 교환기를 복식 교환기라고 한다. 그리고 이 복식 교환기는 전용의 교환실을 필요로 하는 한편 축전지실, 휴게실 등을 부속시킨다.

③ 자동식 : 자동식 교환기의 배치는 교환기의 종류에 따라서 배열 방법이 다르다.
이러한 교환기의 전원장치인 전원용 축전지의 용량은 교환기의 형식에 따라 다르다. 전화기 1개당 축전지의 용량은 공전식일 경우에 약 1AH(암페어 시), 자동식일 경우에는 약 1.5AH로 산정한다.
교환기 전원용 축전지 설치는 축전지의 용량이 100AH 미만의 휴대용으로 하고, 또한 100AH 이상은 거치형으로 시설하며 축전지의 충전은 정류기를 사용한다. 물론 축전지실은 교환기실에 인접시킨다.

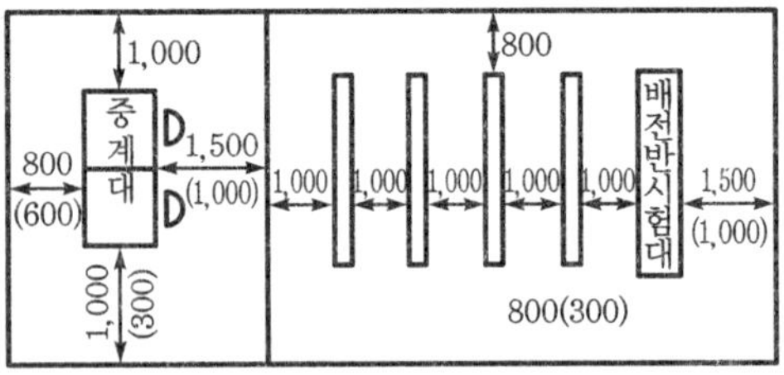

〈그림 22-12〉 교환기의 배치 예

22.4 전화 설비의 접지공사

전화설비(전화, 교환설비, 가입전화)에 필요한 접지의 종류는 통신용 배선반의 보안장치용, 가입자 보안용, 공동전화용의 5종이 있다.

(1) 접지극은 지하 75cm 이상의 깊이로 매설한다.(가입자 보안용은 50cm)
(2) 통신용 보안장치용의 접지극은 피뢰용 접지극으로부터 5m 이상, 또는 기타의 접지극과는 2m 이상 떼어 설치한다.
(3) 접지선은 지상 2m 부분까지를 전선관 또는 모울드 등으로 보호한다.

<표 22-3> 접지공사

종류			접지저항치	접지선의 굵기	비고
통신용	PBX축전지용 양극용	내선 200회선 이하	10Ω이하	$14mm^2$이하	PBX 및 집합자동전화
		내선 200회선 초과 내선 1,000회선 이하	6Ω이하	$14mm^2$이하	
		내선 1,000회선 초과	4Ω이하	$14mm^2$이하	
	공동전화용		300Ω이하	$1.6mm^2$이하	
보안 장치용	본배선반(MDF)용		10Ω이하	$14mm^2$이하	
	가입자보안용		100Ω이하	$1.6mm^2$이하	

22.5 인텔리전트 빌딩의 개념

인텔리전트 빌딩이란 건축, 환경, 통신(TC)기능, 사무 자동화(OA)기능, 건물 자동화(BA) 기능의 4가지 시스템에 의해 구성되어, 이것들을 유기적으로 통합하여 여러 가지의 서비스를 제공하는 것에 의해서 경제성(Economy), 쾌적성(Amenity), 효율성(Efficiency), 적응성(Adaptability), 안전성(Security)을 추구한 고도의 정보사회에서의 지적생산의 장에 어울리는 빌딩을 의미하며, 정보화 빌딩, 스마트 빌딩(Smart Building)이라고도 한다. 개념도는 그림 22-13과 같이 나타낸다.

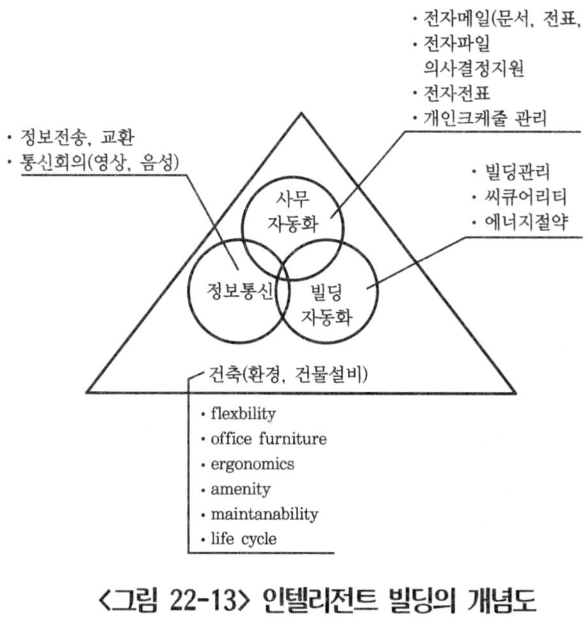

<그림 22-13> 인텔리전트 빌딩의 개념도

TC, OA, BA시스템은 건물의 두뇌, 신경계를 구성하고 건축 활동하는 인간의 거주공간을 형성하고 있다.

1) 건축환경 시스템(Architectural Environment System)

건축환경 시스템은 고도정도화사회의 오피스 업무에 적합한 쾌적하고 여유있는 공간을 제공하여 업무의 개선과 통신 및 OA기기의 변경 갱신 등에도 대응성(Maintenability)이 있어야 한다. 인텔리전트 빌딩을 계획할 때 각종 업무내용과 장비 시설의 향후 변경 및 확장에 대한 대비는 매우 중요한 일이다. 설비시스템, 업무 내용 및 방법, 기타 여건의 발전과 변경 및 확장에 대처하기 위하여 계획설계시에 내구년한 별로 구분하여 독립적으로 개조가 가능하도록 하여야 한다.
건축환경 시스템은 기능적인 공간을 준비하여 합리적이며 효율적으로 활용할 수 있고, 보수성과 안전성을 갖고 있어야 한다.

(1) 융통성과 전환성

장차에는 업무내용과 조직 등이 종전보다 더 짧은 기간에 변동이 생기게 될 것이며, TC, OA 기기도 기술혁신으로 자주 갱신될 것이 예상된다. 따라서 이와 같은 변화에 대응하려면 융통성있는 계획이 요건이 된다. 종전에 중요시된 오피스 건물의 공간 융통성은 인텔리전트 빌딩에서도 매우 중요하다.
조직의 역동적인 활동에 대응하는 실내의 시설과 시스템의 교화적인 재편성의 가능성은 전환성이다. 전환성을 촉진하는 방법은 고정성 공간을 분리해서 계획하는 방안이 있다.
고정성 공간은 건물내의 활동을 지원하는 부분이 주기적이며, 융통성 공간은 빈번한 변화와 자주 생기는 배치 전환에 대응하기 위한 기능을 갖는다. 이를 위해 적절한 죠닝계획과 모듈계획이 요구된다.

(2) 적절한 환경조성

지적인 생산성 향상을 위해서는 오피스 집무자들을 위해 생리적, 심리적으로 쾌적한 공간환경을 조성하는 것이 매우 중요하다. 여기에는 온습도, 조명 등 기준수치로 쉽게 정해지는 것과 실내녹화와 여유있는 공간의 분위기 형성 등을 들 수 있다.
적절한 환경노동으로서 육체적, 정신적 피로를 최소로 하기 위해 환경 확보를 위해 인간공학(Ergonomics)에 근거한 계획이 요구되며, 공간이 질에 있어서 심리적인 여유와 기분전환을 도모하는 쾌적성(Amenity)계획이 배려되어야 한다.
또한 미적이며 심리적인 쾌적한 환경조성은 사람을 위해 중요할 뿐만 아니라 기업의 이미지 향상을 위해서도 매우 중요한 인자가 된다.

(3) 오피스 가구 시스템

종래의 오피스 가구집기는 건축의 본체와는 별개로 생각되어 왔으나, 융통성의 확보 및 인간공학적인 면에서 쾌적하고 능률적인 공간환경 실현을 위해 건축과 통합된 시스템으로 준비할 필요가 있다.
이와 같은 건축환경 시스템의 기본적인 기능은 다음과 같이 나타낸다.

1) 지적생산 향상을 위하여, 창조적인 창에 어울리는 보다 풍요한 공간을 제공하는 것
2) 사무 업무의 변화 및 기술혁신에 따르는 시스템의 도입에 대응할 수 있는 유연한 공간구성을 확보하는 것

2) **통신 시스템**(Tele-Comunication System)

고도정보화사회에서는 오피스 건물내의 각종 OA단말기부터 건물 내외의 통신망에 대하여 자유롭게 연결될 수 있게 하며, 필요한 정보를 선택할 수 있게 하는 것이 기업의 전략전개를 위해 매우 중요한 인자이다. 통신회선을 통해 오피스 및 자사내 네트워크화를 도모하고 또는 외부의 통신망과 접속하는 것이 인텔리전트 빌딩의 필수조건이다.
디지털 PBX(구내 교환기)를 설치함에 따라 여러 가지 서비스를 제공할 수 있으며, 통신의 자유화가 이루어지면 PBX의 공통 사용이 가능해지므로 임대빌딩의 경우 설비의 공동이용 서비스가 가능하다. 디지털 PBX는 통신로에 시분할방식의 디지털 위치를 사용하고 있는 고밀도 집적회로화에 의해 전자화된 PBX 본체가 콤팩트하게 만들어 진 것이다. 또한 디지털 신호교환을 수행함으로써 모든 디지털 기기와 친화성이 높은 복합 통신 서비스가 가능하다.
그 이외에도 고기능 전화이용과 팩시밀리, 비디오텍스 등의 실화상 통신 등을 가능하게 하는 전송교환서비스, 문서메일, 음성메일 등의 전자우편 서비스, TV회의 등의 통신회의 서비스 등이 있다.

3) **사무 자동화 시스템**(Office Automation System)

통신 시스템이 외부의 통신망과 접촉을 담당하는 것에 대해, OA시스템은 오피스내와 건물내의 정보처리를 LAN의 구축 등에 의해 고도화되고 통합하려는 것이다. OA시스템이 업무 활동에 기여하는 서비스의 기능은 여러 가지가 있다. 각종 컴퓨터 및 단말기들과 사무용 기기들이 LAN의 도움으로 건물내에 네트워크화가 이루어 진다.
LAN은 전송로가 대용량 파일, 화상처리 등의 고가 기기를 개개의 단말에 연결하지 않고 공용함으로써 기타 통신시스템과 같은 대형 센터는 필요 없다. LAN의 전송매체로 트위스트페어 케이블, 동축케이블, 광섬유 등이 있다.
LAN에 고처리 능력은 같은 워크 스테이션을 비롯한 각종 단말기를 접속함으로써 종래의 스텐업

형의 OA기기 이용에 비해 보다 고도로 통합된 오피스 OA화가 실현된다.
서비스 내용으로는 기본이 되는 문서처리 서비스와 업무에 따른 의사결정의 지원, 스케줄 관리 등 다양한 서비스를 제공하는 정보처리 서비스가 있다.

4) 건물 자동화 시스템(building Automation System)

건물 자동화 시스템은 고도의 섬세한 환경제어에 의한 쾌적성의 제공과 빌딩운영관리의 적정화를 도모하기 위한 빌딩내의 각종 설비를 자동화하는 시스템의 총칭이다. 줄여서 BA 혹은 BAS 라고 하는 경우가 있다.
BA시스템은 다음과 같이 구성된다.

(1) 빌딩관리 시스템

빌딩 관리 시스템은 공조설비, 전력설비, 엘리베이터 등의 운전 상태 감시 등 비딩 설비의 관리운전을 합리적으로 하기 위한 시스템이다. 이 시스템으로 적정하며 쾌적한 환경조건을 자동화, 에너지 절약화에 의해서 효율적으로 실현할 수 있게 된다.

(2) 안전 시스템

고도정보화에 따라 오피스에 대한 안전성 인식이 새롭게 되고 있다. 이 시스템은 방범, 소화, 방화, 감시 및 엘리베이터 방화에 대해 ITV, 센스기술을 이용한 자동감지, 자동제어 등이 될 수 있게 계획한다.

(3) 에너지절약 시스템

인텔리전트 빌딩에서는 전력 등의 에너지 소비가 종래에 비해서 증대되는 경향이 있다. 이 시스템은 쾌적성을 손상시키지 않고도 에너지와 자원을 절약하는 것으로 유지관리 비용의 경감을 도모하는 것이다.

22.6 인텔리전트 빌딩의 유래와 현황

1) 인텔리전트 빌딩의 유래

인텔리전트 빌딩이란 말은 UTBS(United Technologies Building System)사가 미국 케네티컷주

하드포드시에 1984년 1월에 준공한 시티 플레이스(City Place)빌딩(38층, 약 32, 700평)의 특징을 선전하기 위해 처음 사용한 명칭으로 유래된다. UTBS사는 미국의 대표적인 대군수 전자회사의 자회사이며, 공조, 엘리베이터, 광선케이블, 렉서, 건축관계설비 등을 일괄 수주하는 산업전략을 전개하였다.
시티 플레이스 빌딩에서는 공조설비, 조명설비, 방재, 방범시스템, 엘리베이터 등이 첨단기술에 의해 최적화 제어되며, 쾌적하고 안전한 오피스환경이 경제적이며 효율적으로 실현되었다. 또한 UTBS는 디지털 PBX 등의 정보통신을 중심으로 한 시스템을 설치하여 사무실 임대자들이 공동사용할 수 있는 서비스를 제공하며 시스템 보안, 운용을 동사가 담당함으로서 새로운 사업형태를 만들어 냈다. 이 건물의 주용 내용은 빌딩내에 데이터 교환기를 연결함으로써, 다음과 같은 특징을 가져 왔다.
첫째, 건축회사의 통합화 및 건물의 자동화 시스템을 형성함으로써 에너지 절약과 빌딩 전체의 종합적인 안전성 향상을 도모하게 되었다.
둘째, 건물사용자들에게 공동사용 서비스를 제공하여 임대자들이 고도의 통신 시스템을 적은 비용으로 사용하게 되었다.

2) 인텔리전트 빌딩의 현황

인텔리전트 빌딩의 특성은 각국의 개발 형태가 다름에 따라 다음과 같이 나눌 수 있다.

(1) 미국의 경우

미국에서는 1984년 통신산업 독점체제가 전면 개방됨에 따라 통신산업의 자유경쟁 사업으로 전환된 점이 인텔리전트 빌딩 발전의 중요한 배경이 되고 있다.
미국에서 발전되고 있는 인텔리전트 빌딩의 특성은 다음과 같다.
① 임대용 빌딩이 많으며 시장성 위주의 개발을 하고 있다.
② 공동사용 서비스 제공과 그 이용에 대한 배려를 중요시하고 있다.
③ 대부분 연면적 50,000m^2 이상의 대형 고층 건물에 적용되고 있다.
④ 정부의 정책적인 지원없이 개발 사업자 및 관리운영자와 공동계획에 의해 사업이 추진되고 있다.

(2) 일본의 경우

1984년 후반에 속출한 일본의 인텔리전트 빌딩의 개발은 정부의 적극 지원을 받고 있으며, 일본의 인텔리전트 개발 특성을 요약하면 다음과 같다.
① 임대용 빌딩보다는 자사용 빌딩이 많으며, 시장성보다는 기술성이 강조되어 많은 기술장비가 사용되고 있다.

② 건물자동화 설비에 많은 배려가 이루어지고 있다.
③ 대형 고층 건물도 많으나 자사용 빌딩이 많은 관계로 소요 규모에 따라서 50,000m^{2}이하의 건물도 많이 있다.

(3) 북유럽의 경우

북유럽의 인텔리전트 빌딩은 미국이나 일본과는 달리 조직적이라기 보다는 기술적인 접근으로 추진되었으며, 계획단계에서 근로자의 의견을 반영하여 건축환경을 설계하는 경우가 많은데, 북유럽의 인텔리전트 개발 특성을 요약하면 다음과 같다.
① 임대용 빌딩보다는 자사용 빌딩이 많다.
② 건물 자동화의 설비 시스템 워크 스테이션 단위까지 세분화 적용되도록 배려되고 있다.
③ 소규모 건물이 많고 저층이 많으며, 평면의 다지형으로 되는 경우가 많다.

(4) 우리 나라의 경우

우리 나라 현황을 보면 다음과 같다.
① 미국과 일본에 비교하면 통신개발 정도가 부족하며, 첨단장비 기기의 개발도입이 뒤떨어져 있다.
② 컴퓨터 단말기 사용의 보편화와 사무실 환경과 업무 능률의 상관관계에 대한 인식도 등도 많은 차이가 있다.
③ 정부차원의 지원이나 사회 발전에 걸친 조직적인 접근이 있다.
④ 대기업의 자사용 빌딩 중심의 첨단기술도입에 대한 관심을 바탕으로 외국기술을 도입하는 단계이다.

현재 미국에서는 많은 기업들이 인텔리전트 빌딩 건설 사업에 진출하여 과다경쟁이 시작되고 있는 실정이며, 일본에서도 이와 같은 추세가 소개되어 특별한 관심이 집중되고 있어 인텔리전트 빌딩이 건설되어지고 있으나, 일본에서는 공동이용 서비스의 경제적 이점이 적은 관계로 자사빌딩들이 선행적으로 인텔리전트 빌딩을 건설하고 있는 실정이다.
우리 나라에서도 이와 같은 선진 각국의 추세를 참고하여 대기업의 자사빌딩 건설계획에 있어서 인텔리전트 빌딩화를 하고자 하는 시도가 점차로 증가하고 있는 실정이다. 그러므로 우리 나라 실정에 알맞은 인텔리전트화 방안에 관한 기술 개발이 요청되고 있다.
우리 나라의 대표적인 건물을 살펴 보면, 초기 단계인 1987년에 완성된 포항제철사옥, 안국화재빌딩(서울 을지로), LG트윈타워(서울 여의도) 등이 있으며, 1991년 한국통신연구센터(서울 우면동), 1993년 연세빌딩(서울역 앞)이 문을 열었고, 1995년에 포철의 포스코센터(서울 대치동), LG 강남빌딩 등의 본격적인 인텔리전트 빌딩 개념을 도입하였다. 또한 여의도에 증권회사들이 고유의 기능들을 하나의 통신망으로 연결한 인텔리전트의 증권타운이 형성될 예정이다.
특히 1989년 1월 건축추진위원회가 구성되어 1995년 7월 준공한 포스코센터는 인텔리전트 빌딩의 대표적인 예로서 다음에 주안점을 주었다.

① 경제적인 인텔리전트 빌딩 건설로 유지관리비를 절감하고, 임대의 수익성을 확보
② 저층부 공간의 공공화
③ 쾌적한 사무 환경 조성 및 합리적인 오피스 플래닝에 의해 사무 생산성 제고
④ 효율적인 동선체계 수립에 따른 기업 정보의 보안과 유지

사무실에서 종이를 추방한 Paperless 형태의 대표적인 빌딩으로서, 모든 문서는 컴퓨터로 작성하고 서류의 결재, 배포, 보관, 폐기의 전과정을 컴퓨터와 통신망을 이용해서 처리하므로 문서들이 사무실 내를 이동하는 경우가 없다.

3) 인텔리전트 빌딩의 특징

인텔리전트 빌딩은 국가와 사용 건물에 따라 다를 수 있지만 대체로 다음과 같은 특징이 있다.

(1) 빌딩에 디지털 PBX(구내 교환기)가 설치되어 LAN이 빌딩내에 구비되어 있고, 디지터 PBX와 빌딩내 전화망에도 스타(Star)형 LAN의 구축이 가능하여야 한다.
(2) 고도의 종합화된 건축설비를 갖추어야 한다. 즉, 컴퓨터, 센서, LAN 등의 이용에 각종 건축설비를 통합하여 최상의 쾌적한 환경을 작은 에너지로 제공한다는 것을 임차인에게 증명하여 주어야 하며(공조, 조명, 엘리베이터 등), 화재시에 감지, 통보, 배연, 폐쇄, 엘리베이터 및 공조의 콘트롤 등 재해시에 빌딩의 총합적 안정성을 높여야 한다.
(3) 고도의 사무서비스가 제공되어야 한다. 사무실내의 각종 단말기가 네트워크화되어 고도의 워드 프로세서, 전자우편, 전자 파일 등의 공용, 과학기술계산 등의 기능을 용이하게 쓸 수 있어야 한다.
(4) 각종 통신, 정보서비스를 염가로 얻을 수 있도록 하여야 한다. 회선계약에 따라 통신요금을 싸게 하고, 또 경제정보, 문헌정보 등 각종 데이터서비스를 싸게 제공하여야 한다.
(5) 텔레비전 회의 시스템, 간부 정보 시스템, 접수 시스템 등 각종 사무 시스템이 준비되어야 한다.
(6) 전자화에 대응하고 안전성(Security) 대책이 빌딩 자체 뿐만 아니라 정보통신 시스템에도 고려되어 정보의 안전성에 충분한 배려가 필요하다.

그림 22-14는 인텔리전트 빌딩 설계의 수직 구획 가상도를 나타내고, 그림 22-15는 아트리움을 이용한 자연채광을 나타낸다. 자연채광을 이용한 아트리움은 인텔리전트 빌딩에서 대부분 채택

하고 있는데, 아트리움 건물 내외부의 결합공간이 동시에 커뮤니케이션 공간이 된다. 내방객에게는 건물 및 기업의 이미지를 홍보하고 빌딩내 거주자에게는 건강한 사무 환경을 부여할 수 있는 의미있는 공간이다.

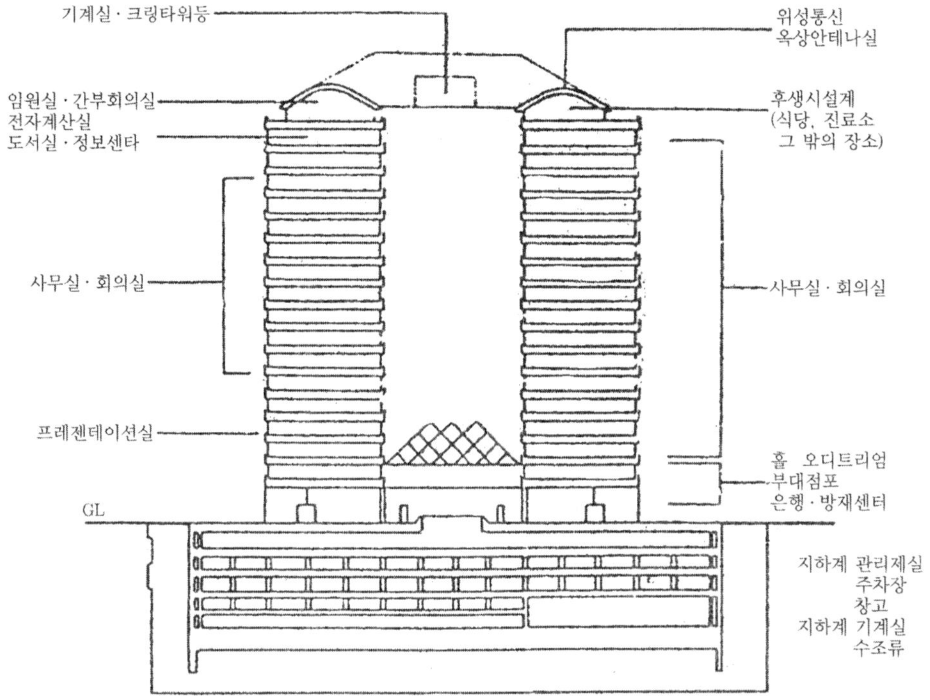

<그림 22-14> 인텔리전트 빌딩 설계의 수직 구획 가상도

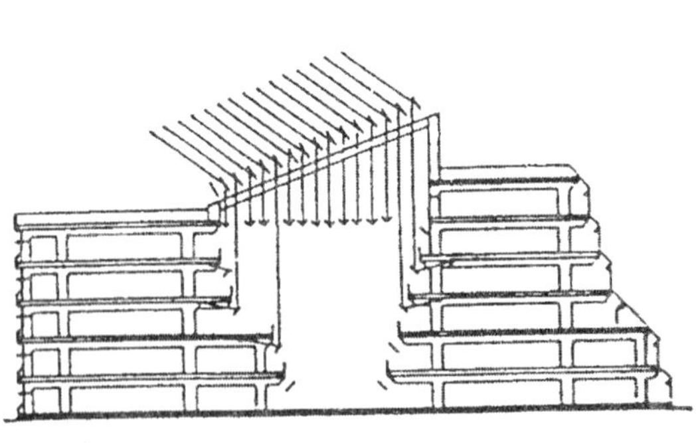

<그림 22-15> 아트리움을 이용한 자연채광

22.7 건물 자동화 시스템(BAS)의 구성과 기능

고도 정보사회에 있어서 건물 자동화 시스템(BAS)은 제어용 컴퓨터를 이용하여 빌딩에서의 호나경모델의 다양화, 관제대상의 양적인 증가, 관리의 종합화 등에 대응하며, 건물내 근무자의 업무환경을 보다 쾌적하고, 효율적이며 안심하고 일할 수 있는 사무실 환경 관리에 필요한 기능을 집중 관리함과 동시에 안전, 에너지 관리, 에너지 운반 등을 고도로 자동제어화하여 건물의 운영 효율이나 관리 등급을 대폭적으로 향상시키는 것을 그 목표로 하고 있다.
이제까지의 BAS는 공조, 위생, 전력, 조명, 방범, 방재 등의 대상 설비별 제어와 중앙감시방법 등이 그 축을 이루어 왔으나, 인텔리전트 빌딩의 고도화된 사무실 기능을 위하여 보다 진보된 건물 자동제어 기능이 필요하게 되었다. 건물 자동화는 각종 설비가 유기적으로 조화되어 최적의 건물 환경 제공 및 제어를 할 수 있는 방향으로 발전되고 있다.

1) 온도조절 및 공기정화 시스템(HVAC)

온도조절 및 공기정화 시스템(HVAC, Heating Ventilating & Air-Conditioning)은 다음과 같은 기계들로 구성되며 기능은 결국 온도조절 기능이라고 할 수 있다. 오늘날 대부분의 HVAC 빌딩 시스템은 빌딩이 필요로 하는 적정한 온도에 이를 때까지 물을 차게 하거나 뜨겁게 하는 기능을 수행한다. 이 기능은 BAS를 통해 컨트롤되며, 여기에는 부하 컨트롤 릴레이(Load Control Relay)와 같은 인터페이스 기기와 온도, 유속표시, 습도 등을 측정하는 다양한 형태의 센서가 사용된다. 제어 및 감시를 수행하는 이와 같은 제어장치들은 빌딩의 에너지 소비를 최적화하기 위해 에너지 관리 시스템(EMS) 소프트 웨어(S/W)와 연계되어 사용한다. 그림 22-16은 HVAC 구성도를 나타낸다.

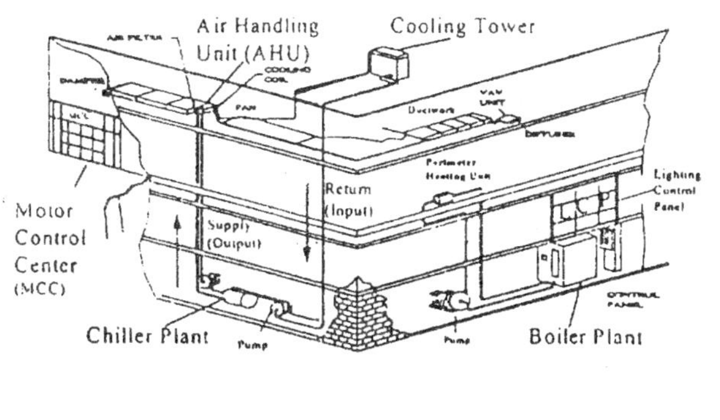

〈그림 22-16〉 HVAC 구성도

(1) 냉각 플랜트 (Chiler Plant)

냉각 플랜트는 냉각수를 만드는 기계로 여기에는 8개에서 24개 가량의 BAS 접점 포인트를 필요로 한다. 필요로 하는 냉각수의 용량이라든가 전달방법에 따라 병렬 및 직렬로 여러개의 냉각 플랜트를 묶어서 설계하기도 한다.
현재 생산되고 있는 대부분의 냉각 플랜트에는 BAS와 연계될 수 있도록 컨트롤 소자가 내장되어 있다.

(2) 온수 플랜트 (Boiler Plant)

온수 플랜트는 온수나 뜨거운 증기를 만들어 내는 기계로 각 플랜트마다 4개에서 8개 가량의 BAS접점 포인트를 가지며, 냉각 플랜트와 마찬가지로 대부분 공장에서 출하될 때부터 개별적인 컨트롤 소자와 최적화 기능 소자가 내장되어 있다. 현재 대부분의 BAS는 단순히 온수 플랜트를 켜고, 끄는 조작이라든가 수압에 대한 센서의 정보나 온도에 대한 경보 기능만을 수행한다.

(3) 공기 조화기 (Air Handling Unit)

공기 조절기는 팬과 모터, 온수와 냉수회전을 위한 코일과 밸브, 공기전송 및 전달을 위한 관로와 확산기 박스로 이루어져 있다.
공기 조절기에 대해서는 여러 가지로 상이한 환경 설정이 가능하지만, 보통 컨트롤 및 감시 기능을 수행하는 6개에서 8개 가량의 BAS 접점 포인트를 갖는다. 접점 포인트에 사용하는 대부분의 저전압 릴레이는 켜고 끄는 용도로 사용하고, 여러 가지 센서들은 온도, 습도, 공기의 흐름과 공기의 흡입(입출력) 정도 등과 같은 정보를 모으는 데 사용한다.
어떤 공기 조절기는 기기를 컨트롤하기 위해 공간 온도조절장치(Space Thermostat)를 이용하기도 하고, 또 어떤 공기 조절기는 기기의 성능에 대한 정보를 그 즉시 받아보기 위해 인라인(In-line)센서를 사용하기도 한다.

(4) 냉각탑 (Cooling Tower)

냉각탑은 각 공기 조절기 코일부의 반환부에서 되돌아오는 뜨거운 물의 열을 식히는 데 사용한다. 대부분 이런 냉각탑은 펌프로 온수를 건물의 꼭대기까지 끌어 올리고 타워를 통과시킨 다음 중력을 이용해 물을 끌어 내리는 방법을 쓰고 있다. 대형 팬은 뜨거운 열을 대기중으로 빼내는 데 사용한다. 여기서 식혀진 물은 다시 냉각 플랜트의 압력단 쪽으로 돌아간다.

(5) 펌프

펌프는 냉각 플랜트와 온수 플랜트에 모두 사용된다. 펌프틑 각 플랜트의 바깥쪽에 위치하여 몰을 공기 조절기에 전달하도록 하며, 건물을 한 바퀴 돌고 돌아오는 물을 냉각 플랜트와 온수 플랜트로 끌어 올리는 데 사용한다. 여기에는 BAS기능 수행에 필요한 몇 개의 부하 컨트롤 점(Load Control Point)을 필요로 하며, 각 냉각 플랜트에는 배출되는 물과 입력되는 물의 온도를 그 즉시 확인하기 위해 4개에서 8개 가량의 인 라인(In-line)온도 센서를 필요로 한다.

2) 조명 조절 및 제어

조명조절 및 제어를 위한 배선 연결점은 Lighting Control Panel(LCP)에 있다. 일반적으로 LCP는 빌딩의 각층에 설치하지만, 빌딩의 공유공간에 대한 조명조절 및 제어장치는 빌딩의 로비나 지하층의 중앙에 설치할 수도 있으며, 각 층 시스템 구성의 한 부분으로 포함될 수도 있다. "고"/"저"저압 인터페이스는 보통 콘텍터(Contactor)라 하는데, 이것은 하나의 전기회로와 연결된 인련의 조명기구들을 한번에 켜고 끄는데 사용하는 거대한 릴레이 장치이다.
각각의 조명기기들에 대한 개별적인 조명조절 및 제어는 그 위에 설치된 저전압용 계전기(Relay)를 dldydgkadmfhTJ 사용이 가능하다. 만일 이처럼 개별적인 조명조절 및 제어를 하고자 한다면, Systimax SCS 케이블을 이용한 배선점(Wire-Point)을 rntjdgkadmfhTJ 손으로 변환시킬 수도 있다.
에너지 절약을 위한 조명의 제어 및 조절에는 대개 LCP에 직접 컨트롤 캐비넷을 설치함으로써 가능해진다. 이런 기기는 LCP가 컨트롤하는 영역의 에너지와 빛의 양을 줄일 수 있게 한다. 그러나, 이런 경우에는 BAS(EMS)의 S/W특성을 이용해 "켜짐/꺼짐"기능을 수행하는 것이 비용 절감에 더 효과적이라고 할 수 있다.

3) 엘리베이터 컨트롤 시스템

엘리베이터 컨트롤 시스템은 BAS의 에너지 운용시스템(EMS) S/W와 그 형태가 비슷하다. ECS는 대개 RS485나 232 인터페이스를 가진 PC를 이용해 정보 및 명령기능 등을 시스템 관리자에게 제공하는 기능을 수행한다. ECS S/W의 목적은 엘리베이터의 기능 및 운용을 최적화시키는데 사용하며, IBS의 다른 기능들처럼 한데 묶어서 운용하지 않고, 독립적으로 사용한다. 이와 같이 독립적으로 운용되는 시스템의 경우 SCS 디자인 엔지니어는 FLS기능과 BAS기능에 대해 반드시 필요한 경보점(Important Alarm Point - 비상벨, 비상전화, 비상경보장치)을 어디에 설치할 것인지를 고려하여 설계해야 한다.

4) 에너지 관리 시스템(Energy Management System)

EMS는 빌딩에 사용되는 에너지의 양을 효율적으로 관리하면서, 빌딩기계설비의 운용을 최적화할 수 있도록 빌딩 관리자에게 필요한 자료를 제공하는 S/W이다. 현재 BAS를 제공하는 대다수의 시스템 벤더들은 빌딩의 전 분야에 걸쳐 경비절감과 최적화를 이룰 수 있는 에너지 관리 소프트웨어를 BAS시스템의 한 부분으로 제공하고 있다.

(1) 부하시간 (TOD, Time of Day Load) 제어기능

TOD는 실시간 제어 기능을 이용하여 빌딩의 설비들을 제어하는 S/W다. 예를 들면, 조명, 모터, 팬, 펌프와 전기히터 등은 TOD 프로그램의 조작을 통해 컨트롤된다. 물론, 이와 같이 BAS를 통해 TOD쪽으로 신호를 전송받는 각각의 기계설비에는 저전압의 부하 컨트롤 릴레이(Load Control Relay)와 신호전송에 사용될 접속관로가 반드시 설치되어 있어야 한다.

(2) 최대부하 (PDLS, Peak Demand Load Shedding) 제어기능

PDLS 에너지 운용시스템은 빌딩 시스템을 운용하는 동안, 어느 순간에 최대로 요구되는 에너지의 소모량을 제어하는 S/W이다. 에너지 소모가 최대로 요구되는 피크 타임은 보통 하루 중 낮시간이나 서비스에 대한 요구가 커질 때 발생한다. 대개 에너지의 소비는 기름, 전기, 스팀 등으로 분류하여 EMS에 입력된다. 에너지 소모가 최대로 요구되는 피크 타임은 보통 시분할 프레임으로 분류한 다음, 다시 작은 세그먼트 단위로 쪼개어 한 그룹으로 분류한다.

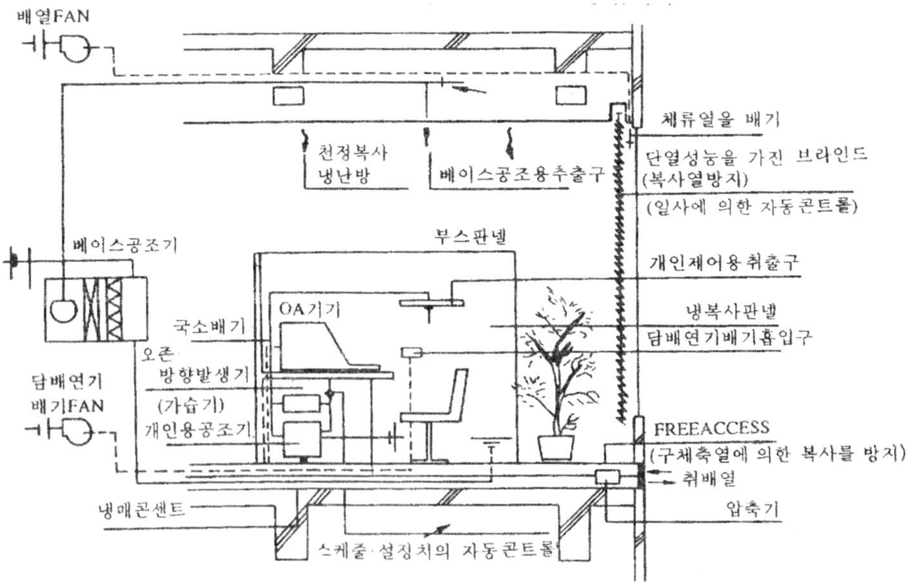

<그림 22-17> 바람직한 인텔리전트 빌딩의 공조방식

각 그룹은 에너지 소비에 대한 전체 비교 값으로 산출되어 BAS S/W로 입력된다.
이렇게 산출된 몇 개의 그룹을 이용, 에너지 소모가 최대로 되는 피크 타임에 전체 에너지의 소비에 대한 균형을 유지할 수 있도록 한다.
그림 22-17은 인텔리전트 빌딩의 공조방식의 대표적인 예로 개별실과 작은 형태의 사무실과 OA기기가 집중 배치되는 사무실에는 개별 공조 방식이 유효하다. 이것은 운전시간이 길어지고, 웍 스테이션(Work-station) 등에 대하여도 유효한 방법이다.

22.8 인텔리전트 빌딩 설비의 전망과 유비쿼터스

사회구조가 산업사회에서 정보사회로 진전됨에 따라 인텔리전트 빌딩의 요구가 더욱 증가하고 있으며, 사무작업은 더욱 지적이고 창조적인 분야로 발전하여 첨단 사무기기와 통신 장비를 이용한 사무 작업의 생산성이 중요하게 되었다. 이와 같은 상황에서 인텔리전트 빌딩은 창조적이고, 지적인 작업에 상응할 수 있는 쾌적한 실내환경을 갖추어야 하며, 사회자본으로서 투자효율이나 생산효율이라는 관점에서 라이프 사이클 코스트(Life Cycle Cost)를 절감해야 한다. 인텔리전트화가 문제점이 없는 것이 아니다. 인텔리전트의 가장 기본인 첨단 기기에 의한 정보화 사회로 인해 인간성 우선이라는 관점이 상실되기 쉽고, 정보 집중화에 따른 안전성 문제가 거론된다. 또 사회의 인트라 스트럭쳐(Intra Structure)로서의 안정성 및 사회성의 문제로 시스템의 구축이 더욱 중요하게 되었다.
설비적인 측면에서는 등급이 한 단계 오를수록 기본적으로 갖추어야 할 설비적인 기능이 폭넓게 확대하므로 계획단계에서부터 적극적인 참여가 요망된다.
21세기로 접어들면서 기술개발분야의 세계적인 관심사는 유비쿼터스(Ubiquitous)기술이다. 건축설비 분야에서의 기술개발은 기계와 전자 중심에서 제어와 통신 중심으로 그 무게 중심이 이동하였고 인간이 중심이 된 기술형태로 발전하고 있다. 유비쿼터스 기술은 공간이 한정되고 많은 비용이 요구되지 않는 가정이나 사무실에 우선 적용될 것으로 예상되므로 이와 관련된 설비기술 개발과 발전방향에 관심이 요구된다.

참 고 문 헌

<국내서적>

1. 건축설비 : 韓允旲 저, 문운당, 1980. 1.
2. 건축설비 : 朴楝栓 저, 기문당, 1994. 1.
3. 건축설비 : 林萬澤 저, 기문당, 2003. 1
4. 배관실무핸드북 : 편집부 역, 형제사, 1976.
5. 태양열 주택 : 李亨在 저, 건우사, 1980. 8.
6. 건축 설비 제도 : 최명찬 저, 기문당, 1991. 2.
7. 태양열 냉난방 시스템 : 魏龍浩 역, 형제사, 1978
8. 건축설비 : 宋寅春 · 全鳳九 · 申鉉益 공저, 성안당, 1985. 8.
9. 건축설비 : 朴容漢 · 曺永民 공저, 형제사, 1977. 9.
10. 건축설비 : 柳東烈 저, 문안당, 1986. 1.
11. 공기조화 · 냉동 · 위생공학 편람 : 공기조화 냉동공학회, 1989. 8.
12. 배관공학 : 유성종 · 박병우 공저, 일진사, 1997. 1.
13. 배관(프로세스기기 구조설계 시리즈 2) : 편집부, 형제사, 1990. 3.
14. 덕트설계 편람 : 편집부, 형제사, 1978. 7.
15. 공기조화 및 냉동기계 : 崔一卿 편저, 일진사, 1989. 7.
16. 냉동 및 공기조화 : 陳浩根 편저, 대광성림, 1982. 7.
17. 소방설비 : 고영명 편저, 영문사, 1980. 7.
18. 조명공학 : 池哲根 저, 문운당, 1982. 1.
19. 건축 전기 설비 : 池哲根 저, 문운당, 1979. 2.
20. 전기공사독본 : 임대길 · 윤태윤 저, 전기기술문화사, 1980. 9.
21. 최신 전기 설비(상, 하) : 元鐘洙 저, 교문사, 1974. 10.
22. 전기설비의 설계 및 시공 : 南相麟 · 李元教 편저, 동일출판사, 1985. 2.
23. 신 · 시퀀스제어독본 : 김동진 역, 기전연구사, 1992. 2.
24. 전기기사 신기조 : 편집인, 대한전기기사협회, 1979. 6.
25. 실용축전시사전 : 秋教憲, · 鄭海相 편저, 전기기술문화사, 1980. 1.
26. 건축설비 : 徐承稷 저, 일진사, 2001. 1.
27. 건축설비 : 金孝經 역, 기다리, 1984. 1.
28. 건축설비 : 張淳翼 저, 보성각, 1997. 3.

29. 건축환경계획 : 李璟會 저, 문운당, 1986. 3.
30. 보일러 12월호 : 한국보일러 공업협동조합, 1993.
31. 공기조화 : 김영호 저, 보문당, 1996.
32. 건축설비설계 : 박종일 공저, 세진사, 1998
33. 인텔리전트 빌딩 설계·계획 가이드북 : NTT 건축설비 연구소편, 1991.
34. 고도정보화시대의 OA빌딩 OA오피스 설계실무편람 : 건설자료연구회, 도서출판 효성, 1992.
35. 냉동공조기술지 : 사단법인 한국냉동기술협회, 1991. 1.
36. 건축전기설비 : 金鎭洙, 李德出 저, 기문당, 1994.
37. 급배수·위생설비 : 장순익 저, 기술문화사, 1987. 9.
38. 기계진동 : 주해호·박창용 공저, 형설출판사, 1995. 6.
39. 건축설비 : 남재호·이경희 공저, 세진사, 2001.
40. 건축설비 : 오호균·권영철 공저, 한솔 아카데미, 2006.
41. 생태건축 7권 : 이시웅 외 2인 공저, 도서출판 고원, 2001~2007.
42. 건축설비 입문 : 이철구 외 2인 공저, 세진사, 2001.
43. 건축설비 : 김용식 저, 구미서관, 2005.
44. 건축설비계획 : 유동열 외 24인 공저, 문운당, 2006.
45. 실내건축환경설비 : 조춘식, 권영규 공저, 문운당, 2006.
46. 건축설비재료 : 김삼열·박률 공저, 세진사, 2002.
47. 건축설비계획 : 이철구 외 2인 공저, 세진사, 2004.
48. 건축 급배수 위생설비 : 이용학·박효석 공저, 세진사, 2004.
49. 급배수 위생설비 : 장순익 저, 기술문화사, 1987.
50. 난방설비 : 성순경 저, 세진사, 2003.
51. 공기조화설비 : 김영호 저, 보문당, 1991.
52. 위생설비공학 : 안교철·안창환 공저, 세진사, 2006.
53. 배관공작 : 김동우·김영중 공저, 세진사, 2003.
54. 건축 급배수 설비 : 정광섭 외 2인 공저, 기문당, 1989.
55. 건축난방설비 : 박봉성 외 5인 공저, 기문당, 1991.
56. 건축설비 : 대한건축학회편, 기문당, 2000.
57. 건축설비특론 : 김회률 저, 성문당, 2002.
58. 설비공학편람 4권 : 대한설비공학회, 금문당, 2001.

<서양서적>

1. Refrigeration and Airconditioning : A.D. Althouse C.H. Turnguist, A.F. Bracciano, The Goodheart-Willcox Co, 1992.
2. Heating Cooling Lighting : Norbent Lechner, John Willy & Sons, New York, 1991.
3. Wastewater Engineering : Franklin L. Burton, McGraw-Hill, Inc, New Yon, 1991.
4. Warm Air Heating for Climate Control : William B, Cooper, Raymond E. Lee, Regents Prentice Hall, 1994.
5. Service Library HVAC Controls : Honeywell Inc, Minnesota, USA. 1994.
6. Electricity for Refringeration, Heating and Air Conditioning : Russell F. Smith Delmark, Publishers Inc. 1992.
7. Engineering Mechanics Statics : Bela I. Sandor Prentice-Hall, Inc. 1990.
8. Principles for Air Conditioning Practices : Stoecker, W.P.Industrial Press, Inc. 1978.
9. Environmental Physics : Heating, Bassett, C.R & M.D.W., Longman, 1978.
10. Building Physics, Heat : Billington, N.S., Pergamon Press, 1987.
11. Heating and Air-conditioning of Buildings : Faber, O.J., Architectural Press, 1981.
12. Handbook of Mechanical and Electrical Systems for Buildings : H.E.Bovey, McGrawHill Book Co, 1991.
13. Environment and Services : P. Burberry, Halsted Press, 1989.
14. Plumbing, Cold Water Supplies, Drainage and Sanitation : F. Hall, Van Nostrand Reinhold Co, 1991.
15. Plumbing, Installation and Design : Jamar A. Sullivan, Reston Pulishing Co., 1990.
16. Mechanical and Electrical Equipment for Building : Miguinness W.J.John Wiley & Sons, 1990.
17. Earth Sheltered Residential Design Manual : Raymond L. Sterling, Van Nostrand Reinhold Co. 1990.
18. Architectural Physics, Lighting : Hopkinson, R.G, Majesty's Stationary Office, 1979.
19. Passive Solar Energy : Anderson, B. & W. Malcolm, Brick House Publishing Co. 1991.
20. Noise and Man : Burms, W. W., Clowes Son Ltd, 1978.
21. Building Services and Equipment : F. Hall, Longman, 1991.

<일본서적>

1. 건축설비 : 松本敏男 著, 학현사. 1993.
2. 건축설비 : 中島姜孝 著, 조창서점, 1995.
3. 건축설비 : 小琴原祥五 著, 청수곡출판사, 1995.
4. 건축설비 : 石福 昭 外 2人 공저, 외무사. 1992.
5. 건축설비 텍스트 : 出和生 · 田尻陸夫 著, 정상서원. 1996.
6. 건축설비 설계법 : 大庭孝隆 著, 학예출판사. 1993.
7. 실내환경 관리 : 관리기술 연구회편, 오무사, 1995.
8. 건축전기설비의 기초이론 : 中村洋 外 4人 공저, 오무사, 1995.
9. 집합주택 설비 : 岡多摩雄 著, 태류사, 1995.
10. 건축환경공학 : 中村洋 外 4人 공저, 오무사, 1996.
11. 실내환경 위생, 관리기술연구회편 : 오무사, 1995.
12. 건축설비 : 彬森良光 著, 오무사, 1995.
13. 건축설비 입문 : 政變 新一著, 이공도서, 1995.
14. 건축설비 이론 연습 : 木村建一著, 학현사, 1994.
15. 건축설비 공식활용 Book : 出田信亮 著, 오무사, 1995.
16. 건축기후 : 제등평강 저, 공립출판주식회사, 1996.
17. 일본의 지역냉난방 : 전등달랑 저, 일본공업신문사, 1997.
18. 건축설비 : 船律弘治 외 2인 공저, 오무사, 1997.

◐ 저자소개 ◑

이시웅(李時雄)

- 한양대학교 공과대학 건축공학과(학사)
- 한양대학교 대학원 건축공학과(박사)
- 미국 일리노이주립대학교 객원교수
- 미국 미네소타주립대학교 교환교수
- 現 대전산업대학교 건축공학과 교수

건축 설비

2003년 2월 20일 1판 1쇄 발 행
2007년 3월 15일 2판 1쇄 발 행
2008년 8월 29일 2판 2쇄 발 행

지은이 / 이 시 웅
펴낸이 / 박 정 태

펴낸곳 / **광 문 각**

413-756
경기도 파주시 교하읍 문발리 500-8 파주출판정보단지
등 록 : 1991. 5. 31 제12-484호
전화(代) : 031) 955-8787
팩 스 : 031) 955-3730
E-mail : kwangmk@unitel.co.kr
홈페이지 : www.kwangmoonkag.co.kr

• ISBN : 978-89-7093-423-5 93540

값 24,000원